SQL Server 2019

教程与实训

王　晴　王歆晔　编著

清華大学出版社
北　京

内容简介

本书是作者结合近年来在关系数据库与SQL Server方面的教学实践和教改成果，对原有课程内容进行了大胆改进，以“工作过程导向”的教学新理念为宗旨，精心设计的具有时代特点和高职特点的工学结合教材。

本书理论与实践并重，围绕学生信息管理系统项目的开发，阐述了关系数据库的基本理论；详尽地介绍了SQL Server 2019(15.x)的应用技术和使用方法。内容包括SQL Server 2019(15.x)的下载与安装、数据库管理技术、数据表管理技术与数据的完整性、数据查询与数据索引、视图、存储过程、触发器设计、T-SQL、数据库的安全管理与维护等。书中课后均附有课后作业，并且围绕开发一个图书借阅管理系统，精心设计了实训内容。本书通过“教、学、做”一体化的途径，注重培养学生的数据库分析与设计能力、数据库管理与维护能力，充分体现了以应用为目的的高职高专教学特色。

本书内容翔实，与时俱进，通俗易懂，可读性强，既可作为各类高职高专院校、计算机培训学校等相关专业教材，也可作为数据库技术从业人员和数据库技术爱好者的参考用书。

图书在版编目(CIP)数据

SQL Server 2019教程与实训/王晴，王歆晔编著. —北京：清华大学出版社，2021.1
ISBN 978-7-302-56500-0

Ⅰ.①S…　Ⅱ.①王…②王…　Ⅲ.①关系数据库系统－教材　Ⅳ.①TP311.132.3

中国版本图书馆CIP数据核字(2020)第182554号

责任编辑：刘向威　张爱华
封面设计：文　静
责任校对：焦丽丽
责任印制：丛怀宇

出版发行：清华大学出版社
网　　址：http://www.tup.com.cn，http://www.wqbook.com
地　　址：北京清华大学学研大厦A座　　**邮　　编**：100084
社 总 机：010-62770175　　**邮　　购**：010-83470235
投稿与读者服务：010-62776969，c-service@tup.tsinghua.edu.cn
质量反馈：010-62772015，zhiliang@tup.tsinghua.edu.cn
课件下载：http://www.tup.com.cn，010-83470236
印 装 者：三河市铭诚印务有限公司
经　　销：全国新华书店
开　　本：185mm×260mm　　**印　张**：30　　**字　　数**：729千字
版　　次：2021年1月第1版　　**印　　次**：2021年1月第1次印刷
印　　数：1～1500
定　　价：89.00元

产品编号：088295-01

前　言

数据库技术是现代信息科学与技术的重要组成部分，是计算机数据处理与信息管理系统的核心。近年来，尽管国内有不少数据库应用技术方面的教材出版，但是，真正从实际应用出发，适合高等职业技术院校用的教材并不多见。本书是作者结合多年的数据库应用技术与 SQL Server 的教学经验，通过研究数据库的结构、存储、设计、管理以及应用的基本理论，利用这些理论来实现对数据库的数据进行处理、分析的理解，以及职业技术院校的教学实际，对原有“关系数据库与 SQL Server”课程内容进行了大胆改进，并辅以“工作过程导向”的教学新理念，精心设计的具有时代特点和高职特点的工学结合教材。

1. 课程标准

以计算机网络、软件技术、计算维护及会计电算化等专业学生的就业为导向。

以行业专家(聘请百瑞软件及新天地电脑公司、南通汽运集团、用友软件集团南通四方通用软件公司等专家)对网络技术、软件技术、计算维护及会计电算化所涵盖的岗位群进行的任务和职业能力分析为依据。

以职业实际应用的经验和策略的习得为主。

以适度、够用的概念和原理为辅。

以能力培养的思路构建课程内容体系为核心。

以能力逐层提升设计整体结构为目标。

以实践应用的需求引入知识点为尺度。

以循环往复式训练为基础。

以任务驱动设计每节课的教学内容为基本模式。

2. 课程特点

(1) 以项目为主线，以任务为驱动。本书精心设计了一个学生信息管理系统项目，从数据库结构设计到数据库数据维护，以该项目设计为主线安排教材顺序。每课创设一个工作情境，并以工作任务的完成过程为主线展开知识点，且配有随堂练习，重现课堂任务实例和练习类实例，让学生在完成任务的过程中获取知识，充分体现了“工作过程导向”的教学理念。

(2) 一书两用，满足教学和实训。针对不同院校不同教学、实训时数的要求，本书在每一课都配备了难易程度不同的课后作业，并且围绕一个图书借阅管理系统的开发，精心设计了实训内容，供教师有选择地作为学生课后作业或上机练习。

(3) “教、学、做”一体化。通过“教、学、做”一体化的途径，注重培养学生的数据库分析与设计能力、数据库管理与维护能力。在技能培养的同时，注重培养岗位所需的创新意识、团队合作精神等职业素质，使学生具备良好的数据库应用和开发的职业能力和职业素养。

3. 课时分配

本书采用章和课两级目录，共分 11 章(18 课)：第 1 章为数据库系统概述；第 2 章为规范化的数据库设计；第 3 章为 SQL Server 2019 的安装及使用；第 4 章为数据库的基本操作；第 5 章为数据表的基本操作；第 6 章为表数据的查询操作；第 7 章为视图的应用；第 8 章为存储过程的应用；第 9 章为触发器的应用；第 10 章为 T-SQL；第 11 章为数据库的安全管理与维护。

章的内容依照工作过程环节与 SQL Server 软件功能模块两者结合的方式进行编排，课的内容根据教学要求确定，以工作任务的完成过程为主线展开。本书建议教学时数为 64～80 学时，其中授课时数为 36～40 学时，实训时数为 28～40 学时(一周课程设计)，每课为 2 学时，90 分钟。先导课程为“计算机应用基础”和“程序设计基础”。

本书由南通航运职业技术学院王晴和王歆晔完成。王歆晔编写了第 1、2、3、4、11 章及实训内容；王晴编写了第 5～10 章内容。全书由王晴负责统编和定稿。本书在编写过程中，得到了院系领导及行业专家的大力支持和帮助，在此表示衷心的感谢。

由于全球信息化飞快发展，物联网、区块链、大数据等新技术、新模式不断出现，本书难免存在疏漏之处，敬请读者批评指正。

编者

2020 年 8 月

目　录

第1章 数据库系统概述

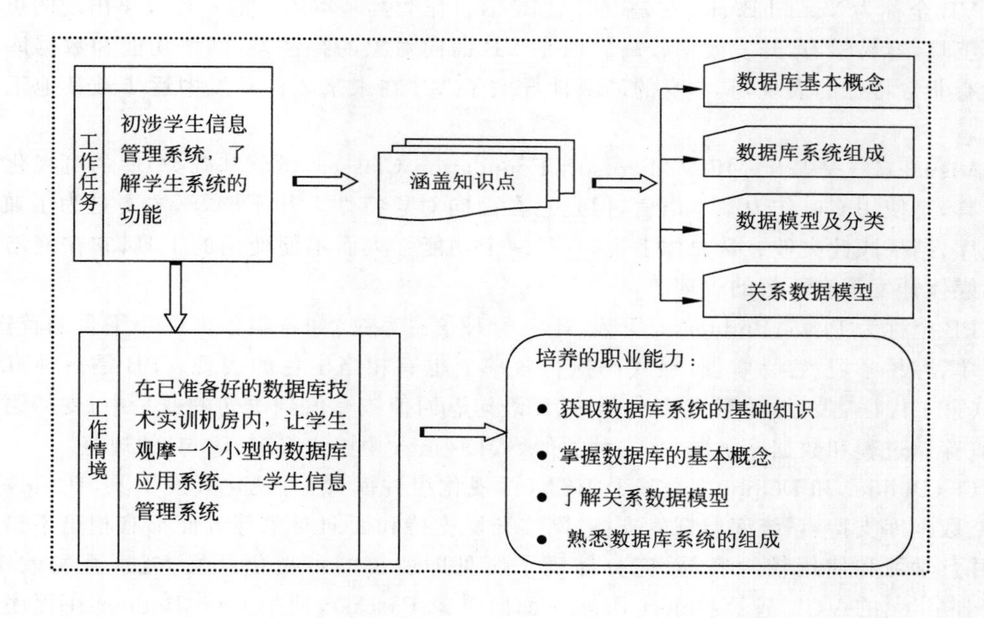

工作任务
初涉学生信息管理系统，了解学生系统的功能
涵盖知识点
数据库基本概念
数据库系统组成
数据模型及分类
关系数据模型
工作情境
在已准备好的数据库技术实训机房内，让学生观摩一个小型的数据库应用系统——学生信息管理系统
培养的职业能力：
获取数据库系统的基础知识
掌握数据库的基本概念
了解关系数据模型
熟悉数据库系统的组成

第1课 初识数据库系统

项目内容

开发一个学生信息管理系统。

对于该项目开发主要考虑以下两个方面。

一是用户应用程序的开发,包括学生信息管理系统功能和用户操作界面的设计。也就是说,学生信息管理系统应提供哪些功能,用户又如何对其进行操作,并完成特定的功能。对于这些就需要选用一种语言工具,例如常用的 VB 或 Visual C++、PB、C++ Builder/Delphi、Java 语言等来进行用户界面及功能菜单设计。

VB 全称为 Visual Basic,它是以 BASIC 语言作为其基本语言的一种较早出现的可视化编程工具,容易学习,开发效率较高。但是 VB 面向对象的特性差,网络功能和数据库功能也没有非常特殊的表现,其本身的局限性导致了 VB 在未来软件开发中逐步被其他工具所替代。

Visual C++是基于 MFC(Microsoft Foundation Classes,微软基础类)库的可视化的开发工具,是使用 C++作为基本语言,但是它在面向对象特性上却不够好,主要是为了兼容 C 的程序,结果顾此失彼。从总体上说,它是一个功能强大而不便使用的工具,它在网络开发和多媒体开发都有不俗的表现。

PB 全称为 PowerBuilder,是开发 MIS(管理信息系统)和各类数据库跨平台的首选,使用简单,容易学习,容易掌握,在代码执行效率上也有相当出色的表现。PB 是一种真正的 4GL(第 4 代语言),可随意直接嵌套 SQL 语句返回值被赋值到语句的变量中,支持语句级游标、存储过程和数据库函数,是一种类似 SQLJ(Java 中嵌入 SQL 语句)的规范。

C++Builder 和 Delphi 都是基于 VCL(可视化组件库)的可视化开发工具,在组件技术支持、数据库支持、系统底层开发支持、网络开发支持和面向对象等方面都有相当不错的表现,并且学习和使用较为容易,充分体现了所见即所得的可视化开发方法,开发效率高。C++ Builder 的 VCL 基于 Object Pascal(面向对象 Pascal),使得 C++ Builder 在程序的调试、执行上都面向落后于其他编程工具。而 Delphi 语言有不够广泛、开发系统软件功能不足两个比较大的缺点。

Java 语言的语法特性类似于 C++(有没有 C++基础没关系)。Java 语言摒弃了 C++中容易引发错误的指针和内存管理等,不会引起内存错误,到目前为止还没有任何一种 Java 病毒。Java 是一种跨平台的开发语言,将 Java 编译成一种. class 文件,可以在任何安装有 JVM(Java 虚拟机)的机器上运行。JVM 有 Windows 版、Linux 版、UNIX 版等。Java 是一种纯 OOP(面向对象编程)的语言,近年来 OOP 如日中天,其中 Java 起到了很大的推动作用。Java 提供了非常丰富的基于网络的类库供用户使用,有很多著名的支持分布式运算的软件都是使用 Java 开发的。Java 语言的简单性、安全性、可移植性和面向对象等特性,使 Java 语言得到了广泛应用。

二是学生信息管理系统数据的组织和管理,包括学生信息管理系统中涉及的数据对象的分析、各对象之间的联系分析、如何组织存储各数据对象及相关数据以方便学生信息管理系统进行数据的处理等。对于这些就必须选择一个合适的数据库管理系统软件如SQL Server，将数据按一定的数据模型组织起来，即建立一个数据库，对数据进行统一管理，为需要数据的应用程序提供一致的访问手段。

那么，学生信息管理系统的应用程序又是怎样处理学生信息数据库中的数据的呢？图1-1所示是用户访问数据库的流程示意图，描述了系统应用程序与数据库、数据库管理系统(DBMS)之间的关系。

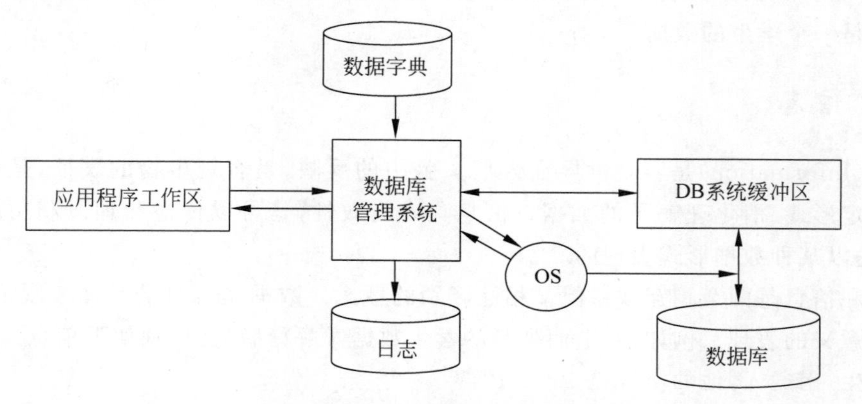

图1-1　用户访问数据库的流程示意图

从图1-1中可以看出，在应用程序和数据库之间，由数据库管理系统把所有相关的数据汇集起来，按统一的数据模型，以记录为单位存储在数据库中，为各用户提供方便、快捷的查询和使用。当应用程序需要处理数据库中的数据时，首先向数据库管理系统发送一个数据处理请求，数据库管理系统接收到这一请求后，对其进行分析和权限检查，若有问题，则拒绝执行该操作，并向应用程序返回出错状态信息；若没有问题，数据库管理系统则从数据字典获取应读入的物理数据块和地址，向OS(操作系统)发出执行数据操作命令，OS收到该命令后，启动联机I/O程序，完成读块操作，并把读取的数据块送到DB(数据库)系统缓冲区。数据库管理系统收到OS结束操作指令后，将DB系统缓冲区操作结果送到应用程序工作区，并返回执行成功与否的状态信息。最后，数据库管理系统把系统缓冲区的运行记录记入运行日志，以备以后查阅或发生意外时用于系统恢复。

本课主要讨论数据库技术。数据库技术是数据管理的实用技术，是如何使用计算机科学而高效地组织、存储和处理数据的技术。下面就数据库技术中涉及的基本概念、术语及数据库系统的组成、数据模型、关系数据库等基础知识进行介绍。

1.1　基本概念和术语

课堂任务1　掌握数据、信息、数据处理和云计算的基本概念。

1.1.1　数据

数据(Data)是数据库中存储的基本对象。在计算机领域，“数据”这个概念已经不再局限于普通意义上的数据。除了常用的数字数据外，还包括文字、图形、图像和声音等。凡是计算机中用来描述事物的记录符号，都可以称为数据。

数据的概念包括两个方面，即数据内容和数据形式。数据内容是指所描述客观事物的具体特性，也就是数据的“值”；数据形式则是指数据内容存储在媒体上的具体形式，也就是通常所说的数据的“类型”。

在计算机中，为了存储和处理事物，就要对事物的相关特征组成记录进行描述。例如，用学号、姓名、性别、籍贯这几个特征来描述学生信息，那么(19011101、王一枚、男、南通)这一记录就是一个学生的数据。

1.1.2 信息

信息(Information)是客观世界在人们头脑中的反映，是客观事物的表征，是一种已被加工为特定形式、消化理解了的数据。信息具有时效性，是可以传播和加以利用的一种知识，信息是以某种数据形式表现的。

数据和信息是两个相互联系但又相互区别的概念。数据是信息的具体表现形式，信息是数据有意义的表现。例如，对上面列举的学生数据做解释后，会得到如下信息：王一枚是个男大学生，南通人，他的学号是 19011101。

1.1.3 数据处理

数据处理(Data Processing)就是对数据进行加工的过程，或者是将数据转换为信息的过程。数据处理的内容主要包括数据的收集、整理、存储、加工、分类、维护、排序、检索和传输等一系列活动的综合。数据处理的目的是从大量的数据中，根据数据自身的规律及其相互联系，通过分析、归纳、推理等科学方法，利用计算机技术、数据库技术等手段，提取有效的信息资源，为进一步分析、管理和决策提供依据。

例如，把学生各门课的成绩经过计算得出平均成绩和总成绩等信息，该计算处理的过程就是数据处理。

图 1-2 所示为计算机中数据、数据处理和信息的关系。计算机中的数据经过各种软件处理后，以文档、电子表格等不同形式的信息呈现给用户。

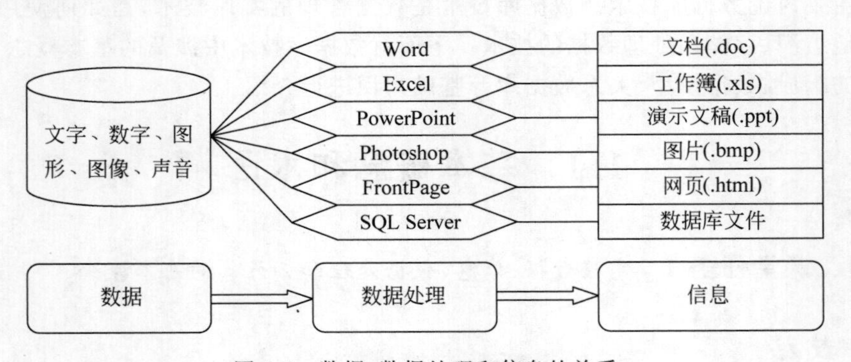

图 1-2 数据、数据处理和信息的关系

1.1.4 云计算

云是网络、互联网的一种比喻，对云计算(Cloud Computing)的定义有多种说法，到底什么是云计算呢？

早期的云计算是指简单的分布式计算，解决任务分发，并进行计算结果的合并，因而，云计算又称为网络计算。通过这项技术，可以在很短的时间(几秒)内完成对数以万计的数据的处理，从而达到强大的网络服务。

现阶段广为接受的云计算是美国国家标准与技术研究院(NIST)的定义：云计算是一种按使用量付费的模式，这种模式提供可用的、便捷的、按需的网络访问，进入可配置的计算资源共享池(资源包括网络、服务器、存储、应用软件、服务)，这些资源能够被快速提供，只需投入很少的管理工作，或与服务供应商进行很少的交互。

云计算则是将服务器、存储器、存储设备以及网络等资源整合起来封装成一种IT(Information Technology，信息技术)服务的模式，为客户提供相关的按需一站式服务。

云计算是一切新IT的基础，企业部署了云计算，通过云把内外资源集中整合起来，才可能有大数据的分析，所以云是大数据和AI(Artificial Intelligence，人工智能)的基础。

1.1.5 大数据

大数据(Big Data)是IT行业术语，是将结构化数据和非结构化数据形成的所有数据(比如机器生成的各种日志、自然语言等)整合起来，至少TB级别以上。在维克托·迈尔-舍恩伯格及肯尼斯·库克耶编写的《大数据时代》中指出，大数据不用随机分析法(抽样调查)这种捷径，而采用所有数据进行分析处理。大数据是需要新处理模式才能具有更强的决策力、洞察发现力和流程优化能力的海量、高增长率和多样化的信息资产。

大数据具有5大特点：大量(Volume)、高速(Velocity)、多样(Variety)、低价值密度(Value)和真实性(Veracity)。大数据的用法倾向于预测分析、用户行为分析或某些其他高级数据分析。大数据技术的战略意义不在于掌握庞大的数据信息，而在于对这些含有意义的数据进行专业化处理。通俗地讲，大数据就是将企业内部管理、业务运作数据和外部互联网上的相关数据整合起来，用以分析、发现数据背后相关关系的信息资产，来优化企业的业务和管理。

大数据与云计算的关系从技术层面上看，就像一枚硬币的正反面一样密不可分。大数据必然无法用单台的计算机进行处理，必须采用分布式架构。它的特色在于对海量数据进行分布式数据挖掘。但它必须依托云计算的分布式处理、分布式数据库和云存储、虚拟化技术。

1.2 数据管理技术的发展

课堂任务2 了解数据管理技术的发展史和数据库技术发展的4个阶段。

随着计算机硬件和软件技术的发展，数据管理技术也不断地成熟与完善，经历了人工管理、文件系统、数据库系统和分布式数据库系统4个阶段。

1.2.1 人工管理阶段

20 世纪 50 年代中期以前,计算机主要用于科学计算。那时没有专门管理数据的软件,也没有像磁盘这样可以随机存取的外部存储设备,对数据的管理没有一定的格式。这些决定了当时的数据管理只能以人工来进行。人工管理阶段的特征如图 1-3 所示。

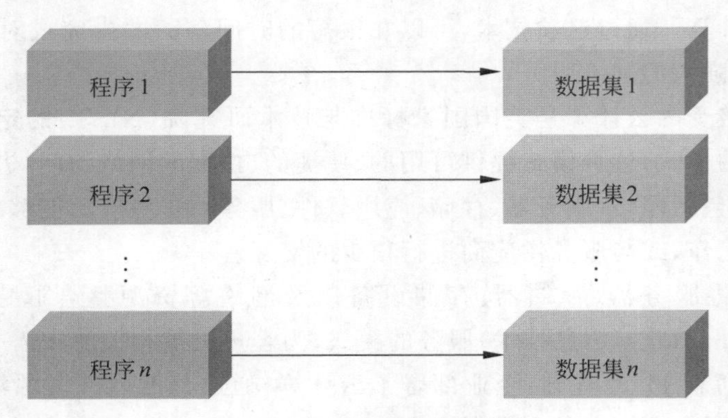

图 1-3　人工管理阶段的特征

人工管理阶段的特点如下:

- 数据不保存。主要用于科学计算,在计算某一问题时,把程序和相应的数据装入,计算完就退出。
- 用户自行管理数据。没有软件对数据进行管理,必须由用户自行管理。
- 数据不能共享。一组数据仅对应一个应用程序,程序之间不能共享数据,所以程序之间存在大量的数据冗余。
- 数据不具有独立性。数据的逻辑结构和物理结构发生变化会导致应用程序发生变化,程序员的负担加重。数据的独立性也很差。

1.2.2 文件系统阶段

20 世纪 50 年代末到 60 年代中期为文件系统阶段,应用程序通过专门管理数据的软件即文件系统管理来使用数据。这时计算机硬件已经有了磁盘、磁鼓等直接存取的外部设备,软件则出现了高级语言和操作系统,而操作系统的文件系统是专门用于数据管理的软件。文件系统阶段的特征如图 1-4 所示。

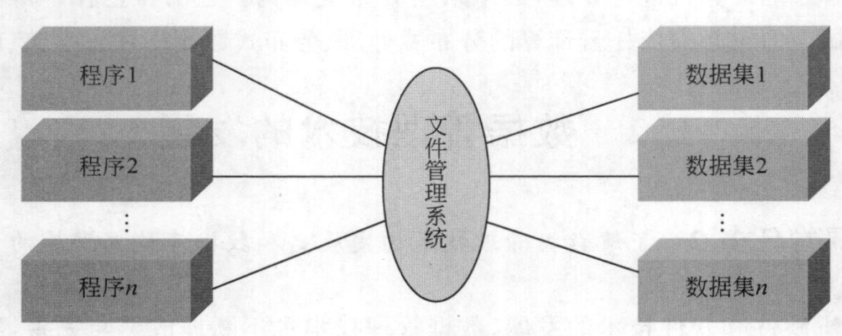

图 1-4　文件系统阶段的特征

文件系统阶段的特点如下：

- 由文件系统管理数据。初步形成了对数据执行查询、插入、删除、更新等操作。
- 由专用程序(通常是用户自定义)负责对程序和数据提供存取方法的改变,程序与数据具有一定的独立性。
- 数据可以长期保留,具有多种形式的文件(顺序文件、索引文件等)。
- 数据基本以记录为单位进行存取。

但是,文件系统阶段也有一定的缺点：

- 文件面向应用,数据冗余量大。
- 数据独立性差。

1.2.3 数据库系统阶段

20 世纪 60 年代末以来,计算机的应用更为广泛,随着计算机系统性能的持续提高以及软件技术的不断发展,人们克服了文件系统的不足,开发了新一类的数据管理软件——数据库管理系统。运用数据库技术进行数据管理,将数据管理技术推向了新的数据管理阶段。数据库系统阶段的特征如图 1-5 所示。

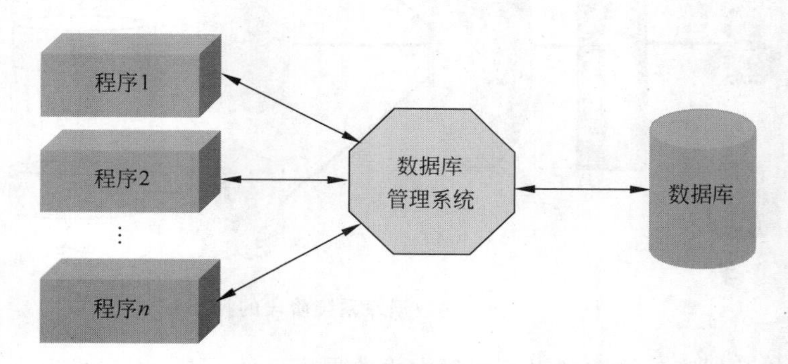

图 1-5　数据库系统阶段的特征

数据库系统阶段的特点如下：

- 数据结构化。数据库系统实现整体数据的结构化,即在数据库中,数据不再对应一个应用系统,而是面向全组织的复杂数据结构。不仅数据内部是结构化的,数据之间也具有联系。数据库中的数据按一定的数据模型组织、描述和存储。
- 数据的共享性高,冗余度小,易扩充。
- 数据独立性高,包括物理独立性和逻辑独立性。物理独立性是指用户的应用程序与存储在磁盘上的数据库中的数据是相互独立的。逻辑独立性是指用户的应用程序与数据的逻辑结构是相互独立的。
- 统一的数据控制功能。具有安全性、完整性和并发性控制及数据库备份与恢复的功能。
    - ◆ 安全性控制。指保护数据以防止非法使用造成的数据泄露和破坏。
    - ◆ 完整性控制。指数据的正确性、有效性和相容性,即保证存入数据库中的数据是正确的,不是可疑的。

- ◆ 并发性控制。保证多用户同时使用数据库时数据的正确性。
- ◆ 数据库备份与恢复。保证一旦数据库遭到破坏,可以将数据库从错误的状态恢复到某一正确的状态。

- 数据的存储单元为数据项(一个字段、一条记录、一组字段、一组记录等)。

1.2.4 分布式数据库系统阶段

20 世纪 80 年代大量商品化的关系数据库系统问世并被广泛地使用,既有适用于大型计算机系统的,也有适用于中小型和微型计算机系统的。这一时期分布式数据库系统也走向使用。分布式数据库系统是在集中式数据库系统的基础上发展起来的,是计算机技术和网络技术相结合的产物。分布式数据库系统阶段的特征如图 1-6 所示。

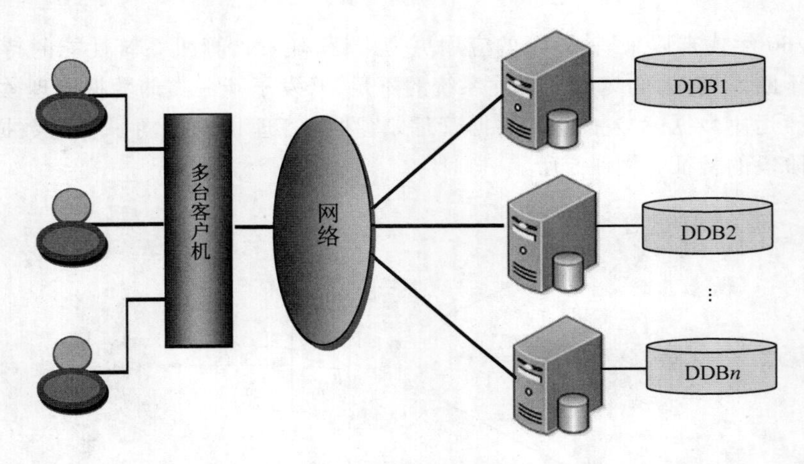

图 1-6 分布式数据库系统阶段的特征

一个分布式数据库系统在逻辑上和集中式数据库系统一样,用户可以在任何一个场地执行全局应用,通过网络的连接可以访问分布在不同地理位置的数据库。在物理上分布式数据库系统的数据则不存储在同一计算机的存储设备上,这就是分布式与集中式数据库的区别。

大数据时代,面对日益增长的海量数据,传统的集中式数据库的弊端日益显现,分布式数据库相对传统的集中式数据库具有如下特点:

- 更高的数据访问速度。分布式数据库为了保证数据的高可靠性,往往采用备份的策略实现容错。所以,在读取数据的时候,客户端可以并发地从多个备份服务器同时读取,从而提高了数据访问速度。
- 更强的可扩展性。分布式数据库可以通过增添存储结点来实现存储容量的线性扩展,而集中式数据库的可扩展性十分有限。
- 更多的并发访问量。分布式数据库由于采用多台主机组成存储集群,所以相对集中式数据库,它可以提供更多的用户并发访问量。

1.3 数据库系统

课堂任务3 熟悉数据库系统的组成，数据库、数据库管理系统等相关术语的概念，数据库的体系结构。

数据库系统(DataBase System,DBS)是一个计算机应用系统，它由数据库、数据库管理系统、应用系统、数据库管理员和用户等构成，如图1-7所示。

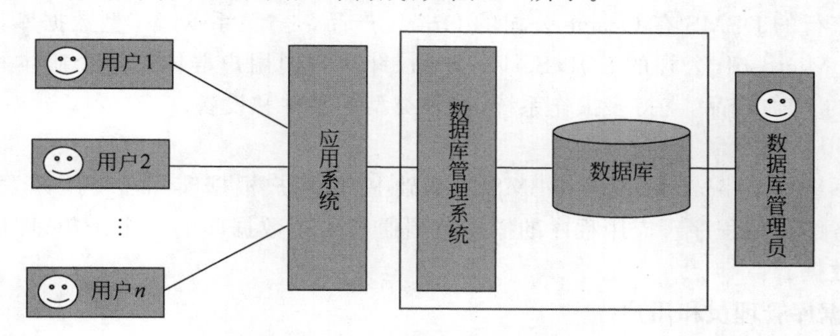

图1-7 数据库系统构成示意图

1.3.1 数据库系统的组成

1. 数据库

长期存储在计算机存储介质中的、有组织的、相关联的、可共享的数据集合称为数据库(Data Base,DB)。数据库也可理解为是用于组织、存储和管理数据的仓库。

数据库中的数据按一定的数据模型组织、描述和存储，数据冗余度小，独立性高。在日常工作中，常常需要把某些相关的数据放进这样的"仓库"，并根据管理的需要进行相应的处理。例如，学校把每位学生的基本情况(学号、姓名、性别、出生日期、政治面貌、入学时间、家庭住址)、选课信息(学号、课程号、成绩)、课程信息(课程号、课程名、备注)等存放在表中，这些表组合在一起就可以看成是一个数据库，有了这个"数据库"，就可以根据需要随时查询学生的学习情况。数据库、表和数据之间的关系如图1-8所示。

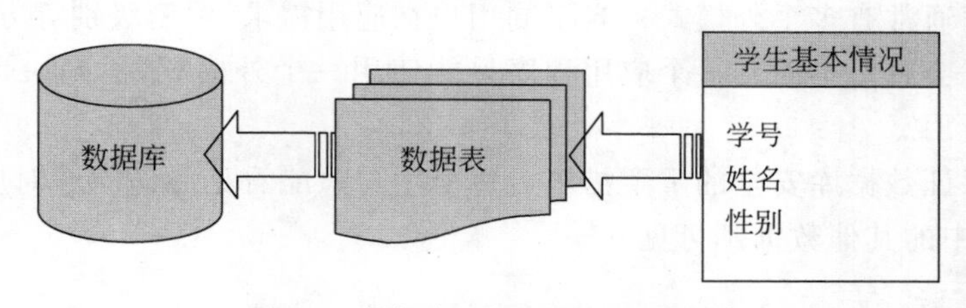

图1-8 数据库、表和数据间的关系

2. 数据库管理系统

数据库管理系统(DBMS)是一种操纵和管理数据库的大型软件系统，帮助用户建立、使用和维护数据库。DBMS必须运行在相应的系统平台上，只有在操作系统和相关的系统软件支撑下，才能有效地运行，实现对数据库进行统一管理和控制，以保证数据库的安全性和完整性。

用户通过 DBMS 访问数据库中的数据，数据库管理员通过 DBMS 进行数据库的维护工作。它提供多种功能，可使多个应用程序和用户使用不同的方法在同时或不同时刻去建立、修改和查询数据。它能使用户方便地定义和操纵数据库，维护数据的安全性和完整性，以及进行多用户下的并发控制和恢复数据库。

DBMS 从规模上划分，可分为桌面型 DBMS 和网络型 DBMS。桌面型数据库管理系统有 Access、Visual FoxPro 等；网络型数据库管理系统有 Oracle、SQL Server、Informix、Sybase、DB2 等。

时下流行的 DBMS 有 Oracle 公司的 Oracle 产品，是"关系-对象"型数据库，产品免费、服务收费；Microsoft 公司的 SQL Server 产品，针对不同用户群体有多个版本，易用性好；IBM 公司的 DB2 产品，支持多操作系统、多种类型的硬件和设备。

3. 应用系统

应用系统(Application)是在 DBMS 的基础上，由用户根据实际需要所开发的、用于处理特定业务的应用程序。应用程序的操作范围通常仅是数据库的一个子集，即用户所需要的那部分数据。

4. 数据库管理员和用户

数据库管理员(DataBase Administrator，DBA)负责创建数据库存储结构、创建数据库对象，管理、监督和维护数据库系统的正常运行等工作。

用户(User)是在 DBMS 与应用程序的支持下，操作使用数据库系统的普通使用者。

1.3.2 数据库系统的体系结构

为了有效组织和管理数据，提高数据库的逻辑独立性和物理独立性，人们为数据库系统设计了一个严谨的结构，即三级模式(外模式、模式和内模式)和二级映射(外模式/模式映射、模式/内模式映射)，如图 1-9 所示。

1. 外模式

外模式(External Schema)又称为用户模式，是数据库用户和数据库系统的接口，是数据库用户的数据视图(View)，是数据库用户可以看见和使用的局部数据的逻辑结构和特征的描述，是与某一应用有关的数据的逻辑表示。

一个数据库通常有多个外模式。当不同用户在应用需求、保密级别等方面存在差异时，其外模式描述就会有所不同。一个应用程序只能使用一个外模式，但同一个外模式可以为多个应用程序所用。

外模式是保证数据库安全的重要措施。每个用户只能看见和访问所对应的外模式中的数据，而数据库中的其他数据不可见。

2. 模式

模式(Schema)又可细分为概念模式和逻辑模式，是所有数据库用户的公共数据视图，是数据库中全部数据的逻辑结构和特征的描述，反映了数据库系统的整体观。

一个数据库只有一个模式。其中概念模式可用实体-联系模型来描述，逻辑模式以某种数据模型(比如关系模型)为基础，综合考虑所有用户的需求，并成全局逻辑结构。模式不但要描述数据的逻辑结构，比如数据记录的组成，以及各数据项的名称、类型、取值的范围，而

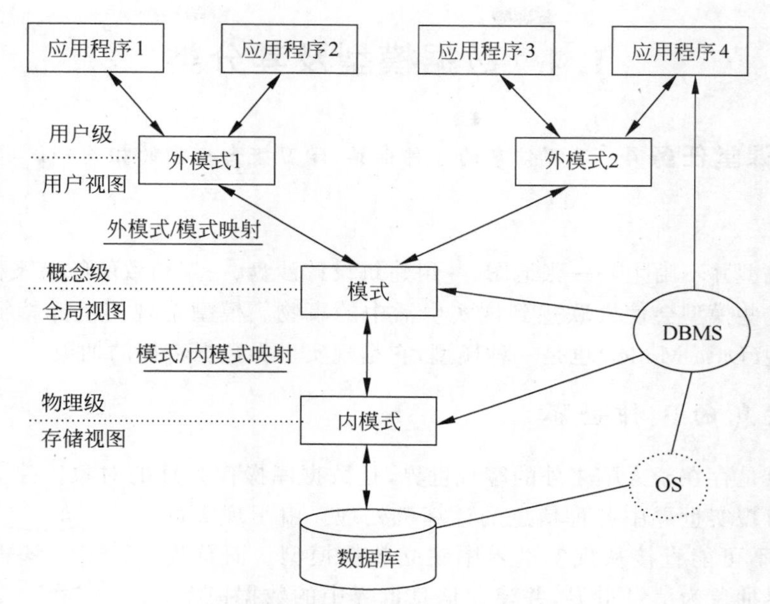

图 1-9　数据库系统的体系结构

且还要描述数据之间的联系、数据的完整性和安全性等要求。

3. 内模式

内模式(Internal Schema)又称为存储模式,是数据库物理结构和存储方式的描述,是数据在数据库内部的表示方式。

一个数据库只有一个内模式。内模式描述记录的存储方式、索引的组织方式和数据是否压缩、是否加密等。在三级模式结构中,数据按照外模式的描述提供给用户,按内模式的描述存储在硬盘上,模式介于外模式和内模式之间,既不涉及外部的访问,也不涉及内部的存储,从而起到隔离作用,有利于保持数据的独立性。

4. 数据库的二级映射

所谓映射就是一种对应规则,说明映射双方如何进行转换。

用户应用程序根据外模式进行数据操作,通过外模式/模式映射,定义和建立某个外模式与模式之间的对应关系,将外模式与模式联系起来。有了外模式/模式映射,当模式改变时,比如增加新的属性、修改属性的类型,只要对外模式/模式映射做相应的改变,使外模式保持不变,则以外模式为依据的应用程序就不受影响,从而保证了数据与程序之间的逻辑独立性,也就是数据的逻辑独立性。

另外,通过模式/内模式映射,定义建立数据的逻辑结构(模式)与存储结构(内模式)间的对应关系。当内模式改变时,比如数据的存储结构发生变化,只需改变模式/内模式映射,就能保持模式不变,则应用程序就不受影响,从而保证了数据与程序之间的物理独立性,也就是数据的物理独立性。

正是通过这两级映射,才将用户对数据库的逻辑操作最终转换为对数据库的物理操作。在这一过程中,用户不必关心数据库全局,更不必关心物理数据库,用户面对的只是外模式,因此,方便了用户操作、使用数据库。这两级映射转换是由 DBMS 实现的,它将用户对数据库的操作从用户级转换到了物理级。

1.4 数据模型及其分类

课堂任务 4 了解信息的 3 种世界，学习概念模型的相关知识，熟悉数据模型的分类。

人们对模型并不陌生。一张地图、一组建筑设计沙盘、一架精致的航模飞机都是具体的模型。通过这些模型会使人联想到现实生活中的事物。模型是现实世界特征的模拟和抽象。数据模型(Data Model)也是一种模型，它是现实世界数据特征的抽象。

1.4.1 信息的 3 种世界

现实世界是存在于人脑之外的客观世界，是数据库操作处理的对象。建立数据库系统是为了实现对现实世界中各种信息的计算机处理。由于现实世界的复杂性，不可能直接从现实世界中建立数据模型。而首先要把现实世界抽象为信息世界，并建立信息世界中的数据模型，然后进一步把信息世界中的数据模型转换为可以在计算机中实现的、最终支持数据库系统的数据模型。也就是说，数据模型的建立要经历如图 1-10 所示的过程。

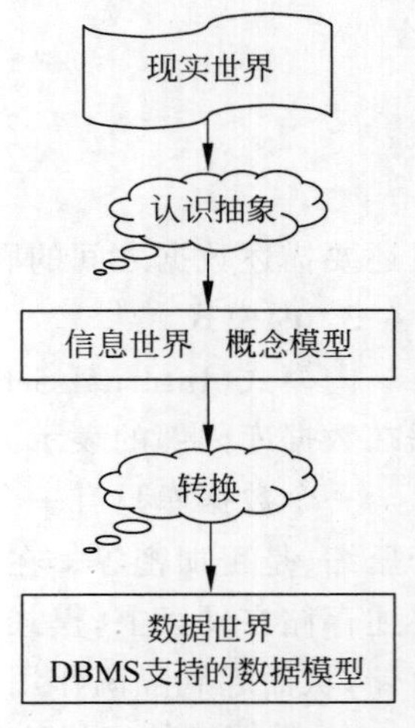

图 1-10　数据模型建立过程

1. 现实世界

客观事物及其相互联系就处于现实世界中，客观事物可以用对象和性质来描述。

2. 信息世界

信息世界是现实世界在人脑中的反映，又称观念世界。客观事物在信息世界中称为实体，反映事物间联系的是实体模型或概念模型。现实世界是物质的，相对而言，信息世界是抽象的。

3. 数据世界

信息世界中的信息，经过数字化处理形成计算机能够处理的数据，就进入了数据世界。现实世界中的客观事物及其联系在数据世界中以数据模型描述。相对于信息世界，数据世界是量化的、物化的。

因此，客观世界是信息之源，是设计、建立数据库的出发点，也是使用数据库的最后归宿。概念模型和数据模型是对客观事物及其相互联系的两种抽象描述，实现信息 3 个层次间的对应转换，而数据模型是数据库系统的核心和基础。

1.4.2 概念模型

将现实世界中的客观对象抽象为某一种信息结构，即概念模型。概念模型实际上是现实世界到数据世界的一个中间层次，不依赖计算机及 DBMS，它是现实世界的真实、全面的反映，是数据库设计人员进行数据库设计的有力工具，也是数据库设计人员和用户之间进行交流的语言。

1. 概念模型中的基本术语

- 实体。客观事物在信息世界中称为实体(Entity)。它是现实世界中客观存在且可相互区别的事物。实体可以是具体的人或物,如王一枚同学、苏通大桥;也可以是抽象的概念,如一个人、一座桥。
- 属性。实体有许多特性,实体所具有的某一特性称为属性(Attribute)。一个实体可以用多个属性来描述。例如,学生实体可以用学号、姓名、性别、出生日期等属性描述。
- 码。唯一标识实体的一组属性集称为码(Key)。例如,学号唯一标识学生,学号为学生实体的码。
- 域。某个属性对应的属性值范围称为域。例如学生的性别域为(男,女)。
- 实体型。具有相同属性的实体所具有的共同特征,用实体名和属性名集来表示,相当于数据结构。例如,学生(学号,姓名,性别,出生日期,入校时间)是一个实体型。
- 实体集。性质相同的同类实体的集合称为实体集,相当于记录体。例如,全体学生为一个实体集。
- 实体联系。在现实世界中,事物与事物之间是有联系的,这些联系在信息世界中反映为实体与实体之间的联系,即实体联系。

2. 两个实体间的联系类型

常见的实体联系有 3 种类型,如图 1-11 所示。

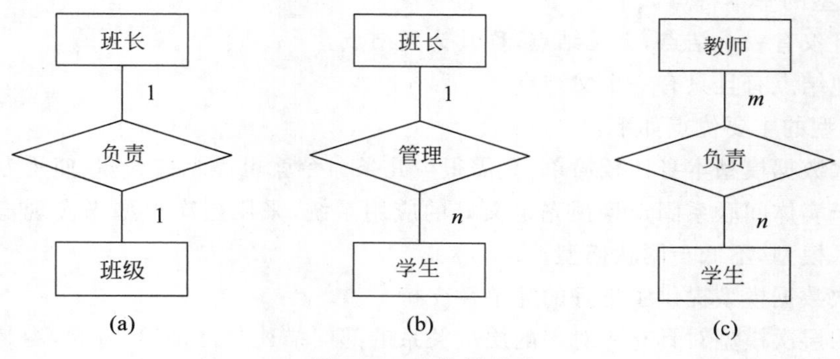

图 1-11 实体间联系

- 一对一联系(1∶1)。对于实体集 A 中的每一个实体,实体集 B 中至多有一个与之联系,反之一样,称实体集 A 与实体集 B 是一对一的联系。如班长和班级的联系,一个班级只有一个班长,一个班长对应一个班级,如图 1-11(a)所示。
- 一对多联系(1∶n)。对于实体集 A 中的每一个实体,实体集 B 中有 $n(n>1)$个实体与之联系,反之对于实体集 B 中的每一个实体,实体集 A 中至多有一个与之联系,称实体集 A 与实体集 B 是一对多的联系。例如,班长与学生的联系,一个班长对应多个学生,而本班的每个学生只对应一个班长,如图 1-11(b)所示。
- 多对多联系(m∶n)。对于实体集 A 中的每一个实体,实体集 B 中有 $n(n>1)$个实体与之联系,反之对于实体集 B 中的每一个实体,实体集 A 中有 $m(m>1)$个与之联系,称实体集 A 与实体集 B 是多对多的联系。例如,教师与学生的联系,一位教师为多个学生授课,每个学生也有多位任课教师,如图 1-11(c)所示。

1.4.3 数据模型

数据模型是数据库系统中的一个关键概念。数据模型不同，相应的数据库系统就完全不相同。任何一个数据库管理系统都是基于某种数据模型的，数据库管理系统中常用的数据模型有层次模型、网状模型和关系模型。其中，层次模型和网状模型统称为非关系模型。

1. 层次模型

层次模型(Hierarchical Model)是数据库系统中最早出现的数据模型，其采用树形结构表示实体和实体之间的联系，如图 1-12 所示。

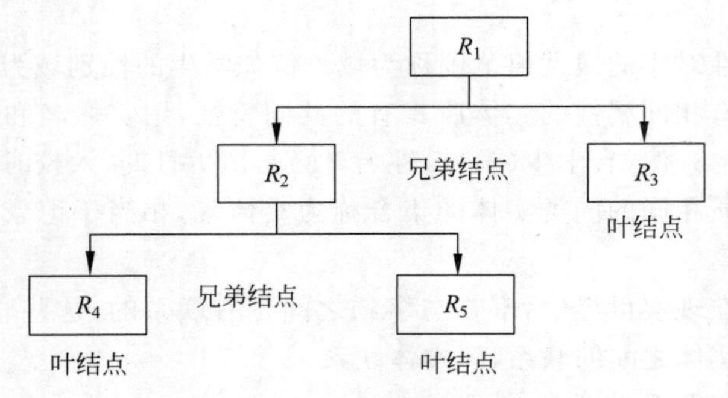

图 1-12　层次模型示意图

层次模型的基本特点如下：

- 有且仅有一个结点，无父结点，称其为根结点。
- 其他结点有且只有一个父结点。

层次模型的主要优点如下：

- 层次数据模型本身比较简单，只需很少几条命令就可操纵数据库，使用方便。
- 对于实体间联系固定且预先定义好的应用系统，采用层次模型来实现，其性能优于关系模型，不低于网状模型。
- 层次数据模型提供了良好的完整性支持。
- 使用层次模型对具有一对多的层次关系的部门描述非常自然、直观，容易理解，这是层次模型的突出优点。

层次模型的不足主要有以下几点：

- 只能表示一对多的联系，虽然有多种辅助手段实现联系，但表示笨拙复杂，用户难以掌握。
- 由于树形结构层次顺序的严格与复杂，引起数据的查询和更新操作也很复杂，导致应用程序编写困难。

2. 网状模型

用网状结构表示实体和实体之间联系的数据模型称为网状模型(Network Model)。网状模型是层次模型的拓展，能够表示各种复杂的联系，如图 1-13 所示。

网状模型的基本特点如下：

- 允许一个以上的结点没有双亲结点。
- 一个结点可以有多于一个的双亲结点。

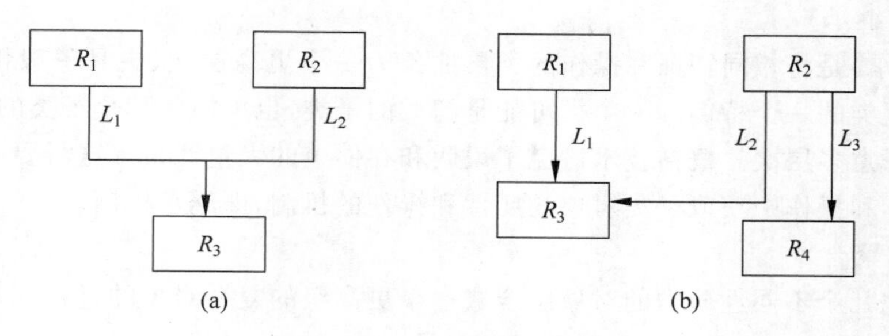

图 1-13　网状模型示意图

网状模型的优点如下：

- 更为直接、自然地描述现实世界，例如一个结点可以有多个双亲结点。
- 具有良好的性能，存取效率较高。

网状模型的不足如下：

- 结构较为复杂，特别是随着应用需求范围的扩大，数据库结构就会变得相当复杂，使得用户难以理解与掌握。
- 网状模型中记录间的联系通过存取路径实现，应用程序访问数据时应当选择适当的存取路径，用户必须了解系统结构的细节，加重了编写应用程序的负担。

3. 关系模型

用二维表来表示实体和实体间联系的数据模型称为关系模型。例如，在关系模型中可用如表 1-1 所示的形式表示学生对象。关系不仅可以表示实体间一对多的联系，也可以方便地表示多对多的联系。

表 1-1　学生表

学号	姓名	性别	出生日期	政治面貌	入学时间	专业代码	班号	籍贯
19011101	王一枚	男	2000-03-02	团员	2019-09-14	011	190111	南通
19012102	李碧玉	女	2000-08-06	团员	2019-09-14	012	190121	南通
19041105	张玉桥	男	1999-09-12	党员	2019-09-14	041	190411	南京
19071002	赵思男	女	2000-01-03	团员	2019-09-14	071	190710	南京
19061101	陈晗韵	女	2000-05-06	团员	2019-09-14	061	190611	南京
18011219	李绿杨	男	1998-12-07	团员	2018-09-11	011	180112	南通
18061101	胡静怡	男	1999-06-16	团员	2018-09-11	061	180611	南通
18061102	宛如缺	女	1998-02-25	团员	2018-09-16	061	180611	徐州
17071106	于归	男	1997-01-02	党员	2017-09-16	071	170711	南京
17051002	江风	女	1998-10-25	团员	2017-09-16	051	170510	南京

4. 面向对象模型

面向对象模型把实体表示为类，一个类描述了对象属性和实体行为。面向对象数据模型 4 种核心技术如下。

1）分类

分类是把一组具有相同属性结构和操作方法的对象归纳或映射为一个公共类的过程。如城镇建筑可分为行政区、商业区、住宅区、文化区等若干类。

2）概括(继承)

概括(继承)是将相同特征和操作的类再抽象为一个更高层次、更具一般性的超类的过程。子类是超类的一个特例。一个类可能是超类的子类,也可能是几个子类的超类。所以,概括可能有任意多层次。概括技术避免了说明和存储上的大量冗余。这需要一种能自动地从超类的属性和操作中获取子类对象的属性和操作的机制,即继承机制。

3）聚集(聚合)

聚集是把几个不同性质类的对象组合成一个更高级的复合对象的过程。

4）联合(组合)

相似对象抽象组合为集合对象。其操作是成员对象的操作集合。

面向对象模型具有以下优点:

- 适合处理各种各样的数据类型。与传统的数据库(如层次、网状或关系)不同,面向对象数据库适合存储不同类型的数据,例如,图片、声音、视频,包括文本、数字等。
- 面向对象程序设计与数据库技术相结合。面向对象模型结合了面向对象程序设计与数据库技术,因而提供了一个集成应用开发系统。
- 提高开发效率。面向对象模型提供强大的特性,例如继承、多态和动态绑定,这样允许用户不用编写特定对象的代码就可以构成对象并提供解决方案。这些特性能有效地提高数据库应用程序开发人员的开发效率。
- 改善数据访问。面向对象模型明确地表示联系,支持导航式和关联式两种方式的信息访问,它比基于关系值的联系更能提高数据访问性能。

面向对象模型的缺点:

- 没有准确的定义。不同产品和原型的对象是不一样的,所以不能对对象做出准确定义。
- 维护困难。随着组织信息需求的改变,对象的定义也要求改变并且需移植现有数据库,以完成对新对象的定义。当改变对象的定义和移植数据库时,它可能面临真正的挑战。
- 不适合所有的应用。面向对象模型用于需要管理数据对象之间存在的复杂关系的应用,它们特别适合于特定的应用,例如工程、电子商务、医疗等,但并不适合所有应用。当用于普通应用时,其性能会降低并要求很高的处理能力。

1.5 关系模型的数据结构

课堂任务5 学习关系模型的数据结构及相关理论知识。

1970年美国IBM公司San Jose研究室研究员E. F. Codd博士首次提出关系模型,开创了关系数据库理论的研究,为数据库技术奠定了基础。由于他的杰出工作,在1981年获得ACM图灵奖。

关系模型是建立在严格的数学基础之上的,层次和网状数据库是先有数据库后有理论的数据库系统,而关系数据库是以理论为指导建立起来的数据库系统。从用户的角度来看,关系模型是一张简单的二维表格,它由行和列组成。

1.5.1 关系模型的基本概念

1. 关系

关系就是一张二维表，通常将一个没有重复行、重复列的二维表看成一个关系，每个关系都有一个关系名。例如，学生信息管理系统中的课程表就是一个关系，如表 1-2 所示。

表 1-2 课程表

课 程 号	课 程 名	课程性质	学 分
0110	值班与避碰	A	5
0311	电子商务	B	4
⋮	⋮	⋮	⋮

2. 元组

二维表的每一行在关系中称为元组。

3. 属性

二维表的每一列在关系中称为属性，每个属性都有一个属性名，属性值则是各个元组在该属性上的取值。

例如表 1-2 中的第二列，“课程名”是属性名，“电子商务”则为第二个元组在“课程名”属性上的取值。

4. 域

属性的取值范围称为域。域作为属性值的集合，其类型与范围具体由属性的性质及其所表示的意义确定。

例如表 1-2 中“课程性质”属性的域是$\{A,B\}$。

5. 关键字或码

在关系的诸属性中，能够用来唯一标识元组的属性或属性组称为关键字或码。

例如，表 1-2 中的“课程号”属性是关键字，因为通过课程号可以唯一确定元组。

6. 候选关键字或候选码

如果在一个关系中存在多个属性(或属性组)都能用来唯一标识该关系中的元组，这些属性(或属性组)都称为该关系的候选关键字或候选码。

例如，在课程表中，如果没有重名的课程名，则课程号和课程名都是课程表的候选关键字。

7. 主关键字或主码

在一个关系的若干候选关键字中，被指定作为关键字的候选关键字称为该关系的主关键字或主码。

8. 非主属性或非码属性

在一个关系中，不组成码的属性称为该关系的非主属性或非码属性。

例如表 1-1 学生表中的姓名、出生日期和专业代码等是非主属性。

9. 外部关键字或外码

一个关系的某个属性虽不是该关系的关键字或只是关键字的一部分，但却是另一个关系的关键字，则称这样的属性为该关系的外部关键字或外码。外部关键字是表与表联系的纽带。

例如,学生表中的专业代码不是学生表的关键字,但它却是表 1-3 所示的专业表的关键字,因此专业代码是学生表的外部关键字,通过专业代码可以使学生表与专业表建立联系。

表 1-3　专业表

专业代码	专业名称	系部代码
011	海驾	01
012	轮机	01
021	港口机械	02
031	电力技术	03
041	多媒体技术	04
051	物联网	05
⋮	⋮	⋮

10. 主表和从表

主表和从表是指通过外码相关联的两个表。外码所在的表称为从表;主码所在的表称为主表。例如,专业表是主表,而学生表是从表。

11. 关系模式

关系模式是对关系的描述,一般表示为:关系名(属性 1,属性 2,…)。

例如,课程表的关系模式为课程(课程号,课程名,课程性质,学分);

又如,专业表的关系模式为专业(专业代码,专业名称,系部代码)。

1.5.2　关系模型的性质与优缺点

1. 关系模型的性质

关系模型具有以下性质:

- 关系中的每个属性值都是不可分解的。
- 列是同质的,即每一列中的值是同一类型的数据,来自同一个域。
- 同一关系中不允许出现相同的属性名。
- 关系中的属性在理论上也是无序的,即列的次序可任意交换。
- 关系中没有重复的元组。
- 行的顺序无所谓,即行的次序可以任意交换。
- 关系模式必须满足规范化的理论,不允许表中有表。

2. 关系模型的优缺点

关系模型的主要优点如下:

- 数据结构单一。关系模型中,不管是实体还是实体之间的联系,都用关系来表示,而关系都对应一张二维数据表,数据结构简单、清晰。
- 关系规范化,并建立在严格的数学基础上。构成关系的基本规范要求关系中每个属性不可再分割,同时关系建立在具有坚实的理论基础的严格数学概念基础上。
- 概念简单,操作方便。关系模型最大的优点就是简单,用户容易理解和掌握。一个关系就是一张二维表格,用户只需用简单的查询语言就能对数据库进行操作。
- 存取路径对用户透明,具有较高的数据独立性和安全保密性。

关系模型的主要缺点是由于存储路径透明,查询效率低于非关系模型,系统必须对查询进行优化。

课后作业

1. 什么是数据?什么是大数据?什么是信息?它们的关系如何?
2. 什么是数据处理?什么是云计算?
3. 数据管理技术经历了哪几个阶段?各阶段的特点是什么?
4. 什么是数据库、数据库管理系统、数据库系统?
5. 什么是数据的独立性?数据库系统中为什么能具有数据独立性?
6. 实体与实体之间的联系类型有哪几种?试举出相应的实例。
7. 常见的数据模型有几种类型?各有什么特点?
8. 什么是关系?什么是关系模式?关系模型具有哪些性质?

第 2 章　规范化的数据库设计

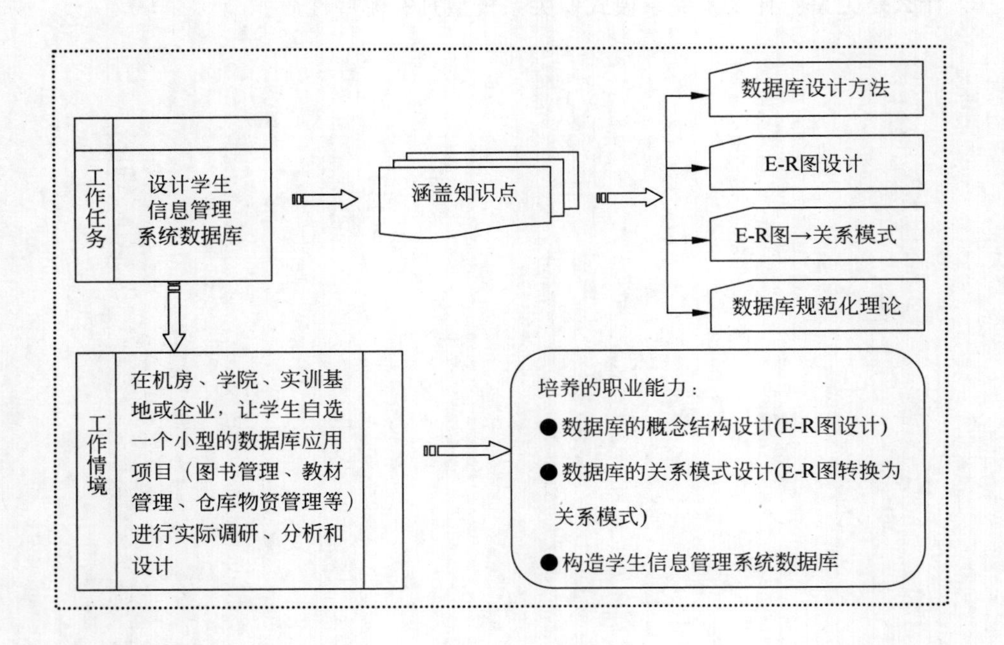

第2课　构造学生信息管理系统数据库

数据库设计是建立数据库及其应用系统的技术，是信息系统开发和建设中的核心技术。具体来说，数据库设计是指对于给定的应用环境，构造最优的数据库模式。本课将结合构造学生信息管理系统数据库来讨论关系数据库设计方法和设计过程，掌握关系数据库设计的要点。

2.1　关系数据库设计的方法与阶段

课堂任务1　了解数据库设计的方法和阶段，掌握E-R图。

2.1.1　数据库设计的方法

关系数据库是建立在关系模型基础上的数据库，借助于集合代数等数学概念和方法来处理数据库中的数据。关系数据库设计的方法有直观设计法、规范设计法、计算机辅助设计法和自动化设计法。

1. 直观设计法

直观设计法（也称手工试凑法）依赖于设计者的经验和技巧，设计质量难以保证。

2. 规范设计法

- 新奥尔良(New Orleans)方法。规范设计法中比较著名的有新奥尔良方法，它将数据库设计分为4个阶段：需求分析（分析用户要求）、概念设计（信息分析和定义）、逻辑设计（设计实现）和物理设计（物理数据库的设计）。
- 基于E-R模型的数据库设计方法。其基本思想是在需求分析的基础上，用E-R图构造一个反映现实世界实体之间联系的模式，再转换为基于某一特定的DBMS数据模型。
- 基于3NF的数据库设计方法。其基本思想是在需求分析的基础上确定数据库模式中的全部属性和属性间的依赖关系，将它们组织在一个单一的关系模式中，然后再分析模式中不符合3NF的约束条件，将其进行投影分解，规范成若干个3NF关系模式的集合。
- 基于视图的数据库设计方法。其基本思想是先分析各个应用的数据，为每个应用建立自己的视图，然后再把这些视图汇总起来合并成整个数据库的概念模式。

3. 计算机辅助设计法

计算机辅助设计法是在数据库设计的某些过程中，模拟某一规范化设计的方法，并以人的知识或经验为主导，通过人机交互方式实现设计中的某些部分。例如，使用PowerDesigner工具进行数据库建模。

4. 自动化设计法

自动化设计法完全由计算机完成数据库设计。

2.1.2 数据库设计的阶段

按照规范设计的方法，将数据库的设计分为以下 6 个阶段进行，不同的阶段完成不同的设计内容，如图 2-1 所示。

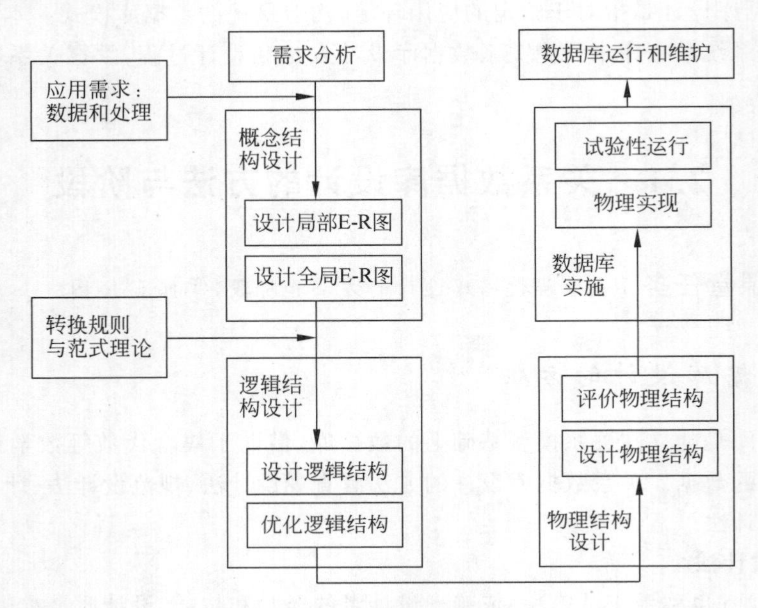

图 2-1 数据库设计的阶段

1. 需求分析阶段

需求分析的重点是调查、收集与分析用户在数据管理中的信息要求、处理要求、安全性与完整性要求，得到设计系统所必需的需求信息，建立系统说明文档。需求分析是整个设计过程的基础，是最困难、最耗时间的一步。

- 需求的调查。调查组织机构情况、各部门的业务活动情况，以协助用户明确对新系统的各种要求。
- 需求的收集。收集数据及其发生时间、频率，数据的约束条件、相互联系等。
- 需求的分析。数据业务流程分析；数据分析统计（对输入、存储、输出的数据分别进行统计）；分析数据的各种处理功能，产生系统功能结构图。

需求分析阶段的成果是系统需求说明书，此说明书主要包含数据流图、数据字典、系统功能结构图和必要的说明。系统需求说明书是数据库设计的基础文件。

2. 概念结构设计阶段

概念结构设计是整个数据库设计的关键。它通过对用户的需求进行综合、归纳与抽象，形成一个独立于具体 DBMS 的概念模型。

最常采用的设计策略是自底向上，即首先定义各局部应用的概念结构，然后将它们集成起来，得到全局的概念结构。一般都以 E-R 模型为工具来描述概念结构。

3. 逻辑结构设计阶段

逻辑结构设计的任务就是将概念模型(E-R 模型)转换为特定的 DBMS 所支持的数据库的逻辑结构。

由于现在设计的数据库应用系统都普遍采用关系模型的 RDBMS,所以逻辑结构设计实质上是关系数据库逻辑结构的设计。

关系数据库逻辑结构设计可按以下步骤进行:

(1) 将 E-R 图转换为关系模式;

(2) 将转换后的关系模式向特定的 RDBMS 支持的数据模型转换;

(3) 对数据模型进行优化。

4. 物理结构设计阶段

数据库的物理结构设计是为逻辑数据模型选取一个最适合的应用环境的物理结构,包括存储结构和存取方法。

5. 数据库实施阶段

设计人员运用 DBMS 提供的数据语言及宿主语言,根据逻辑结构设计和物理结构设计的结果建立数据库,编制与调试应用程序,组织数据入库,并进行试运行。

6. 数据库运行和维护阶段

数据库应用系统经过试运行后,即可投入正式运行。在数据库系统运行过程中必须不断地对其进行评价、调整与修改。

2.1.3 E-R 图的设计

概念模型的表示方法最常用的是实体-联系方法(Entity-Relationship Approach,E-R 方法),是由美籍华人陈平山于 1976 年提出的。该方法用 E-R 图来描述现实世界的概念模型。

构成 E-R 图的基本图形元素有矩形、椭圆、菱形和无向线。

- 矩形。用来表示实体,矩形框内写上实体名。
- 椭圆。用来表示实体的属性,椭圆内写上属性名,并用无向线把实体与属性连接起来。
- 菱形。用来表示实体与实体的联系,菱形框内写上联系名,用无向线把菱形分别与相关实体相连接,在无向线旁标上联系的类型($1:1$,$1:n$,$m:n$),若实体的联系也具有属性,则把属性与菱形也用无向线连接上。
- 无向线。用于实体与属性、实体与联系之间的连接。

设计一个数据库系统的 E-R 模型,可按以下步骤进行:

(1) 设计局部 E-R 模型。

- 确定实体类型。
- 确定实体间联系的类型。
- 确定实体类型的属性。
- 确定联系类型的属性。
- 根据实体类型画出 E-R 图。

(2) 设计全局 E-R 模型。将所有的局部 E-R 图集成为全局 E-R 模型。

(3) 全局 E-R 模型的优化。分析全局 E-R 模型，看能否反映和满足用户的需求，尽量减少实体的个数，减少实体类型所含的属性个数，实体间的类型联系无冗余。

假设学生信息管理系统中的学生、教师、课程 3 个实体分别具有下列属性。

学生：学号，姓名，性别，出生日期，政治面貌，入学时间，专业代码，班号，籍贯，家庭住址。

教师：教师工号，姓名，性别，出生日期，政治面貌，参加工作，学历，职务，职称，系部代码。

课程：课程号，课程名，课程性质，学分。

这 3 个实体的 E-R 图如图 2-2 所示。

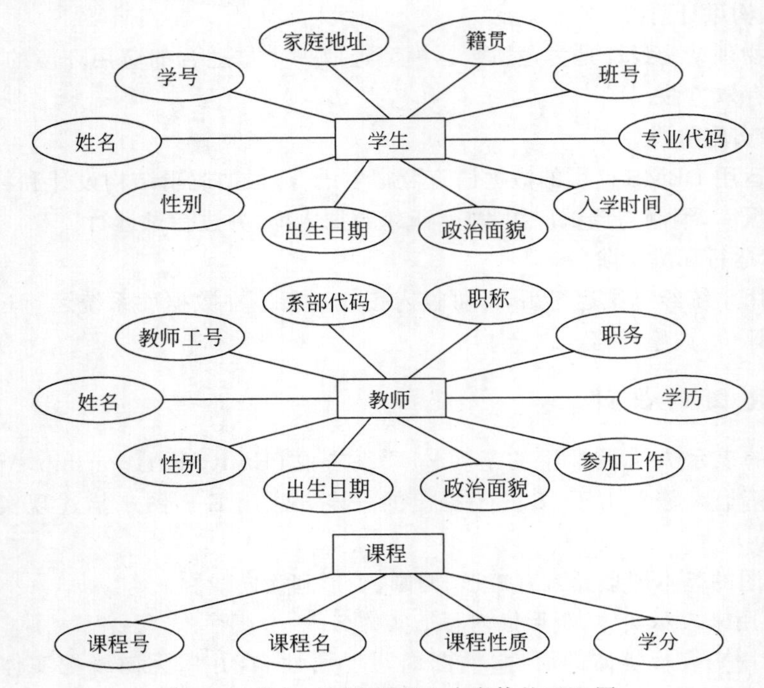

图 2-2 学生、教师、课程 3 个实体的 E-R 图

在这 3 个实体中，教师和课程之间存在着任课联系，学生和课程之间存在着选课联系，教师和学生之间存在着授课联系。这 3 个实体之间联系的 E-R 图如图 2-3 所示。

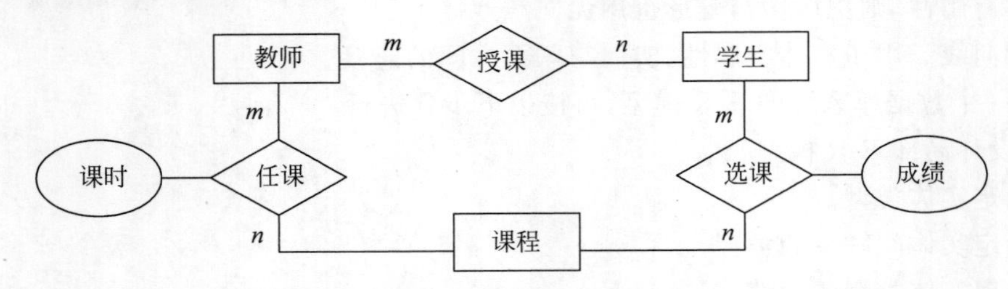

图 2-3 学生、教师、课程 3 个实体及其联系 E-R 图

在制作实体联系模型时，应注意以下 5 个问题：

- 实体联系模型要全面、正确地刻画客观事物，要清楚明了，易于理解。

- 实体中码的选择应注意确保唯一性，即作为码的属性确实应该是那些能够唯一识别实体的属性码。不一定是单个属性，也可以是某几个属性的组合。
- 实体间的联系常常通过实体中某些属性值的关系来表达，因此在选择组成实体的属性时，应考虑如何实现实体间的联系。
- 有些属性是通过实体间的联系反映出来的，如选课中的成绩属性，对这些属性应特别注意，因为它们经常是在将概念模型向数据模型转换时的重要数据项。
- 前面给出的教学管理例子中，联系都是存在于两个实体之间，且实体之间只存在一种联系，这是最简单的情况。而现实中，联系可能存在于多个实体之间，实体之间可能有多种联系，此时，实体与它自己的某个子集之间也构成某种联系。

课堂任务1 对照练习

(1) 已知系部实体有系部代码、系部名称、系主任、联系电话等几个属性，画出其实体属性图。

(2) 已知专业实体有专业代码、专业名称、系部代码这几个属性，画出其实体属性图。

(3) 画出系部和专业联系的E-R图。

2.2 E-R图转换为关系模式的规则

课堂任务2 学习将E-R图转换为关系模式的规则。

概念结构设计阶段得到的E-R模型是用户的模型，它独立于任何一种数据模型，独立于任何一个具体的DBMS。为了建立用户所要求的数据库，需要把上述概念模型转换为某个具体的DBMS所支持的数据模型。数据库逻辑设计的任务就是将概念模型转换成特定的DBMS所支持的数据模型。

2.2.1 实体的转换规则

一个实体转换为一个关系模式，实体的属性就是关系的属性，实体的码就是关系的码。

例如，图2-2中学生、教师和课程3个实体可转换为如下关系模式：

学生(<u>学号</u>,姓名,性别,出生日期,政治面貌,入学时间,专业代码,班号,籍贯,家庭地址)
教师(<u>教师工号</u>,姓名,性别,出生日期,政治面貌,参加工作,学历,职务,职称,系部代码)
课程(<u>课程号</u>,课程名,课程性质,学分)

其中，每个带下画线的属性为关系的码。

2.2.2 实体间联系的转换规则

1. 1∶1联系

一个1∶1联系可以转换为一个独立的关系模式，也可以与任意一端所对应的关系模式合并。如果转换为一个独立的关系模式，则与联系相连的各实体的码以及联系本身的属性均转换为关系的属性，每个实体的码均是该关系的候选码。

如果将联系与任意一端实体所对应的关系模式合并，则需要在被合并的关系中增加属性，其新增的属性为联系本身的属性和与联系相关的另一个实体的码。

例如，将图 2-4 所示的班级和班长 1∶1 联系的 E-R 图，转换为关系模式。

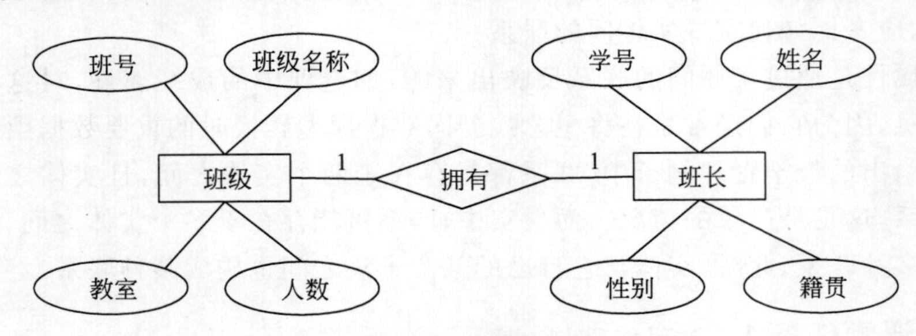

图 2-4　班级和班长联系 E-R 图

方案 1：将联系形成的关系独立存在，转换后的关系模式为：

班级(<u>班号</u>，班级名称，教室，人数)
班长(<u>学号</u>，姓名，性别，籍贯)
拥有(<u>班号</u>，<u>学号</u>)

方案 2：将“拥有”和“班长”合并，转换后的关系模式为：

班级(<u>班号</u>，班级名称，教室，人数)
班长(<u>学号</u>，姓名，性别，籍贯，班号)

方案 3：将“拥有”和“班级”合并，转换后的关系模式为：

班级(<u>班号</u>，班级名称，教室，人数，学号)
班长(<u>学号</u>，姓名，性别，籍贯)

方案 2 或方案 3 与方案 1 相比，比方案 1 少一个关系，更节省存储空间。

2. 1∶*n* 联系

一个 1∶n 联系可以转换为一个独立的关系模式，也可以与 n 端所对应的关系模式合并。

如果转换为一个独立的关系模式，则与该联系相连的各实体的码以及联系本身的属性均转换为关系的属性，而关系的码为 n 端实体的码。

如果与 n 端所对应的关系合并，则在 n 端实体中增加新属性，新属性由联系对应的 1 端实体的码和联系自身的属性构成，新增属性后原关系的码不变。

例如，将图 2-5 所示的系部和专业 1∶n 联系的 E-R 图转换为关系模式。

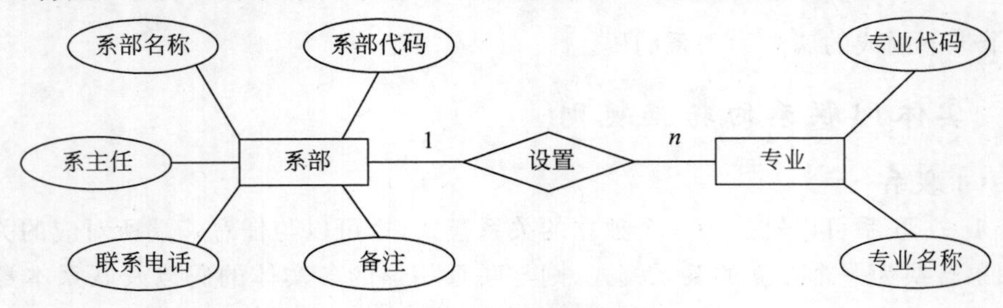

图 2-5　系部和专业联系 E-R 图

方案 1：将联系形成的关系独立存在，转换后的关系模式为：

系部(系部代码,系部名称,系主任,联系电话,备注)
专业(专业代码,专业名称)
设置(专业代码,系部代码)

方案 2：将联系形成的关系与 n 端合并，转换后的关系模式为：

系部(系部代码,系部名称,系主任,联系电话,备注)
专业(专业代码,专业名称,系部代码)

比较以上两种方案可以发现：方案 1 中用一个关系来存放系部与专业的对应关系，方案 2 中则在专业关系中用一个属性来存放系部和专业的对应关系。事实上每个专业都会从属于一个系部，方案 2 比方案 1 设计合理，又节省存储空间。

3. $m:n$ 联系

将一个 $m:n$ 联系转换为一个关系模式，转换的方法为将与该联系相连的各实体的码以及联系本身的属性均转换为关系的属性，新关系的码为两个相连实体码的组合。

例如，将图 2-3 所示的学生、课程及形成的选课联系转换为关系模式。

学生(学号,姓名,性别,出生日期,政治面貌,入学时间,专业代码,班号,籍贯,家庭地址)
课程(课程号,课程名,课程性质,学分)
选课(学号,课程号,成绩)

选课关系的码应为“学号”和“课程号”的组合。

2.2.3 关系合并规则

为了减少系统中的关系个数，如果两个关系模式具有相同的主码，可以考虑将它们合并为一个关系模式。合并的方法是将其中一个关系模式的全部属性加入到另一个关系模式中，然后去掉其中的相同属性，并适当调整属性的次序。

例如，班长 1(学号,姓名,性别,籍贯)和班长 2(学号,姓名,性别,班号)关系模式可合并成如下的关系模式：

班长(学号,姓名,性别,班号,籍贯)。

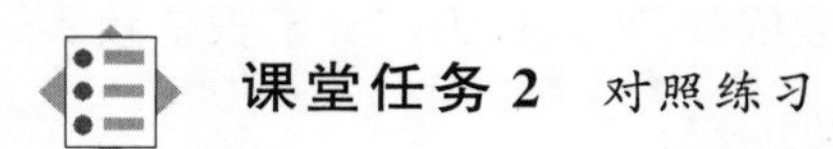

课堂任务 2 对照练习

将图 2-3 所示的教师与课程及形成的任课联系、教师与学生及形成的授课联系分别转换为关系模式。

2.3 关系数据模式的规范化理论

课堂任务 3 学习关系数据库中函数依赖、范式及关系分解的相关知识。

关系数据库的设计直接影响应用系统的开发、维护及其运行效率。一个不好的关系模式会导致插入异常、删除异常、修改异常、数据冗余等问题。为使数据库的设计方法走向完备，人们提出了关系数据库的理论，它借助数学工具规定了一整套关系数据库设计的理论和方法，主要包括函数依赖理论和关系规范化理论。

2.3.1 数据依赖

数据依赖是指关系中属性值之间的既相互依赖又相互制约的联系。常见的数据依赖主要有函数依赖和多值依赖两种形式。下面主要介绍函数依赖。

1. 函数依赖

设有一个关系：

```
学生(学号,姓名,性别,出生日期,入学时间,系名)
```

在这个关系中，当学生的学号确定时，该学生的姓名将唯一确定(学号→姓名)；

当学生的学号确定时，该学生的系名将唯一确定(学号→系名)。

函数依赖的定义：在关系模式 $R(X,Y)$ 中，X、Y 都是 R 的属性集，当 X 中取值确定时，Y 中的取值唯一确定，叫作 Y 函数依赖于 X，或 X 函数决定 Y，记作 $X \to Y$，并称 X 为决定因素。

2. 函数依赖的类型

函数依赖有平凡函数依赖和非平凡函数依赖、完全函数依赖和部分函数依赖、传递函数依赖等类型。下面主要介绍完全函数依赖和部分函数依赖及传递函数依赖。

1) 完全函数依赖和部分函数依赖

设一个关系：

```
SDC(学号,系名,系主任名,课程名,成绩)
```

在 SDC 关系中，有函数依赖学号→系名，系名→系主任名，(学号，课程名)→成绩，这样 SDC 的关键字应为(学号，课程名)。显然有(学号，课程名)→系名，(学号，课程名)→系主任名，系名、系主任名只依赖于关键字(学号，课程名)中的学号，是部分函数依赖。本来由学号就能单独确定的属性值，由于关键字实体完整性的限制，课程名也不能为空，使得课程名也对系名和系主任名产生决定作用，这显然是不合理的。

部分函数依赖定义：在关系模式 $R(X,Y)$ 中，X、Y 是 R 中的属性集，$X \to Y$，且对 X 的任一个真子集 X'，不存在 $X' \to Y$，则 $X \to Y$ 为完全函数依赖，否则称为部分函数依赖。

2) 传递函数依赖

设有一个关系：

```
SD(学号,系名,系主任名)
```

在 SD 关系中，有函数依赖学号→系名，系名→系主任名，而 SD 的关键字是学号。显然有学号→系主任名，这样系主任名传递函数依赖于关键字——学号。本来系名可以单独决定系主任名，但由于学号是关键字，在 SD 中不得不由学号起决定作用，这显然是不合理的。

传递函数依赖的定义：在关系模式 R 中，X、Y、Z 是 R 中的属性集，$X \to Y$，$Y \to Z$，且不存在 $Y \subseteq X$、$Y \to X$，则称 Z 传递函数依赖于 X。

函数依赖是数据依赖的一种，函数依赖反映了同一关系中属性间一一对应的约束。函数依赖理论是关系的 1NF、2NF、3NF、BCNF 和 4NF 的基础理论。

2.3.2 范式及无损分解

在定义各种范式之前，先看一个例子。假设现有关系：

学生(学号，姓名，班级，课程号，成绩，班主任)

这个关系模式的主码是(学号，课程号)。可以看出，学生这个关系模式存在以下 4 个问题：

- 数据冗余。一个学生通常要选多门课，学号、姓名、课程号和班主任都会重复多次，占用存储空间多。
- 更新异常。如果某班改换了班主任，属于该班的学生都要修改班主任的内容，而每一个学生又选修了多门课程，修改时一不小心就可能此改彼漏，造成数据不一致。
- 插入异常。例如，当某学生尚未选课前，虽然已知他的学号、姓名与班级，仍无法将他的信息插入关系中。这是因为关系的主码是(学号，课程号)，课程号不能为"空"，所以插入是禁止的。显然，这和先入学后选课的情形是冲突的。
- 删除异常。假定某个学生只选修了一门课程，现在要取消这次选课，显然在删除记录时将整个元组一起删去，这样有关该学生的其他信息就丢失了。若想保留该学生的其他信息，就只好不删。

产生上述问题的原因，直观地说，是关系中"包罗万象"，内容太杂了。从属性间函数依赖的关系看，由于该关系中除完全函数依赖外，还存在部分函数依赖和传递函数依赖。下面从消除后两种函数依赖入手，尝试解决上述问题。

1. 范式及规范化

规范化的理论是 E. F. Codd 首先提出的。他认为，一个关系数据库中的关系，都应满足一定的规范，才能构造出好的数据模式，Codd 把应满足的规范分成几级，每一级称为一个范式(Normal Form)。例如满足最低要求，叫第一范式(1NF)；在 1NF 基础上又满足一些要求的叫第二范式(2NF)；第二范式中，有些关系能满足更多的要求，就属于第三范式(3NF)。后来 Codd 和 Boyce 又共同提出了一个新范式：BC 范式(BCNF)。以后又有人提出第四范式(4NF)和第五范式(5NF)。范式的等级越高，应满足的条件也越严。

所谓"第几范式"，是表示关系的某一种级别，所以经常称某一关系模式 R 为第几范式。但现在人们把范式这个概念理解成符合某一种级别的关系模式的集合，则 R 为第几范式就可以写成 $R \in x\mathrm{NF}$。对于各种范式之间的联系，有 $5\mathrm{NF} \subset 4\mathrm{NF} \subset \mathrm{BCNF} \subset 3\mathrm{NF} \subset 2\mathrm{NF} \subset 1\mathrm{NF}$。

将一个低一级范式的关系模式，通过模式分解可以转换为若干个高一级范式的关系模式的集合，这个过程就叫规范化。

1) 第一范式(1NF)

如果关系模式 R 的每一个属性都是不可分解的数据项，则 R 为第一范式模式，记为 $R \in 1\mathrm{NF}$。简单地说，第一范式要求关系中的属性必须是原子项，即不可再分的基本类型，集合、数组和结构不能作为某一属性出现，严禁出现"表中有表"的情况。如表 2-1 所示，成绩这个属性中还包含了多个子项，所以这个关系就不符合第一范式的规定。

表 2-1　不符合第一范式的形式

学　号	姓　名	成　绩		
		课程 1 成绩	课程 2 成绩	课程 3 成绩
19011101	王一枚	85	75	60
19011102	李碧玉	63	81	74

但是满足第一范式的关系模式并不一定是一个好的关系模式，例如，关系模式：

学生(学号,姓名,班级,课程号,成绩,班主任)

显然，这个关系模式满足第一范式，但是前面我们已经讨论过了，该关系存在插入异常、删除异常、数据冗余度大和更新异常 4 个问题。

2）第二范式(2NF)

学生关系模式之所以会有上述问题，其原因是姓名、班级等非主属性对码的部分函数依赖。为了消除这部分函数依赖，可以把学生关系分解为两个关系模式：学生和选课。

学生(学号,姓名,班级,班主任)
选课(学号,课程号,成绩)

其中，学生关系模式的码为(学号)，选课关系模式的码为(学号，课程号)。它们的函数依赖如图 2-6 所示。

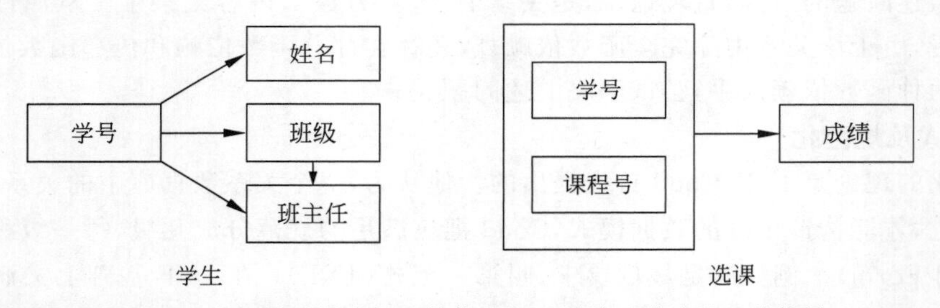

图 2-6　学生关系模式的函数依赖与选课关系模式的函数依赖

显然，在分解后的关系模式中，非主属性都完全函数依赖于码，从而使上述 4 个问题在一定程度上得到了一定的解决。

- 在学生关系中可以插入尚未选课的学生信息。
- 删除某课程仅涉及“选课”关系模式，如果某学生不再选修某课程了，只是选课关系中没了关于该学生的相关课程信息，不会牵扯到学生关系中该学生的其他相关信息。
- 由于学生的选课情况与其本身的基本信息是分开存储在两个关系模式中的，因此，无论某学生学习了多少门课程，该学生对应的姓名、班级和班主任的信息只会在“学生”关系中存储一次。这就降低了数据冗余。

第二范式定义为：若关系模式 R 满足第一范式，即 $R \in 1\mathrm{NF}$，并且每个非主属性都完全函数依赖于 R 的码(即不存在部分函数依赖)，则 R 满足第二范式，记为 $R \in 2\mathrm{NF}$。

上例中，从学生关系分解后的学生关系和选课关系都属于 2NF。可见，采用分解法将一个 1NF 分解为多个 2NF 的关系，可以在一定程度上减轻原 1NF 关系中存在的插入异常、删除异常、数据冗余度大和更新异常等问题。但是，将一个 1NF 关系分解为多个 2NF 的关系，并不一定能完全消除关系模式中的各种异常。也就是说，属于 2NF 的关系模式并不一定是一个好的关系模式。

例如，分解后属于 2NF 的关系模式学生(学号，姓名，班级，班主任)中有下列函数依赖：学号→姓名，学号→班级，班级→班主任，学号→班主任。

在这个关系模式中有班主任传递函数依赖于学号，即学生关系模式中存在非主属性对码的传递函数依赖。

学生关系模式中还存在一些问题：

- 插入异常。如果要添加一个班主任，但该班主任的班级暂时还没有学生入学，就无法将其信息存入数据库。
- 删除异常。如果删除一个班的所有学生，则该班级和班主任的信息将一并被删除。
- 仍有较大的冗余。一个学生对应一个班主任，在学生关系中却重复出现，重复次数为学生的数量。
- 更新异常。如果要修改某个班级的班主任，本来只需修改一次，但在学生关系中，要修改其对应的所有学生的相关信息。

所以，学生关系模式仍不是一个好的关系模式。

3）第三范式(3NF)

学生关系模式出现上述问题的原因是该关系模式含有传递函数依赖。为了消除该传递函数依赖，可以把学生关系模式分解为关系模式：学生和班级。

学生(学号，姓名，班级)
班级(班级，班主任)

其中，学生关系模式的码是学号，班级关系模式的码是班级。这两个关系模式的函数依赖如图 2-7 所示。

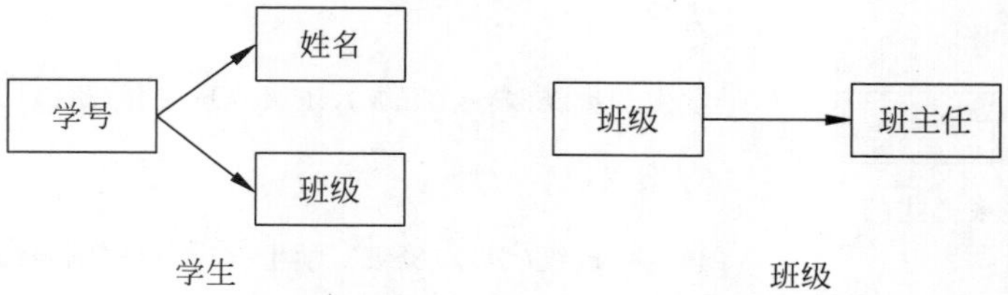

学号 → 姓名
学号 → 班级
学生

班级 → 班主任
班级

图 2-7　学生的函数依赖与班级的函数依赖

显然，在分解后的关系模式中，既没有非主属性对码的部分函数依赖，也没有非主属性对码的传递函数依赖，这在一定程度上解决了上述 4 个问题。

- 在班级关系模式中，可以插入暂时没有接管学生的班主任的相关信息。
- 如果删除了一个班的学生信息，只是删除学生关系模式的相应元组，班级关系模式中关于该班的相关信息将仍保存。
- 每个班级对应的班主任信息只在班级关系模式中出现一次。
- 如果要修改某个班的班主任，在班级关系模式中修改一次即可。

第三范式定义为：若关系模式 $R \in 2NF$，且它的每一个非主属性都不传递函数依赖于码,则 R 满足第三范式,记作 $R \in 3NF$。换句话说,如果一个关系模式 R 满足不存在部分函数依赖和传递函数依赖,则 R 满足 3NF。

上例中学生和班级关系模式都属于 3NF。可见,采用分解法将一个 2NF 分解为多个 3NF 的关系,可以在一定程度上减轻原 2NF 关系中存在的插入异常、删除异常、数据冗余度大和更新异常等问题。

除了上述 3 种范式之外,还有 BC 范式(BCNF)、第四范式(4NF)和第五范式(5NF)。其中,BCNF 是对 3NF 的进一步修正,4NF 考虑到多值依赖的问题,5NF 尚在理论研究中。一般来讲,数据库的关系模式设计只要能够满足 3NF 即可。

2. 关系模式的分解

分解就是将一个关系拆分成两个或多个关系,让一个关系模式描述一个概念、一个实体或者实体间的一种联系,若多于一个概念就把它"分离"出去。分解是提高关系范式等级的重要方法。从上述各个引例中,可以看到分解所起的作用。

那么,如何对关系模式进行分解呢?下面通过一个实例说明模式分解的一般方法和对分解质量的要求。

例如,已知关系学生(学号,班级,班主任)$\in$ 2NF,表 2-2 显示了它包含的内容,图 2-8 给出了属性间的依赖关系。

表 2-2　学生关系的内容

学　号	班　级	班 主 任
S1	A1	Sam
S2	A2	Tom
S3	A2	Tom
S4	A3	Sam

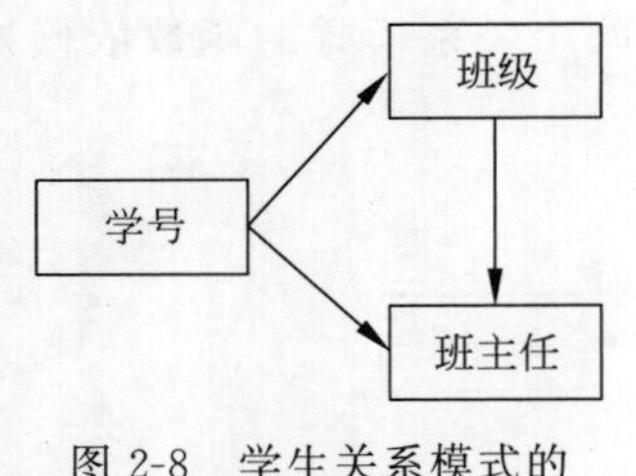

图 2-8　学生关系模式的函数依赖

可以看出,该关系中存在传递函数依赖。试将学生关系分解为符合 3NF 的新关系,这里有 3 种不同的分解方法。

方案 1:

学生—班级(学号,班级),班级—班主任(班级,班主任)

方案 2:

学生—班级(学号,班级),学生—班主任(学号,班主任)

方案 3:

学生—班主任(学号,班主任),班级—班主任(班级,班主任)

3 种方案得出的新关系,全是 3NF,但分解的质量却大有差异。以下结合对分解质量的要求,对这 3 种方案做一比较。

(1) 分解必须是无损的,即不应在分解中丢失信息。

在上例中,方案 3 就不能保证无损分解。表 2-3 和表 2-4 显示了这一方案得出的两个关系。由于 A1 班和 A3 班的班主任是同一个人,分解后将无法分辨 S1～S4 各属于哪一个班。

表 2-3　学生—班主任关系

学　　号	班　主　任
S1	Sam
S2	Tom
S3	Tom
S4	Sam

表 2-4　班级—班主任关系

班　级	班　主　任
A1	Sam
A2	Tom
A3	Sam

(2) 分解后的新关系应相互独立,对一个关系内容的更改,不会影响另一个关系。

试比较以上的方案 1、方案 2 两种方案。设 S4 从 A3 班转到 A2。按第 1 种方案,仅修改"学生—班级"关系模式就可以了;而按第 2 种方案,就要同时修改"学生—班级"与"学生—班主任"两个关系。

在插入的时候,方案 1、方案 2 两种方案的情况也不相同。假定增加了一个新班,并有了班主任。按第 1 种方案,可以直接在"班级—班主任"关系中插入一个新元组;而按第 2 种方案,则必须等这个班已有了学生,才能将班级与班主任的信息分别插入"学生—班级"与"学生—班主任"两个关系。

产生以上这些差别的原因,可以结合图 2-8 来说明。在图中的 3 个属性之间,学号→班级,班级→班主任都是完全函数依赖,而学号→班主任则为传递函数依赖。方案 1 建立的两个新关系分别使用了两个原有的完全函数依赖关系,方案 2 和方案 3 都只有一个新关系使用了完全函数依赖,另一个新关系使用的传递函数依赖,对于未用到的那个完全函数依赖关系,只能靠推导才能得到。这就是方案 1 优于其他方案的原因。

从上例可知,对关系模式的分解,不能仅着眼于提高它的范式等级,还应遵守无损分解和分解后的新关系相互独立等原则。只有兼顾到各方面的要求,才能保证分解的质量。

课堂任务 3　对照练习

设有一关系模式为:学生(学号,姓名,班级,课程号,课程名,成绩,班主任),该关系模式存在数据依赖,请进行无损分解。

2.4　构造学生信息管理系统

课堂任务 4　完成学生信息管理系统数据库的设计。

2.4.1　学生信息管理系统功能模块

在本案例中,学生选修课程,教师教授课程,每个学生都属于某个系部,每个系部又设置多个不同的专业。在该系统中,要求可以查看到学生的信息、学生选课的信息、教师的信息、每个课程的信息及学生所在系部和专业的信息等。

经过调研及分析,学生信息管理系统主要完成以下功能。

- 学生信息维护:主要完成学生信息登记、修改、删除等操作。
- 课程信息维护:主要完成课程信息的添加、修改和删除等操作。
- 学生选课处理:主要完成学生的选课活动,记录学生的选课情况和考试成绩。

- 教师信息维护：主要完成教师信息登记、修改、删除等操作。
- 班级信息维护：主要记录各个班级的相关信息，并能进行添加、修改和删除等操作。
- 教师任课情况处理：主要完成对教师任课情况的记录和维护。
- 系部和专业信息维护：主要完成系部和专业相关信息的管理和维护。
- 教学计划维护：主要完成对各课程计划制订信息的管理和维护。

2.4.2 设计学生信息管理系统 E-R 图

1. 设计局部 E-R 模型

1）学生信息管理系统实体的确定

初步分析，学生信息管理系统主要有 6 个实体：学生、教师、课程、班级、系部、专业。

2）学生信息管理系统实体间联系类型的确定

学生与课程之间存在着选课联系，为 $m:n$ 联系。即一个学生可以选修多门课程，一门课程可以被多个学生选修，定义联系为“选课”。

教师与课程之间存在着任课联系，为 $m:n$ 联系。即一个教师可以教授多门课程，一门课程可以被多个教师讲授，定义联系为“任课”。

学生与班级之间存在着属于联系，为 $1:n$ 联系。即一个班级有多个学生，一个学生只能属于一个班级，定义联系为“属于”。

系部和班级之间存在着管理联系，为 $1:n$ 联系。即一个系部有多个班级，一个班级只属于一个系部，定义联系为“管理”。

系部和教师之间存在着拥有联系，为 $1:n$ 联系。即一个系部有多个教师，一个教师只属于一个系部，定义联系为“拥有”。

系部和专业之间存在着专业设置的联系，为 $1:n$ 联系。即一个系部可设置多个专业，一个专业只属于一个系部，定义联系为“设置”。

课程和专业之间存在着开设课程的联系，为 $m:n$ 联系。即一个专业可以制定多门课程，一门课程可以被多个专业选用，定义联系为“制定”。

3）确定各实体类型的属性

学生实体类型的属性：学号，姓名，性别，出生日期，政治面貌，入学时间，专业代码，班号，籍贯，家庭住址，备注。

课程实体类型的属性：课程号，课程名，课程性质，学分。

教师实体类型的属性：教师工号，姓名，性别，出生日期，政治面貌，参加工作，学历，职务，职称，系部代码，备注。

班级实体类型的属性：班号，班级名称，学生数，专业代码，班主任，班长，教室。

系部实体类型的属性：系部代码，系部名称，系主任，联系电话，备注。

专业实体类型的属性：专业代码，专业名称，系部。

4）根据实体类型画出 E-R 图

根据前面的分析，设计局部 E-R 图。学生与课程的 E-R 图如图 2-9 所示。

教师与课程的 E-R 图如图 2-10 所示。学生与班级的 E-R 图如图 2-11 所示。

学生与系部、教师与系部等联系的 E-R 图不一一赘述。

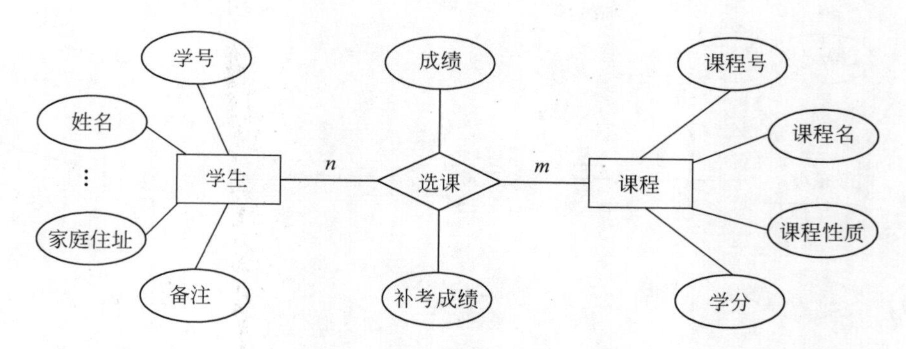

图 2-9　学生与课程关系 E-R 图

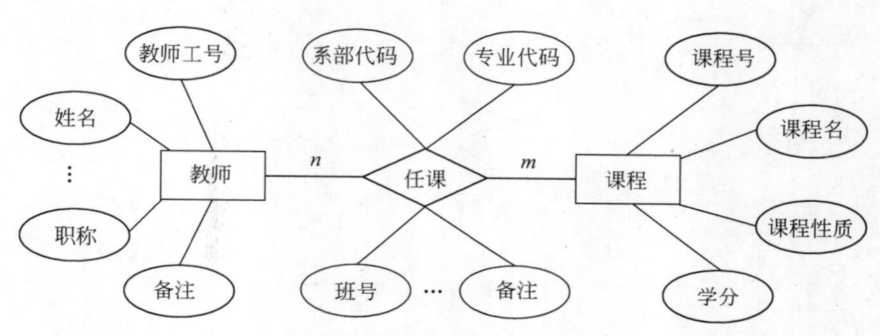

图 2-10　教师与课程关系 E-R 图

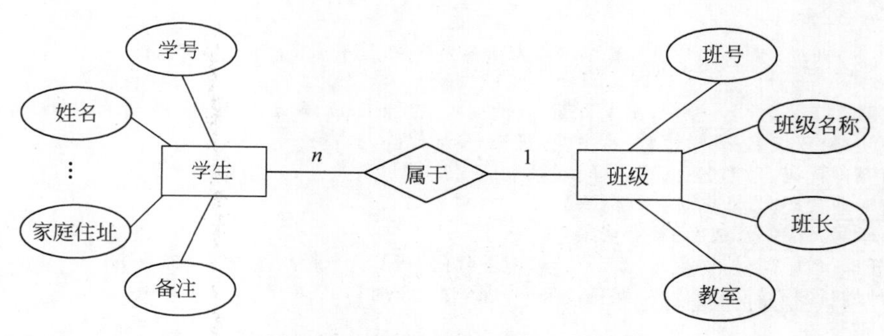

图 2-11　学生与班级关系 E-R 图

2. 学生信息管理系统初步 E-R 图

综合图 2-9～图 2-11 及其他局部 E-R 图，可以得到图 2-12 所示的学生信息管理系统的全局 E-R 图。

在集成的过程中，要消除属性、结构、命名 3 类冲突，实现合理的集成。

2.4.3　学生信息管理系统关系模式

利用前面介绍的关系模式转换规则，将图 2-12 中的实体和实体间的联系转换为如下关系模式：

学生(<u>学号</u>，姓名，性别，出生日期，政治面貌，入学时间，专业代码，班号，籍贯，家庭住址，备注)
课程(<u>课程号</u>，课程名，课程性质，学分)

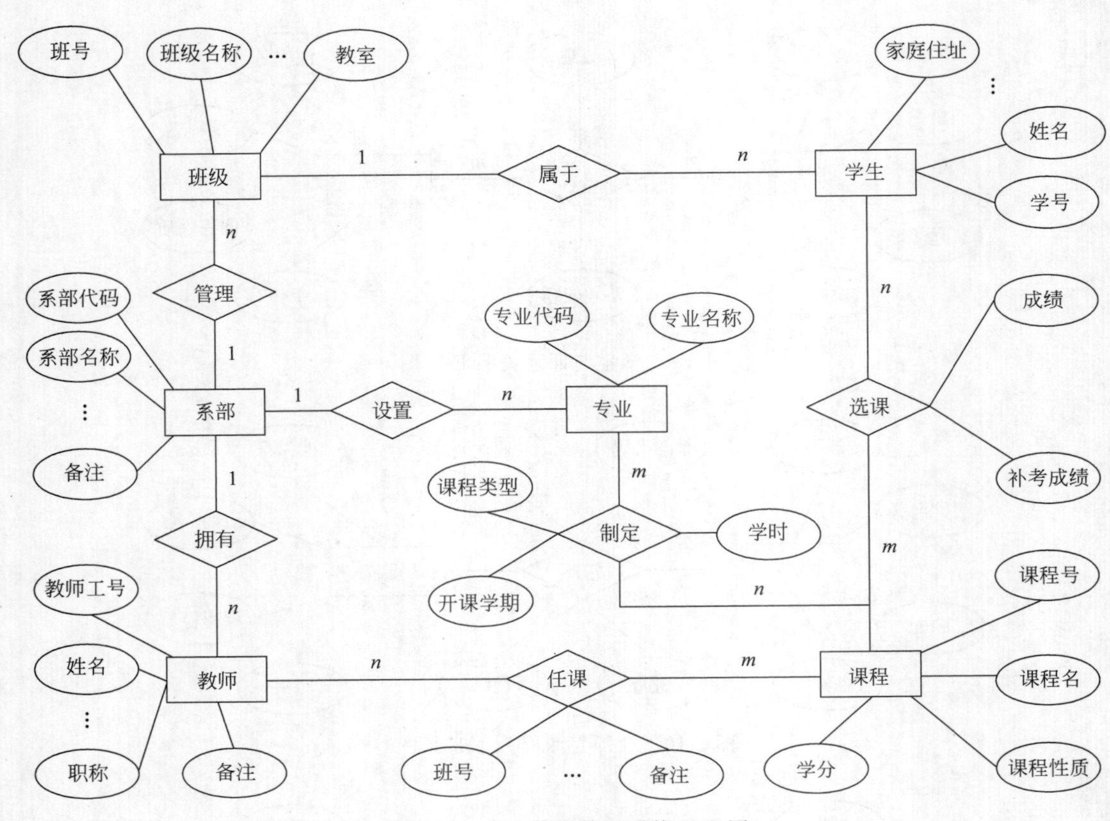

图 2-12　学生信息管理系统 E-R 图

教师(教师工号,姓名,性别,出生日期,政治面貌,参加工作,学历,职务,职称,系部代码,备注)
班级(班号,班级名称,学生数,班主任,班长,系部代码,教室)
系部(系部代码,系部名称,系主任,联系电话,备注)
专业(专业代码,专业名称,系部代码)
选课(学号,课程号,成绩,补考成绩)
教师任课(教师工号,课程号,系部代码,专业代码,班号,开课学期,学生数,备注)
教学计划(课程号,专业代码,课程类型,开课学期,学时)

转换得到的学生信息管理系统关系模式还需要进行优化处理,尽量减少数据冗余,但不能完全消除冗余。因为只要有实体间的联系存在,就会有公共的属性,这是两实体实现联系的依据。在实际应用中,有时保留一定的冗余,会使数据的处理和管理很方便。

数据库的关系模式确定后,就可将其转换为 SQL Server 下的关系数据模型。关系数据模型中的一个关系对应 SQL Server 数据库中的一个表,具体的相关操作将在后续课程中进行介绍。

课后作业

1. 试述数据库设计方法和基本过程。

2. 给出下列术语的定义,并加以理解:函数依赖、完全函数依赖、传递函数依赖、1NF、2NF、3NF。

3. 什么是 E-R 图？构成 E-R 图的基本要素是什么？

4. 试述 E-R 图转换为关系模式的转换规则。

5. 现有一个局部应用，包括两个实体：出版社和作者。这两个实体是多对多的联系，请设计适当的属性，画出 E-R 图，再将其转换为关系模式。

6. 设计一个图书馆数据库，此数据库中对每个借阅者保存的记录包括一卡通号、姓名、地址、性别、年龄、单位。对每本书保存有书号、书名、作者、出版社。对每本被借出的书保存有一卡通号、借出日期和应还日期。要求给出该图书馆数据库的 E-R 图，再将其转换为关系模式。

7. 图 2-13 所示是一个销售业务管理的 E-R 图，请把它转换为关系模式。

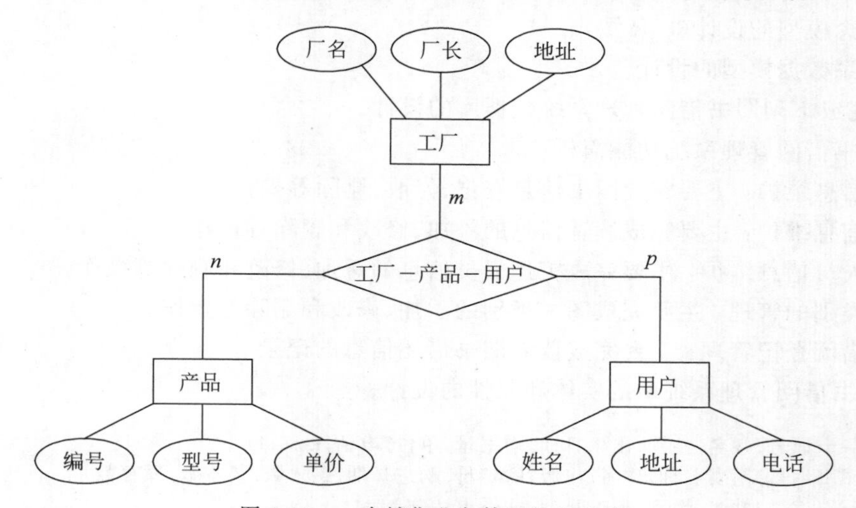

图 2-13　一个销售业务管理的 E-R 图

8. 设一个仓库管理系统的局部应用有如下 3 个实体。

仓库：仓库号、仓库名称、地点、面积。

职工：职工号、职工姓名、性别、年龄。

货物：货物号、货物名、价格。

其中，仓库和职工是一对多的关系，仓库和货物是多对多的关系。画出该局部应用的 E-R 图，并将其转换为关系模式。

9. 关系规范化的作用是什么？第一范式至第三范式的特点各是什么？

实训 1　图书借阅管理系统数据库的设计

1. 实训目的

熟悉数据库设计的基本方法和步骤，厘清数据库设计各个阶段所要完成的任务。通过该实训更加清楚地了解数据库设计的过程。

2. 实训准备

（1）熟悉 E-R 图的绘制。

（2）熟悉数据库设计的方法、阶段。

3. 实训要求

(1) 在实训之前做好实训准备。

(2) 完成数据库设计,并验收实训结果,提交设计报告。

4. 实训内容

(1) 根据周围的实际情况,自选一个小型的数据库应用项目,并深入到应用项目中调研,进行分析和设计。例如可选择人事管理系统、工资管理系统、教材管理系统和小型超市商品管理系统和图书管理系统等。要求写出数据库设计报告。

数据库设计报告中应包括以下内容:

- 系统需求分析报告。
- 概念模型的设计(E-R 图)。
- 关系数据模型的设计。

(2) 完成下列图书借阅管理系统数据库的设计。

① 图书借阅管理系统功能简析。

图书信息维护:主要完成图书信息登记、修改、删除等操作。

读者信息维护:主要完成读者信息的添加、修改和删除等操作。

工作人员信息维护:主要完成工作人员信息的添加、修改和删除等操作。

图书类别的管理:主要完成图书类别的添加、修改和删除等操作。

图书借阅登记管理:主要完成读者图书借还信息的记录。

② 图书借阅管理系统中的实体和属性的设计。

```
读者(一卡通号,姓名,性别,出生日期,借书量,单位,电话,E-mail)
图书(图书编号,图书名称,作者,出版社,定价,购进日期,购入数,复本数,库存数)
工作人员(工号,姓名,性别,出生日期,联系电话,E-mail)
图书类别(类别号,图书类别)
```

其中,每本图书都有唯一的一个图书类别,每个图书类别有多本图书;每个读者可以借阅多本图书;工作人员负责读者的借、还工作。

- 设计该系统数据库的 E-R 图。
- 将设计好的 E-R 图转换为关系模式。
- 对设计好的关系模式进行规范化处理。

第 3 章　SQL Server 2019 的安装及使用

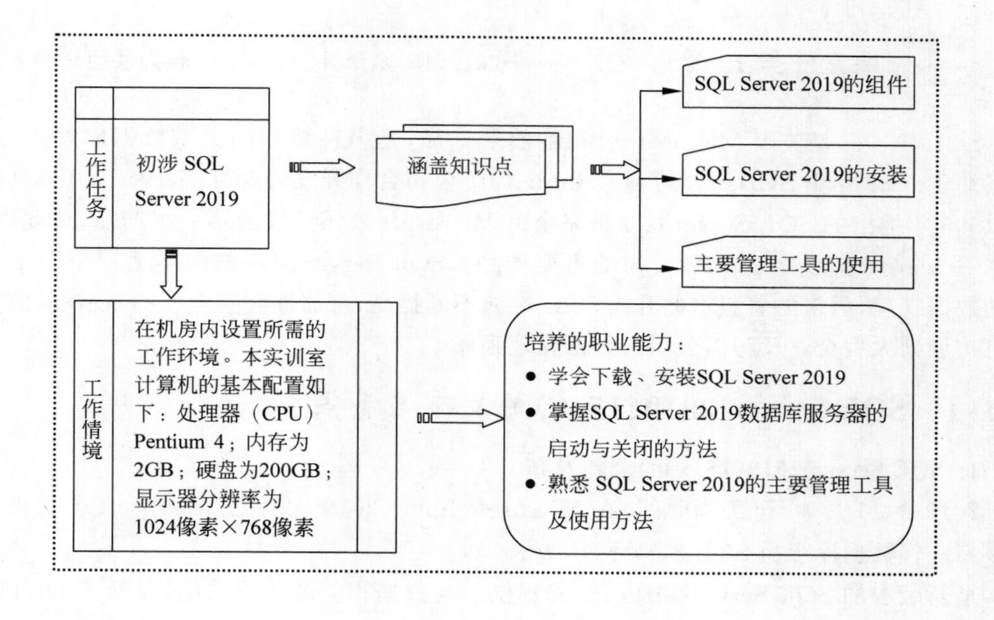

第3课 初涉 SQL Server 2019(15. x)

开发学生信息管理系统数据库,采用的工具是 Microsoft(微软)公司最新一代数据库管理系统 SQL Server 2019(15. x)。Microsoft SQL Server 是 Microsoft 公司自主开发的数据库管理软件,在大型的数据管理中,世界上比较著名的就是 Microsoft 公司与 Oracle 公司。这两个公司开发的数据处理技术都是世界上使用最多的,本课程主要介绍 Microsoft 公司开发的 SQL Server 软件。

3.1 SQL Server 2019(15. x)概述

课堂任务 1 熟悉 SQL Server 2019(15. x)组件、版本类型和安装的环境要求。

SQL Server 是美国 Microsoft 公司的旗舰产品,是一种典型的关系数据库解决方案。它起源于 1989 年由 Sybase 公司和 Ashton-Tate 公司合作开发的 SQL Server 1.0 数据库产品,1995 年推出的 SQL Server 6.0 是完全由 Microsoft 公司开发的第一个产品,从此以后,SQL Server 便成为 Microsoft 公司的重要产品。SQL Server 早期的版本适用于中小型企业的数据管理,后来随着版本的升级,系统性能不断提高,可靠性与安全性不断增强,应用范围也扩展到大型企业及跨国公司的数据管理领域。

3.1.1 SQL Server 2019(15. x)的发布与亮点

1. SQL Server 2019(15. x)的全新发布

2019 年 11 月 4 日(美国时间)在 Microsoft Ignite 2019 大会上,Microsoft 公司正式发布了新一代数据库产品 SQL Server 2019(15. x)。

全新版本的 SQL Server 2019(15. x)提供了与数据相关的各项功能,囊括了 OLTP(联机事务处理过程)、数据仓库、商业智能(BI)、人工智能高级分析等功能模块。此外,它还打破了 Oracle、Teradata 和 MongoDB 等不同数据库管理系统之间的壁垒,无须移动数据就能提供更快速的业务分析。其内建的 Spark 和 Hadoop 分布式文件系统(HDFS)用于提取、存储分析大量数据,可实现所有数据的智能化;同时具备 R 语言高级分析,并提供端到端的移动 BI,能够实现从数据抓取、分析到呈现的全部功能。

2. SQL Server 2019(15. x) 的亮点

SQL Server 2019(15. x)为所有数据工作负载带来了创新的安全性和合规性功能、业界领先的性能、任务关键型可用性和高级分析,现在还支持内置的大数据。SQL Server 2019(15. x)产品具有如下亮点。

(1) 任何数据的智能化。SQL Server 是数据集成的中心。通过 SQL Server 和 Spark 的力量为结构化和非结构化数据提供转型洞察力。

(2) 支持多种语言和平台。用户可通过选择语言和平台构建具有创新功能的现代化应用程序，可以在 Windows、Linux 和容器上使用。

(3) 业界领先的性能。充分利用任务关键型智能应用程序、数据仓库和数据湖的突破性可扩展性、性能和可用性。

(4) 先进的安全功能。保护静态和使用中的数据。据 NIST(美国国家标准与技术研究院)漏洞数据库统计，SQL Server 已经成为过去近十年内最不容易遭受攻击的数据库。

(5) 更快速地做出更好的决策。Power BI 报表服务器能使下属用户可以访问丰富的交互式 Power BI 报表以及 SQL Server Reporting Services 的企业报告功能。

(6) 数据虚拟化和大数据群集。当代企业通常掌管着庞大的数据资产，这些数据资产由托管在整个公司的孤立数据源中的各种不断增长的数据集组成。利用 SQL Server 2019 (15. x)大数据群集，可以从所有数据中获得近乎实时的见解，该群集提供了一个完整的环境来处理包括机器学习和 AI 功能在内的大量数据。

(7) 通过 PolyBase 进行数据虚拟化。借助 PolyBase，SQL Server 实例可使用外部表从外部 SQL Server、Oracle、Teradata、MongoDB 和 ODBC 数据源查询数据，现在提供 UTF-8 编码支持，从而使用户能够轻松地将高价值的关系数据与高容量的大数据组合起来进行分析和使用。

SQL Server 2019(15. x)产品使用户现在可以做哪些以前不能做的事情呢？升级到 SQL Server 2019(15. x)后用户可以将所有大数据工作负载都转移到 SQL Server。在 SQL Server 2019(15. x)之前，用户将基于 Cloudera、MapReduce 等 prem 平台在 Hadoop 中管理他们的大数据工作负载。现在，用户可以将所有现有的大数据工作负载都带到 SQL Server 2019(15. x)。

用户的另一个关键应用是使用数据虚拟化特性查询外部数据库。使用内建的连接器，用户可以直接查询 (Oracle、MongoDB、Teradata、Azure Data Lake、HDFS)，而不需要移动或复制数据。用户只需升级到 SQL Server 2019(15. x)，无须进行任何应用程序更改，即可实现巨大的性能提升，具备智能查询处理、数据库加速恢复等功能。

3.1.2 SQL Server 2019(15. x)服务器组件

Microsoft SQL Server 是一个提供了联机事务处理、数据仓库、电子商务应用的数据库和数据分析的平台，是由多个组件构成的。SQL Server 2019(15. x)对这些组件功能进行了增强和性能的改进，同时在这些组件上也引入了许多新的功能(可参阅在线 SQL 文档“SQL Server 2019(15. x) 的新增功能”)。

1. 数据库引擎

数据库引擎(SQL Server Database Engine，SSDE)是用于存储、处理数据和保证数据安全的核心服务。数据库引擎提供受控的访问和快速事务处理，以满足企业中要求极高、大量使用数据的应用程序的要求。例如，创建数据库、创建表、执行各种数据查询、访问数据库等操作，都是由数据库引擎完成的。学生信息管理系统使用 SQL Server 2019(15. x)作为后台数据库，数据库引擎负责完成学生、教师、课程等信息数据的添加、更新、删除、查询及安全控制等操作。

2. 分析服务

分析服务(SQL Server Analysis Services,SSAS)包括一些工具,可用于创建和管理联机分析处理以及数据挖掘应用程序,可以支持用户建立数据仓库和进行商业智能分析。SQL Server 2019(15. x)版本引入了新功能,并针对性能、资源管理和客户端支持进行了改进。

- 表格模型中的计算组。通过将常见度量值表达式分组为"计算项",计算组可显著减少冗余度量值的数量。
- 查询交叉。查询交叉是一种表格模型系统配置,可在高并发情况下改善用户查询的响应时间。
- 表格模型中的多对多关系。允许表之间存在多对多关系,两个表中的列都是非唯一的。
- 资源管理的属性设置。新的内存设置,针对资源管理的 Memory\QueryMemoryLimit、DbpropMsmdRequestMemoryLimit 和 OLAP\Query\RowsetSerializationLimit。
- Power BI 缓存刷新的调控设置。此版本引入了 ClientCacheRefreshPolicy 属性,该属性将替代缓存的仪表板磁贴数据以及 Power BI 服务初始加载 Live Connect 报表时的报表数据。
- 联机附加。联机附加可用于本地查询横向扩展环境中只读副本的同步。

使用 SSAS 可以设计、创建和管理包含来自其他数据源数据的多维结构,通过对多维数据进行多个角度的分析,可以支持管理人员对业务数据进行更全面的理解。例如,学生信息管理系统中,可以使用 SQL Server 2019(15. x)系统提供的 SSAS 完成对学生的数据挖掘分析,可以发现更多有价值的信息和知识,从而为深入教学改革、提高教学质量管理水平提供有效的支持。

3. 报表服务

报表服务(SQL Server Reporting Services,SSRS)包括用于创建、管理和部署表格报表、矩阵报表、图形报表以及自由格式报表的服务器和客户端组件。通过使用 SSRS,用户可以方便地定义和发布满足自己需求的报表,极大地便利了企业的管理工作,满足了管理人员高效、规范的管理需求。例如,在学生信息管理系统中,使用 SQL Server 2019(15. x)系统提供的 SSRS 可以方便地生成 Word、PDF、Excel、XML 等格式的报表。此外,SSRS 功能支持 Azure SQL 托管实例、Power BI Premium 数据集、增强的可访问性、Azure Active Directory 应用程序代理以及透明数据库加密。它还会更新 Microsoft 报表生成器。

4. 集成服务

集成服务(SQL Server Integration Services,SSIS)是一组图形工具和可编程对象,用于移动、复制和转换数据。它还包括"数据库引擎服务"的 Integration Services(DQS)组件。如何将数据源中的数据经过适当的处理加载到分析服务中以便进行各种分析处理,这正是 SSIS 所要解决的问题。

SQL Server 2019(15. x)的 SSIS 引入了改进文件操作的新功能:一是通过灵活的文件任务,用户可以在各种支持的存储服务如本地文件系统、Azure Blob 存储和 Azure Data Lake Storage Gen2 上执行文件操作;二是借助"灵活的文件源"组件,SSIS 包可对 Azure Blob 存储和 Azure Data Lake Storage Gen2 读写数据。

5. 主数据服务

主数据服务(Master Data Services,MDS)是针对主数据管理的 SQL Server 解决方案。可以配置 MDS 来管理任何领域(产品、客户、账户);MDS 中可包括层次结构、各种级别的安全性、事务、数据版本控制和业务规则,以及可用于管理数据的 Excel 的外接程序。

SQL Server 2019(15. x)版本改进了 MDS 性能,可让用户创建更大的模型,更有效地加载数据,并获得更好的整体性能。这包括改进了 Microsoft Excel 外接程序的性能,可以缩短数据加载时间,并使外接程序能够处理更大的实体。

6. 机器学习服务

机器学习服务是 SQL Server 中一项支持使用关系数据运行 Python 和 R 脚本的功能。可以使用它来准备和清理数据、执行特征工程以及在数据库中定型、评估和部署机器学习模型。机器学习服务分为数据库内的和独立的两种。

机器学习服务(数据库内)支持使用企业数据源的分布式、可缩放的机器学习解决方案。SQL Server 2019(15. x) 支持 R 和 Python。

机器学习服务器(独立)支持在多个平台上部署分布式、可缩放机器学习解决方案,并可使用多个企业数据源,包括 Linux 和 Hadoop。SQL Server 2019(15. x)支持 R 和 Python。

7. 连接组件

连接组件是安装用于客户端和服务器之间通信的组件,以及用于 DB-Library、ODBC 和 OLE DB 的网络库。

3.1.3 SQL Server 2019(15. x)管理工具

要管理数据库,需要有一个工具。无论数据库是在云中、Windows 上、Mac OS 上还是 Linux 上,工具都不需要与数据库在相同的平台上运行。本节只介绍适用于 Windows 操作系统的管理工具。

1. SSMS

SSMS(SQL Server Management Studio)管理具有完整 GUI 支持的 SQL Server 实例或数据库。访问、配置、管理和开发 SQL Server、Azure SQL 数据库和 SQL 数据仓库的所有组件。在一个综合实用工具中汇集了大量图形工具和丰富的脚本编辑器,为各种技能水平的开发者和数据库管理员提供对 SQL 的访问权限。

2. SSDT

SSDT(SQL Server Data Tools)是一款新式开发工具,用于生成 SQL Server 关系数据库、Azure SQL 数据库、Analysis Services (AS)数据模型、Integration Services (IS)包和 Reporting Services(RS)报表。使用 SSDT,用户可以设计和部署任何 SQL Server 内容类型,就像在 Visual Studio 中开发应用程序一样轻松。

3. SQL Server 配置管理器

使用 SQL Server 配置管理器可以配置 SQL Server 服务和网络连接。使用 SQL Server 配置管理器可以完成下列服务任务。

- 启动、停止和暂停服务。
- 将服务配置为自动启动或手动启动,禁用服务,或者更改其他服务设置。
- 更改 SQL Server 服务所使用的账户的密码。

• 使用跟踪标志(命令行参数)启动 SQL Server。

4. 扩展事件

SQL Server 2019(15. x)已弃用 SQL 跟踪和 SQL Server Profiler 而改用扩展事件。SQL Server 扩展事件体系结构使用户能够收集必要的数据量,以排除故障或确定性能问题。扩展事件可进行配置,并可以很好地缩放。扩展事件是使用最少性能资源的轻型性能监视系统。扩展事件提供两个图形用户界面,用于创建、修改、显示和分析会话数据。

5. 数据库引擎优化顾问(DTA)

DTA 实用工具是数据库引擎优化顾问的命令提示符版。通过 DTA 实用工具,用户可以在应用程序和脚本中使用数据库引擎优化顾问功能。

数据库引擎优化顾问可以协助创建索引、索引视图和分区的最佳组合。

6. Analysis Services 部署向导

Analysis Services 为商业智能应用程序提供了联机分析处理和数据挖掘功能。使用 Analysis Services 部署向导可以将某个 Analysis Services 项目的输出部署到目标服务器。

7. SQL Server 联机丛书

SQL Server 联机丛书是一个 HTML 帮助文件,提供了全文搜索功能及完整的索引,内容覆盖从 SQL Server 中的新特性到构建 SQL Server 应用的各个主题,可方便用户了解和学习 SQL Server 技术。但是,SQL Server 2019(15. x)版本安装时没有提供联机丛书,这需要用户自己下载一个其他版本进行安装。

3.1.4 SQL Server 2019(15. x)版本

根据数据库的用户类型和使用需求,Microsoft 公司分别发行了多种不同的 SQL Server 2019(15. x)的版本,主要有企业版、标准版、Web 版、开发版、精简版等。用户可以根据自己的实际使用需求及软硬件的配置,选择所需要安装的 SQL Server 2019(15. x)版本。各版本的主要说明如表 3-1 所示。

表 3-1 SQL Server 2019(15. x)版本的主要说明

版本	说明
企业版(Enterprise Edition)	作为高级产品/服务,SQL Server Enterprise Edition 提供了全面的高端数据中心功能,性能极为快捷、无限虚拟化,还具有端到端的商业智能,可为关键任务工作负荷提供较高服务级别并且支持最终用户访问数据
标准版(Standard Edition)	SQL Server Standard Edition 版提供了基本数据管理和商业智能数据库,使部门和小型组织能够顺利运行其应用程序并支持将常用开发工具用于内部部署和云部署,有助于以最少的 IT 资源获得高效的数据库管理
网络版(Web Edition)	对于为从小规模至大规模 Web 资产提供可伸缩性、经济性和可管理性功能的 Web 宿主和 Web VAP 来说,SQL Server Web 版本是一项拥有总成本较低的选择
开发版(Developer Edition)	SQL Server Developer Edition 支持开发人员基于 SQL Server 构建任意类型的应用程序。它包括 Enterprise 版的所有功能,但有许可限制,只能用作开发和测试系统,而不能用作生产服务器。SQL Server Developer Edition 是构建和测试应用程序的人员的理想之选

续表

版　　本	说　　明
精简版(Express Edition)	SQL Server Express Edition 版本是入门级的免费数据库,是学习和构建桌面及小型服务器数据驱动应用程序的理想选择。它是独立软件供应商、开发人员和热衷于构建客户端应用程序的人员的最佳选择。如果用户需要使用更高级的数据库功能,则可以将 SQL Server Express Edition 无缝升级到其他更高端的 SQL Server 版本。SQL Server Express LocalDB 是 Express Edition 的一种轻型版本,该版本具备所有可编程性功能,在用户模式下运行,并且具有快速的零配置安装和必备组件要求较少的特点

3.1.5 安装 SQL Server 2019(15.x)的环境要求

SQL Server 2019(15.x)同其他软件一样,其安装与运行对计算机系统的硬件和软件都有一定的要求。本节仅列出了在 Windows 操作系统上安装和运行 SQL Server 2019(15.x)至少需要满足的硬件和软件要求,建议在使用 NTFS 或 ReFS 文件格式的计算机上运行 SQL Server 2019(15.x)。

1. 硬件要求

为了正确安装 SQL Server 2019(15.x),满足 SQL Server 2019(15.x)正常运行要求,计算机的芯片、内存、硬盘空间等配备需要满足最低的硬件配置要求,这种最低的硬件要求如表 3-2 所示。

表 3-2　最低的硬件要求

组　　件	最 低 要 求
处理器及速度	x64 处理器: 1.4GHz 建议: 2.0GHz 或更快
内存	Express Edition: 512MB 所有其他版本: 1GB 建议: Express Edition 为 1GB 所有其他版本: 至少 4GB 并且应该随着数据库大小的增加而增加,以便确保最佳性能
处理器类型	x64 处理器: AMD Opteron、AMD Athlon 64、支持 Intel EM64T 的 Intel Xeon 和支持 EM64T 的 Intel Pentium IV 说明: 仅 x64 处理器支持 SQL Server 安装,x86 处理器不再支持此安装
硬盘	最少 6GB 的可用硬盘空间 磁盘空间要求将随所安装的 SQL Server 组件不同而发生变化
驱动器	从磁盘进行安装时需要相应的 DVD 驱动器
显示器	Super-VGA(800 像素×600 像素)或更高分辨率的显示器,才能使用其图形分析工具
Internet	使用 Internet 功能需要连接 Internet

2. 软件要求

了解 SQL Server 2019(15.x)对软件的要求,也是顺利安装 SQL Server 2019(15.x)不可缺少的知识。SQL Server 2019(15.x)对软件的要求如表 3-3 所示。

表 3-3　软件要求

软件名称	要求说明
操作系统	Windows 10 TH1 1507 或更高版本 Windows Server 2016 或更高版本
NET Framework	最低版本操作系统包括最低版本.NET 框架
网络软件	SQL Server 支持的操作系统具有内置网络软件。独立安装项的命名实例和默认实例支持以下网络协议：共享内存、命名管道和 TCP/IP

以上要求适用于所有安装，如果表 3-2 和表 3-3 中的要求达不到，安装程序有可能中断安装并给出错误提示，此时，需要对机器系统做出修改，以便顺利进行安装。

3.2　SQL Server 2019(15.x)的下载、安装与启动

课堂任务 2　完成 SQL Server 2019(15.x)的下载、安装和启动。

3.2.1　SQL Server 2019(15.x)的下载、安装

在确认计算机软硬件配置能够满足安装要求的情况下，就可以在 Windows 10 企业版计算机上开始安装 SQL Server 2019(15.x)。安装的方法有多种，可以从 SQL Server 2019(15.x)光盘安装，也可以下载 SQL Server 2019(15.x)数据库镜像安装，本节介绍一种简便、快速、高效的 SQL Server 2019(15.x)安装方法。其安装步骤如下：

(1) 打开浏览器，在浏览器的搜索框中输入 SQL Server 词条，单击“搜索”按钮进行搜索，则会弹出如图 3-1 所示的搜索结果页面。

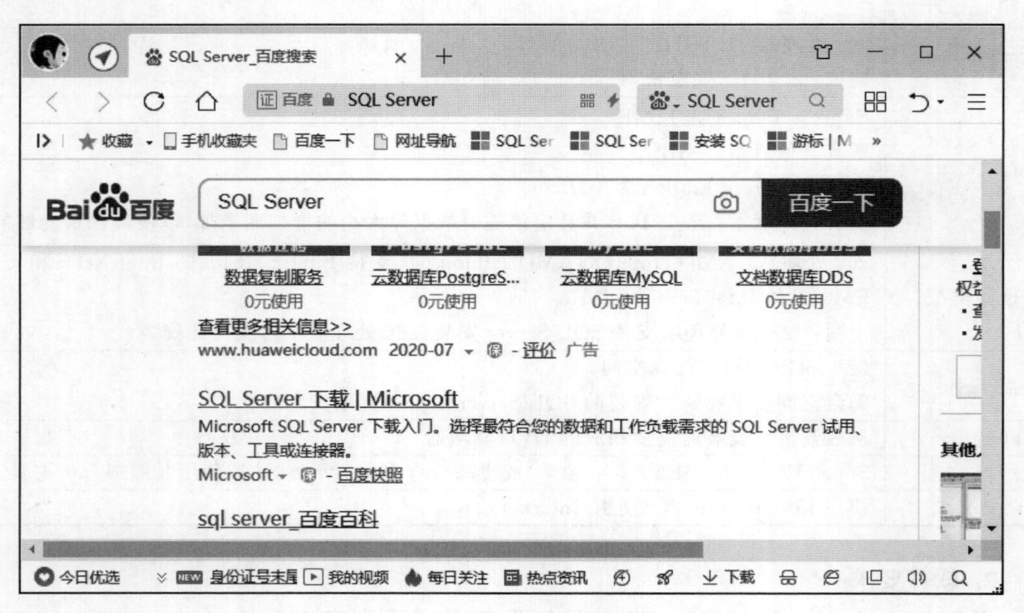

图 3-1　SQL Server 搜索结果页面

(2) 在搜索结果页面中点击“SQL Server 下载| Microsoft”链接，跳转到如图 3-2 所示的 SQL Server 2019 下载页面。此时不要着急下载，因为这些 SQL Server 只能试用 180 天(从介绍中可以看出)。

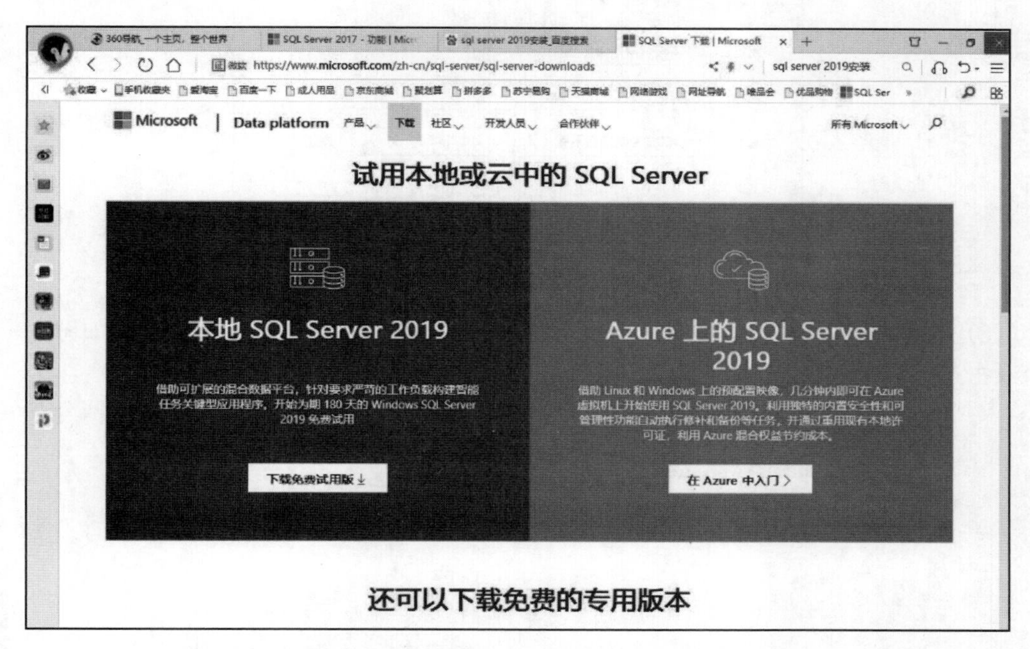

图 3-2　下载 SQL Server 2019 页面

(3) 将网页下滑，可以看到“还可以下载免费的专用版本”字样，如图 3-3 所示。在此页面选择 Express 版本并单击下方“立即下载”按钮。

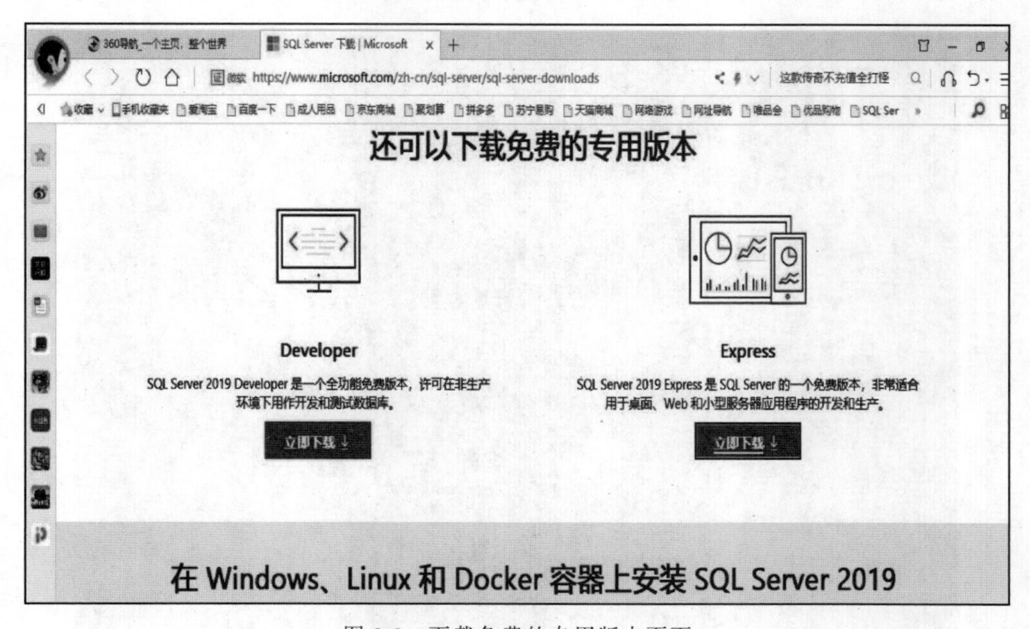

图 3-3　下载免费的专用版本页面

（4）在弹出的如图 3-4 所示的“新建下载任务”对话框中，输入或选择保存下载文件的目标位置，然后单击“下载”按钮进行下载。

图 3-4　新建下载任务对话框

（5）下载完成后，在指定的目标位置会得到 SQL2019-SSEI-Expr. exe 文件，如图 3-5 所示，双击运行该文件。

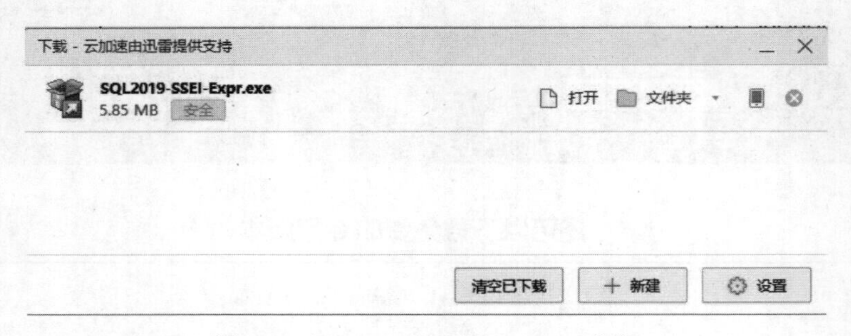

图 3-5　SQL2019-SSEI-Expr. exe 文件

（6）运行后，弹出如图 3-6 所示的窗口，选择“基本”安装类型。

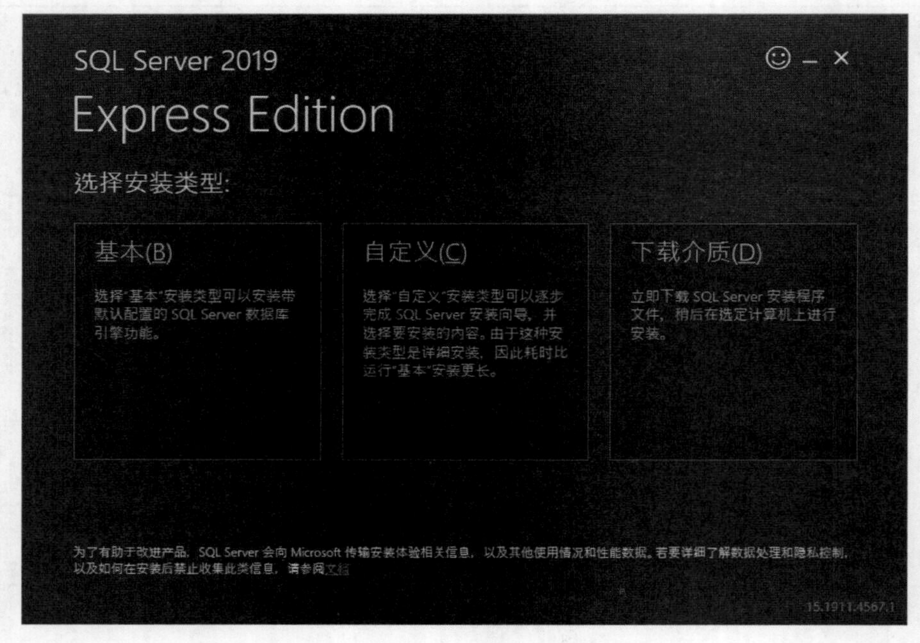

图 3-6　SQL Server 2019 安装类型

(7) 安装时会弹出如图 3-7 所示的窗口，选择语言和接受许可条款。将语言选择为“中文(简体)”，然后单击下方的“接受”按钮。

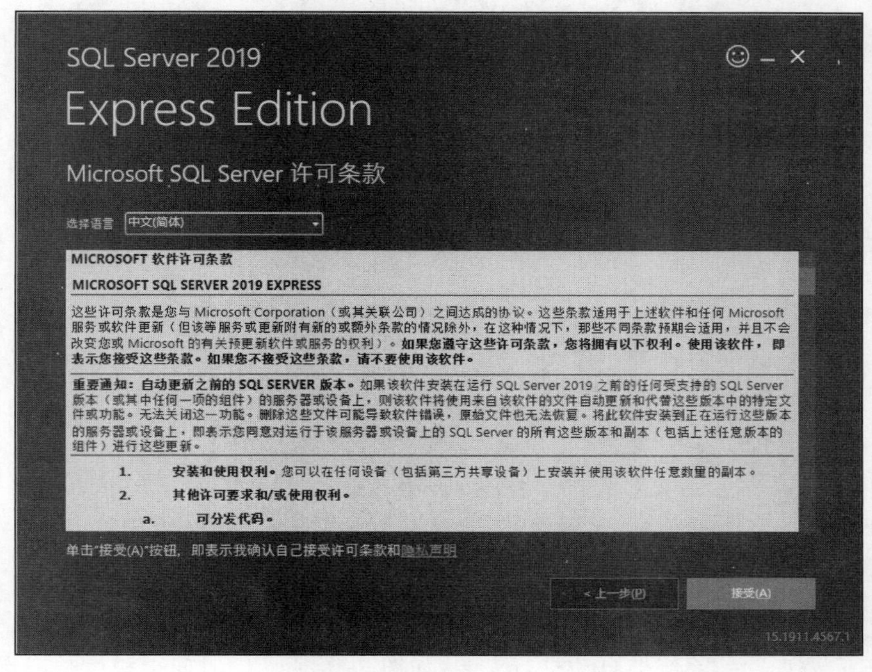

图 3-7 选择语言并接受许可条款

(8) 接着，弹出如图 3-8 所示的窗口，指定 SQL Server 的安装位置。窗口中显示的是安装程序默认的安装路径，用户可以根据实际需要进行更改。然后单击右下角的“安装”按钮。

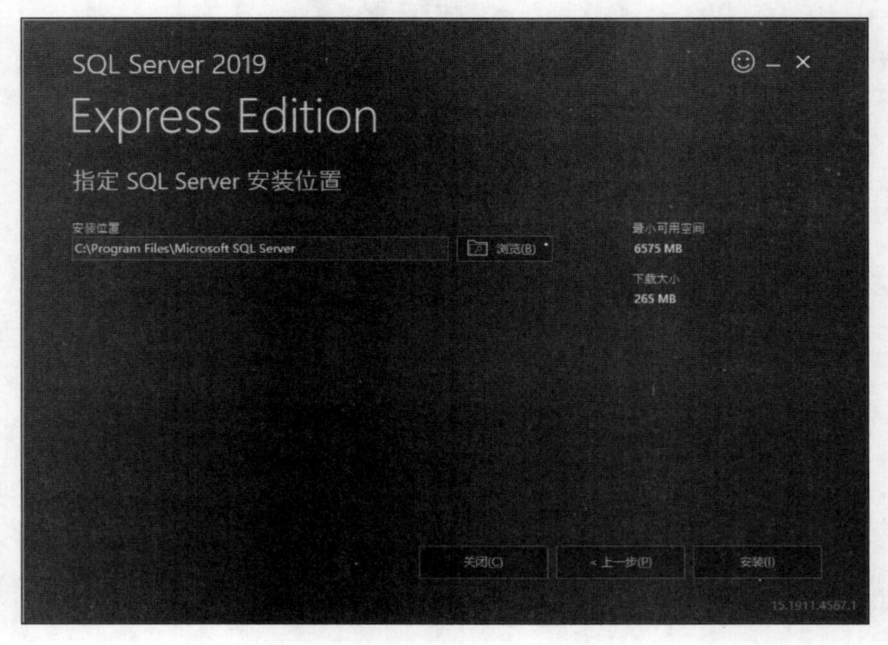

图 3-8 指定 SQL Server 安装位置

（9）安装中，弹出如图 3-9 所示的窗口，系统自动进行下载安装程序包。

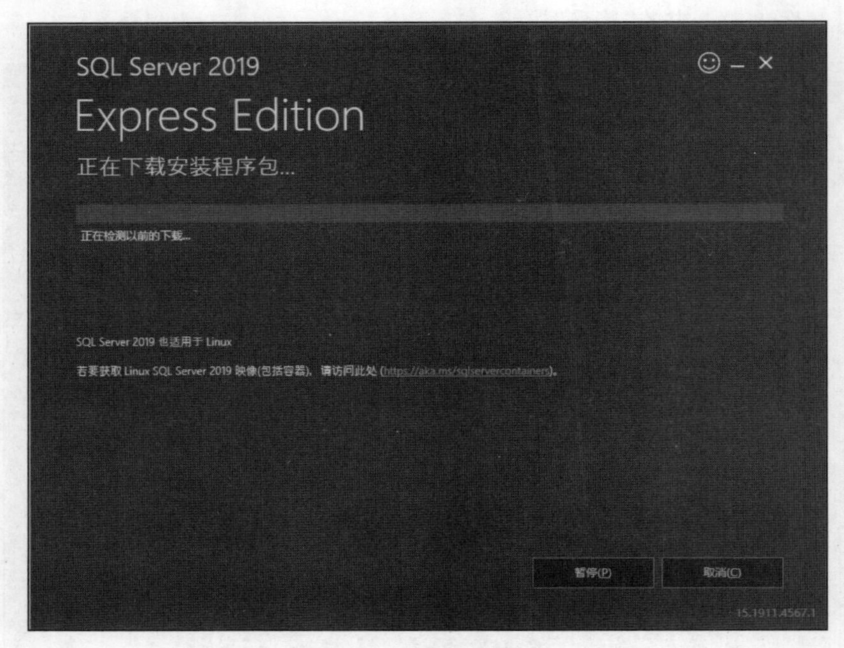

图 3-9　下载安装程序包

（10）下载完成后，系统会自动进行安装，如图 3-10 所示。时间会稍微长一点，需要耐心等待。

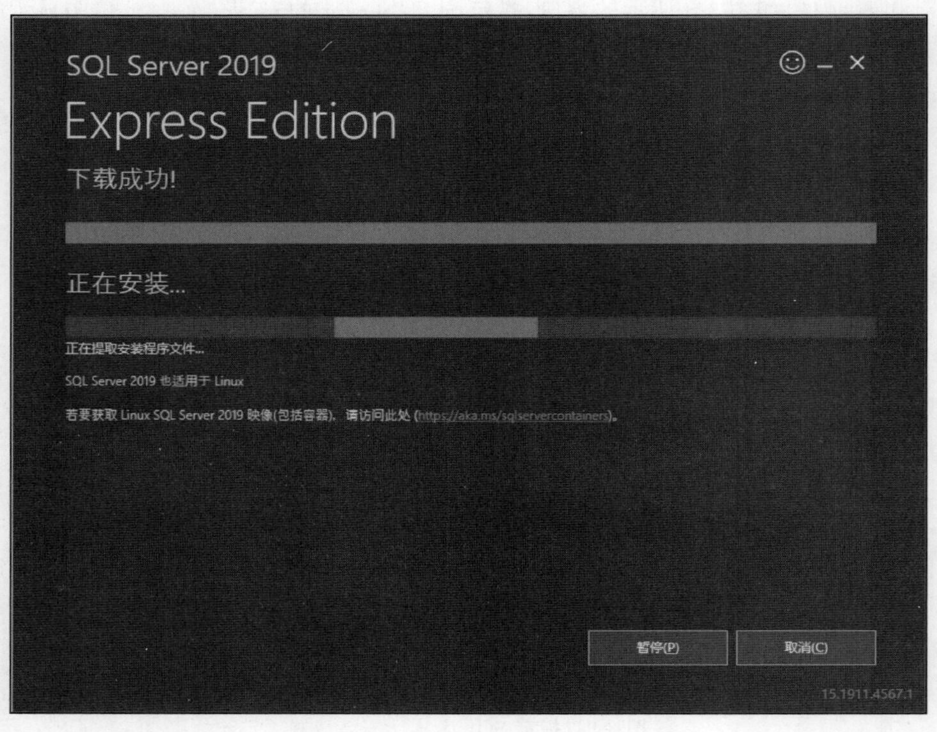

图 3-10　安装 SQL Server 2019

（11）安装成功后，弹出如图 3-11 所示的窗口。

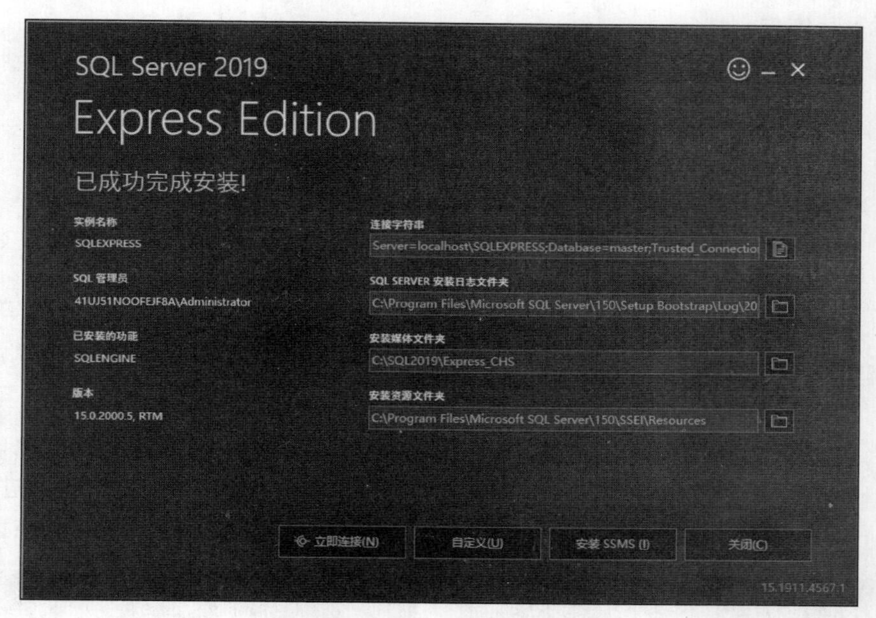

图 3-11　已成功完成安装

从窗口中可以看到安装并没有结束，还需要安装 SSMS。SSMS 即 SQL Server Management Studio，是用于管理 SQL Server 基础架构的集成环境。值得指出的是，SQL Server 2019 版有些组件需要独立下载和安装，如 SSMS。

可以在此页面单击"安装 SSMS"按钮安装，也可以从网上搜索下载 SSMS 安装包安装，其安装过程都是一样的。此页面"安装 SSMS"按钮只是提供了一个下载 SSMS 的链接。

（12）单击"安装 SSMS(I)"按钮，弹出如图 3-12 所示的下载页面，单击下载 SSMS 的链接，按屏幕提示进行下载操作。

图 3-12　SSMS 下载页面

（13）下载完成后，在指定的目标位置会得到 SSMS-Setup-CHS. exe 文件，如图 3-13 所示，双击运行该文件。

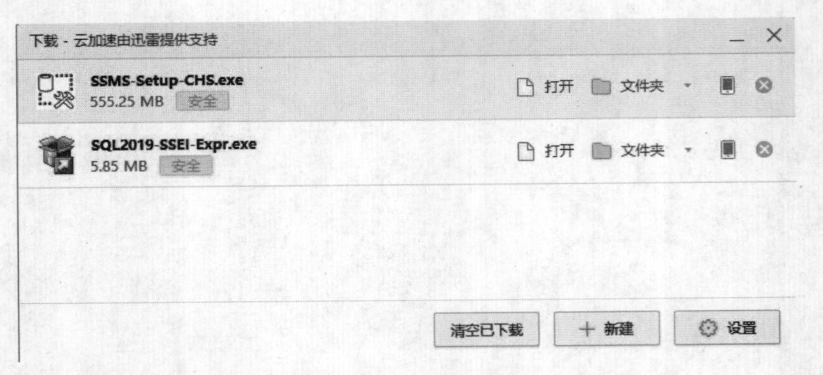

图 3-13　SSMS-Setup-CHS. exe 文件

（14）运行后，会弹出 SSMS 安装页面，在此页面中单击“安装”按钮系统自动进行安装，安装完成后单击“关闭”按钮即可，如图 3-14 所示。至此，SQL Server 2019 安装结束。

图 3-14　安装 SSMS

3.2.2　SQL Server 2019 服务器服务的启动与停止

SQL Server 2019 安装结束后，已经实现了它的所有默认配置，提供了最安全、最可靠的使用环境。但在使用 SQL Server 2019 前，必须先启动 SQL Server 2019 服务器服务。

SQL Server 2019 服务器服务是整个 SQL Server 最核心的服务。这项服务提供数据的存储、处理和受控访问，并提供快速的事务处理。如何启动服务器服务呢？有以下 3 种方式。

1. 利用 Windows Services 启动服务

在 Windows 10 中选择“控制面板”→“系统和安全”→“管理工具”命令，双击“服务”选项，可打开 Windows 10 的“服务”窗口，如图 3-15 所示。

在“服务”窗口中可浏览系统中各项服务的状态，找到 SQL Server(SQLEXPRESS)并双击，弹出“SQL Server(SQLEXPRESS)的属性(本地计算机)”对话框，通过对话框的“常规”选项卡设置服务的状态，如图 3-16 所示。

服务
文件(F) 操作(A) 查看(V) 帮助(H)
服务(本地)
服务(本地)
SQL Server (SQLEXPRESS)
停止此服务
暂停此服务
重启动此服务
描述:
提供数据的存储、处理和受控访问，并提供快速的事务处理。
名称 描述 状态 启动类型 登录为
Shell Hardware Detection 为自... 正在... 自动 本地系统
Smart Card 管理... 自动(触发... 本地服务
Smart Card Device Enum... 为给... 手动(触发... 本地系统
Smart Card Removal Poli... 允许... 手动 本地系统
SNMP Trap 接收... 手动 本地服务
Software Protection 启用 ... 自动(延迟... 网络服务
Spot Verifier 验证... 手动(触发... 本地系统
SQL Server (SQLEXPRESS) 提供... 正在... 自动 NT Ser...
SQL Server Browser 将 S... 禁用 本地服务
SQL Server CEIP service (... CEIP... 正在... 自动 NT Ser...
SQL Server VSS Writer 提供... 正在... 自动 本地系统
SQL Server 代理 (SQLEXP... 执行... 禁用 网络服务
SSDP Discovery 当发... 正在... 手动 本地服务
State Repository Service 为应... 正在... 手动 本地系统
Still Image Acquisition Ev... 启动... 手动 本地系统
Storage Service 为存... 正在... 手动(触发... 本地系统
Storage Tiers Managem... 优化... 手动 本地系统
Superfetch 维护... 正在... 自动 本地系统
System Event Notification... 监视... 正在... 自动 本地系统
扩展 标准

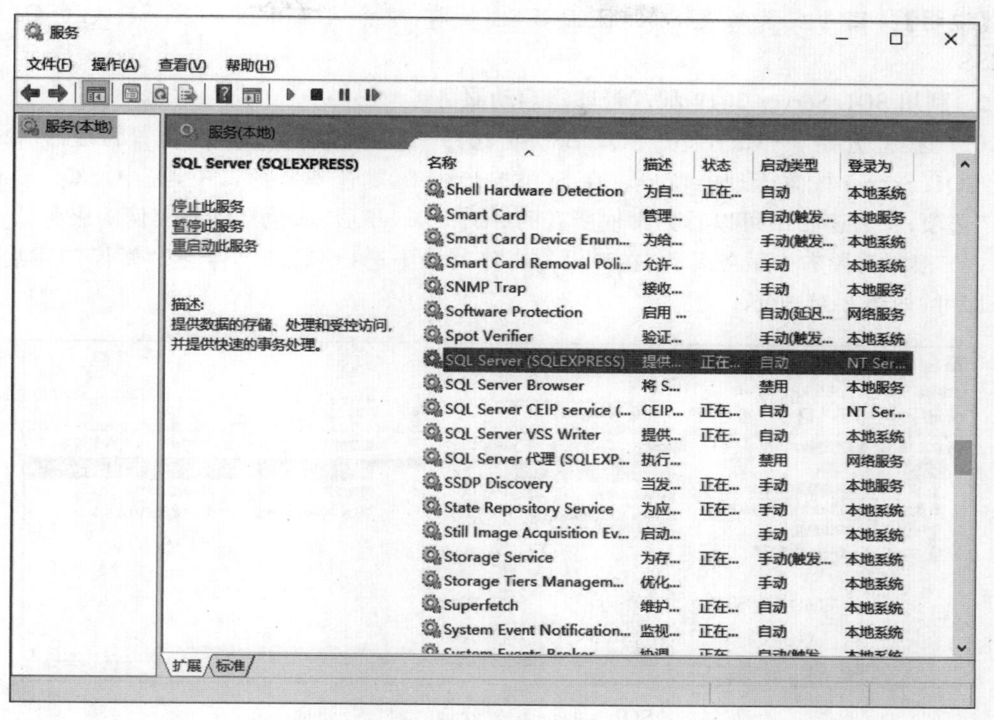

图 3-15 Windows 10 的“服务”窗口

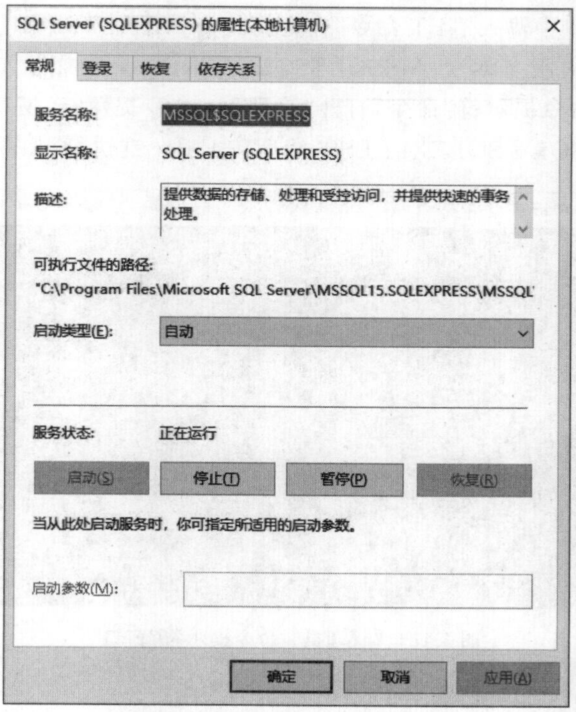

SQL Server (SQLEXPRESS) 的属性(本地计算机)
常规 登录 恢复 依存关系
服务名称: MSSQL$SQLEXPRESS
显示名称: SQL Server (SQLEXPRESS)
描述: 提供数据的存储、处理和受控访问，并提供快速的事务处理。
可执行文件的路径:
"C:\Program Files\Microsoft SQL Server\MSSQL15.SQLEXPRESS\MSSQL
启动类型(E): 自动
服务状态: 正在运行
启动(S) 停止(T) 暂停(P) 恢复(R)
当从此处启动服务时，你可指定所适用的启动参数。
启动参数(M):
确定 取消 应用(A)

图 3-16 “常规”选项卡

【说明】 因为安装的是 SQL EXPRESS 版本，服务名显示为 SQL Server(SQLEXPRESS)。

2. 利用 SQL Server 2019 配置管理器启动服务

(1) 选择“开始”→Microsoft SQL Server 2019→“SQL Server 2019 配置管理器”命令，进入 SQL Server 配置管理器窗口。在 SQL Server 配置管理器窗口中，选中“SQL Server 服务”选项，在右窗格中可以看到本地所有的 SQL Server 服务，包括不同实例的服务。

(2) 根据需要右击服务名称，在弹出的快捷菜单中选择“启动”“停止”“暂停”“重启”等命令即可，如图 3-17 所示。

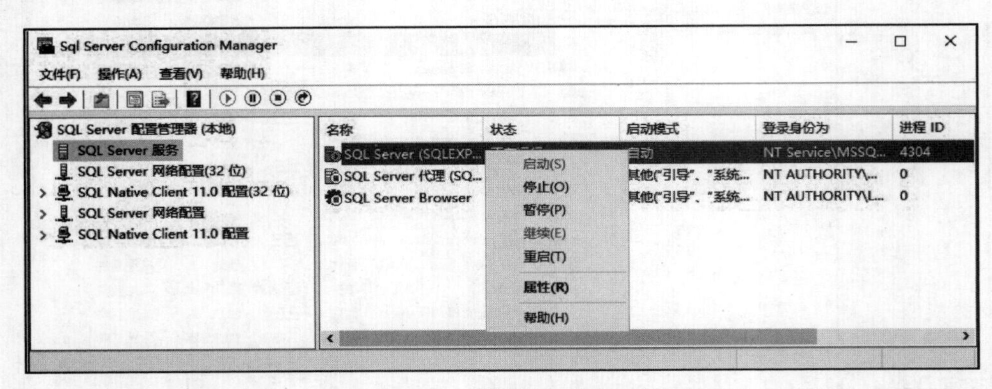

图 3-17 SQL server 配置管理器窗口及快捷菜单

3. 利用命令启动服务

在命令提示符窗口中输入 NET 命令，命令格式为 NET START 服务名称。

例如，SQL Server 服务名为 MSSQL$SQLEXPRESS，则操作如下：选择“开始”→“Windows 系统”→“命令提示符”命令，打开“管理员：命令提示符”窗口，在闪烁的光标处输入 NET START MSSQL $ SQLEXPRESS，然后按 Enter 键执行，如图 3-18 所示。

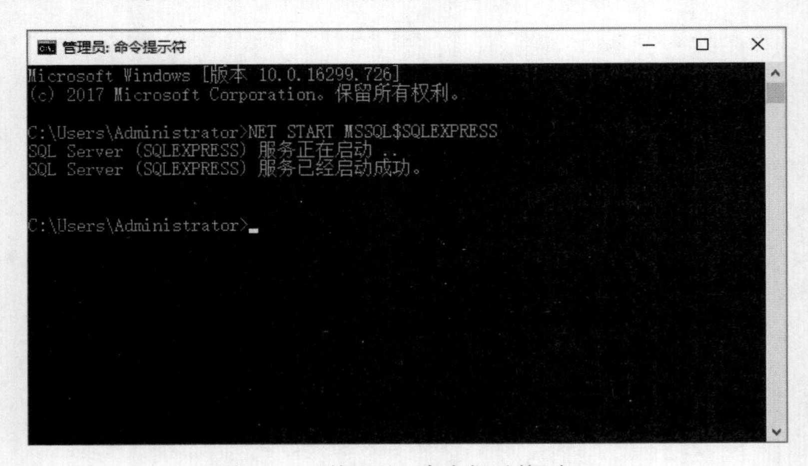

图 3-18 “管理员：命令提示符”窗口

4. SQL Server 2019 服务器服务的停止

SQL Server 2019 服务器服务的停止，同样也可以通过 Windows Services(与启动服务操作方法相似)、SQL Server 配置管理器(与启动服务操作方法相似)和命令方式。

利用命令行,在命令提示符窗口中使用 NET 命令,格式为 NET STOP 服务名称。

例如,停止 MSSQL$SQLEXPRESS 服务的命令为 NET STOP MSSQL $SQLEXPRESS,然后按 Enter 键即可。

3.2.3 SQL Server 配置管理器

SQL Server 配置管理器是一种工具,用于管理与 SQL Server 相关联的服务、配置 SQL Server 使用的网络协议以及从 SQL Server 客户端计算机管理网络连接配置。

SQL Server 配置管理器的启动:选择"开始"→Microsoft SQL Server 2019→"SQL Server 2019 配置管理器"命令,打开如图 3-19 所示的窗口。

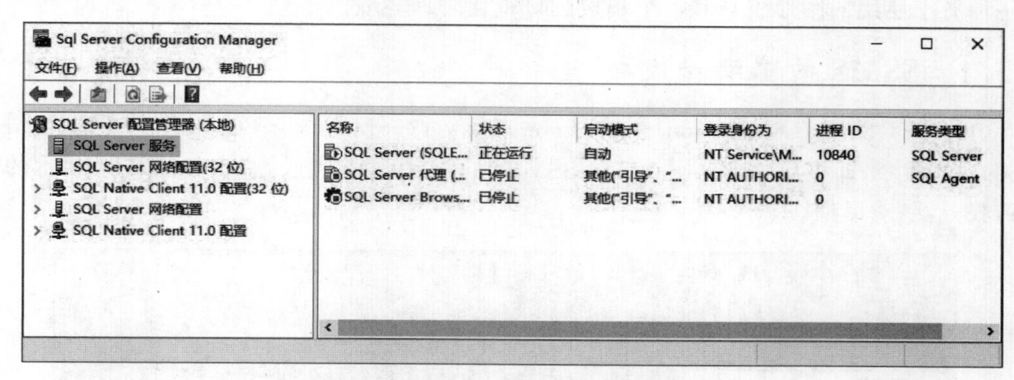

图 3-19 "SQL Server 配置管理器"窗口

1. SQL Server 服务

SQL Server 服务包括分析服务、数据库服务器服务、全文检索、报表服务、服务器代理及浏览服务等,通过 SQL Server 配置管理器可以启动、暂停、恢复或停止这些服务,还可以查看或更改这些服务的属性。

2. SQL Server 网络配置

使用 SQL Server 配置管理器可以配置服务器和客户端网络协议以及连接选项。

启用正确协议后,通常不需要更改服务器网络连接。但是,当需要重新配置服务器连接,以使 SQL Server 侦听特定的网络协议、端口或管道,则可以使用 SQL Server 网络配置,有关启用协议的详细信息,可参阅启用或禁用服务器网络协议。

3. SQL Native Client 11.0 配置

SQL Native Client 11.0 配置是配置客户端计算机用于连接到 SQL Server 的网络库,与 Microsoft SQL Server 一起启动。

SQL Server Native Client 配置中的设置,将在运行客户端程序的计算机上使用。在运行 SQL Server 的计算机上配置这些设置时,仅影响那些运行在服务器上的客户端程序。

课堂任务 2 对照练习

(1) 分发下载好的文件给学生进行 SQL Server 2019 安装。

(2) 用 3 种不同的方法启动 SQL Server 2019 服务器服务。

(3) 启动并熟悉 SQL Server 配置管理器。

3.3 SQL Server Management Sudio

课堂任务 3 熟悉 SSMS 基本操作。

SSMS 将早期版本的 SQL Server 中所包含的企业管理器、查询分析器和 Analysis Manager 功能整合到单一的环境中,组合了多样化的图形工具与多种功能齐全的脚本编辑器,还可以和 SQL Server 的 Reporting Services、Integration Services 等所有组件协同工作,是一种易于使用的图形工具和一个集成的可视化管理环境。

3.3.1 SSMS 的启动与连接

(1) 选择"开始"→Microsoft SQL Server Tools 18→Microsoft SQL Server Management Studio 18 命令,即可启动 SSMS。启动 SSMS 时间会稍微有点长,弹出如图 3-20 所示的"连接到服务器"对话框。

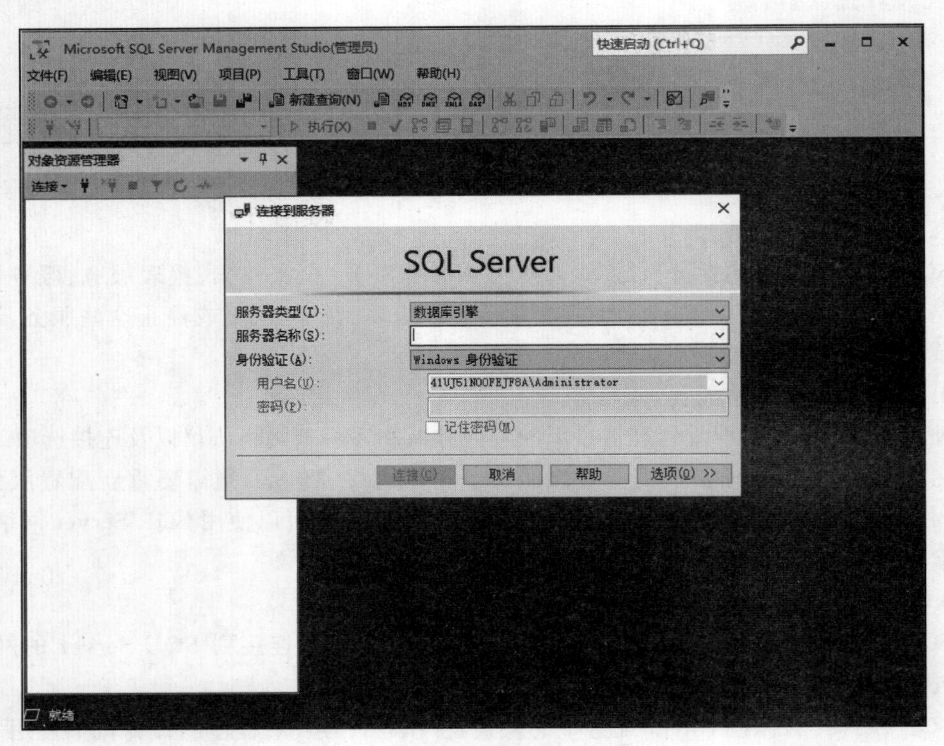

图 3-20 "连接到服务器"对话框

- 服务器类型。根据所安装的 SQL Server 版本,可供选择的有数据库引擎、Analysis Services、Reporting Services 和 Integration Services 4 种类型。我们主要是学习有关数据库方面的知识,所以应该选择"数据库引擎"选项。
- 服务器名称。在"服务器名称"下拉列表框中,选择"浏览更多"选项,将搜索到更多的本地服务器和网络服务器。

- 身份验证。可供选择的有 Windows 身份验证、SQL Server 身份验证及云处理方面验证等 5 种方式，有些验证方式需要输入登录名和密码。在前面介绍的 SQL Server 2019 安装中，是由系统自动完成安装的，系统默认的是 Windows 身份验证。

(2) 在图 3-20 的对话框中，指定服务器的类型为“数据库引擎”，服务器的名称从下拉列表框中选择一个(选择本地主机名称)，身份验证方式为 Windows 身份验证，然后单击“连接”按钮，启动 SQL Server Management Studio。连接成功后 SSMS 的主界面如图 3-21 所示，左侧显示的是“对象资源管理器”窗格及窗格中的组件。

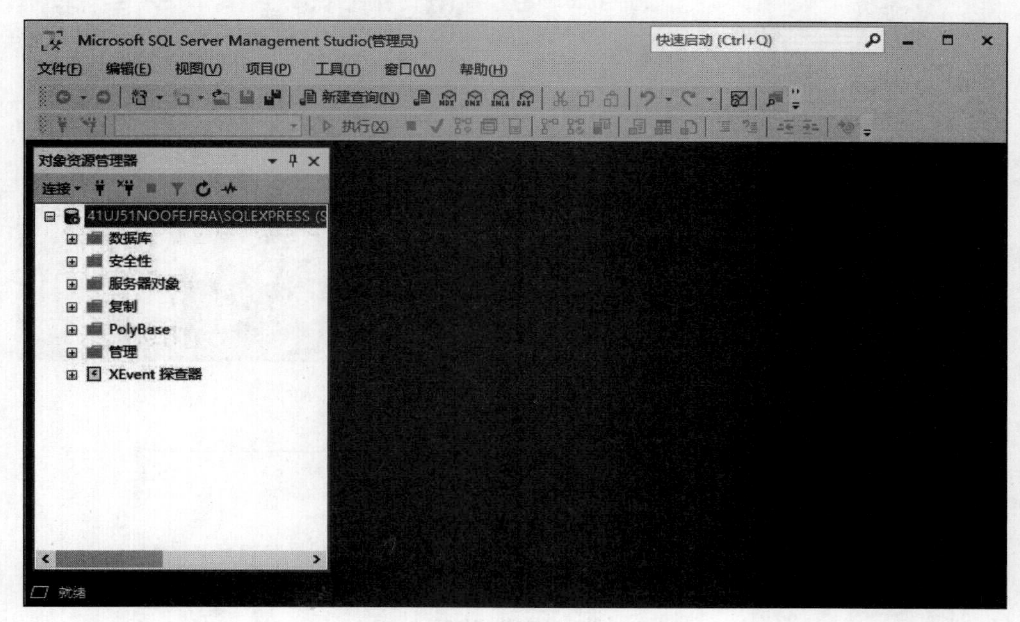

图 3-21 SSMS 的主界面

3.3.2 SSMS 组件

SSMS 由对象资源管理器、模板资源管理器、解决方案资源管理器、查询和文本编辑器、可视化设计器等组件构成。

1. 对象资源管理器

对象资源管理器提供一个层次结构用户界面，用于查看和管理每个 SQL Server 实例中的对象，其功能根据服务器的类型稍有不同，但一般都包括用于数据库的开发功能和用于所有服务器类型的管理功能。

1) 打开和配置对象资源管理器

(1) 默认情况下，Management Studio 中对象资源管理器是可见的，如图 3-21 所示。如果看不到对象资源管理器，通过在 SSMS 界面中选择“视图”→“对象资源管理器”命令，如图 3-22 所示，打开对象资源管理器。

(2) 若要配置对象资源管理器参数，通过在 SSMS 界面中选择“工具”→“选项”命令，在弹出的“选项”对话框中选择“SQL Server 对象资源管理器”选项配置对象资源管理器，配置完毕单击“确定”按钮，如图 3-23 所示。

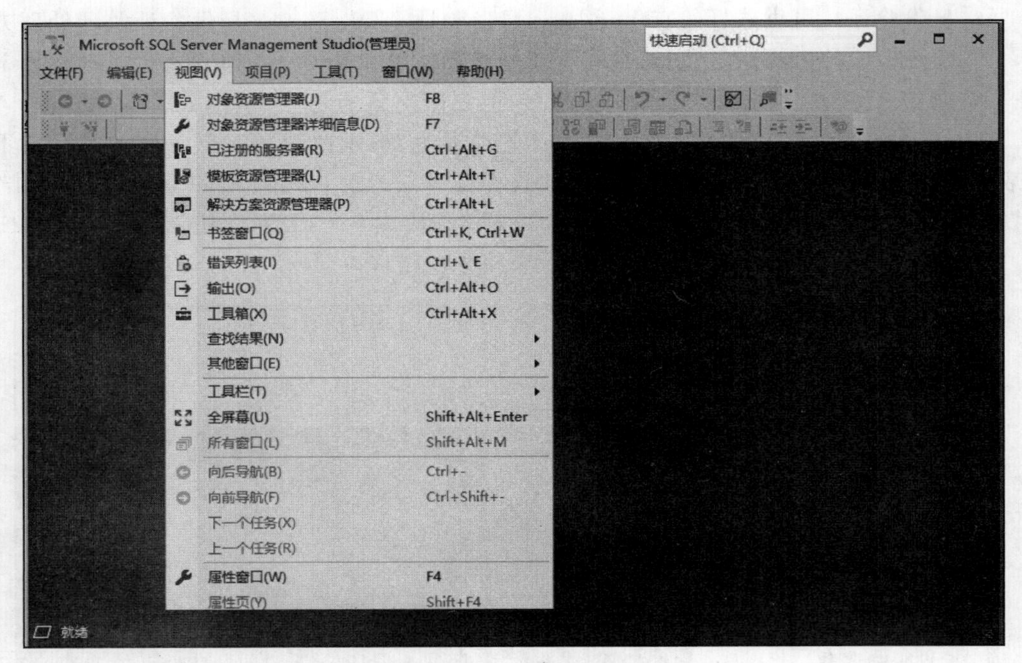

图 3-22　选择“视图”→“对象资源管理器”命令

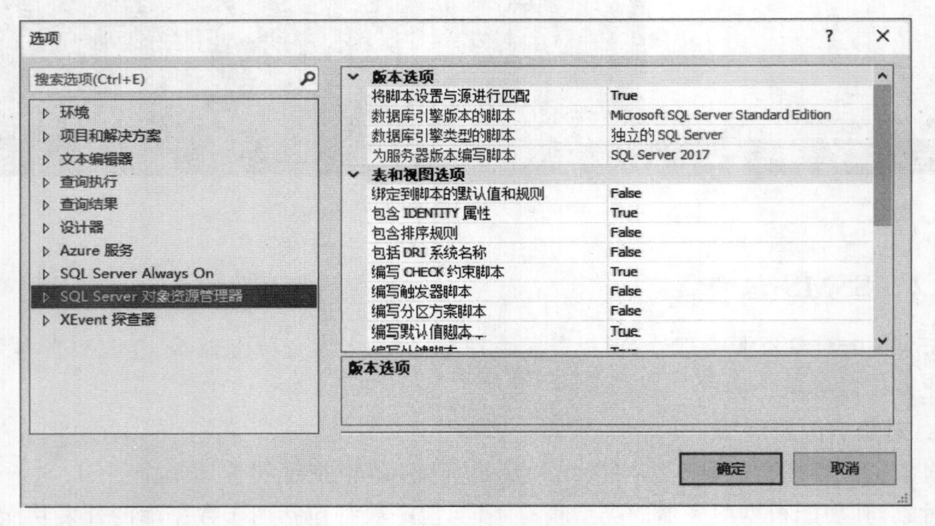

图 3-23　配置对象资源管理器

2）从对象资源管理器连接到实例

用户要使用服务器和数据库，首先需要连接到服务器。

（1）连接到服务器。在“对象资源管理器”窗格中，单击左上角的“连接”，在下拉列表中选择“数据库引擎”命令，弹出“连接到服务器”对话框，如图 3-24 所示。在此对话框中填写有关内容，并单击“连接”按钮。成功连接后服务器将出现在“对象资源管理器”窗格中。

（2）如果选择连接 Azure SQL Server(连接到 Azure SQL 单一数据库或弹性池)，系统可能提示登录创建防火墙规则，按屏幕提示操作即可。

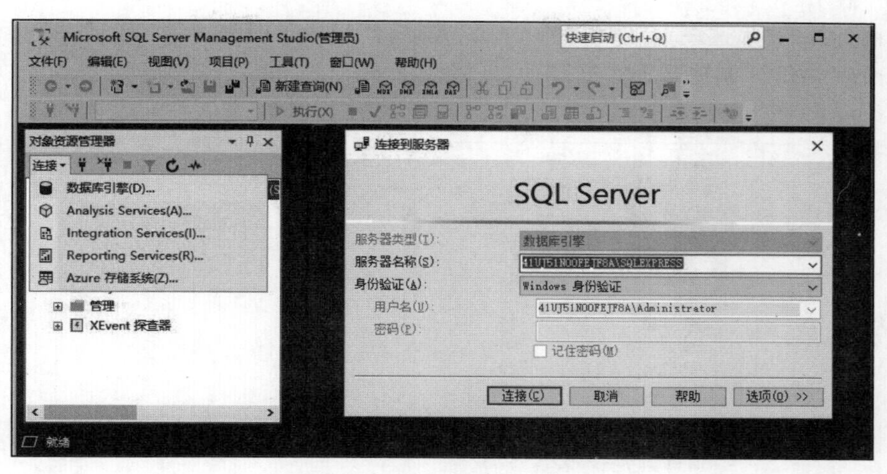

图 3-24　从“对象资源管理器”连接服务器

3）使用对象资源管理器管理对象

（1）在对象资源管理器中查看对象。

对象资源管理器使用树状结构将信息分组到文件夹中。在“对象资源管理器”窗格中，若要展开文件夹，单击加号（+）或双击文件夹，展开文件夹以显示更多详细信息。右击文件夹或对象，可以执行常见任务。

（2）在对象资源管理器中筛选对象。

当文件夹中包含大量对象时，为了快速找到要查找的对象，可使用对象资源管理器的筛选功能。

① 选中要筛选的文件夹，单击“筛选器”按钮，或右击要筛选的文件夹，在弹出的快捷菜单中选择“筛选器”→“筛选设置”命令，如图 3-25 所示。

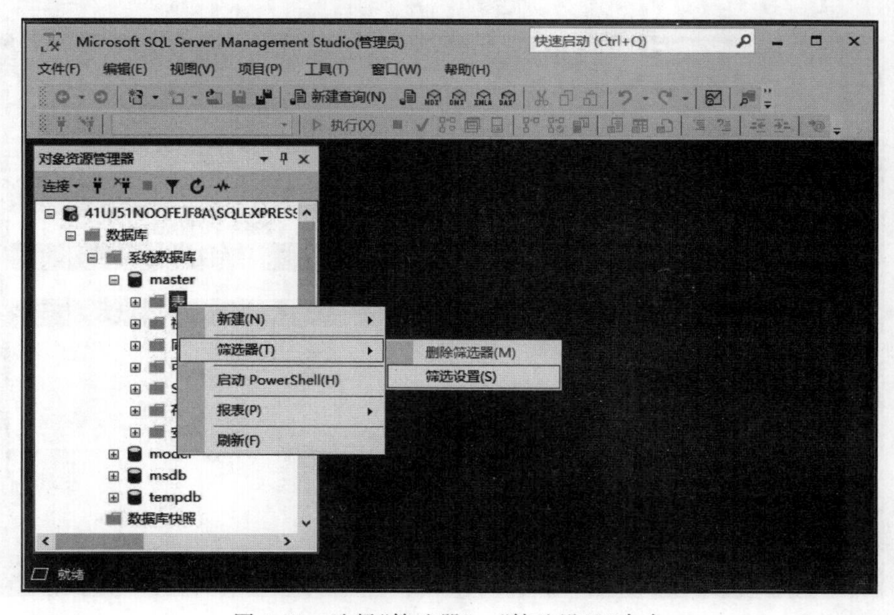

图 3-25　选择“筛选器”→“筛选设置”命令

② 在打开的“筛选设置”对话框中,可以按名称、创建日期来筛选,有时甚至可以按架构来筛选,并可提供其他筛选运算符,例如“包含”和“等于”,如图 3-26 所示。

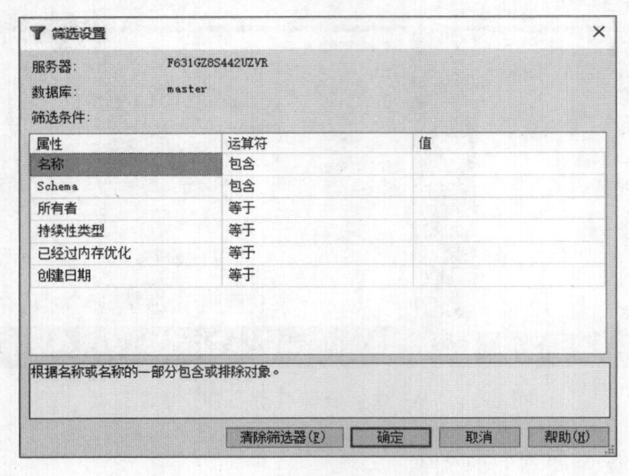

图 3-26 “筛选设置”对话框

(3) 多重选择。

在“对象资源管理器”窗格中,一次只能选择一个对象。若要选择多个对象,按 F7 键以打开“对象资源管理器详细信息”窗格。在“对象资源管理器详细信息”窗格中支持选择多个对象。按下 Ctrl 键单击选择多个不连续的对象,按下 Shift 键单击选择多个连续的对象,如图 3-27 所示。

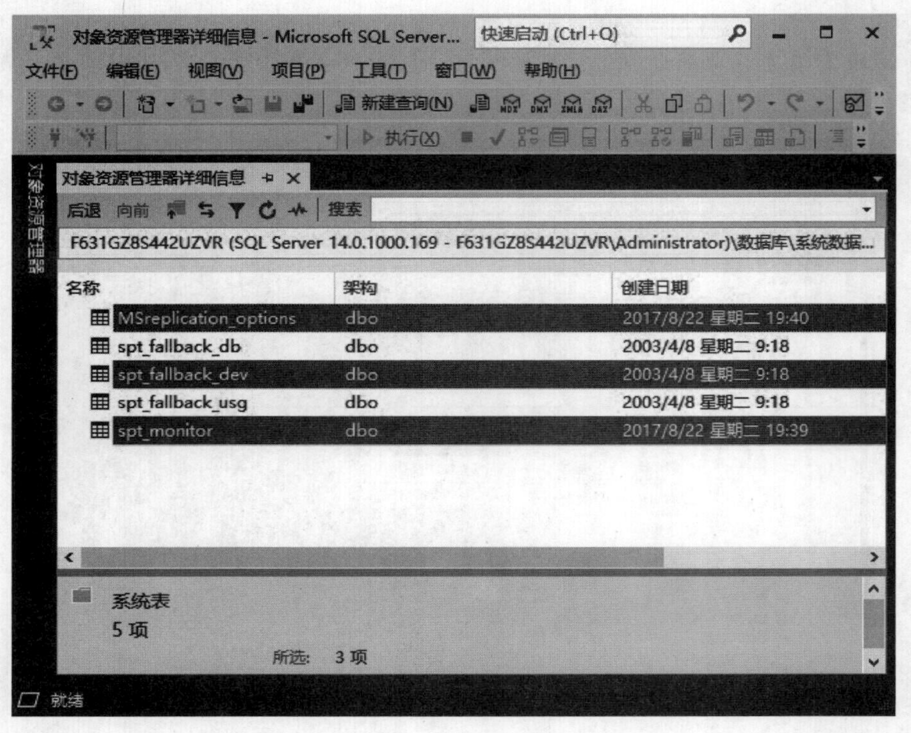

图 3-27 选择多个对象

(4) 从对象资源管理器中注册服务器。

① 在“对象资源管理器”窗格中，右击服务器名称，在弹出的快捷菜单中选择“注册”命令，弹出“新建服务器注册”对话框，如图 3-28 所示。

② 在“常规”选项卡中，输入或选择要注册的服务器名称(实例名称)，选择身份验证方式，在下面的文本框中可以为已注册服务器输入一个简洁的新名称来替换原有的名称，并添加描述信息。

③ 切换到“连接属性”选项卡，如图 3-29 所示，在“连接到数据库”下拉列表框中选择“浏览服务器”选项，搜索需要连接的数据库，并进行网络连接的各种属性的设置。

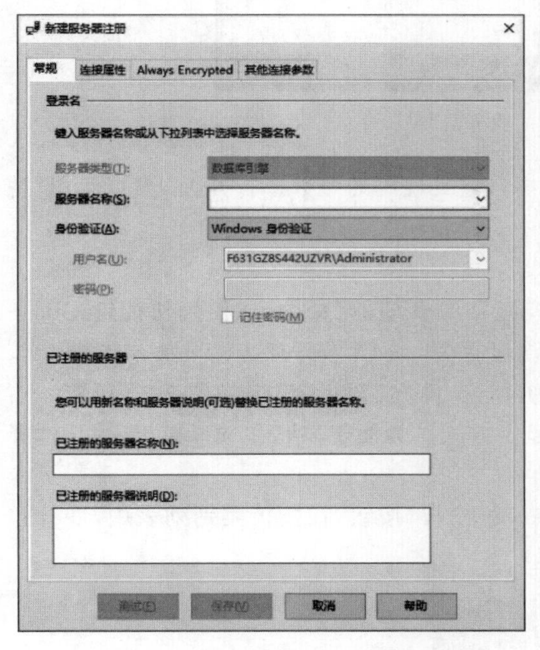

图 3-28 “新建服务器注册”对话框

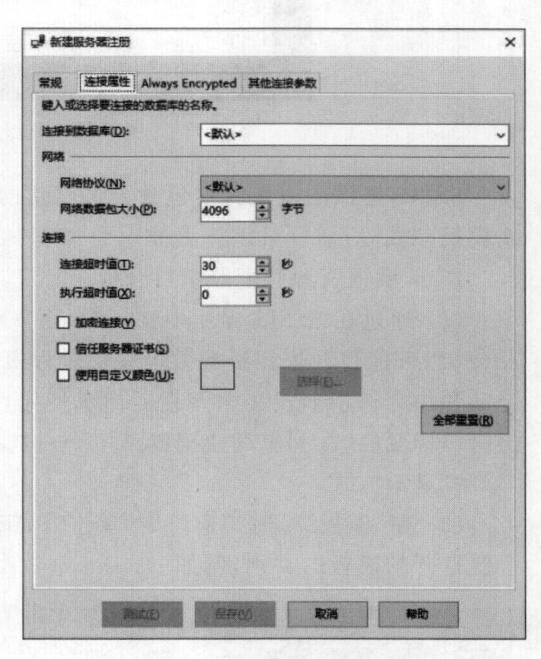

图 3-29 “连接属性”选项卡

④ 设置完毕后，单击“测试”按钮进行连接验证测试，测试通过后，单击“保存”按钮保存服务器注册对象。

⑤ 通过在 SSMS 界面中选择“视图”→“已注册的服务器”命令，或使用快捷键 Ctrl+Alt+G，都能打开“已注册的服务器”窗口，如图 3-30 所示。查看所注册的服务器。

(5) 在“对象资源管理器”窗格中的结点上执行操作。

通过右击“对象资源管理器”窗格中的结点对象，可以在对象上执行操作。每种对象类型支持一组唯一的右键快捷菜单操作，如图 3-31 所示。

2. 模板资源管理器

SQL Server 提供了多种模板(Template Explorer)适用于解决方案、项目和各种类型的代码编辑器。模板可用于创建对象，如数据库、表、视图、索引、存储过程、触发器、统计信息和函数。此外，通过创建用于 Analysis Services 的扩展属性、连接服务器、登录名、角色、用户和模板，还可以帮助用户管理服务器。模板的作用就是省去用户在开发应用时每次都要输入基本代码的工作。

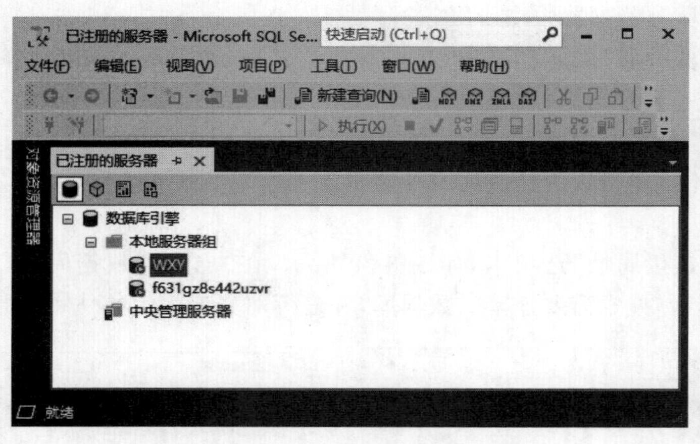

图 3-30 “已注册的服务器”窗口

SSMS 提供的模板脚本包含了可以帮助用户自定义代码的参数。打开模板后，使用“替换模板参数”对话框可以将值插入到脚本中。

1) 从模板资源管理器中打开模板

(1) 通过在 SSMS 界面中选择“视图”→“模板资源管理器”命令，或使用快捷键 Ctrl+Alt+T，都能打开模板资源管理器。模板资源管理器在 SSMS 界面有 3 种显示方式：停靠、浮动和作为选项卡式文档停靠。初次使用，系统默认“停靠”显示方式，如图 3-32 所示。右击窗口标题栏，在弹出的快捷键菜单中可选择显示方式。为便于浏览和选择模板，建议选择“浮动”显示方式。

(2) 在“模板浏览器”窗口中，单击“SQL Server 模板”按钮，在模板类别列表中，展开包含要打开的模板的类别，例如 Database(数据库)。

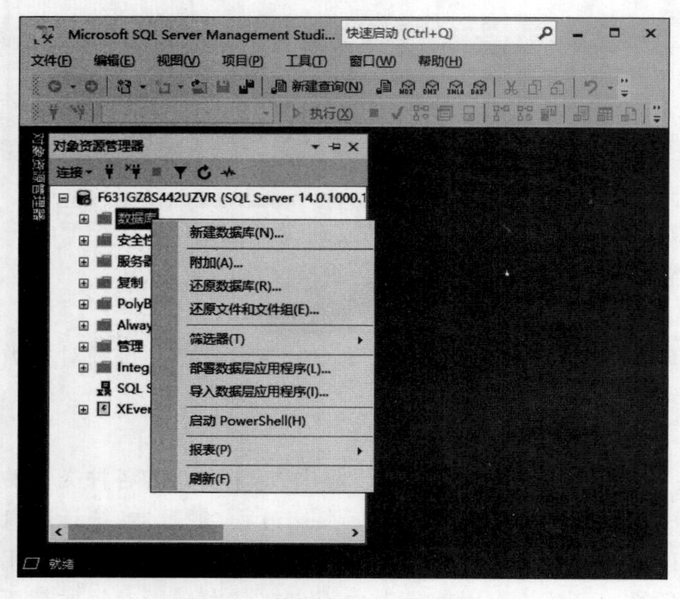

图 3-31 数据库对象的快捷菜单

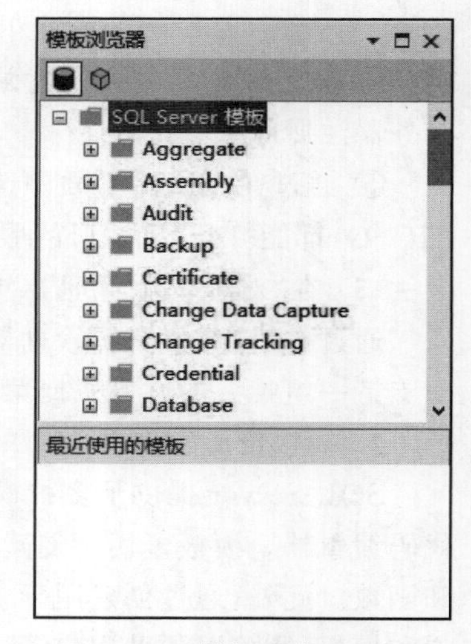

图 3-32 “模板浏览器”窗格

(3) 右击模板，在弹出的快捷菜单中选择“打开”命令，在代码编辑器窗口中将其打开。例如，打开 Create Database(创建数据库)模板，如图 3-33 所示。另外，双击模板在代码编辑器窗口中也可以打开模板；或将模板拖到代码编辑器窗口中，也可打开模板。

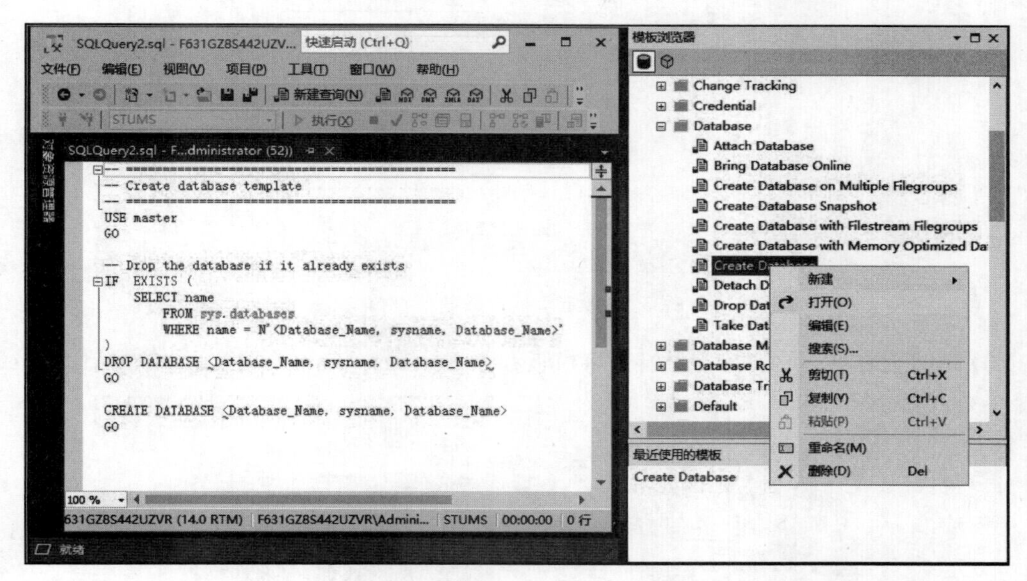

图 3-33　打开 Create Database 模板

2）模板参数的修改

(1) 模板打开之后，将光标定位到代码编辑器窗口，此时，SSMS 界面会增加一个“查询”菜单，选择“查询”→“指定模板参数的值”命令，如图 3-34 所示。

图 3-34　选择“查询”→“指定模板参数的值”命令

(2) 弹出“指定模板参数的值”对话框，在“值”文本框中输入 Stunew，如图 3-35 所示。

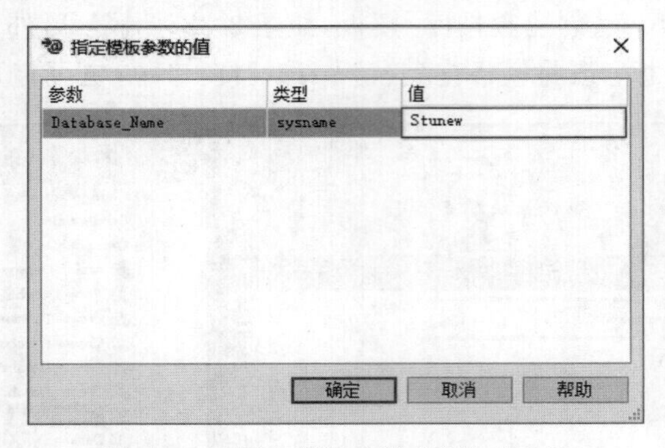

图 3-35 “指定模板参数的值”对话框

(3) 输入完毕后，单击“确定”按钮，将模板参数 Database_Name 替换为具体的值 Stunew，如图 3-36 所示。

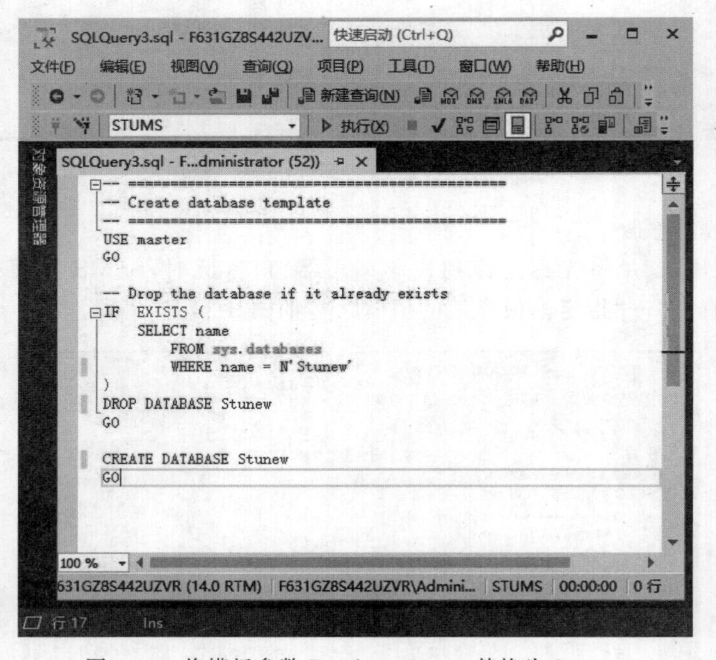

图 3-36 将模板参数 Database_Name 替换为 Stunew

(4) 单击“执行”按钮实现模板提供的功能，创建了 Stunew 数据库(可在“对象资源管理器”窗格中单击“刷新”按钮查看)。

3. 解决方案资源管理器

将一个或多个彼此相关联的项目组合在一个容器中称为解决方案。项目所包含的“项”是创建数据库解决方案所需的脚本、查询、连接信息和文件。

通过在 SSMS 界面中选择“视图”→“解决方案资源管理器”命令，或使用快捷键 Ctrl+Alt+L 都能打开“解决方案资源管理器”窗口，如图 3-37 所示。

解决方案功能处于维护模式并且可能会在 Microsoft SQL Server 将来的版本中被删

除。建议尽量避免在新的开发工作中使用该功能，并着手修改当前还在使用该功能的应用程序。

4. 查询和文本编辑器

SSMS中的4种编辑器共享共同的体系结构。文本编辑器可实现基本功能，而且可用作文本文件的基本编辑。其他3个编辑器（或查询编辑器）可通过加入语言服务（用于定义SQL Server支持的其中一种语言的语法），对此基本功能进行扩展。

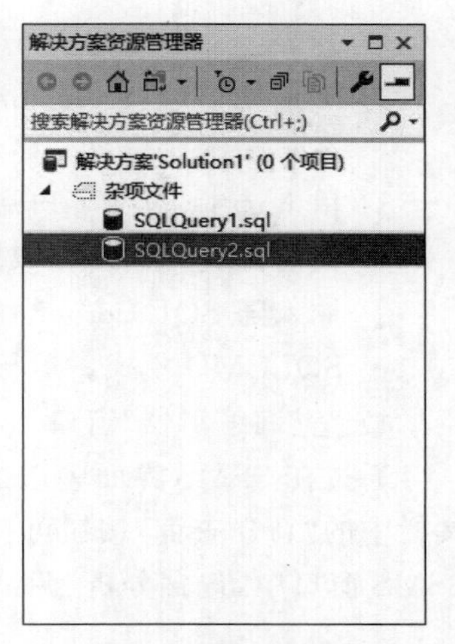

图3-37 “解决方案资源管理器”窗口

1）常见组件

SSMS中的所有编辑器共享以下组件。

- 代码窗格。用于输入查询或文本的区域。文本编辑环境支持查找和替换、大量标注以及自定义字体和颜色。
- 选定内容的边距。位于边距指示符栏与代码文本之间的一列空白间距，单击该位置可选中文本行，可以隐藏或显示选定内容的边距。
- 水平滚动条和垂直滚动条。可用来水平或垂直滚动代码窗格，以便查看超出代码窗格可视边缘的代码。
- 行号。用于在编辑器中的文本或代码的左侧显示行号，可以导航到特定行号。
- 自动换行。将较长的文本行或代码行以多行显示，以便查看行中的所有内容。

2）代码编辑器组件

除了与文本和XML编辑器共享的功能之外，代码编辑器还包含以下功能。

- 结果。此窗格用于查看查询结果。该窗格可以在网格或文本中显示结果，或者可将结果定向到某个文件。结果网格能以单独的选项卡式窗格的形式显示。
- IntelliSense。在编辑器的“编辑”菜单上，指向IntelliSense，以查看Microsoft IntelliSense选项。
- 颜色编码。为每种类型的语法元素显示不同颜色，以提高复杂语句的可读性。
- 代码大纲显示。在代码左侧显示带有大纲显示线的代码组。代码组可以折叠或展开，以方便查看代码。
- 模板。包含创建数据库对象所需的语句基本结构的文件。它们可以用于加快脚本编写速度。
- 消息。显示脚本运行时由服务器返回的错误、警告和信息性消息。只有再次运行脚本时，消息列表才会发生变化。
- 状态栏。显示与查询编辑器窗口相关的系统信息，例如查询编辑器连接到哪个实例。

3）数据库引擎查询编辑器组件

以下组件仅在数据库引擎查询编辑器中提供。

- 调试器。可以用来暂停执行特定语句的代码。供用户查看数据和系统信息，以找到代码中的错误。
- 错误列表。显示IntelliSense发现的语法和语义错误。当编辑T-SQL脚本时，错误列表会动态变化。

- 图形显示计划。显示构成 T-SQL 语句的执行计划的逻辑步骤。
- 客户端统计信息。显示有关划分为不同类别的查询执行的信息。如果从“查询”菜单上选中“包括客户端统计信息”，则执行查询时将显示“客户端统计信息”窗格。
- 代码段。当用户在数据库引擎查询编辑器中添加语句时，可用作起点的模板。可以插入随 SQL Server 一起提供的预定义代码段，也可以添加自己的代码段。
- SQLCMD 模式。运行包含 sqlcmd 实用工具所支持的命令集的 T-SQL 脚本。

4）“查询编辑器”窗口

通过在 SSMS 界面中选择“文件”→“新建”→“数据库引擎查询”命令，或单击 SSMS 工具栏中的“新建查询”按钮可打开“查询编辑器”窗口。与查询编辑器相关的工具栏也出现在 SSMS 窗口中，包含分析、调试、执行等多个功能按钮和下拉列表框，如图 3-38 所示。

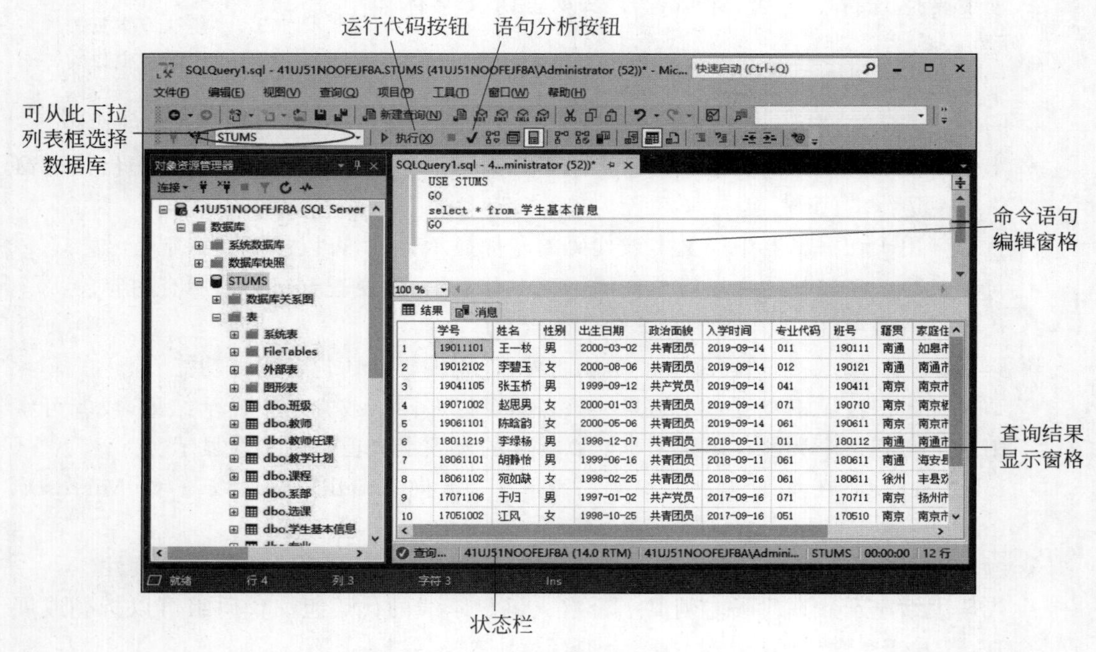

图 3-38 “查询编辑器”窗口

SSMS 提供的是一个选项卡式的查询编辑器，它的基本功能是编辑 T-SQL 语句，然后发送到服务器，并显示从服务器返回的结果和消息，从而实现使用 T-SQL 命令完成对数据库的操作和管理。

查询编辑器支持代码调试，提供断点设置，逐语句、逐过程执行，跟踪到存储过程或用户自定义函数内部执行等一系列强大的调试功能；还能够进行语法的拼写检查，即时显示出拼写错误的警告信息，具有智能感知的特性。

5. 可视化设计器

SSMS 包括用于生成 T-SQL 查询、表和关系图数据库的可视化设计器（Visual Database Tools）。

（1）设计数据库关系图。描述数据库关系图工具，对所连接的数据库进行设计和可视化处理。

（2）设计表。使用可视化表设计工具，可以创建、编辑或删除表、列、键、索引、关系和约束。

（3）设计查询和视图操作指南主题。可以创建和维护应用程序的数据检索和数据操作部分。

如何使用 SSMS 中所包含的这些可视化设计工具，将在后续章节教学中予以介绍。

课堂任务 3 对照练习

（1）掌握 SSMS 的启动与连接方法。

（2）熟悉 SSMS 的各种组件及相关的操作。

课后作业

1. SQL Server 2019 有哪些版本？
2. 安装 SQL Server 2019 对硬件有什么要求？
3. SQL Server 2019 提供了哪些主要组件？其功能是什么？
4. 启动 SQL Server 服务器服务有哪几种方法？
5. SSMS 代表什么？如何启动与连接？
6. SSMS 有哪些组件？各组件的功能是什么？
7. 可以使用 SQL Server 提供的哪种工具来执行 T-SQL 语句？

实训 2 SQL Server 2019 的安装和 SSMS 的使用

1. 实训目的

（1）掌握 SQL Server 2019 的安装方法。

（2）熟悉 SQL Server 2019 的环境。

（3）学会使用启动数据库服务器。

（4）学会使用 SSMS。

（5）学会使用 SQL Server 联机帮助。

2. 实训准备

（1）了解 SQL Server 2019 的版本。

（2）了解 SQL Server 2019 各种版本对硬件和软件的要求。

（3）熟悉 SSMS 各种组件及使用方法。

（4）SQL Server 文档和教程的用法。

3. 实训要求

（1）记录 SQL Server 2019 的安装过程及启动的操作。

（2）写出 SQL Server 2019 主要管理工具的使用方法及应用状况。

4. 实训内容

（1）下载安装 SQL Server 2019。

(2) 启动 SQL Server 2019 服务器服务。

① 利用 Windows Services 启动服务。

② 利用 SQL Server 配置管理器启动服务。

③ 利用命令启动服务。

(3) 启动 SQL Server 配置管理器,熟悉与 SQL Server 相关联的服务及网络的管理与配置。

(4) 熟悉 SSMS 组件。

启动连接 SSMS,熟悉对象资源管理器、模板资源管理器及相应的使用方法。

(5) 熟悉查询编辑器。

在查询编辑器的命令输入窗格中,输入以下语句并观看执行结果。

```
USE STUMS
GO
SELECT * FROM 学生 WHERE 性别 = '女'
GO
```

第4章 数据库的基本操作

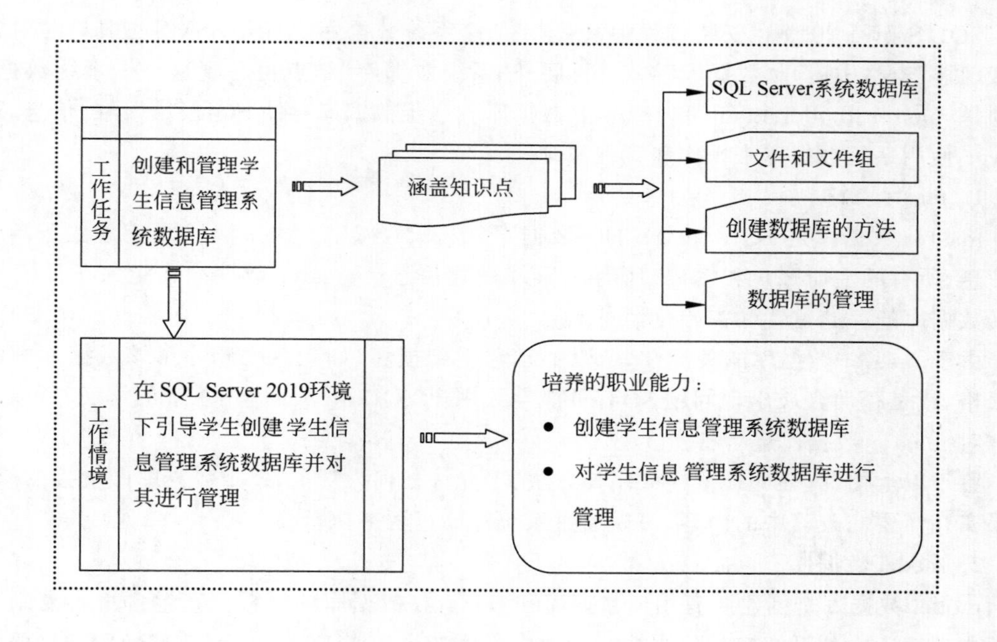

第4课 创建和管理学生信息管理系统数据库

4.1 系统数据库

4.1.1 SQL Server 系统数据库

课堂任务1 学习 SQL Server 2019 的系统数据库、系统数据表与系统存储过程等知识。

SQL Server 2019 在安装过程中,创建了4个系统数据库。打开 SSMS 工具,在“对象资源管理器”窗格中展开“数据库”结点,再展开“系统数据库”结点可看到这4个系统数据库,分别是 master、model、msdb 和 tempdb 数据库。系统数据库存储 SQL Server 的信息,SQL Server 使用系统数据库来操作和管理系统。

1. master 数据库

master 数据库是 SQL Server 的主数据库,记录了 SQL Server 2019 所有的服务器级系统信息、所有的注册账户和密码、所有的系统设置信息。master 数据库还记录了所有用户定义数据库的存储位置和初始化信息。

由于 master 数据库的关键性,所以一旦它受到损坏,如无意中删除了该数据库中的某个表格,或是存储介质出现问题,都有可能导致用户 SQL Server 应用系统的瘫痪,所以应该经常对 master 数据库进行备份。

鉴于以上情况,在此提醒广大用户,建议不允许任何人对 master 数据库做直接的修改。如果实在需要修改其中的内容,可以通过系统存储过程来执行。

2. model 数据库

model 数据库是创建所有用户数据库和 tempdb 数据库的模板。它包含将要复制到每个用户数据库中的系统表。每当执行创建数据库的语句 CREATE DATABASE 时,服务器总是通过复制 model 数据库来建立新数据库的前面部分,而新数据库的后面部分则被初始化成空白的数据页,以供用户存放数据。

严禁删除 model 数据库,这是由于每次 SQL Server 重新启动时都将以 model 数据库为模板重新创建 tempdb 数据库,一旦 model 数据库被删除,则 SQL Server 系统将无法使用。model 数据库必须始终存在于 SQL Server 系统中,model 数据库数据和日志文件的默认初始大小为8MB。

3. msdb 数据库

msdb 数据库供 SQL Server 代理来计划警报和作业及记录操作员时使用。SSMS、Service Broker 和数据库邮件等其他功能也使用该数据库。

例如,操作员备份了一个数据库,会在 msdb 数据库的 backupfile 表中插入一条记录,保留一份完整的联机备份和还原历史记录的相关信息。这些信息包括执行备份一方的名称、备份时间和用来存储备份的设备或文件。SSMS 使用这些信息来提出计划，还原数据库和应用任何事务日志备份。

msdb 数据库常被用来通过调度任务排除故障。为了保护存储在 msdb 中的信息，建议用户考虑将 msdb 事务日志放在容错存储区中。

4. tempdb 数据库

tempdb 系统数据库是一个全局资源，可供连接到 SQL Server 实例或 SQL 数据库的所有用户使用。tempdb 用于保留显式创建的临时用户对象。例如，全局或局部临时表及索引、临时存储过程、表变量、表值函数返回的表或游标，用于创建或重新生成索引等操作(如果指定了 SORT_IN_TEMPDB)的中间排序结果，或者某些 GROUP BY、ORDER BY 或 UNION 查询的中间排序结果。

在 tempdb 数据库中存放的所有数据信息都是临时的。每当连接断开时，所有的临时表格和临时的存储过程都将被自动丢弃。所以每次 SQL Server 启动时，tempdb 数据库里面总是空的。当临时存储的数据量急剧增加时，tempdb 数据库的大小可以再自动增长。

每次系统启动时 SQL Server 都将根据 model 数据库重新创建 tempdb 数据库。tempdb 数据库默认的大小是 8MB，而其日志文件大小也为 8MB。SQL Server 2019 以多种方式优化和提高 tempdb 的性能。

4.1.2 系统表

系统表是一种系统数据库中的表，是由系统自动创建维护的，记录了 SQL Server 组件所需的数据，用户通常在系统表中得到很多有用信息。例如 master 数据库中的系统表，用来存储所有 SQL Server 的服务器级系统信息。又如 msdb 数据库中的系统表，用来存储数据库备份和还原操作使用的信息等。每个系统数据库中的系统表，为每个系统数据库存储数据库级系统信息。SQL Server 的操作能否成功，取决于系统表信息的完整性。因此 Microsoft 不支持用户直接更新系统表中的信息。

系统表的格式取决于 SQL Server 的内部体系结构，并且可能因版本的不同而异。

4.1.3 系统存储过程

系统存储过程是 SQL Server 内置的具有强大功能的一组预先编译好的 SQL 语句的集合。可以使用系统存储过程来执行许多管理和信息活动。它们物理上存储在内部隐藏的 Resource 数据库中，但逻辑上出现在每个系统定义数据库和用户定义数据库的 sys 架构中。此外，msdb 数据库还在 dbo 架构中包含用于计划警报和作业的系统存储过程。

所有系统存储过程的名字都以 sp_为前缀，下画线后是这个系统存储过程的功能简介。在 SQL Server 2019 中，许多管理和信息活动都可以通过系统存储过程执行，应尽可能利用已有的系统存储过程来实现操作目标。例如，可以使用系统存储过程 sp_tables 查看学生信息管理系统数据库 STUMS 中所定义的表格等信息。

SQL Server 还支持在 SQL Server 和外部程序之间提供一个接口，以实现各种维护活动的系统过程，这些扩展过程使用 xp_为前缀。

SQL Server 2019 提供了大量的系统存储过程，都存储在 master 数据库中。

课堂任务1 对照练习

要求启动 SQL Server 2019 的 SSMS,查看系统数据库、系统数据表与系统存储过程等信息。

【提示】 运行 SSMS,展开"数据库"→"系统数据库",就能看到 SQL Server 的系统数据库。展开"master 库"→"表"→"系统表",就能看到 masret 数据库所拥有的系统表。展开 master 库中的"可编程性"→"存储过程"→"系统存储过程",显示 SQL Server 2019 的系统存储过程。

4.2 创建数据库的方法

课堂任务2 通过创建学生信息管理系统数据库 STUMS,学习 SQL Server 创建数据库的方法和相关的知识。

4.2.1 创建数据库前的准备

在创建数据库之前,先要确定数据库的名称、所有者(创建数据库的用户)、数据库的大小(初始值、最大值、是否允许增长及增长方式)以及用于存储该数据库的文件和文件组等内容。

1. SQL Server 标识符的格式规范

数据库对象的名称即为其标识符。在 SQL Server 环境中,给数据库、表、视图等对象,或变量、自定义函数命名需符合以下格式规范:

- 标识符可以使用长标识符,但包含的字符数应为 1～128。
- 标识符的第一个字符必须是字母或下画线(_)、at 符号(@)或井字号(#),后续字符可以是字母、十进制数字、基本拉丁字符、下画线(_)、at 符号(@)、井字符号(#)及美元符号($)。
- 标识符中不允许嵌入空格或其他特殊字符。
- 标识符不能是 T-SQL 保留字(无论是大写或小写形式)。如果标识符是保留字或包含空格,则需要使用分隔标识符进行处理。SQL Server 分隔标识符为双引号(" ")或者方括号([ ])。如[Table]或"My Table"都是正确的标识符。

在对各类对象命名标识符时,尽可能使标识符反映出对象本身所蕴涵的意义和类型,即见名知义。虽然支持长标识符,建议尽可能使用简短的标识符,尽量遵守清晰自然的命名习惯。

2. 所有者(创建数据库的用户)

在安装 SQL Server 后,默认数据库(如 master、tempdb、msdb 等)包含 dbo 和 guest 两个用户,dbo 为默认用户。

3. 数据库的存储结构

SQL Server 数据库的存储结构分为逻辑存储结构和物理存储结构两种。

数据库的逻辑存储结构指的是数据库由哪些性质的信息所组成。实际上，SQL Server 的数据库由数据关系图、表、视图、存储等各种不同的数据库对象(SQL Server 2019 增加了外部资源)所组成，如图 4-1 所示。

数据库的物理存储结构是讨论数据库文件是如何在磁盘上存储的。数据库在磁盘上是以文件为单位存储的，由数据文件和事务日志文件组成。一个数据库至少应该包含一个数据文件和事务日志文件，如图 4-2 所示。

图 4-1 数据库的逻辑存储结构

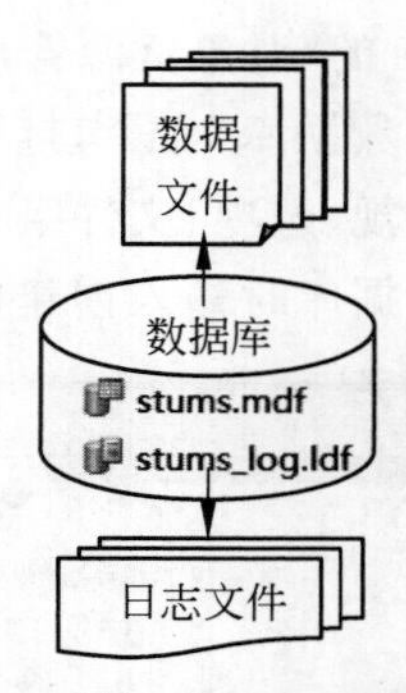

图 4-2 数据库的物理存储结构

4. SQL Server 数据库文件及文件组

1) SQL Server 数据库文件

- 主要数据文件(Primary File)：用来存储数据库的数据和数据库的启动信息，其默认扩展名为.mdf。主要数据文件是 SQL Server 数据库的主体，它是每个数据库不可缺少的部分，而且每个数据库都只能有一个主要数据文件。
- 次要数据文件(Secondary File)：用来存储主要数据文件没存储的其他数据，其默认扩展名为.ndf。使用次要数据文件可以扩展存储空间。
- 事务日志文件(Transaction Log)：用来记录数据库更新情况的文件，其默认扩展名为.ldf。每个数据库都至少要有一个事务日志文件。

2) SQL Server 的数据库文件组

文件组(File Group)是将多个数据库文件集合起来形成的一个整体。在 SQL Server 中允许对文件进行分组，以便于管理数据的分配或放置。与数据库文件一样，文件组也分为主文件组(Primary File Group)和次文件组(Secondary File Group)。在创建数据库时，默认设置是将数据文件存放在主文件组中。

3) 文件和文件组的设计规则

- 文件或文件组不能由一个以上的数据库使用。例如，文件 stums.mdf 和 stums.ndf 为包含在 STUMS 数据库中的数据和对象，任何其他数据库都不能使用这两个文件。
- 一个文件只能存在于一个文件组中。
- 数据和事务日志信息不能属于同一文件或文件组。
- 事务日志文件不能属于任何文件组。

下面就以建立学生信息管理系统数据库 STUMS 为例，分别介绍使用 SSMS 和 T-SQL 语句创建数据库的方法。

4.2.2 使用 SSMS 创建数据库

【例 4-1】 创建用于学生信息管理的数据库，数据库名为 STUMS，初始大小为 30MB，最大为 60MB，数据自动增长，增长方式是按 10% 的比例增长，日志文件初始为 6MB，最大可增长到 20MB，按 5MB 增长。数据库的逻辑文件名和物理文件名均采用默认值。

使用 SSMS 创建学生信息管理系统数据库 STUMS，其操作步骤如下。

(1) 在 SSMS 的"对象资源管理器"窗格中选择"数据库"文件夹并右击，在弹出的快捷菜单中选择"新建数据库"命令，打开"新建数据库"窗口，如图 4-3 所示。窗口左侧的"选择页"窗格提供了常规、选项、文件组 3 个选择页，窗口右侧显示与选择页相对应的参数设置信息，供用户创建数据库时输入创建参数值。

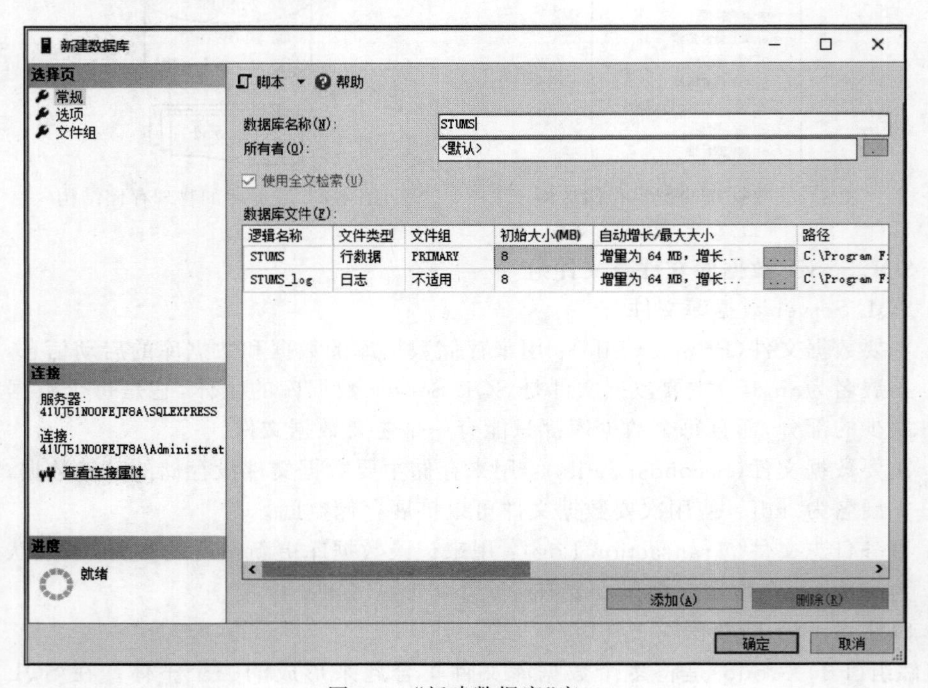

图 4-3 "新建数据库"窗口

(2) 选择"常规"选择页，在"数据库名称"文本框中输入 STUMS，所有者设为默认账户。

(3) 在"数据库文件"列表框中，对数据文件的默认属性进行修改。

逻辑名称：指定数据文件的名称，即逻辑文件名。本例取默认名为 STUMS。

文件组：指定数据文件属于哪个文件组，默认为 PRIMARY。

初始大小：指定数据文件初始大小，本例改为 30MB。

自动增长：单击"浏览"按钮 弹出"更改 STUMS 的自动增长设置"对话框，如图 4-4 所示。

SQL Server 提供了两种增长方式。

- 按百分比：指定当文件容量不足且小于最大容量上限时，数据库一次增长百分之多少。

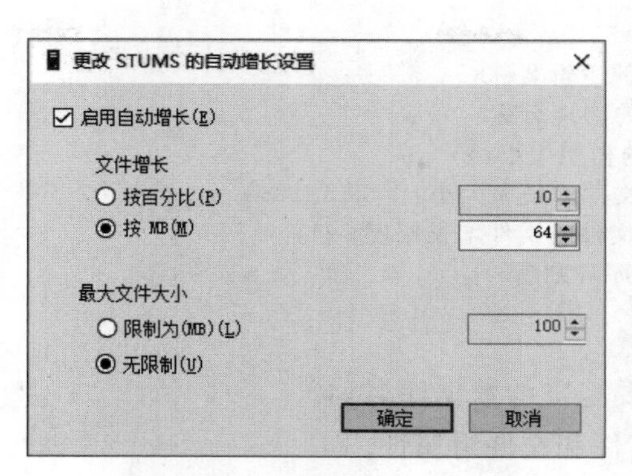

图 4-4 "更改 STUMS 自动增长设置"对话框

• 按 MB：指定当文件容量不足且小于最大容量上限时，数据库一次增长多少兆字节。

对话框中的最大文件大小用于指定数据文件的最大值。SQL Server 也提供了两种方式。

• 限制为。
• 无限制。

本例设置文件按 10%比率增长，受限在 100MB 内。

路径设置：在"路径"列单击"浏览"按钮 ，可以指定文件所存储的位置。本例采用默认路径 C:\Program Files\Microsoft SQL Server\MSSQL14. MSSQLSERVER\MSSQL\DATA\。

(4) 在"数据库文件"列表框中，对事务日志文件的默认属性进行修改。将初始大小改为 6MB，自动增长设置按 5MB 增长，受限在 20MB 内，其他均取默认值。

(5) 参数设置完毕后，单击"确定"按钮，系统就会自动按设置要求创建数据库。刷新并展开数据库文件夹，用户就会看到新创建的数据库 STUMS。

4.2.3 使用 CREATE DATABASE 语句创建数据库

在 SQL Server 2019 中，CREATE DATABASE 语句既可用于创建新数据库和使用的文件及其文件组，还可用于创建数据库快照，或附加数据库文件以从其他数据库的分离文件创建数据库。随着 SQL Server 版本的不断升级和功能的扩大，CREATE DATABASE 语句的语法中也增加了许多可供选择的子句和参数，以满足不同用户的需求。本文只介绍使用 CREATE DATABASE 语句创建数据库的基本语法。

在查询编辑器中使用 CREATE DATABASE 语句来创建数据库，其基本语法如下：

```
CREATE DATABASE <数据库名>
[ON
{[PRIMARY]
( NAME =<数据文件的逻辑名称>,
FILENAME =<数据文件的物理名称>
[ , SIZE = <数据文件的初始大小>]
[ , MAXSIZE = {<数据文件的最大大小> | UNLIMITED}]
[ , FILEGROWTH = <数据文件的增长幅度>])
} [ , …n]
```

```
LOG ON
{ ( NAME = <日志文件的逻辑名称>,
FILENAME =<日志文件的物理名称>
[ , SIZE =<日志文件的初始大小>]
[ , MAXSIZE = {<日志文件的最大大小> | UNLIMITED }]
[ , FILEGROWH =<日志文件的文件增长幅度> ])}[ , …n]]
[ COLLATE <数据库的排序规则名> ]
```

各参数说明如下。

- 数据库名：表示要建立的数据库名称。
- ON：定义数据文件和文件组属性。
- PRIMARY：定义数据库的主数据文件。
- NAME：定义数据库文件的逻辑文件名，逻辑文件名只在 T-SQL 语句中使用，是实际磁盘文件名的代号。
- FILENAME：指定数据库文件的物理文件名，物理文件名中应包括文件所在的盘符路径及文件名的全称。
- SIZE：指定文件的初始大小，可以以 KB、MB、GB、TB 为单位。
- MAXSIZE：定义文件能够增长到的最大值。可以设置 UNLIMITED 关键字，使文件可以无限制增长，直到驱动器被填满。
- FILEGROWTH：指定文件的自动增长率。可以使用 MB 或百分比来表示。默认情况下，最少增长 1MB。
- LOG ON：定义日志文件的属性。
- COLLATE：指定数据库的默认排序规则。排序规则名称既可以是 Windows 排序规则名称，也可以是 SQL 排序规则名称。省略此子句，新建数据库的排序规则将取 SQL Server 实例的默认排序规则。

语法中符号约定：

- [ ]：表示可选项，输入命令时不要键入方括号。
- { }：表示必选项。
- [,…n]：指示前面的项可以重复 n 次，各项之间以逗号分隔。

使用时的注意事项如下：

- T-SQL 语句在书写时不区分大小写，为清晰起见，一般都用大写表示系统保留字，小写表示用户自定义的名称。
- 一行只能写一条语句，当语句很长时可以分写多行，但不能多条语句写在同一行上。
- 创建数据库最简化的语法是 CREATE DATABASE＜数据库名＞，此时所创建的数据库的数据文件和日志文件的属性均采用系统默认值。

【例 4-2】 使用 T-SQL 语句，创建一个名为 STUNEW 的数据库，数据文件的逻辑文件名为 stunew_data，物理文件名为 D:\stunew_data. mdf，初始大小为 10MB，最大大小为 20MB，按 10％比例增长；日志文件的逻辑文件名为 stunew_log，物理文件名为 D:\stunew_log. ldf 初始大小为 1MB，最大大小为 10MB，按 1MB 增长。

使用 T-SQL 语句完成该任务的操作步骤如下：

(1) 在 SSMS 界面，单击标准工具栏中的“新建查询”按钮，打开查询编辑器。

(2) 在“查询编辑器”窗口中,输入如下代码:

```
CREATE DATABASE STUNEW
ON
(NAME = 'stunew_data',
 FILENAME = 'D:\stunew_data.mdf',
 SIZE = 10MB,
 MAXSIZE = 20MB,
 FILEGROWTH = 10 % )
 LOG ON
(NAME = 'stunew_log',
 FILENAME = 'D:\stunew_log.ldf',
 SIZE = 1MB,
 MAXSIZE = 10MB,
 FILEGROWTH = 1MB)
```

(3) 单击工具栏上的“分析”按钮,进行语法分析检查。

(4) 检查通过后,单击“执行”按钮,创建数据库。

如果执行顺利,会在查询编辑器的结果栏中,显示“命令已成功完成。”的消息。此时,刷新并展开“对象资源管理器”窗格中的“数据库”结点,就可看到新建的 stunew 数据库,结果如图 4-5 所示。

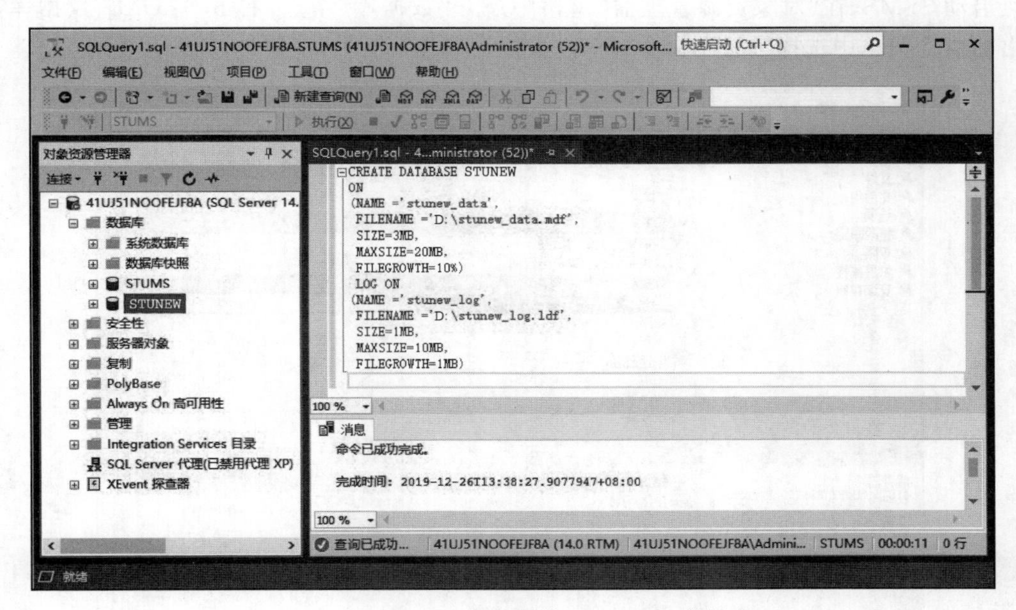

图 4-5 用 T-SQL 语句创建 STUNEW 数据库

【说明】 语句中的标点符号,只能使用半角的,文件名要用单引号引起来。

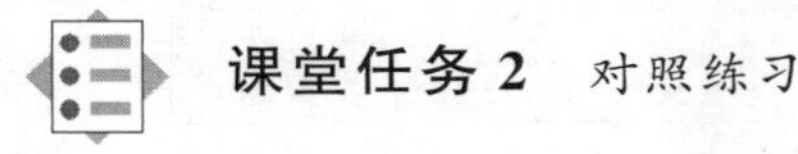

课堂任务 2 对照练习

分组练习。要求用两种不同的方法创建与 STUMS 和 STUNEW 类似的数据库 pup、pupnew,所建的数据库文件存放在 D:\SQL 文件夹中。

【提示】 做此练习,首先要在 D 盘的根目录下创建名称为 SQL 的文件夹。

4.3 管理数据库

课堂任务 3 学习 SQL Server 管理数据库的方法，如查看数据库信息、修改数据库属性、更改数据库名称及删除数据库等。

数据库创建成功后，接下来要做的工作就是管理和维护数据库。例如，查看数据库属性信息，更改数据库在创建时无法指定的某些属性选项，随着数据量的增长或变化，需要以自动或手动方式增加或收缩数据库容量，等等。通过管理和维护数据库，使数据库性能得到更好的发挥。

4.3.1 查看和修改数据库信息

对于已创建好的数据库，用户可以使用 SSMS 或系统存储过程、T-SQL 语句查看或修改数据库信息。

1. 使用 SSMS 查看和修改数据库信息

例如，使用 SSMS 查看 STUMS 数据库的信息。其操作过程如下：

启动 SSMS，在“对象资源管理器”窗格中展开“数据库”结点，右击 STUMS 数据库，在弹出的快捷菜单中选择“属性”命令，打开“数据库属性-STUMS”窗口，如图 4-6 所示。

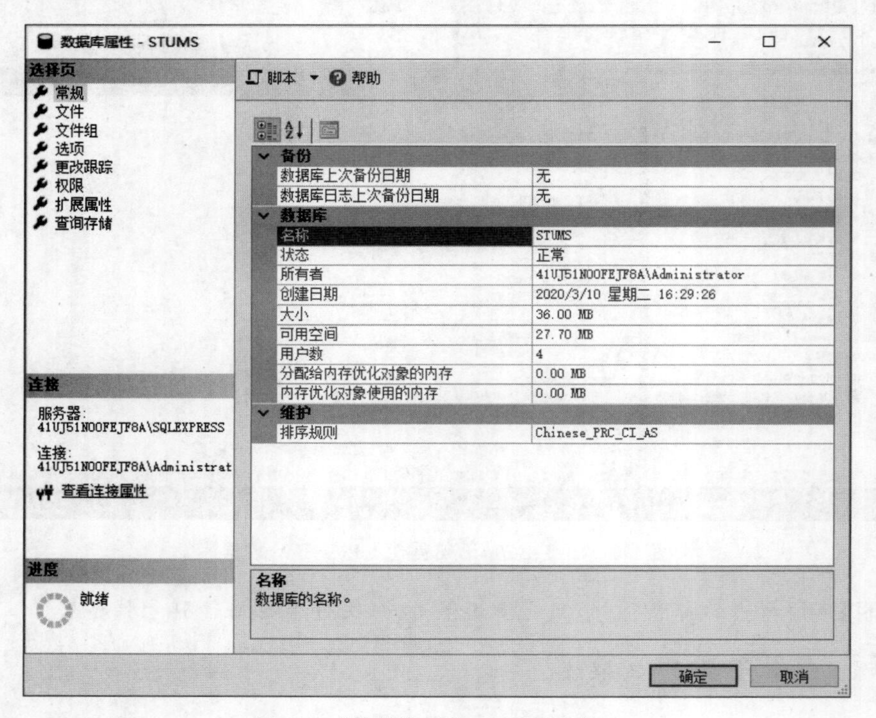

图 4-6 “数据库属性-STUMS”窗口

在“数据库属性-STUMS”窗口中，包括常规、文件、文件组、选项、更改跟踪、权限、扩展属性、查询存储共 8 个选择页，通过这些选择页可以查看和修改数据库的信息，还可以重新配置数据库的选项和高级属性的设置。

- “常规”选择页：查看所选数据库的常规属性信息，如数据库的备份情况、数据库的基本属性及排序规则等信息。
- “文件”选择页：查看或修改所选数据库的数据文件和日志文件的属性，如初始大小、自动增长、存储路径等，还可以添加或删除文件。
- “文件组”选择页：查看文件组，或为所选数据库添加新的文件组。
- “选项”选择页：查看或修改所选数据库的选项，可以为每个数据库都设置若干个决定数据库特征的数据库级选项。例如设置数据库的只读性、单用户模式(SINGLE_USER)，可以在“选项”选择页的“状态”下进行，如图4-7所示。

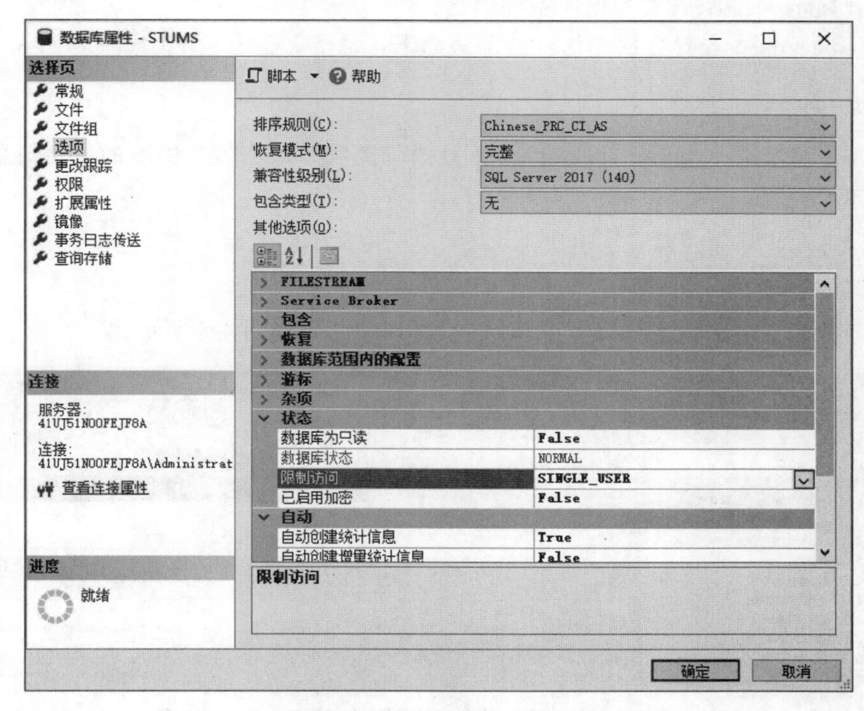

图 4-7 在“选项”选择页设置数据库为单用户模式

- “更改跟踪”选择页：查看或修改所选数据库的更改跟踪设置，只有在数据库级别启用更改跟踪，才能使用数据库的更改跟踪。
- “权限”选择页：查看或设置安全对象的权限，包括用户、角色及权限等信息，还可通过此页查看服务器权限。
- “扩展属性”选择页：使用扩展属性，用户可以向数据库对象添加自定义属性。通过此页可以查看或修改所选对象的扩展属性。“扩展属性”选择页对于所有类型的数据库对象都是相同的。
- “查询存储”选择页：从主体数据库访问此页面，并用它来配置和修改数据库查询存储的属性。

如果需要了解这些属性如何进行设置，可单击窗口中的“帮助”按钮，参考SQL Server 2019在线文档。

2. 使用系统存储过程查看数据库信息

数据库的属性信息都保存在系统数据库和系统数据表中，可以通过系统存储过程来获取有关数据库的属性信息。

（1）sp_helpdb：查看有关数据库和数据库参数信息。

用 sp_helpdb 查看数据库信息的语法如下：

```
EXEC sp_helpdb [ [ @dbname = ]'name' ]
```

其中，参数[@dbname=]'name'指定要查看信息的数据库名称。如果没有指定 name，则报告 master. dbo. sysdatabases 中的所有数据库。

（2）sp_spaceused：查看数据库空间信息。

用 sp_spaceused 查看数据库信息的语法如下：

```
EXEC sp_spaceused
```

【例 4-3】 使用 sp_helpdb、sp_spaceused 语句查看 STUMS 数据库的属性信息。

代码如下：

```
EXEC sp_helpdb 'STUMS'
EXEC sp_spaceused
```

在查询编辑器中输入上述命令并执行后，得到的结果如图 4-8 所示。

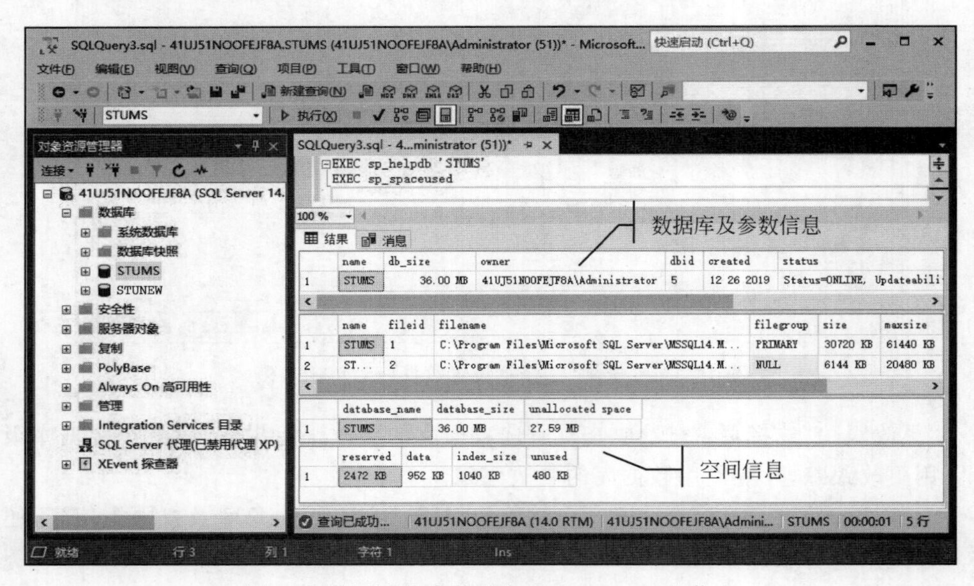

图 4-8 使用系统存储过程查看 STUMS 的信息

3. 使用 ALTER DATABASE 语句修改数据库

在 SQL Server 2019 中，除了通过 SSMS 的图形化界面来修改数据库的属性信息外，还可以通过 ALTER DATABASE 语句来修改数据库的各项属性信息。ALTER DATABASE 语句的语法格式如下：

```
ALTER DATABASE <数据库名>
```

```
{ ADD FILE  <数据文件名> [, … n] [ TO FILEGROUP  <文件组名> ]
  | ADD LOG FILE <日志文件名> [, … n ]
  | REMOVE FILE <逻辑文件名>
  | MODIFY FILE <数据文件>
  | ADD FILEGROUP <文件组名>
  | REMOVE FILEGROUP <文件组名>
  | MODIFY FILEGROUP <文件组名> { 文件组属性 | NAME = <新文件组名>}
}
```

各参数说明如下。

- 数据库名：指定要修改的数据库名称，此名称应该是已存在的数据库名称。
- ADD FILE 子句：用来向数据库添加新的数据文件。
- TO FILEGROUP 可选项：用来指定新增数据文件所属的文件组，省略时，默认为主文件组。
- ADD LOG FILE 子句：用来向数据库添加事务日志文件。
- REMOVE FILE 子句：用来从数据库中删除指定的数据文件或日志文件。注意，只有文件为空时才能被删除。
- MODIFY FILE 子句：用来修改数据文件或日志文件的属性。
- ADD FILEGROUP 子句：用来向数据库添加文件组。
- REMOVE FILEGROUP 子句：用来删除指定的文件组。
- MODIFY FILEGROUP：用来修改文件组的属性。
- 符号“|”：分隔括号或大括号中的语法项，表示只能使用其中一项。

【例 4-4】 在 STUMS 数据库中，添加一个初始大小为 5MB，最大大小为 50MB，按 10%的比率增长的次要数据文件 STUMS_data1，并保存在 D:\SQL(必须先创建 D:\SQL)文件夹中。

代码如下：

```
ALTER DATABASE STUMS
ADD FILE
(NAME = STUMS_data1,
 FILENAME = 'D:\SQL\STUMS_data1.ndf',
 SIZE = 5MB,
 MAXSIZE = 50MB,
 FILEGROWTH = 10 % )
GO
```

在查询编辑器中输入上述代码并执行后，在 STUMS 数据库中添加了 STUMS_data1 文件，可通过查看 STUMS 数据库属性信息，得到验证，如图 4-9 所示。

【例 4-5】 修改数据库 STUMS 的主数据文件 STUMS 的属性，将其初始大小改为 35MB，最大大小为 100MB，增长幅度为 5MB。

代码如下：

```
ALTER DATABASE STUMS
MODIFY FILE
(NAME = STUMS,
 SIZE = 35MB,
```

```
 MAXSIZE = 100MB,
 FILEGROWTH = 5MB)
GO
```


在查询编辑器中输入上述代码并执行后，修改了 STUMS 数据库文件的属性信息。需要注意的是，修改后的初始大小的值必须大于原来初始大小的值，否则修改失败。

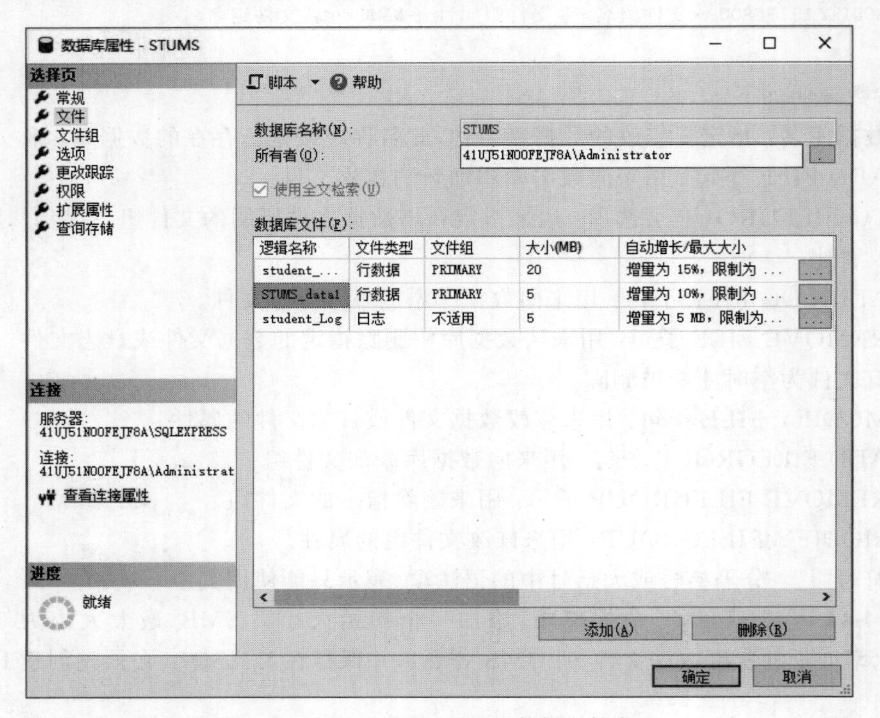

图 4-9 验证 STUMS_data1 数据文件窗口

【例 4-6】 删除数据库 STUMS 的辅助数据文件 STUMS_data1，同时在 D:\SQL 文件夹中添加一个初始大小为 3MB 的日志文件 STUMS_log2.ldf。

代码如下：

```
ALTER DATABASE STUMS
REMOVE FILE STUMS_data1
GO
ALTER DATABASE STUMS
ADD LOG FILE
(NAME = STUMS_log2,
 FILENAME = 'D:\SQL\STUMS_log2.ldf',
 SIZE = 3MB)
GO
```

在查询编辑器中输入上述代码并执行后，在消息窗口中显示“文件'STUMS_data1'已删除”的信息，同时也在 STUMS 数据库中添加了 STUMS_log2.ldf 日志文件。

4.3.2 打开数据库

在 SQL Server 服务器上，可能存在多个用户数据库。想对某个数据库进行操作，就必须打开该数据库。这是因为如果用户没有预先指定连接哪个数据库，SQL Server 会自动替用户连上 master 数据库。

1. 在 SSMS 中打开数据库

启动 SSMS，在“对象资源管理器”窗格中展开“数据库”结点，单击要打开的数据库即可。

2. 使用 USE 语句打开数据库

在查询编辑器中，可以使用 USE 语句打开指定的数据库。

USE 语句的基本语法如下：

```
USE <数据库名>
```

其中，数据库名为要打开的数据库名称。

例如，在查询编辑器中打开 STUMS 数据库。在查询编辑器中输入 USE STUMS，然后单击“执行”按钮即可。

【操作技巧】 在查询编辑器中也可以直接通过数据库下拉列表框打开并切换数据库。

4.3.3 增加或收缩数据库容量

SQL Server 2019 采取预先分配空间的方法来创建数据库的数据文件和日志文件。在数据库的使用过程中，常会由于某些原因需要修改数据库容量。例如，当数据库中的数据文件和日志文件的空间被占满时，需要为数据库增加容量。如果在创建数据库时分配的空间过大，或使用一段时间后做了数据的删除，会出现数据库空间空闲的情况，此时就需要收缩数据库容量，释放多余的磁盘空间。

1. 使用 SSMS 增加或收缩数据库容量

1）增加数据库容量

SQL Server 可以根据在新建数据库时定义的增长参数自动增加数据库容量，也可以通过在现有的数据库文件上分配更多的空间或添加新文件分配空间来手动增加数据库容量。

下面介绍通过修改数据库文件的属性参数来增加数据库容量的方法。

【例 4-7】 在现有的数据库文件上增加 STUMS 数据库容量。将数据库 STUMS 的数据文件的初始大小设为 50MB，最大大小为 200MB，按 15％比例增长；日志文件初始大小设为 10MB，最大可增长到 50MB，按 10MB 增长。

具体步骤如下：

（1）启动 SSMS，在“对象资源管理器”窗格中展开“数据库”结点，选中数据库 STUMS 并右击，在弹出的快捷菜单中选择“属性”命令，打开“数据库属性-STUMS”窗口。

（2）在左窗格中选择“文件”选择页，如图 4-10 所示。

（3）在“数据库文件”列表框中分别选择“行数据”和“日志”，对初始大小、增长方式及文件最大大小等属性进行修改。

（4）修改完毕，单击“确定”按钮，完成数据库 STUMS 容量的增加。

注意：

- 增加数据库容量至少要增加 1MB。
- 若修改分配空间，重新设定的分配空间必须大于现有空间，否则会报错。

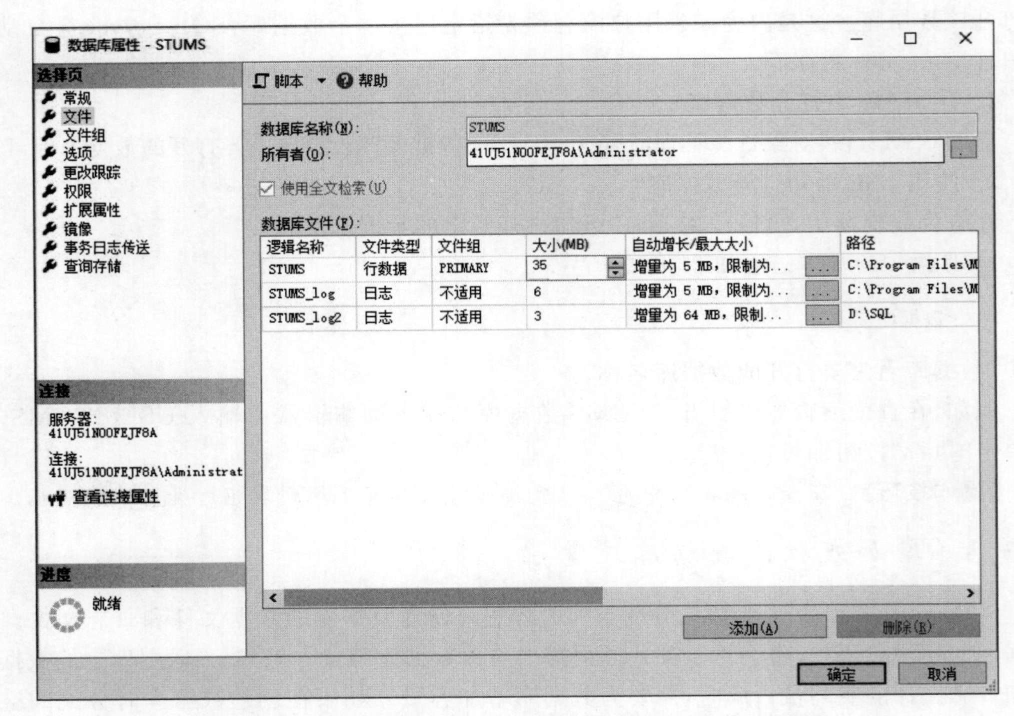

图 4-10　在"数据库属性-STUMS"窗口中选择"文件"选择页

下面介绍通过添加数据库文件分配空间增加数据库容量的方法。

【例 4-8】 添加新文件分配空间增加 STUMS 数据库容量。将数据库 STUMS 的数据文件的初始大小设为 100MB，设为不自动增长。然后添加新的数据文件 NEW_data，初始大小设为 50MB，最大可增长到 500MB，按 10MB 增长。

具体步骤如下：

(1) 进入如图 4-10 所示的"数据库属性-STUMS"窗口的"文件"选择页。

(2) 在"数据库文件"列表框中选择"行数据"，将初始大小改为 100MB、自动增长改为不自动增长。

(3) 单击"添加"按钮，添加一个数据文件，输入文件的有关属性。

逻辑名称：NEW_data。

文件类型：行数据。

文件组：默认为 PRIMARY。

初始大小：50MB。

自动增长：设增量为 10MB，增长的最大值限制为 500MB。

路径：默认路径。

(5) 输入完毕，单击"确定"按钮，完成数据库 STUMS 容量的增加。

2) 收缩数据库容量

可以通过设置"数据库属性"窗口"选项"选择页中的"自动收缩"选项参数为 True 来实现自动收缩，也可以通过对整个数据库进行收缩或收缩某个数据文件来手动收缩数据库容量。

下面介绍对整个数据库容量进行收缩的操作步骤。

（1）在“对象资源管理器”窗格中展开“数据库”结点，右击需要收缩的STUMS数据库，在弹出的快捷菜单中选择“任务”→“收缩”→“数据库”命令，打开“收缩数据库-STUMS”窗口，如图4-11所示。

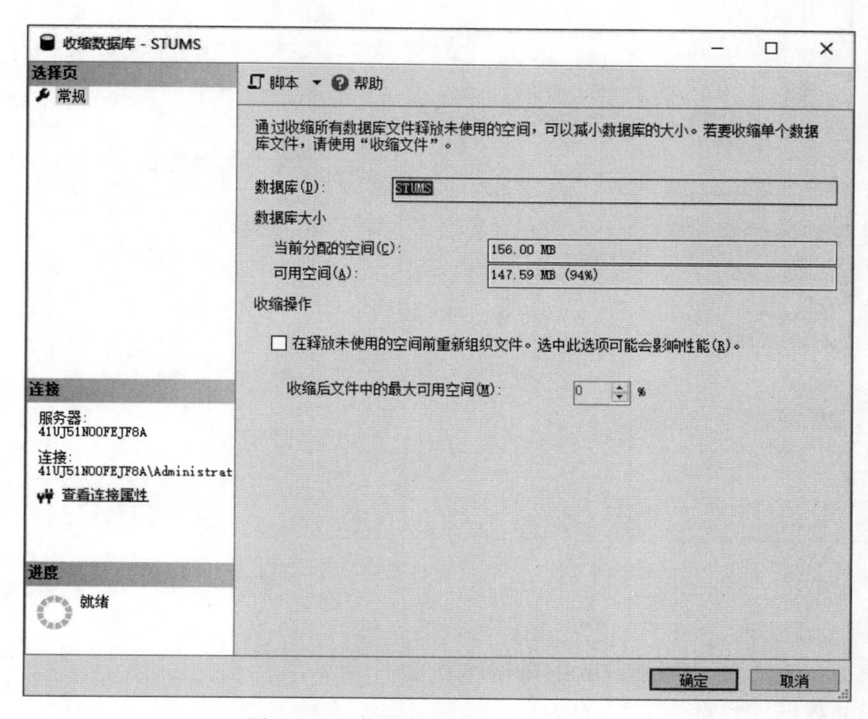

图4-11 “收缩数据库-STUMS”窗口

（2）在“收缩数据库-STUMS”窗口中勾选“收缩操作”选项组中的复选框，再调整“收缩后文件中的最大可用空间”至合适的值(本例为50%)。

（3）完成设置后，单击“确定”按钮，即可收缩数据库容量。

下面介绍通过收缩文件收缩数据库的操作步骤。

（1）在“对象资源管理器”窗格中展开“数据库”结点，右击需要收缩的STUMS数据库，在弹出的快捷菜单中选择“任务”→“收缩”→“文件”命令，打开“收缩文件-STUMS”窗口，如图4-12所示。

（2）在“收缩文件-STUMS”窗口中设置收缩的文件类型是“行数据”还是“日志”。本例收缩日志文件。

（3）在“收缩操作”选项组中，选择收缩操作的类型。

- 释放未使用的空间：将文件中未使用的空间释放给操作系统，并将文件收缩到上次分配的大小，这种收缩操作不需要移动任何数据。
- 在释放未使用的空间前重新组织页：重新组织页后，再释放文件中所有未使用的空间。选择此单选按钮，用户必须在“将文件收缩到”数值框中指定目标文件的大小。
- 通过将数据迁移到同一文件组中的其他文件来清空文件：将指定文件中的所有数据都移至同一文件组中的其他文件中，然后删除这些空文件来释放空间。

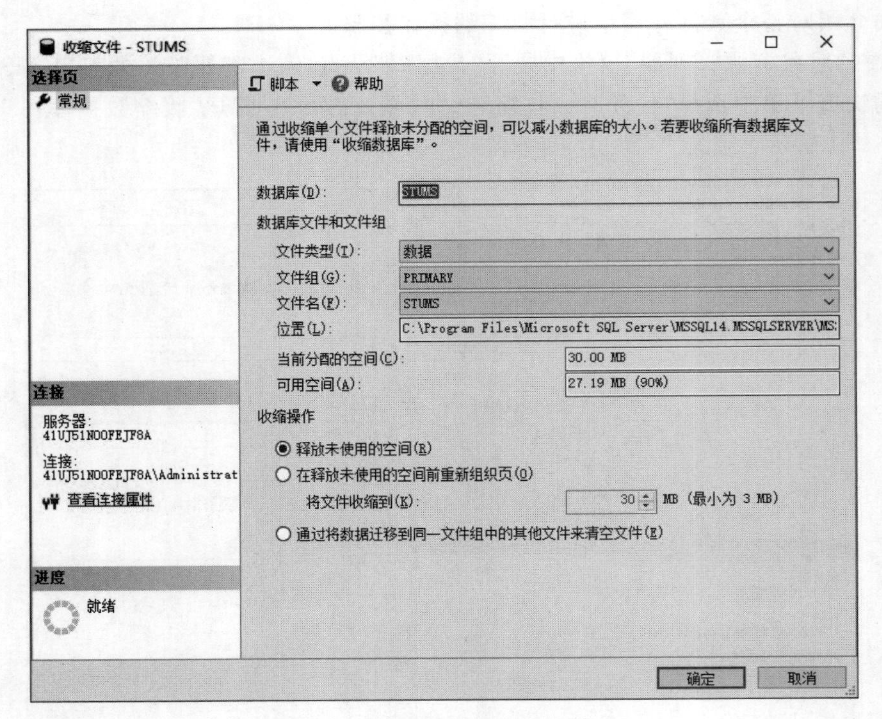

图 4-12 “收缩文件-STUMS”窗口

(4) 完成设置后，单击“确定”按钮即可收缩文件。

2. 使用 T-SQL 语句增加或收缩数据库容量

1) 增加数据库容量

在查询编辑中可以使用 ALTER DATABASE 语句修改数据库的文件参数来增加数据库容量。

【例 4-9】 对例 4-2 中建立的数据库 STUNEW 进行容量修改，将初始分配空间 10MB 扩充到 15MB，最大大小改为不限制，增长方式改为每次按 5MB 增长。

代码如下：

```
ALTER DATABASE STUNEW
MODIFY FILE
(NAME = 'stunew_data',
 SIZE = 15MB
)
GO
ALTER DATABASE STUNEW
MODIFY FILE
(NAME = 'stunew_data',
 MAXSIZE = UNLIMITED
)
GO
ALTER DATABASE STUNEW
MODIFY FILE
(NAME = 'stunew_data',
```

```
 FILEGROWTH = 5MB)
GO
```

在查询编辑器中输入上述代码并执行，然后在“对象资源管理器”窗格中右击STUNEW数据库，在弹出的快捷菜单中选择“属性”命令，打开STUNEW属性窗口，选择“文件”选择页，就可以查看刚才设置的各项参数。

2）收缩数据库容量

下面介绍自动收缩数据库容量的方法。

使用ALTER DATABASE语句可以实现用户数据库容量的自动收缩。其语法格式如下：

```
ALTER DATABASE <数据库名>
SET AUTO_SHRINK ON/OFF
```

各参数说明如下。

- ON：将数据库设为自动收缩。
- OFF：将数据库设为不自动收缩。

下面介绍手动收缩数据库容量的方法。

使用DBCC SHRINKDATABASE语句，可以实现用户数据库容量的手动收缩。其语法格式如下：

```
DBCC SHRINKDATABASE(database_name[,new_size[,'MASTEROVERRIDE']])
```

各参数说明如下。

- database_name：指定要收缩容量的数据库名称。
- new_size：指明要收缩数据库容量至多少，如果不指定，将缩到最小容量。
- MASTEROVERRIDE：缩减master数据库。

【例4-10】 将STUNEW数据库的容量缩减至最小容量。

代码如下：

```
USE STUNEW
    GO
    DBCC SHRINKDATABASE('STUNEW')
    GO
```

4.3.4 重命名数据库

有时需要更改数据库的名称。更改数据库的名称可以在SSMS中完成，也可以通过使用sp_renamedb系统存储过程来实现。

1. 在SSMS中更改数据库的名称

启动SSMS，在“对象资源管理器”窗格中展开“数据库”结点，右击需要更名的数据库，在弹出的快捷菜单中选择“重命名”命令，输入新的名称即可。

2. 使用sp_renamedb重命名数据库

使用sp_renamedb重命名数据库的语法格式如下：

```
EXEC sp_renamedb oldname newname
```

各参数说明如下。

- EXEC：为执行存储过程的缩写命令关键字。
- sp_renamedb：更改数据库名称的系统存储过程。
- oldname：指定更改前的数据库名称。
- newname：指定更改后的数据库名称。

【例 4-11】 将数据库 STUNEW 更名为 STU_123。

代码如下：

```
EXEC sp_renamedb 'STUNEW','STU_123'
GO
```

在查询编辑器窗口中输入上述代码并执行，结果窗口提示"数据库 名称 'STU_123'已设置"，表明更名成功。

4.3.5 删除数据库

删除数据库的操作比较简单，但应该注意的是，无法删除正在使用的数据库。删除数据库的方法有两种：使用 SSMS 删除和使用 T-SQL 语句删除。

1. 使用 SSMS 删除数据库

在 SSMS 界面的"对象资源管理器"窗格中找到要删除的数据库并右击，在弹出的快捷菜单中选择"删除"命令，在打开的"删除对象"窗口中勾选"关闭现有连接"复选框，单击"确定"按钮即可，如图 4-13 所示。

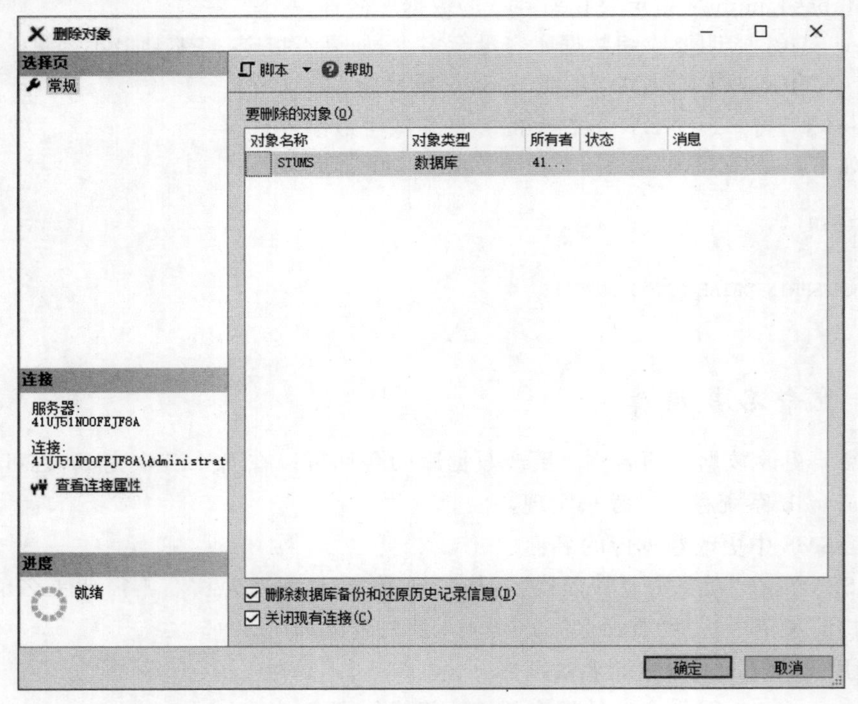

图 4-13 确认删除数据库 STUMS

2. 使用 T-SQL 语句删除数据库

1）使用 DROP 语句删除数据库

语法格式如下：

```
DROP DATABASE database_name[,database_name…]
```

各参数数说明如下。

- DROP DATABASE：删除数据库的命令关键字，指定删除数据库。
- database_name：指定要删除的数据库名称。

【例 4-12】 先用 CREATE DATABASE 命令创建 stums_1 数据库，然后用 DROP DATABASE 命令删除 stums_1 数据库。

代码如下：

```
CREATE DATABASE stums_1
GO
DROPDATABASE stums_1
GO
```

2）用 sp_dbremove 系统存储过程删除数据库

语法格式如下：

```
EXEC sp_dbremove database_name
```

其中，database_name 为要删除的数据库名称。

【例 4-13】 删除 STU_123 数据库。

代码如下：

```
EXEC sp_dbremove STU_123
GO
```

4.3.6 分离和附加数据库

用户若要在服务器之间或磁盘之间实现数据库或数据库文件的移动，就要将数据库文件从 SQL Sever 服务器中分离出去，脱离服务器的管理。然后通过复制和粘贴操作将数据库文件移到另一服务器或磁盘，最后通过附加的方法将其添加到服务器。下面介绍如何使用 SSMS 分离和附加数据库。

1. 分离数据库

分离数据库将从 SQL Server 中移除数据库，但是保持在组成该数据库的数据和事务日志文件中的数据完好无损。

分离数据库的操作步骤如下。

(1) 在“对象资源管理器”窗格中展开“数据库”结点，右击需要分离的 STUMS 数据库，在弹出的快捷菜单中选择“任务”→“分离”命令，打开“分离数据库”窗口，如图 4-14 所示。

- 数据库名称：显示要分离的数据库的名称。
- 删除连接：断开与指定数据库的连接。在分离数据库之前，需要通过勾选“删除连接”复选框断开所有活动连接，否则不能分离数据库。

- 更新统计信息：在分离数据库之前，更新过时的优化统计信息。
- 状态：显示当前数据库的状态（“就绪”或“未就绪”）
- 消息：当数据库进行了复制操作，则显示“已复制数据库”；当数据库有活动连接时，则显示活动连接数。

（2）在该窗口中，勾选“删除连接”复选框，然后单击“确定”按钮即可。

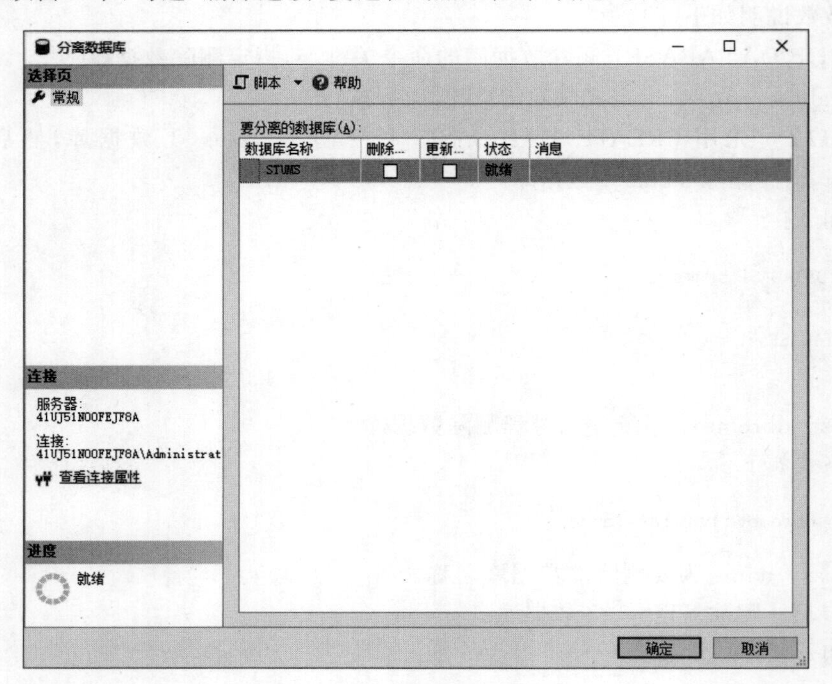

图 4-14 “分离数据库”窗口

2. 附加数据库

附加数据库的操作是分离数据库的逆操作，通过附加数据库，可以将分离出去的数据库重新加入 SQL Sever 服务器。其操作步骤如下。

（1）在“对象资源管理器”窗格中选择“数据库”结点并右击，在弹出的快捷菜单中选择“附加”命令，打开“附加数据库”窗口，如图 4-15 所示。

（2）在“附加数据库”窗口中，单击“添加”按钮，打开“定位数据库文件”窗口，如图 4-16 所示。

（3）在“定位数据库文件”窗口中选择数据库所在磁盘，并展开目录树，定位到数据库的数据文件（如 STUMS. mdf），然后单击“确定”按钮关闭此窗口，返回“附加数据库”窗口。

（4）设置完毕后，单击“确定”按钮，即可完成附加数据库的操作。

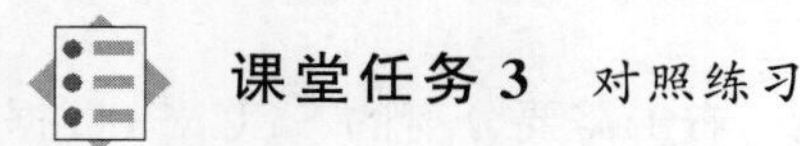

课堂任务 3 对照练习

（1）使用 SSMS 查看 pup 数据库的信息。

（2）对 pupnew 数据库进行属性修改，将最大大小改为不限制，增长方式改为每次按 5MB 增长，并将其更名为 NEW。

（3）删除 pup 数据库。

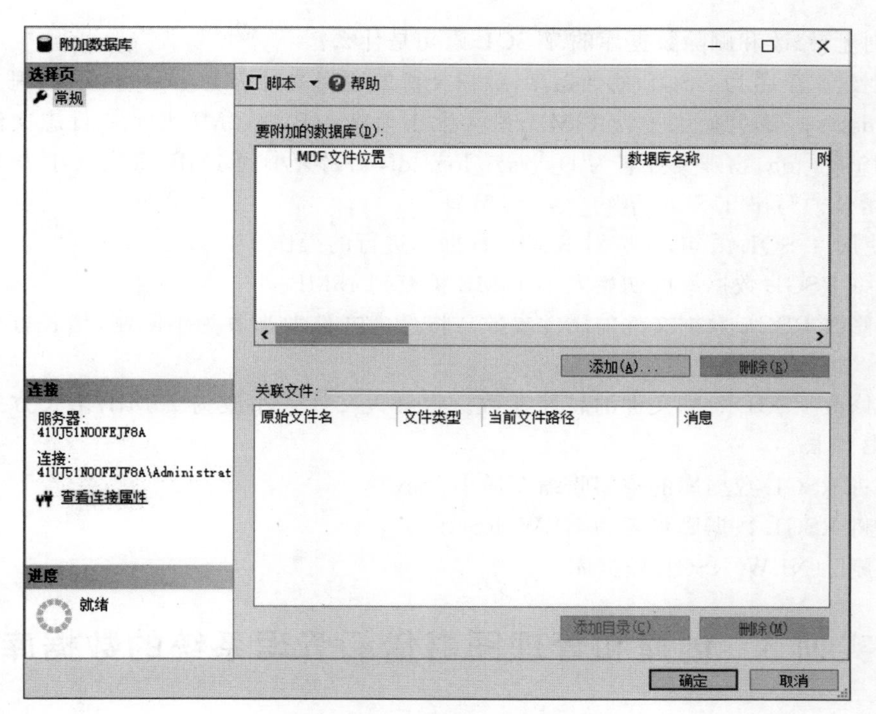

图 4-15 “附加数据库”窗口

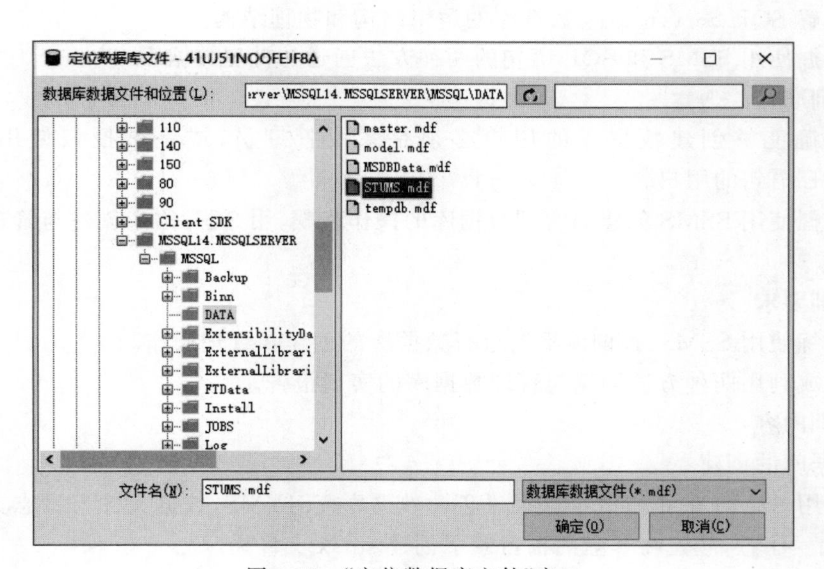

图 4-16 “定位数据库文件”窗口

课 后 作 业

1. SQL Server 系统的数据库有哪些？它们各自的功能是什么？
2. SQL Server 系统表有何作用？
3. 什么是 SQL Server 系统存储过程？有何作用？

4. 创建、修改和删除数据库的 T-SQL 语句是什么？

5. 创建一个名为 RSGL 的数据库，数据文件的逻辑文件名为 rsgl_data，物理文件名为 D:\rsgl_data.mdf，初始大小为 10MB，最大大小为 30MB，按 2MB 增长；日志文件的逻辑文件名为 rsgl_log，物理文件名为 D:\rsgl_log.ldf，初始大小为 1MB，最大大小为 10MB，按 2%比例增长。写出 T-SQL 语句。

6. 使用 T-SQL 语句，完成对 RSGL 数据库进行的操作。

(1) 将 RSGL 数据库的初始大小 10MB 扩充到 15MB。

(2) 修改 RSGL 数据文件的属性参数。将最大文件大小改为不限制，增长方式改为每次按 10%增长。

(3) 修改 RSGL 日志文件的属性参数。将最大文件大小改为 20MB，增长方式改为每次按 5MB 增长。

(4) 将 RSGL 数据库的空间收缩至最小大小。

(5) 将 RSGL 数据库更名为 NEW_RSGL。

(6) 删除 NEW_RSGL 数据库。

实训 3　创建和管理图书借阅管理系统的数据库

1. 实训目的

(1) 了解 SQL Server 2019 数据库的逻辑结构和物理结构。

(2) 掌握使用 SSMS 和 SQL 语句的两种方法创建和管理数据库。

2. 实训准备

(1) 明确能够创建数据库的用户必须是系统管理员，或是被授权使用 CREATE DATABASE 语句的用户。

(2) 掌握使用 SSMS 创建与管理数据库的操作步骤，用 SQL 语句创建与管理数据库的基本语法。

3. 实训要求

(1) 熟练使用 SSMS、查询编辑器进行数据库的创建和管理操作。

(2) 完成利用两种方法创建与管理数据库的实训报告。

4. 实训内容

1) 数据库的创建

(1) 利用 SSMS 在 d:\sqlsx 路径下创建数据库 TSJYMS，数据文件与日志文件参数按默认值设置。注意，应先在 d 盘的根目录下创建 sqlsx 文件夹。

(2) 利用 SQL 语句在 d:\sqlsx 路径下创建数据库 TSJYMS2。

按如下代码进行创建：

```
CREATE DATABASE TSJYMS2
ON
(NAME = 'TSJYMS2_data',                       /* 数据文件的逻辑名称,注意不能与日志逻辑同名 */
 FILENAME = 'd:\sqlsx\TSJYMS2_data.mdf',      /* 物理文件名称,注意路径必须存在 */
 SIZE = 50,                                   /* 数据文件初始大小为 50MB */
 MAXSIZE = 100,                               /* 最大大小为 100MB */
```

```
 FILEGROWTH = 5 % )                        /* 数据文件每次按 5 % 增长 */
 LOG ON
(NAME = 'TSJYMS2_log',                     /* 日志文件的逻辑名称 */
 FILENAME = 'd:\sqlsx\TSJYMS2_log.ldf ',   /* 日志文件物理名称 */
 SIZE = 20 ,                               /* 日志文件初始大小为 20MB */
 MAXSIZE = 50 ,                            /* 最大大小为 50MB */
 FILEGROWTH = 1)                           /* 日志文件每次增长的容量为 1MB */
GO
```

2）数据库的管理

（1）利用 sp_helpdb、sp_spaceused 查看 TSJYMS 数据库的信息。

（2）使用 SSMS 修改 TSJYMS 数据库文件的参数值来增加其容量。将数据文件的初始大小改为 15MB，最大大小为 100MB，增长幅度为 5%；日志文件的初始大小改为 5MB，最大大小为 20MB，增长幅度为 5MB。

（3）使用 ALTER DATABASE 语句，在 TSJYMS 数据库中添加一个初始大小为 5MB、最大大小为 50MB、按 5MB 增长的次要数据文件 TSJYMS_1，保存在 d:\sqlsx 文件夹中。

（4）对整个 TSJYMS2 数据库进行收缩，缩至最小，并通过查看 TSJYMS2 数据库属性查看最小大小。

（5）将 TSJYMS2 数据库更名为 NEW_TSJYMS。

（6）利用 T-SQL 语句删除改名后的数据库 NEW_TSJYMS。

（7）对 TSJYMS 数据库进行分离和附加的操作。

第5章 数据表的基本操作

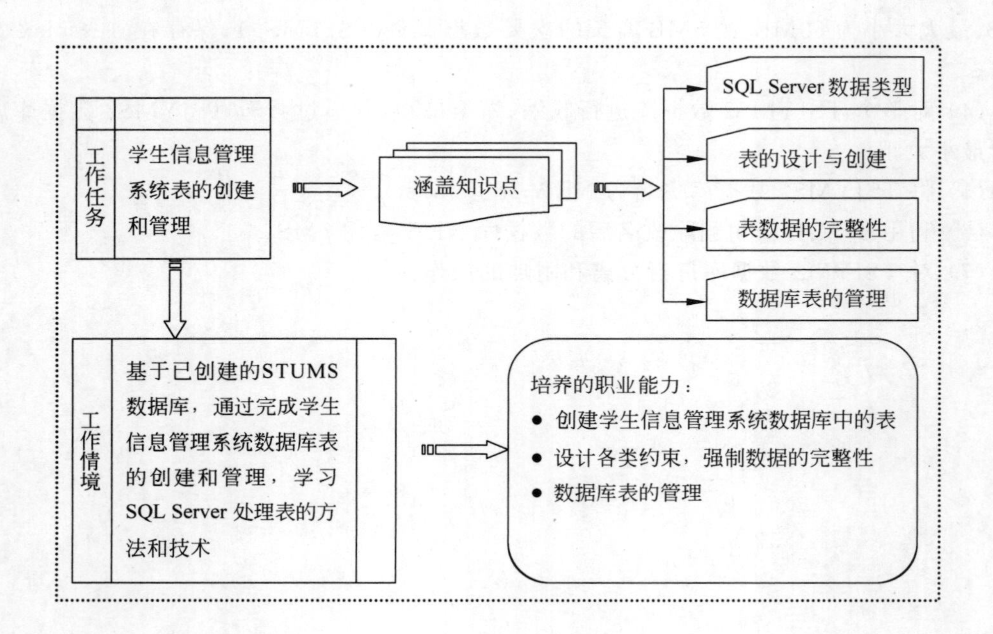

第 5 课　创建和管理学生信息管理系统数据表

创建 STUMS 数据库之后，接下来要做的工作就是向 STUMS 数据库加载数据，即创建表。在 SQL Server 中，数据库中所有数据都是以二维表的形式存储的，表是数据库中最重要的对象。

SQL Server 中的表与电子表格相似，是由行和列组成的，通过表名和列名来识别数据。每一行代表一条唯一的记录，每一列代表记录中的一个字段。创建表时，对表的每个字段都要指定数据类型，字段的数据类型决定了数据的取值、范围和存储格式。SQL Server 中的数据类型可以是系统提供的数据类型，也可以是用户定义的数据类型。

5.1　SQL Server 2019 的数据类型

课堂任务 1　学习 SQL Server 所提供的各种数据类型，为设计和创建表结构奠定基础。

5.1.1　系统数据类型

SQL Server 2019 提供了丰富的系统数据类型，作为数据库对象存储在系统中。

1. 精确数字类型

精确数字类型是使用整数数据的精确数字数据类型，包括 bit、bigint、int、smallint 和 tinyint 5 种类型。它们的区别在于存储的范围不同，如表 5-1 所示。

表 5-1　精确数字类型

数据类型	数据范围	占用存储空间
bit	0,1,NULL	占用 1 字节
bigint	$-2^{63}\sim2^{63}-1$	精度为 19，长度为 8 字节
int	$-2^{31}\sim2^{31}-1$	精度为 10，长度为 4 字节
smallint	$-2^{15}\sim2^{15}-1$	精度为 5，长度为 2 字节
tinyint	0～255	精度为 3，长度为 1 字节

2. 近似数字类型

近似数字类型是用于表示浮点数值数据的大致数值数据类型，包括 real 和 float 两种类型，如表 5-2 所示。

float[(n)]中的 n 为用于存储 float 数值尾数的位数（以科学记数法表示），因此可以确定精度和存储大小。如果指定了 n，则它必须是介于 1 和 53 之间的某个值。n 的默认值为 53。

表 5-2 近似数字类型

数据类型	数据范围	占用存储空间
float	－1.79E＋308～－2.23E－308、0、2.23E－308～1.79E＋308	取决于 n 的值：1＜n＜24，7 位数，占用 4 字节；25＜n＜53，15 位数，占用 8 字节
real	－3.40E＋38～－1.18E－38、0、1.18E－38～3.40E＋38	精确到第 7 位小数，占用 4 字节

3. 字符数据类型

字符数据类型是使用最多的数据类型。它可以用来存储由字母、数字和其他特殊符号(如 $，#，@)构成的字符串。在引用字符数据时需要用单引号或方括号括起来。字符数据类型分为 char、varchart 和 text 3 种类型，如表 5-3 所示。

表 5-3 字符数据类型

数据类型	描述
char	char[(n)]，固定大小字符串数据。n 用于定义字符串大小(以字节为单位)，并且它必须为 1～8000 的值
varchar	varchar [(n | max)]，可变大小字符串数据。使用 n 定义字符串大小(以字节为单位)，可以为 1～8000 的值；或使用 max 指明列约束大小上限为最大存储 2^31－1 字节 (2GB)
text、ntext、image	用于存储大型非 Unicode 字符、Unicode 字符及二进制数据的固定长度数据类型和可变长度数据类型。SQL Server 的未来版本中将删除 ntext、text 和 image 数据类型，改用 nvarchar(max)、varchar(max)和 varbinary(max)

4. Unicode 字符串数据类型

从 SQL Server 2012 (11.x) 起，使用启用了补充字符(SC)的排序规则时，这些数据类型会存储 Unicode 字符数据的整个范围，并使用 UTF-16 字符编码。若指定了非 SC 排序规则，则这些数据类型仅存储 UCS-2 字符编码支持的字符数据子集。Unicode 字符串包括 nchar 和 nvarchar 两种类型，如表 5-4 所示。

表 5-4 Unicode 字符串数据类型

数据类型	描述
nchar	nchar[(n)]，固定大小字符串数据。n 用于定义字符串大小(以双字节为单位)，并且它必须为 1～4000 的值。存储大小为 n 字节的两倍
nvarchar	nvarchar[(n|max)]，可变大小字符串数据。n 用于定义字符串大小(以双字节为单位)，并且它可能为 1～4000 的值。max 指示最大存储大小是 $2^{30}-1$ 个字符(2GB)

5. 日期和时间数据类型

在以前的 SQL Server 版本中，日期和时间数据类型只有 datetime 和 smalldatetime 两种类型，所存储的日期范围是从 1753 年 1 月 1 日开始，到 9999 年 12 月 31 日结束。SQL Server 2019 版在原有两种数据类型的基础上又引入了 4 种日期和时间数据类型，如表 5-5 所示。

表 5-5 日期和时间数据类型

数据类型	数据范围	占用存储空间
smalldatetime	日期：1900-01-01～2079-06-06 时间：00:00:00～23:59:59	存储日期和时间。长度为 4 字节，前 2 字节用来存储日期，后 2 字节用来存储时间，精确度为 1min
datetime	日期：1753-01-01～9999-12-31 时间：00:00:00～23:59:59.997	存储日期和时间。长度为 8 字节，前 4 字节用来存储日期，后 4 字节用来存储时间，精确度为 3.33ms
date	日期：0001-01-01～9999-12-31	仅用来存储日期，长度为 3 字节
time	时间：24 小时制	只存储时间，长度为 3～5 字节，精度为 100ns
datetime2	日期：0001-01-01～9999-12-31 时间：00:00:00～23:59:59.9999999	长度为 6～8 字节，精确度为 100ns。默认精度为 7 位数
datetimeoffset	日期：0001-01-01～9999-12-31 时间：00:00:00～23:59:59.9999999 时区偏移量：－14:00～＋14:00	与 datetime2 相同，外加时区偏移。长度为 8～10 字节，时间部分能够支持如 datetime2 和 time 数据类型那样的高达 100ns 的精度

SQL Server 中的日期和时间型数据都是以字符串的形式表示的，使用时需要用单引号括起来。

6. 二进制字符串数据类型

二进制字符串数据类型用于存储非字符的二进制格式数据，如图形文件和媒体文件等。SQL Server 2019 提供了 4 种二进制字符串数据类型，分别为 binary、varbinary、varbinary(max)和 image，之间的区别如表 5-6 所示。

表 5-6 二进制字符串数据类型

数据类型	描述
binary(n)	存储长度为 n 字节的固定长度二进制数据，其中 n 是 1～8000 的值。存储大小为 n 字节
varbinary(n)	存储可变长度二进制数据，n 可以是 1～8000 的值。存储大小为所输入数据的实际长度＋2 字节。所输入数据的长度可以是 0 字节
varbinary(max)	存储可变长度的二进制数据，max 指示最大存储大小为 $2^{31}-1$ 字节，存储大小为所输入数据的实际长度＋2 字节
image	存储长度可变的二进制数据(组成图像数据值的位流)，最多 2GB

后续版本的 Microsoft SQL Server 将删除 image 数据类型，首选替代 image 数据类型的是大值数据类型 varbinary(max)，其性能通常比 image 数据类型好。

7. 货币型数据类型

在 SQL Server 中用十进制数来表示货币值。使用货币型数据时必须在数据前冠以货币单位符号(如 $ 或其他货币单位符号)，数据中间不能有逗号(,)；当货币值为负数时，在数据前加上符号(－)。以下写法是合法的：$3685.32，$200，$－6759.6。货币型数据类型包括 money 和 smallmoney 两种。两者的区别如表 5-7 所示。

表 5-7 货币型数据类型

数据类型	数据范围	占用存储空间
smallmoney	$-2^{31} \sim 2^{31}-1$	精度为 10,小数位数为 4,长度为 4 字节
money	$-2^{63} \sim 2^{63}-1$	精度为 19,小数位数为 4,长度为 8 字节

8. 其他数据类型

SQL Server 2019 除了提供了一些基本的数据类型外,还提供了一些之前未见过的数据类型,如表 5-8 所示。

表 5-8 其他数据类型

数据类型	描述
cursor	游标类型,包含一个对光标的引用和可以只用作变量或存储过程的参数
geography	地理空间数据类型。用于存储诸如 GPS 纬度和经度坐标之类的椭球体(圆形地球)数据
geometry	平面空间数据类型。表示欧几里得(平面)坐标系中的数据
sql_variant	用于存储 SQL Server 支持的各种数据类型(不包括 text、ntext、image、timestamp 和 sql_variant)的值,最大长度可以是 8016 字节
table	一种特殊的数据类型,用于存储结果集以进行后续处理。主要用于返回表值函数的结果集
rowversion	公开数据库中自动生成的唯一二进制数字的数据类型。rowversion 通常用作给表行加版本戳的机制
uniqueidentifier	唯一标识符数据类型,存储全局标识符 (GUID)
hierarchyid	一种长度可变的系统数据类型,其值表示树层次结构中的位置。类型为 hierarchyid 的列不会自动表示树,由应用程序来生成和分配 hierarchyid 值,使行与行之间的所需关系反映在这些值中
XML	存储 XML 格式化数据,最多 2GB

5.1.2 用户定义数据类型与空值的含义

1. 用户定义数据类型

用户定义数据类型是在 SQL Server 提供的系统数据类型基础上建立的数据类型。当多个表列中要存储同样类型的数据,且要确保这些列具有完全相同的数据类型、长度和是否为空值时,可创建用户定义数据类型。

在 SQL Server 2019 中可使用 SSMS 和 T-SQL 语句两种方法创建用户定义数据类型。

1) 使用 SSMS 创建用户定义数据类型

【例 5-1】 在 STUMS 数据库中,创建一个名为 xuehao,基于 char 类型,该列不允许为空值的用户定义数据类型。

操作步骤如下:

(1) 在 SSMS 的"对象资源管理器"窗格中依次展开 STUMS→"可编程性"→"类型",右击"用户定义数据类型",在弹出的快捷菜单中选择"新建用户定义数据类型"命令,打开"新建用户定义数据类型"窗口,如图 5-1 所示。

(2) 在"新建用户定义数据类型"窗口中选择"常规"选择页,在"架构"文本框中输入此

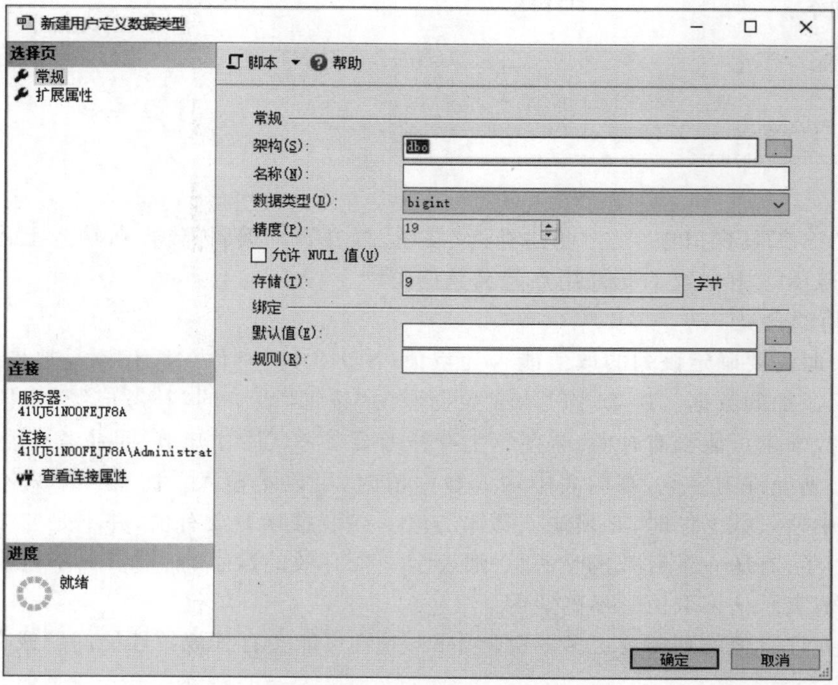

图 5-1 “新建用户定义数据类型”窗口

数据类型所属的架构，或选择架构默认 dbo，在“名称”文本框中输入 xuehao，在“数据类型”下拉列表框中选择 char 类型，在长度的文本框中输入 8，然后单击“确定”按钮，创建完毕。

此时，在“对象资源管理器”窗格中，展开“用户定义数据类型”就可看到刚创建的 xuehao 数据类型。

2）使用 T-SQL 语句创建用户定义数据类型

使用 CREATE TYPE 创建用户定义数据类型语法如下：

```
CREATE TYPE [ schema_name. ] type_name
{[FROM base_type[ ( precision [ , scale ] ) ]
    [ NULL | NOT NULL ] ]
}
```

各参数说明如下。

- schema_name：指定用户定义数据类型所属架构的名称。
- type_name：指定要创建的数据类型名称。
- base_type：SQL Server 提供的系统数据类型，用户定义的数据类型以此类型为基础。
- scale：对于 decimal 或 numeric，其值为非负整数，用于指示十进制数字的小数点右边最多可保留多少位，它必须小于或等于精度值。
- NULL|NOT NULL：指定是否允许为空值。如果未指定，则默认值为 NULL(空值)。

【例 5-2】 在 STUMS 数据库中，创建一个名为 gzsj，基于 smalldatetime 类型，该列允许为空值的用户定义数据类型。

代码如下：

```
USE STUMS
GO
CREATE TYPE gzsj
FROM smalldatetime
GO
```

在 SSMS 工具窗口中单击“新建查询”按钮，打开查询编辑器窗口，输入上述代码执行后，即在 STUMS 中创建了 gzsj 用户定义数据类型。

2. 空值的含义

创建表时需要确定该列的取值能否为空值（NULL）。空值（NULL）通常是未知、不可用或在以后添加的数据。例如 STUMS 数据库的“选课”表中的“补考成绩”字段可以取空值，因为多数学生可能没有补考，哪些学生有补考要在考试后才知道，即补考成绩为空。

若一个列允许为空值，则向表中输入数据值时，可以不输入。而若一个列不允许为空值，则向表中输入数据值时，必须输入具体的值。空值意味着没有值，并不是空格字符或数值 0，空格实际上是一个有效的字符，0 则表示一个有效的数字，而空值只不过表示一个概念，允许空值表示该列取值是不确定的。

注意，允许空值的列需要更多的存储空间，并且可能会有其他的性能问题或存储问题。

5.2 表结构设计与创建

课堂任务 2 学习 SQL Server 创建和修改表结构的方法。

5.2.1 表结构设计

表是用来存储数据和操作数据的逻辑结构，关系数据库中的所有数据都表现为表的形式。在 SQL Server 中，创建表一般要经过定义表结构、设置约束和添加数据 3 步。而创建表之前的重要工作就是设计表结构，即确定表的名字、表所包含的各个列的列名、数据类型和长度、是否为空值等。

根据学生信息管理系统的关系模式（见 2.4.3 节），考虑到储存数据的实际情况，设计学生信息管理系统数据库的“学生”表、“教师”表、“班级”表、“课程”表、“系部”表、“专业”表、“选课”表、“教师任课”表及“教学计划”表等表结构如表 5-9～表 5-17 所示。

表 5-9 “学生”表结构

列　名	数据类型	长度/字节	是否为空
学号	char	8	否
姓名	char	8	是
性别	char	2	是
出生日期	date		是
政治面貌	char	8	是
入学时间	date		是

续表

列　　名	数据类型	长度/字节	是否为空
专业代码	char	3	是
班号	char	6	是
籍贯	char	10	是
家庭住址	varchar	40	是

表 5-10 "教师"表结构

列　　名	数据类型	长度/字节	是否为空
教师工号	char	8	否
姓名	char	8	是
性别	char	2	是
出生日期	date		是
政治面貌	char	8	是
参加工作	date		是
学历	char	8	是
职务	char	10	是
职称	char	10	是
系部代码	varchar	20	是
专业代码	varchar	20	是
备注	varchar	50	是

表 5-11 "班级"表结构

列　　名	数据类型	长度/字节	是否为空
班号	char	6	否
班级名称	varchar	20	是
学生数	int		是
系部代码	char	2	是
专业代码	char	3	是
班主任	char	8	是
班长	char	8	是
教室	varchar	15	是

表 5-12 "课程"表结构

列　　名	数据类型	长度/字节	是否为空
课程号	char	4	否
课程名	varchar	20	是
课程性质	char	1	是
学分	tinyint		是
备注	varchar	20	是

表 5-13 "系部"表结构

列名	数据类型	长度/字节	是否为空
系部代码	char	2	否
系部名称	varchar	20	是
系主任	char	8	是
联系电话	char	11	是
备注	varchar	20	是

表 5-14 "专业"表结构

列名	数据类型	长度/字节	是否为空
专业代码	char	3	否
专业名称	varchar	20	是
系部代码	char	2	是
备注	varchar	20	是

表 5-15 "选课"表结构

列名	数据类型	长度/字节	是否为空
学号	char	8	否
课程号	char	4	否
成绩	smallint		是
补考成绩	smallint		是
学分	tinyint		是
备注	varchar	20	是

表 5-16 "教师任课"表结构

列名	数据类型	长度/字节	是否为空
教师工号	char	8	否
课程号	char	4	否
系部代码	char	2	是
专业代码	char	2	是
班号	char	6	
学生数	int		
开课学期	tinyint		
备注	varchar	20	是

表 5-17 "教学计划"表结构

列名	数据类型	长度/字节	是否为空
课程号	char	4	否
课程名称	varchar	20	否
专业代码	char	2	是
课程类型	char	1	是
开课学期	tinyint		是
学时数	int		
班号	char	6	是
备注	varchar	20	是

5.2.2 表结构创建

在 SQL Server 中，可以使用 SSMS 创建表结构，也可以通过 T-SQL 的 CREATE TABLE 命令在查询编辑器中创建表结构。

1. 使用 SSMS 创建表结构

下面以创建“学生”表为例说明使用 SSMS 创建表结构的步骤。

(1) 启动 SSMS，在“对象资源管理器”窗格中展开已经创建的 STUMS 数据库，右击“表”图标，在弹出的快捷菜单中选择“新建”→“表”命令，如图 5-2 所示，启动表设计器。

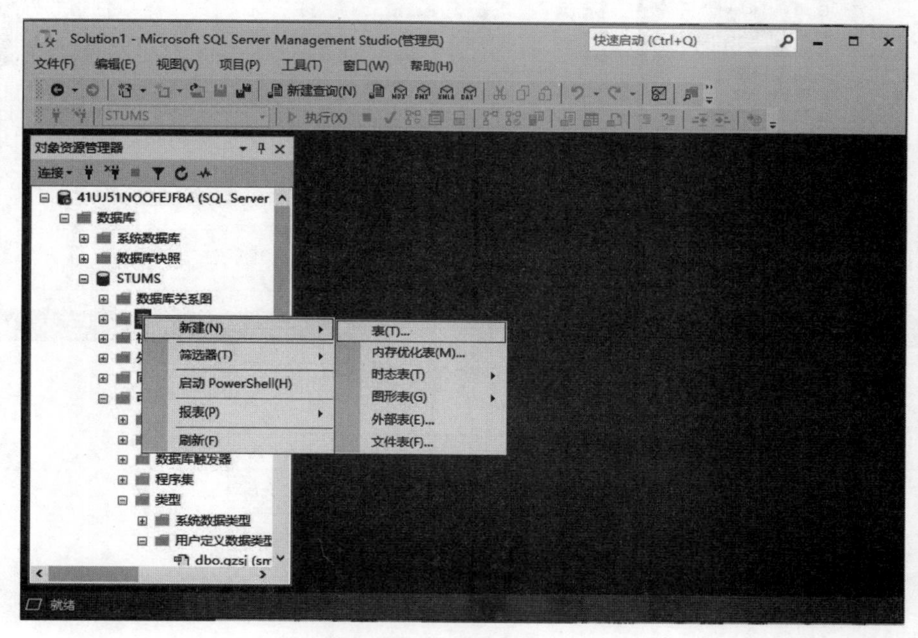

图 5-2 选择“新建”→“表”命令

(2) 在表设计编辑器中，根据“学生”表结构，依次输入每一列的列名、数据类型、长度、是否为空等属性，如图 5-3 所示。

(3) 输入完各列后，单击 SSMS 工具栏上的“保存”按钮，在弹出的“选择名称”对话框中输入“学生”表名，如图 5-4 所示。

(4) 单击“确定”按钮，完成“学生”表结构的创建。

其余各表可用相同的方法创建。

2. 使用 T-SQL 中的 CREATE TABLE 命令创建表结构

用户可以在查询编辑器中使用 T-SQL 中的 CREATE TABLE 语句来创建表结构。

CREATE TABLE 语句的基本语法如下：

```
CREATE TABLE[ database_name. ][ owner. ]table_name
 ( column_name   data_type { [ NULL | NOT NULL ] }
  [, …n]
 )
[ ON { filegroup | "default"}]
```

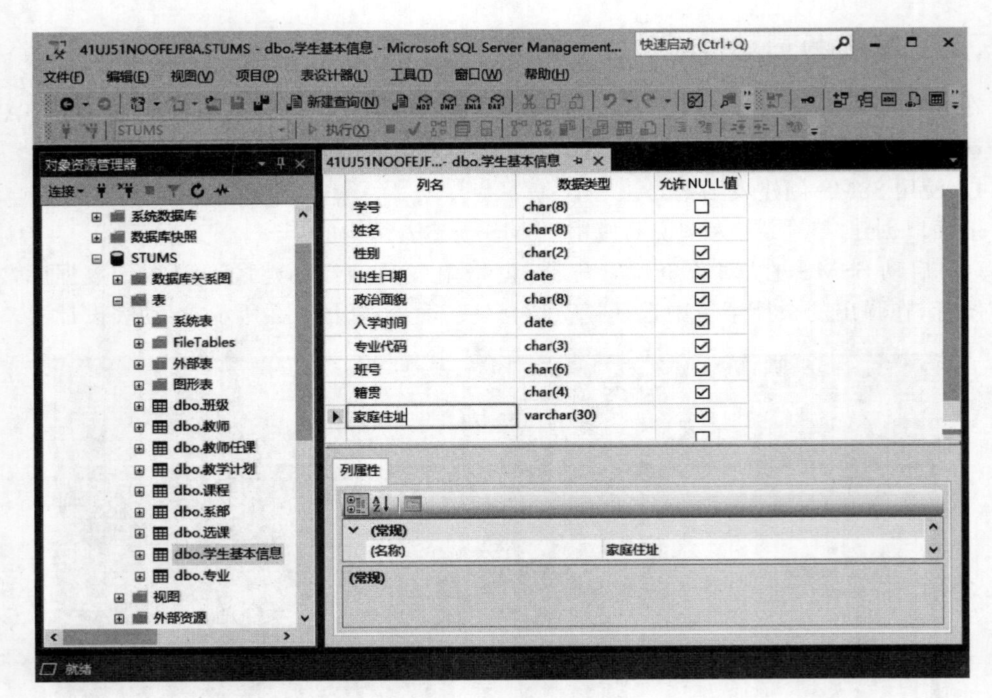

图 5-3　定义“学生”表结构

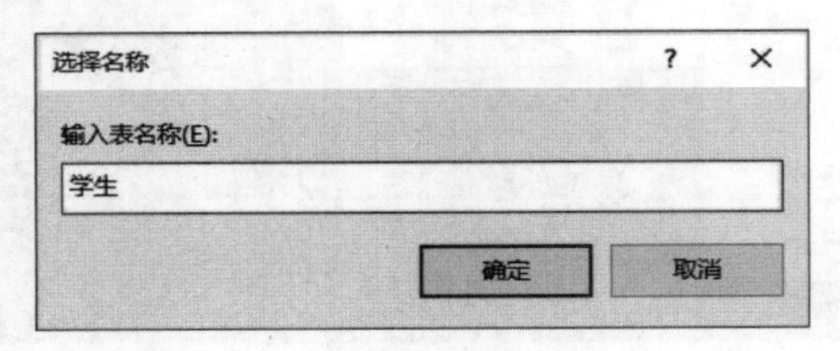

图 5-4　在“选择名称”对话框中输入表名

各参数说明如下。

- CREATE TABLE：创建表命令，关键字用大写字母来表示。
- database_name.：指定新建表所属的数据库名称，若不指定则在当前数据库中创建新表。
- owner：指定数据库所有者的名称，它必须是 database_name 所指定的数据库中现有的用户 ID。
- table_name：新建表的名称。
- column_name：表中的列名，其在表内必须是唯一的。
- data_type：指定列的数据类型。
- NULL|NOT NULL：允许列的取值为空或不为空，默认情况为 NULL。
- [,…n]：表明重复以上内容，即允许定义多个列。
- ON{filegroup|"default"}：指定存储表的文件组。如果指定了 filegroup，则该表将存储在命名的文件组中，数据库中必须存在该文件组。如果指定了"default"，或省略 ON 子句，则表存储在默认文件组中。

【例 5-3】 利用 CREATE TABLE 命令创建"教师"表结构。

操作步骤如下：

(1) 在 SSMS 中打开查询编辑器。

(2) 在查询编辑器的文本输入窗格中，输入如下代码：

```
USE STUMS                          /＊打开 STUMS 数据库＊/
GO
CREATE TABLE 教师                  /＊创建教师表＊/
(教师工号 char(8) NOT NULL,
 姓名 char(8),
 性别 char(2),
 出生日期 date,
 政治面貌 char(8),
 参加工作 date,
 学历 char(8),
 职务 char(10),
 职称 char(10),
 系部代码 varchar(20),
 专业专业 varchar(20),
 备注 varchar(50))
```

(3) 单击工具栏上的"分析"按钮进行语法分析检查。

(4) 检查通过后，单击"执行"按钮，创建"教师"表结构。结果如图 5-5 所示。

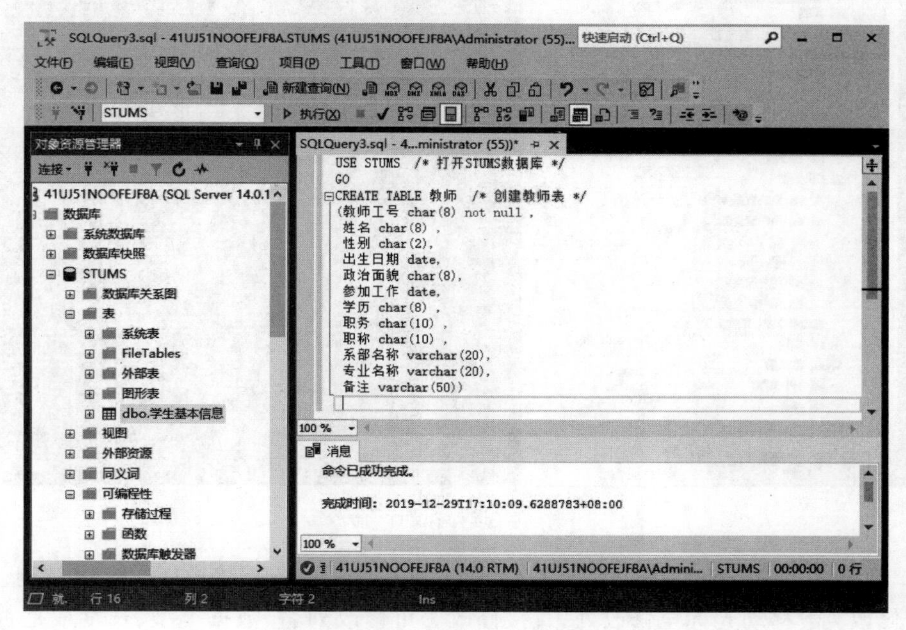

图 5-5　用 T-SQL 命令创建"教师"表

【说明】

- "教师工号"字段不能为空，用 NOT NULL 设置。
- 中文版 SQL Server 2019 支持中文标识符，为了方便学生的阅读和理解，本书表名和列名均采用中文标识符。

- 为了提高系统的处理速度,建议表名和列名尽量使用西文或拼音简码标识符。
- 在同一数据库中,不能有相同的表名。

5.2.3 表结构修改

在表使用过程中,往往需要对表的结构进行调整与修改,下面分别介绍使用 SSMS 或 T-SQL 语句修改表结构的方法。

1. 使用 SSMS 修改表结构

下面以修改"学生"表结构为例,说明使用 SSMS 修改表结构的操作步骤。

(1) 在 SSMS 的"对象资源管理器"窗格中依次展开 STUMS→"表"结点,右击要修改的"学生"表,在弹出的快捷菜单中选择"设计"命令,如图 5-6 所示。

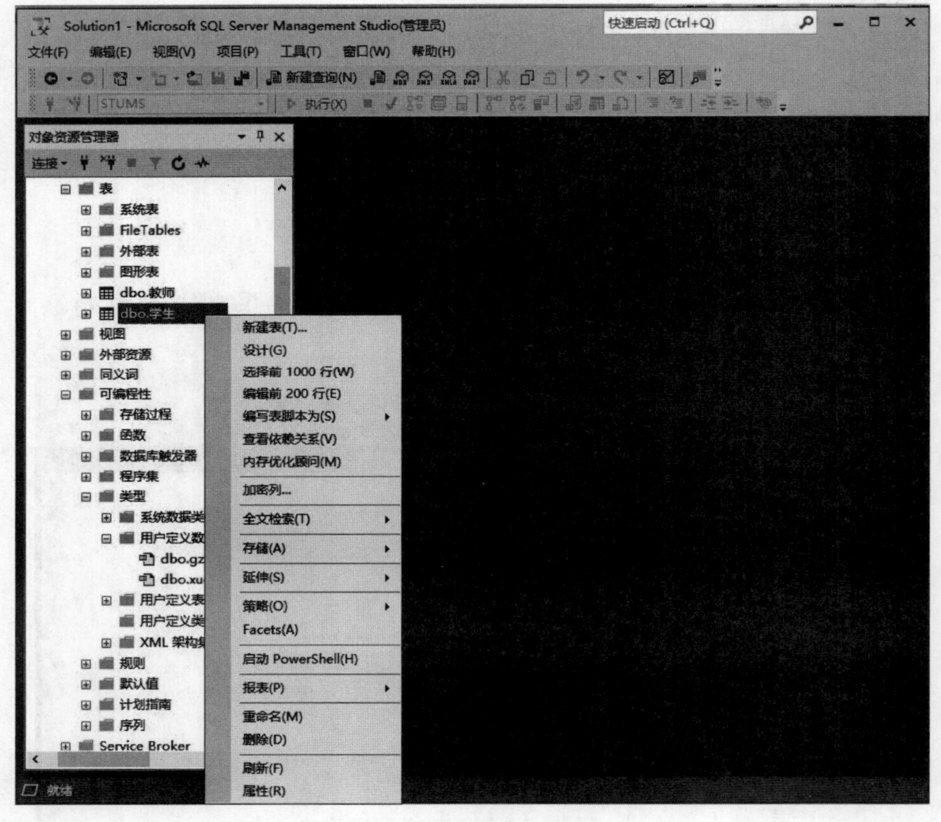

图 5-6 选择"设计"命令

(2) 在弹出的表设计编辑器(如图 5-3 所示)中,可根据需要修改"学生"表结构。

- 修改列：移动光标至修改处,直接修改。可修改列名、数据类型、长度或是否空值等内容。
- 新增列：选择当前列,右击,在弹出的快捷菜单中选择"插入列"命令将在当前列之前新增列,输入列名、数据类型(长度)和是否为空值等内容即可。
- 删除列：选中要删除的列,右击,在弹出的快捷菜单中选择"删除列"命令即可。

(3) 修改完毕后,单击"关闭"按钮保存修改信息。

2. 使用T-SQL中ALTER TABLE语句修改表结构

T-SQL中ALTER TABLE语句功能非常多，既可用来修改表定义（更改、添加或删除列和约束），也可用来重新分配和重新生成分区，或禁用和启用约束与触发器等。功能不同，ALTER TABLE的语法也有不同。

ALTER TABLE用于内存优化表结构的语法格式如下：

```
ALTER TABLE {database_name.schema_name.table_name | schema_name.table_name |
 {[ALTER COLUMN column_name new_data_type [ NULL | NOT NULL ]]
  |ADD[<column_definition>] [,…n]
  |DROP COLUMN column_name [,…n]
}
```

各参数说明如下。

- database_name：指定要修改表的数据库的名称。
- schema_name：指定表所属的架构的名称。
- table_name：指定要修改的表名称。
- ALTER COLUMN子句：用于说明修改表中指定列的属性。
- new_data_type：指定被修改列的新数据类型。
- ADD子句：向表中添加新的列。新列的定义方法与CREATE TABLE语句中定义列的方法相同。
- DROP COLUMN子句：从表中删除指定的列。

当表中存在数据时，修改表结构应特别注意，防止因结构的变动而影响数据的变化。

【例5-4】 修改“学生”表结构，添加E_mail字段，数据类型为char(20)，可以为空。

代码如下：

```
ALTER TABLE STUMS.dbo.学生
ADD E_mail char(20) NULL
GO
```

在查询编辑器中输入上述代码并执行后，在“学生”表中增加了E_mail列，打开表设计器可查看到，如图5-7所示。

【例5-5】 将例5-4中E_mail列的数据类型改为varchar(30)。

代码如下：

```
ALTER TABLE 学生
ALTER COLUMN E_mail varchar(30)
GO
```

【例5-6】 删除“学生”表中的E_mail列。

代码如下：

```
ALTER TABLE 学生
DROP COLUMN E_mail
```

【说明】 修改表结构只能在当前数据库中进行，进行修改时，应事先打开表所在的数据库，或在被修改的表名前冠以库名，否则系统会报错。

图 5-7　增加 E_mail 列

当在表中添加一个新列、删除列、更改列为 NULL 值、更改列的顺序、更改列的数据类型等这些操作可能要求重新创建表，当弹出“保存”(不允许)对话框时，处理方法是：在 SSMS 界面，选择“工具”→“选项”→“设计器”命令并展开“设计器”，然后单击“表设计器和数据库设计器”，取消勾选“阻止保存要求重新创建表的更改”复选框。

课堂任务 2　对照练习

(1) 设计并创建“教室”表的结构。“教室”表用于教室的管理，包含教室编号、教室名称、教室容量和教室地址等列。

(2) 修改“教室”表结构，在其最后增加“备注”列，数据类型为 varchar(30)，允许为空。

(3) 使用 T-SQL 语句创建 STUMS 数据库的“系部”表结构。

5.3　表数据输入、更新与删除

课堂任务 3　学习 SQL Server 表数据输入、修改与删除等操作方法。

5.3.1　表数据输入

表结构创建好后，接下来要做的工作就是向表中输入数据，即输入表数据。在 SQL

Server 中，输入表数据的方法有两种：使用 SSMS 向表中输入数据和使用 T-SQL 中的 INSERT 语句向表中插入数据。

1. 使用 SSMS 输入表数据

下面以向“学生”表中输入数据为例，说明使用 SSMS 输入表数据的操作步骤。

(1) 启动 SSMS，在“对象资源管理器”窗格中依次展开“本地服务器”→“数据库”→STUMS→“表”结点，右击“学生”表，在弹出的快捷菜单中选择“编辑前 200 行”命令，如图 5-8 所示。

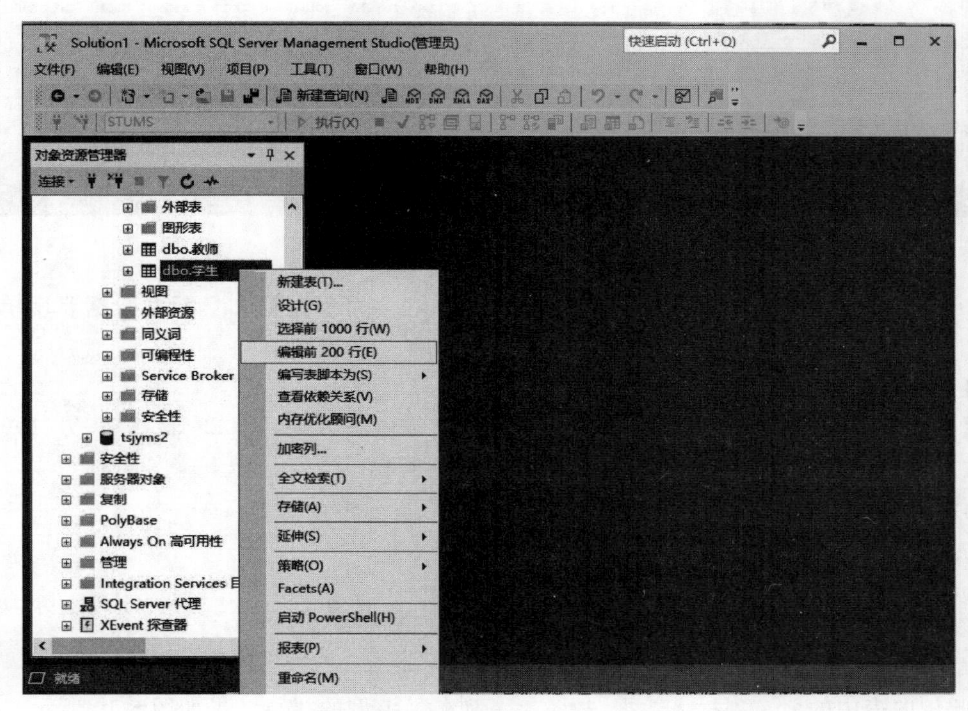

图 5-8 选择“编辑前 200 行”命令

(2) 打开输入数据的窗口，在此窗口中可以输入新的表数据，也可以修改或删除已存在的表数据。输入新的表数据时，可以按行也可以按列输入各字段的数据值，输入的数据类型要和表结构定义的一致，数据的长度应小于或等于表结构定义的长度，如图 5-9 所示。

(3) 输入完毕后，单击窗口上的“关闭”按钮，保存数据。

2. 使用 T-SQL 中的 INSERT 语句插入表数据

在 T-SQL 中向表中插入数据的语句是 INSERT。其语法格式如下：

```
INSERT [ INTO ] table_name [ (column1, column… ) ]
VALUES (value1,value2…)
```

各参数说明如下。

- INSERT [INTO]：插入数据关键字，其中[INTO]为可选项。
- table_name：要添加数据的表名称。
- column1, column2…：为要插入数据值的列名，此部分参数可以省略，省略时表明是所有的列都要插入数据。

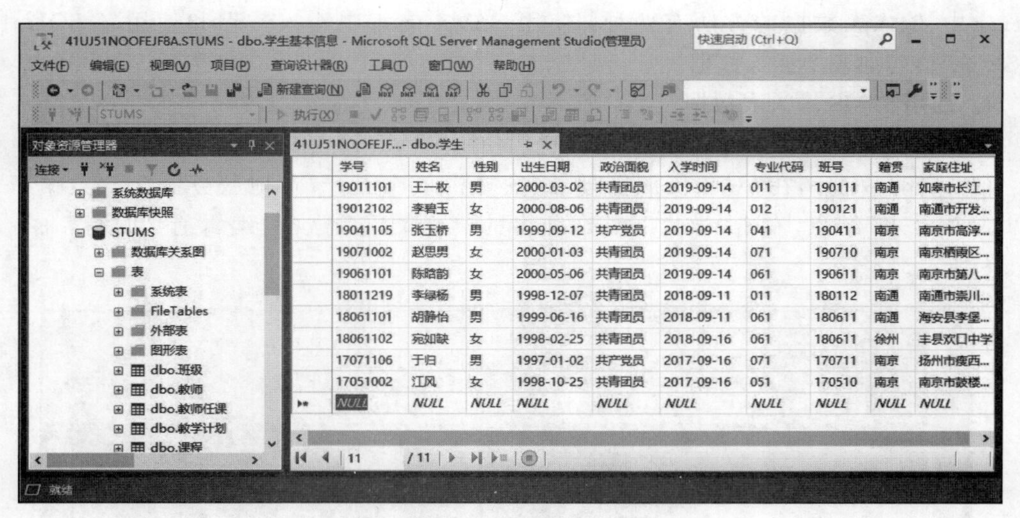

图 5-9　输入“学生”表数据

- value1，value2…：与列名一一对应的数据值，字符型数据和日期型数据要用单引号括起来，值与值之间用逗号分隔。

【说明】　使用 INSERT 语句一次只能插入一行数据。

【例 5-7】　向“学生”表中插入一行新数据。数据内容为 19072029、蒋成功、男、1999-07-08、共青团员、2019-9-12、072、190720、无锡、无锡堰桥村。

代码如下：

```
INSERT 学生
VALUES ('19072029','蒋成功','男','1999-07-08',
'共青团员','2019-9-12','072','190720','无锡','无锡堰桥村')
GO
```

此例向表中的所有列插入数据，故省略了列名。该例的执行结果如图 5-10 所示。

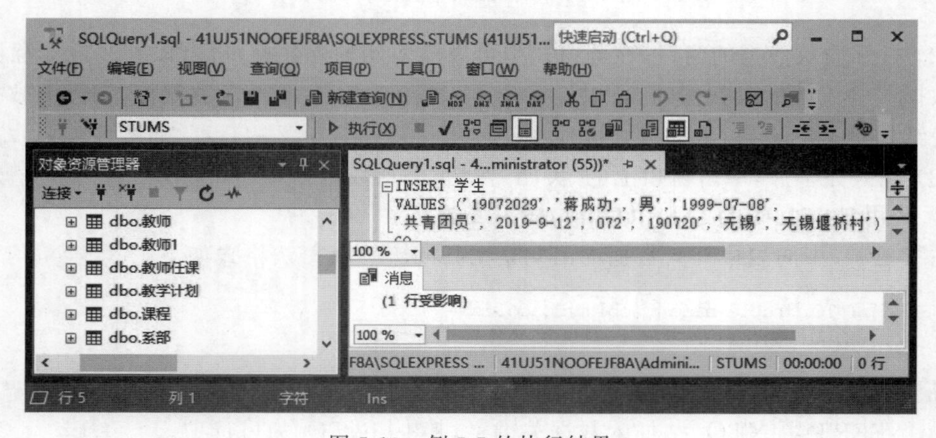

图 5-10　例 5-7 的执行结果

【例 5-8】　向“学生”表插入部分数据。如只知道某个学生的学号、姓名、性别和籍贯(19031101、功勋、男、南京)。

代码如下：

```
INSERT 学生(学号,姓名,性别,籍贯)
VALUES ('19031101','功勋','男', '南京')
GO
```

此例只向表中部分列插入数据，故列名不能省略。该例的执行结果如图 5-11 所示。

图 5-11　例 5-8 的执行结果

从 SSMS 的“对象资源管理器”窗格中打开“学生”表，就能看到用 INSERT 命令插入的记录已添加到表尾，只有部分数据的记录，其他列被填入了空值，如图 5-12 所示。

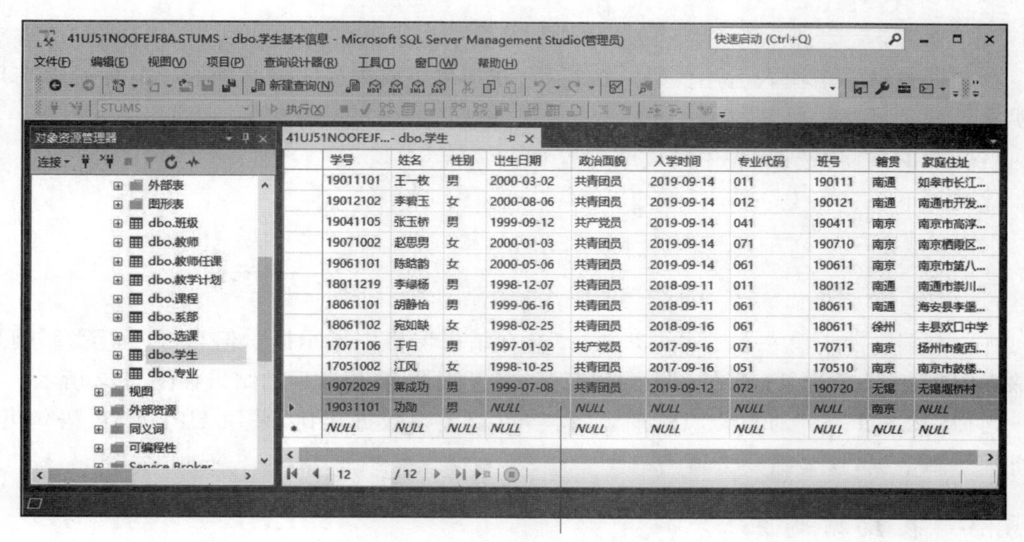

学号	姓名	性别	出生日期	政治面貌	入学时间	专业代码	班号	籍贯	家庭住址
19011101	王一枚	男	2000-03-02	共青团员	2019-09-14	011	190111	南通	如皋市长江...
19012102	李碧玉	女	2000-08-06	共青团员	2019-09-14	012	190121	南通	南通市开发...
19041105	张玉桥	男	1999-09-12	共产党员	2019-09-14	041	190411	南京	南京市高淳...
19071002	赵思男	女	2000-01-03	共青团员	2019-09-14	071	190710	南京	南京栖霞区...
19061101	陈皓韵	女	2000-05-06	共青团员	2019-09-14	061	190611	南京	南京市第八...
18011219	李绿杨	男	1998-12-07	共青团员	2018-09-11	011	180112	南通	南通市崇川...
18061101	胡静怡	男	1999-06-16	共青团员	2018-09-11	061	180611	南通	海安县李堡...
18061102	宛如缺	女	1998-02-25	共青团员	2018-09-16	061	180611	徐州	丰县欢口中学
17071106	于归	男	1997-01-02	共产党员	2017-09-16	071	170711	南京	扬州市瘦西...
17051002	江风	女	1998-10-25	共青团员	2017-09-16	051	170510	南京	南京市鼓楼...
19072029	蒋成功	男	1999-07-08	共青团员	2019-09-12	072	190720	无锡	无锡堰桥村
19031101	功勋	男	NULL	NULL	NULL	NULL	NULL	南京	NULL
NULL	NULL	NULL	NULL	NULL	NULL	NULL	NULL	NULL	NULL

图 5-12　插入记录后的“学生”表

利用 INSERT 命令插入数据时，一定要注意 VALUES 提供的数据必须与字段一一对应。

5.3.2　表数据更新

表数据更新同样有两种实现方法。

1. 使用 SSMS 更新表数据

通过 SSMS 更新表数据和添加表数据的操作步骤基本类似，按照使用 SSMS 来输入表数据的步骤操作，在出现如图 5-9 所示的窗口时，选中要更新的列值，处于编辑状态（即反底显示）时直接进行修改即可。

2. 使用 T-SQL 中的 UPDATE 语句更新表数据

在 T-SQL 中用于更新表数据的语句是 UPDATE。其语法格式如下：

```
UPDATE table_name
SET column_name = column_value[, … n]
[WHERE condition]
```

各参数说明如下。

- UPDATE：更新表数据的关键字。
- table_name：指定要更新数据的表名；
- SET column_name＝column_value：指定要更新的列及该列更新后的值。
- WHERE condition：指定更新条件，只有满足条件的数据行才被修改。当省略该子句时，所有的数据行都执行 SET 指定的更新。

【例 5-9】 将"学生"表中姓名为"于归"的籍贯更新为"南京"。

代码如下：

```
UPDATE 学生
SET 籍贯 = '南京'
WHERE 姓名 = '于归'
```

在查询编辑器中输入上述代码并执行后，在结果窗格中显示提示信息"(1 行受影响)"，表明更新记录成功。打开"学生"表，就能看到"于归"的籍贯已改成了"南京"。

【例 5-10】 将"选课"表中的成绩列置 0。

代码如下：

```
UPDATE 选课
SET 成绩 = 0
```

在查询编辑器中输入上述代码并执行后，在结果窗格中显示提示信息"(12 行受影响)"，选课表中共有 12 条记录，都做了同样的修改。打开选课表，修改后的结果如图 5-13 所示。

与使用 SSMS 的"对象资源管理器"窗格更新表中数据相比，采用 UPDATE 语句可以成批地更新数据，这显然要方便、快捷。

5.3.3 表数据删除

在 SQL Server 中，用户可以使用 SSMS 删除表中的数据行，也可以通过 T-SQL 中的语句来删除表中数据行。

1. 使用 SSMS 删除表数据

通过 SSMS 删除表数据和输入表数据的操作步骤基本类似，按照使用 SSMS 输入表数据的步骤操作，在出现输入数据窗口时，选中要删除的数据行并右击，在弹出的快捷菜单中选择"删除"命令，如图 5-14 所示。

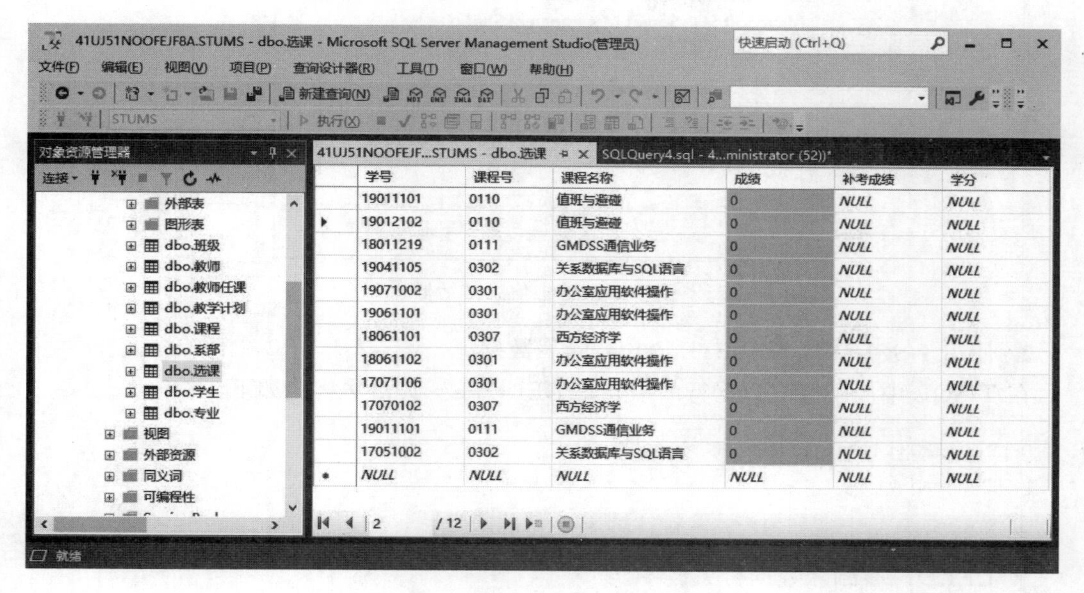

图 5-13　将成绩字段值清零

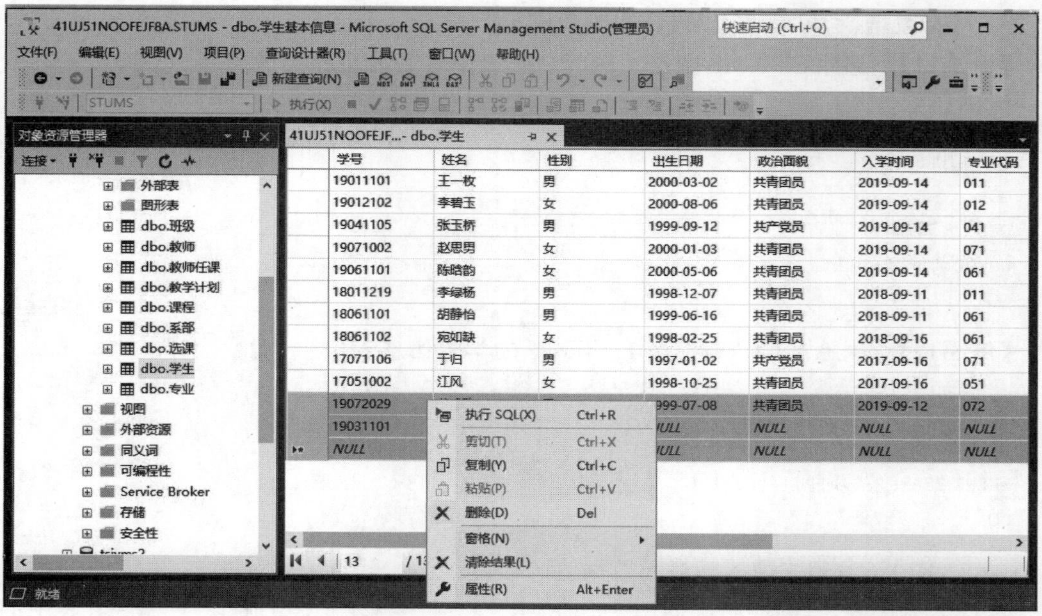

图 5-14　选择“删除”命令

此时会弹出一个警告信息对话框，如图 5-15 所示。询问用户是否确定要删除该行记录，若单击“是”按钮，则数据会永久删除，无法恢复。

如果用户要同时删除多行数据，可以单击某行数据并按住鼠标左键不放，拖动鼠标选中多行数据，或者借助 Shift 键选中多行数据，在选中多行数据后按上述类似方法进行操作，即可删除多行数据。

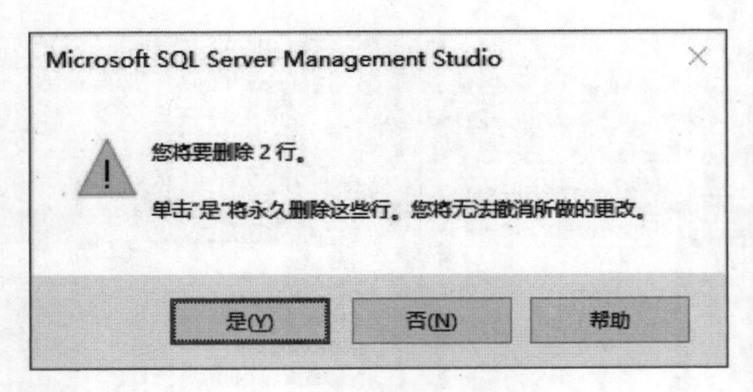

图 5-15　警告信息对话框

2. 使用 T-SQL 中的 DELETE 语句删除表数据

在 T-SQL 中用于删除数据行的语句是 DELETE。其语法格式如下：

```
DELETE [FROM] table_name
[WHERE condition]
```

各参数说明如下。

- DELETE：删除数据行关键字。
- table_name：指定要删除数据行的表名。
- WHERE condition：指定所删除的数据行应满足的条件。若省略该项，则删除表中所有数据行，仅剩下表结构，此时就成了空表。

【例 5-11】 删除 STUMS 数据库的"教师"表中姓名为空的记录。

代码如下：

```
USE STUMS
GO
DELETE 教师
WHERE 姓名 IS NULL
GO
```

【例 5-12】 删除"学生"表中 2017 年入学的学生信息。

代码如下：

```
DELETE 学生
WHERE YEAR(入学时间) = '2017'
GO
```

其中，YEAR()函数用来取入学时间数据值的年份。

执行上述代码，得到的结果如图 5-16 所示。"2 行受影响"表明删除了"学生"表中的 2 行数据。

WHERE 子句的用法较为重要，将影响满足条件的所有数据行。

3. 使用 TRUNCATE TABLE 语句清空表数据

用户可使用 TRUNCATE TABLE 语句快速清空数据表中的数据。其语法格式如下：

```
TRUNCATE TABLE table_name
```

【说明】 TRUNCATE TABLE 语句用以删除表中的所有数据，但并不会改变表的结

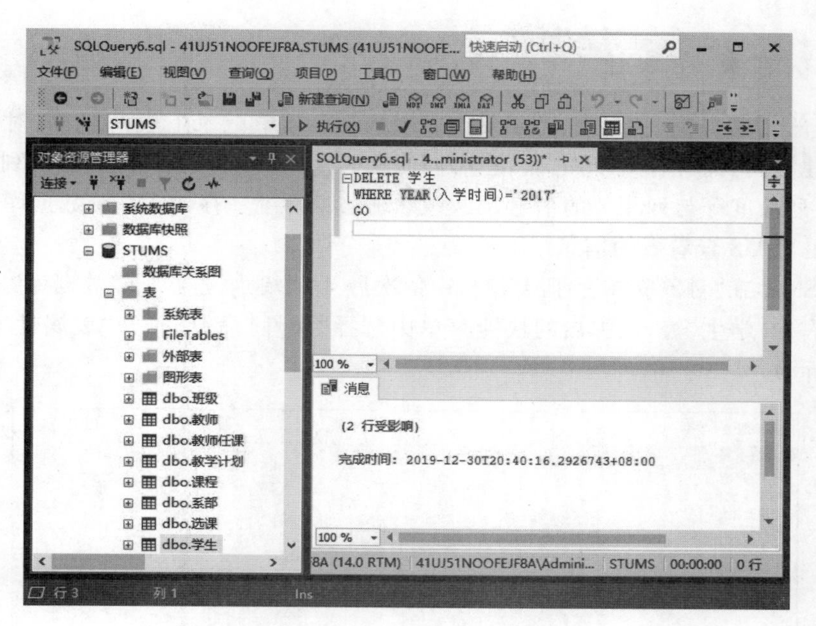

图 5-16 删除 2017 年入学的数据行

构,也不会改变约束与索引的定义。

【例 5-13】 清空“学生”表中所有数据信息。

代码如下:

```
TRUNCATE TABLE 学生
```

在查询编辑器中输入上述代码并执行后,刷新“学生”表,然后打开该表,可以看到表中已无任何数据内容,但仍保留表的结构。

TRUNCATE TABLE 语句与 DELETE 语句都能清空表中的全部数据,但两者又有所区别。用 DELETE 语句清除的数据存储在日志文件中,但用 TRUNCATE TABLE 删除的数据日志文件中不保存。

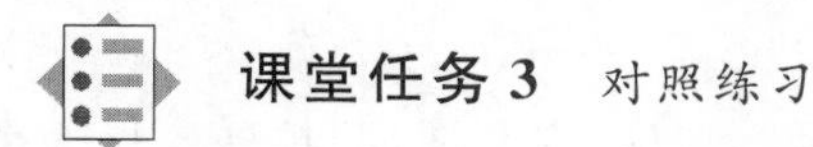

课堂任务 3 对照练习

(1) 在“教室”表中插入数据“0001,财会 3111,50,教学楼 101”。

(2) 用 UPDATE 语句更新上述数据,将“教学楼 101”改为“教辅楼 201”。

(3) 使用 DELETE 语句删除教室名称为“财会 3111”的信息。

5.4 表的管理

课堂任务 4 学习 SQL Server 表的管理操作,包括查看和修改表的属性、删除表等。

表的管理操作包括查看和修改表的属性、修改表的定义以及删除表等。灵活掌握对表的管理操作,是一个数据库管理员(DBA)最基本的职责之一。

5.4.1 查看表的属性

完成表的创建以后，服务器就在系统表 sysobjects 中记录下表的名称、对象 ID、表类型、表的创建时间、拥有者 ID 等若干信息，同时在表 syscolumns 中留下列名、列 ID、列的数据类型以及列长度等与列相关的信息。这些系统信息都统一存储在系统数据库 master 中。

1. 使用 SSMS 查看表的信息

启动 SSMS，在“对象资源管理器”窗格中依次展开“本地服务器”→“数据库”→STUMS→“表”结点，右击“学生”表，在弹出的快捷菜单中选择“属性”命令，打开“表属性-学生”窗口，如图 5-17 所示。

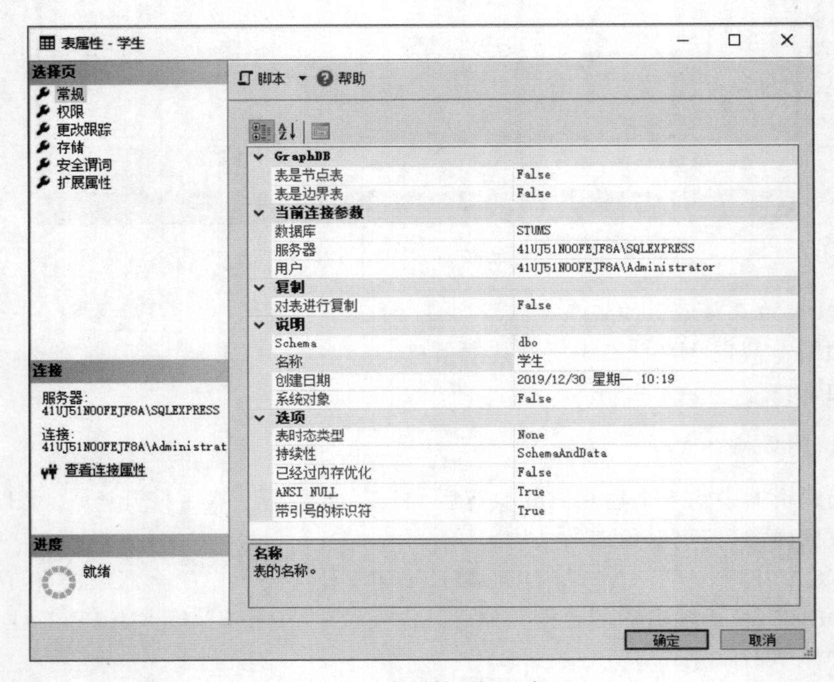

图 5-17 “表属性-学生”窗口

在“表属性-学生”窗口中，包括常规、权限、更改跟踪、存储、安全谓词、扩展属性 6 个选择页。

- “常规”选择页：显示所选表的常规属性信息。如表所属的数据库、当前服务器、表的创建日期和时间及名称等，此选择页上的信息为只读信息。
- “权限”选择页：查看或设置安全对象的权限。在上部网格中选择一个用户或角色，然后在“显式”选项卡上设置相应的权限。使用“有效”选项卡可查看聚合权限。
- “更改跟踪”选择页：指示是否对相应的表启用了更改跟踪。默认值为 False。只有对数据库启用了更改跟踪，此选择页才可用。
- “存储”选择页：显示所选表中与存储相关的属性，包括索引空间、数据空间、文件组和分区设置及压缩等信息。
- “安全谓词”选择页：SQL Server 2019 引入了基于谓词的访问控制。谓词用作一个条件，以便基于用户属性来确定用户是否具有合适的数据访问权限。

• "扩展属性"选择页：查看或修改所选对象的扩展属性。通过此选择页可以向数据库对象添加自定义属性。

2. 使用系统存储过程 sp_help 查看表的信息

使用系统存储过程 sp_help 查看表的信息的语法格式如下：

```
[EXECUTE] sp_help table_name
```

参数说明如下。

• EXECUTE：调用系统存储过程的关键字。
• sp_help：为系统存储过程，可用来查看系统表、用户表或视图的有关列对象的其他属性信息。
• table_name：指定要查看信息的表名。

【例 5-14】 使用 sp_help 查看"学生"表的信息。

代码如下：

```
EXEC sp_help 学生
GO
```

执行上述代码后，返回如图 5-18 所示的结果。

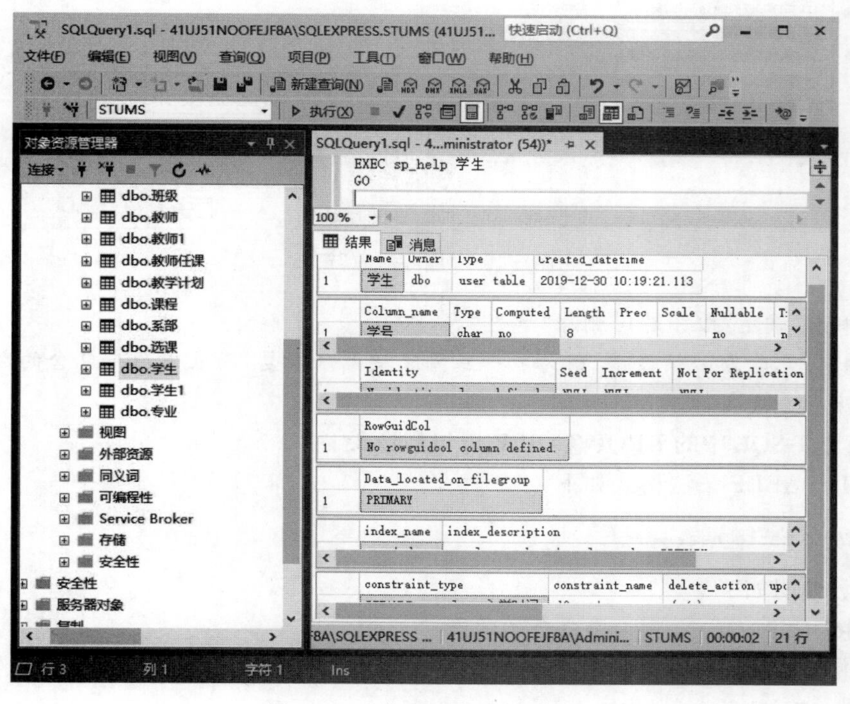

图 5-18 "学生"表的属性信息

5.4.2 表的删除

对于不需要的表，可以将其删除。删除表的操作可以通过 SSMS 完成，也可以通过 T-SQL 中的 DROP TABLE 语句完成。

1. 使用 SSMS 删除表

操作步骤如下：

(1) 启动 SSMS，在“对象资源管理器”窗格中依次展开“本地服务器”→“数据库”→STUMS→“表”结点，右击“dbo.学生”表，在弹出的快捷菜单中选择“删除”命令，打开“删除对象”窗口，如图 5-19 所示。

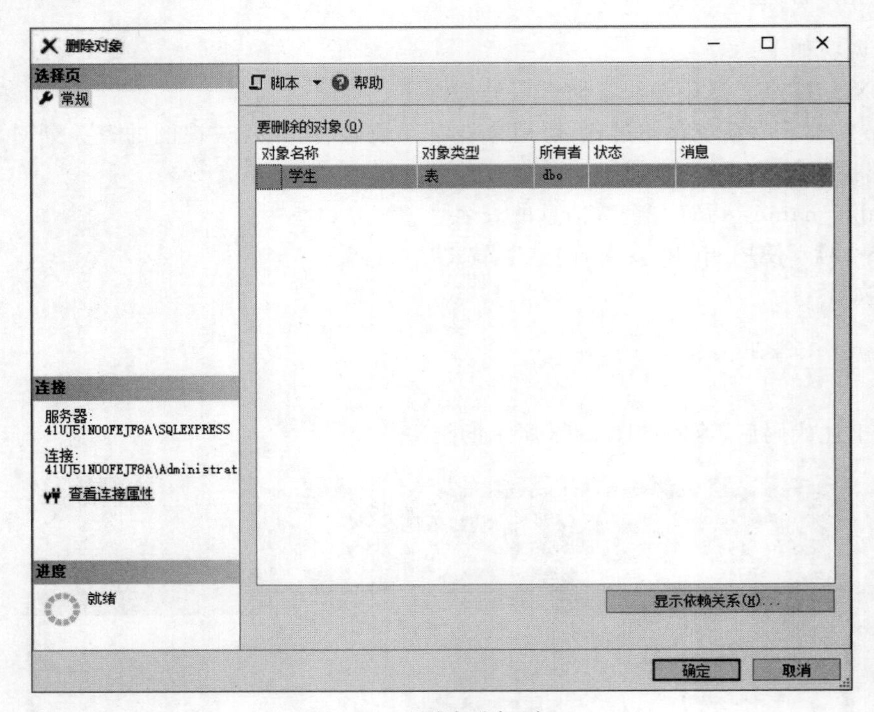

图 5-19 “删除对象”窗口

(2) 单击“确定”按钮即可删除“学生”表。

【说明】 删除表必须谨慎，因为表一旦删除便无法恢复，而表中原先包含的数据也将随着表的删除而丢失。

2. 使用 T-SQL 中的 DROP TABLE 语句删除表

DROP TABLE 语法格式如下：

```
DROP TABLE table_name
```

各参数说明如下。

- DROP TABLE：删除表命令的关键字。
- table_name：指定要删除的表名。

【例 5-15】 删除“教师”表。

```
USE STUMS
  GO
  DROP TABLE 教师
  GO
```

在查询编辑器中输入上述代码并执行后，“教师”表就被删除了。

课堂任务 4 对照练习

(1) 用 sp_help 查看“教室”表的信息。

(2) 用 DROP TABLE 命令删除“教室”表。

课后作业

1. 什么是表？什么是列？SQL Server 为列提供了哪些数据类型？

2. 简要说明空值的概念。

3. 如果创建表时没有指定 NULL 或 NOT NULL，默认是什么？

4. INSERT 语句的作用是什么？如果在 INSERT 语句中列出 5 个列名，需提供几个列值？

5. UPDATE 语句的作用是什么？在使用 UPDATE 语句时带上 WHERE 子句意味着什么？

6. DELETE 语句的作用是什么？用 DELETE 语句能删除表吗？

7. ALTER TABLE 的作用是什么？在表中增加列的子句是什么？删除列的子句是什么？

8. 使用 SSMS 或 T-SQL 语句创建 STUMS 数据库的各表，表数据如图 5-20～图 5-28 所示。

学号	姓名	性别	出生日期	政治面貌	入学时间	专业代码	班号	籍贯	家庭住址
17051002	江风	女	1998-10-25	共青团员	2017-09-16	051	170510	南京	南京市鼓楼区新花苑123-302室
17071106	于归	男	1997-01-02	共产党员	2017-09-16	071	170711	南京	扬州市瘦西湖百花园25-102室
18011219	李绿杨	男	1998-12-07	共青团员	2018-09-11	011	180112	南通	南通市崇川区观音山镇海洪
18061101	胡静怡	男	1999-06-16	共青团员	2018-09-11	061	180611	南通	海安县李堡镇新庄村
18061102	宛如缺	女	1998-02-25	共青团员	2018-09-16	061	180611	徐州	丰县欢口中学
19011101	王一枚	男	2000-03-02	共青团员	2019-09-14	011	190111	南通	如皋市长江镇二案村
19012102	李碧玉	女	2000-08-06	共青团员	2019-09-14	012	190121	南通	南通市开发区小海镇定海村
19041105	张玉桥	男	1999-09-12	共产党员	2019-09-14	041	190411	南京	南京市高淳县东坝镇下坝乡
19061101	陈皓韵	女	2000-05-06	共青团员	2019-09-14	061	190611	南京	南京市第八十七高级中学
19071002	赵思男	女	2000-01-03	共青团员	2019-09-14	071	190710	南京	南京栖霞区龙潭街道兴隆社区

图 5-20 “学生”表

教师工号	姓名	性别	出生日期	政治面貌	参加工作	学历	职务	职称	系部代码	专业代码	备注
20011001	乔红军	男	1971-08-02	*NULL*	1995-08-01	大学本科	教师	副教授	01	011	*NULL*
20012006	王坚垒	男	1973-08-06	共产党员	1997-08-02	大学本科	教师	讲师	01	012	*NULL*
20021045	赵安	女	1962-09-12	共产党员	1986-08-03	大普	教师	教授	02	021	*NULL*
20031125	王果然	男	1964-01-03	共产党员	1988-08-04	大学本科	教师	教授	03	031	*NULL*
20032225	赵庆	男	1983-05-06	共青团员	2006-08-01	大学本科	教师	助讲	03	032	*NULL*
20041102	旭升阳	女	1985-06-07	共产党员	2006-08-02	研究生	教师	助讲	04	041	*NULL*
20051068	晗笑之子	女	1980-06-16	*NULL*	1998-08-01	大学本科	教师	讲师	05	051	*NULL*
20061189	烛影	女	1982-03-08	共产党员	2006-08-02	研究生	教师	讲师	06	061	*NULL*
20062023	方草	男	1975-01-02	共产党员	1992-08-01	大学本科	教师	副教授	06	062	*NULL*
20072089	宋竹梅	女	1960-06-08	共产党员	1982-08-01	研究生	教师	副教授	07	072	*NULL*

图 5-21 “教师”表

教师工号	课程号	系部代码	专业代码	班号	开课学期	学生数	备注
20011001	0110	01	011	190111	4	40	*NULL*
20011001	0111	01	012	190121	4	40	*NULL*
20021045	0003	02	022	190221	2	45	*NULL*
20021045	0706	02	021	190211	2	50	*NULL*
20031125	0310	03	031	180311	3	50	*NULL*
20032225	0001	03	032	190321	2	40	*NULL*
20051068	0311	05	051	170510	5	35	*NULL*
20061189	0306	06	061	190611	2	42	*NULL*
20072089	0005	07	071	170711	5	40	*NULL*

图 5-22 “教师任课”表

系部代码	系部名称	系主任	联系电话	备注
01	航海系	王寅虎	15698023	*NULL*
02	交通工程系	陈国君	82459871	*NULL*
03	机电系	成功	85124789	*NULL*
04	计算机系	丁灿	15666666	*NULL*
05	通信系	飞越	39547888	*NULL*
06	管理系	龙海生	32489702	*NULL*
07	人文艺术	赵炯	65888888	*NULL*
NULL	*NULL*	*NULL*	*NULL*	*NULL*

图 5-23 “系部”表

班号	班级名称	学生数	专业代码	系部代码	班主任	班长	教室
190111	19级海驾1班	40	011	01	乔成喜	胡琛	J501
190611	19级会/商1班	42	061	01	王坚	周刊	J302
190121	19级轮机1班	40	012	01	张圣	李琳琳	J401
190211	19级港口机械1班	50	021	02	白玉华	陈宛	T302
190221	19级汽车维修1班	45	022	02	赵悦	张锁烟	T403
180311	18级电力技术1班	50	031	03	吟露	胡萍萍	T404
190321	19级电力设备维修1班	40	032	03	雨荷	陈啊儿	K201
190511	19级物联网1班	35	051	05	千笑怡子	梁亮	K202
190411	19级多媒体技术1班	40	041	04	陈竹韵	萧哥	K203
180611	18级会计/商1班	45	061	06	顾小明	王聪	R204
180612	18级会计/商2班	40	061	06	晶银银	朱小红	R205
190710	19级语言文化	35	071	07	陈设	申美	Y201
190720	19级艺术设计	40	6601	07	攻关	周旋	Y101
180112	18级海驾2班	38	011	01	季海军	刘洋	J201
170711	17级语言文化1班	40	071	07	伊梅	王靓	Y102
170510	17级物联网	35	051	05	成纵横	汪路	K303

图 5-24 “班级”表

9. 按照题目要求写出下列 T-SQL 命令，并在机器上进行测试。

(1) 创建 STUMS 数据库的“专业”表。

(2) 在“专业”表中增加一列“培养方向”，数据类型为 char(20)。

(3) 在“专业”表中插入一条记录，其数据为：013，船舶制造，02。

(4) 修改“专业”表中的记录，将“轮机”名称改为“船舶修理”。

课程号	课程名	课程性质	学分
0001	高等数学	A	6
0002	大学英语	A	6
0003	大学物理	A	5
0005	西班牙语	B	3
0110	值班与避碰	A	5
0111	GMDSS通信业务	A	6
0301	办公室应用软件操作	A	4
0302	关系数据库与SQL语言	A	5
0306	会计基础	A	5
0307	西方经济学	B	3
0310	操作系统基础	A	3
0311	电子商务	B	4
0706	材料力学	A	4

图 5-25 “课程”表

学号	课程号	课程名称	成绩	补考成绩	学分
19011101	0110	值班与避碰	75	NULL	NULL
19012102	0110	值班与避碰	80	NULL	NULL
18011219	0111	GMDSS通信业务	65	NULL	NULL
19041105	0302	关系数据库与SQL语言	45	NULL	NULL
19071002	0301	办公室应用软件操作	70	NULL	NULL
19061101	0301	办公室应用软件操作	80	NULL	NULL
18061101	0302	西方经济学	75	NULL	NULL
18061102	0301	办公室应用软件操作	85	NULL	NULL
17071106	0301	办公室应用软件操作	90	NULL	NULL
17070102	0307	西方经济学	45	NULL	NULL
19011101	0111	GMDSS通信业务	82	NULL	NULL
17051002	0302	关系数据库与SQL语言	73	NULL	NULL
NULL	NULL	NULL	NULL	NULL	NULL

图 5-26 “选课”表

课程号	课程名称	专业代码	课程类型	开课学期	学时	班号
0110	值班与避碰	011	A	4	60	190111
0111	GMDSS通信业务	012	A	4	75	190121
0306	会计基础	061	A	1	80	190611
0706	材料力学	032	A	2	72	190211
0001	高等数学	041	A	1	90	190321
0002	大学英语	061	A	1	90	190611
0311	电子商务	051	B	3	60	170510
0307	西方经济学	071	B	3	50	180612
0310	操作系统基础	041	A	2	45	180311
0301	办公室应用软件操作	072	A	2	60	190710
NULL	NULL	NULL	NULL	NULL	NULL	NULL

图 5-27 “教学计划”表

专业代码	专业名称	系部代码
011	海驾	01
012	轮机	01
021	港口机械	02
022	汽车修理	02
041	多媒体技术	04
051	物联网	05
061	会计/商务英语	06
071	语言文化	07
072	艺术设计	07
031	电力技术	03
032	电力设备维修	03

图 5-28 “专业”表

(5) 删除“专业”表中的全部记录。
(6) 查看“专业”表的属性。
(7) 删除“专业”表。

实训 4　创建和管理图书借阅管理系统的数据表

1. 实训目的

（1）了解表的结构特点。

（2）了解 SQL Server 的基本数据类型。

（3）学会使用 SSMS 创建表。

（4）学会使用 T-SQL 语句创建表。

2. 实训准备

（1）熟练使用 SSMS 创建和管理表。

（2）使用查询编辑器，完成用 T-SQL 语句创建和管理基本表。

（3）完成使用 SSMS 和 T-SQL 语句创建和管理基本表的实训报告。

3. 实训要求

（1）确定数据库包含的各表的结构，了解 SQL Server 的常用数据类型，以创建数据库的表。

（2）已完成实训 3，成功创建了数据库 TSJYMS。

（3）了解常用的创建表的方法。

4. 实训内容

1）表的创建

使用 SSMS 或使用 T-SQL 语句在数据库 TSJYMS 中创建以下 6 张表。表结构按照表中的数据由读者自行设定，并按表 5-18～表 5-22 显示的数据录入至相关表中。

表 5-18　“借阅登记”表

一卡通号	图书编号	借/还	借书日期	应还日期	超期	罚金	馆藏地	工号
20061189	07741320	借	2020-03-28	2020-08-28			第二借阅室科技	002016
20061189	07410810	借	2020-03-28	2020-08-28			第二借阅室科技	002016
20011001	07410810	借	2020-03-15	2020-08-15			第二借阅室科技	002018
20061189	07410298	借	2020-03-28	2020-08-28			第二借阅室科技	002017
20011001	07829702	还	2020-05-09	2020-10-09			第一借阅室社科	002019
19071002	07108667	借	2020-06-25	2020-11-25			第二借阅室科技	002019
19011101	07741320	借	2020-07-25	2020-12-25			第二借阅室科技	002018
19041105	07111717	借	2020-07-25	2020-12-25			第二借阅室科技	002019
19011101	07111717	借	2020-07-25	2020-12-25			第二借阅室科技	002019
17051002	07410139	借	2020-05-11	2020-11-25			第一借阅室社科	002017

表 5-19　“读者信息”表

一卡通号	姓名	性别	读者类型	工作单位	系别	电话	E_mail	备注
20061189	烛影	女	教师	会计/商务英语	06	85860126	zxl@163. com	
20011001	乔红军	男	教师	海驾	01	85860729	ly@sina. com. cn	
19071002	赵思男	女	学生	19 级语言文化	07	85860618	wxq@yahoo. cn	
19011101	王一枚	男	学生	19 级海驾 1 班	01	85860913	zjg@163. com	

续表

一卡通号	姓名	性别	读者类型	工作单位	系别	电话	E_mail	备注
20012006	王坚垒	男	教师	轮机	01	85860916	gyf@yahoo.cn	
19041105	张玉桥	女	学生	19 级多媒体技术 1 班	04	83456789	456789@qq.com	
17051002	江风	女	学生	17 级物联网	05	81234567	123458@qq.com	

表 5-20 "图书信息"表

图书编号	书名	作者	出版社	出版日期	ISBN	馆藏地	定价
07741320	ASP.NET 软件开发技术项目	王德勇	清华大学出版社	2011-10-01	978-7-302-25213-9	第二借阅室科技	￥38.00
07111717	汽车车身构造与修复图解	谭本忠	机械工业出版社	2009-03-03	976-7-111-23541-5	第二借阅室科技	￥23.00
07829702	谁伤了婚姻的心	童馨儿	大众文艺出版社	2012-05-10	978-7-80240-454-9	第一借阅室社科	￥24.00
07410139	遇见，转身之间	茗丝子	中国妇女出版社	2012-08-10	978-7-80203-735-9	第一借阅室社科	￥23.80
07410298	C++程序设计	成颖	东南大学出版社	2007-05-01	978-7-121-07901-6	第二借阅室科技	￥38.00
01052276	起重运输机金属结构	王金诺	中国铁道出版社	2010-03-15	978-7-113-04478-6	第二借阅室科技	￥36.50
07108667	新概念英语同步词汇练习	姜丽蓉	北京大学出版社	2011-03-01	978-7-5015-5916-9	第二借阅室科技	￥10.50
07410810	网络工程实用教程	汪新民	北京大学出版社	2012-05-10	978-7-1234-8	第二借阅室科技	￥34.80

表 5-21 "图书入库"表

图书编号	ISBN	入库时间	入库数	复本数	库存数
07741320	978-7-302-25213-9	2011-12-01	25	25	23
07111717	976-7-111-23541-5	2009-05-01	30	30	28
07829702	978-7-80240-454-9	2012-06-25	15	15	13
07410139	978-7-80203-735-9	2012-11-10	30	30	29
07410298	978-7-121-07901-6	2007-06-01	25	25	25
01052276	978-7-113-04478-6	2010-07-15	20	20	18
07108667	978-7-5015-5916-9	2011-05-01	30	30	29
07410810	978-7-1234-8352-5	2012-06-10	20	20	5

表 5-22 "员工信息"表

工号	姓名	性别	出生日期	联系电话	E_mail
002016	周学飞	男	1978/05/03	85860715	zxf@163.com
002017	李晓静	女	1987/09/15	85860716	lj@163.com
002018	顾彬	男	1990/04/25	85860717	gb@yahoo.cn
002019	陈欣	女	1999/11/03	85860718	cx@sina.com.cn

2）表的管理

(1) 使用 SSMS 在数据库 TSJYMS 的“读者信息”表中添加数据行，对照其表结构，将自己的有关数据输入“读者信息”表中。

(2) 使用 T-SQL 语句，将数据库 TSJYMS 的“借阅登记”表中一卡通号为“17051002”的应还日期改为“2020-12-25”。

(3) 使用 T-SQL 语句，将“员工信息”中姓名为“陈欣”的记录删除。

(4) 使用 SSMS 或 T-SQL 语句将数据库 TSJYMS 的各表中图书编号长度增加一位。

第6课　学生信息管理系统数据完整性实现

6.1　数据完整性概述

课堂任务1　学习数据完整性方面的知识,包括数据完整性的分类和强制数据完整性的约束机制等。

数据库中的数据来自外界的输入,种种原因可能会造成输入数据的无效或错误。另外,随着数据的插入、修改、删除等操作,也可能会造成数据库中的数据不一致。如何确保数据的正确性和一致性也就成为数据库设计方面一个非常重要的问题,数据完整性概念也就应运而生。

数据完整性是要求数据库中的数据具有正确性和一致性。在SQL Server中是通过设计表与表之间、表的行和表的列上的约束来实现数据完整性的。数据完整性是保证数据质量的一种重要方法,是现代数据库系统的一个重要特征。

6.1.1　约束机制

为了保证数据库中数据的完整性,SQL Server设计了约束。约束是一种强制数据完整性的标准机制。使用约束可以确保在列中输入有效数据并维护各表之间的关系。SQL Server支持下列6种类型的约束。

1. 主键约束

主键约束(PRIMARY KEY)确保在特定的列中不会输入重复的值,并且在这些列中也不允许输入NULL值。可以使用主键约束强制实体完整性。

2. 唯一性约束

唯一性约束(UNIQUE)不允许数据库表在指定列上具有相同的值,但允许有空值,确保在非主键列中不输入重复值。

3. 检查约束

检查约束(CHECK)通过条件表达式的判断,限制插入到列中的值,以强制执行域的完整性。

4. 默认值约束

默认值约束(DEFAULT)是指当向数据库表中插入数据时,如果没有明确地提供输入值时,SQL Server自动为该列输入默认值。

5. 外键约束

外键约束(FOREIGN KEY)定义数据库表中指定列上插入或更新的数值,必须在另一张被参照表中的特定列上存在,约束表与表之间的关系,强制参照完整性。

6. 非空约束

非空约束(NOT NULL)指定特定列的值不允许为空,即让该列拒绝接收空值。非空约束用来实现域的完整性。

创建表时,如果未对列指定默认值,则 SQL Server 系统为该列提供 NULL 默认值,但主键列和标识列将自动具有非空约束。

6.1.2 数据完整性的分类

SQL Server 2019 支持 4 种类型的完整性,即实体完整性、域完整性、参照完整性和用户定义完整性。

1. 实体完整性

实体完整性要求表的每一行在表中是唯一的实体,表的关键字值不能为空且取值唯一。例如,"学生"表的关键字是学号,这个关键字的值在表中是唯一的和确定的,才能有效地标识每一个学生。

实体完整性用以强制表的主键的完整性,可以通过索引、UNIQUE 约束、PRIMARY KEY 约束或 IDENTITY 属性来实现。

2. 域完整性

域完整性要求表中的列必须满足某种特定的数据类型或约束(包括取值范围、精度等规定)。例如,"学生"表中的性别只能输入"男"或"女",出生日期和入学时间只能输入日期型数据。

域完整性用以强制输入的有效性。可以通过限制数据类型、格式或可能值的范围,通过 FOREIGN KEY 约束、CHECK 约束、DEFAULT 定义、NOT NULL 定义和规则等来实现。

3. 参照完整性

参照完整性要求有关联的两个表的主关键字和外关键字的值应保持一致。例如,在"选课"表中输入的学号,应参照"学生"表中的学号。

参照完整性确保主表的键值在所有表中一致。这样的一致性要求不能引用主表不存在的键值,如果主表的键值更改了,那么在整个数据库中对该键值的所有引用都要进行一致的更改。参照完整性可以通过 FOREIGN KEY 约束和 CHECK 约束及多表级联更改触发器来实现。

4. 用户定义完整性

用户定义完整性是指用户定义不属于其他任何完整性分类的特定业务规则,由应用环境决定。例如,用户可以根据实际需要定义"学生"表中的入学时间应大于出生日期,定义选课表中的成绩应大于或等于 0 而小于或等于 100。

用户定义的完整性可防止无效的输入或错误信息的输入,保证输入的数据符合规定。所有的完整性类型都支持用户定义完整性(CREATE TABLE 中的所有列级和表级约束、存储过程和触发器等)。

课堂任务 1 对照练习

启动 SSMS,打开 STUMS 数据库,对"课程"表进行数据输入的操作,此表已设置了各类约束,观察约束的效用。

6.2 创建约束

课堂任务 2 学会使用 3 种不同的方法为 STUMS 数据库创建各类约束，强制数据的完整性。

约束可以在创建表的同时创建，也可在已有的表上创建。可以使用 SSMS 创建，也可在查询编辑器中用 T-SQL 语句创建。

6.2.1 在创建表的同时创建各类约束

可以通过使用 CREATE TABLE 命令在创建表的同时创建约束，其基本语法如下：

```
CREATE TABLE table_name
(column_name data_type (NULL | NOT NULL)
[ [CONSTRAINT constraint_name ]
{
 PRIMARY KEY [ CLUSTERED | NONCLUSTERED ]
 | UNIQUE [ CLUSTERED | NONCLUSTERED ]
 | [FOREIGN KEY ] {(column_name[, … n])} REFERENCES ref_table [ ( ref_column ) ]
 | DEFAULT constraint_ expression
 | CHECK    ( logical_expression )  }
] [ , … ])
```

各参数说明如下。

- table_name：创建约束的表的名称。
- column_name：表中列的名称。
- data_type：指定列的数据类型。
- CONSTRAINT：定义约束子句，表示 PRIMARY KEY、NOT NULL、UNIQUE、FOREIGN KEY 或 CHECK 约束定义的开始。
- constrain_name：新建约束的名称，可以省略，由系统自动命名。
- ref_table：表示 FOREIGN KEY 约束所引用的表。
- ref_column：表示被引用表中的一列或多列的名称。
- constant_expression：用作列的默认值的表达式，可以是 NULL 或者系统函数。
- logical_expression：表示用于 CHECK 约束的返回 TRUE 或 FALSE 的逻辑表达式。

【例 6-1】 在 STUMS 数据库中创建一张用于管理学生借书信息的表(STU_BOOK)，表中包含一卡通号、姓名、性别、班号、出生日期、借书数等字段。要求在建表的同时创建各类约束。

(1) 为一卡通号创建主键约束，约束名为 pk_ykth。

(2) 为姓名创建唯一约束，约束名为 uk_xm。

(3) 为性别创建默认约束，默认值为“男”。

(4) 为班号创建外键约束，约束名为 fk_bh，参照“班级”表，保证班号输入的有效性。

（5）为借书数创建检查约束，约束名为 ck_jss，检查条件为借书数≤5。

代码如下：

```
USE STUMS
GO
CREATE TABLE STU_BOOK
(一卡通号 char(8) CONSTRAINT pk_ykth primary key,
 姓名 char(8) NOT NULL CONSTRAINT uk_xm unique,
 性别 char(2) default '男',
 班号 char(6) CONSTRAINT fk_bh foreign key (班号) references 班级(班号),
 出生日期 datetime,
 借书数 tinyint CONSTRAINT ck_jss CHECK (借书数<=5))
GO
```

在查询编辑器中输入上述代码并执行后，在结果窗口中显示“命令已成功完成。”，表明带有各种约束的 STU_BOOK 表已建好。

【说明】 创建外键约束时，被参照的班级表的主键要事先设置好，否则会在结果窗口中显示错误提示信息。

6.2.2 使用 SSMS 创建约束

1. 创建主键约束

在 STUMS 数据库中，为“教师”表的“教师工号”创建主键约束。操作步骤如下。

（1）启动 SSMS，在“对象资源管理器”窗格中依次展开“本地服务器”→“数据库”→STUMS→“表”结点，右击“dbo. 教师”表，在弹出的快捷菜单中选择“设计”命令，打开“教师”表的表设计器，如图 6-1 所示。

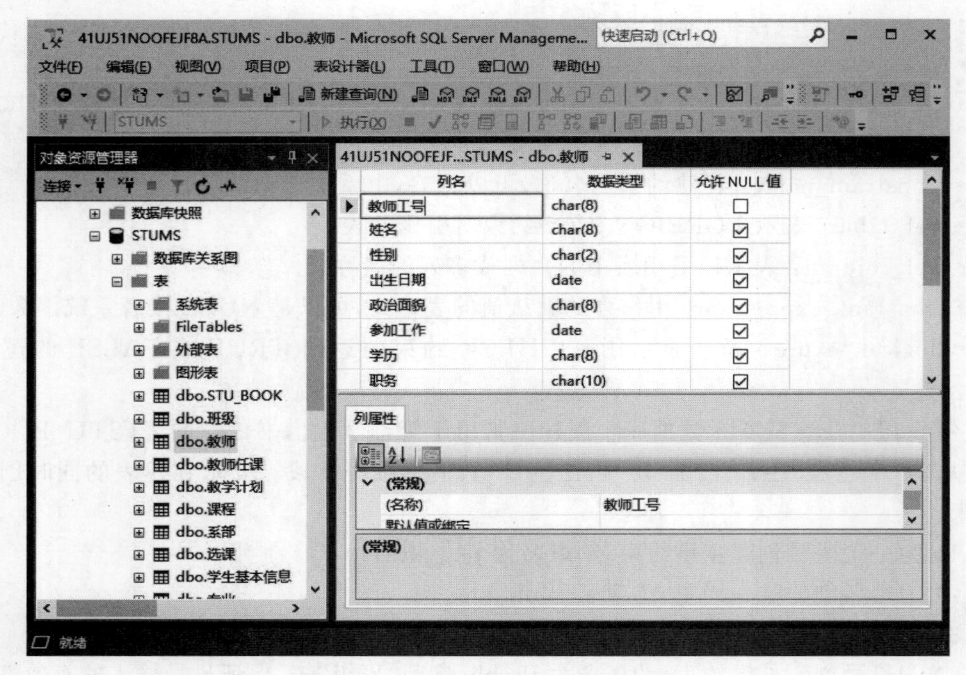

图 6-1 “教师”表的表设计器界面

（2）在表设计器中选择需要设为主键的列“教师工号”，如果需要选择多个列，可按住Ctrl键再选择其他列，选择好后，右击，在弹出的快捷菜单中选择“设置主键”命令，如图6-2所示。

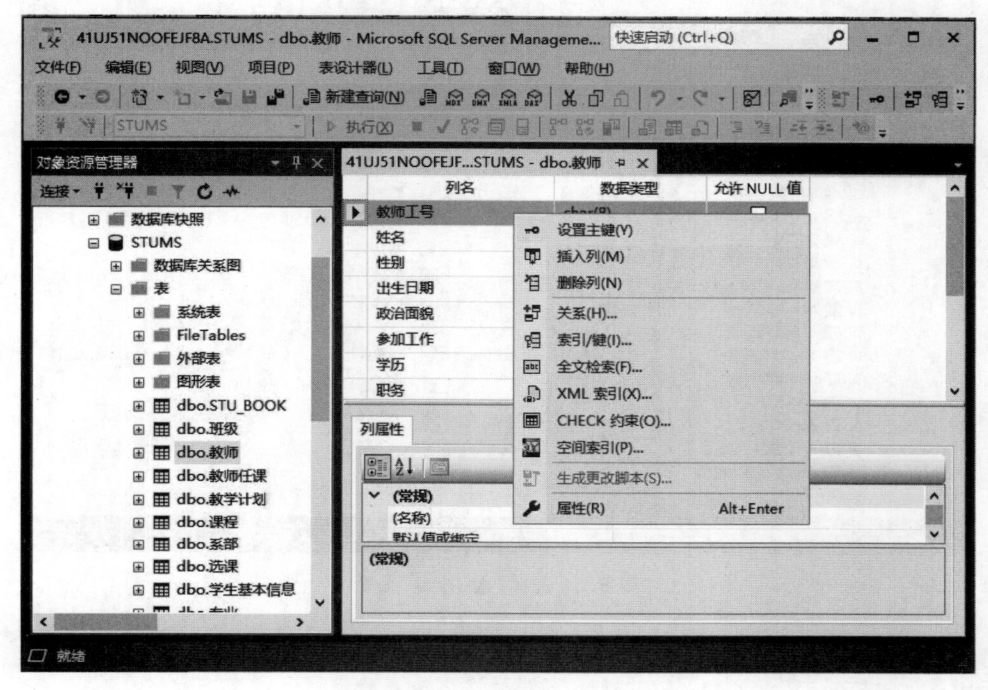

图 6-2　选择“设置主键”命令

（3）执行完命令后，在该列前面会出现钥匙图标，表明主键设置成功，关闭表设计器即可。

2. 创建唯一约束

在STUMS数据库中，为“教师”表的“姓名”列创建唯一约束uk_jsxm。操作步骤如下。

（1）在如图6-1所示的“教师”表的表设计器界面中右击，在弹出的快捷菜单中选择“索引/键”命令，如图6-3所示，打开“索引/键”窗口。

（2）在“索引/键”窗口中，单击“添加”按钮添加新的主/唯一键或索引。

- 在“（常规）”选项组的“类型”右侧的下拉列表中选择“唯一键”选项。
- 在“（常规）”选项组的“列”右侧单击“浏览”按钮，在弹出的“索引列”对话框中，选择“姓名”列名并进行ASC（升序）排序。
- 在“标识”选项组的“（名称）”中输入唯一约束的名称uk_jsxm，若不输入，则取系统的默认名称。设置结果如图6-4所示。

（3）设置完毕，单击“关闭”按钮，完成唯一性约束的创建。

【说明】 *此时，不只是该表的主键取值必须唯一，被设置成唯一性约束的字段取值同样必须唯一。*

3. 创建检查约束

在STUMS数据库中，为“教师”表的“系部代码”创建检查约束ck_xbdm，检查条件是

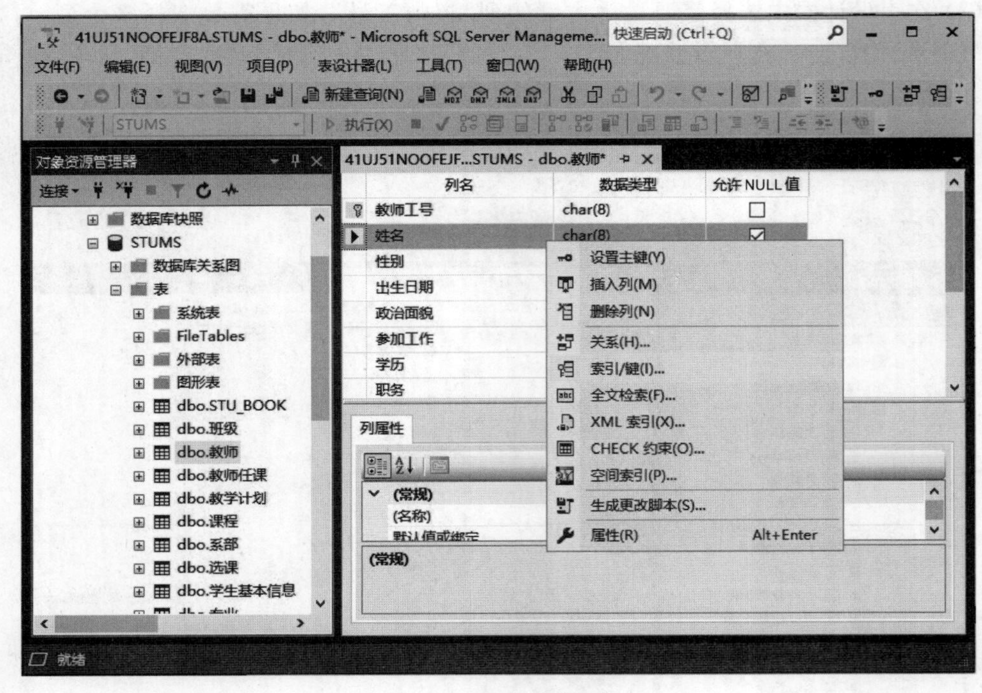

图 6-3　选择“索引/键”命令

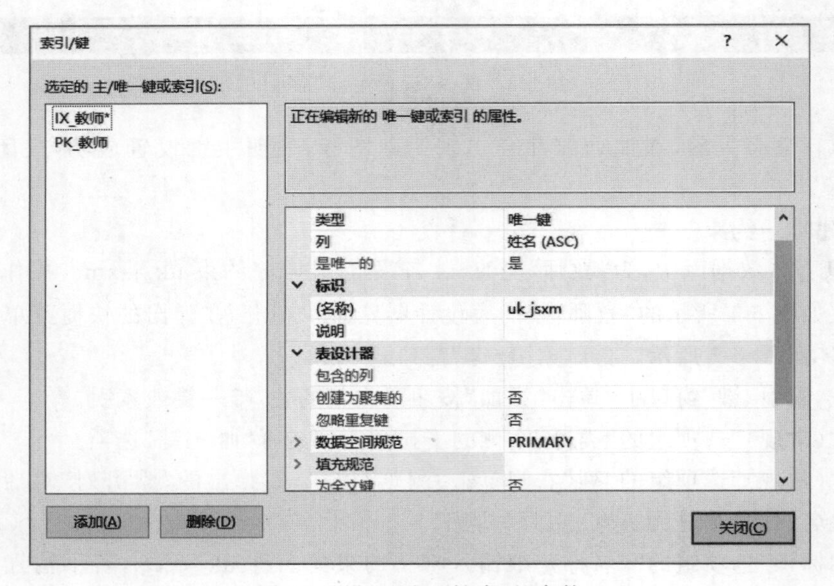

图 6-4　设置“唯一性索引”参数

“系部代码”必须是用 0～7 表示的两位字符。操作步骤如下：

(1) 在如图 6-1 所示的“教师”表的表设计器界面中右击，在弹出的快捷菜单中选择“CHECK 约束”命令，如图 6-5 所示，打开“CHECK 约束”窗口。

(2) 在“CHECK 约束”窗口中，单击“添加”按钮添加新的 CHECK 约束。

- 在“(常规)”选项组的“表达式”右侧单击“浏览”按钮，在弹出的“CHECK 约束表达

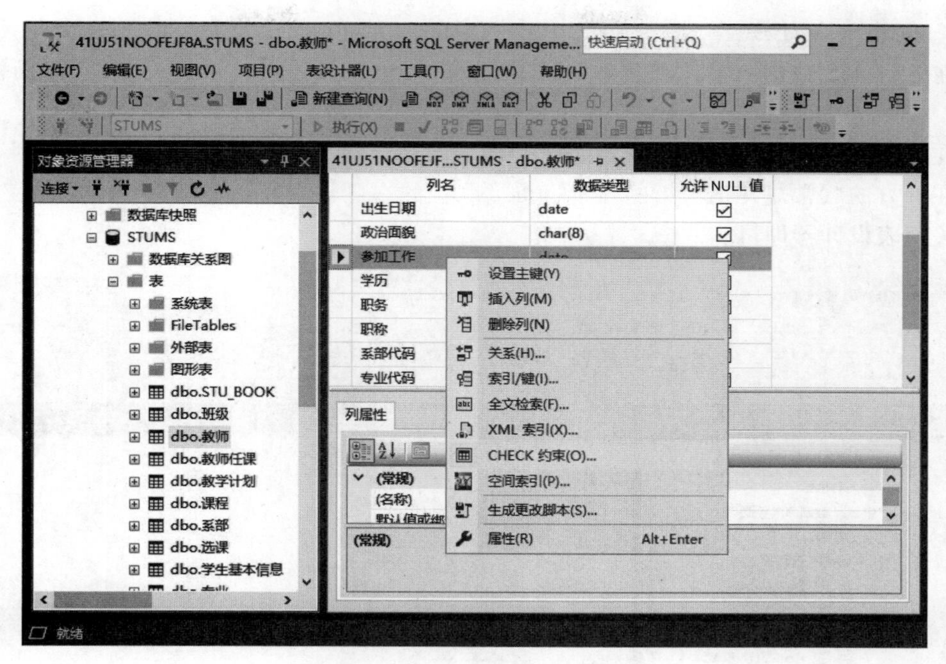

图 6-5　选择“CHECK 约束”命令

式”对话框中输入约束条件：系部代码 LIKE '[0-7][0-7]'。

• 在“标识”选项组的“(名称)”中输入检查约束名称 ck_xbdm，若不输入，则取系统的默认名称。设置结果如图 6-6 所示。

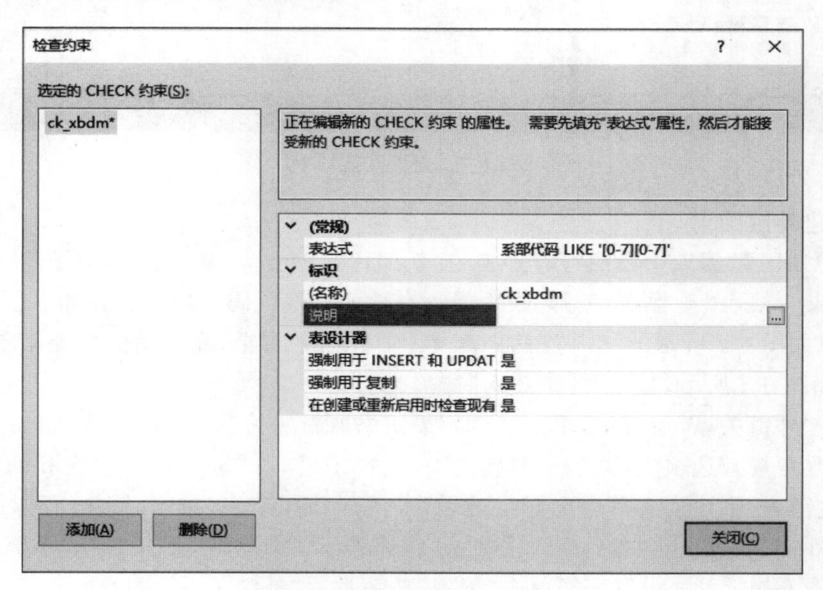

图 6-6　设置“CHECK 约束”条件

(3) 设置完毕后，单击“关闭”按钮，完成检查约束的创建。

【说明】 检查约束条件表达式可以是简单的约束表达式，用简单条件检查数据；也可以使用布尔运算符创建复杂表达式，用若干个条件检查数据。

4. 创建默认约束

在 STUMS 数据库中,为"教师"表的"性别"创建默认约束,默认值为"男"。操作步骤如下。

在如图 6-1 所示的"教师"表的表设计器界面中选择需要创建默认约束的"性别"字段,然后在下方的"(常规)"选项组的"默认值或绑定"的右侧输入默认值"'男'",如图 6-7 所示,然后关闭表设计器即可。

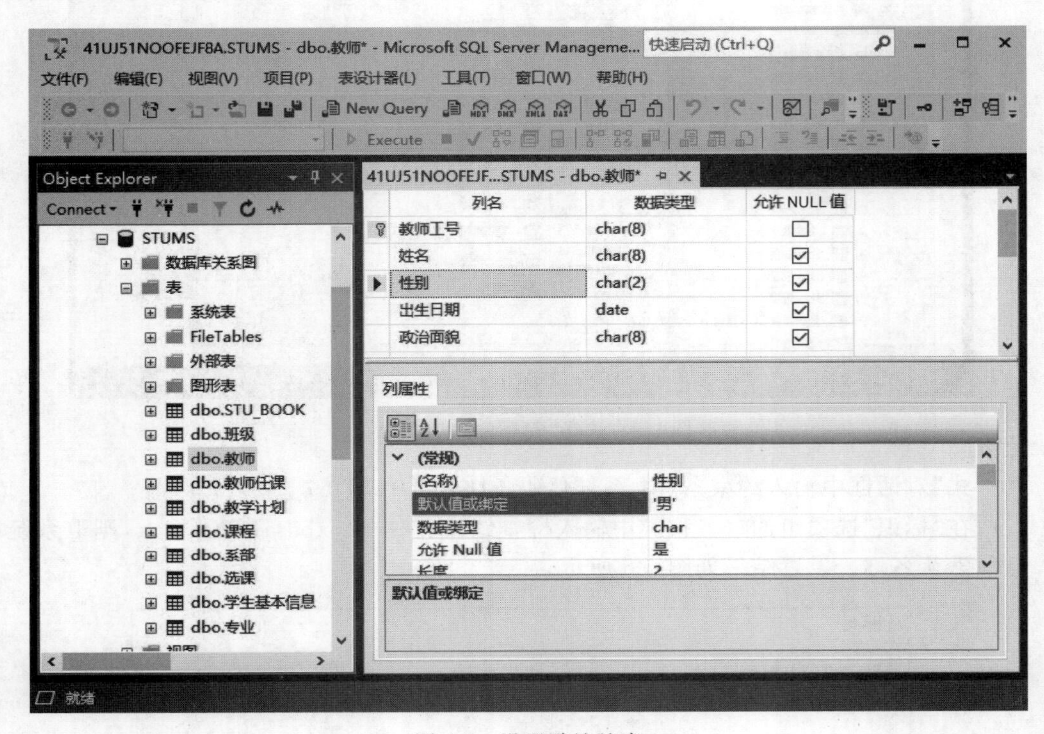

图 6-7　设置默认约束

5. 创建外键约束

在 STUMS 数据库中参照"系部"表的"系部代码"列,为"教师"表的"系部代码"列创建外键约束 fk_jsxbdb,确保在"教师"表中输入有效的系部代码。操作步骤如下:

(1) 在如图 6-1 所示的"教师"表的表设计器界面中右击,在弹出的快捷菜单中选择"关系"命令,如图 6-8 所示,打开"外键关系"窗口。

(2) 在"外键关系"窗口中,单击"添加"按钮添加新的关系。

- 在"(常规)"选项组的"表和列规范"右侧单击"浏览"按钮,弹出"表和列"对话框,在"主键表"下拉列表框中选择主键表,本例选"系部"表,在"外键表"下拉列表框中选择外键表,这里选"教师"表,分别在"主键表"和"外键表"下面选择"系部代码"字段,如图 6-9 所示。设置完毕单击"确定"按钮返回"外键关系"窗口。
- 在"外键关系"窗口的"标识"选项组的"(名称)"中输入外键约束 fk_jsxbdb,若不输入,则取系统的默认名称。设置结果如图 6-10 所示。

(3) 设置完毕,单击"关闭"按钮,完成外键约束的创建。

【提醒】 操作前,应将"系部"表中的"系部代码"设为主键。

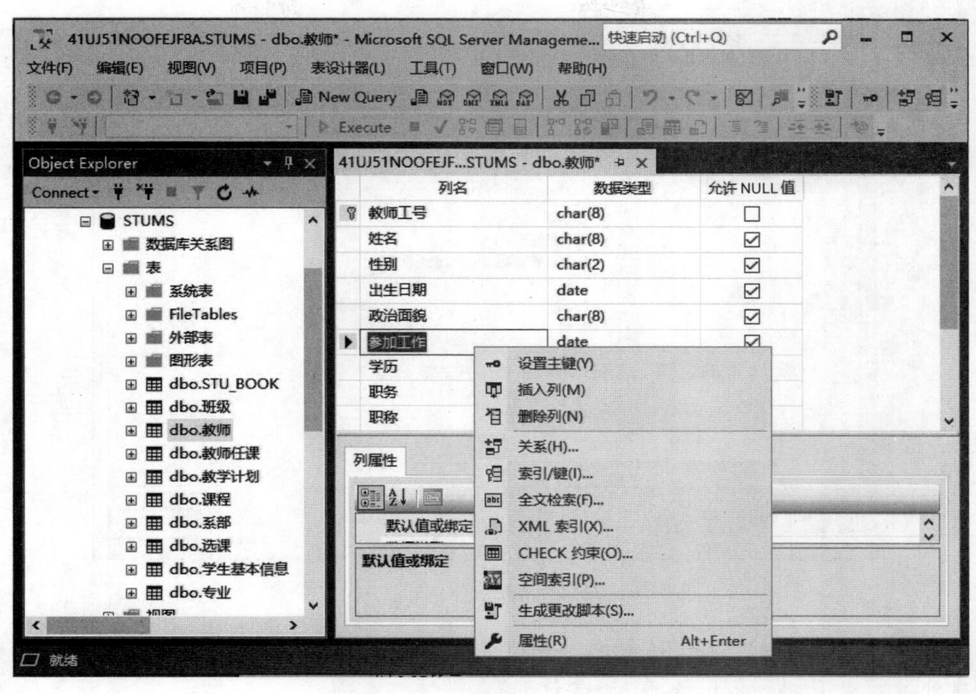

图 6-8　选择“关系”命令

图 6-9　在“表和列”对话框中设置参数

课堂任务 2　对照练习一

（1）在 STUMS 数据库中，为“系部”表的“系部代码”列创建主键约束 pk_xibu_xbdm；为“系部名称”列创建唯一性约束 uk_xibu_xbmc。

（2）为“学生”表的“政治面貌”列创建默认约束 df_xs_zzmm，默认值为“共青团员”。

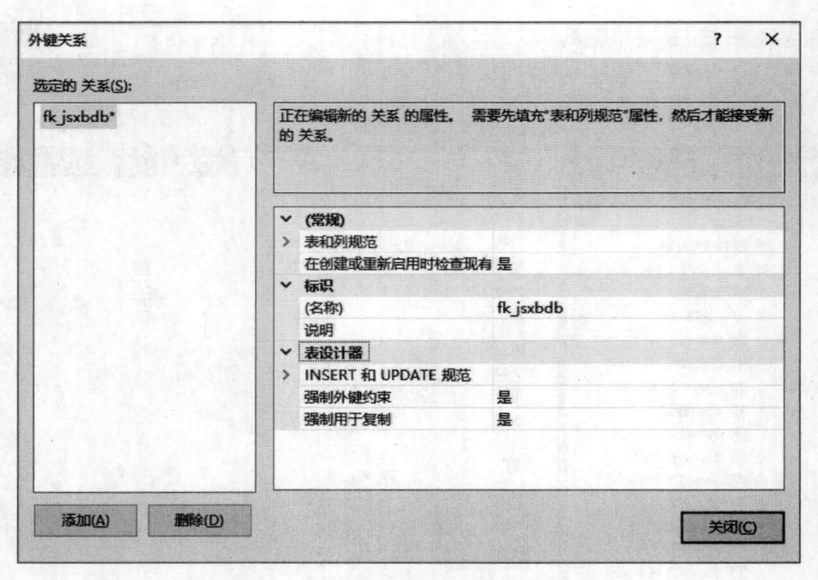

图 6-10　在"外键关系"对话框中设置参数

(3) 为"课程"表的"学分"列创建检查约束 ck_kc_xf,使学分取值为 1～6；为"课程号"列创建外键约束 fk_kc_kch,参照"教学计划"表。

6.2.3　使用 T-SQL 创建约束

在 SQL Server 中可使用 ALTER TABLE 命令为已经存在的表创建各类约束。

1. 创建主键约束

语法如下：

```
ALTER TABLE table_name
ADD CONSTRAINT constraint_name
PRIMARY KEY [CLUSTERED|NONCLUSTERED] {(column[,…n])}
```

其中,各参数的意义与创建表的同时创建约束中的参数意义相同。

【例 6-2】　在 STUMS 数据库中,为"学生"表的"学号"列创建主键约束 pk_xuehao。

代码如下：

```
USE STUMS
GO
ALTER TABLE 学生
ADD CONSTRAINT pk_xuehao
PRIMARY KEY (学号)
GO
```

2. 创建唯一约束

语法如下：

```
ALTER TABLE table_name
ADD CONSTRAINT constraint_name
UNIQUE [ CLUSTERED | NONCLUSTERED ] {(column[,…n])}
```

【例 6-3】 在 STUMS 数据库中，为“学生”表的“姓名”列创建唯一性约束 uk_name。

代码如下：

```
USE STUMS
GO
ALTER TABLE 学生
ADD CONSTRAINT uk_name
UNIQUE (姓名)
GO
```

3. 创建检查约束

语法如下：

```
ALTER TABLE table_name
ADD CONSTRAINT constraint_name
CHECK(logical_expression)
```

【例 6-4】 在 STUMS 数据库中，为“学生”表的“入学时间”列创建检查约束 ck_rxsj，检查条件为入学时间＞出生日期。

代码如下：

```
USE STUMS
GO
ALTER TABLE 学生
ADD CONSTRAINT ck_rxsj
CHECK (入学时间>出生日期)
GO
```

4. 创建默认约束

语法如下：

```
ALTER TABLE table_name
ADD CONSTRAINT constraint_name
DEFAULT constraint_expression [FOR column_name]
```

【例 6-5】 在 STUMS 数据库中，为“学生”表的“入学时间”列创建默认约束 df_rxsj，默认值取计算机系统的日期。

代码如下：

```
USE STUMS
GO
ALTER TABLE 学生
ADD CONSTRAINT df_rxsj
DEFAULT GETDATE() FOR 入学时间
```

5. 创建外键约束

语法如下：

```
ALTER TABLE table_name
ADD CONSTRAINT constraint_name
FOREIGNKEY {(column_name[, … n])}REFERENCES
ref_table[(ref_column_name[, … n])]
```

【例 6-6】 在 STUMS 数据库中,为“学生”表的“班号”列创建外键约束 fk_xs_bh,参照“班级”表的“班号”列。

代码如下:

```
USE STUMS
GO
ALTER TABLE 学生
ADD CONSTRAINT fk_xs_bh
FOREIGN KEY (班号) REFERENCES 班级 (班号)
```

课堂任务 2 对照练习二

(1) 在 STUMS 数据库中,为“教师”表的“教师工号”列创建主键约束 pk_js_jsgh; 为“姓名”列创建唯一性约束 uk_js_name; 为“学历”列创建默认约束 df_js_xl,默认值为“本科”。

(2) 在 STUMS 数据库中,为“选课”表的“成绩”列创建检查约束 ck_xk_cj,使成绩的取值为 0～100 分。为“学号”列创建外键约束 fk_xk_xh,参照“学生”表的“学号”列。

6.2.4 查看和删除约束

对于创建好的约束,根据实际需要可以查看其定义信息。SQL Server 2019 提供了多种查看约束信息的方法,经常使用的是 SSMS 和系统存储过程。

1. 使用 SSMS 查看和删除约束

下面以查看和删除“教师”表的约束为例,介绍使用 SSMS 查看和删除约束的操作步骤。

(1) 启动 SSMS,在“对象资源管理器”窗格中依次展开“本地服务器”→“数据库”→STUMS→“表”→“教师”→“键”结点,可查看所创建的主键约束、外键约束和唯一性约束。展开“教师”表下的“约束”结点,可查看所创建的检查约束和默认约束,如图 6-11 所示。

(2) 选中某种约束如“主键约束”,右击,在弹出的快捷菜单中可选择“修改”或“重命名”或“删除”命令,对所选的约束,完成相应的查看修改、重命名或删除等操作,如图 6-12 所示。

另外,在 SSMS 界面中,也可以通过打开某表的表设计器,完成某表各类约束的查看、修改及删除等操作。

这与创建约束时的操作步骤相类似,在此不再赘述。

2. 使用系统存储过程查看约束信息

用户可以使用存储过程 sp_helpconstraint 来查看指定表上的所有约束的类型、名称、创建者和创建时间等信息。

语法如下:

```
sp_helpconstraint [ @objname = ] 'table'
```

其中,参数[@objname =] 'table'用于指定返回其约束信息的表名。

【例 6-7】 使用系统存储过程查看 STUMS 数据库中“教师”表上的约束信息。

代码如下:

```
EXE Csp_helpconstraint 教师
GO
```

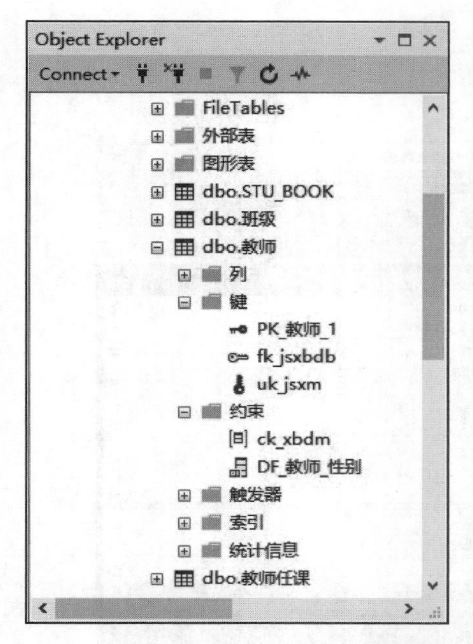

图 6-11　使用 SSMS 查看“教师”表约束

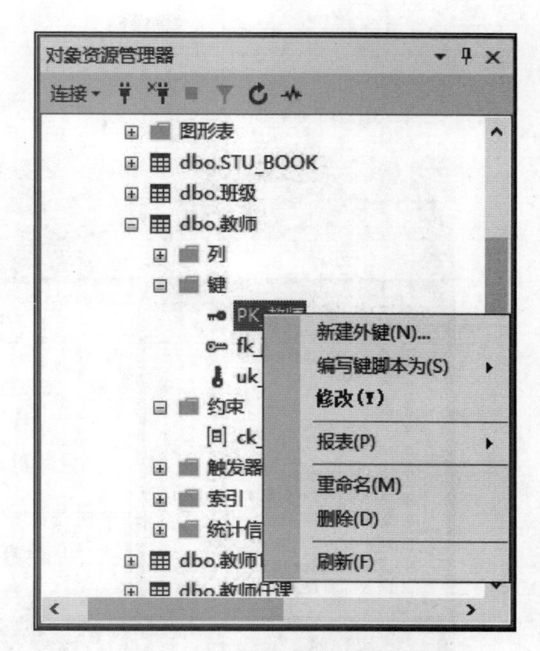

图 6-12　选择修改“教师”表约束

执行结果如图 6-13 所示。

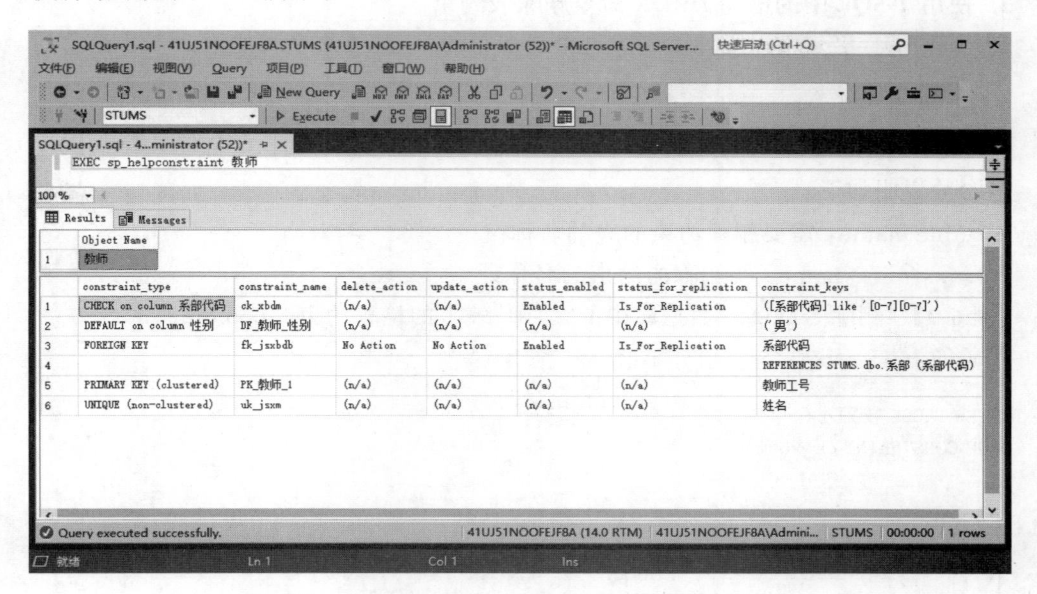

图 6-13　使用系统存储过程查看“教师”表的约束信息

也可以使用 sp_help 和 sp_helptext 来查看指定的约束信息。

【例 6-8】　使用系统存储过程 sp_help 和 sp_helptext 查看 STUMS 数据库中定义的 ck_xbdm 约束。

代码如下：

```
EXEC sp_help ck_xbdm
```

```
EXEC sp_helptext ck_xbdm
GO
```


执行结果如图 6-14 所示。

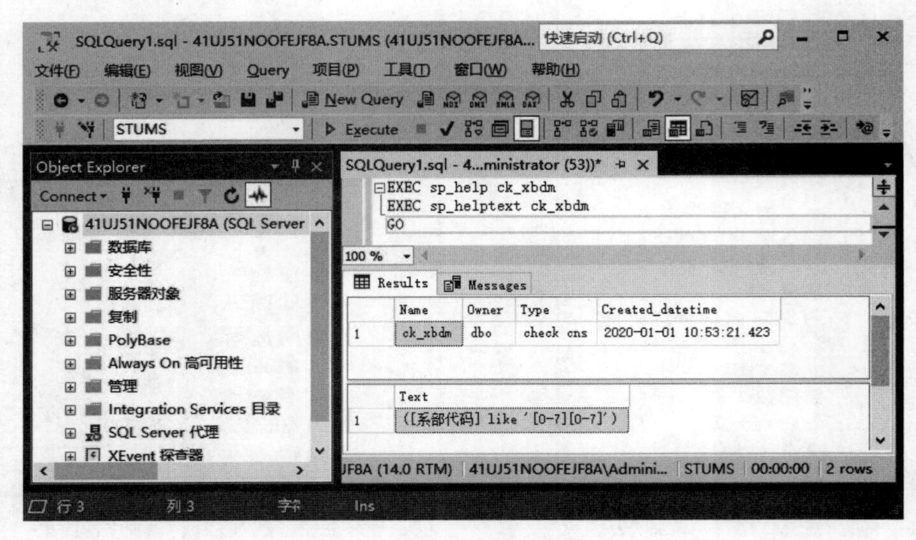

图 6-14　查看 ck_xbdm 约束

3. 使用 T-SQL 中的语句 DROR 命令删除表约束

利用 T-SQL 语句可以方便地删除一个或多个约束，其语法格式如下：

```
ALTER TABLE table_name
DROP CONSTRAINT constraint_name[,…n]
```

各参数说明如下。

- table_name：需要删除约束的表的名称。
- constraint_name：要删除的约束的名称。

【例 6-9】 删除 STUMS 数据库中的"教师"表上的检查约束 ck_xbdm。

代码如下：

```
ALTER TABLE 教师
DROP CONSTRAINT ck_xbdm
GO
```

课堂任务 2 对照练习三

(1) 使用系统存储过程 sp_helpconstraint 查看 STUMS 数据库中"学生"表上的约束信息。

(2) 使用系统存储过程 sp_help 和 sp_helptext 查看 STUMS 数据库中"课程"表上的 ck_xk_cj 约束。

(3) 使用 DROP CONSTRAINT 命令删除 STUMS 数据库中"教师"表上定义的 df_js_xl 约束。

6.3 默认和规则

课堂任务3 学会为STUMS数据库创建、绑定、解绑和删除默认与规则的方法，确保STUMS数据库数据的正确性。

6.3.1 默认值的创建、绑定、解绑与删除

默认值与在约束中介绍的DEFAULT默认约束的作用一样，也可以实现当用户在向数据库表中插入一行数据时，如果没有明确地给出某列的输入值时，则由SQL Server自动为该列输入默认值。但与DEFAULT默认约束不同的是，默认值是一种数据库对象，在数据库中只需定义一次，就可以被一次或多次应用于任意表中的一列或多列，还可以应用于用户定义的数据类型。创建、绑定、解绑和删除默认值，可以使用T-SQL语句来实现。

1. 创建默认值

使用T-SQL语句创建默认的命令如下：

```
CREATE DEFAULT default_name
AS default_description
```

各参数说明如下。

- default_name：表示新建立的默认名称。
- default_description：常量表达式，可以包含常量、内置函数或数学表达式，指定默认值。

2. 绑定默认值

将默认绑定到表的某列上或用户自定义的数据类型上，是通过执行系统存储过程sp_bindefault来实现的。其语法如下：

```
[EXECUTE] sp_bindefault '默认名称 ', '表名.字段名 '|'自定义数据类型名'
```

【例6-10】 在STUMS数据库上创建默认jsxl_default，并将其绑定到“教师”表的“学历”列上，从而实现各教师的默认学历为“本科”。

代码如下：

```
USE STUMS
GO
CREATE DEFAULT jsxl_default
AS '本科'
GO
EXEC sp_bindefault 'jsxl_default', '教师.学历 '
GO
```

在查询编辑器的窗口中输入上述代码并执行后，结果窗口中显示“已将默认值绑定到列。”的提示信息，表明默认值创建和绑定成功。

此时，展开STUMS→“可编程性”→“默认值”结点，就能看到所创建的默认值jsxl_

default，如图 6-15 所示。若看不到结果，则右击“默认值”图标进行刷新。

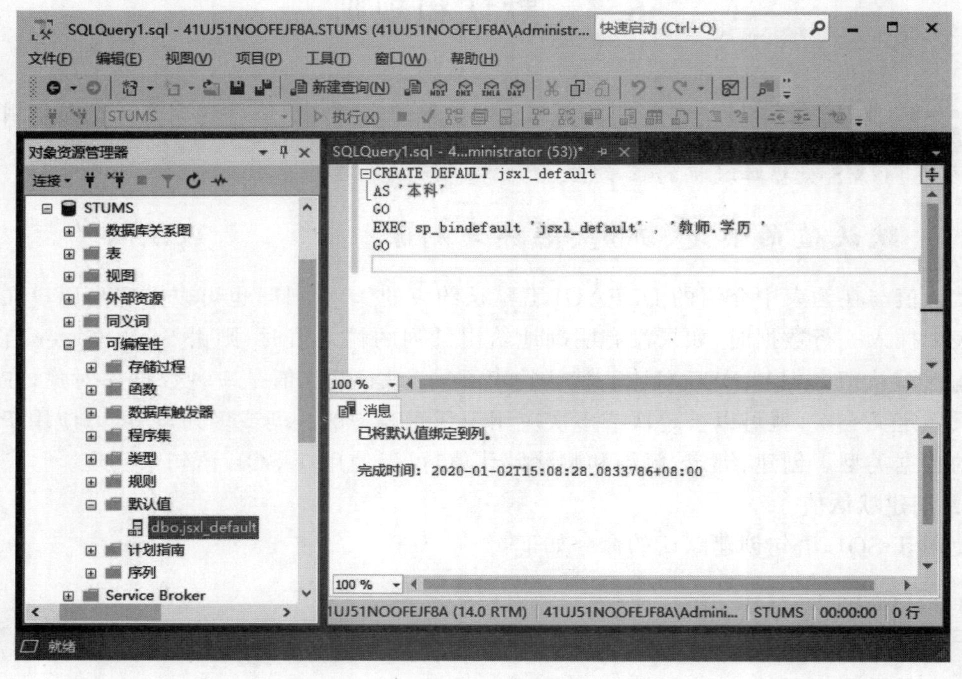

图 6-15　查看创建的 jsxl_default 默认值

打开“教师”表的表设计器，选择“学历”列，在“（常规）”选项组中“默认值和绑定”的右侧，可看到绑定的结果，如图 6-16 所示。

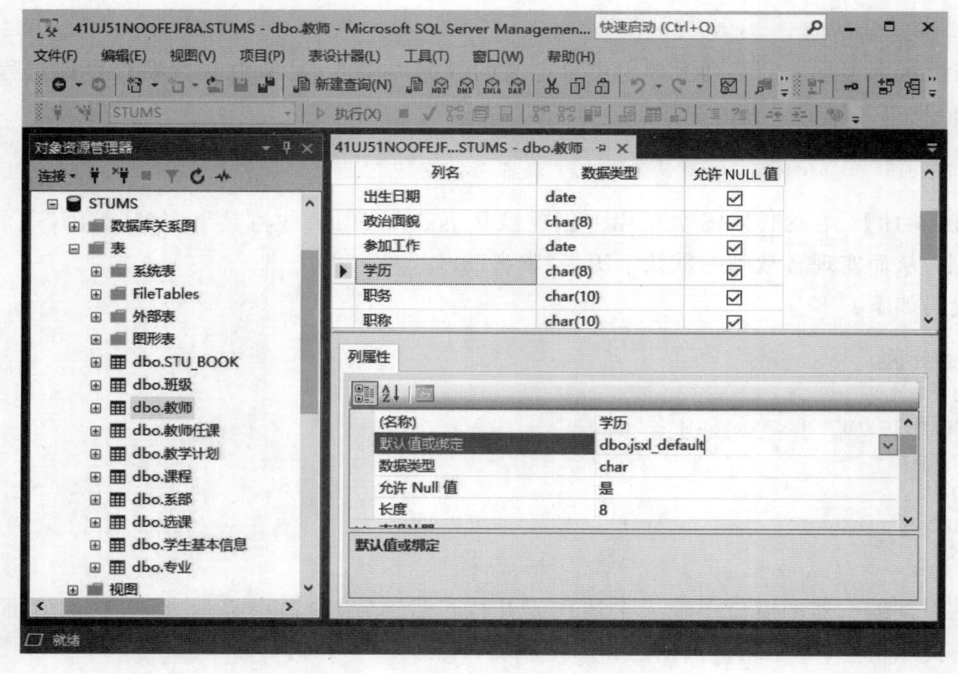

图 6-16　查看 jsxl_default 绑定情况

【例 6-11】 在 STUMS 数据库上创建默认值 xingbie_default,默认值为"男",并将其绑定到"学生"表的"性别"列和"教师"表的"性别"列上。

代码如下:

```
CREATE DEFAULT xingbie_default
AS '男'
GO
EXEC sp_bindefault 'xingbie_default', '学生.性别'
EXEC sp_bindefault 'xingbie_default', '教师.性别'
GO
```

在查询编辑器的窗口中输入上述代码并执行后,结果窗口中显示两行"已将默认值绑定到列。"的提示信息,表明默认值创建和绑定成功,将创建的一个默认值绑定到两个表上。

3. 解绑默认值

用户可以通过执行 sp_unbindefault 系统存储过程,将默认值从表中的某列或用户自定义的数据类型上解绑。其语法如下:

```
[EXECUTE] sp_unbindefault '表名.字段名'|'自定义数据类型名'
```

4. 删除默认值

解绑后的默认值,就可以通过 DROP DEFAULT 命令删除,其语法如下:

```
DROP DEFAULT default_name[,…n]
```

一个 DROP DEFAULT 命令可同时删除多个默认值,各默认名之间用逗号分隔。

【例 6-12】 将 STUMS 数据库上的 jsxl_default 默认解绑并删除。

代码如下:

```
EXEC sp_unbindefault '教师.学历'
GO
DROPDEFAULT jsxl_default
GO
```

在查询编辑器的窗口中输入上述代码并执行后,结果窗口中显示"已解除了表列与其默认值之间的绑定"的提示信息,表明解绑和删除默认值成功。用户可以通过 SSMS 查看,以得到验证。

【说明】

- 如果某列已创建了默认约束,要绑定默认值,必须先删除默认约束后,才能绑定默认值。
- 如果某个 DEFAULT 定义已经存在,若要修改,则必须首先删除现有的 DEFAULT 定义,然后用新定义重新创建它。
- 如果一个默认值绑定在多个表上,必须从每一个表上都解绑后,才可以删除该默认值。

6.3.2 规则的创建、绑定、解绑与删除

规则用来定义表中某列可以输入的有效值范围,当用户输入的数据不在规定的范围内,

就会提醒用户输入有误，从而确保输入数据的正确性。

规则与 CHECK 约束的作用是相同的。但与 CHECK 约束不同的是，规则是一种数据库对象，在数据库中只需定义一次，就可以被一次或多次绑定到任意表中某列，以限制列值。

规则的使用方法类似于默认值，同样包括创建、绑定、解绑和删除。可使用 T-SQL 语句实现。

1. 创建规则

使用 T-SQL 语句创建规则的命令如下：

```
CREATE RULE rule_name
AS condition_expression
```

各参数说明如下。

- rule_name：表示新建立的规则名称。
- condition_expression：表示定义规则的条件。在条件表达式中包含一个变量，变量的前面必须冠以@符号。

2. 绑定规则

执行系统存储过程 sp_bindrule 可以将规则绑定到表的某列上。其语法如下：

```
[EXECUTE] sp_bindrule '规则名称','表名.字段名'|'自定义数据类型名'
```

【例 6-13】 在 STUMS 数据库上创建规则 csrq_rule，并将其绑定到“教师”表的出生日期字段上，要求教师是 1955 年之后出生的。

代码如下：

```
USE STUMS
GO
CREATE RULE csrq_rule
AS @csrq>='1955/01/01' AND @csrq<=getdate()
GO
EXEC sp_bindrule 'csrq_rule','教师.出生日期'
GO
```

在查询编辑器的窗口中输入上述代码并执行后，结果窗口中显示“已将规则绑定到表的列。”的提示信息，表明 csrq_rule 规则创建和绑定成功。

此时，展开 STUMS→“可编程性”→“规则”结点，就能看到所创建的规则 csrq_rule，如图 6-17 所示。若看不到结果，则右击“规则”图标进行刷新。

在“对象资源管理器”窗格的“规则”结点中，右击 csrq_rule 规则，在弹出的快捷菜单中选择“查看依赖关系”命令，打开“对象依赖关系- csrq_rule”窗口，可看到绑定的结果，如图 6-18 所示。

3. 解绑规则

用户可以通过执行 sp_unbindrule 系统存储过程，将规则从表中的某列或用户自定义的数据类型上解绑。其语法如下：

```
[EXECUTE] sp_unbindrule '表名.字段名'|'自定义数据类型名'
```

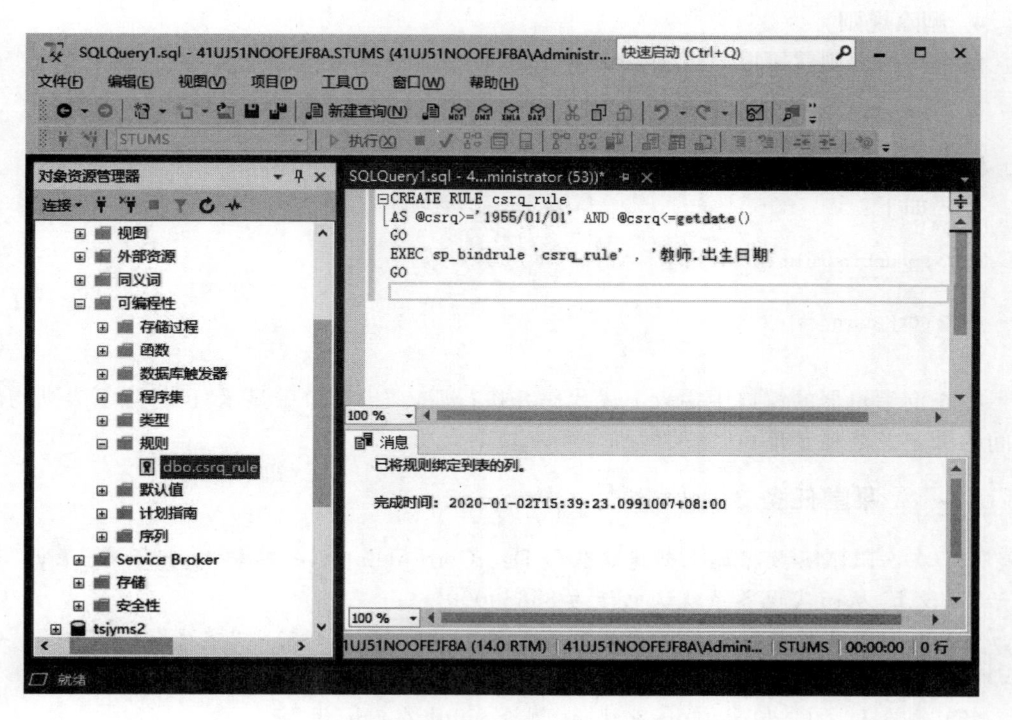

图 6-17 查看创建的 csrq_rule 规则

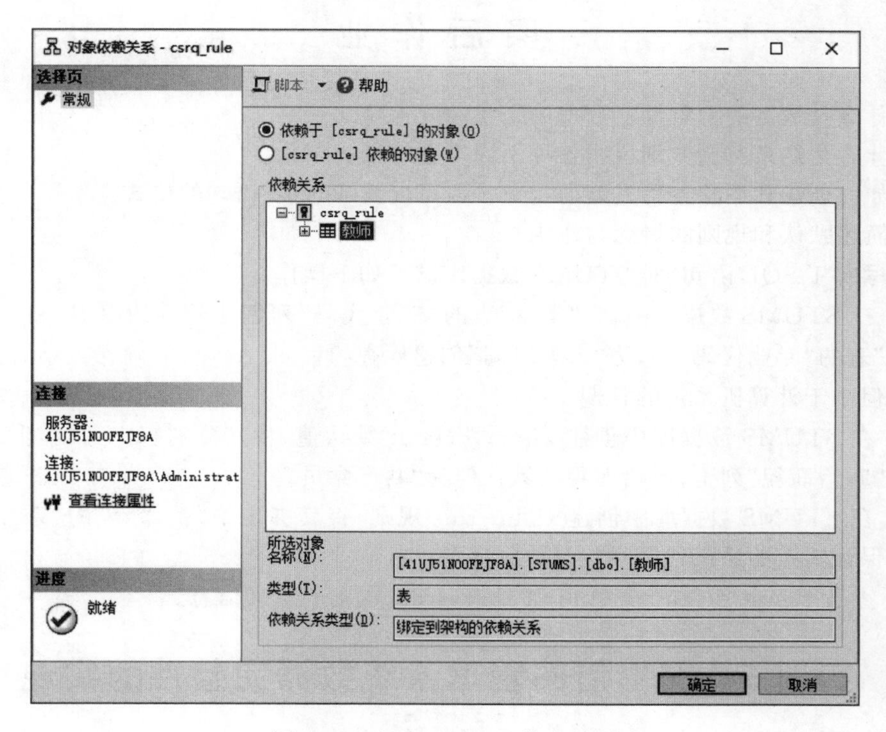

图 6-18 查看 csrq_rule 绑定结果

4. 删除规则

解绑后的规则就可以通过 DROP RULE 命令删除，其语法如下：

```
DROP RULE 规则名称[,…n]
```

【例 6-14】 将 STUMS 数据库上的 csrq_rule 规则解绑并删除。

代码如下：

```
EXEC sp_unbindrule '教师.出生日期'
GO
DROP RULE csrq_rule
GO
```

在查询编辑器的窗口中输入上述代码并执行后，结果窗口中显示“已解除了表列与规则之间的绑定。”的提示信息，表明解绑和删除规则成功。

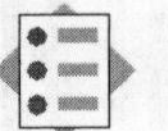

课堂任务 3 对照练习

(1) 在 STUMS 数据库上创建默认值 DeptCode_default，将其绑定到“系部”表的“联系电话”字段上，从而实现各系默认电话为 85869000。

(2) 在 STUMS 数据库上创建规则 xingbie_rule，将其绑定到“学生”表的“性别”字段上，确保“性别”列的值只能是“男”或“女”。

(3) 删除 DeptCode_default 默认值，删除 xingbie_rule 规则。

课后作业

1. 什么是数据的完整性？数据的完整性分为哪几类？
2. 什么是约束？请分别说明各种不同类型约束的含义。
3. 如何创建和删除各种类型的约束？请写出其 T-SQL 语句的格式。
4. 简述默认和规则的概念与作用。
5. 写出 T-SQL 语句，对 STUMS 数据库进行如下操作。

(1) 在 STUMS 数据库中，为“学生”表的“专业代码”列创建外键约束 fk_xs_zzdm；参照“专业”表的“专业代码”列，为“入学时间”创建检查约束 ck_xs_rxsj，确保入学时间大于出生日期，但小于计算机系统的日期。

(2) 在 STUMS 数据库中创建 zzmm_default 默认值，将其分别绑定到“学生”表和“教师”表的“政治面貌”列上，政治面貌的默认值为“共产党员”。

(3) 在 STUMS 数据库中创建 xbdm_rule 规则，将其绑定到“系部”表的“系部代码”列上，用来保证输入的系部代码只能是数字字符。

(4) 查看 zzmm_default 默认值和 xbdm_rule 规则的定义信息。

实训 5　图书借阅管理系统数据完整性的实现

1. 实训目的

(1) 掌握 PRIMARY 约束的特点和用法。

(2) 掌握唯一性约束的用法。

(3) 掌握默认约束和默认值对象的用法。

(4) 掌握 CHECK 约束和规则对象的用法。

(5) 掌握利用主键与外键约束实现参照完整性的方法。

2. 实训准备

(1) 了解各类约束的定义方法。

(2) 理解默认约束与默认值对象的作用及它们之间的区别。

(3) 了解 CHECK 约束的用法。

(4) 了解规则对象的用法。

(5) 了解 PRIMARY 约束和唯一性约束的定义方法。

3. 实训要求

(1) 了解各类约束的作用和特点。

(2) 完成各类约束的创建和删除,并提交实训报告。

4. 实训内容

1) 使用 SSMS 创建约束

(1) 在 TSJYMS 数据库中,为"读者信息"表的"一卡通号"列创建主键约束 pk_dzxx。

(2) 在 TSJYMS 数据库中,为"图书信息"表的"书名"列创建唯一性约束 uk_tsxx。

(3) 在 TSJYMS 数据库中,为"读者信息"表的"性别"列创建默认约束 df_xb,默认为"男"。

(4) 在 TSJYMS 数据库中,为"读者信息"表的"借书量"列创建检查约束 ck_jsl_dzxx,使借书量的取值在 0 和 10 之间。

(5) 在 TSJYMS 数据库中,为"借阅登记"表的"图书编号"列创建外键约束 fk_jydj_tsbh,参照"图书信息"表的"图书编号"列。

2) 使用 T-SQL 语句创建约束

(1) 创建表的同时创建约束。

在 TSJYMS 数据库中,新增一张"学生借书"表,表结构和表约束如表 6-1 所示。

表 6-1 "学生借书"表结构和表约束

列　名	数据类型	宽度	约束类型	约 束 名	说　明
借书证号	char	9	主键约束	pk_jszh	非空
姓名	char	8			非空
性别	char		默认约束		'男'
出生日期	datetime				
班级名称	varchar	20			
借书量	tinyint		检查约束	ck_jsl	0＜借书量≤6

(2) 在已有的表上创建约束。

- 在 TSJYMS 数据库中,为"图书信息"表的"书名"列创建唯一性约束 uk_sm。
- 在 TSJYMS 数据库中,为"借阅登记"表的"图书编号"列创建外键约束 fk_jydj,参照"图书信息"表的"图书编号"列。

3）查看和删除约束

（1）使用系统存储过程 sp_helpconstraint 查看 TSJYMS 数据库中“图书信息”表上的约束信息。

（2）使用系统存储过程 sp_help 和 sp_helptext 查看 TSJYMS 数据库中“借阅登记”表上的 fk_jydj 约束。

（3）使用 DROP CONSTRAINT 命令删除 TSJYMS 数据库中“图书信息”表上定义的各类约束。

4）创建默认值

在 TSJYMS 数据库上创建默认值 xingbie_default，将其绑定到“读者信息”表的“性别”列上，从而实现性别默认值为“男”。

5）创建规则

在 TSJYMS 数据库上创建规则 kcs_rule，将其绑定到“图书入库”表的“库存数”列上，确保库存数的值大于 0。

6）删除默认和删除规则

（1）解绑和删除 xingbie_default 默认值。

（2）解绑和删除 kcs_rule 规则。

第 6 章 表数据的查询操作

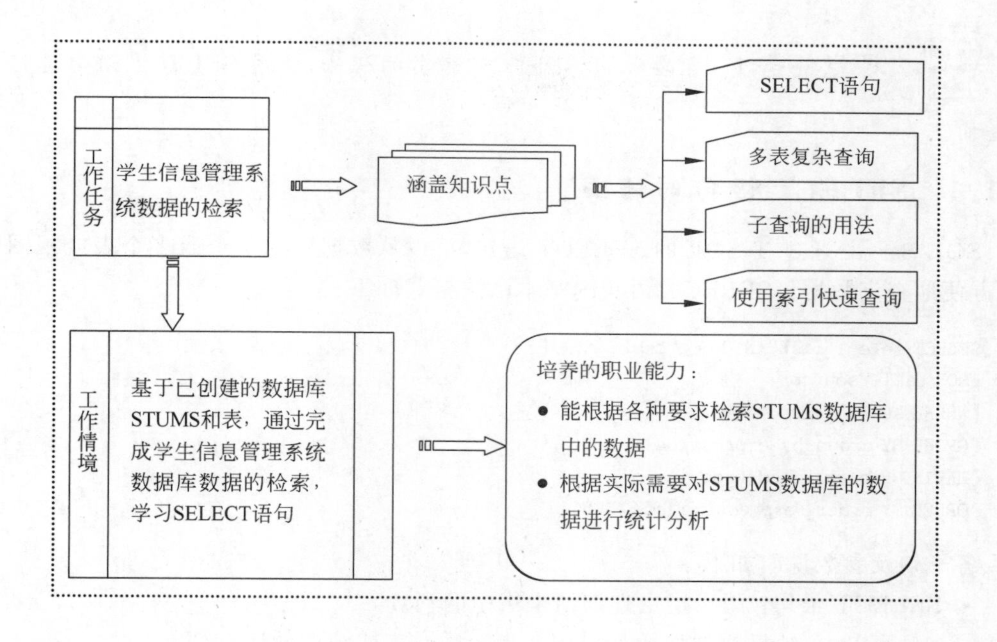

第 7 课　学生信息管理系统数据的简单查询

数据库存在的意义在于能将数据组织在一起,以方便用户查询。T-SQL 中最主要、最核心的部分是它的查询,对数据库数据的查询可以使用 SELECT 语句来完成。

SELECT 语句具有灵活的使用方式和强大的功能,可根据用户提供的限定条件对已经存在于数据库中的数据进行查询、统计和输出,查询的结果将返回一张能满足用户要求的表。本课重点讨论使用 SELECT 语句对数据库数据进行查询的方法。

7.1　SELECT 语句

课堂任务 1　主要学习 SELECT 语句的语法,使用 SELECT 语句进行简单的查询。

7.1.1　SELECT 语句的语法

SQL Server 通过 T-SQL 的 SELECT 语句,可以从数据库的一个或多个表或视图中迅速、方便地查询数据。SELECT 语句的基本语法格式如下:

```
SELECT select_list[INTO new_table_name]
FROM table_source
[WHERE search_conditions]
[GROUP BY group_by_expression]
[HAVING search_ conditions]
[ORDER BY order_ expression [ASC|DESC]]
```

各子句及参数说明如下。

- SELECT 子句:用于指定查询结果集中的列。
- select_list:结果集选择的列。用 * 表示当前表或视图的所有列。
- INTO 子句:将查询结果插入新表中。
- new_table_name:保存查询结果的新表名。
- FROM 子句:用于指定查询的数据源。
- table_source:指定用于查询的表或视图、派生表和连接表等。
- WHERE 子句:用于指定查询条件。
- search_conditions:条件表达式,可以是关系表达式或逻辑表达式。
- GROUP BY 子句:将查询结果按指定的表达式分组。
- group_by_expression:对其执行分组的表达式,也称为分组列,可以是列或引用列的非聚合表达式。
- HAVING 子句:指定满足条件的组才予以输出。HAVING 通常与 GROUP BY 子句一起使用。

- search_conditions：输出组应满足的条件。
- ORDER BY 子句：指定结果集的排列顺序。
- order_ expression：指定要排序的列。可以将排序列指定为列名或列的别名，也可以指定一个表示该名称或别名在选择列表中所处位置的非负整数。列名和别名可由表名或视图名加以限定。也可指定多个排序列。
- ASC：指定递增顺序。从最低值到最高值对指定列中的值进行排序。
- DESC：指定递减顺序。从最高值到最低值对指定列中的值进行排序。

SELECT 语句包含很多子句，用的较多的是 SELECT 子句和 FROM 子句，其他一些子句如 WHERE、GROUP BY、ORDER BY 等用于实现复杂的查询。

7.1.2 单表查询

单表查询是指查询的数据信息只涉及一个表的查询。

1. 选择列的查询

在应用过程中，用户往往只需要提取表中部分字段数据组成结果表，这可通过 SELECT 语句的 SELECT 子句来完成。

【例 7-1】 查询“学生”表中学生的学号、姓名、性别以及政治面貌。

代码如下：

```
USE STUMS
GO
SELECT 学号,姓名,性别,政治面貌 FROM 学生
GO
```

执行结果如图 7-1 所示。

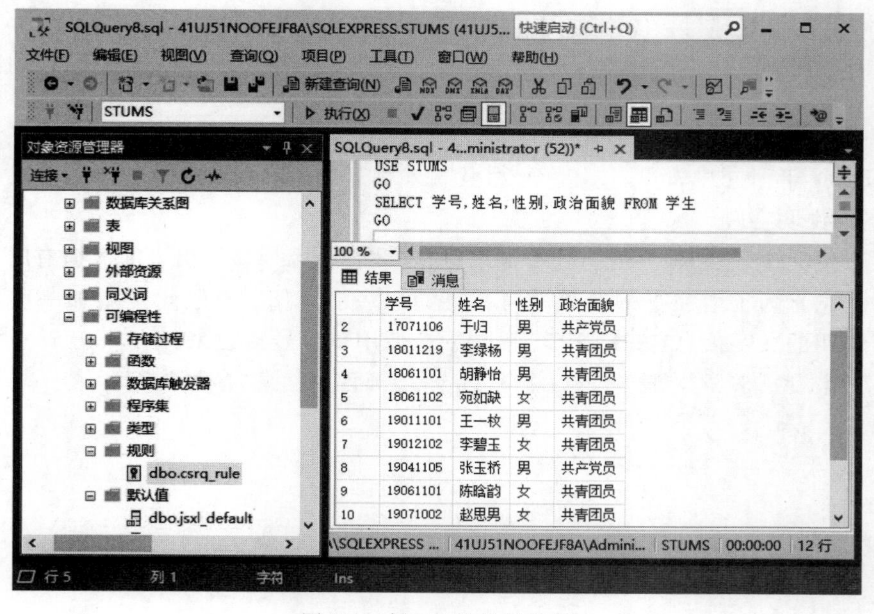

图 7-1 例 7-1 的执行结果

在数据查询时，列数据的顺序由 SELECT 语句的 SELECT 子句指定，顺序可以和表结构定义的列的顺序不同，这不会影响数据在表中的存储顺序。

2. 全部列的查询

【例 7-2】 显示"学生"表中所有的字段数据。

代码如下：

```
USE STUMS
GO
SELECT * FROM 学生
GO
```

执行结果如图 7-2 所示。

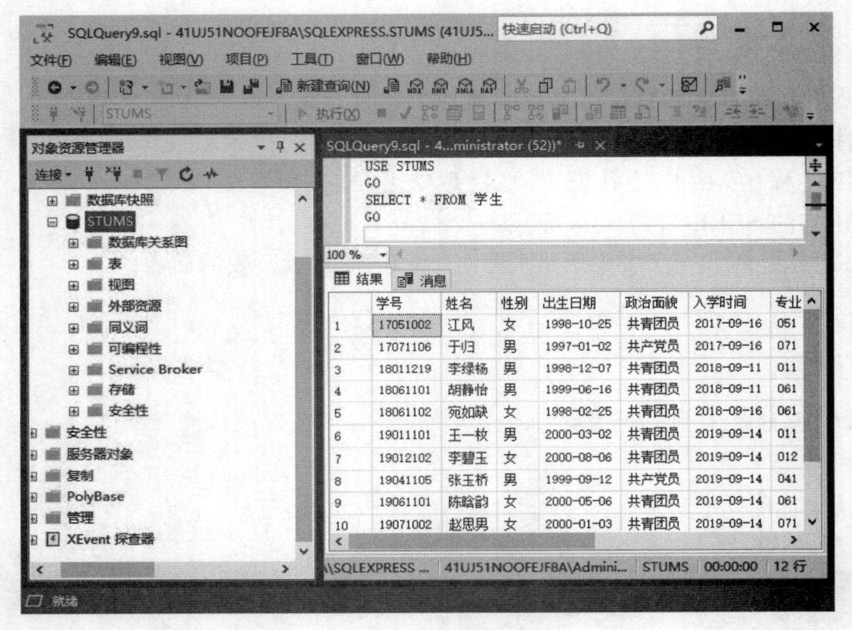

图 7-2　例 7-2 的执行结果

在 SELECT 子句中，可以使用" * "号代替输出表中所有的列。

3. 增加说明字段

有时直接阅读 SELECT 语句的查询结果是模糊的，因为显示出来的数据有时只是一些不连贯的信息。为了增加查询结果的可读性，可以在 SELECT 子句中增加一些说明性信息。用于说明的文字信息在 SELECT 语句中应使用单引号括起来。

【例 7-3】 查询"学生"表中的姓名和学号，增加说明信息"学号为"。

代码如下：

```
USE STUMS
GO
SELECT 姓名,'学号为',学号 FROM 学生
GO
```

执行结果如图 7-3 所示。

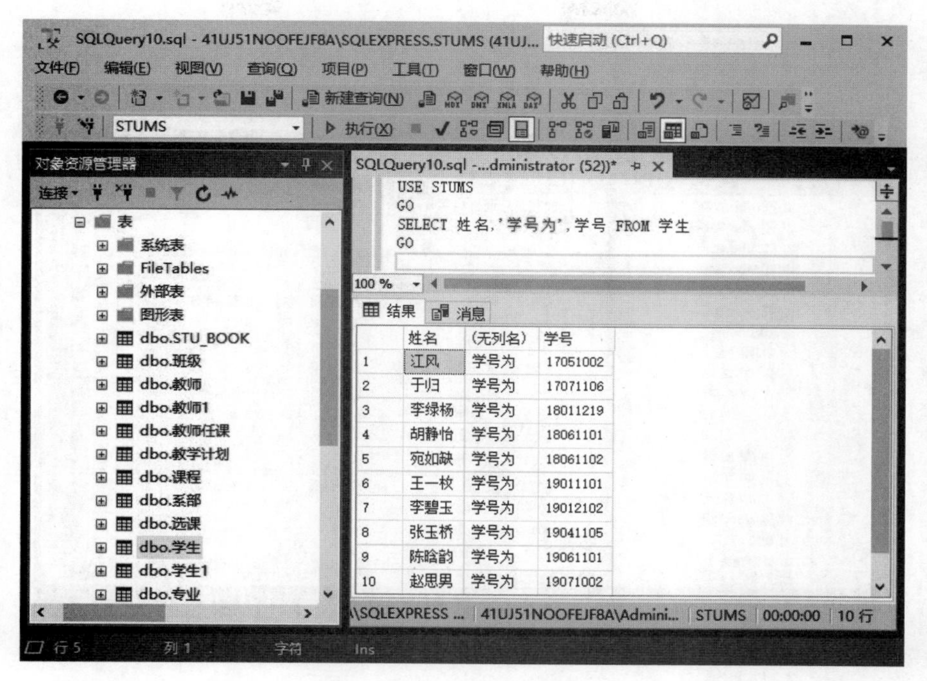

图 7-3　例 7-3 的执行结果

若说明文字串中有单引号，则可以用两个单引号表示。

4. 使用别名

在默认情况下，数据查询结果中所显示的列名就是在创建表结构时定义的列名，若对于新增列，或者要临时改变输出的列名，必须另外指定别名。特别是在表结构定义的列名是西文或拼音简码，而输出要用中文列名时，使用别名显得尤为重要。为列名或表达式指定别名有以下 3 种格式。

- 字段名称 AS 别名
- 字段名称 别名
- 别名＝字段名称

别名在使用时可以用单引号括起来，也可以不用。

【例 7-4】 将“课程”表中的各课程学分均增加 2 分，并显示别名“调整后的学分”。

使用 3 种格式实现：

```
SELECT *,学分 + 2 AS 调整后学分 FROM 课程
SELECT *,学分 + 2 调整后学分 FROM 课程
SELECT *,调整后学分 = 学分 + 2 FROM 课程
```

执行以上任何一种格式，其执行结果都是一样的，如图 7-4 所示。

5. 使用表达式

在 SELECT 子句中，可以使用表达式，表达式不仅可以是算术表达式，还可以是字符串常量和函数等。

【例 7-5】 查询“学生”表中所有学生的姓名和年龄。

在“学生”表的结构中，没有“年龄”列，只有“出生日期”列，但年龄可通过当前的年份减

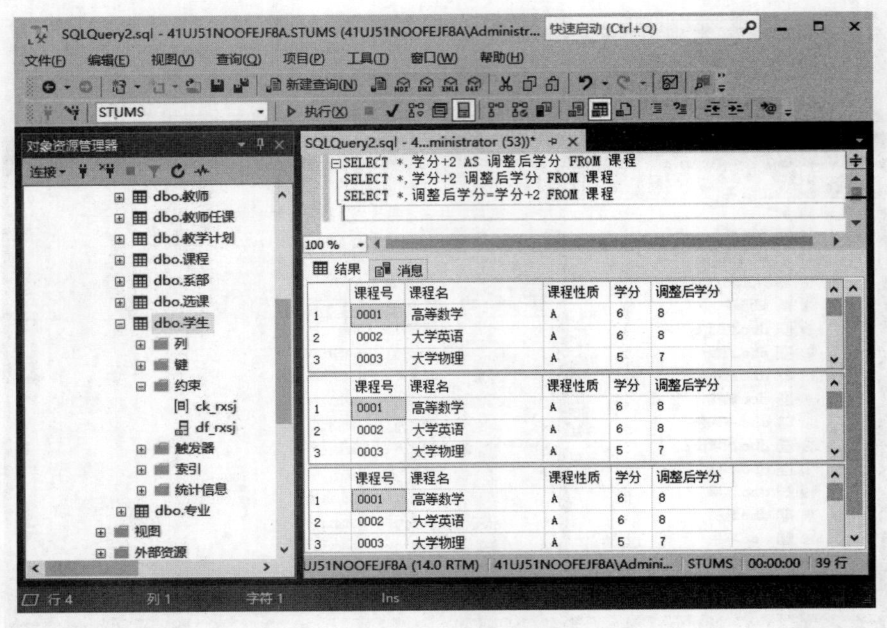

图 7-4　例 7-4 的执行结果

去出生的年份计算得到。

代码如下：

```
USE STUMS
GO
SELECT 姓名,year(getdate()) - year(出生日期) as 年龄
FROM 学生
GO
```

在 SELECT 子句中使用了系统函数 getdate 和 year(date)来计算年龄。

- getdate：取系统的当前日期。
- year(date)：取指定日期中的年份。

执行结果如图 7-5 所示。

6. 消除结果的重复数据行

在查询结果中往往有些数据行的值是重复的，在实际应用中常常需要去掉重复的内容，使用 DISTINCT 短语可以实现这一功能。

格式：

```
DISTINCT
```

DISTINCT 的作用就是消除查询结果集中的重复数据行。

【例 7-6】 查询“学生”表中所有学生所属的班号。

代码如下：

```
SELECT DISTINCT 班号 FROM 学生
```

执行结果如图 7-6 所示。

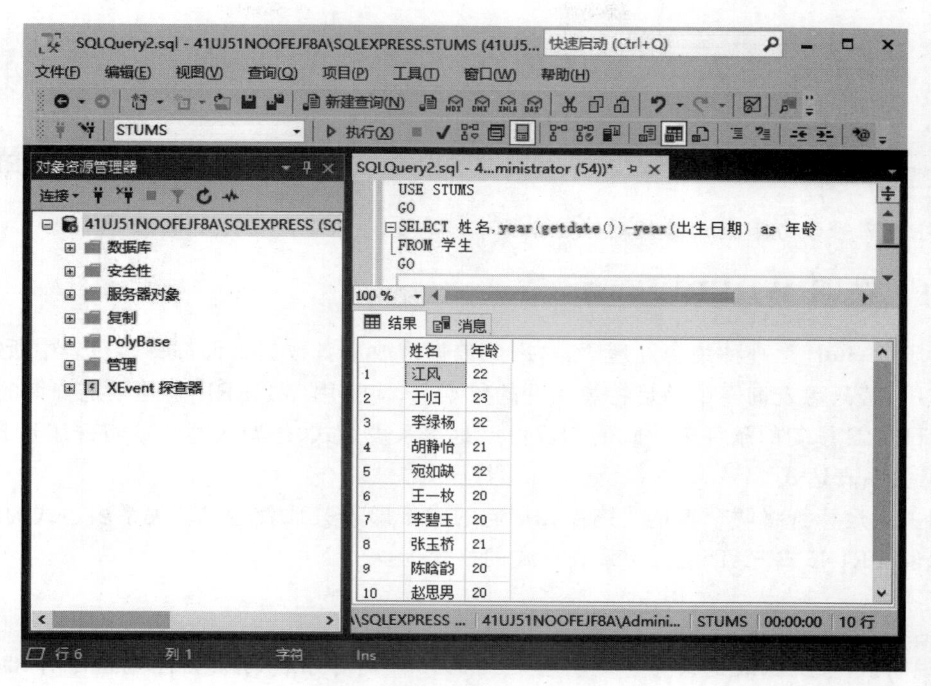

图 7-5 例 7-5 的执行结果

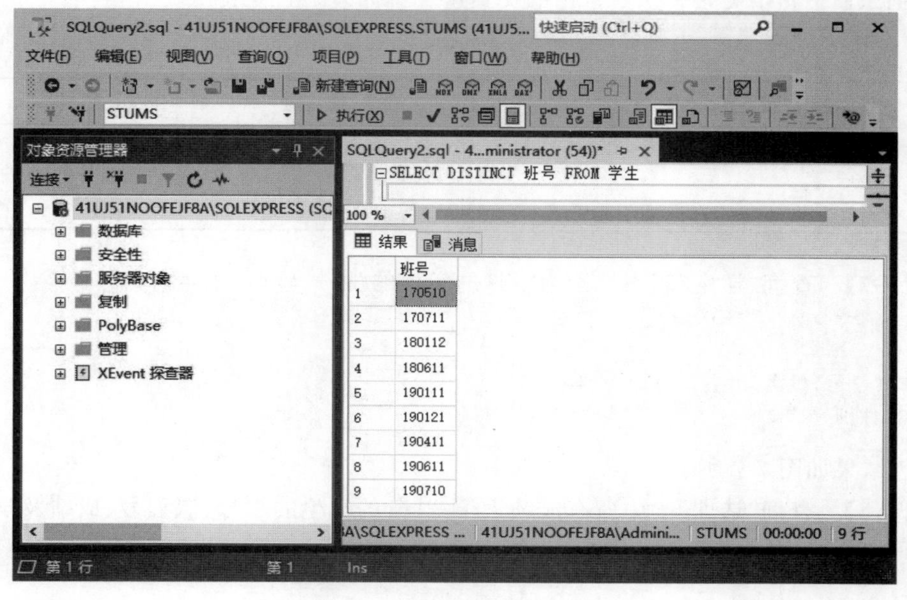

图 7-6 例 7-6 的执行结果

课堂任务 1 对照练习

(1) 查询教师的详细信息。

(2) 查询“教学计划”表中的课程号、开课学期和学时。

7.2 SELECT 各子句的使用

课堂任务 2 学习如何使用 SELECT 语句中的 WHERE、ORDER BY、GROUP BY 等子句来查询特定的数据信息。

7.2.1 使用 WHERE 子句

由于 T-SQL 是一种集合处理语言，因此数据修改或者数据查询都将会对表中所有数据行起作用，若只想查询表中满足特定条件的数据行，应使用 WHERE 子句限定查询的范围。

WHERE 子句的条件表达式的构成可以是关系表达式、逻辑表达式或特殊表达式。

1. 关系表达式

用关系运算符将两个表达式连接在一起的式子即为关系表达式。关系表达式的返回值为逻辑值 TRUE 或 FALSE。关系表达式的格式为：

```
<表达式 1>  <关系运算符>  <表达式 2>
```

【说明】 在关系表达式字符型数据之间的比较是对字符的 ASCII 码值进行比较。所有字符都有一个 ASCII 码值与之对应。字符串的比较是从左向右依次进行的。

WHERE 子句中关系表达式常用的关系运算符如表 7-1 所示。

表 7-1 常用的关系运算符

运算符	意义	运算符	意义
=	等于	>	大于
<	小于	>=	大于或等于
<=	小于或等于	!=	不等于

【例 7-7】 查询“学生”表中性别为“男”的学生的学号、姓名、出生日期。

代码如下：

```
SELECT 学号,姓名,出生日期 FROM 学生
WHERE 性别 = '男'
```

执行结果如图 7-7 所示。

【例 7-8】 查询“选课”表中所有成绩大于 80 分的学生的学号、课程号、成绩及学分。

代码如下：

```
SELECT 学号,课程号,成绩,学分 FROM 选课
WHERE 成绩> 80
```

执行结果如图 7-8 所示。

2. 逻辑表达式

用逻辑运算符将两个关系表达式连接在一起的表达式为逻辑表达式。逻辑表达式的返回值为逻辑值 TRUE 或 FALSE。逻辑表达式的格式为：

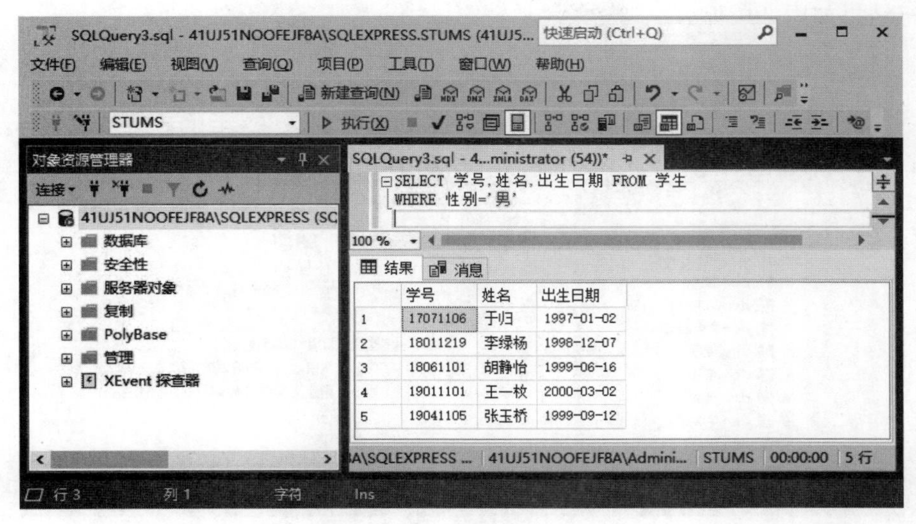

图 7-7　例 7-7 的执行结果

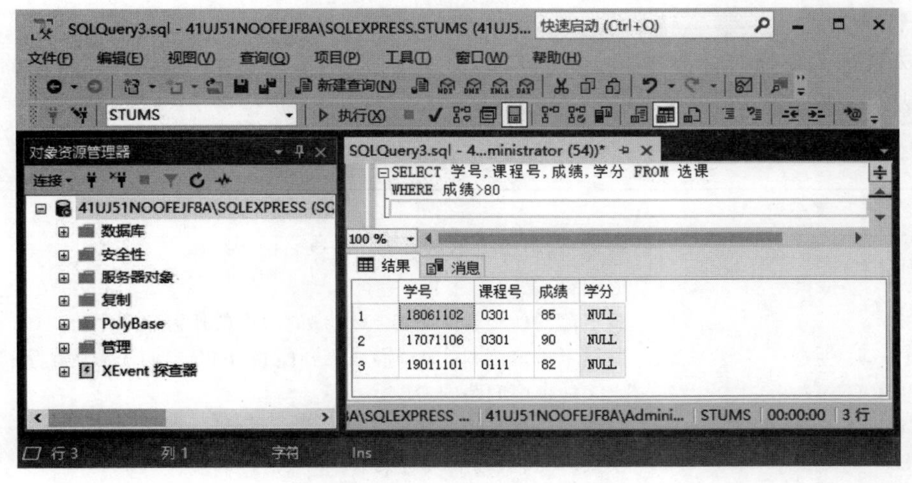

图 7-8　例 7-8 的执行结果

<关系表达式 1> <逻辑运算符>　<关系表达式 2>

WHERE 子句中逻辑表达式常用的逻辑运算符如表 7-2 所示。

表 7-2　常用的逻辑运算符

运算符	意义	运算符	意义	运算符	意义
OR	或(逻辑加)	AND	与(逻辑乘)	NOT	非(求反)

【例 7-9】　查询“学生”表中家住南京的男生的学号、姓名、性别、籍贯、家庭住址。

代码如下：

```
SELECT 学号,姓名,性别,籍贯,家庭住址 FROM 学生
WHERE 性别 = '男' AND 籍贯 = '南京'
```

执行结果如图 7-9 所示。

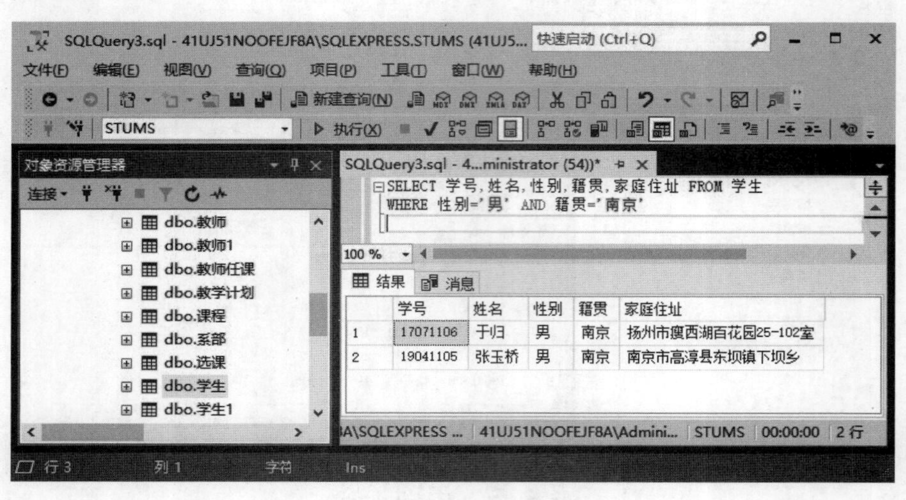

图 7-9 例 7-9 的执行结果

3. 特殊表达式

特殊表达式在比较运算中有一些特殊的用途，其使用格式各略有不同，其常用的特殊运算符如表 7-3 所示。

表 7-3 常用的特殊运算符

运 算 符	意 义
%	通配符，包含零个或更多任意字符的字符串
_	通配符，表示任意单个字符
[ ]	指定范围([a～f])或集合([abcdef])中的任何单个字符
[^]	不属于指定范围([a～f])或集合([abcdef])中的任何单个字符
BETWEEN…AND	定义一个区间范围
IS NULL	测试列值是否为空值
LIKE	模式匹配、字符串匹配操作符
IN	检查一个列值是否属于一组值之中
EXISTS	检查某一个字段值是否有值，可以说是 IS NULL 的反义词

【例 7-10】 查询“选课”表中成绩在 70～90 分的学生的学号、课程号、成绩。

代码如下：

```
SELECT 学号,课程号,成绩 FROM 选课
WHERE 成绩 BETWEEN 70 AND 90
```

执行结果如图 7-10 所示。

【例 7-11】 查询“选课”表中选修了 0301 和 0111 课程的学生的学号、课程号、成绩。

代码如下：

```
SELECT 学号,课程号,成绩 FROM 选课
WHERE 课程号 IN ('0301','0111')
```

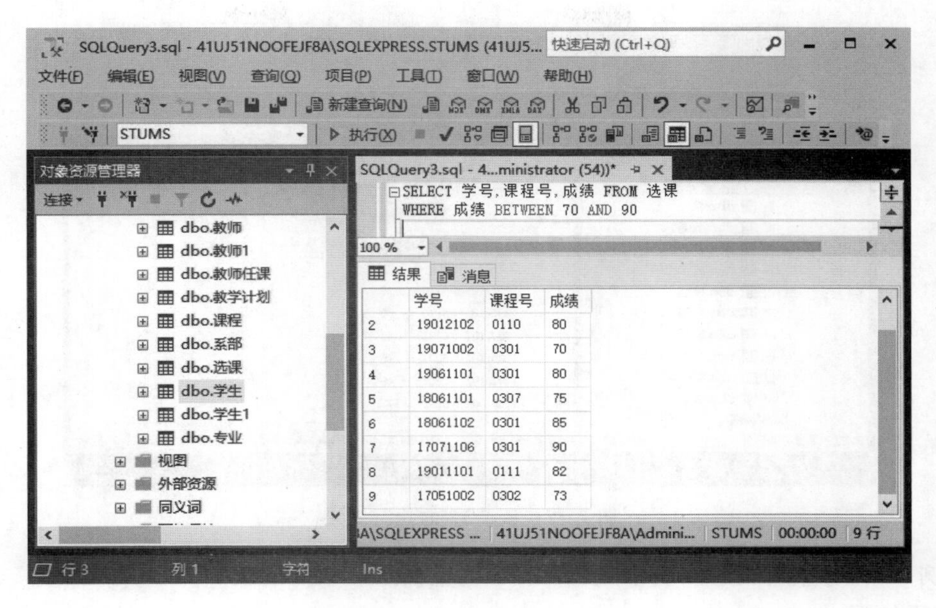

图 7-10　例 7-10 的执行结果

执行结果如图 7-11 所示。

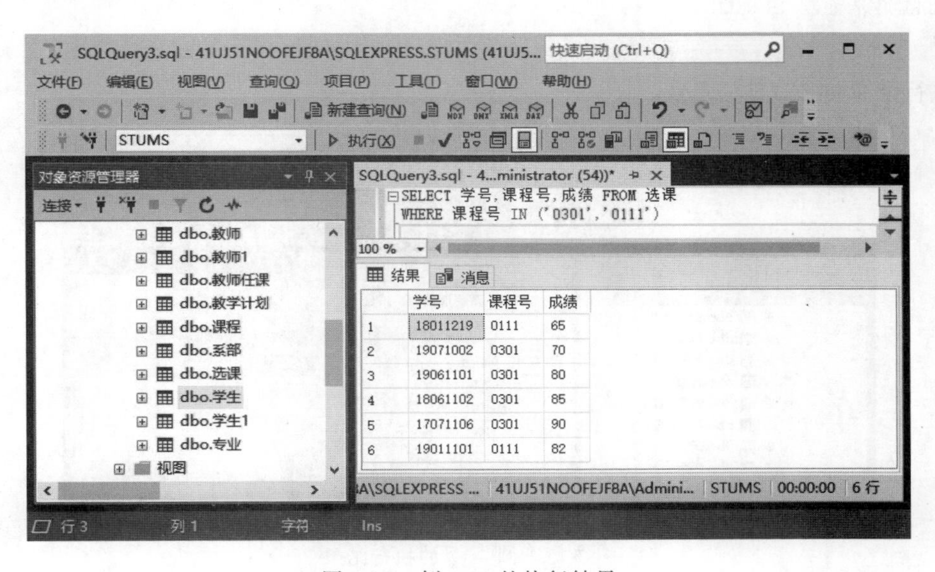

图 7-11　例 7-11 的执行结果

【例 7-12】　查询“选课”表中课程号既不为 0301 也不为 0111 的所有记录的学号、课程号、成绩。

代码如下：

```
SELECT 学号,课程号,成绩 FROM 选课
WHERE 课程号 NOT IN ('0301','0111')
```

执行结果如图 7-12 所示。

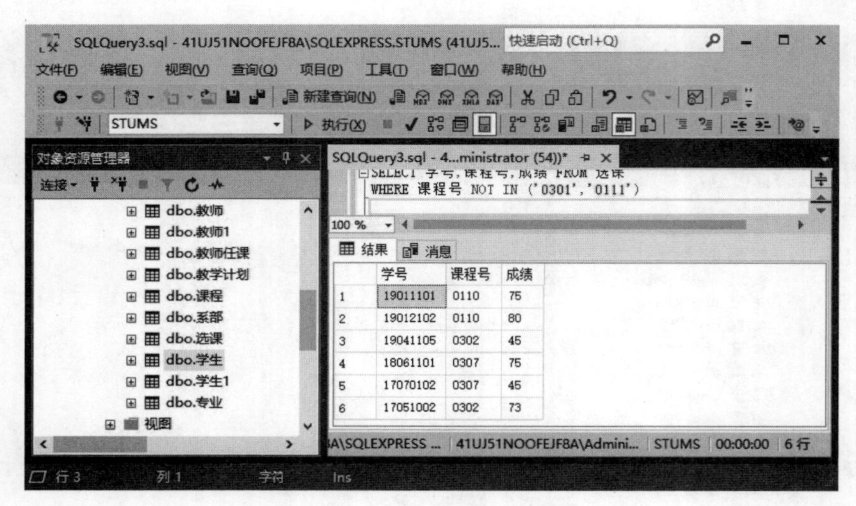

图 7-12　例 7-12 的执行结果

【例 7-13】 查询“教师”表中“政治面貌”为空的所有教师的教师工号、姓名。

代码如下：

```
SELECT 教师工号,姓名 FROM 教师
WHERE 政治面貌 IS NULL
GO
```

执行结果如图 7-13 所示。

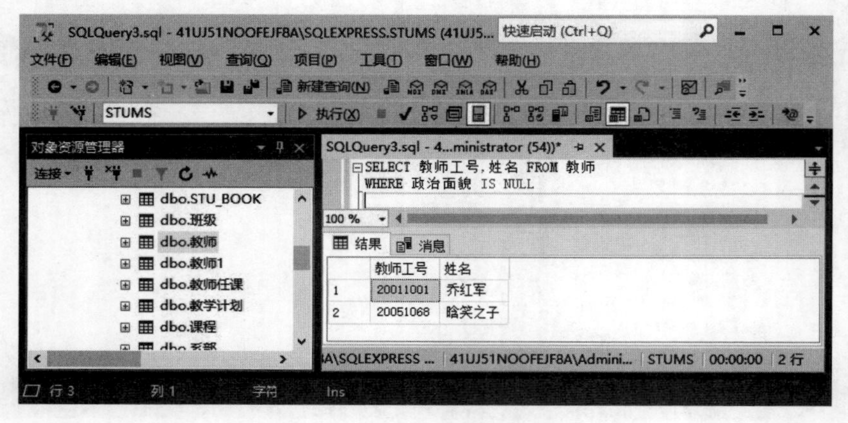

图 7-13　例 7-13 的执行结果

【例 7-14】 查询“学生”表中所有姓“李”且为双名学生的学号、姓名、性别和班号。

代码如下：

```
SELECT 学号,姓名,性别,班号 FROM 学生
WHERE 姓名 LIKE '李__'
GO
```

执行结果如图 7-14 所示。

本例是学习 LIKE 与通配符“_”的使用及模式匹配表达式用法。

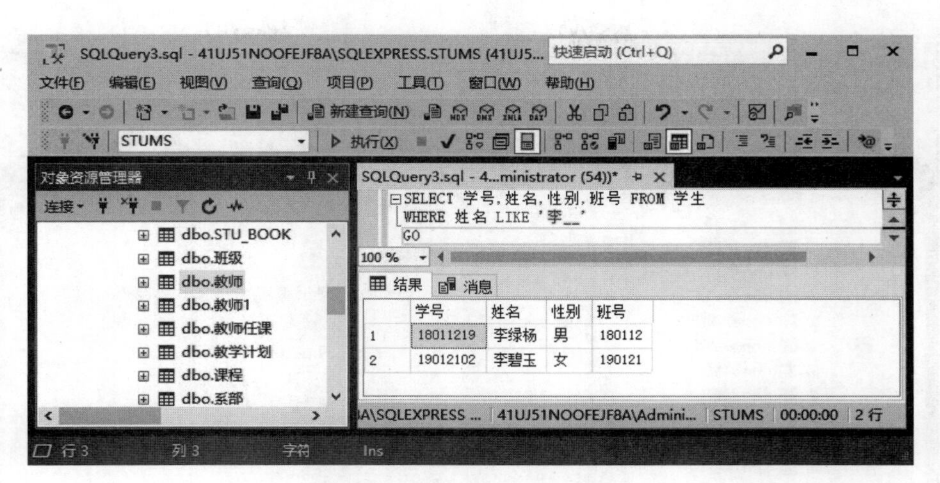

图 7-14　例 7-14 的执行结果

LIKE 关键字用于指出一个字符串是否与指定的字符串相匹配。使用通配符时，一个汉字也算一个字符。

7.2.2　使用 ORDER BY 子句

通常情况下，SQL Server 数据库中的数据行在显示时是无序的，按照数据录入表时的顺序排列，因此查询的结果也是无序的。

若要求查询结果的数据行按一定的顺序显示，如升序或降序，可以使用两种方法来解决这个问题：一种是建立索引（索引内容见本章第 9 课）；另一种是使用 ORDER BY 子句，这是比较灵活、方便的方法。

【例 7-15】　查询“教师”表中教师工号、姓名、性别、政治面貌并按照姓名的降序排列。

代码如下：

```
SELECT 教师工号,姓名,性别,政治面貌
FROM 教师
ORDER BY 姓名 DESC
GO
```

执行结果如图 7-15 所示。

当 ORDER BY 子句指定多个列时，系统先按照 ORDER BY 子句中第一列的顺序排列，当该列出现相同值时，再按照第二列的顺序排列，以此类推。

【例 7-16】　查询“选课”表中的信息，在显示结果时首先按照课程号的升序排列，当课程号相同时，再按照成绩的降序排列。

代码如下：

```
SELECT 学号,课程号,成绩 FROM 选课
ORDER BY 2, 3 DESC
GO
```

本代码中的 2,3 为列的序号。执行结果如图 7-16 所示。

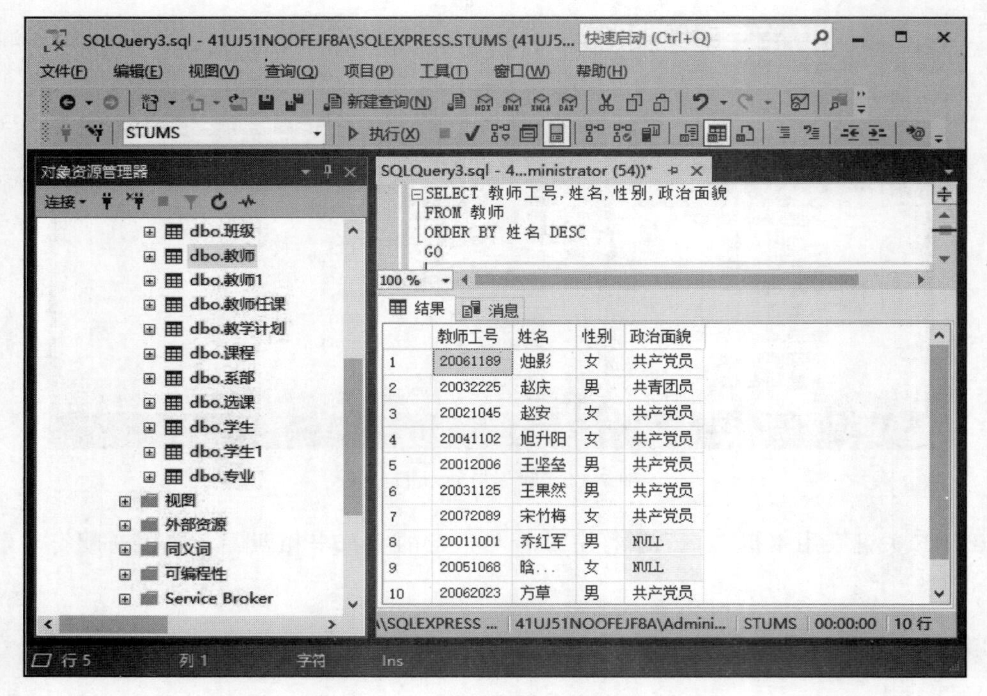

图 7-15 例 7-15 的执行结果

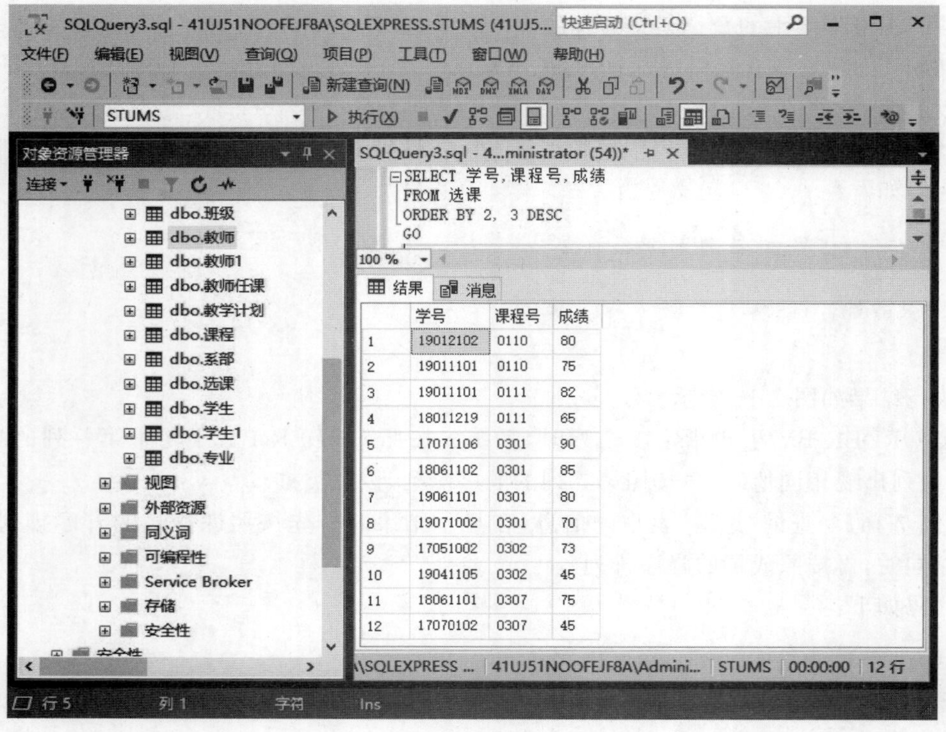

图 7-16 例 7-16 的执行结果

7.2.3 使用聚合函数

对表数据进行查询时，有时需要对其结果进行计算和统计。例如，统计学生人数、求平均成绩等。SQL Server 提供了一些聚合函数，用来完成一定的统计功能。聚合函数用于计算表中的数据，并返回单个计算结果。通常和 SELECT 语句中的 GROUP BY 子句一起使用。常用的聚合函数如表 7-4 所示。

表 7-4 常用的聚合函数

函　数	功　能	含义(返回值)
COUNT	统计	统计满足条件的行数
MIN	求最小值	求某数字字段值的最小值
MAX	求最大值	求某数字字段值的最大值
AVG	求平均值	求某数字字段值的平均值
SUM	求总和	求某数字字段值的总和

【说明】 列值为 NULL 的数据行不包括在聚合函数的运算中。

【例 7-17】 统计“学生”表中籍贯为“南京”的同学人数。

代码如下：

```
SELECT COUNT( * ) AS 南京籍人数
FROM 学生
WHERE 籍贯 = '南京'
GO
```

执行结果如图 7-17 所示。

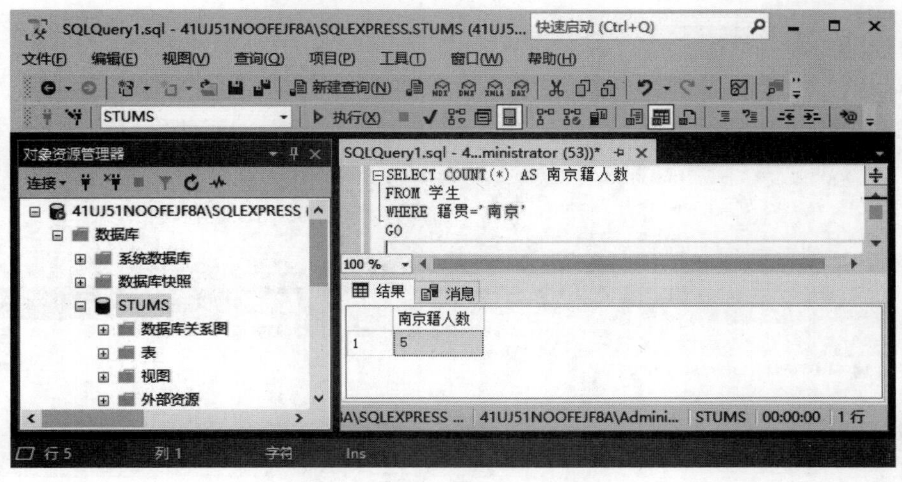

图 7-17 例 7-17 的执行结果

【例 7-18】 在“学生”表中找出年龄最大和年龄最小的“出生日期”。

代码如下：

```
SELECT MIN(出生日期) AS 年龄最大,
MAX(出生日期)AS 年龄最小
```

```
FROM 学生
GO
```

执行结果如图 7-18 所示。

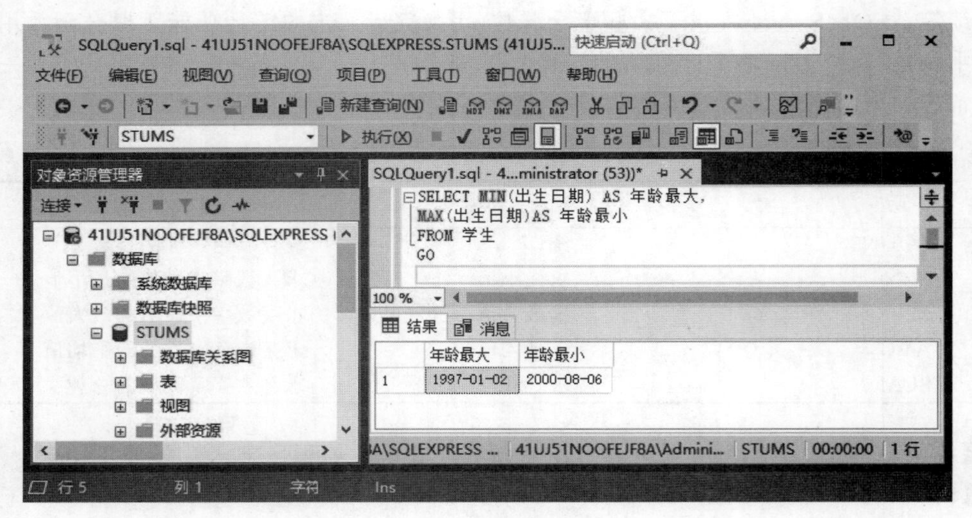

图 7-18　例 7-18 的执行结果

【例 7-19】　计算出“选课”表中所有课程的总成绩和总平均成绩。

代码如下：

```
SELECT SUM(成绩) AS 总成绩,AVG(成绩) AS 总平均成绩
FROM 选课
GO
```

执行结果如图 7-19 所示。

注意，SUM 函数、AVG 函数的表达式中的数据类型只能是 int、smallint、tinyint、bigint、decimall、numeric、float、real、money 和 smallmoney。

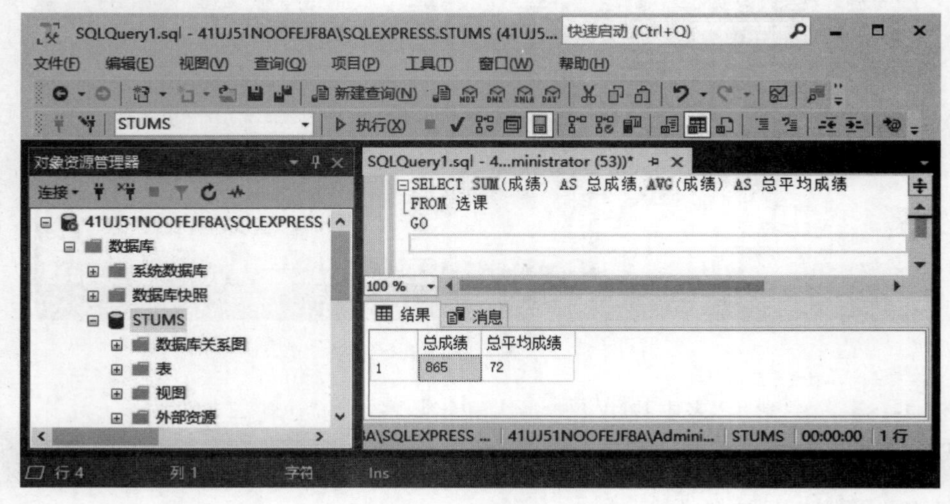

图 7-19　例 7-19 的执行结果

7.2.4 使用分组汇总子句

聚合函数返回的只是一个单个的汇总数据，如果要显示分组的汇总数据，就必须使用 GROUP BY 子句。该子句根据指定的字段将数据分成多个组后进行汇总，并按指定字段的升序显示，另外还可以使用 HAVING 子句排除不符合条件表达式的一些组。

【例 7-20】 在“选课”表中按课程号进行分组，并汇总每一组课程的平均成绩。

代码如下：

```
SELECT 课程号, AVG(成绩) AS 平均分
FROM 选课
GROUP BY 课程号
GO
```

执行结果如图 7-20 所示。

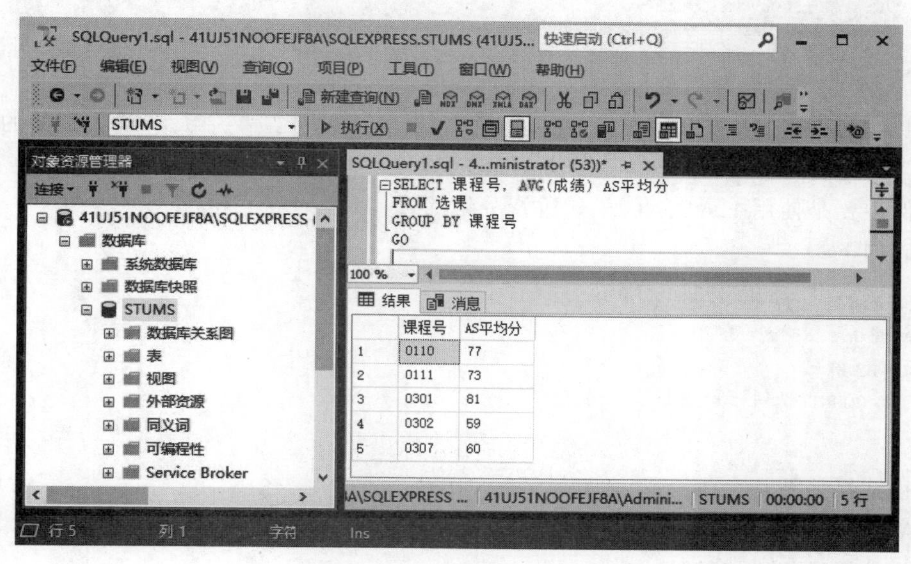

图 7-20 例 7-20 的执行结果

如果 GROUP BY 子句中指定了多个字段，则表示基于这些字段的唯一组合来进行分组。在该分组过程中，首先按第一字段进行分组并按升序排列，然后再按第二字段进行分组并按升序排列，以此类推，最后在分好的组中进行汇总。因此当指定的字段顺序不同时，返回的结果也不同。

【例 7-21】 在“学生”表中统计男生、女生各自的总人数和平均年龄。

代码如下：

```
SELECT COUNT(学号) AS 总人数,
AVG(year(getdate()) - year(出生日期)) AS 平均年龄
FROM 学生
GROUP BY 性别
GO
```

执行结果如图 7-21 所示。

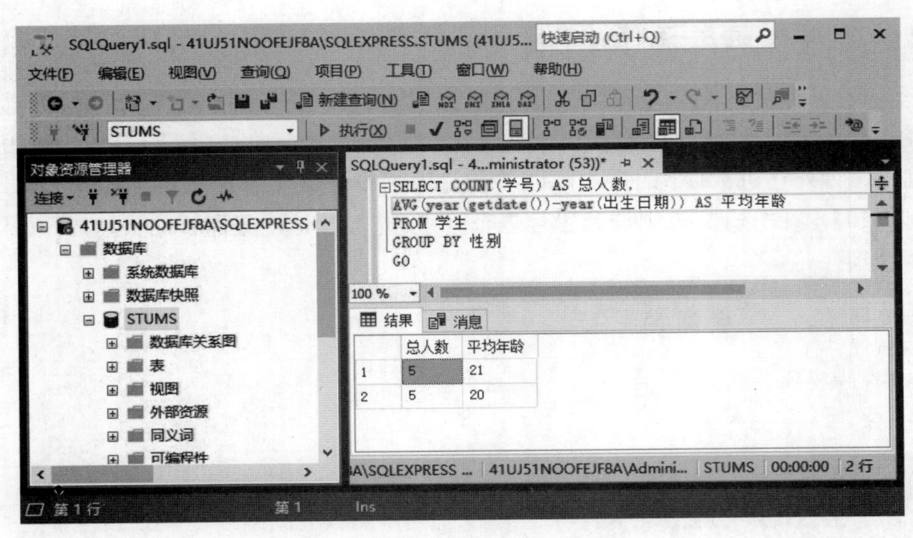

图 7-21 例 7-21 的执行结果

【例 7-22】 统计"学生"表中各班级的总人数,显示统计结果中大于或等于 2 的班级学生总数。

此例主要是使用 HAVING 子句进行分组筛选。

代码如下:

```
SELECT 班号, COUNT(学号) AS 总人数
FROM 学生
GROUP BY 班号
HAVING COUNT(学号)> = 2
GO
```

执行结果如图 7-22 所示。

HAVING 子句通常与 GROUP BY 子句一起使用,用于指定组或合计的搜索条件,对分组后的结果进行过滤筛选。

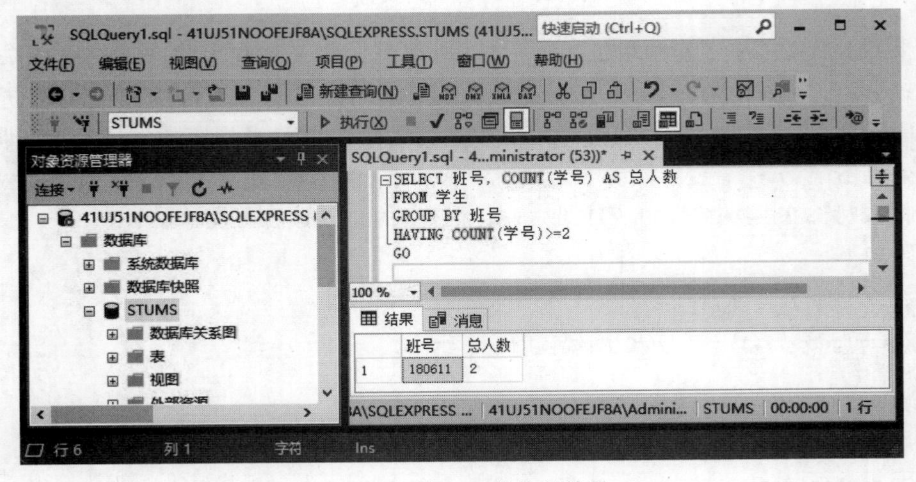

图 7-22 例 7-22 的执行结果

【说明】 在数据汇总时也可以使用 WHERE 子句，当同时存在 GROUP BY 子句、HAVING 子句和 WHERE 子句时，其执行顺序为先 WHERE 子句，后 GROUP BY 子句，再 HAVING 子句，即先用 WHERE 子句过滤不符合条件的数据记录，接着用 GROUP BY 子句对余下的数据记录按指定字段分组，最后再用 HAVING 子句排除一些组。

使用 GROUP BY 子句需要注意以下几点：

- SELECT 子句中的任何非聚合表达式中的每个表列或视图列都必须包括在 GROUP BY 子句的列表中。
- GROUP BY 子句后面的列名称为分组列，列表中一般不允许出现复杂的表达式，分组列中的每个重复值，将被汇总为一行。
- 如果组合列包含 NULL 值，则所有的 NULL 值被分为一组。
- GROUP BY 子句不能对结果集进行排序。

课堂任务 2 对照练习

(1) 查询“选课”表中成绩及格的数据行。

(2) 统计“学生”表中班号为 180611 的学生人数，并显示这些学生的信息。

课后作业

1. 简述 SELECT 语句的基本语法格式及各个子句的功能。
2. SQL Server 中提供了哪些常用的进行数据统计的聚合函数？
3. 在 STUMS 数据库中，用 SELECT 语句完成下列操作。

(1) 查询家在南通的学生的姓名和年龄。

(2) 查询不是 1997 年出生的男生姓名。

(3) 列出为“共产党员”的所有学生。

(4) 统计课程号为 0301 的课程的平均分。

(5) 统计选修了课程号为 0302 的学生人数。

(6) 列出所有女生信息，并按“出生日期”从小到大排序。

第 8 课　学生信息管理系统数据的复杂查询

8.1　连 接 查 询

课堂任务 1　学习如何利用连接谓词 WHERE 和 JOIN 关键字来实现多表间的连接查询。

前面的查询都是针对一个数据表进行的。但在实际应用中，通常一个查询同时涉及两个或两个以上的数据表，这样的查询称为连接查询。例如，在 STUMS 数据库中，需要查询学生的学号、姓名、选修的课程名及取得的成绩，就需要将“学生”表、“选课”表和“课程”表 3 个表进行连接，才能获得查询结果。

SQL Server 2019 提供了 4 种连接操作：嵌套循环连接、合并连接、哈希连接、自适应连接。通过连接，可以从两个或多个表中根据各个表之间的逻辑关系来检索数据。连接指明了 SQL Server 应如何使用一个表中的数据来选择另一个表中的行。

8.1.1　连接谓词

用户可以在 SELECT 语句的 WHERE 子句中使用比较运算符，给出连接条件对表进行连接，这种表示形式称为连接谓词表示形式。其基本格式为：

```
<表名 1.><列名 1>  <运算符>  <表名 2.><列名 2>
```

连接谓词中的两个列名称为连接列，它们的数据类型必须是可比的，连接谓词中的比较运算符可以是<、<=、=、>、>=、!=等。当比较运算符为“=”时，就是等值连接；若在等值连接中去除查询结果中相同的列，则为自然连接；若有多个连接条件，则为复合条件连接；若一个表与自身进行连接，称为自连接。

【例 8-1】　采用等值连接的方法，查询教学计划及开设课程的详细情况。

代码如下：

```
USE STUMS
GO
SELECT 教学计划.*, 课程.*
FROM 教学计划, 课程
WHERE 教学计划.课程号 = 课程.课程号
GO
```

执行结果如图 8-1 所示。

连接过程：首先在“教学计划”表中找到第 1 行，然后从头开始扫描“课程”表，逐一查找满足连接条件（“课程号”相等）的行，找到后就将“教学计划”表中的第 1 行与“课程”表该行

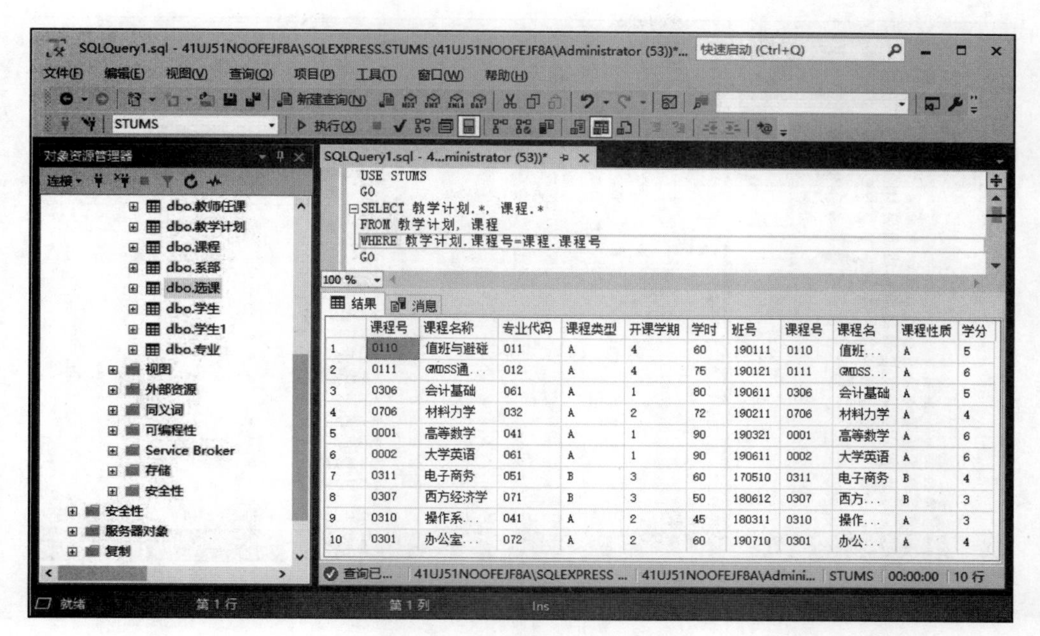

图 8-1　例 8-1 的执行结果

连接形成查询结果表中的第 1 行。待“课程”表的所有行都扫描完后，再取“教学计划”表的第 2 行，然后再从头开始扫描“课程”表，逐一查找满足连接条件的行，找到后就将“教学计划”表中的第 2 行与“课程”表的该行连接形成查询结果表中的第 2 行。重复上述连接过程，直到“教学计划”表的所有行都处理完毕为止。

例 8-1 中教学计划. * 和 课程. * 是限定形式的列名，表示选择两表的所有列，如果要指定某表的某列，则使用格式：表名. 列名。

在图 8-1 所示的结果中，“课程号”列名有重复。若将等值连接中的重复列名的列去除，则为自然连接。

【例 8-2】 采用自然连接的方法，查询教学计划及开设课程的详细情况。

代码如下：

```
SELECT 教学计划.课程号,专业代码,课程类型,开课学期,学时,课程名,学分
FROM 教学计划, 课程
WHERE 教学计划.课程号 = 课程.课程号
```

执行结果如图 8-2 所示。

在此例中，由于“专业代码”“课程类型”“开课学期”“学时”“课程名”“学分”等列在“教学计划”表和“课程”表中是唯一的，因此在引用时可去掉表名前缀。而“课程号”列名在两个表中都出现了，引用时必须加表名前缀。

【例 8-3】 查找不同课程而成绩相同的学生的学号、课程号和成绩。

分析：若要在一个表中查找具有相同字段值的数据行，则可以使用自身连接。使用自身连接时需为表指定两个别名，且对所有列的引用均要用别名限定。

代码如下：

```
SELECT 表 1.学号, 表 1.课程号,表 1.成绩 FROM 选课 表 1, 选课 表 2
```

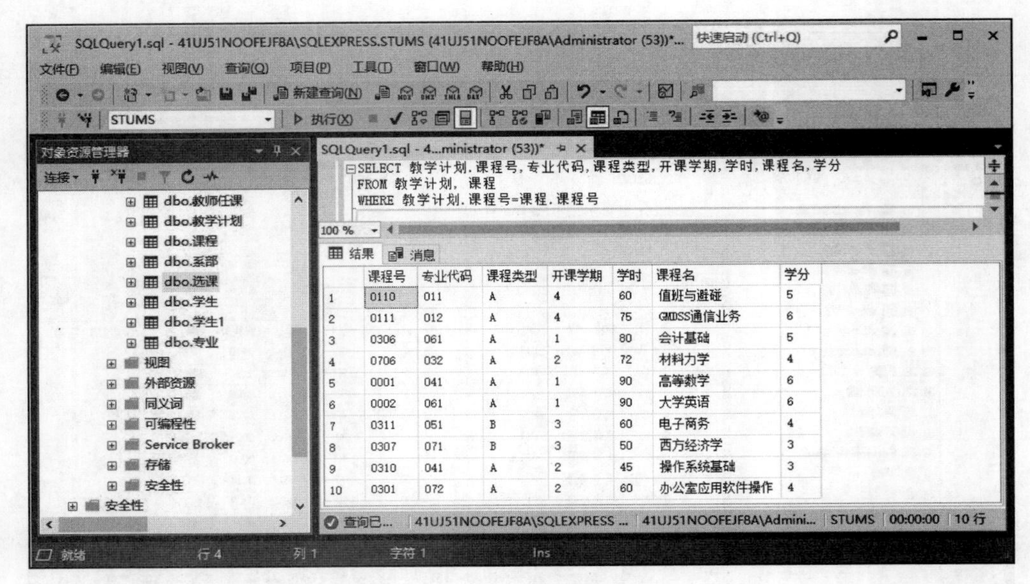

图 8-2　例 8-2 的执行结果

```
WHERE 表 1.成绩 = 表 2.成绩 AND 表 1.学号<>表 2.学号
AND 表 1.课程号<>表 2.课程号
```

执行结果如图 8-3 所示。

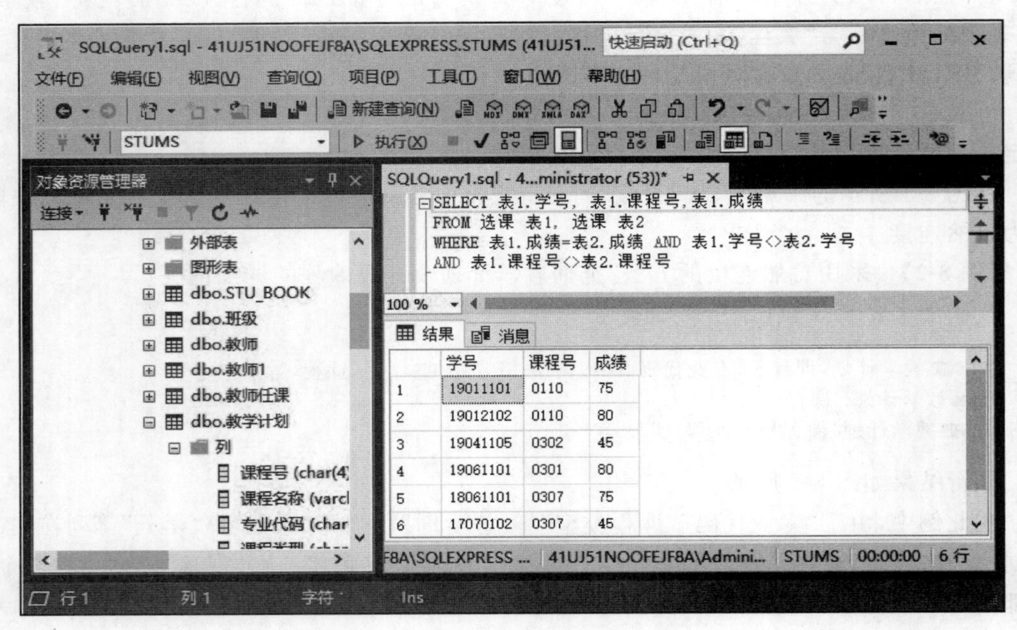

图 8-3　例 8-3 的执行结果

【例 8-4】　采用复合条件连接方法，查找选修了“西方经济学”课程且成绩在 60 分及以上的学生学号、姓名、课程名及成绩。

分析：本例中涉及 STUMS 数据库中的“学生”表、“选课”表、“课程”表共 3 个表。因此需要建立多个连接条件。在多表操作中，多个连接条件通常使用 WHERE 子句构成复合条件来实现。

代码如下：

```
SELECT 学生.学号,姓名,课程.课程名,选课.成绩
FROM 学生,课程,选课
WHERE 学生.学号 = 选课.学号
AND 课程.课程号 = 选课.课程号
AND 课程.课程名 = '西方经济学'
AND 选课.成绩> = 60
GO
```

执行结果如图 8-4 所示。

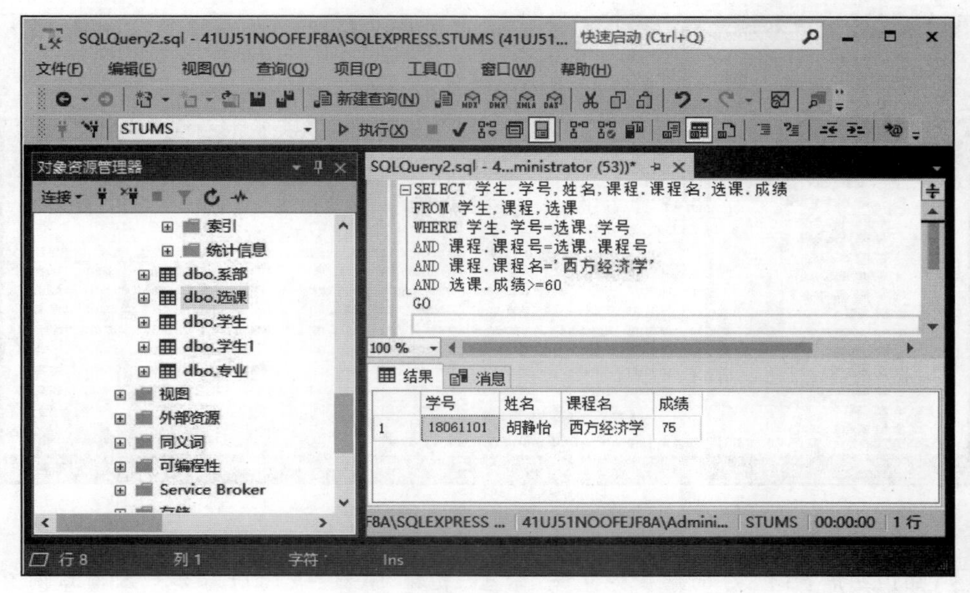

图 8-4　例 8-4 的执行结果

8.1.2　JOIN 连接

以 JOIN 关键字进行连接,可以将多个表连接起来,使表的连接运算能力有了显著增强。连接格式为：

```
< first_table > < join_type > < second_table > ON < search_condition >
```

各参数说明如下。

- first_table,second_table：需要连接的两表。
- join_type：表示连接类型,使用格式为：

```
[ INNER | { LEFT | RIGHT | FULL } [ OUTER ][< join_hint >]| CROSS ] JOIN
```

其中,INNER JOIN 表示内连接；OUTER JOIN 表示外连接；join_hint 是连接提示；CROSS JOIN 表示交叉连接。

- ON：用于指定连接条件。

- search_condition：连接条件表达式。

1. 内连接

内连接指按照 ON 所指定的连接条件合并两个表，返回满足条件的数据行。

【例 8-5】 查找 STUMS 数据库中每个学生的基本信息及所在班级情况。

代码如下：

```
SELECT * FROM 学生 INNER JOIN 班级
ON 学生.班号 = 班级.班号
GO
```

执行结果如图 8-5 所示。

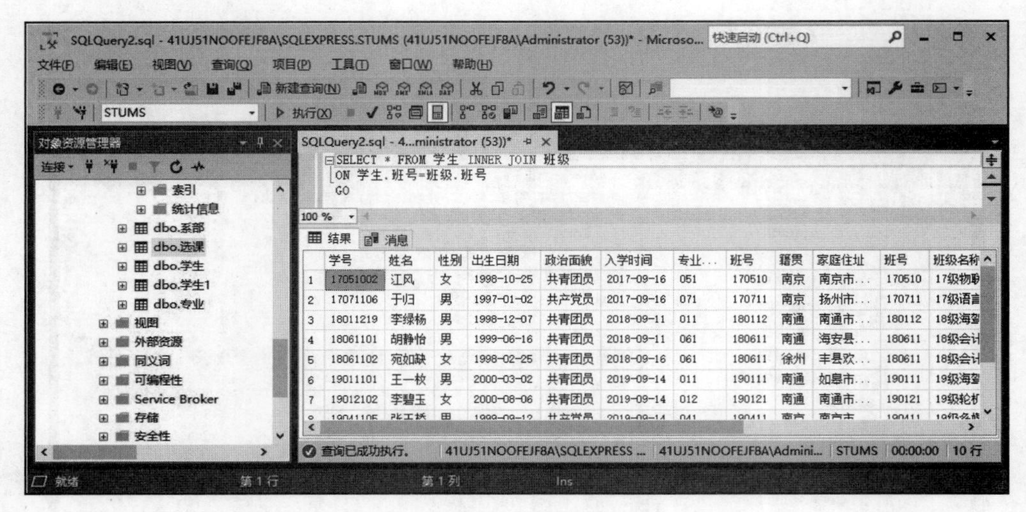

图 8-5 例 8-5 的执行结果

📖 **知识拓展**：例 8-5 的结果将包含“学生”表和“班级”表的所有列。本例与例 8-1 表达的查询意义是相同的，即以连接谓词表示的连接查询属于内连接。

【例 8-6】 将例 8-2 改为用 JOIN 关键字来实现。

代码如下：

```
SELECT 教学计划.课程号, 专业代码,课程类型,开课学期,学时,课程名,学分
FROM 教学计划 INNER JOIN 课程 ON 教学计划.课程号 = 课程.课程号
```

上述 SELECT 语句的执行结果与图 8-2 一致。

内连接是系统默认的，可以省略 INNER 关键字，使用内连接后，仍可以使用 WHERE 子句指定条件。

【例 8-7】 将例 8-4 改为用 JOIN 关键字来实现。

代码如下：

```
SELECT 学生.学号,姓名,课程.课程名,选课.成绩
FROM 学生 JOIN 选课 ON 学生.学号 = 选课.学号
JOIN 课程 ON 课程.课程号 = 选课.课程号
WHERE 课程.课程名 = '西方经济学' AND 选课.成绩> = 60
```

上述 SELECT 语句执行结果与图 8-4 一致。

2. 外连接

在通常的连接操作中，只有满足连接条件的数据行才能作为结果输出。但有些情况也需要输出不满足连接条件的数据行。例如，需要以"学生"表为主，列出每个学生的基本情况和学习情况，若某个学生没有选课，那么就输出其基本情况，其选课信息为空即可。这时就需要使用外连接。

外连接的结果集不但包含满足连接条件的数据行，还包括相应表中的所有数据行。外连接分为左外连接、右外连接和完全外连接。

1）左外连接

左外连接(Left Outer Join)是指结果表中除了包含满足连接条件的数据行外，还包含左表中不满足连接条件的数据行。只是左表中不满足条件的数据行在与右表数据行拼接时，在右表的相应列上填充 NULL 值。左外连接的语法格式为：

```
SELECT column_name
FROM table_name1 LEFT [OUTER] JOIN table_name2
ON table_name1.column_name = table_name2.column_name
```

其中，OUTER 关键字可以省略。

【例 8-8】 将"教师"表与"教师任课"表进行左外连接，以了解教师任课情况。

代码如下：

```
SELECT 教师.教师工号,姓名,课程号,班号,开课学期
FROM 教师 LEFT OUTER JOIN 教师任课
ON 教师.教师工号 = 教师任课.教师工号
GO
```

执行结果如图 8-6 所示。

从结果可以看出没有任课的教师，其课程号、班号和开课学期列都填以 NULL 值。

2）右外连接

右外连接(Right Outer Join)是指结果表中除了包含满足连接条件的数据外，还包含右表中不满足连接条件的数据行。只是右表中不满足条件的数据行在与左表数据行拼接时，在左表的相应列上填充 NULL 值。右外连接的语法格式为：

```
SELECT column_name
FROM table_name1 RIGHT [OUTER] JOIN table_name2
ON table_name1.column_name = table_name2.column_name
```

其中，OUTER 关键字可以省略。

【例 8-9】 将"学生"表与"班级"表进行右外连接，了解班级的学生情况。

代码如下：

```
SELECT 学号,姓名,学生.班号,班级名称
FROM 学生 RIGHT OUTER JOIN 班级
ON 学生.班号 = 班级.班号
```

执行结果如图 8-7 所示。

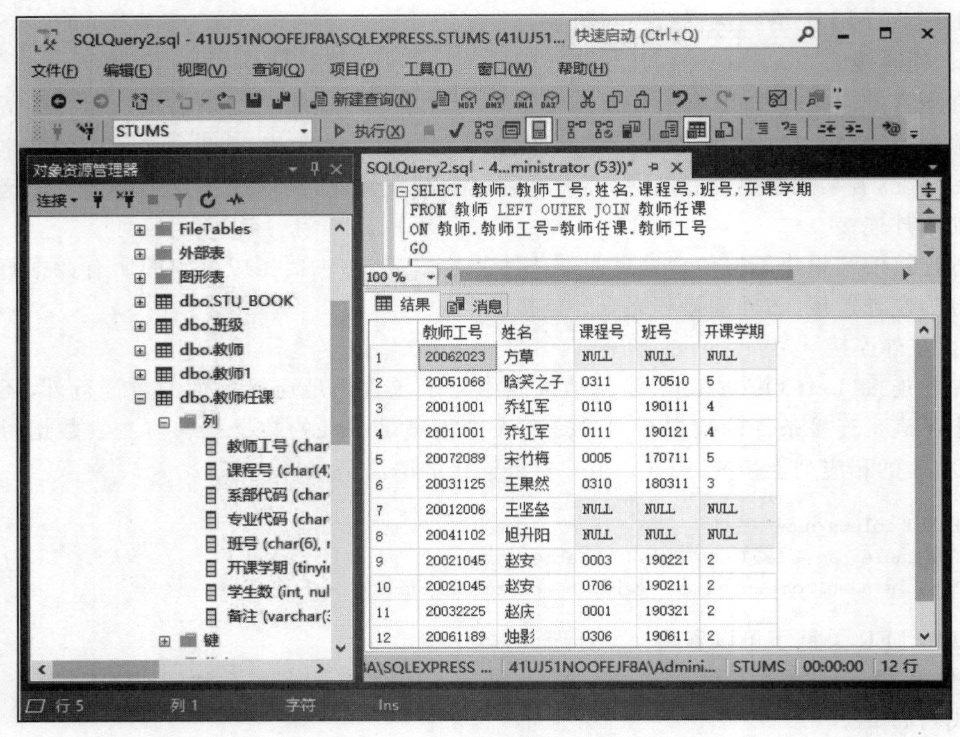

图 8-6　例 8-8 的执行结果

图 8-7　例 8-9 的执行结果

本例中，左表为“学生”表，右表为“班级”表。“班级”表中存在几个班级名称，但在“学生”表中未输入学生数据信息，因此属于不满足连接条件的数据行，但仍然输出这几个班级的基本信息，相应的学生为 NULL 值。

3）完全外连接

完全外连接(Full Outer Join)是指结果表中除了包含满足连接条件的数据行外，还包含两个表中不满足连接条件的数据行。注意，左(右)表中不满足条件的数据行与右(左)表数据行拼接时，在右(左)表的相应列上均填充 NULL 值。完全外连接的语法格式为：

```
SELECT column_name
FROM table_name1 FULL [OUTER] JOIN table_name2
ON table_name1.column_name = table_name2.column_name
```

其中，OUTER 关键字可以省略。

【例 8-10】 将“学生”表与“班级”表进行完全外连接，并显示出结果(为了观看效果，先在“学生”表中增加一条记录，学号为 99999999，姓名为演示者)。

代码如下：

```
SELECT 学号,姓名,学生.班号,班级名称
FROM 学生 FULL OUTER JOIN 班级
ON 学生.班号 = 班级.班号
```

执行结果如图 8-8 所示。

从图 8-8 中可以看出，“学生”表中没有班级的学生在班级信息相应列上填充 NULL 值，“班级”表中没有学生数据信息，在学生信息相应列上填充 NULL 值。

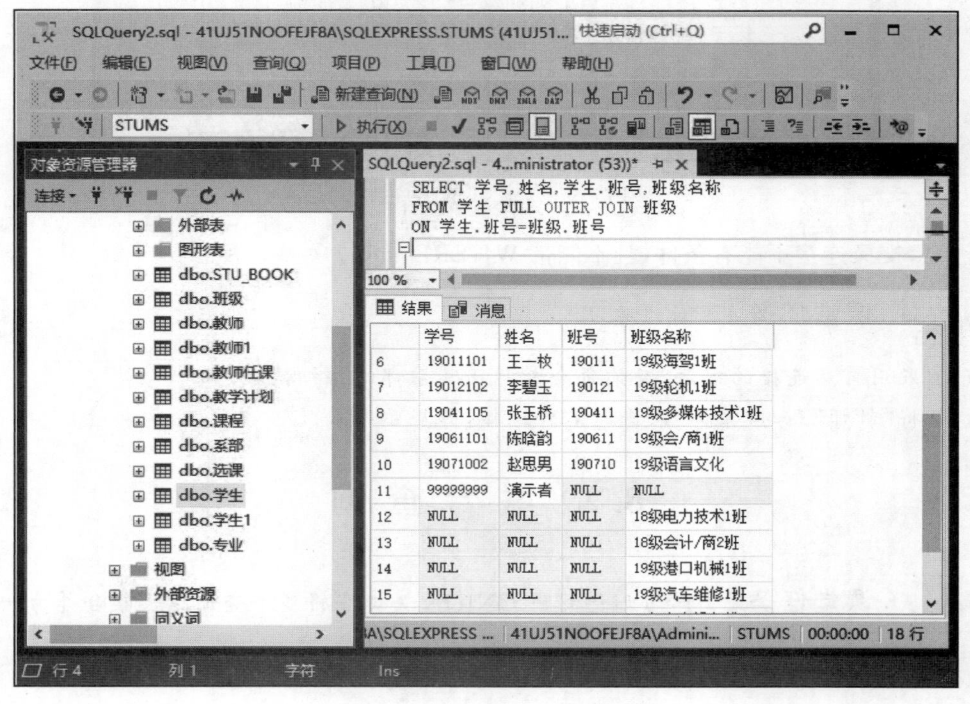

图 8-8　例 8-10 的执行结果

3. 交叉连接

交叉连接又称非限制连接，也叫广义笛卡儿积。两个表的广义笛卡儿积是指两表中数据行的交叉乘积，结果集的列为两个表属性列的和，其连接的结果会产生一些没有意义的记录，并且进行该操作非常耗时。因此该运算实际很少使用，其语法格式为：

```
SELECT column_name FROM table_name1 CROSS JOIN table_name2
```

其中，CROSS JOIN 为交叉表连接关键字。

【例 8-11】 对“学生”表与“班级”表进行交叉连接查询。

代码如下：

```
SELECT 学号,姓名,性别,学生.系部代码,学生.班号,
班级.班号,班级.专业代码 FROM 学生 CROSS JOIN 班级
GO
```

执行结果如图 8-9 所示。

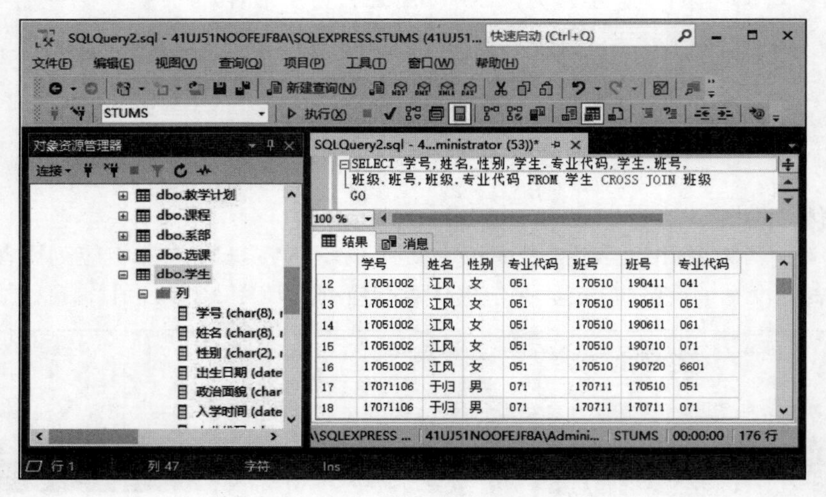

图 8-9 例 8-11 的执行结果

注意，交叉连接不能有条件，且不能带 WHERE 子句。

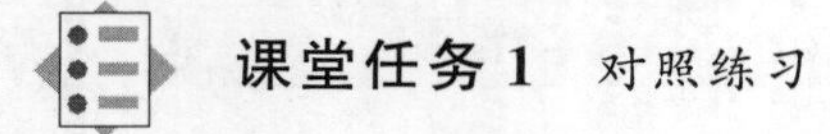

课堂任务 1 对照练习

(1) 采用自然连接的方法，查询每个教师及其系部的详细情况。

(2) 将“教师”表与“系部”表进行右外连接，并显示结果。

8.2 联合查询

课堂任务 2 学习如何利用 UNION 关键字将多个查询结果集合并为一个结果集。

联合查询也称集合查询，是一种将两个或更多查询的结果，通过并、交、差等集合运算合

并为单个结果集的一种查询方法。

在 SQL Server 2019 中,用于联合查询的运算符有 UNION(求并)、INTERSECT(求交)和 EXCEPT(求差)。

8.2.1 创建 UNION 查询

使用 UNION 运算符,可以将两个查询的结果合并成一个结果集,即求并运算。其语法格式为:

```
SELECT 语句 1
{UNION[ALL]< SELECT 语句 2 > } [, …n]
```

语法说明如下。

(1) UNION ALL 结果集包含重复行,UNION 结果集排除重复行。

(2) 参加 UNION 操作的所有查询中的列数和列的顺序必须相同,对应的数据类型也必须相同。

(3) 系统默认去掉并集的重复记录。

(4) 最后结果集的字段名来自第一个 SELECT 语句。

【例 8-12】 利用 UNION 查询"学生"表中班号为 180611 与 190411 的学生学号、姓名和班号。

代码如下:

```
SELECT 学号,姓名,班号
FROM 学生
WHERE 班号 = '180611'
UNION
SELECT 学号,姓名,班号
FROM 学生
WHERE 班号 = '190411'
GO
```

执行结果如图 8-10 所示。

UNION 操作不同于 JOIN 操作。UNION 连接两个查询的结果集;JOIN 连接两个表比较其中的列,以创建由两个表中的列组成的结果行。

8.2.2 创建 INTERSECT 查询

使用 INTERSECT 运算符,比较两个查询的结果,返回两结果集中共有数据行的非重复值,作为联合查询的结果集,即求交运算。其语法格式为:

```
SELECT 语句 1
{INTERSECT < SELECT 语句 2 > } [, …n]
```

其语法说明与 UNION 运算相同。

【例 8-13】 利用 INTERSECT 查询"选课"表中成绩大于或等于 70 分与选修了 0301 课程的学生学号、课程号及成绩交集数据。

代码如下:

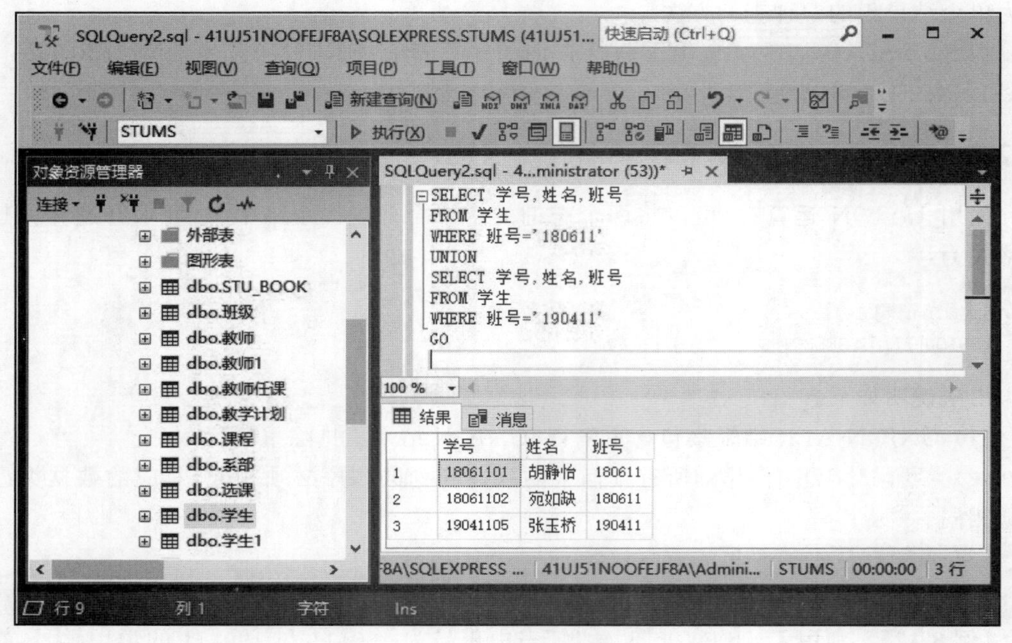

图 8-10　例 8-12 的执行结果

```
SELECT 学号,课程号,成绩 FROM 选课
WHERE 成绩> = 70
INTERSECT
SELECT 学号,课程号,成绩 FROM 选课
WHERE 课程号 = '0301'
```

执行结果如图 8-11 所示。

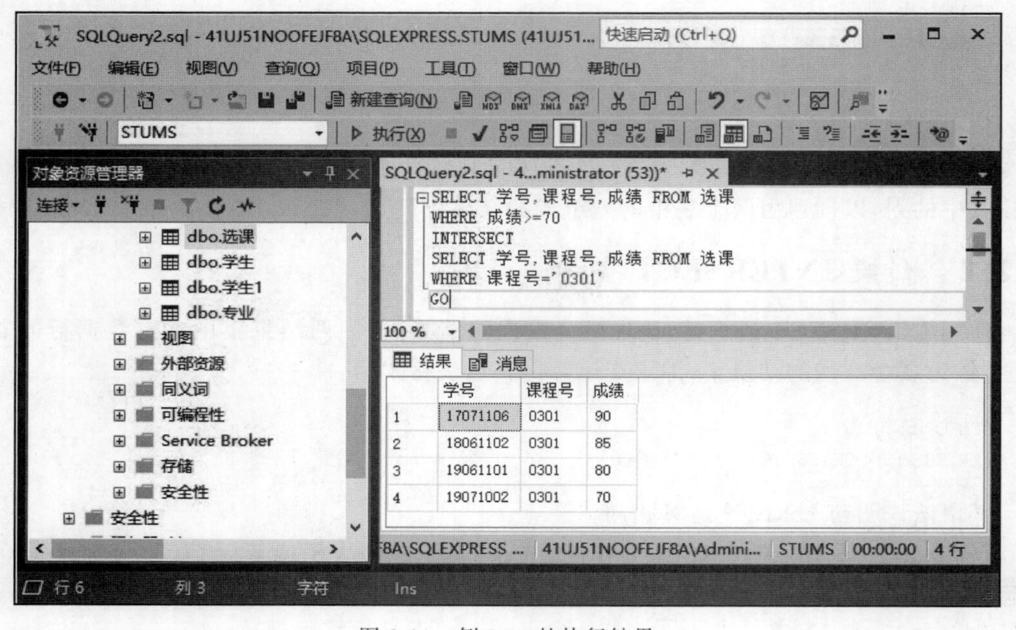

图 8-11　例 8-13 的执行结果

8.2.3 创建 EXCEPT 查询

使用 EXCEPT 运算符,从第一个 SELECT 查询中返回第二个 SELECT 查询没有找到的所有非重复值,作为联合查询的结果集,即求差运算。其语法格式为:

```
SELECT 语句 1
{EXCEPT < SELECT 语句 2 > } [, … n]
```

其语法说明与 UNION 运算相同。

【例 8-14】 利用 EXCEPT 查询"选课"表中成绩大于或等于 70 分与选修了 0310 课程的学生学号、课程号及成绩差集数据。

代码如下:

```
SELECT 学号,课程号,成绩 FROM 选课
WHERE 成绩> = 70
EXCEPT
SELECT 学号,课程号,成绩 FROM 选课
WHERE 课程号 = '0301'
GO
```

执行结果如图 8-12 所示。

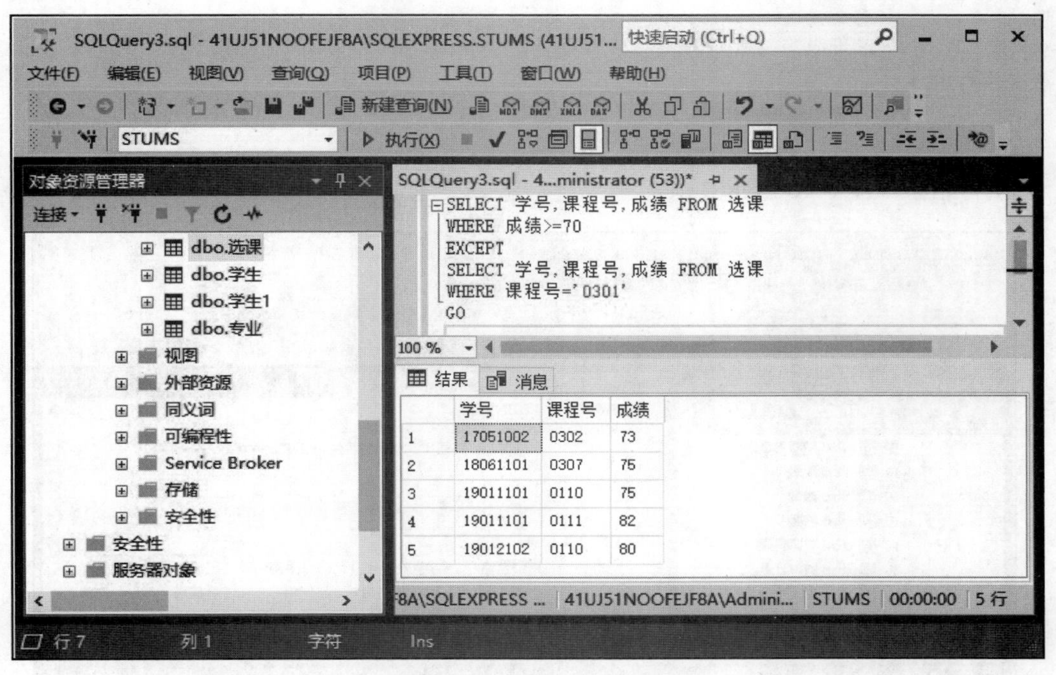

图 8-12 例 8-14 的执行结果

课堂任务 2 对照练习

分别用 UNION、INTERSECT 和 EXCEPT 查询"学生"表中女生信息与"南通"籍学生信息的并集、交集与差集数据。

8.3 子　查　询

课堂任务 3 学习 SELECT 语句的嵌套查询，如带有 IN、NOT IN、ANY、ALL、EXISTS 等运算符的子查询。

子查询是一个嵌套在 SELECT、INSERT、UPDATE 或 DELETE 语句或其他子查询中的查询。任何允许使用表达式的地方都可以使用子查询。子查询也称为内部查询或内部选择，而包含子查询的语句也称为外部查询或外部选择。

子查询能够将比较复杂的查询分解为几个简单的查询，而且子查询可以嵌套，嵌套查询的执行过程是：首先执行内部查询，查询出的数据并不显示，而是传递给外层语句，并作为外层语句的查询条件来使用。子查询的 SELECT 查询总是使用圆括号括起来。

【例 8-15】 使用子查询查询学生“王一枚”所在的班级。

在“学生”表中有“班号”列，知道了班号，再根据这个班号到“班级”表中就能查到相应的班级情况。本例首先要查询出“王一枚”所在的班号，然后根据查出的班号到“班级”表中查询出相应的班级信息。

代码如下：

```
SELECT * FROM 班级
WHERE 班号 =
          (SELECT 班号 FROM 学生 WHERE 姓名 = '王一枚')
GO
```

执行结果如图 8-13 所示。

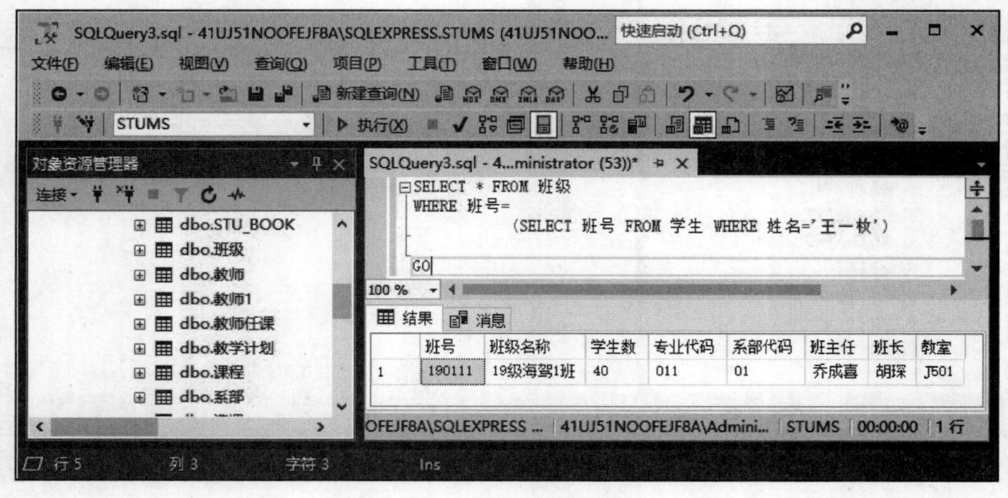

图 8-13　例 8-15 的执行结果

从这个例子可以看出，括号内的查询语句作为条件嵌入在外 WHERE 子句中。括号内的查询语句称为子查询，包含子查询的查询语句称为父查询或外层查询。在执行时是先里后外的，即先执行最里层的子查询，再执行上层子查询，以此类推。尽管根据可用内存和查询中其他表达式的复杂程度的不同，嵌套限制也有所不同，但嵌套不能超过32层。个别查询可能不支持32层嵌套。

SQL允许多层嵌套查询，但应注意的是子查询的SELECT语句中不能使用ORDER BY子句，ORDER BY子句只能对最终查询结果进行排序。许多包含子查询的T-SQL语句都可以改用连接表示。如将例8-15用连接查询方法来实现，则语句改写成：

```
SELECT * FROM 班级 JOIN 学生
ON (班级.班号 = 学生.班号)
WHERE 姓名 = '王一枚'
```

用子查询实现条理清晰，而使用连接查询执行速度快，使用哪一种查询方式要视具体情况而定。

8.3.1 带有IN或NOT IN的子查询

在嵌套查询中，子查询的结果通常是一个集合。运算符IN或NOT IN是嵌套查询中使用最频繁的运算符，用于判断一个给定值是否在子查询结果集中，其语法格式为：

```
表达式[NOT] IN(子查询)
```

【说明】 当表达式与子查询的结果中的某个值相等时，IN谓词返回TRUE，否则返回FALSE，若使用了NOT，则返回的值刚好相反。

【例8-16】 在“学生”表、“选课”表与“课程”表中查询选修了“西方经济学”课程的学生情况。

编码思路：因为选课表中只有“课程号”列，要想查出选修了“西方经济学”课程的学生情况，首先要在“课程”表中查出“西方经济学”的课程号；然后根据这个课程号在“选课”表中查出选修了该课程的学号；最后根据这个学号在“学生”表中查出该生的情况。

代码如下：

```
SELECT *
FROM 学生
WHERE 学号 IN
    (SELECT 学号 FROM 选课 WHERE 课程号 =
      (SELECT 课程号 FROM 课程
          WHERE 课程名 = '西方经济学'))
```

执行结果如图8-14所示。本例使用了多层嵌套实现多表查询。

8.3.2 带有比较运算符的子查询

带有IN运算符的子查询返回的结果是集合，而带有比较运算符(=、!=、>、>=、<、<=、!>、!<)的子查询可以返回单值结果，可以看作是IN子查询的扩展。其语法格式为：

```
表达式 {< | <= | = | > | >= | != | !< | !> } { ALL | ANY } (子查询)
```

其中，ALL和ANY说明对比较运算符的限制。

- ALL指定表达式要与子查询的结果集中的每个值都进行比较，当表达式与每个值都满足比较的关系时，才返回TRUE，否则返回FALSE。

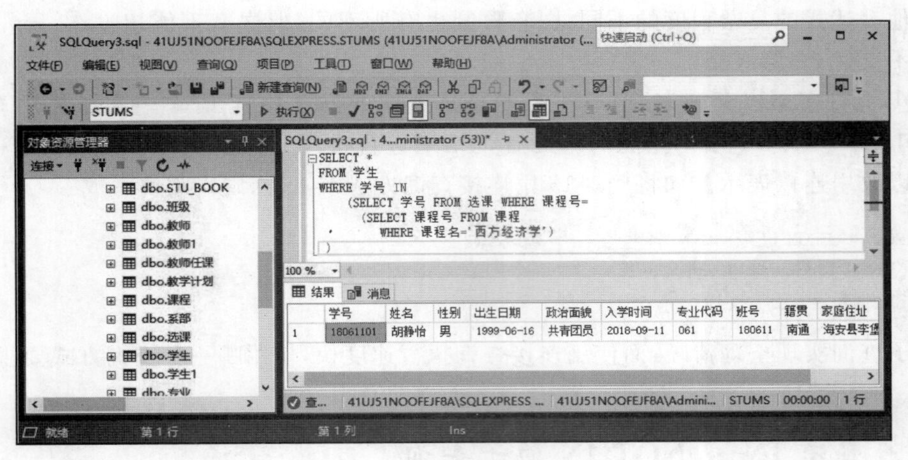

图 8-14　例 8-16 的执行结果

- ANY 表示表达式只要与子查询结果集中的某个值满足比较的关系时，就返回 TRUE，否则返回 FALSE。

【例 8-17】　在“教师”表中查询与“赵庆”同在一个系的教师基本信息。

代码如下：

```
SELECT *
FROM 教师
WHERE 系部代码 =
    (SELECT 系部代码
     FROM 教师
     WHERE 姓名 = '赵庆')
```

执行结果如图 8-15 所示。

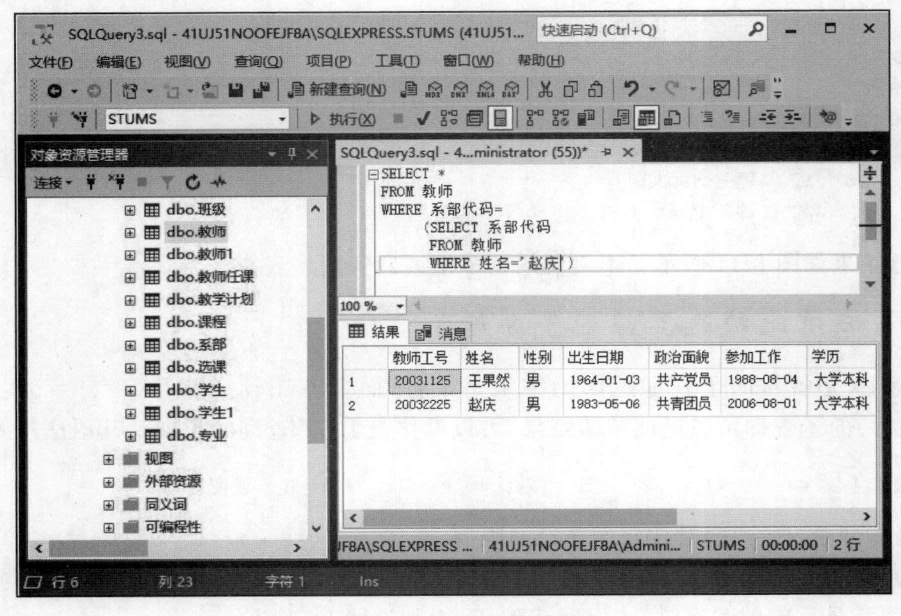

图 8-15　例 8-17 的执行结果

【例 8-18】 在“教师”表与“系部”表中查询其他系中比“航海系”任一教师年龄小的教师基本信息。

代码如下：

```
SELECT *
FROM 教师 WHERE 出生日期> ANY
  (SELECT 出生日期  FROM 教师  WHERE 系部代码 =
        (SELECT 系部代码 FROM 系部 WHERE 系部名称 = '航海系'))
AND 系部代码<>
      (SELECT 系部代码 FROM 系部 WHERE 系部名称 = '航海系')
ORDER BY 出生日期
```

执行结果如图 8-16 所示。

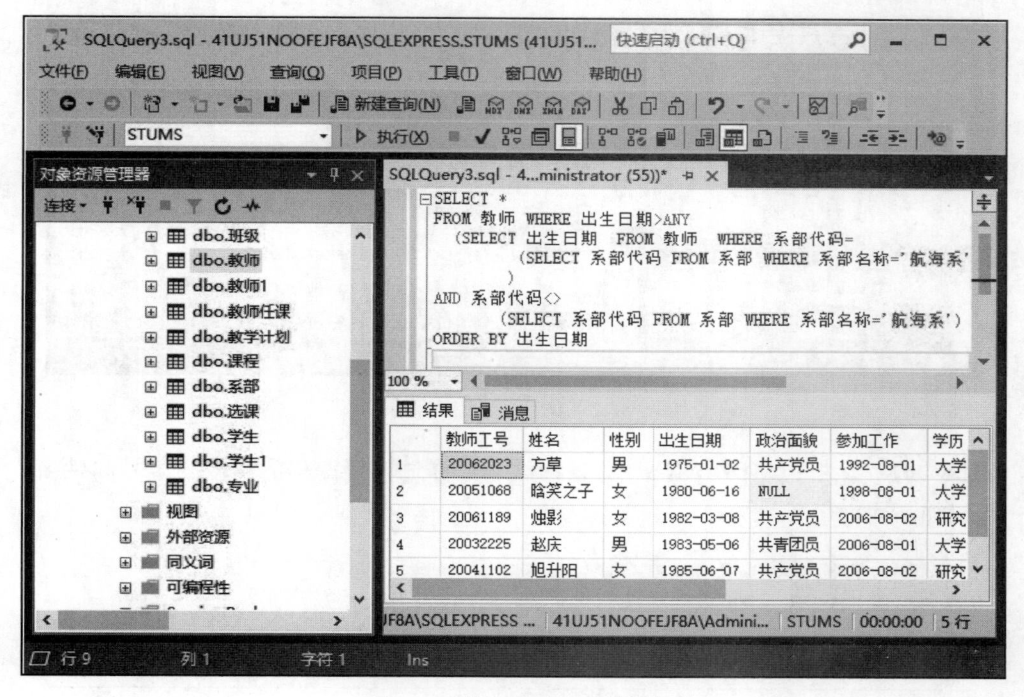

图 8-16 例 8-18 的执行结果

若要查询其他系中比“航海系”所有教师年龄都小的教师名单，则只需把上述 SELECT 语句中“> ANY”修改为“> ALL”即可。

8.3.3 带有 EXISTS 运算符的子查询

使用 EXISTS 运算符引入子查询后，子查询的作用就相当于进行存在测试。外部查询的 WHERE 子句测试子查询返回的行是否存在。子查询实际上不产生任何数据，它只返回 TRUE 或 FALSE。

EXISTS 还可与 NOT 结合使用，即 NOT EXISTS，其返回值与 EXISTS 则刚好相反，其语法格式为：

```
[ NOT ]  EXISTS(子查询)
```

【例 8-19】 用 EXISTS 运算符改写例 8-17。

代码如下：

```
SELECT * FROM 教师 AS T1 WHERE EXISTS
        (SELECT *   FROM 教师 AS T2
         WHERE T2.系部代码 = T1.系部代码
         AND T2.姓名 = '赵庆')
```

执行结果如图 8-17 所示。

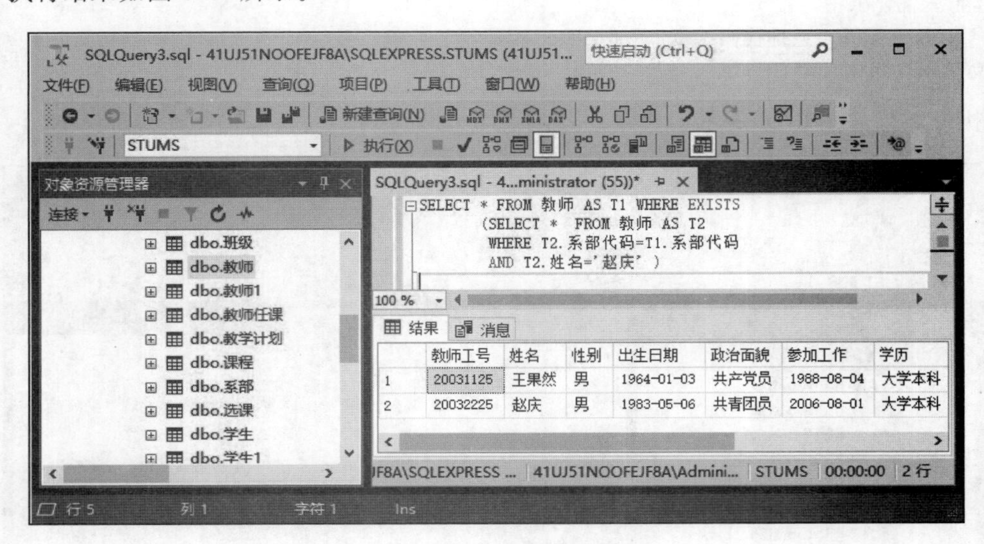

图 8-17 例 8-19 的执行结果

【例 8-20】 从 STUMS 数据库中，查询没有选修过任何课程的学生的学号和姓名。

代码如下：

```
SELECT 学号,姓名 FROM 学生 WHERE  NOT EXISTS
  (SELECT * FROM 选课 WHERE  学号 = 学生.学号)
```

执行结果如图 8-18 所示。

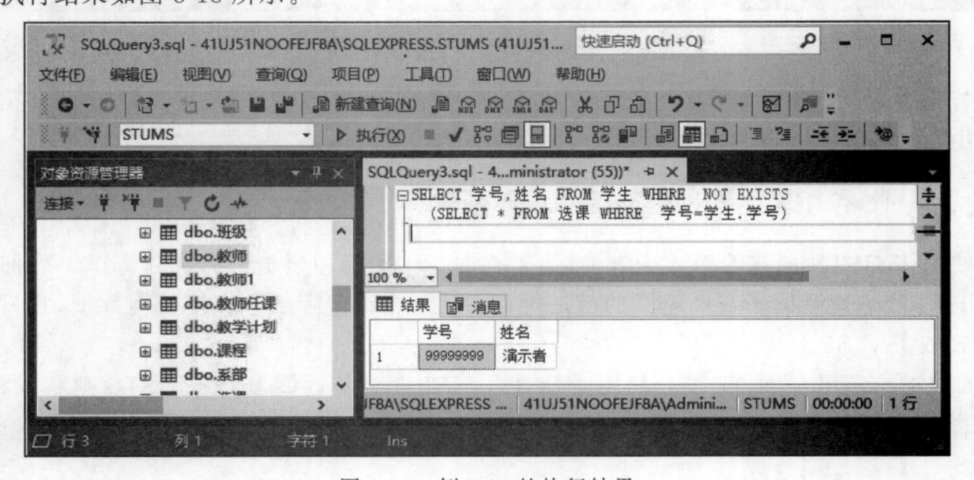

图 8-18 例 8-20 的执行结果

注意，使用 EXISTS 引入的子查询在下列方面与其他子查询略有不同：

- EXISTS 关键字前面没有列名、常量或其他表达式。
- 由 EXISTS 引入的子查询的选择列表通常几乎都是由星号（*）组成。由于只是测试是否存在符合子查询中指定条件的行，因此不必列出列名。

8.3.4 在查询的基础上创建新表

SELECT 的 INTO 子句在默认文件组中创建一个新表，并将来自查询的结果行插入该表中。

【例 8-21】 在“学生”表与“班级”表中查询学生姓名和班级名称，将结果行插入到新表“学生_班级”中。

代码如下：

```
SELECT 姓名,班级名称
INTO 学生_班级
FROM 学生,班级
WHERE 学生.班号 = 班级.班号
```

执行结果如图 8-19 所示。

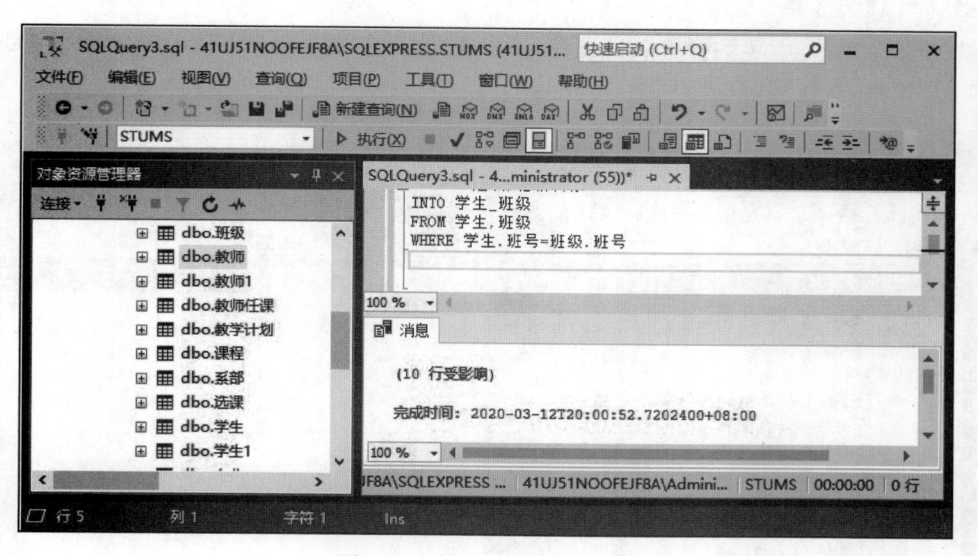

图 8-19　例 8-21 的执行结果

在 SSMS 的“对象资源管理器”窗格中会看到新建的“学生_班级”表，用 SELECT 语句查询“学生_班级”表的信息，得到的结果如图 8-20 所示。

【例 8-22】 创建一个空的“教师”表的副本。

代码如下：

```
SELECT * INTO 教师副本
FROM 教师
WHERE 1 > 3
```

注：此例中只需创建一个空表，而不需要原表任何记录，可以采用在 WHERE 子句的

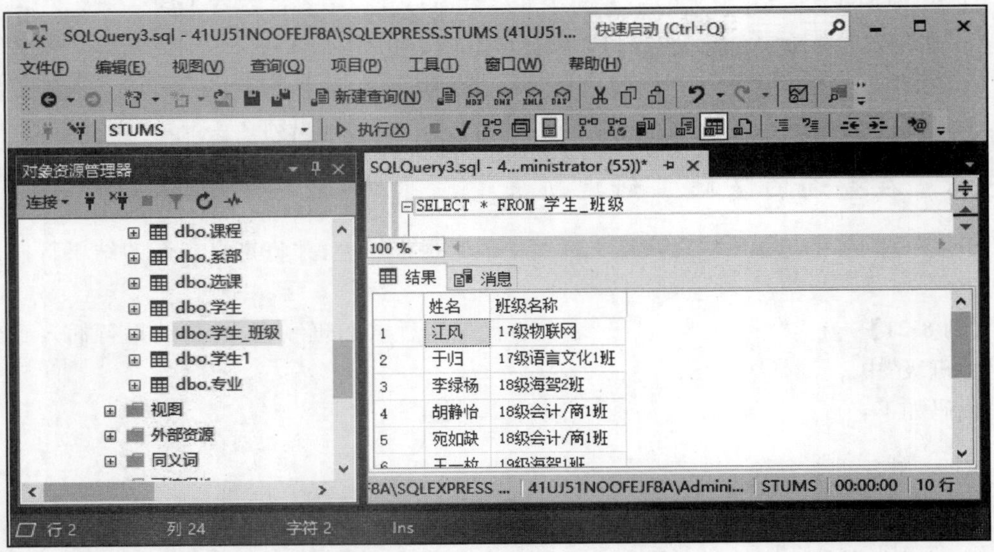

图 8-20 “学生_班级”表的查询结果

条件设为“假”的方法。

上述 SELECT 语句执行后，刷新 STUMS 数据库的“表”结点并展开将会看到新创建的“教师副本”表，展开“教师副本”表，其结构和“教师”表结构完全一样，如图 8-21 所示。

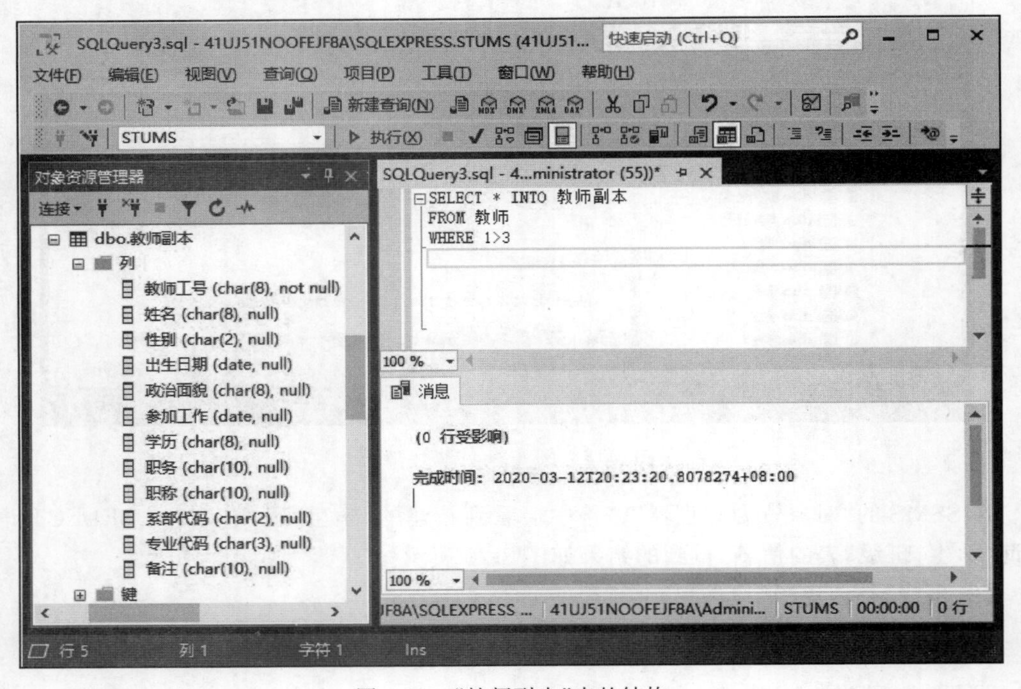

图 8-21 “教师副本”表的结构

【例 8-23】 查询“学生”表中男生的基本信息，并将结果行插入新创建的临时表 temp 中。

代码如下：

```
SELECT * INTO #temp
FROM 学生
WHERE 性别 = '男'
```

执行结果如图 8-22 所示。

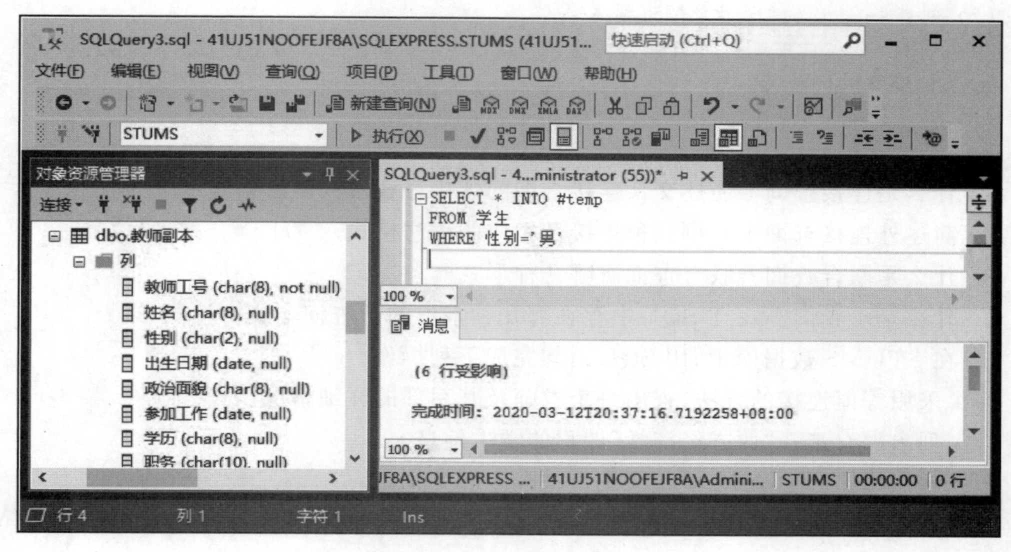

图 8-22　例 8-23 的执行结果

一旦创建了临时表，即可正常使用了。用 SELECT 语句查询 # temp 表的信息，得到的结果如图 8-23 所示。

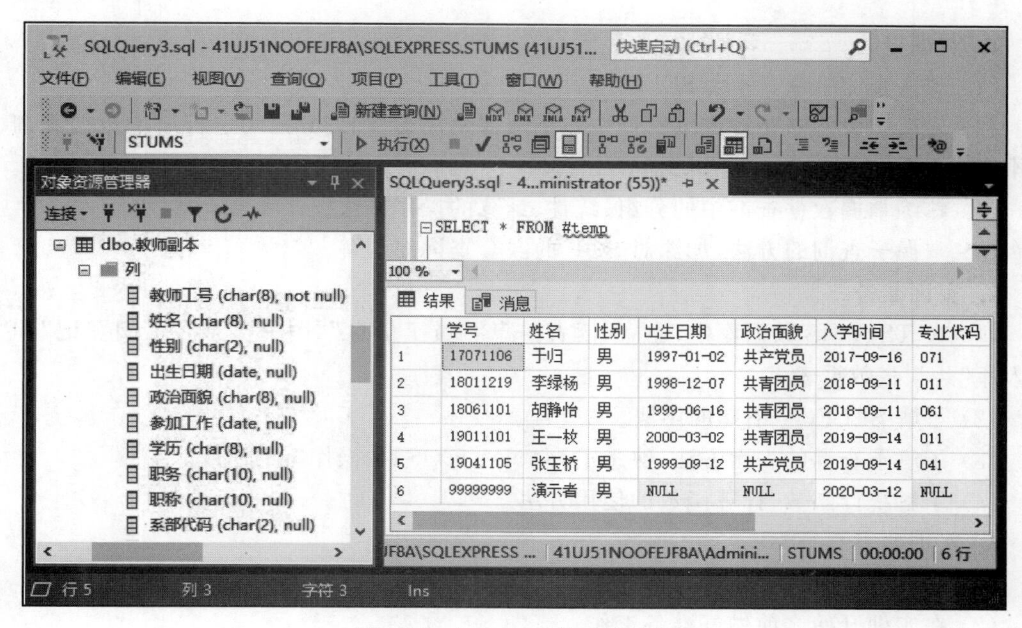

	学号	姓名	性别	出生日期	政治面貌	入学时间	专业代码
1	17071106	于归	男	1997-01-02	共产党员	2017-09-16	071
2	18011219	李绿杨	男	1998-12-07	共青团员	2018-09-11	011
3	18061101	胡静怡	男	1999-06-16	共青团员	2018-09-11	061
4	19011101	王一枚	男	2000-03-02	共青团员	2019-09-14	011
5	19041105	张玉桥	男	1999-09-12	共产党员	2019-09-14	041
6	99999999	演示者	男	NULL	NULL	2020-03-12	NULL

图 8-23　# temp 表的查询结果

【说明】 临时表的信息并未保存在 STUMS 数据库中，而是保存在 tempdb 数据库的临时表中，退出 SQL Server 后，临时表自动删除。

课堂任务 3 对照练习

(1) 在“学生”表中查询与“李绿杨”同一个专业的学生信息。

(2) 创建一个空的“学生”表的副本。

课后作业

1. 什么是连接查询？简述交叉连接查询的连接过程及其语法格式。

2. 简述外连接查询中有哪几种连接及相应的语法格式。

3. 什么是联合查询？联合查询有哪几种形式？

4. 什么是子查询？在 T-SQL 中存在哪几种基本的子查询方式？

5. 在 STUMS 数据库中，用 SQL 语句完成下列操作。

(1) 采用等值连接的方法，查出每个教师及其系部的详细情况。

(2) 列出没有选修“西方经济学”课程的学生信息。

(3) 列出比所有 180611 班的学生年龄都大的学生。

(4) 将“学生”表中所有“共青团员”的学生数据行找出，并插入新创建的 XS_ZZMM 表中。

实训 6 图书借阅管理系统的数据查询

1. 实训目的

(1) 观察查询结果，体会 SELECT 语句的实际应用。

(2) 要求学生能够在查询编辑器中熟练掌握使用 SELECT 语句进行简单数据查询、数据排序和数据连接查询的操作方法。

(3) 熟练掌握数据查询中的分组、统计、计算的操作方法。

(4) 掌握子查询的方法，加深对 SQL 的嵌套查询的理解。

2. 实训准备

(1) 在 TSJYMS 数据库中，建立“读者信息”“员工信息”“图书信息”“借阅登记”和“图书入库”共 5 张数据表。

(2) 了解 SELECT 语句的用法。

(3) 了解子查询的表示方法，熟悉 IN、ANY、EXISTS 操作符的用法。

(4) 了解统计函数、计算函数的使用方法。

3. 实训要求

(1) 完成简单查询和连接查询操作。

(2) 在实训开始之前做好准备工作。

(3) 完成实训，验收实训结果并提交实训报告。

4. 实训内容

对数据库 TSJYMS 进行如下查询操作：

1）简单查询操作

（1）查询“读者信息”表中男性读者的信息。

（2）查询“读者信息”表中“读者类型”为教师的读者证号、姓名、性别及工作单位。

（3）在“借阅登记”表中查询已借书的一卡通号、图书编号及借书日期。

（4）在“图书信息”表中查询价格为 20～50 元的图书信息。

（5）统计“读者信息”表中教师和学生的人数。

2）多表查询操作

（1）查询读者“赵思思”的借阅情况。

（2）查询图书编号为 07410298 的图书信息以及图书借阅情况。

（3）查询每本图书的详细信息及库存数。

（4）在“图书信息”表中查询作者姓王的数据信息。

（5）计算出馆藏图书的总价值。

3）联合查询操作

分别用 UNION、INTERSECT 和 EXCEPT 查询“图书信息”表中 2010 年以后出版的图书信息与清华大学出版社出版的图书信息的并集、交集与差集数据。

4）子查询操作

（1）查询借过《C++程序设计》图书的读者姓名和工作单位。

（2）查询从未借阅过任何图书的一卡通号和姓名。

第 9 课　学生信息管理系统数据的索引查询

9.1　索引的基础知识

课堂任务 1　学习索引的基础知识，包括索引的分类、索引设计原则及使用索引的意义。

9.1.1　索引文件

当读者打开一本书，急于想查看某特定内容时，并不是从第一页开始，一页一页地翻书查找，而是首先查看书的目录，根据目录提供的页码，快速定位到所找内容处阅览。使用目录的确能够节省时间。

在数据库中存储了大量的数据，为了能快速找到所需的数据，也采用了类似于书籍目录的索引技术。索引是 SQL Server 编排数据的内部方法，它为 SQL Server 提供一种方法来编排、查询数据。在数据库中创建一个类似于目录的索引文件，通过遍历索引文件迅速找到所需的数据，而不必扫描整个数据库。

书中的目录是一个章节标题的列表，其中注明了包含各个章节内容的页码。数据库中的索引文件是某个表中一列或多列值的集合和相应的指向表中物理标识这些值的数据页的逻辑指针清单。图 9-1 所示是以"教师"表的"姓名"列建立的索引示意图。

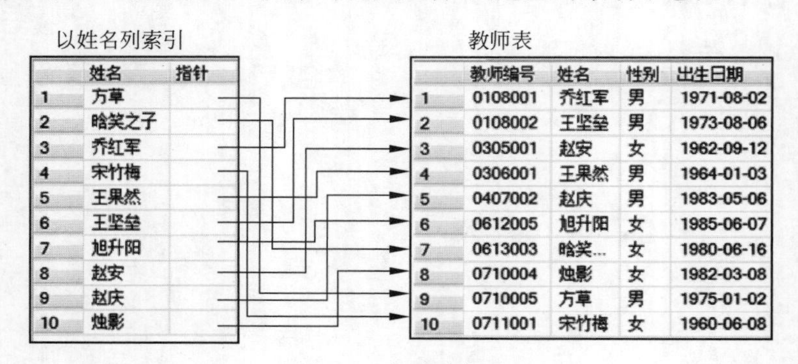

图 9-1　索引示意图

图 9-1 显示了索引如何存储每个姓名的值，以及如何指向表中包含各个值的数据行。当 SQL Server 执行要求在"教师"表中根据指定的姓名值查找教师信息的语句时，它能够识别姓名列的索引，并使用该索引查找所需数据。如果该索引不存在，它会从表的第一行开始，逐行搜索指定的姓名值。

什么是索引文件？索引文件就是按照一定顺序对表中一列或若干列建立的列值与数据行之间的对应关系表。根据索引的含义，索引文件只需包含两个列，即索引关键字列和指针值列。索引关键字列保存基表所有数据行的索引关键字值，指针值列保存指向索引关键字在基表中对应数据行的物理存储位置(行号)。索引数据通常是按索引关键字有序排列的，而基表中的数据行不需要按任何特定的顺序存储，通过索引表中由指针产生的映射关系，基表就实现了数据的逻辑排序。

索引一旦成功建立，将由数据库引擎自动维护和管理，当对索引所依附的表进行插入、更新和删除操作时，数据库引擎会立即更新和调整索引的内容，以始终保持与数据表一致。

9.1.2 索引的分类

如果一个表没有建立索引，则数据行按输入顺序存储，这种存储结构称为堆集。SQL Server 支持在表中任何列上定义索引，根据索引的存储结构不同将其分为两类：聚集索引和非聚集索引。根据索引实现的功能分，SQL Server 2019 提供了多种索引类型：唯一索引、筛选索引、哈希索引、内存优化非聚集索引、列存储索引、带有包含列的索引、计算列上的索引、XML 索引、空间索引和全文索引。

1. 按索引存储结构分类

1）聚集索引

聚集索引是指表中数据行的物理存储顺序与索引顺序完全相同。聚集索引的底层(或称叶级别)包含该表的实际数据行。每个表只能创建一个聚集索引。由于建立聚集索引时要改变表中数据行的物理顺序，所以应在其他非聚集索引建立之前建立聚集索引。

当为一个表的某列创建聚集索引时，表中的数据会按该列进行重新排序，然后再存储到磁盘上。创建一个聚集索引所需的磁盘空间至少是表实际数据量的 120%。

聚集索引一般创建在表中经常搜索的列或者按顺序访问的列上。使用聚集索引找到包含第一个值的行后，便可以确保其他连续的值的行物理相邻。这是因为聚集索引对表中的数据进行了排序。

默认情况下，SQL Server 为主键约束自动建立聚集索引。

需要提醒的是，定义聚集索引键时使用的列越少越好。如果定义了一个大型的聚集索引键，则同一个表上定义的任何非聚集索引都将增大许多，因为非聚集索引条目包含聚集键。

2）非聚集索引

非聚集索引与书籍中的目录索引类似。数据存储在一个地方，索引存储在另一个地方，索引带有指针指向数据的存储位置。索引中的项目按索引键值的顺序存储，而表中的信息按另一种顺序存储(这可以由聚集索引规定)，如果在表中未创建聚集索引，则无法保证这些行具有任何特定的顺序。每个表最多可包含 999 个非聚集索引。

与使用书籍中的目录索引方式相似，SQL Server 在搜索数据值时，先对非聚集索引进行搜索，找到数据值在表中的位置，然后从该位置直接检索数据。这使非聚集索引成为精确匹配查询的最佳方法，因为索引包含描述查询所搜索的数据值表中的精确位置的条目。

2. 按索引实现的功能分类

1）唯一索引

唯一索引可以确保索引列不包含重复的值。在多列唯一索引的情况下，该索引可以确保索引列中每个值组合都是唯一的。

聚集索引和非聚集索引都可以是唯一的。因此,只要列中的数据是唯一的,就可以在同一个表上创建一个唯一的聚集索引和多个唯一的非聚集索引。

需要指出的是,只有当唯一性是数据本身的特征时,指定唯一索引才有意义。如果必须实施唯一性以确保数据的完整性,则应在列上创建 UNIQUE 或 PRIMARY KEY 约束,而不要创建唯一索引。创建 PRIMARY KEY 或 UNIQUE 约束会在表中指定的列上自动创建唯一索引。

2) 筛选索引

筛选索引是一种经过优化的非聚集索引,是使用筛选谓词对表中的部分行进行索引。筛选索引适用于涵盖从定义完善的数据子集中选择数据的查询。筛选索引与全表索引相比,设计良好的筛选索引可以提高查询性能、减少索引维护开销并可降低索引存储开销。

3) 哈希索引

所有内存优化表都至少必须有一个索引,哈希索引是内存优化表中可能存在的索引类型之一。哈希索引包含一个指针数组,该数组的每个元素被称为哈希桶。

- 每个桶为 8 字节,用于存储键项的链接列表的内存地址。
- 每个条目是索引键的值,以及其在基础内存优化表中的对应行的地址。
- 每个条目指向条目的链接列表中的下一个条目,所有都链接到当前桶。

哈希索引只能存在于内存优化表中,而不能存在于基于磁盘的表中。借助于哈希索引,可通过内存中的哈希表来访问数据。

4) 内存优化非聚集索引

非聚集索引是内存优化表中可能存在的一种索引类型。内存中非聚集索引最初由 Microsoft Research 在 2011 年提出设想并说明,并使用称为 Bw 树的数据结构实现。Bw 树是 B 树的无锁和无闩锁变体。

5) 列存储索引

列存储索引是一种使用列式数据格式存储、检索和管理数据的技术。内存中列存储索引通过使用基于列的数据存储和基于列的查询处理来存储和管理数据。

列存储索引适合于执行大容量加载和只读查询的数据仓库工作负荷。与传统面向行的存储方式相比,使用列存储索引存档可最多提高 10 倍查询性能,与使用非压缩数据大小相比,可提供高达 10 倍的数据压缩率。

6) 带有包含列的索引

带有包含列的索引是一种非聚集索引,它扩展后不仅包含键列,还包含非键列。

7) 计算列上的索引

计算列上的索引是从一个或多个其他列的值或某些确定的输入值派生的列上的索引。

8) XML 索引

XML 索引用于对 XML 数据类型列创建索引。它们对列中 XML 实例的所有标记、值和路径进行索引,从而提高查询性能。XML 索引分为主 XML 索引和辅助 XML 索引两类。

9) 空间索引

SQL Server 支持空间数据和空间索引。允许对空间数据类型的列(如 geometry 或 geography)定义索引。空间索引使用 B 树构建而成,即这些索引必须按 B 树的线性顺序表示二维空间数据。

10）全文索引

全文索引是一种特殊类型的基于标记的功能性索引，由 Microsoft SQL Server 全文引擎生成和维护，用于帮助在字符串数据中搜索复杂的词。

9.1.3 索引设计原则

索引设计不佳和缺少索引是提高数据库和应用程序性能的主要障碍。设计高效的索引对于获得良好的数据库和应用程序性能极为重要。

1. 索引设计数据库原则

(1) 了解数据库本身的特征。

- 数据库是频繁修改数据的联机事务处理（OLTP）数据库，承受高吞吐量，应选择内存优化表的索引或内存优化表的非聚集索引设计。
- 数据库是一种决策支持系统（DSS）或数据仓库（OLAP）数据库，必须快速处理超大型数据集，列存储索引尤其适用于典型的数据仓库数据集。

(2) 了解最常用的查询的特征。例如，了解到最常用的查询连接两个或多个表将有助于决定要使用的最佳索引类型。

(3) 了解查询中使用的列的特征。例如，某个索引对于含有整数数据类型同时还是唯一的或非空的列是理想索引。对于具有定义完善的数据子集的列，使用筛选索引。

(4) 确定哪些索引选项可在创建或维护索引时提高性能。例如，对某个现有大型表创建聚集索引将会受益于 ONLINE 索引选项。ONLINE 选项允许在创建索引或重新生成索引时继续对基础数据执行并发活动。

(5) 确定索引的最佳存储位置。非聚集索引可以与基础表存储在同一个文件组中，也可以存储在不同的文件组中。索引的存储位置可通过提高磁盘 I/O 性能来提高查询性能。聚集索引和非聚集索引也可以使用跨越多个文件组的分区方案。在维护整个集合的完整性时，使用分区可以快速而有效地访问或管理数据子集，从而使大型表或索引更易于管理。

2. 索引设计数据表原则

(1) 避免对表编制大量索引，因为当对表执行 INSERT、UPDATE、DELETE 和 MERGE 语句进行数据更改时，所有索引都将适当调整。

(2) 避免对经常更新的表进行过多的索引，并且索引应保持较窄，也就是说，用以创建索引的列要尽可能少。

(3) 使用多个索引可以提高 SELECT 语句查询数据的性能，因为有更多的索引可供查询优化器选择，从而可以确定最快的访问方法。

(4) 对小表进行索引可能不会产生优化效果，因为查询优化器在遍历用于搜索数据的索引时，花费的时间可能比执行简单的表扫描还长。因此，小表的索引可能从来不用，但仍必须在表中的数据更改时进行维护。

(5) 视图包含聚合、表连接或聚合和连接的组合时，创建视图的索引可以显著地提升性能。

(6) 可使用数据库引擎优化顾问来分析数据库并生成索引建议。

3. 设计索引列原则

(1) 对于聚集索引，应保持较短的索引键长度。另外，对唯一列或非空列创建聚集索引可以使聚集索引获益。

(2) 无法指定 ntext、text、image、varchar(max)、nvarchar(max)和 varbinary(max)数据类型的列为索引键列。不过,varchar(max)、nvarchar(max)、varbinary(max)和 xml 数据类型的列可以作为非键索引列参与非聚集索引。

(3) xml 数据类型的列只能在 XML 索引中用作键列。

(4) 检查列的唯一性。在同一个列组合的唯一索引而不是非唯一索引提供了有关使索引更有用的查询优化器的附加信息。

(5) 在列中检查数据分布。通常情况下,为包含很少唯一值的列创建索引或在这样的列上执行连接将导致长时间运行的查询。

(6) 考虑对具有定义完善的子集的列(例如,稀疏列、大部分值为 NULL 的列、含各类值的列以及含不同范围的值的列)使用筛选索引。设计良好的筛选索引可以提高查询性能,降低索引维护成本和存储成本。

(7) 如果索引包含多个列,则应考虑列的顺序,按从最不重复的列到最重复的列顺序排列。

(8) 对计算列进行索引时,应考虑计算列必须满足的要求:所有权要求、确定性要求、精度要求、数据类型要求、SET 选项要求。

9.1.4 使用索引的意义

在数据库系统中建立索引主要有以下作用:

(1) 提高查询信息的速度。通过创建设计良好的索引以支持查询,可以减少为返回查询结果集而必须读取的数据量,显著提高了数据库查询速度。

(2) 确保数据记录的唯一性。通过创建唯一索引,建立表数据的唯一性约束,在对相关索引关键字进行数据输入或修改操作时,系统要对其操作进行唯一性检查,从而保证每一行数据都不重复。

(3) 更好地实现表的参照完整性。当对两个关联的表以主键列和外键列建立索引,在两表连接时就不需要对表中的每一列都进行查询操作,从而加快了连接速度,这不仅提高了查询速度,而且更好地实现了表的参照完整性。

(4) 缩短排序和分组的时间。在使用 ORDER BY、GROUP BY 子句进行数据检索时,利用索引可减少查询中排序和分组所消耗的时间。

(5) 查询优化器依靠索引起作用。一旦建立了索引,数据库引擎会依据索引而采取相应的优化策略,使查询速度更快。

不过,索引为性能所带来的好处却是有代价的。带索引的表在数据库中会占据更多的空间。另外,为了维护索引,对数据进行插入、更新、删除操作的命令所花费的时间会更长。在设计和创建索引时,应确保对性能的提高程度大于在存储空间和处理资源方面的代价。

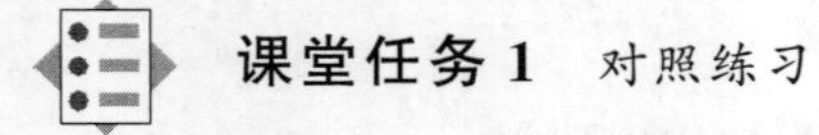

若"系部"表的系部名称列建立了索引,则画出该索引的示意图。

【提示】 汉字的排序方式是以 A～Z 的字母顺序排列的。

9.2 索引的创建和使用

课堂任务 2 要求学会使用不同的方法为 STUMS 数据库中的数据表创建索引。

在 STUMS 数据库中，经常要对“学生”“课程”“选课”等表进行查询和更新。为了提高查询和更新的速度，可考虑在这些表上建立索引。例如，在“学生”表上按学号建立聚集索引，按姓名建立非唯一非聚集索引；在“课程”表上按课程号建立聚集索引或唯一聚集索引；在“选课”表上按学号＋课程号建立聚集索引等。

在 SQL Server 中，可以使用 SSMS 创建索引，也可以使用 T-SQL 的 CREATE INDEX 语句创建索引，下面分别加以介绍。

9.2.1 使用 SSMS 创建索引

下面以在 STUMS 数据库的“学生”表上按学号建立名称为 xs_xh_index 的聚集唯一索引为例，说明在 SSMS 中创建索引的全过程。

(1) 启动 SSMS，在“对象资源管理器”窗格中依次展开“数据库”→STUMS→“表”→“学生”结点，右击“索引”图标，在弹出的快捷菜单中选择“新建索引”→“聚集索引”命令，打开“新建索引”窗口，如图 9-2 所示。

(2) 在该窗口中选择“常规”选择页（默认），在“索引名称”文本框中输入新建索引的名称（本例为 xs_xh_index），并勾选“唯一”复选框。

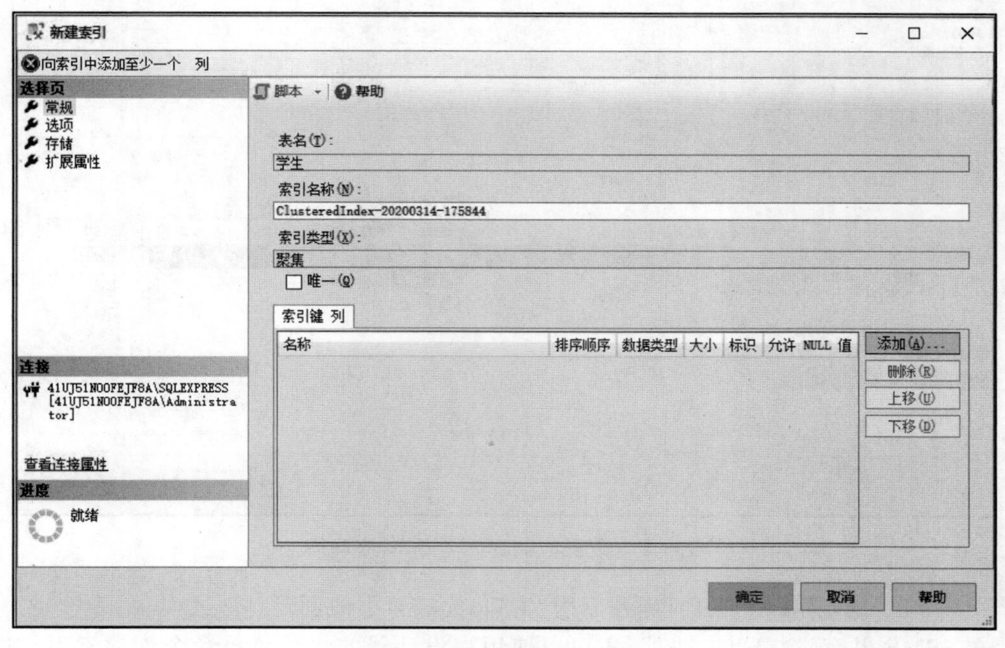

图 9-2 “新建索引”窗口

(3) 单击“添加”按钮,从弹出的“从‘dbo.学生’中选择列”窗口中选择创建索引的列,本例为“学号”,如图 9-3 所示,单击“确定”按钮,返回“新建索引”窗口。

从“dbo.学生”中选择列

就绪

选择要添加到索引中的表列:

	名称	数据类型	大小	标识	允许 NULL 值
☑	学号	char(8)	8	否	否
☐	姓名	char(8)	8	否	是
☐	性别	char(2)	2	否	是
☐	出生日期	date	3	否	是
☐	政治面貌	char(8)	8	否	是
☐	入学时间	date	3	否	是
☐	专业代码	char(3)	3	否	是
☐	班号	char(6)	6	否	是
☐	籍贯	char(4)	4	否	是
☐	家庭住址	varchar(30)	30	否	是

确定　取消　帮助

图 9-3　选择创建索引的“学号”列

(4) 此时在“新建索引”窗口的“索引键 列”列表框中已出现“学号”索引键列,单击“排序顺序”下拉按钮,在下拉列表框可以进行索引键列升序或降序设置,本例选择“升序”选项,如图 9-4 所示。

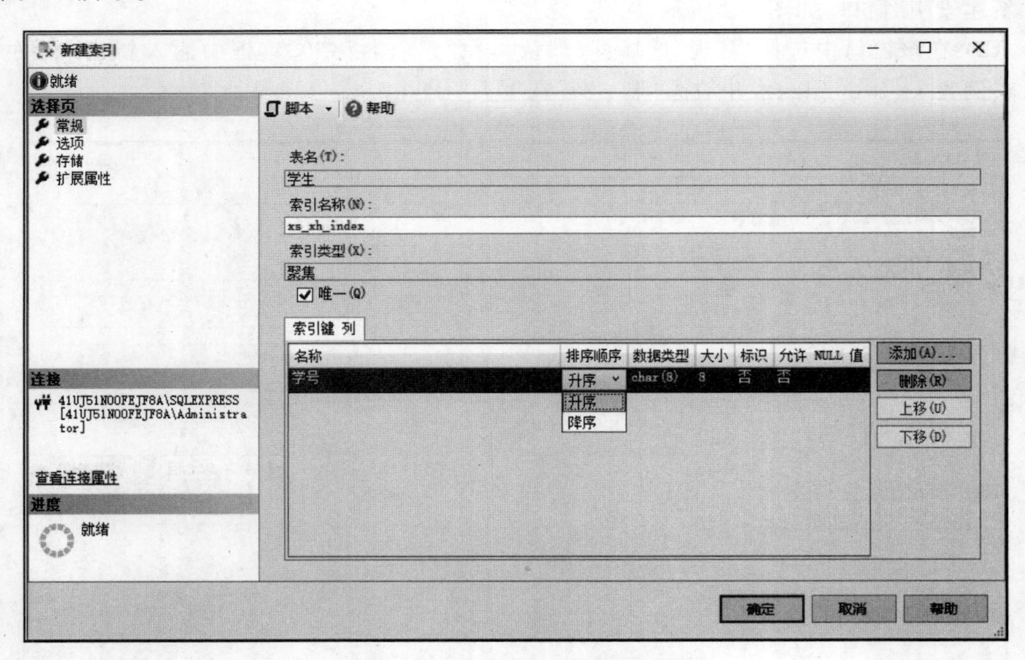

图 9-4　设置索引键列“学号”排序顺序

(5) 单击“确定”按钮,关闭“新建索引”窗口,完成索引的创建。

在 SSMS 界面,除以上方法外,还可以使用表设计器的快捷菜单命令创建索引。这与创建唯一性约束的操作类似,在此不再赘述。

9.2.2 使用CREATE INDEX语句创建索引

用户也可以在SSMS的查询编辑器中使用CREATE INDEX语句来创建索引。CREATE INDEX语句的基本语法如下：

```
CREATE [ UNIQUE ] [ CLUSTERED | NONCLUSTERED ] INDEX index_name
ON {table | view } ( column [ ASC | DESC ] [ ,…n ] )
[ INCLUDE ( column_name [ ,…n ] ) ]
[ WHERE <filter_predicate> ]
[ WITH
[ PAD_INDEX]
[[,]FILLFACTOR = fillfactor]
[[,]IGNORE_DUP_KEY ]
[[,]DROP_EXISTING]
[[,]STATISTICS_NORECOMPUTE]
[[,]SORT_IN_TEMPDB]
]
[ ON filegroup ]
```

各参数说明如下。

- UNIQUE：为表或视图创建唯一索引，唯一索引不允许两行具有相同的索引键值。视图上的聚集索引必须是UNIQUE索引。
- CLUSTERED：创建聚集索引，指定表中行的物理排序与索引排序相同。一个表或视图只允许同时有一个聚集索引。具有聚集索引的视图称为索引视图。

【说明】 必须先为视图创建唯一聚集索引，然后才能为该视图定义其他索引。

- NONCLUSTERED：创建非聚集索引，指定表中行的物理排序独立于索引排序。
- index_name：索引名。索引名在表或视图中必须唯一，但在数据库中不必唯一。索引名必须遵循标识符规则。
- table：要创建索引的列的表。可以选择指定数据库和表所有者。
- view：要建立索引的视图的名称。
- column：指定建立索引的列名。
- [ASC | DESC]：指定索引列的排序方式。ASC为升序排列，DESC为降序排序，默认设置为ASC。
- n：表示可以为索引指定多个列。指定两个或多个列名，可为指定列的组合值创建组合索引。一个组合索引键中最多可组合32列。组合索引键中的所有列必须在同一个表或视图中。对于聚集索引，组合索引值允许的最大大小为900字节，对于非聚集索引则为1700字节。
- INCLUDE(column [,…n])：指定要添加到非聚集索引的叶级别的非键列。非聚集索引可以唯一，也可以不唯一。在INCLUDE列表中列名不能重复，且不能同时用于键列和非键列。如果对表定义了聚集索引，则非聚集索引始终包含聚集索引列。
- WHERE <filter_predicate>：通过指定索引中要包含哪些行来创建筛选索引。筛选索引必须是对表的非聚集索引。筛选谓词使用简单比较逻辑且不能引用计算列、

UDT 列、空间数据类型列或 hierarchyID 数据类型列。比较运算符不允许使用 NULL 文本的比较。可改用 IS NULL 和 IS NOT NULL 运算符。

- PAD_INDEX：指定索引填充。PAD_INDEX 选项只有在指定了 FILLFACTOR 时才有用，因为 PAD_INDEX 使用由 FILLFACTOR 所指定的百分比。
- FILLFACTOR＝fillfactor：指定在 SQL Server 创建索引的过程中，各索引页叶级的填满程度。fillfactor 必须是 1～100 的整数。如果 fillfactor 为 100，则数据库引擎会创建完全填充叶级页的索引。FILLFACTOR 设置仅在创建或重新生成索引时应用。
- IGNORE_DUP_KEY：指定在插入操作尝试向唯一索引插入重复键值时的错误响应，发出警告信息并忽略重复的行。
- DROP_EXISTING：用于删除并重新生成具有已修改列规范的现有聚集或非聚集索引，同时为该索引设置相同的名称。
- STATISTICS_NORECOMPUTE：指定过期的索引统计不会自动重新计算。
- SORT_IN_TEMPDB：指定用于生成索引的中间排序结果将存储在 tempdb 数据库中。
- ON filegroup：在给定的 filegroup 上创建指定的索引。该文件组必须已经通过执行 CREATE DATABASE 或 ALTER DATABASE 创建。

【例 9-1】 在 STUMS 数据库的“学生”表上按姓名建立非唯一非聚集索引 xs_xm_index。

代码如下：

```
USE STUMS
GO
CREATE NONCLUSTERED INDEX xs_xm_index ON 学生(姓名)
GO
```

在查询编辑器中输入上述代码并执行，创建 xs_xm_index 索引。

【例 9-2】 在 STUMS 数据库的“课程”表上按课程号建立唯一聚集索引 kc_kch_index。

代码如下：

```
USE STUMS
GO
CREATE UNIQUE CLUSTERED INDEX kc_kch_index ON 课程(课程号)
GO
```

在查询编辑器中输入上述代码并执行，创建 kc_kch_index 索引。

【例 9-3】 在 STUMS 数据库的“学生”表上按学号建立聚集索引 xs_xh_index。

本例曾用 SSMS 创建过，若再用命令创建，将会导致索引创建失败。

📖 **知识拓展：** *为避免在同一表中重复创建聚集索引或同名创建索引，可使用短语 WITH DROP_EXISTING 删除已存在的索引。*

代码如下：

```
USE STUMS
GO
```

```
CREATE CLUSTERED INDEX xs_xh_index ON 学生(学号)
WITH DROP_EXISTING
GO
```

执行上述代码后,创建 xs_xh_index 索引。

【例 9-4】 在 STUMS 数据库的"教师任课"表上按教师工号+课程号+班号建立唯一聚集复合索引 js_ghkchbh_index。

代码如下:

```
USE STUMS
GO
CREATE UNIQUE CLUSTERED INDEX js_ghkchbh_index ON 教师任课(教师工号,课程号,班号)
GO
```

执行上述代码后,创建 js_ghkchbh_index 索引。

【例 9-5】 在 STUMS 数据库的"选课"表上按学号+课程号建立带有包含列"成绩"的索引 xk_xhkchcj_index。

代码如下:

```
USE STUMS
GO
CREATE INDEX xk_xhkchcj_index ON 选课(学号,课程号)
INCLUDE(成绩)
GO
```

执行上述代码后,创建 xk_xhkchcj_index 带有包含列的索引。在"对象资源管理器"窗格中依次展开"数据库"→STUMS→"表"→"选课"→"索引"结点,右击 xk_xhkchcj_index 图标,在弹出的快捷菜单中选择"属性"命令即可查看包含列,如图 9-5 所示。

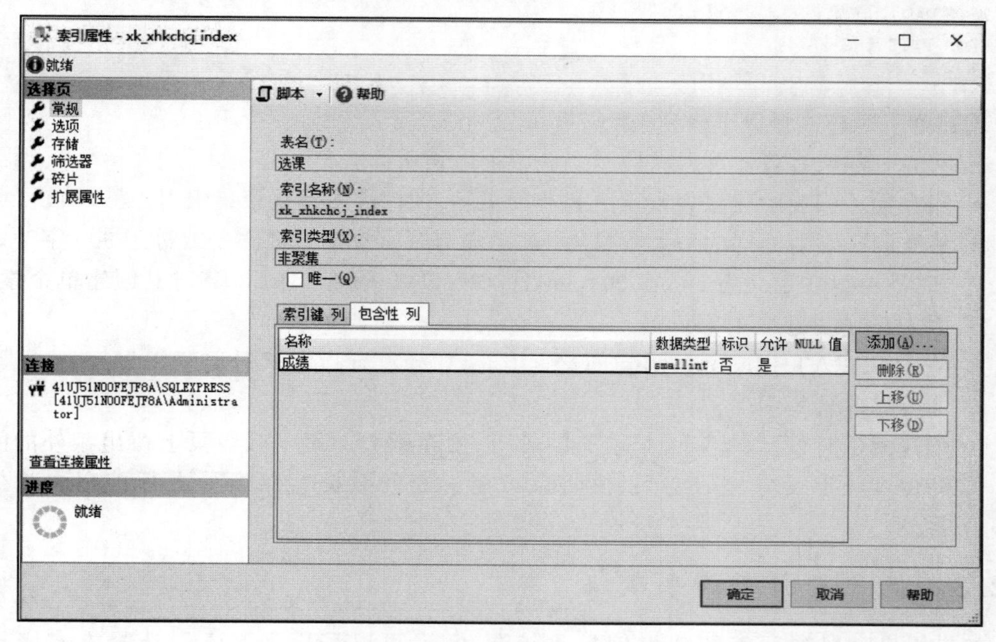

图 9-5 查看 xk_xhkchcj_index 带有包含列的索引

【例 9-6】 在 STUMS 数据库的"学生"表上按姓名建立来自南京的筛选非聚集索引 xm_nj_index。

代码如下：

```
USE STUMS
GO
CREATE INDEX xm_nj_index ON 学生(姓名)
WHERE 籍贯 = '南京'
GO
```

执行上述代码后，创建 xm_nj_index 筛选索引。

【例 9-7】 在 STUMS 数据库的"选课"表上按学号+课程号建立非聚集索引 xk_xhkch_index，其填充因子值为 60。

代码如下：

```
USE STUMS
GO
CREATE INDEX xk_xhkch_index ON 选课(学号,课程号)
WITH FILLFACTOR = 60
GO
```

执行上述代码后，创建 xk_xhkch_index 筛选索引。

【例 9-8】 在 STUMS 数据库的"选课"表上按学号+课程号建立非聚集索引 xk_xhkch_index，其 PAD_INDEX 和填充因子的值均为 60。

代码如下：

```
USE STUMS
GO
CREATE INDEX xk_xhkch_index ON 选课(学号,课程号)
WITH PAD_INDEX,FILLFACTOR = 60,
DROP_EXISTING
GO
```

创建索引时应注意以下事项：

- 只有表的所有者才可以在同一个表中创建索引。
- 当在同一张表中建立聚集索引和非聚集索引时，应先建立聚集索引。
- 建立同一索引的列的最大数目为 16，但所有列宽度的总和小于或等于 900 字节。例如，不可以在定义为 char(300)、char(300)和 char(301)的 3 个列上创建单个索引，因为总宽度超过 900 字节。
- 使用 CREATE INDEX 语句创建索引时，如果没有指定索引类型，SQL Server 默认非唯一非聚集索引。
- 创建索引时，可以指定一个填充因子，以便在索引的每个叶级页上留出额外的间隙和保留一定百分比的空间，供将来可能对表的数据存储容量进行扩充和减少页拆分。

9.2.3 使用索引查询表数据

如果用户对数据库表的索引信息比较清楚，也可以采用强制索引选择方式来执行

SELECT 语句，以提高查询速度。

【例 9-9】 在 STUMS 数据库的“选课”表中按 xk_xhkch_index 索引指定的顺序查询学生选课的信息。

代码如下：

```
USE STUMS
GO
SELECT *  FROM 选课 WITH (INDEX(xk_xhkch_index))
GO
```

使用索引查询的结果如图 9-6 所示。

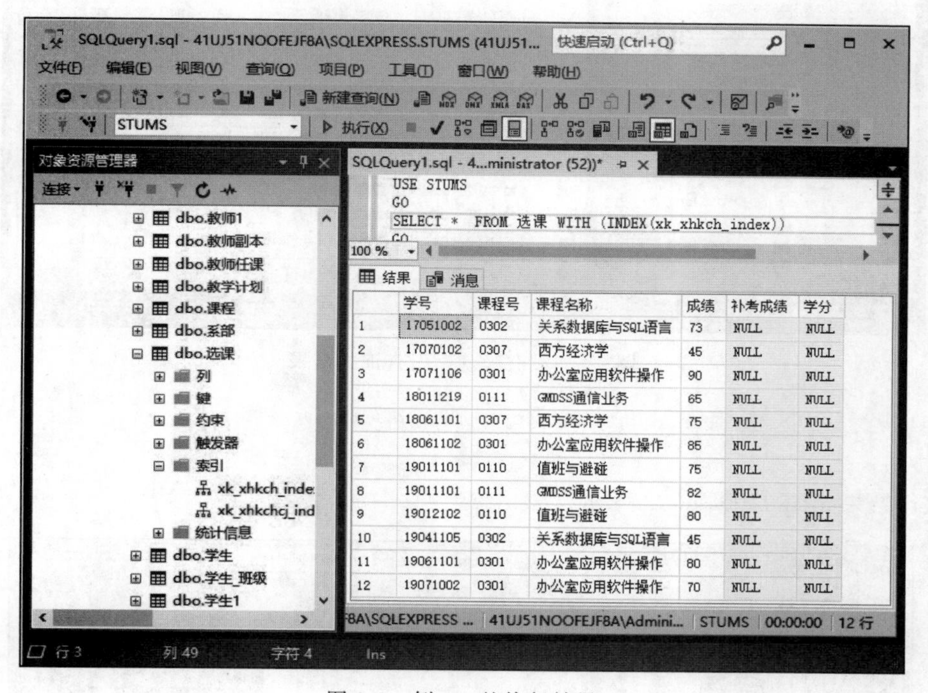

图 9-6　例 9-9 的执行结果

如果没有使用索引查询学生选课的信息，结果会怎样？如图 9-7 所示。

将两图比较不难发现，图 9-7 的结果集是一种堆集，取决于输入数据时的顺序，而图 9-6 的结果集是按索引键值大小的一种有序排列，显然提高了查询速度。

在 SELECT 语句中强制索引选择方式的基本语法如下：

```
WITH (INDEX(<索引名>|<索引号>))
```

【说明】 *索引号可以通过 sys.indexes 查询得到。*

【例 9-10】 在 STUMS 数据库的“教师任课”表中按 js_ghkchbh_index 索引指定的顺序查询教师任课的信息。

代码如下：

```
USE STUMS
GO
```

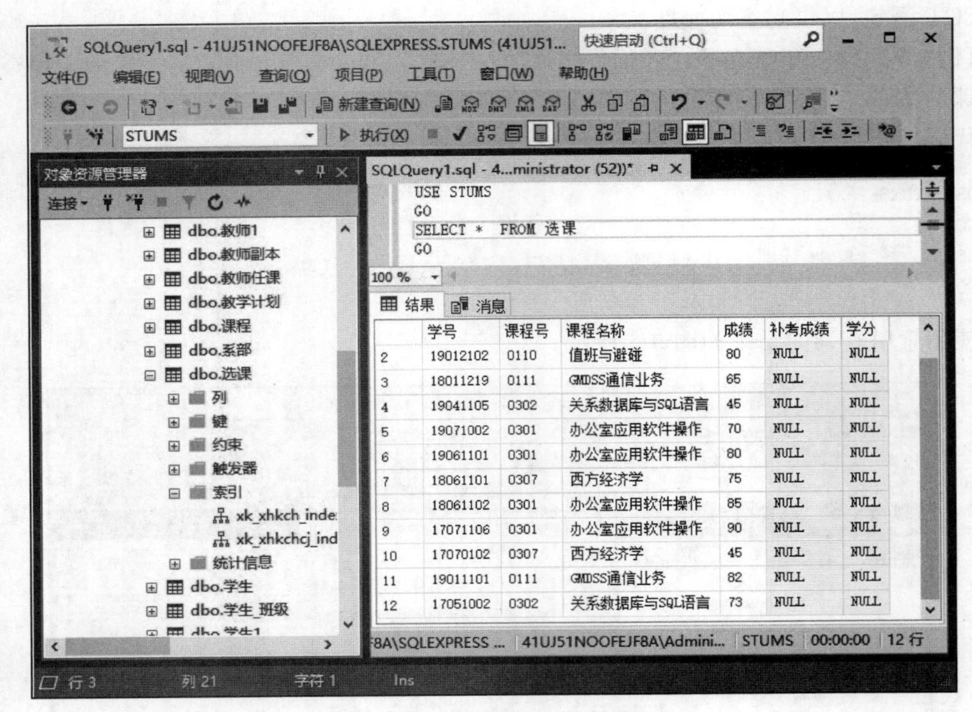

图 9-7 没有强制索引查询的结果

```
SELECT *   FROM 教师任课 WITH (INDEX(js_ghkchbh_index))
GO
```

执行结果如图 9-8 所示。

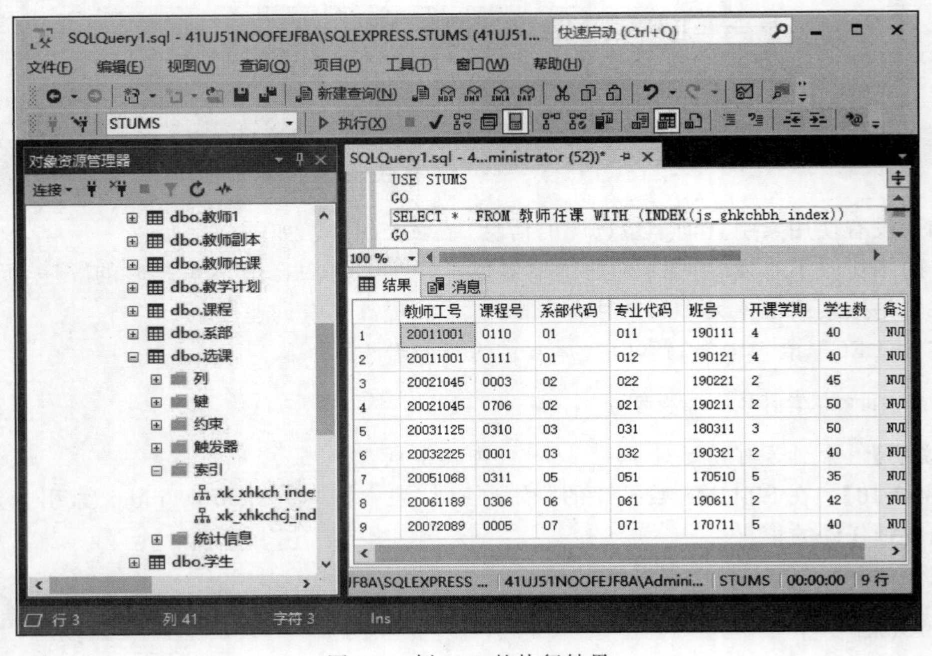

图 9-8 例 9-10 的执行结果

9.2.4 创建列存储索引

行存储和列存储在逻辑上都可整理为包含行和列的表,但实际上行存储是以行式数据格式存储的数据(传统方法),列存储是以列式数据格式存储的数据。列存储索引就是一种使用列式数据格式存储、检索和管理数据的技术,是存储和查询大型数据仓库事实数据表的标准。SQL Server 2019 创建聚集和非聚集列存储索引基本语法如下:

```
CREATE[CLUSTERED| NONCLUSTERED] COLUMNSTORE INDEX <index_name>
ON <table_name>
```

其中,关键字 COLUMNSTORE 指定创建列存储索引。

下面通过示例介绍行存储表转换为聚集列存储索引,或创建非聚集列存储索引的方法。

1. 将行存储表转换为聚集列存储的示例

【例 9-11】 在 STUMS 数据库中创建"通讯录"表,并创建名为 TXL_Simple 的聚集列存储索引。

代码如下:

```
USE STUMS
GO
CREATE TABLE 通讯录(
    姓名 char(8) NOT NULL,
    单位 varchar(20),
    联系电话 varchar(20),
    通信地址 varchar(20))
GO
CREATE CLUSTERED COLUMNSTORE INDEX TXL_Simple ON 通讯录
GO
```

执行上述代码后,创建了"通讯录"表,并将行存储转换为聚集列存储索引。

【例 9-12】 将"学生"表上的 xs_xh_index 聚集索引转换为聚集列存储索引。

代码如下:

```
USE STUMS
GO
CREATE CLUSTERED COLUMNSTORE INDEX xs_xh_index ON 学生
WITH (DROP_EXISTING = ON)                    /* 删除原有的索引文件 */
GO
```

执行上述代码后,"学生"表上的 xs_xh_index 聚集索引转换为具有相同名称的聚集列存储索引。

【例 9-13】 将行存储的"教师"表转换为具有聚集列存储索引的列存储表。

代码如下:

```
/* 创建教师表的聚集列存储索引 js_col_index */
CREATE CLUSTERED COLUMNSTORE INDEX js_col_index ON 教师
/* 将行存储教师表转换为具有聚集列存储索引的列存储表 */
CREATE CLUSTERED COLUMNSTORE INDEX js_col_index ON 教师
WITH (DROP_EXISTING = ON)
GO
```

有时,又需要将列存储表转换为具有聚集索引的行存储表,可使用带 DROP_EXISTING 选项的 CREATE INDEX 语句。

【例 9-14】 将列存储"教师"表转换为具有聚集索引的行存储表。

代码如下:

```
CREATE CLUSTERED INDEX js_COL_index ON 教师(教师工号)
WITH (DROP_EXISTING = ON)
```

注意,代码中的索引文件名必须是已存在的聚集列存储索引文件名(js_COL_index),如果要将列存储表转换为行存储堆,只需删除聚集列存储索引即可。

【例 9-15】 将列存储的"选课"表转换为行存储堆。

代码如下:

```
DROP INDEX xk_Simple ON 选课
GO
```

2. 创建非聚集列存储索引示例

非聚集列存储索引和聚集列存储索引的功能相同。不同之处在于,非聚集索引是对行存储表创建的辅助索引,而聚集列存储索引是整个表的主存储。

【例 9-16】 对行存储"课程"表创建列存储索引作为辅助索引。

代码如下:

```
CREATE NONCLUSTERED COLUMNSTORE INDEX xk_simple
ON 课程(课程名,课程性质,学分)
GO
```

【例 9-17】 使用筛选谓词创建女生信息非聚集列存储索引。

代码如下:

```
DROP INDEX 学生.xs_xh_index                          /* 删除已存在的列存储索引 */
GO
CREATE NONCLUSTERED COLUMNSTORE INDEX xs_xb_simple
ON 学生(姓名,性别,专业代码) WHERE 性别 = '女'
GO
```

【说明】 一个行存储表允许有一个列存储索引。

当表上创建了非聚集列存储索引后,不能直接在该表中修改数据。具有 INSERT、UPDATE、DELETE 或 MERGE 的查询会失败并且返回错误消息。若要添加或修改表中的数据,应禁用或删除列存储索引,然后可以更新表中的数据,在完成数据更新后再重新生成列存储索引。

【例 9-18】 更改非聚集列存储索引学生表中的数据。

代码如下:

```
ALTER INDEX xs_xb_simple ON 学生 DISABLE                 /* 禁用列存储索引 */
UPDATE 学生 SET 学号 = '19071005' WHERE 姓名 = '演示者'   /* 修改学生表数据 */
ALTER INDEX xs_xb_simple ON 学生 REBUILD                 /* 重新生成列存储索引 */
```

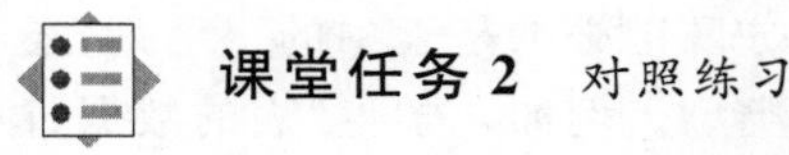

课堂任务 2 对照练习

(1) 使用 SSMS 在 STUMS 数据库的“教学计划”表上按课程号创建一个名为 jxjh_kch_index 的唯一聚集索引。

(2) 使用 CREATE INDEX 语句在 STUMS 数据库的“班级”表上按班级名称创建一个名为 bj_bjmc_index 的唯一索引。

(3) 使用 CREATE INDEX 语句在 STUMS 数据库的“教师”表上按教师工号建立聚集索引 js_jsgh_index,其 PAD_INDEX 和填充因子的值均为 60。

(4) 在“班级”表中,按 bj_bjmc_index 索引指定的顺序,查询班级的有关信息。

(5) 将“教师”表上建立的聚集索引 js_jsgh_index 转换为聚集列存储索引。

9.3 创建已分区表和分区索引

课堂任务 3 要求了解分区的概念,掌握已分区表和分区索引的创建方法。

9.3.1 分区的基本概念

通常,创建表是为了存储某种实体(例如学生)的信息,并且每个表只具有描述该实体的属性。一个表对应一个实体是最容易设计和理解的,因此不需要优化这种表的性能、可伸缩性和可管理性。但是,现实中存在数据表和数据库变大的情况。例如,随着学校办学规模的扩大,招生人数会大增,学生信息管理系统“学生”表和数库据的信息量也会大增。另外,互联网时代,大数据技术飞速发展,超大型数据表和超大型数据库 (VLDB)也不断涌现,其大小以数百吉字节计算,甚至以太字节计算。当表和索引变得非常大时,为了改善大型表以及具有各种访问模式的表的可伸缩性和可管理性,使用分区可以将数据分为更小、更容易管理的部分,从而在改善管理、性能和可用性方面提供一定的帮助。

1. 范围分区

Microsoft SQL Server 2019 允许用户根据特定的数据使用模式,使用定义的范围或列表对表进行分区。范围分区是按照特定和可定制的数据范围来定义的表分区。范围分区的边界由开发人员选择,还可以随着数据使用模式的变化而变化。通常,这些范围是根据日期或排序后的数据组进行划分的。例如,可以对“学生”表按入学时间来分区。范围分区主要用于数据存档、决策支持(当通常只需要特定范围内的数据时,例如某年招生情况)以及组合的 OLTP 和 DSS(根据招生情况调整专业)。

范围分区最初定义起来很复杂,因为需要为每个分区都定义边界条件。此外,还需要创建一个架构,将每个分区映射到一个或多个文件组。但是,它们通常具有一致的模式,因此,定义后很容易通过编程方式进行维护。分区架构可以将对象映射到一个或多个文件组。

2. 分区函数与分区键

为了确定数据的相应物理位置,分区架构将使用分区函数。分区函数定义了用来定向行的算法,即划分数据行的标准。例如,将“学生”表按入学时间可划分为 2017 年、2018 年、2019 年等几个区,可将“学生”表的入学时间定义为分区函数。

对表和索引进行分区的第一步就是定义分区键。分区键必须是表中的一个列,还必须满足一定的条件。而分区函数只定义键所基于的数据类型。例如,“学生”表的数据行可以按学号、性别或专业代码等进行归类分区,但不便于管理,要么分区数很多,要么分区数据集很笼统,所以定义“入学时间”为分区键,其分区函数定义为 RXSJ(DATE)。

分区函数只定义键,而不定义数据在磁盘上的物理位置。数据的物理位置由分区架构决定。架构则将分区与其相应的物理位置(即文件组)相关联。换句话说,架构将数据映射到一个或多个文件组,文件组将数据映射到特定的文件,文件又将数据映射到磁盘。

3. 索引分区

除了对表的数据集进行分区之外,还可以对索引进行分区。使用相同的函数对表及其索引进行分区通常可以优化性能。当索引和表按照相同的顺序使用相同的分区函数和列时,表和索引将对齐。

如果在已经分区的表中建立索引,SQL Server 会自动将新索引与该表的分区架构对齐,除非该索引的分区明显不同。当表及其索引对齐后,SQL Server 则可以更有效地将分区移入和移出分区表,因为所有相关的数据和索引都使用相同的算法进行划分。

如果定义表和索引时不仅使用了相同的分区函数,还使用了相同的分区架构,则这些表和索引将被认为是按存储位置对齐的。按存储位置对齐的一个优点是,相同边界内的所有数据都位于相同的物理磁盘上。

4. 分区示例

根据分区的基本概念,可以为信息量大的“学生”表按入学时间设计分区架构,如图 9-9 所示。从架构图中可以清晰地看出“学生”表按入学时间分划为 3 个组(P1,P2,P3),每组的数据以文件(XS1,XS2,XS3)的形式存放在对应的文件组中,文件组映射到存储器分区(P1,P2,P3),一个数据表以分区的形式存储,就称为已分区表。

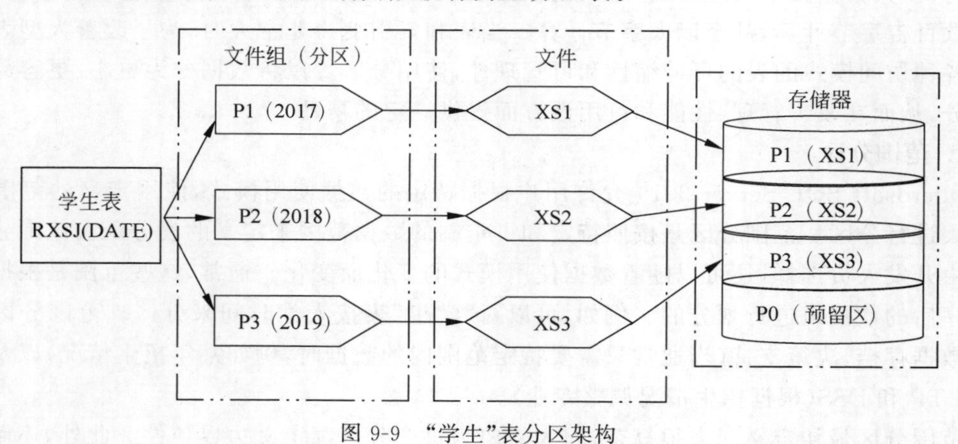

图 9-9 “学生”表分区架构

9.3.2 使用 SSMS 创建已分区表和分区索引

创建已分区表或索引通常包含 4 个操作。

- 创建将持有分区方案所指定的分区的文件组和相应的文件。
- 创建一个分区函数,该函数根据指定列的值将表或索引的各行映射到分区。
- 创建一个将已分区表或已分区索引的分区映射到新文件组的分区方案。

• 创建或修改表或索引,并指定分区方案作为存储位置。

下面以在 STUMS 数据库为“学生”表按入学时间建立已分区表或已分区索引为例,说明在 SSMS 中创建的全过程。

1. 使用 SSMS 创建文件组和相应的文件

(1) 启动 SSMS,在“对象资源管理器”窗格中展开“数据库”结点,右击 STUMS 图标,在弹出的快捷菜单中选择“属性”命令,打开“数据库属性-STUMS”窗口。

(2) 在该窗口左侧窗格中选择“文件组”选择页,在此页面的“行”下单击“添加文件组”按钮,在新行中输入文件组名称 P1。继续单击“添加文件组”按钮添加行,直到创建了已分区表的所有文件组如 P2、P3,加一个额外的文件组 P0(因为创建分区时,除了为边界值指定的文件组数外,还必须始终具有一个额外的文件组)。

(3) 在该窗口左侧窗格中选择“文件”选择页,在此页面的“数据库文件”下单击“添加”按钮,在新行中输入文件名 XS1 并选择文件组 P1。继续添加行,直到为每个文件组都至少创建了一个文件,如图 9-10 所示。

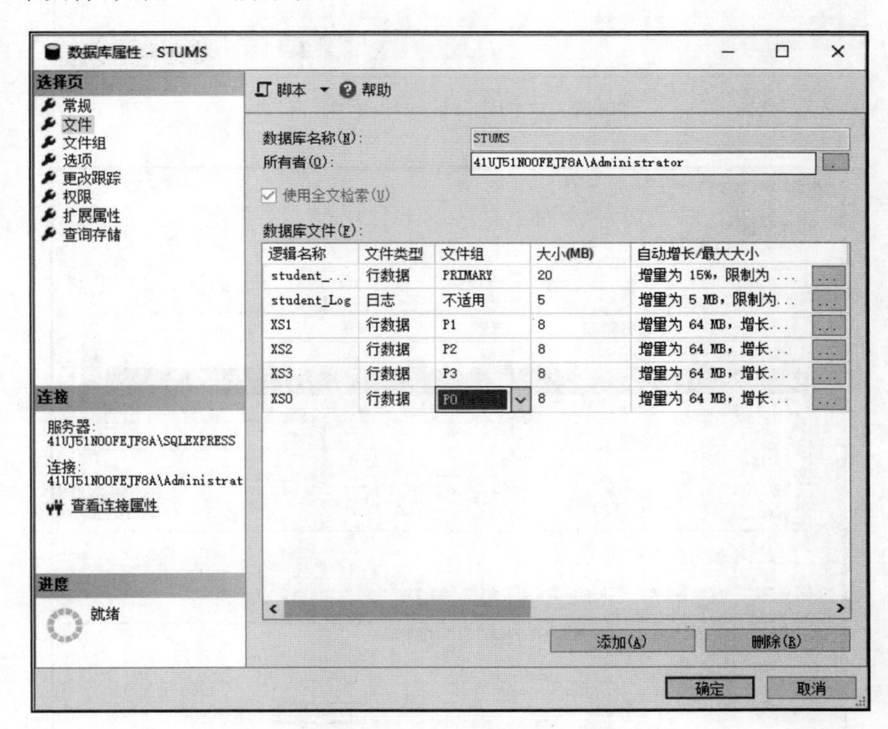

图 9-10　指定分区的文件组和相应的文件

(4) 单击“确定”按钮,完成分区的文件组和相应文件指定。

2. 使用 SSMS 创建分区

(1) 在“对象资源管理器”窗格中依次展开“数据库”→STUMS→“表”结点,右击“学生”表,在弹出的快捷菜单中选择“存储”→“创建分区”命令,打开“创建分区向导-学生”窗口,如图 9-11 所示。

(2) 单击“下一步”按钮,进入“选择分区列”窗口,选择要对表分区的列,如图 9-12 所示。本例选择“入学时间”。此窗口还提供以下附加选项:

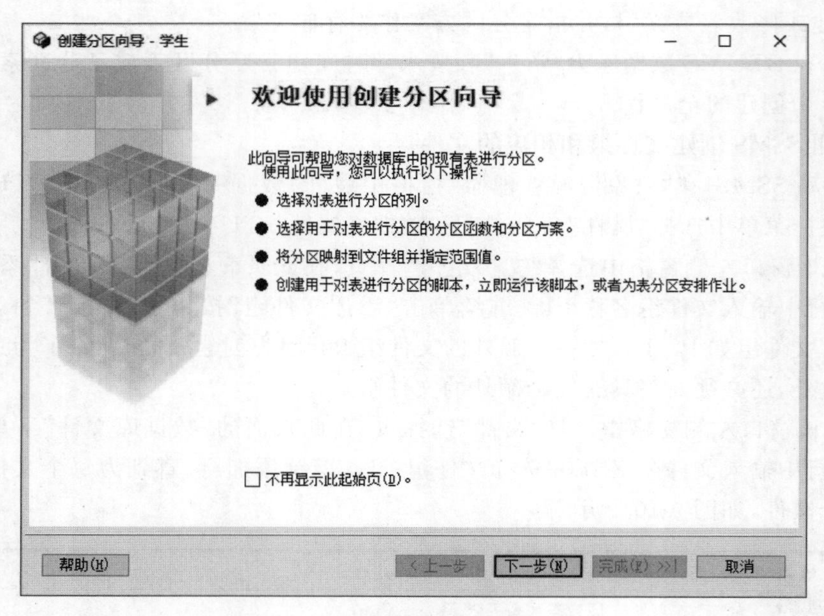

图 9-11 “创建分区向导-学生”窗口

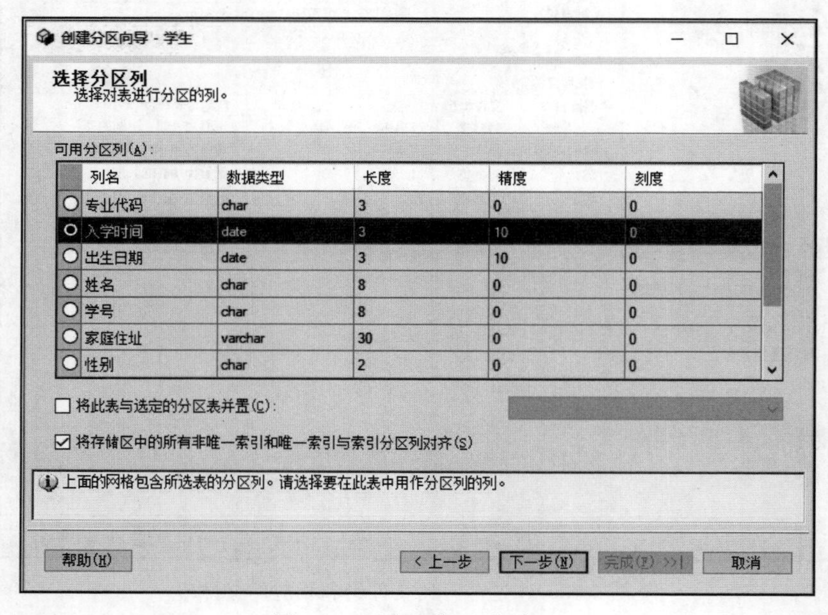

图 9-12 “选择分区列”窗口

- 将此表与选定的分区表并置。允许选择一个已分区表，其中包含根据分区列要与此表相连接的相关数据。
- 将存储区中的所有非唯一索引和唯一索引与索引分区列对齐。将已分区表的所有索引调整为与同一分区方案一致。当表及其索引对齐时，由于数据是使用同一算法进行分区的，所以可以更高效地在已分区表中移入和移出分区。

(3) 选择分区列和任意其他选项后，单击“下一步”按钮，进入“选择分区函数”窗口，此窗口提供了两个单选项，如图 9-13 所示。

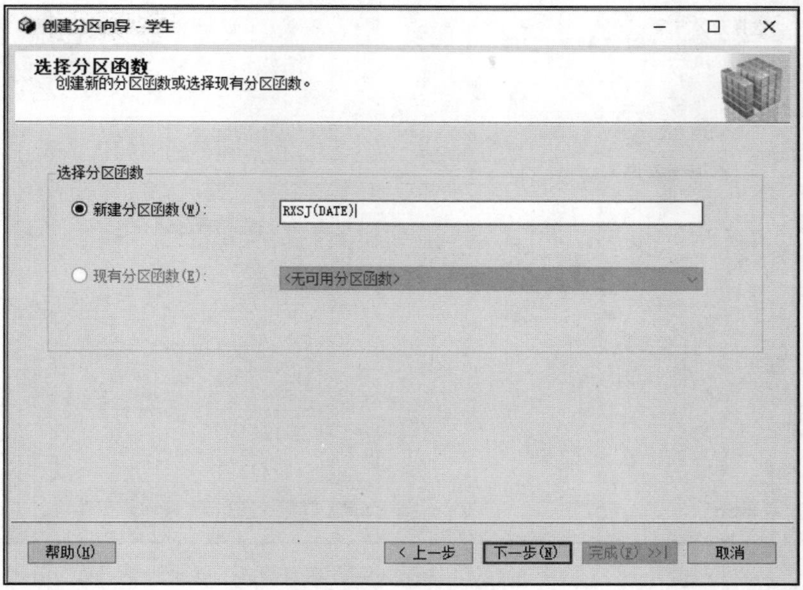

图 9-13 “选择分区函数”窗口

- 选择“新建分区函数”单选按钮，则输入函数的名称即可。
- 选择“现有分区函数”单选按钮，则从列表中选择要使用的函数名称。

如果数据库中没有其他分区函数，“现有分区函数”选项将不可用。本例选择“新建分区函数”单选按钮，输入 RXSJ(DATE)。

(4) 分区函数创建完毕后，单击“下一步”按钮，进入“选择分区方案”窗口，此窗口提供了两种方案：

- 选择“新建分区方案”单选按钮，则输入方案的名称，本例输入 FA。
- 选择“现有分区方案”单选按钮，则从列表中选择要使用的方案名称。如果数据库中没有其他分区方案，“现有分区方案”选项将不可用，如图 9-14 所示。

(5) 分区方案创建完毕后，单击“下一步”按钮，进入“映射分区”窗口，此窗口完成将分区映射到文件组的设置。在窗口“范围”下选择“左边界”或“右边界”单选按钮以指定在创建的每个文件组内是包括最高边界值还是最低边界值。本例选择“右边界”单选按钮，如图 9-15 所示。

在“选择文件组并指定边界值”的“文件组”下，选择要对数据进行分区的文件组。在“边界”下单击“设置边界”按钮弹出“设置边界值”对话框，设定开始日期、结束日期、日期范围，单击“确定”按钮，系统为每个文件组填上边界值，删除 P0 的边界值。单击“预计存储空间”按钮为分区指定每个文件组的存储空间的行计数、所需空间和可用空间。

(6) 映射分区设置完毕后，单击“下一步”按钮，进入“选择输出选项”窗口，指定要如何完成已分区表。本窗口提供了多种选择，如图 9-16 所示。

- 选择“创建脚本”单选按钮，可以基于向导中的前一页创建 SQL 脚本。“脚本选项”下的以下选项将可用：

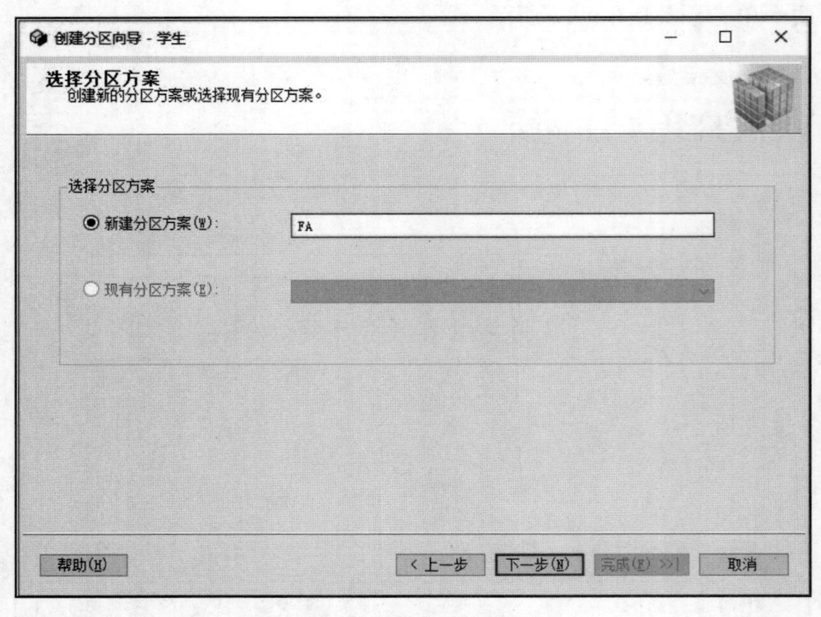

图 9-14 “选择分区方案”窗口

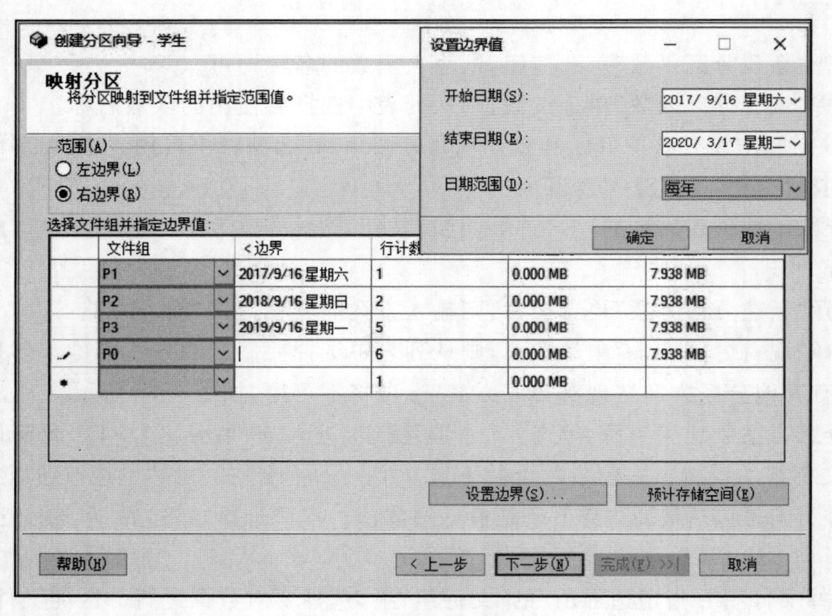

图 9-15 “映射分区”窗口

◆ 将脚本保存到文件。将脚本生成为.sql 文件。在“文件名”文本框中输入文件名和位置,或单击“浏览”按钮打开“脚本文件位置”对话框。从“另存为”中选择“Unicode 文本”或“ANSI 文本”。

◆ 将脚本保存到剪贴板。

◆ 将脚本保存到“新建查询”窗口。这是默认选项。

• 选择“立即运行”单选按钮可以在完成向导中的其余页后创建新的已分区表。

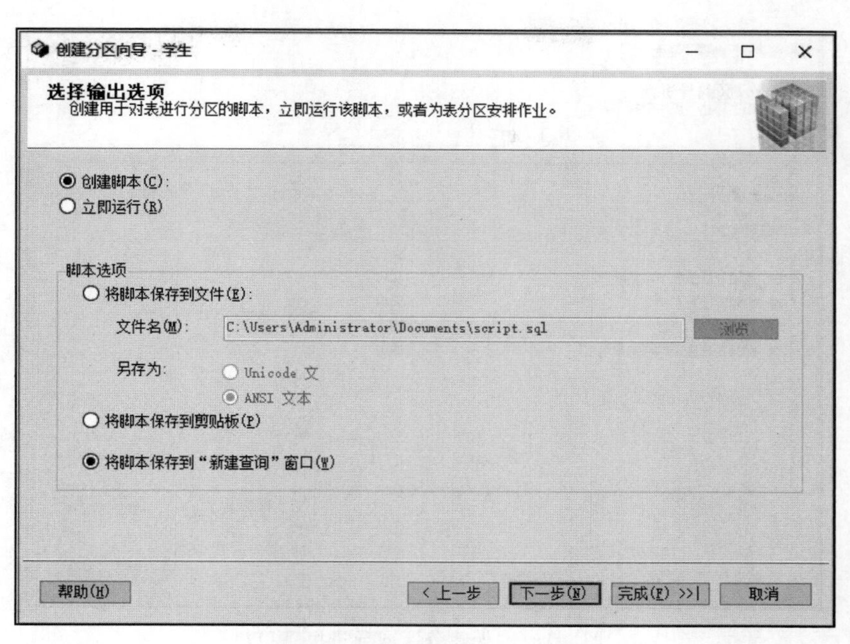

图 9-16 “选择输出选项”窗口

(7) 选择“立即运行”单选按钮，单击“下一步”按钮，进入“检查摘要”窗口，展开所有可用选项，用户可以检查所有分区设置是否正确，如图 9-17 所示。

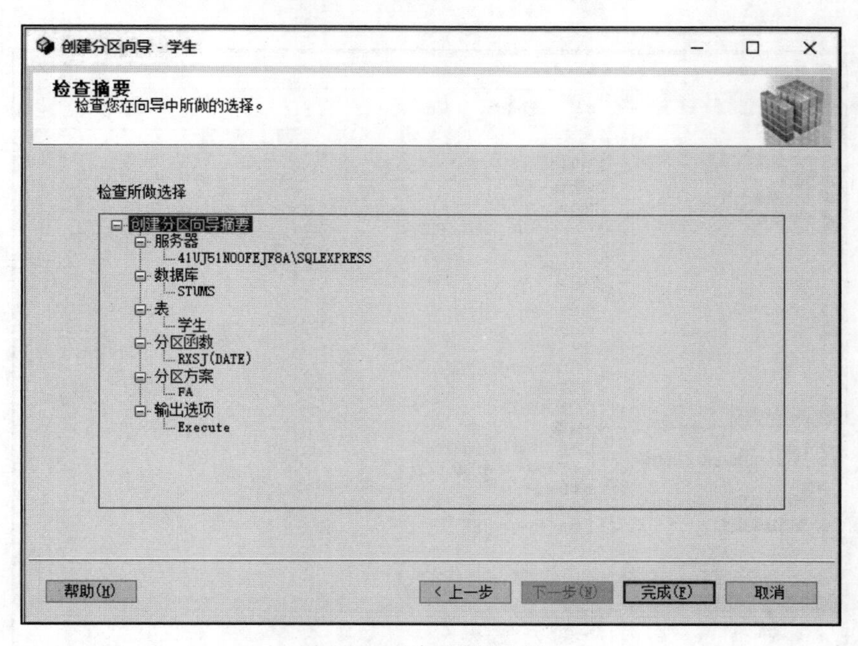

图 9-17 “检查摘要”窗口

(8) 如果一切正确，则单击“完成”按钮，创建分区向导将创建分区函数和方案，然后将分区应用于指定的表，如图 9-18 所示。

(9) 单击“关闭”按钮结束分区创建。若要验证“学生”表分区，可在“对象资源管理器”

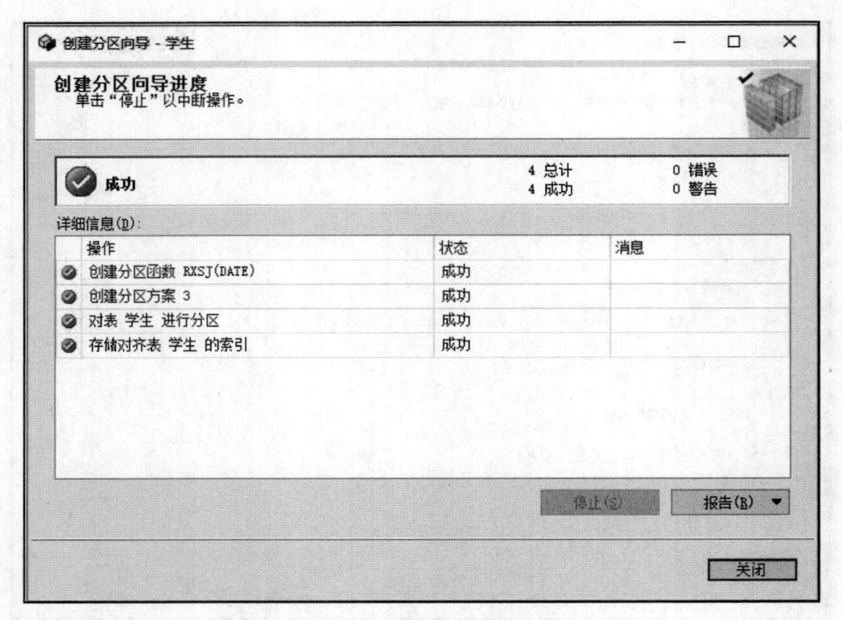

图 9-18 “创建分区向导进度”窗口

窗格中右击“学生”表,在弹出的快捷菜单中选择“属性”命令,打开“表属性-学生”窗口,选择“存储”选择页,该页面将显示分区函数和方案的名称以及分区数目之类的信息,如图 9-19 所示。

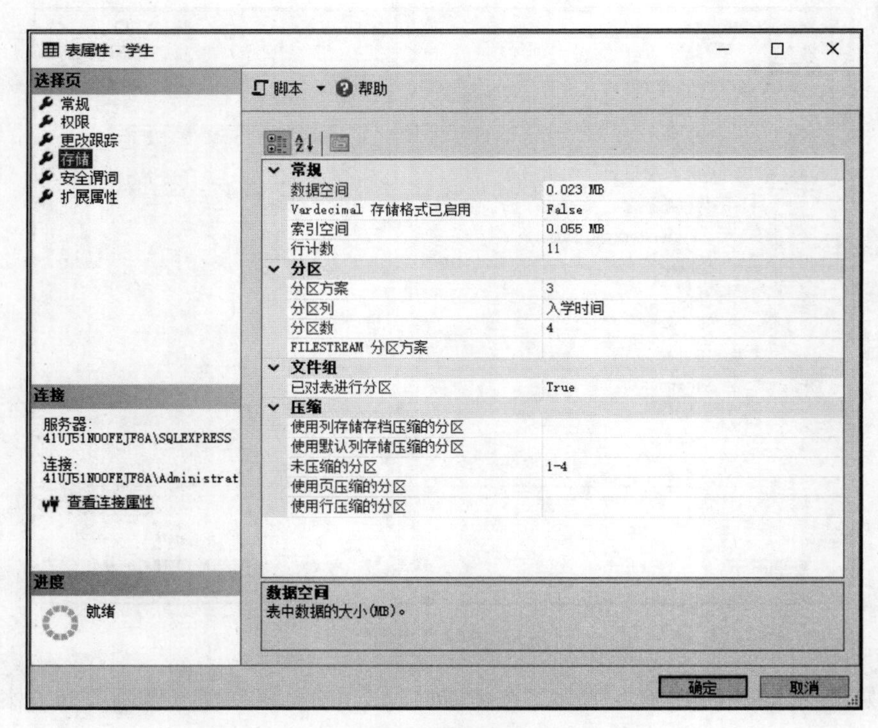

图 9-19 在“表属性-学生”窗口查看分区信息

9.3.3 使用T-SQL语句创建分区方案

在SSMS界面的标准菜单栏上单击"新建查询"按钮，按以下步骤，分别输入以下代码并执行，创建分区方案myZC。此方案是以"教师"表的"职称"列作为分区标准，设计了5个分区。

1. 创建新的文件组

```
ALTER DATABASE STUMS            /* ALTER DATABASE 修改数据库 */
ADD FILEGROUP PJS1;             /* ADD FILEGROUP 添加文件组 */
GO
ALTER DATABASE STUMS
ADD FILEGROUP PJS2
GO
ALTER DATABASE STUMS
ADD FILEGROUP PJS3;
GO
ALTER DATABASE STUMS
ADD FILEGROUP PJS4;
GO
ALTER DATABASE STUMS
ADD FILEGROUP PJS5;
GO
```

2. 创建新的文件

```
ALTER DATABASE STUMS
ADD FILE                        /* ADD FILE 添加数据文件 */
( NAME = JS1,
FILENAME = 'D:\SQLSX\JS1.ndf',
    SIZE = 5MB,
    MAXSIZE = 50MB,
    FILEGROWTH = 5MB
)
TO FILEGROUP PJS1;
ALTER DATABASE STUMS
ADD FILE
( NAME = JS2,
FILENAME = 'D:\SQLSX\JS2.ndf',
    SIZE = 5MB,
    MAXSIZE = 50MB,
    FILEGROWTH = 5MB
)
TO FILEGROUP PJS2;
ALTER DATABASE STUMS
ADD FILE
( NAME = JS3,
FILENAME = 'D:\SQLSX\JS3.ndf',
    SIZE = 5MB,
    MAXSIZE = 50MB,
    FILEGROWTH = 5MB
```

```
)
TO FILEGROUP PJS3;
ALTER DATABASE STUMS
ADD FILE
( NAME = JS4,
FILENAME = 'D:\SQLSX\JS4.ndf',
    SIZE = 5MB,
    MAXSIZE = 50MB,
    FILEGROWTH = 5MB
)
TO FILEGROUP PJS4;
ALTER DATABASE STUMS
ADD FILE
( NAME = JS5,
FILENAME = 'D:\SQLSX\JS5.ndf',
    SIZE = 5MB,
    MAXSIZE = 50MB,
    FILEGROWTH = 5MB
)
TO FILEGROUP PJS5;
```

3. 创建分区函数

```
CREATE PARTITION FUNCTION ZC (char(10))                    /* PARTITION FUNCTION 分区函数 */
    AS RANGE LEFT FOR VALUES ('教授','副教授','讲师','助讲')      /* 设定左边界值 */
GO
```

4. 创建分区方案

```
CREATE PARTITION SCHEME myZC                               /* PARTITION SCHEME 分区方案 */
    AS PARTITION ZC
    TO (PJS1, PJS2,PJS3,PJS4, PJS5)
GO
```

5. 使用向导创建分区

分区方案创建后,在"对象资源管理器"窗格中右击"教师"表,在弹出的快捷菜单中选择"存储"→"创建分区"命令,打开"创建分区向导"窗口,选择"现有分区函数""现有分区方案"单选按钮等,快速完成"教师"表的分区创建。

9.3.4 移除分区函数和分区方案

如果尝试删除一个绑定到既有表或索引的分区函数或分区方案,就会得到一个错误消息,除非删除整个表。下面介绍两种既能保留原表数据又能合并分区的方法。

1. 使用查询创建新表合并分区移除分区函数和分区方案

例如,合并已分区"教师"表的分区,并移除分区方案和分区函数。

代码如下:

```
SELECT * INTO 教师 1 FROM 教师                              /* 制作"教师"表副本 */
GO
DROP TABLE 教师                                            /* 删除教师表 */
```

```
DROP PARTITION SCHEME myZC                           /* 删除分区方案 */
DROP PARTITION FUNCTION ZC                           /* 删除分区函数 */
GO
sp_rename 教师1, 教师                                 /* 重新命名"教师1"为"教师" */
```

需要强调的是,要删除分区方案和分区函数,必须先删除绑定的表。

2. 合并分区保留分区方案和分区函数

只有一个分区的表在功能上和一个普通的未分区表一样。如果只是把表变成一个分区,可以合并所有分区,并且保留分区方案和分区函数。

删除(合并)一个分区,事实上就是在分区函数中将多余的分界值删除。修改分区函数的语法格式如下:

```
ALTER PARTITION FUNCTION partition_function_name()
      MERGE[ RANGE ( boundary_value) ]
```

各参数说明如下。

- ALTER PARTITION FUNCTION:修改分区函数的关键字。
- partition_function_name():要修改的分区函数的名称。
- MERGE[RANGE (boundary_value)]:删除一个分区并将该分区中存在的所有值都合并到某个剩余分区中。
- RANGE(boundary_value):必须是一个现有边界值,已删除分区中的值将合并到该值中。

例如,将"教师"已分区表的4个分区合并为一个分区,保留"讲师"边界值分区。

代码如下:

```
ALTER PARTITION FUNCTION ZC() MERGE RANGE('讲师')
```

课堂任务3 对照练习

(1) 参照书中的示例,使用SSMS为STUMS数据库的"学生"表按"性别"列创建分区。

(2) 使用T-SQL语句在STUMS数据库中以"教学计划"表的"课程类型"列为分区标准,创建myJXJH方案。

9.4 索引的其他操作

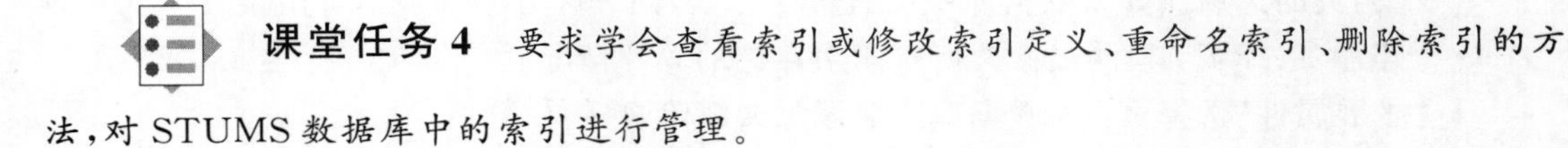

课堂任务4 要求学会查看索引或修改索引定义、重命名索引、删除索引的方法,对STUMS数据库中的索引进行管理。

索引的其他操作主要包括查看索引或修改索引定义、重命名索引、删除索引等内容,下面以管理STUMS数据库中的索引为例,介绍其操作方法。

9.4.1 查看或修改索引定义

在表上创建索引之后,随着业务的发展,数据的变化,可能需要查看或修改有关索引的信息。SQL Server 提供了查看或修改索引的方法。

1. 使用SSMS查看或修改索引

例如,查看 STUMS 数据库中“学生”表上名称为 xs_xh_index 的索引信息。使用 SSMS 的操作步骤如下:

(1) 启动 SSMS,在“对象资源管理器”窗格中依次展开“数据库”→STUMS→“表”→“学生”→“索引”结点,选中 xs_xh_index 并右击,在弹出的快捷菜单中选择“属性”命令,打开“索引属性-xs_xh_index”窗口,如图 9-20 所示。

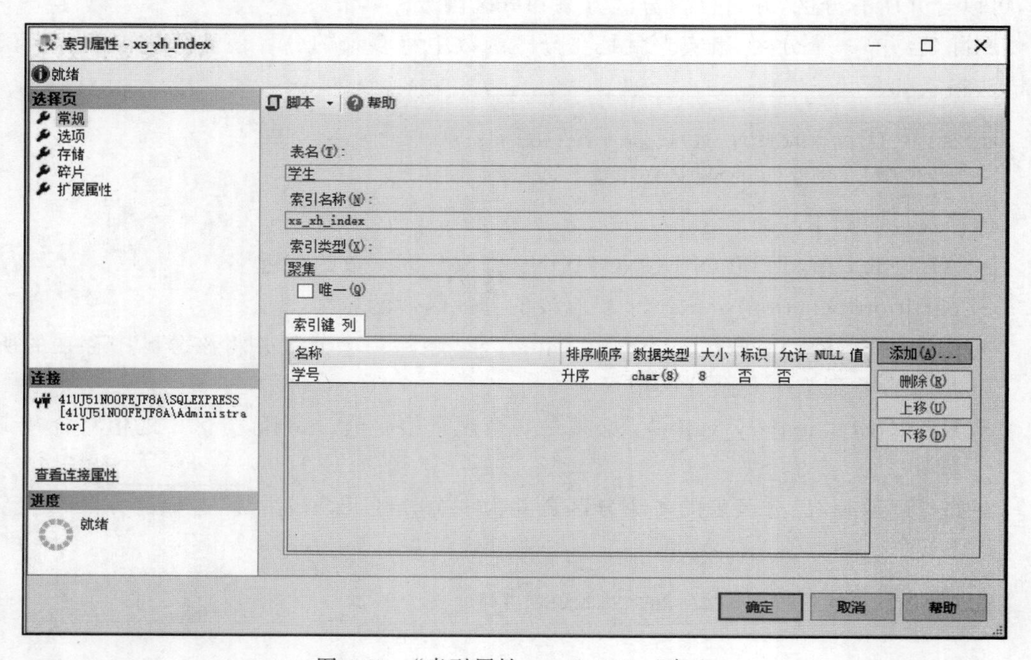

图 9-20 “索引属性-xs_xh_index”窗口

(2) 该窗口包含常规、选项、存储、碎片和扩展属性 5 个选择页,通过这些选择页可以查看或修改所选索引的属性。

- “常规”选择页:查看或修改所选表或视图的索引属性。每一个选择页上的选项可基于所选索引的类型而改变。
- “选项”选择页:查看或修改各种索引选项。包括操作、常规、存储和锁 4 类。
- “存储”选择页:查看或修改所选索引的文件组或分区方案属性。仅显示与索引类型相关的选项。如果数据库中没有分区方案,则分区方案选项不可用。
- “碎片”选择页:检测或修改所选索引存储的碎片情况。
- “扩展属性”选择页:向数据库对象添加或删除自定义属性。

(3) 查看或修改完毕,单击“确定”按钮即可。

2. 使用系统存储过程查看索引信息

在查询编辑器中执行系统存储过程 sp_helpindex 或 sp_help 可查看数据表的索引信息。sp_helpindex 显示表的索引信息,sp_help 除了显示索引信息外,还有表的定义、约束等其他信息。

sp_helpindex 语法：

```
sp_helpindex [ @objname = ] 'name'
```

参数说明如下。

[@objname =] 'name'是当前数据库中表或视图的名称。

【例 9-19】 使用系统存储过程 sp_helpindex 和 sp_help 分别查看“选课”表上的索引信息。

代码如下：

```
EXEC sp_helpindex '选课'
GO
```

执行结果如图 9-21 所示。

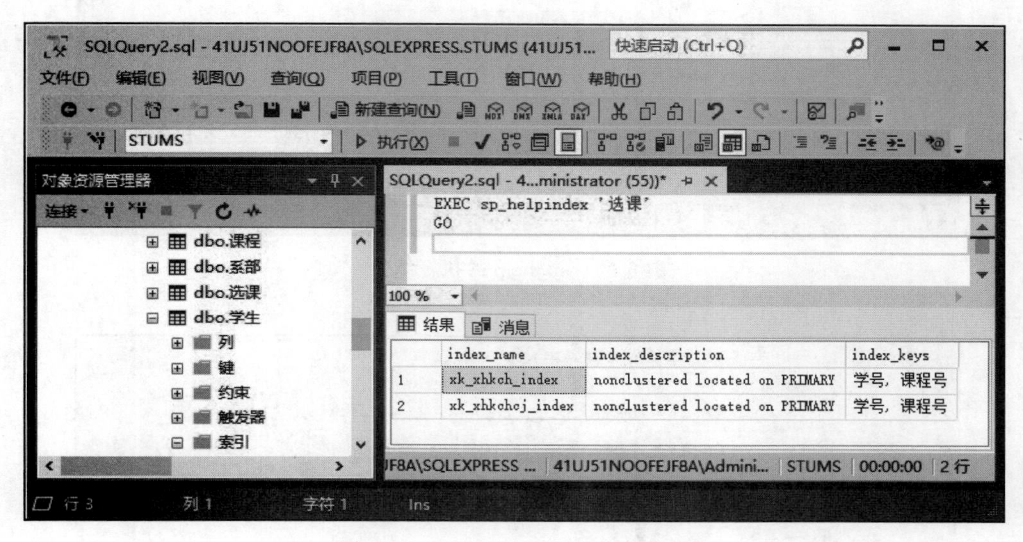

图 9-21　sp_helpindex 的执行结果

```
EXEC sp_help '选课'
GO
```

执行结果如图 9-22 所示。

3. 使用 sys. indexes 视图查看索引信息

sys. indexes 是数据库的系统视图，每个表格对象(例如，表、视图或表值函数)的索引或堆都包含一行。

【例 9-20】 查看数据库 STUMS 的索引信息。

代码如下：

```
USE STUMS
SELECT * FROM sys. indexes
GO
```

执行结果如图 9-23 所示。

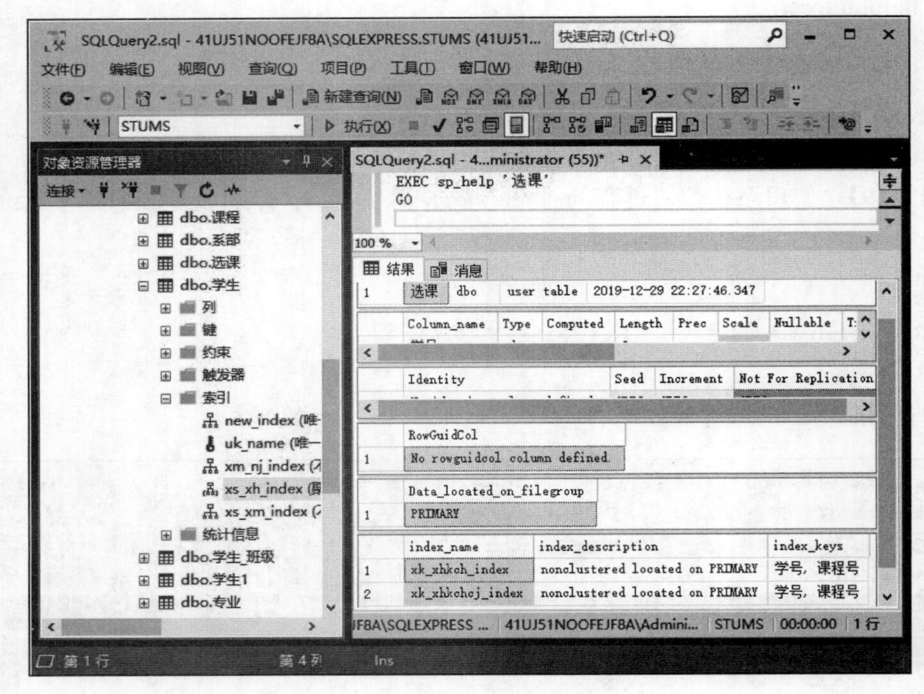

图 9-22　sp_help 的执行结果

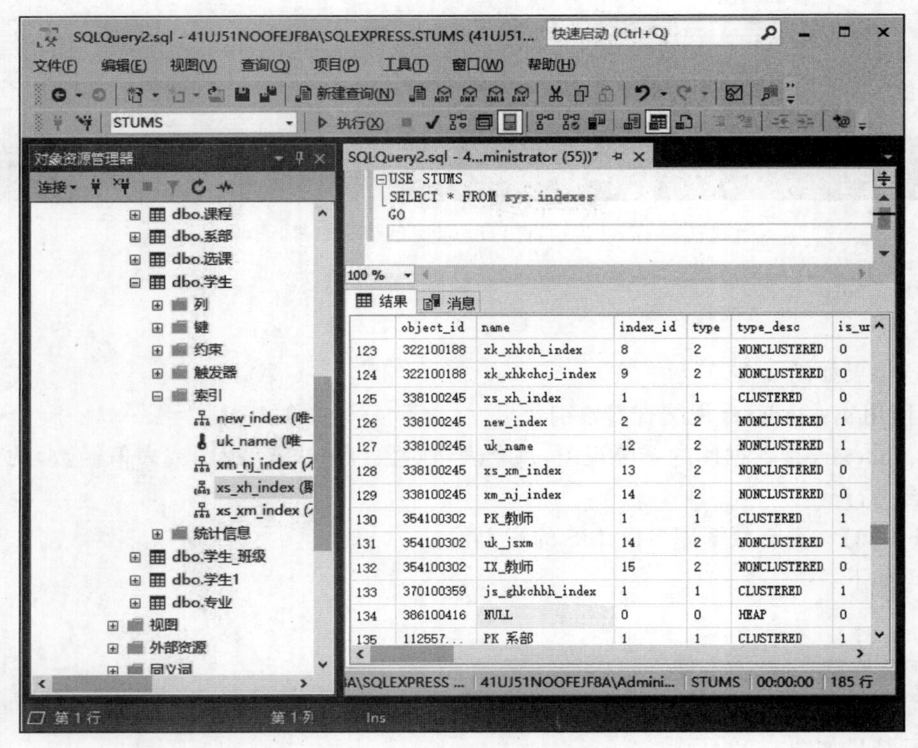

图 9-23　sys.indexes 的执行结果

4. 修改索引定义

在 SQL Server 2019 中,没有提供专门的用于修改索引定义的语句,如果需要修改索引的组成,往往通过先删除索引,然后重建索引,最后使用 ALTER INDEX 使新定义索引生效。

ALTER INDEX 通过禁用、重新生成、重新组织索引,或通过设置索引的相关选项,修改现有的表索引或视图索引。其语法基本格式如下。

```
ALTER INDEX { index_name | ALL } ON [ schema_name. ] table_name
{
  REBUILD { [ PARTITION = ALL [ WITH ( <rebuild_index_option> ) ] ]
 |[ PARTITION = partition_number [ WITH ( <single_partition_rebuild_index_option> )] ] }
 | DISABLE
 | REORGANIZE [ PARTITION = partition_number ]
} [;]
```

其中:

```
<rebuild_index_option> :: =
{DATA_COMPRESSION =
 {NONE|ROW|PAGE|COLUMNSTORE|COLUMNSTORE_ARCHIVE }
 [ ON PARTITIONS ( {<partition_number> [ TO <partition_number>] } [ , …n ] ) ] }
 <single_partition_rebuild_index_option> :: =
{ DATA_COMPRESSION = { COLUMNSTORE | COLUMNSTORE_ARCHIVE }}
```

各参数说明如下。

- index_name: 索引名称。索引名称在表或视图中必须唯一,但在数据库中不必唯一。索引名称必须符合标识符的规则。
- ALL: 指定与表或视图相关联的所有索引,而不考虑是什么索引类型。
- schema_name: 该表或视图所属架构的名称。
- REBUILD PARTITION=ALL: 指定与表或视图相关联的索引(不考虑是什么索引类型)重新生成所有分区。指定只重新生成或重新组织索引的一个分区。如果 index_name 不是已分区索引,则不能指定 PARTITION。
- REBUILD [WITH (<rebuild_index_option>]: 指定将使用相同的列、索引类型、唯一性属性和排序顺序重新生成索引。此子句等同于 DBCC DBREINDEX。
- REBUILD PARTITION=partition_number: 指定重新生成或重新组织已分区索引的分区数。partition_number 是可以引用变量的常量表达式。其中包括用户定义类型变量或函数以及用户定义函数,但不能引用 T-SQL 语句。partition_number 必须存在,否则,该语句将失败。
- REBUILD[WITH (<single_partition_rebuild_index_option>)]: 不能联机重新生成单个分区索引。在此操作过程中将锁定整个表。
- DISABLE: 将索引标记为已禁用,从而不能由数据库引擎使用。
- REORGANIZE: 指定将重新组织的索引叶级。此子句等同于 DBCC INDEXDEFRAG。ALTER INDEX REORGANIZE 语句始终联机执行。不能为已禁用的索引或 ALLOW_PAGE_LOCKS 设置为 OFF 的索引指定 REORGANIZE。

• DATA_COMPRESSION：为指定的索引、分区号或分区范围指定数据压缩选项。选项如下：

NONE，表示不压缩索引或指定的分区。

ROW，使用行压缩来压缩索引或指定的分区。

PAGE，使用页压缩来压缩索引或指定的分区。

以上选项仅适用于行存储表，不适用于列存储表。

COLUMNSTORE，指定对使用 COLUMNSTORE_ARCHIVE 选项压缩的列存储索引或指定分区进行解压缩。还原数据时，将继续通过用于所有列存储表的列存储压缩对 COLUMNSTORE 索引进行压缩。

COLUMNSTORE_ARCHIVE，仅适用于列存储表，会进一步将指定分区压缩到更小。这可用于存档，或者用于要求更少存储并且可以付出更多时间来进行存储和检索的其他情形。

• ON PARTITIONS({< partition_number >[TO < partition_number >]}[,…n])：指定对其应用 DATA_COMPRESSION 设置的分区，< partition_number >为分区号。可以按以下方式指定分区：

指定一个分区号，如 ON PARTITIONS(2)。

指定若干单独分区，如 ON PARTITIONS(1, 2, 5)。

指定某个范围的分区，如 ON PARTITIONS(6 TO 8)。

需要指出，如果索引未分区则 ON PARTITIONS 参数将会产生错误。如果不提供 ON PARTITIONS 子句，则 DATA _COMPRESSION 选项将应用于分区索引的所有分区。

【例 9-21】 在"学生"表中重新生成单个索引。

代码如下：

```
USE STUMS
GO
ALTER INDEX xs_xh_index ON 学生
REBUILD
GO
```

【例 9-22】 重新生成"选课"表的所有索引并指定选项。

代码如下：

```
USE STUMS
GO
ALTER INDEX ALL ON 选课
REBUILD WITH (FILLFACTOR = 80, SORT_IN_TEMPDB = ON,
        STATISTICS_NORECOMPUTE = ON)
GO
```

本例指定了 ALL 关键字，这将重新生成与表相关联的所有索引。

【例 9-23】 禁用"学生"表的非聚集索引 xs_xm_index。

代码如下：

```
USE STUMS
```

```
GO
ALTER INDEX xs_xm_index ON 学生
DISABLE
GO
SELECT * FROM 学生 WITH(INDEX(xs_xm_index))
GO
```

当使用 xs_xm_index 索引查询学生数据时，系统会提示此索引已被禁用，如图 9-24 所示。

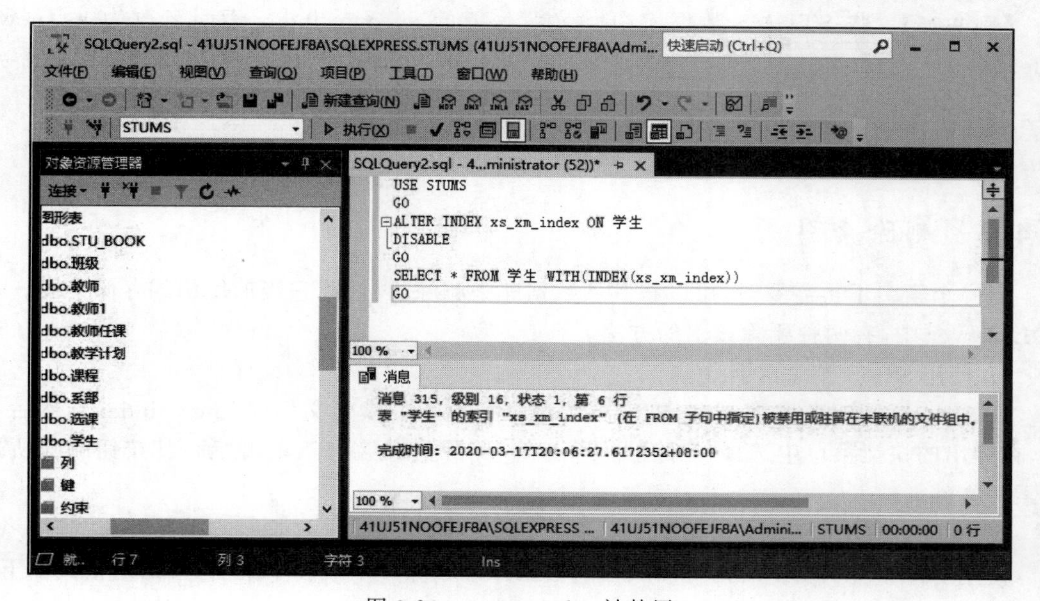

图 9-24　xs_xm_index 被禁用

【例 9-24】 重新组织“学生”表上的聚集索引 xs_xh_index。

代码如下：

```
USE STUMS
ALTER INDEX xs_xh_index ON 学生
REORGANIZE
GO
```

9.4.2　重命名索引

1. 使用 SSMS 重命名索引

对于已创建好的索引文件，在“对象资源管理器”窗格的相关表的“索引”结点中会显示索引名和索引类型。右击需要更名的索引文件，如 xs_xh_index，在弹出的快捷菜单中选择“重命名”命令，在激活的文件名中输入新的名称(如 new_index)即可。

2. 使用 sp_rename 重命名索引

使用系统存储过程 sp_rename 可以更改索引的名称，其语法格式如下：

```
sp_rename[@objname = ] 'object_name ',
[@newname: ] 'new_name '
[,[@objtype: ] 'object_type' ]
```

参数说明如下。

- object_name：需要更改的对象原名。如果要重命名的对象是表中的一列，那么 object_name 必须为 table. column 形式。如果要重命名的是索引，那么 object_name 必须为 table. index 形式。
- new_name：对象更改后的名称。new_name 要遵循标识符的规则。
- object_type：对象类型。

【例 9-25】 将 STUMS 数据库中"学生"表上的 xs_xm_index 索引名改为 xs_new_index。

代码如下：

```
EXEC sp_rename '学生.xs_xm_index','xs_new_index'
```

9.4.3 删除索引

当一个索引不再需要时，可以将其从数据库中删除，以回收它当前使用的存储空间。在 SQL Server 中，有两种删除索引的方法。

1. 使用 SSMS 删除索引

在 SSMS 的"对象资源管理器"窗格中选择要删除的索引文件（如 new_index），然后右击，在弹出的快捷菜单中选择"删除"命令，打开"删除对象"窗口，单击"确定"按钮删除所选的索引文件。

2. 使用 DROP INDEX 语句删除索引

使用 DROP INDEX 语句可以从当前数据库中删除一个或多个索引，其语法格式如下：

```
DROP INDEX 'table.index | view.index' [ ,…n ]
```

各参数说明如下。

- table|view：索引列所在的表或索引视图。
- index：要删除的索引名称。
- n：可以指定多个索引。

【例 9-26】 使用 DROP INDEX 语句删除"学生"表上的 xs_new_index 索引和"教师任课"表上的 js_ghkchbh_index 索引。

代码如下：

```
DROP INDEX 学生. xs_new_index, 教师任课. js_ghkchbh_index
```

【说明】

- 删除表或视图时，自动删除在表或视图上创建的索引。
- 删除聚集索引时，表上的所有非聚集索引都将被重建。
- 只有表的所有者可以删除其索引，所有者无法将该权限转让给其他用户。

课堂任务 4 对照练习

(1) 使用填充因子 80，重建"教学计划"表上的 jxjh_kch_index 索引。

(2) 将 STUMS 数据库中"班级"表上的 bj_bjmc_index 索引改名为 bj_new_index。

(3) 使用 sp_help、sp_helpindex 查看"学生"表上的索引信息。

(4) 用 DROP 命令删除数据库中"教学计划"表上建立的 jxjh_kch_index 索引。

课后作业

1. 什么是索引？索引的作用是什么？

2. 以"课程"表的课程号列创建非聚集索引，画出索引示意图。

3. 索引可以分为哪几类？每一类的特征是什么？

4. 简述用 SSMS 创建索引的步骤。

5. 什么情况下需要重建索引？用什么方法重建索引？

6. 用 sp_rename 系统存储过程重命名索引时，在语法中给出原索引名应是什么形式？

7. 系统存储过程 sp_helpindex 或 sp_help 都可以用来查看数据表的索引信息，它们有何区别？

8. 简述用 SSMS 创建已分区表和分区索引的步骤。

9. 使用 T-SQL 语句，对 STUMS 数据库进行如下操作：

(1) 在 STUMS 数据库的"班级"表上按班号创建一个名为 bj_bh_index 的唯一聚集索引。

(2) 在 STUMS 数据库的"班级"表上按班级名称创建一个名为 bj_bjmc_index 的唯一非聚集索引。

(3) 在 STUMS 数据库的"班级"表上按 bj_bjmc_index 索引指定的顺序，查询班级信息。

(4) 在 STUMS 数据库的"选课"表上按学号＋课程号建立唯一非聚集索引 xk_xhkch，其填充因子和 PAD_INDEX 的值均为 60。

(5) 将"班级"表 bj_bh_index 唯一聚集索引转换为聚集列存储索引。

(6) 重新命名索引 xk_xhkch 为 xk_xhkch_index。

(7) 使用填充因子值 70 重建"班级"表上所有索引。

(8) 查看"班级"表上的索引信息。

(9) 删除"班级"表上的所有索引。

实训 7　图书借阅管理系统索引的创建和管理

1. 实训目的

(1) 掌握创建索引的两种方法。

(2) 掌握采用强制索引选择方式查询信息的方法。

(3) 掌握聚集和非聚集列存储索引的创建方法。

(4) 掌握已分区表和分区索引的创建方法。

(5) 掌握重建索引的方法。

(6) 掌握查看索引的方法。

(7) 掌握重命名索引的方法。

(8) 掌握删除索引的方法。

2. 实训准备

(1) 了解创建各类索引和删除索引的知识。

(2) 了解已分区表和分区索引的知识。

(3) 了解重建索引的方法。

(4) 了解查看索引的系统存储过程的用法。

(5) 了解重命名索引和删除索引的 T-SQL 语句的用法。

3. 实训要求

(1) 了解索引类型并比较各类索引的不同之处。

(2) 完成索引的创建和删除,并提交实训报告。

4. 实训内容

1) 创建索引

(1) 使用 SSMS 创建索引。

在 TSJYMS 数据库的“图书信息”表上按图书编号创建一个名为 tsxx_tsbh_index 的唯一聚集索引。

(2) 使用 T-SQL 语句创建索引。

- 在 TSJYMS 数据库的“借阅登记”表上按一卡通号和图书编号创建一个名为 dzjh_tsbh_index 的唯一索引。
- 在 TSJYMS 数据库的“读者信息”表上按一卡通号建立聚集索引 dzxx_ykth_index,其填充因子和 PAD_INDEX 的值均为 60。
- 在 TSJYMS 数据库的“员工信息”表上按工号创建唯一聚集索引 ygxx_gh_index,并转换为聚集列存储索引。
- 在 TSJYMS 数据库的“图书入库”表上以图书编号(升序)、ISBN 证号(升序)和库存数(降序)3 列建立一个普通索引 tsbh_isbn_kcs。
- 在“图书入库”表上按 tsbh_isbn_kcs 索引指定的顺序,查询馆藏图书的信息。

2) 重建索引

(1) 使用填充因子 80,重建 TSJYMS 数据库中“员工信息”表上的索引 ygxx_gh_index。

(2) 重建“图书信息”表上的所有索引。

3) 重命名索引

将 TSJYMS 数据库中“读者信息”表上的 dzxx_ykth_index 索引改名为 dzxx_new_index。

4) 查看索引

使用 sp_help、sp_helpindex 查看“图书信息”表上的索引信息。

5) 删除索引

用 DROP 命令删除建立在“员工信息”表上的索引 ygxx_gh_index。

6) 按入库年份对“图书入库”表进行近 3 年的分区方案设计,任选一种方法(SSMS 或 T-SQL 语句)创建“图书入库”的分区表

第 7 章 视图的应用

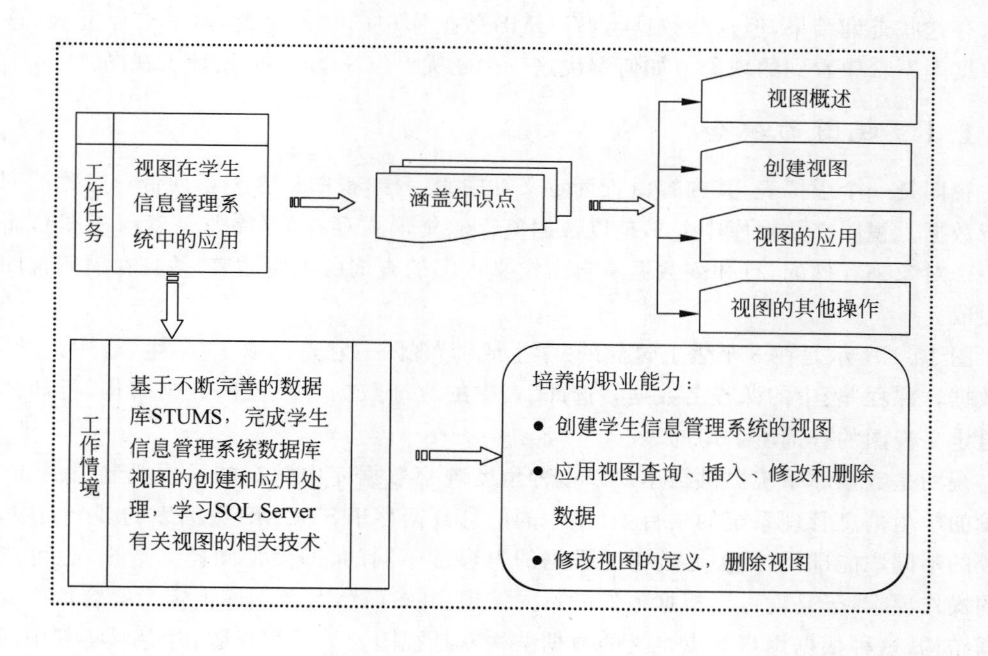

工作任务
视图在学生信息管理系统中的应用
涵盖知识点
视图概述
创建视图
视图的应用
视图的其他操作
工作情境
基于不断完善的数据库STUMS，完成学生信息管理系统数据库视图的创建和应用处理，学习SQL Server有关视图的相关技术
培养的职业能力：
● 创建学生信息管理系统的视图
● 应用视图查询、插入、修改和删除数据
● 修改视图的定义，删除视图

第 10 课　创建学生信息管理系统中的视图

10.1　视 图 概 述

课堂任务 1　学习视图的概念、视图的优点、视图的类型。

使用 SELECT 语句在 STUMS 数据库中查询学生的成绩，其结果显示在屏幕上，随着系统的退出，结果也就丢弃了。当然，也可以使用 SELECT 语句中的 INTO 选项，以表的形式保存这些查询结果，但这些数据与 STUMS 数据库中的数据重复，从而产生冗余，这是设计数据库不希望看到的现象。如何解决这一问题呢？SQL Server 设计了视图。

10.1.1　视图的概念

视图是一个虚拟表，其内容由查询定义。同表一样，视图包含一系列带有名称的列数据和行数据。视图在数据库中并不是以数据值存储集形式存在的(除非是索引视图)，而是作为一个对象来存储的，行和列数据来自由定义视图的查询所引用的表，并且在引用视图时动态生成。

图 10-1 所示是在 3 个表上建立的“学生成绩”视图。它是抽取了“学生”表中的学号、姓名数据，“课程”表中的课程名数据，“选课”表中的成绩数据等组成的数据结构，行和列数据来自定义视图的查询所引用的表。

视图是数据库系统提供给用户以多种角度观察数据库中数据的重要机制。例如，在所开发的学生信息管理系统的项目中，学生的信息数据存于 STUMS 数据库的多个表中，作为学校的不同职能部门，所关心的学生数据的内容是不同的，即使是同样的数据，也可能有不同的操作要求，于是就可以根据他们的不同需求，在 STUMS 数据库上定义符合他们要求的数据结构，这种根据用户观点定义的数据结构就是视图。为了与视图相区别，将其中所引用的表称为基表。

视图的作用类似于筛选。定义视图的筛选可以来自当前或其他数据库的一个或多个表，或者其他视图。分布式查询也可以用于定义使用多个异类源数据的视图。

10.1.2　视图的优点

视图一经定义后，就可以像基表一样供用户进行信息查询，也可以用来更新数据信息，并将更新的结果保存到基表中。但与基表相比，使用视图有以下优点：

- 视图加强了数据的安全性。用作安全机制，方法是允许用户通过视图访问数据，而不授予用户直接访问底层基表的权限。可以对具有不同权限的用户定义不同的视图，而使机密数据不出现在不应看到这些数据的用户视图上。

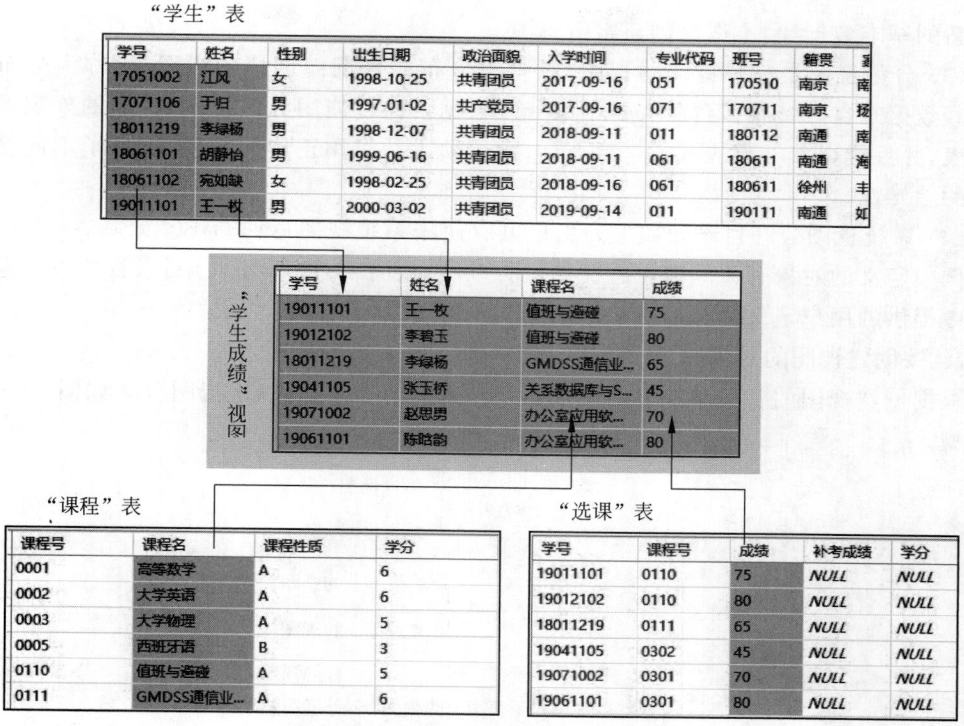

“学生”表

学号	姓名	性别	出生日期	政治面貌	入学时间	专业代码	班号	籍贯	
17051002	江风	女	1998-10-25	共青团员	2017-09-16	051	170510	南京	南
17071106	于归	男	1997-01-02	共产党员	2017-09-16	071	170711	南京	扬
18011219	李绿杨	男	1998-12-07	共青团员	2018-09-11	011	180112	南通	南
18061101	胡静怡	男	1999-06-16	共青团员	2018-09-11	061	180611	南通	海
18061102	宛如缺	女	1998-02-25	共青团员	2018-09-16	061	180611	徐州	丰
19011101	王一枚	男	2000-03-02	共青团员	2019-09-14	011	190111	南通	如

“学生成绩”视图

学号	姓名	课程名	成绩
19011101	王一枚	值班与避碰	75
19012102	李碧玉	值班与避碰	80
18011219	李绿杨	GMDSS通信业...	65
19041105	张玉桥	关系数据库与S...	45
19071002	赵思男	办公室应用软...	70
19061101	陈晗韵	办公室应用软...	80

“课程”表

课程号	课程名	课程性质	学分
0001	高等数学	A	6
0002	大学英语	A	6
0003	大学物理	A	5
0005	西班牙语	B	3
0110	值班与避碰	A	5
0111	GMDSS通信业...	A	6

“选课”表

学号	课程号	成绩	补考成绩	学分
19011101	0110	75	NULL	NULL
19012102	0110	80	NULL	NULL
18011219	0111	65	NULL	NULL
19041105	0302	45	NULL	NULL
19071002	0301	70	NULL	NULL
19061101	0301	80	NULL	NULL

图 10-1 “学生成绩”视图的构成

- 视图可屏蔽数据库的复杂性。视图机制使用户关注于他们所感兴趣的特定数据，而不必考虑这些数据来自哪个表，或表之间的连接操作等。
- 视图可以简化用户操作数据的方式。用户可将经常使用的连接、投影、联合查询和选择查询定义为视图，这样，每次对特定的数据执行进一步操作时，不必再指定所有条件和限定。
- 视图可以保证数据逻辑独立性。视图对应数据库的外模式。如果应用程序使用视图来存取数据，那么当数据表的结构发生改变时，只需要更改视图定义的查询语句即可，不需要更改程序，方便程序的维护，保证了数据的逻辑独立性。
- 提供向后兼容接口来模拟架构已更改的表。

10.1.3 视图的类型

按照不同的标准，可将 SQL Server 视图分为多种类型。

1. 按工作机制分类

根据视图工作机制的不同，通常将视图分为用户定义视图、索引视图、分区视图和系统视图。索引视图、分区视图和系统视图在数据库中起着特殊的作用。

(1) 用户定义视图组合了一个或多个表中的数据，数据库中存储的是 SELECT 语句，SELECT 语句的结果集构成视图所返回的虚拟表。建立用户定义视图的目的是简化数据的操作。

(2) 索引视图是被具体化了的视图，为提高聚合许多行的查询性能而建立的一种带有索引的视图类型。可以为视图创建索引，即对视图创建一个唯一的聚集索引。索引视图数据集被物理存储在数据库中，使用索引视图可以显著提高某些类型查询的性能。但对于经常更新的基本数据集,不适合创建索引视图。

(3) 分区视图是一种特殊的视图,是基于分布式查询而创建的视图,也称为分布式视图。其数据来自一台或多台服务器中的分区数据。通过使用分区视图,数据的外观像一个单一表,并且能以单一表的方式进行查询,而无须手动引用正确的基表,屏蔽了不同物理数据源的差异性。

(4) 系统视图公开目录元数据。用户可以使用系统视图返回与 SQL Server 实例或在该实例中定义的对象有关的信息。例如,用户可以查询 sys.databases 目录视图以便返回与实例中提供的用户定义数据库有关的信息。

2. 按创建视图的对象分类

根据创建视图的基表与源视图的数量及相互间的关系,可以把视图分为如图 10-2 所示的类型。

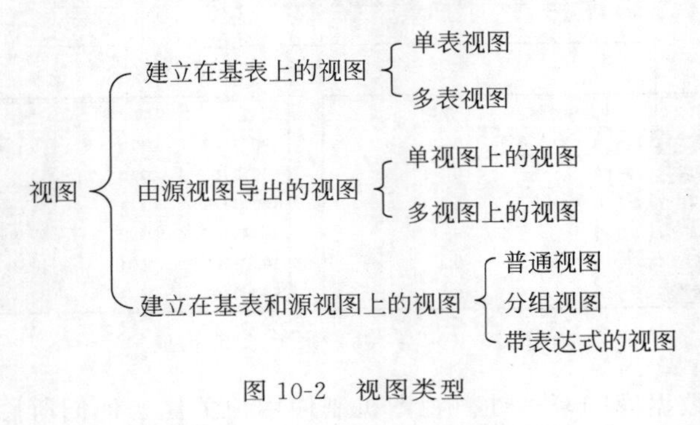

图 10-2　视图类型

课堂任务 1　对照练习

教务处想了解每个教师的任课情况,根据 STUMS 数据库中的数据,设计一个教师任课情况的视图。

【提示】 教师任课情况一般包括教师工号、教师姓名、课程名、班号和开课学期等信息。

10.2　创建视图

课堂任务 2　要求学会使用两种不同的方法为学生信息管理系统数据库(STUMS)创建视图。

视图在数据库中是作为一个对象来存储的,只能在当前数据库中创建视图。视图名称必须遵循标识符的规则,不能与该用户所拥有的任何表的名称相同,且对每个用户必须是唯一的。在 SQL Server 中,可以使用 SSMS 创建视图,也可以使用 T-SQL 的 CREATE VIEW 语句创建视图,下面分别介绍。

10.2.1　使用 SSMS 创建视图

下面以在 STUMS 数据库中创建描述“南通”籍学生视图 NT_XS 为例,说明在 SSMS

中创建视图的全过程。

(1) 在 SSMS 的"对象资源管理器"窗格中依次展开"数据库"→STUMS 结点，右击"视图"图标，在弹出的快捷菜单中选择"新建视图"命令，打开视图设计器，并弹出"添加表"对话框，如图 10-3 所示。

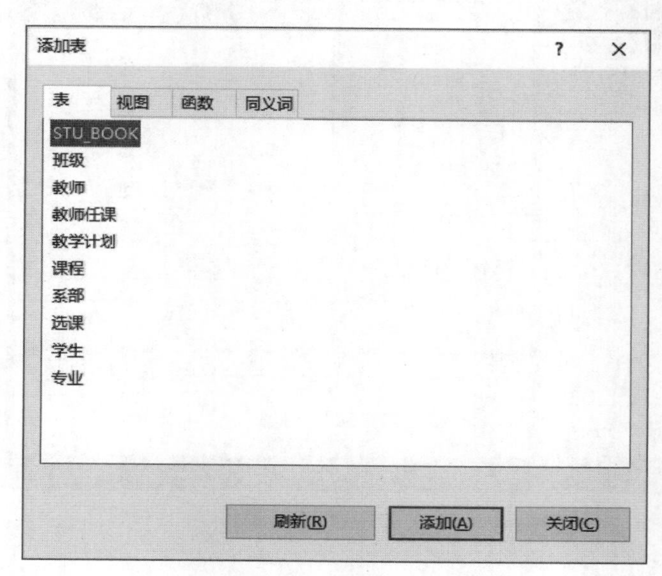

图 10-3 "添加表"对话框

(2) 在"添加表"对话框中显示出 STUMS 中的所有数据表，选择要创建视图的基表，本例选择"学生"表，单击"添加"按钮，然后再单击"关闭"按钮，进入视图设计器。

【说明】 这一步是把需要建立视图用的基表添加到视图设计的基表区域中，本例视图只涉及"学生"表。如果是多张表，应将所需的表全部添加完毕后，再单击"关闭"按钮。

当添加两个或多个表时，如果表之间已经存在关系，则表间会自动加上连接线。如果表之间没有连接线，则可以手工连接表，操作方法是直接拖动第一个表中的连接字段名放在第二个表的相关字段上即可。添加的对象可以是视图，也可以是表和视图。

(3) 视图设计器包含 4 个窗格：关系图窗格、条件窗格、SQL 窗格和结果窗格，如图 10-4 所示。

- 关系图窗格以图形形式显示用于创建视图的表或表值对象。
- 条件窗格用于指定查询选项，即输出哪些数据列、哪些行、如何对结果进行排序等。
- SQL 窗格自动显示使用条件窗格和关系图窗格创建的 SELECT 语句，也可以创建自己的 SQL 语句。
- 结果窗格显示运行视图的结果。

在基表中选择创建视图需要的各列，本例选择" * (所有列)"，再选择"籍贯"列，并去掉籍贯"输出"列复选框的选择，然后在"筛选器"列设置筛选条件"='南通'"。

(4) 设置完毕后，在任意区域右击，在弹出的快捷菜单中选择"执行 SQL(X)"命令，就可以看到所创建的视图的执行结果(见结果区)，如图 10-5 所示。

(5) 单击工具栏中的"保存"按钮，保存刚创建的视图，在"另存为"对话框中输入视图文

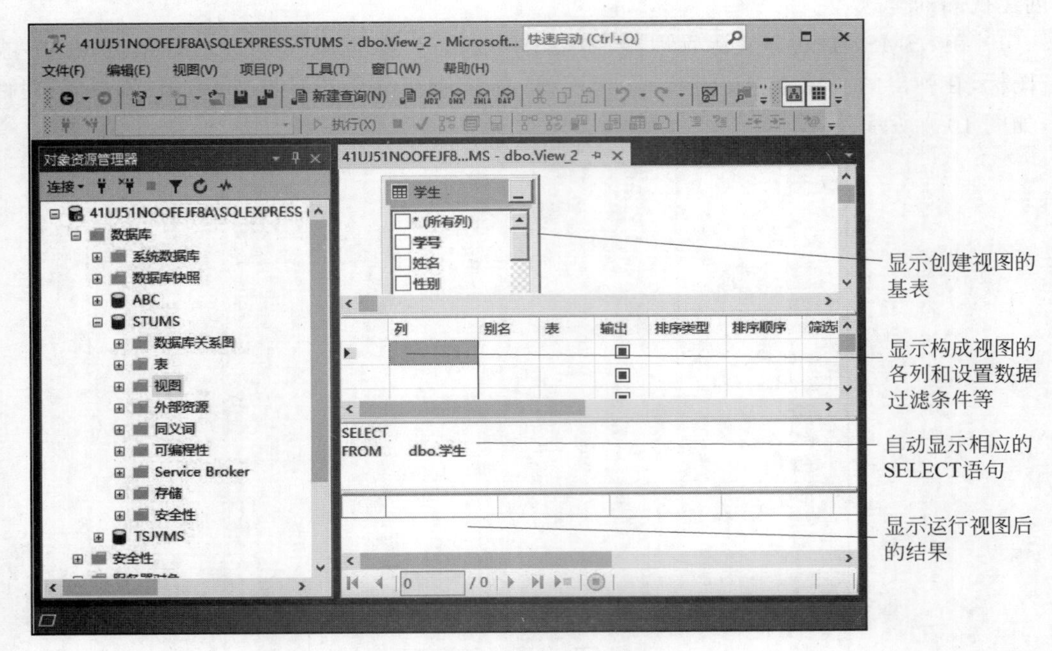

图 10-4　视图设计窗口

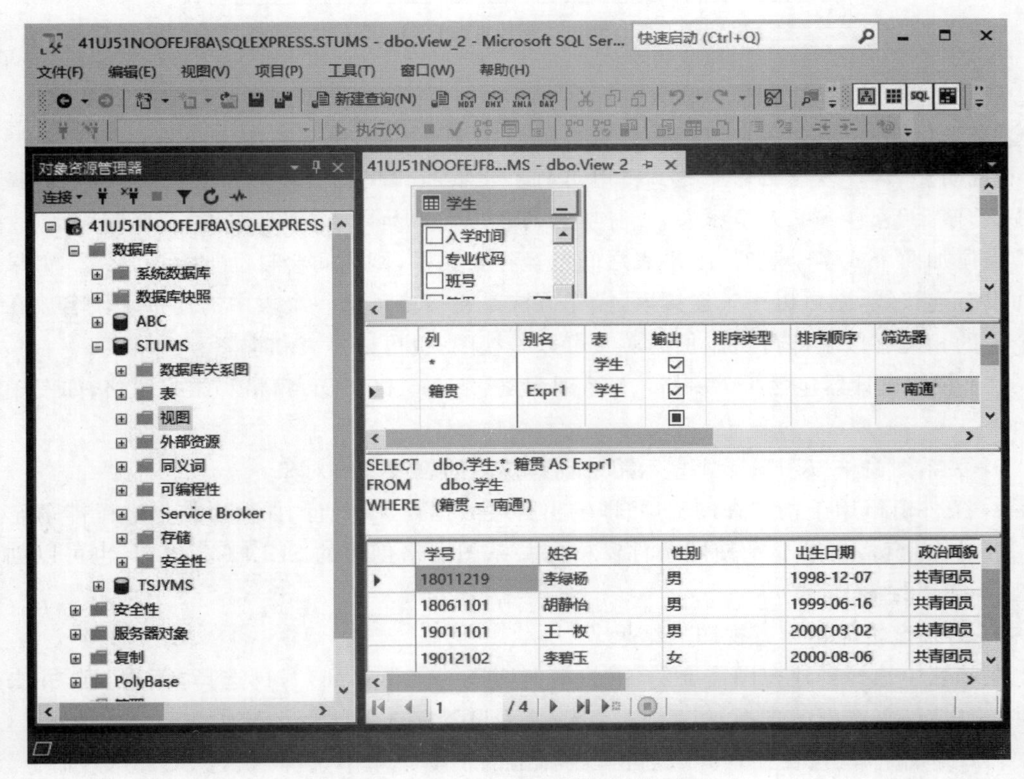

图 10-5　视图定义的内容和执行结果

件名 NT_XS,单击“确定”按钮,再单击窗口中的“关闭”按钮,便完成了视图的创建。

知识拓展：如果添加的是多个表,则创建的是多表视图；如果添加的是视图,则创建的是视图上的视图；如果添加的是表和视图,则创建的就是表和视图上的视图。

10.2.2 使用 CREATE VIEW 语句创建视图

用户可以在查询编辑器中使用 CREATE VIEW 语句来创建视图。CREATE VIEW 语句的基本语法如下：

```
CREATE VIEW [ schema_name . ] view_name [ (column [ ,…n ] ) ]
[ WITH{ ENCRYPTION|SCHEMABINDING | VIEW_METADATA } [ ,…n ] ]
AS select_statement
[ WITH CHECK OPTION ] [ ; ]
```

各参数说明如下。

- schema_name：视图所属架构的名称。
- view_name：要创建的视图名称。
- column：指定视图中的列名。如果未指定 column,则视图的列名将与 SELECT 语句中的列名同名。但在下列 3 种情况下,必须明确指定组成视图的所有列名。
  - 某个目标列不是单纯的属性名,而是函数或列表达式。
  - 多表连接时选出了几个同名列作为视图的字段。
  - 需要在视图中为某个列启用新的名字。
- AS：指定视图要执行的操作。
- select_statement：定义视图内容的 SELECT 语句。在该语句中可以使用多个表或其他视图。但 SELECT 子句不能包括 COMPUTE 或 COMPUTE BY 子句、ORDER BY 子句、INTO 关键字及 OPTION 子句,不能引用临时表或表变量。在索引视图定义中,SELECT 语句必须是单个表的语句或带有可选聚合的多表 JOIN。
- WITH：用来设置视图的属性控制。视图的属性控制主要有以下 3 种。
  - ENCRYPTION：加密选项。适用于 SQL Server 2008 及更高版本和 Azure SQL 数据库。对 sys. syscomments 表中包含 CREATE VIEW 语句文本的项进行加密。使用 WITH ENCRYPTION 可防止在 SQL Server 复制过程中发布视图。
  - SCHEMABINDING：将视图绑定到基表的架构,从而对基表中能够影响视图定义的更新操作进行限制。
  - VIEW_METADATA：视图的查询操作中,当请求浏览模式的元数据时,指定返回有关视图的元数据信息,而不是基表的元数据信息。
- WITH CHECK OPTION：要求对该视图执行的所有数据修改语句都必须符合 select_statement 中所设置的条件。通过视图修改行时,WITH CHECK OPTION 可确保提交修改后,仍可通过视图看到数据。

【例 10-1】 基于“教师”表创建职称为“副教授”的教师信息视图 fjs_js_view,该视图中只含有教师工号、姓名、性别、出生日期和职称等列的数据信息。

代码如下：

```
USE STUMS
GO
CREATE VIEW fjs_js_view
AS
SELECT 教师工号,姓名,性别,出生日期,职称
FROM 教师
WHERE 职称 = '副教授'
GO
```

在查询编辑器中输入上述代码,执行后将创建 fjs_js_view 视图。

【例 10-2】 创建描述学生成绩的加密视图 xs_cj_view,该视图中包含学号、姓名、性别、课程名和成绩等数据内容。

代码如下:

```
USE STUMS
GO
CREATE VIEW xs_cj_view
WITH ENCRYPTION
AS
SELECT 学生.学号,姓名,性别,课程名,成绩
FROM 学生,选课,课程          /*创建视图的数据源是 3 个表*/
WHERE 学生.学号 = 选课.学号 AND 选课.课程号 = 课程.课程号
GO
```

在查询编辑器中输入上述代码,执行后将创建 xs_ cj _view 视图。

知识拓展:本例创建的是基于"学生"表、"选课"表和"课程"表的视图,即多表视图。

【例 10-3】 定义一个反映女生学习成绩的视图 Nxs_cj_view。

在例 10-2 中,已创建了描述所有学生学习成绩情况的视图,本例要创建的是反映女生学习成绩情况的视图。因此,可以通过 xs_cj_view 视图来创建 Nxs_cj_view 视图,简化其操作。

代码如下:

```
USE STUMS
GO
CREATE VIEW Nxs_cj_view  AS
SELECT *
FROM xs_cj_view           /*创建视图的数据源是视图*/
WHERE 性别 = '女'
GO
```

知识拓展:本例创建的是基于视图的视图。

10.2.3 创建索引视图和分区视图

1. 创建索引视图

为视图创建索引可以提高查询性能。查询优化器可使用索引视图加快执行查询的速度。对视图创建的第一个索引必须是唯一聚集索引,创建唯一聚集索引后,可以创建更多非聚集索引。

1）创建索引视图的步骤

创建索引视图需要执行下列步骤，并且这些步骤对于成功实现索引视图而言非常重要。

- 验证视图中将引用的所有现有表的 SET 选项是否都正确。
- 在创建任意表和视图之前，验证会话的 SET 选项设置是否正确。
- 验证视图定义是否为确定性的。
- 使用 WITH SCHEMABINDING 选项创建视图绑定基表架构。
- 为视图创建唯一的聚集索引。

2）索引视图所需的 SET 选项

如果执行查询时启用不同的 SET 选项，则在数据库引擎中对同一表达式求值会产生不同结果。为了确保能够正确维护视图并返回一致结果，索引视图需要多个 SET 选项具有固定值。

- SET NUMERIC_ROUNDABORT OFF：设置精度的降低不会生成错误信息。
- SET ANSI_PADDING ON：填充原始值（char 列具有尾随空格的值，binary 列具有尾随零的值），以达到所定义的列的长度。
- SET ANSI_WARNINGS：对几种错误情况指定 ISO 标准行为。设置为 ON 时生成警告消息，设置为 OFF 时不发出警告。
- SET CONCAT_NULL_YIELDS_NULL ON：串联空值与字符串将产生 NULL 结果。
- SET ARITHABORT ON：在查询执行过程中发生溢出或被零除错误时结束查询。
- SET QUOTED_IDENTIFIER ON：指定标识符可以由双引号分隔，而文字必须由单引号分隔。
- SET ANSI_NULLS ON：指定在 SQL Server 2019(15.x)中与 NULL 值一起使用等于(=)和不等于(<>)比较运算符时采用符合 ISO 标准的行为。

创建索引视图需要设置哪些 SET 选项、要求及注意事项可参阅 SQL Server 2019 在线手册，在此不再赘述。

【例 10-4】 按"教师工号"创建"教师"表的索引视图 VJ_index。

代码如下：

```
/* 设置索引视图所需的 SET 选项 */
SET NUMERIC_ROUNDABORT OFF
SET ANSI_PADDING,ANSI_WARNINGS,CONCAT_NULL_YIELDS_NULL,
ARITHABORT, QUOTED_IDENTIFIER, ANSI_NULLS ON;
GO
/* 将视图绑定到基表的架构 */
CREATE VIEW jsgh_view
WITH SCHEMABINDING
AS
SELECT 教师工号,姓名,性别,职称 FROM dbo.教师        /* dbo.不能省略 */
GO
/* 创建视图唯一聚集索引 */
CREATE UNIQUE CLUSTERED INDEX VJ_index
ON jsgh_view (教师工号)
GO
```

执行上述代码，将创建 VJ_index 索引视图。在"对象资源管理器"窗格中依次展开"数据库"→STUMS→"视图"→dbo.jsgf_view→"索引"结点可查看，如图 10-6 所示。

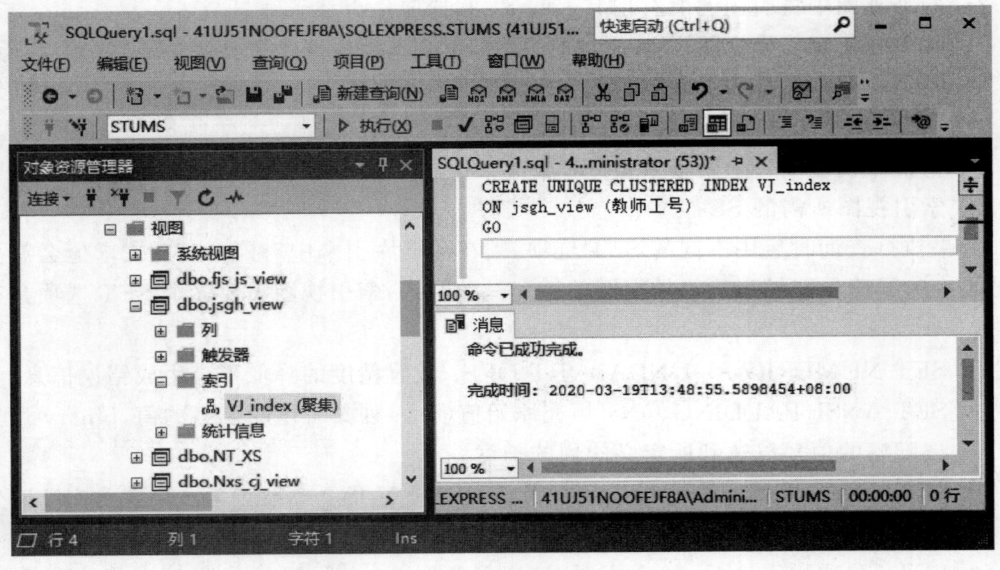

图 10-6　查看创建的索引视图

2. 创建分区视图

分区视图是通过对成员表使用 UNION ALL 所定义的视图，这些成员表的结构相同，但作为多个表分别存储在同一个 SQL Server 实例中，或存储在称为联合数据库服务器的自主 SQL Server 服务器实例组中。

分区视图用在一台或多台服务器水平连接一组成员表中的分区数据中，使数据看起来就像来自一个表。分区视图通过以下语法进行定义。

```
SELECT < select_list1 >
FROM T1
UNION ALL
SELECT < select_list2 >
FROM T2
UNION ALL
...
SELECT < select_listn >
FROM Tn;
```

其中，T1，T2，…，TN 为结构相同的成员表文件名。

【例 10-5】 某高校有南通、扬州和张家港 3 个办学点。学生信息数据分别存储于 student_NT、student_YZ、student_ZJG 数据表中。为了便于管理，要求创建学生信息分区视图 student_view。

代码如下：

```
CREATE VIEW student_view
AS
```

```
SELECT *   FROM student_NT
UNION ALL
SELECT *   FROM student_YZ
UNION ALL
SELECT *   FROM student_ZJG;
```

在查询编辑器中输入上述代码，执行后将创建 student _view 分区视图，如图 10-7 所示。

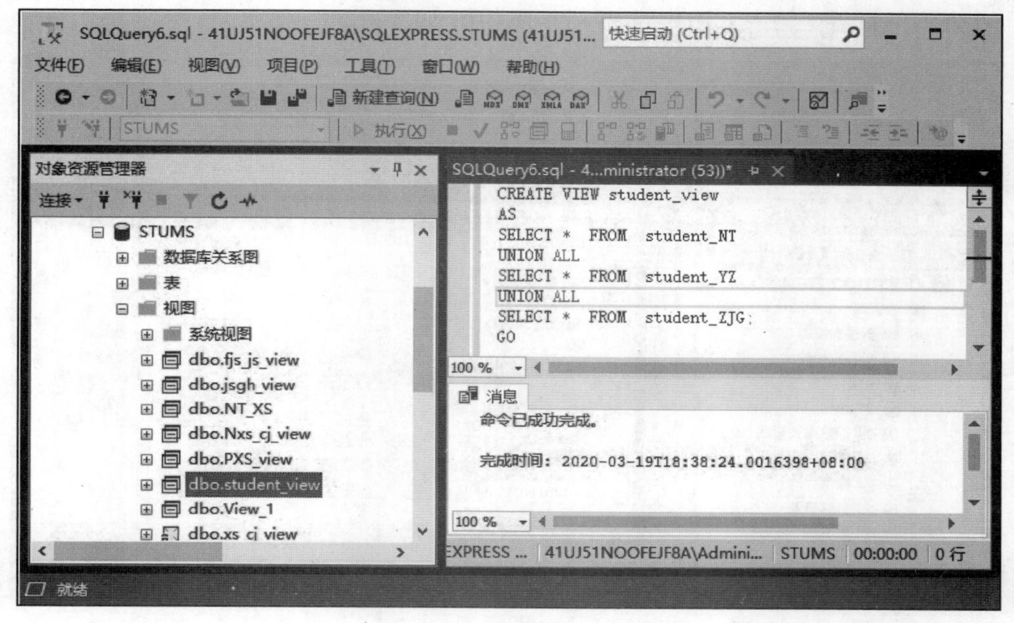

图 10-7 创建分区视图

课堂任务 2 对照练习

(1) 使用 SSMS 创建基于“教师”表的反映本科学历的教师信息视图 xl_js_view。

(2) 用 T-SQL 语句创建基于“学生”表的南京籍学生信息的加密视图 xs_nj_view。

10.3 视图的相关应用

课堂任务 3 学习应用视图进行数据的查询、插入、修改和删除等相关知识。

10.3.1 使用视图查询信息

视图定义后，用户就可以像对基表进行查询一样对视图进行查询。在 SSMS 中查询视图的方法与查询数据表的方法基本相同，也可以使用 SELECT 语句查询，通过视图进行查询没有任何限制。

【例 10-6】 通过 xs_cj_view 视图查询学习成绩在 85 分以上的学生信息。

代码如下：

```
USE STUMS
GO
SELECT *
FROM xs_cj_view
WHERE 成绩> = 85
GO
```

在查询编辑器中输入上述代码，执行结果如图 10-8 所示。

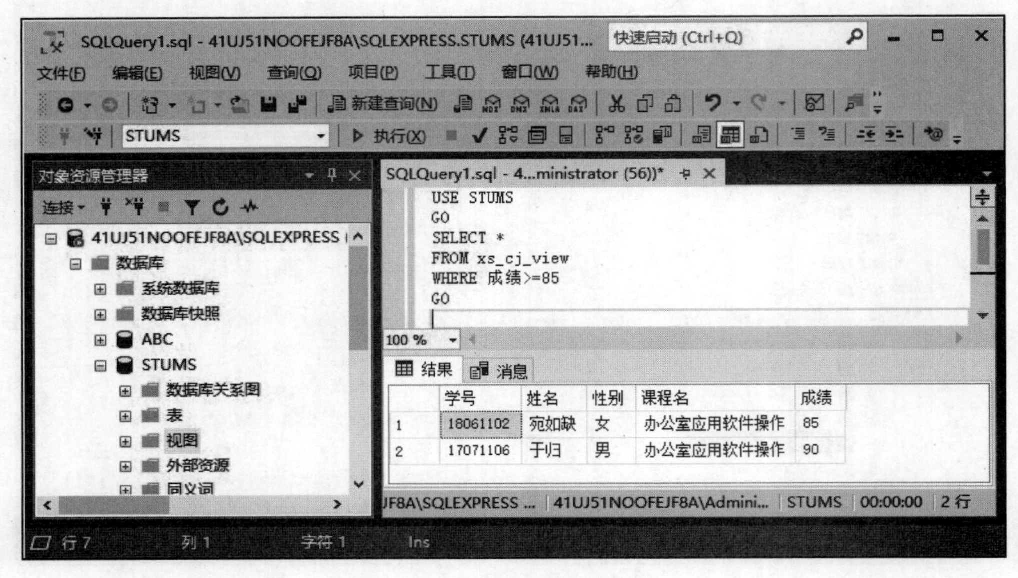

图 10-8 例 10-6 的执行结果

此查询的执行过程是首先检查其有效性，检查查询涉及的表、视图等是否在数据库中存在。如果存在，则系统从数据字典中取出 xs_cj_view 视图的定义，然后把此定义和用户对视图的查询结合起来，转换成对“学生”表、“选课”表和“课程”表的查询，这一转换过程称为视图消解（View Resolution）。

【例 10-7】 通过 student _view 分区视图查询各办学点女生的信息。

代码如下：

```
USE STUMS
GO
SELECT *  FROM  student_view                          /* 引用分区视图 */
WHERE 性别 = '女'
GO
```

在查询编辑器中输入上述代码，执行结果如图 10-9 所示。

10.3.2 使用视图更新数据

更新视图数据包括插入、删除和修改 3 类操作。由于视图实际存储的并不是虚拟表，而是一个定义，因此对视图的更新，最终要转换为对基表的更新。

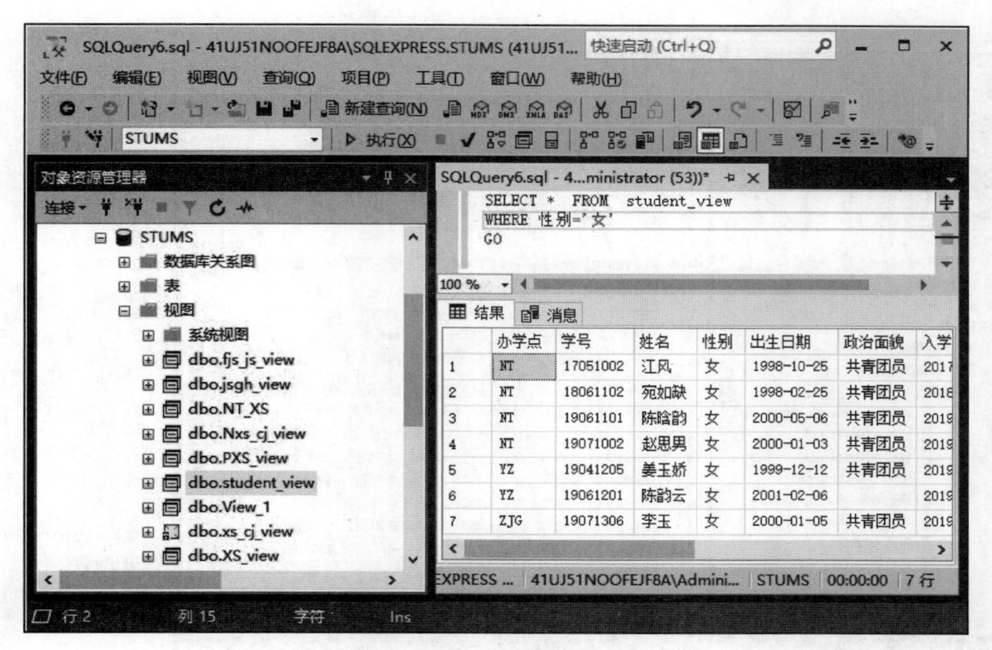

图 10-9 例 10-7 的执行结果

1. 使用视图插入数据

【例 10-8】 在 fjs_js_view 视图中插入一个新的教师记录，教师工号为 02061199，姓名为“张荣”，性别为“男”，出生日期为 1976-4-23，职称为“副教授”。

代码如下：

```
USE STUMS
GO
INSERT fjs_js_view                    /*引用的视图*/
VALUES('02061199','张荣','男','1976-4-23','副教授')
```

在查询编辑器中输入上述代码并执行，就在 fjs_js_view 视图中插入了一条“张荣”的记录。同时，也在 fjs_js_view 视图所依据的基表——“教师”表中插入了这条记录。

使用 SELECT 语句，查询 fjs_js_view 视图和“教师”表，就能看到在“教师”表的相应列上加入了('0201005','张荣','男','1976-4-23','副教授')等数据，如图 10-10 所示。

【说明】 当视图所依赖的基表有多个时，不能向该视图插入数据。

2. 使用视图修改数据

【例 10-9】 修改 NT_XS 视图中的数据，将姓名“王一枚”改为“王敏”。

代码如下：

```
UPDATE NT_XS
SET 姓名 = '王敏'
WHERE 姓名 = '王一枚'
GO
```

使用 UPDATE 语句修改 NT_XS 视图的数据，该视图所依据的“学生”表中的数据也做了同样的修改，如图 10-11 所示。

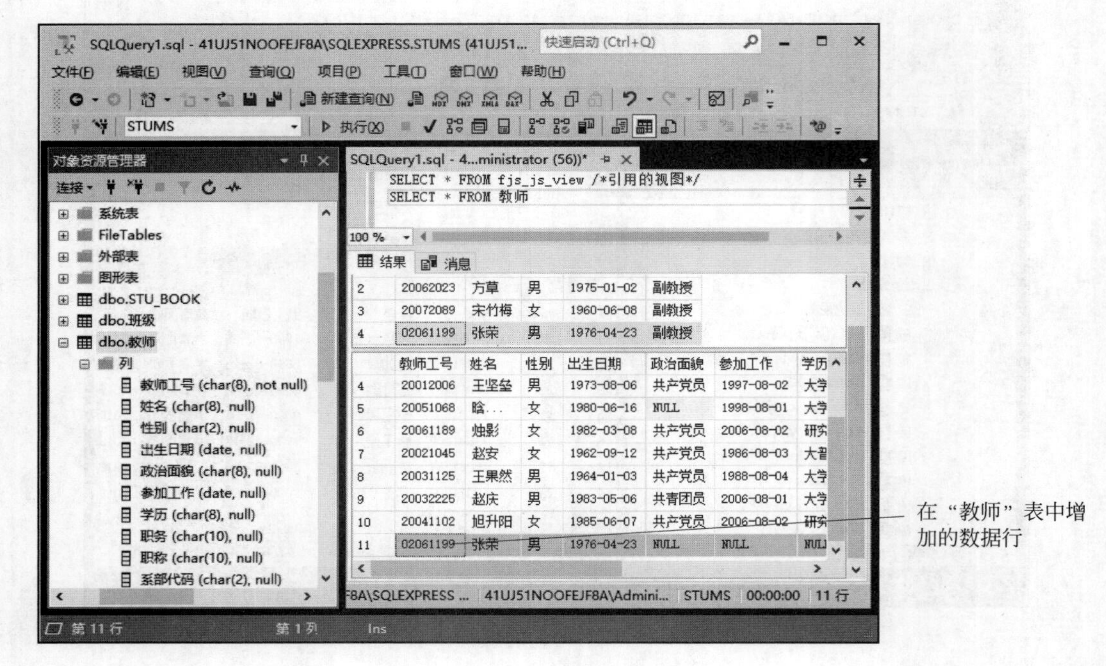

图 10-10　使用视图插入的数据行

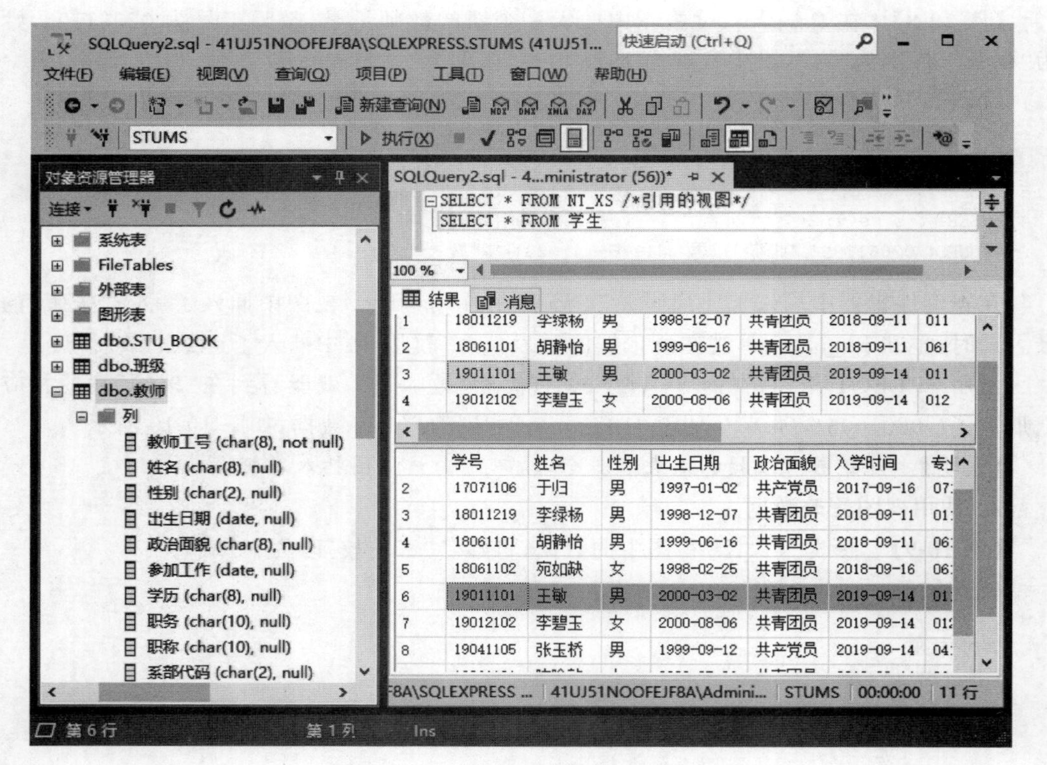

图 10-11　视图和基表数据同步修改

3. 使用视图删除数据

【例 10-10】 删除 NT_XS 视图中的女生信息。

代码如下：

```
DELETE NT_XS
WHERE 性别 = '女'
GO
```

使用 DELETE 语句删除 NT_XS 视图中的女生数据，该视图所依据的"学生"表中的"南通"籍的女生数据也做了同样的删除。执行如下代码可查看。

```
SELECT * FROM NT_XS                /*引用的视图*/
SELECT * FROM 学生
GO
```

视图对数据的操作有一定的限制条件：

- 如果视图来自多个基表，则不允许对视图进行插入、删除操作。
- 如果在定义视图的查询语句中使用了聚合函数或 GROUP BY、HAVING 子句，则不允许对视图进行插入或更新操作。
- 如果在定义视图的查询语句中使用了 DISTINCT 选项，则不允许对视图进行插入或更新操作。
- 如果在视图定义中使用了 WITH CHECK OPTION 选项，则在视图上插入、修改的数据必须符合定义视图的 SELECT 语句的 WHERE 所设定的条件。

知识拓展：为防止用户通过视图对数据进行更新，无意或故意操作不属于视图范围内的基本数据时，可在定义视图时加上 WITH CHECK OPTION 子句，这样在视图上更新数据时系统会进一步检查视图定义中的条件，若不满足条件，则拒绝执行该操作。

课堂任务 3 对照练习

(1) 通过 xl_js_view 视图查询本科学历的教师的姓名和职称。

(2) 在 xs_nj_view 视图中插入一条新记录，学号为"20051011"，姓名为"张玉荣"，性别为"女"，出生日期为"2001-4-23"，入学时间为"2020-9-16"，政治面貌为"共青团员"。

(3) 修改 xs_nj_view 视图中的数据，将姓名"张玉桥"改为"张育桥"。

(4) 删除 xs_nj_view 视图中的男生信息。

10.4 视图的其他操作

课堂任务 4 学习查看与修改视图定义信息、重命名视图、删除视图等方面的相关知识。

10.4.1 查看与修改视图定义信息

1. 使用 SSMS 查看与修改视图定义信息

用户可以通过 SSMS 查看 NT_XS 视图定义信息。其操作过程如下：

(1) 启动 SSMS,在“对象资源管理器”窗格中依次展开“数据库”→STUMS→“视图”结点,右击 NT_XS 视图对象,在弹出的快捷菜单中选择“设计”命令,打开如图 10-12 所示的视图设计器。

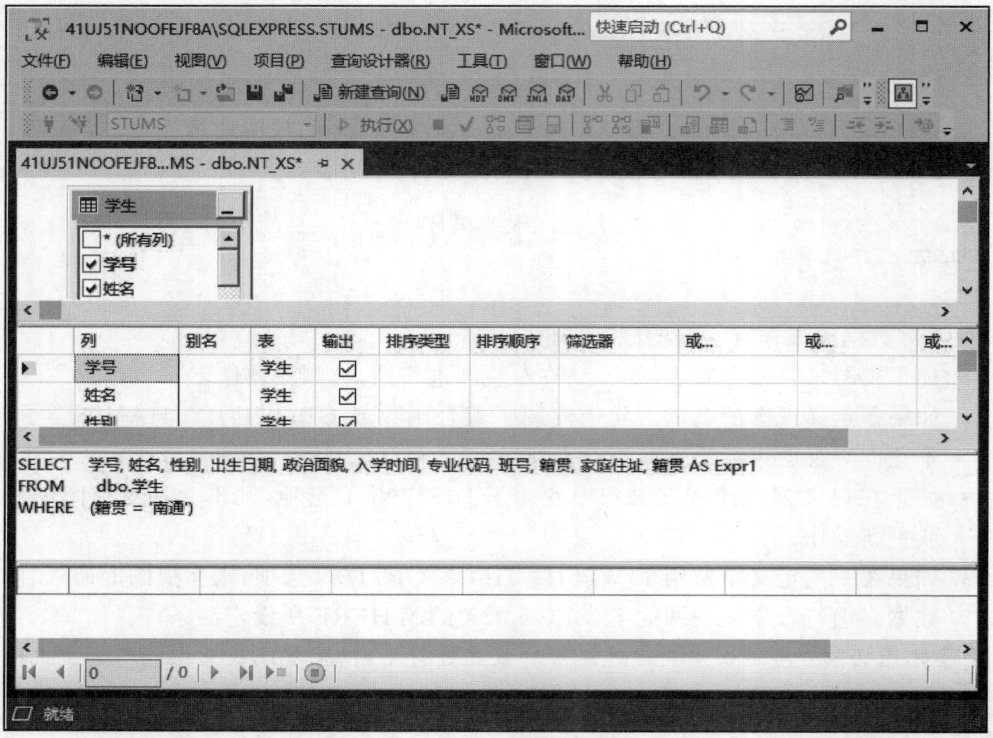

图 10-12 视图设计器

(2) 用户可以在此视图设计器中查看或直接修改 NT_XS 视图的定义。

【说明】 对于加密存储的视图定义不能直接用 SSMS 查看或修改,只能通过 T-SQL 命令修改。

2. 使用系统存储过程 sp_depends 查看视图的相关性信息

使用 sp_depends 查看视图相关性信息的语法如下:

```
EXEC sp_depends objname
```

其中,objname 为用户需要查看的视图名称。

【例 10-11】 利用 sp_depends 存储过程查看 fjs_js_view 视图的相关性信息。

代码如下:

```
EXEC sp_depends fjs_js_view
```

在查询编辑器中输入上述代码并执行,得到的结果如图 10-13 所示。

3. 使用系统存储过程 sp_helptext 查看视图定义信息

用 sp_helptext 查看视图定义信息的语法如下:

```
EXEC sp_helptext [ @objname = ] 'name'
```

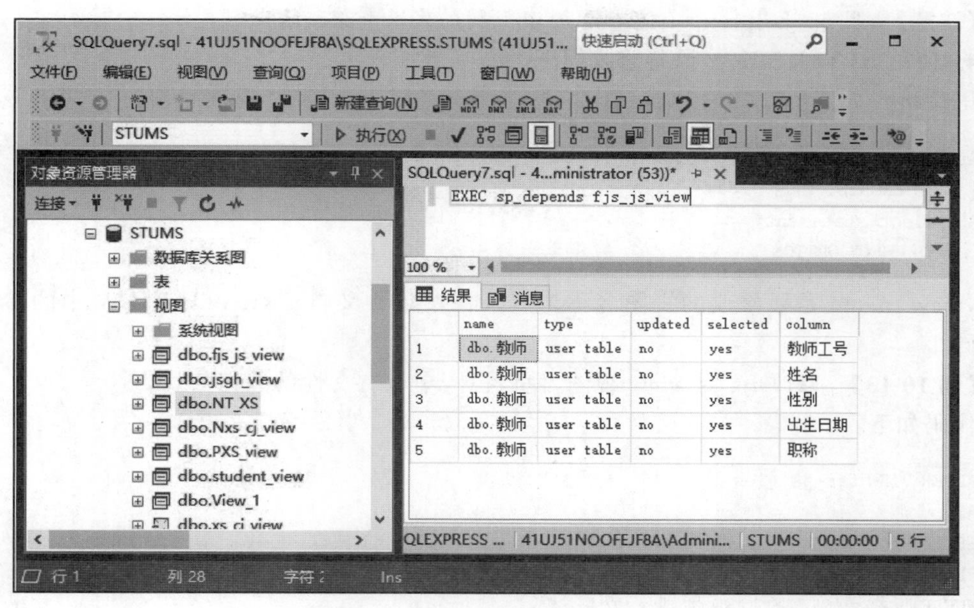

图 10-13 fjs_js_view 视图的相关性信息

其中,[@objname =] 'name'为对象的名称,将显示该对象的定义信息。对象必须在当前数据库中。

【例 10-12】 利用 sp_ helptext 存储过程查看 fjs_js_view 视图的定义信息。

代码如下:

```
EXEC sp_helptext fjs_js_view
```

在查询编辑器中输入上述代码并执行,得到的结果如图 10-14 所示。

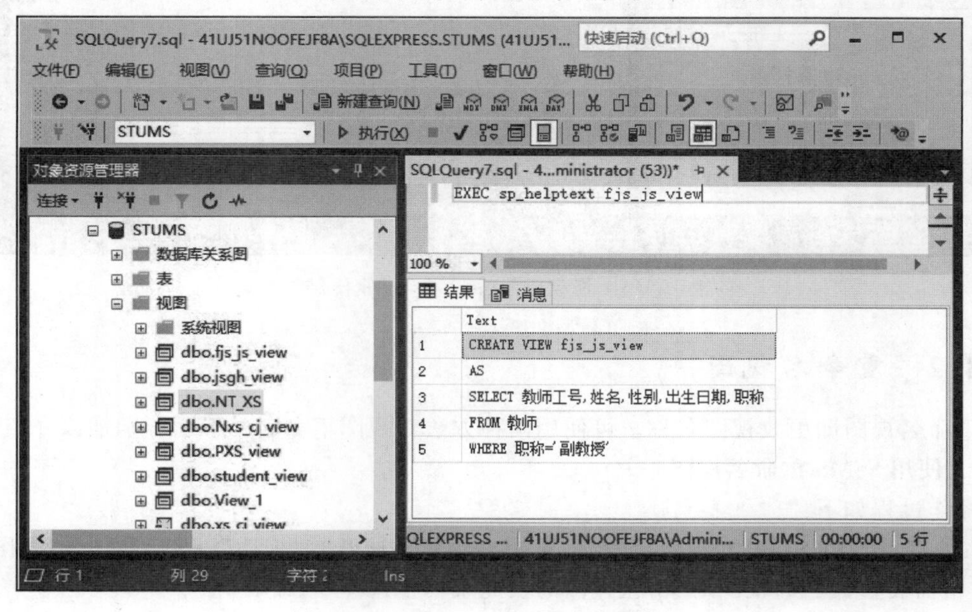

图 10-14 fjs_js_view 视图的定义信息

【注意】 用 sp_helptext 不能查看加密视图的定义信息。

4. 使用 ALTER VIEW 语句修改视图

语法格式如下：

```
ALTER VIEW view_name [ ( column [ , …n ] ) ]
[ WITH ENCRYPTION ]
AS select_statement
[ WITH CHECK OPTION ]
```

其中，view_name 是要修改的视图名称。其余各参数含义与 CREATE VIEW 中的参数含义相同。

【例 10-13】 修改 fjs_js_view 视图，使该视图中只有女性的数据信息。

代码如下：

```
ALTER VIEW fjs_js_view
AS
SELECT 教师工号,姓名,性别,出生日期,职称
FROM 教师
WHERE 职称 = '副教授' AND 性别 = '女'
```

在查询编辑器中输入上述代码并执行，修改后的 fjs_js_view 视图只有女性信息，查询 fjs_js_view 视图，结果如图 10-15 所示。

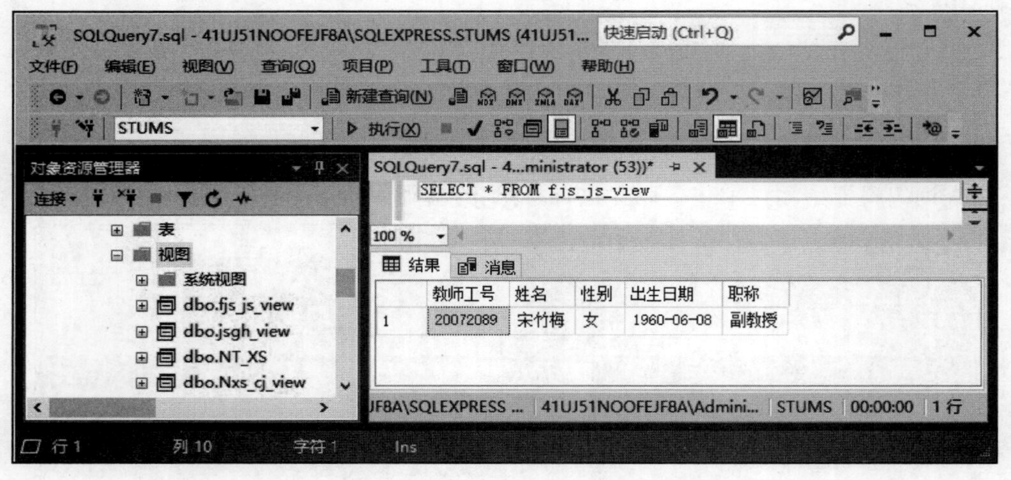

图 10-15 修改后的 fjs_js_view 视图结果

10.4.2 重命名视图

重命名视图即更改视图名称。可使用两种方法对视图重命名。下面分别加以介绍。

1. 使用 SSMS 重命名视图

操作过程如下：

(1) 启动 SSMS，在“对象资源管理器”窗格中依次展开“数据库”→STUMS→“视图”结点，右击需要重命名的视图对象，在弹出的快捷菜单中选择“重命名”命令。

(2) 输入视图的新名称，并确认新名称即可。

2. 使用 sp_rename 系统存储过程重命名视图

使用 sp_rename 重命名视图的语法格式如下：

```
EXEC sp_rename object_name, new_name
```

参数说明如下。

- object_name：视图当前名称。
- new_name：视图的新名称。

【例 10-14】 利用 sp_rename 存储过程将视图 fjs_js_view 重命名为 FJS_NEW。

代码如下：

```
EXEC sp_rename fjs_js_view,FJS_NEW
```

在查询编辑器中输入上述代码并执行，fjs_js_view 视图名称被改为 FJS_NEW。

10.4.3 删除视图

删除视图的方法有两种：使用 SSMS 删除或使用 DROP 语句删除。

1. 使用 SSMS 删除视图

在 SSMS 的"对象资源管理器"窗格中找到要删除的视图对象右击，在弹出的快捷菜单中选择"删除"命令后，弹出如图 10-16 所示的"删除对象"窗口，单击"确定"按钮即可。

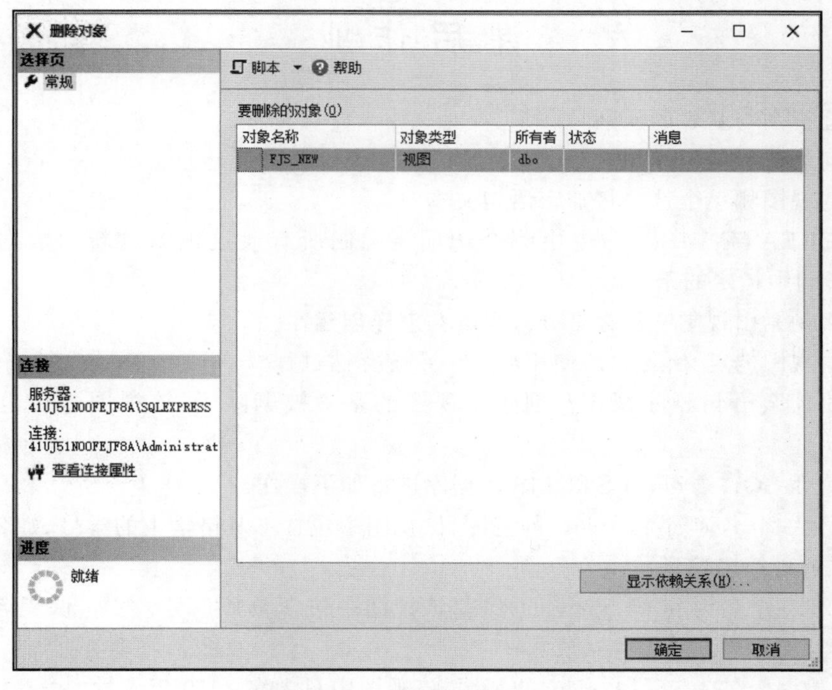

图 10-16 "删除对象"窗口

2. 使用 DROP 语句删除视图

视图的删除与表的删除类似，也可以通过 DROP 语句实现。

使用 DROP 语句删除视图的语法格式如下：

```
DROP VIEW view_name
```

【例 10-15】 用 DROP 语句删除视图 xs_cj_view。

代码如下：


```
DROP VIEW xs_cj_view
```

执行此语句后，xs_cj_view 视图的定义将从数据字典中删除。由 xs_cj_view 视图创建的 Nxs_cj_view 视图的定义虽然仍在数据字典中，但该视图已无法使用。

知识拓展：视图建立好后，如果创建此视图的基表被删除了，该视图将失效，但一般不会被自动删除。一个视图被删除后，由该视图导出的其他视图也将失效，应该使用 DROP VIEW 语句将它们一一删除。

课堂任务 4 对照练习

(1) 使用两种方法查看 xl_js_view 视图定义信息。

(2) 用 ALTER VIEW 语句修改 xl_js_view 视图，使该视图包含本科生和研究生的教师信息。

(3) 将视图 xl_js_view 重命名为 NEW_JS_VIEW。

(4) 删除 STUMS 数据库中的 xs_nj_view 视图。

课 后 作 业

1. 简述视图与基表的区别与联系。
2. 如何创建和使用视图？
3. 创建视图哪一个选项将加密语句文本？
4. 在 CREATE VIEW 命令中哪个选项将强制所有通过视图更新的数据必须满足 SELECT 子句中指定的条件？
5. 什么是索引视图？什么是分区视图？怎样创建？
6. 查看视图的定义信息，应使用哪一个系统存储过程？
7. 可用什么语句删除视图？创建某视图的基表被删除了，该视图是否也一起被删除了？
8. 使用 T-SQL 语句，对 STUMS 数据库进行如下操作：

(1) 创建一个名为 cj_bk_view 的视图，该视图中包含不及格学生的学号、姓名、课程名、成绩和所在的班级名信息。

(2) 创建一个名为 js_rk_view 的视图，该视图中包含教师工号、姓名、课程名、学时、授课班级和学生数。

(3) 创建一个名为 xs_19_view 的视图，该视图中只含有 2019 年入学的学生。

(4) 通过 cj_bk_view 视图查询补考的学生信息。

(5) 通过 xs_19_view 视图进行插入、修改和删除操作，数据由自己拟定。

(6) 使用系统存储过程 sp_depends 查看 xs_19_view 视图的相关性信息。

(7) 使用 ALTER VIEW 语句修改视图，使 cj_bk_view 为加密视图。

(8) 将 xs_19_view 视图重命名为 new_view。

(9) 删除 cj_bk_view 视图。

实训 8　图书借阅管理系统视图的创建和管理

1. 实训目的

(1) 掌握使用 SSMS 创建视图的方法。

(2) 掌握创建视图的 T-SQL 语句的用法。

(3) 熟悉创建索引视图和分区视图的方法。

(4) 掌握应用视图进行数据查询和数据更新的方法。

(5) 掌握查看视图的系统存储过程的用法。

(6) 掌握修改视图的方法。

(7) 掌握视图更名和删除的方法。

2. 实训准备

(1) 创建视图的两种方法。

(2) 应用视图查询数据和更新数据的知识。

(3) 查看视图信息和修改视图方面的知识。

(4) 视图更名的系统存储过程的用法。

(5) 删除视图的 T-SQL 语句的用法。

3. 实训要求

(1) 若某一实训内容项目,可以由多种方法完成的,则每一种方法都要操练一遍。

(2) 验收实训结果,提交实训报告。

4. 实训内容

1) 创建视图

(1) 使用 SSMS 创建视图。

① 在 TSJYMS 数据库中创建一个名为“V_航海系”的读者信息视图(提示:系别='01')。

② 在 TSJYMS 数据库中创建一个名为“V_图书库存量”的视图,该视图包含图书编号、图书名称、ISBN 及库存数等数据信息。

(2) 使用 T-SQL 语句创建视图。

① 在 TSJYMS 数据库中创建一个名为“V_读者借书信息”的视图,该视图中包含一卡通号、姓名、图书名称、借书日期和工作单位等数据信息。

② 在 TSJYMS 数据库中创建一个反映图书借出量的视图 V_NUM,该视图中包含图书编号和借出量等数据内容(提示:本视图是一个带表达式的视图,借出量是通过计算得到的,借出量=复本数-库存数)。

2) 使用视图。

(1) 查询以上所建的视图结果。

(2) 通过视图 V_航海系,新增加一个读者记录('20011012','李柯','男','学生','20级海驾1班','01','85860912','like@yahoo. cn'),并查询结果。

(3) 修改 V_图书库存量视图中的数据,将书名“C++程序设计”改为“VC 程序设计”,并查询结果。

(4) 删除 V_航海系视图中姓名为"王一枚"的信息,并查询结果。

3) 查看并修改视图定义信息

(1) 使用 SSMS 查看并修改视图。

在 SSMS 中查看并修改 V_图书库存量视图,在该视图中增加一列作者信息。

(2) 使用 T-SQL 语句修改视图。

查看并修改 V_航海系视图,使修改后的视图中包含航海系和轮机系两个系的读者信息。

4) 更改视图名称和删除视图

(1) 将 V_航海系视图名称改为"V_轮机_航海系"。

(2) 使用 SSMS 删除"V_图书库存量"视图。

(3) 使用 T-SQL 语句删除"V_轮机_航海系"视图。

5) 创建索引视图和分区视图

分组完成 10.2.3 节创建索引视图和分区视图的示例,并查询它们的数据结果。

第 8 章　存储过程的应用

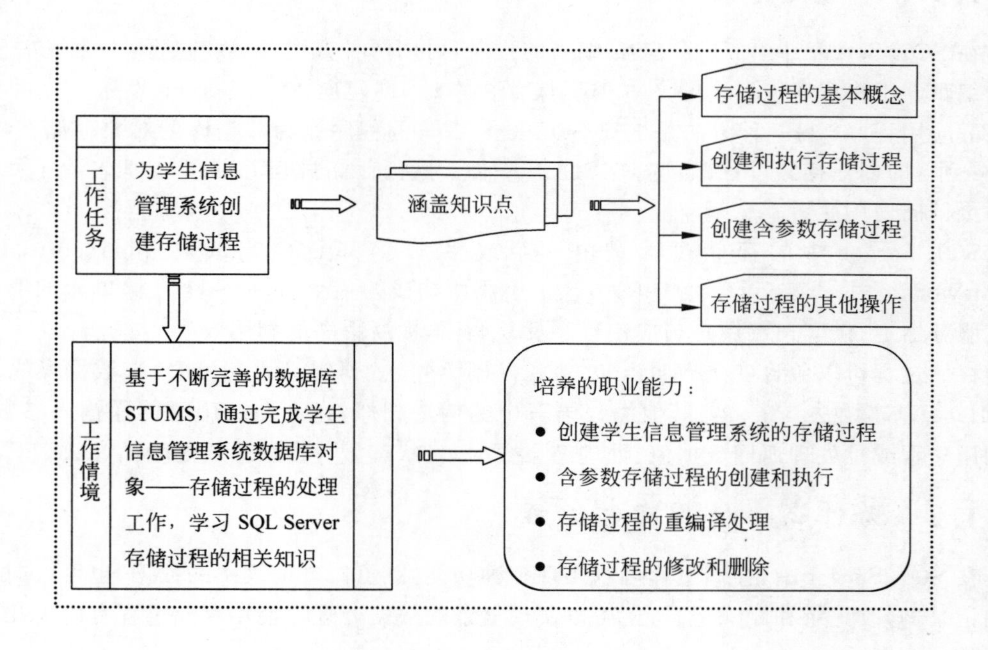

工作任务
为学生信息管理系统创建存储过程
涵盖知识点
存储过程的基本概念
创建和执行存储过程
创建含参数存储过程
存储过程的其他操作
工作情境
基于不断完善的数据库STUMS，通过完成学生信息管理系统数据库对象——存储过程的处理工作，学习 SQL Server 存储过程的相关知识
培养的职业能力：
● 创建学生信息管理系统的存储过程
● 含参数存储过程的创建和执行
● 存储过程的重编译处理
● 存储过程的修改和删除

第11课　为学生信息管理系统创建存储过程

11.1　存储过程概述

课堂任务1　学习存储过程的基本概念，了解使用存储过程的优点及存储过程的类型。

11.1.1　什么是存储过程

在 SQL Server 中，对于 T-SQL 编写的程序，可用两种方法存储和执行：一种方法是在查询编辑器中将程序以.sql 的文本类型保存在本地，创建向 SQL Server 发送命令并处理结果的应用程序；另一种方法是把 T-SQL 语句编写的程序作为数据库的对象存储在 SQL Server 中，即创建存储过程，通过 EXECUTE 命令执行存储过程并获得处理结果。大多数程序员偏向使用后者。

SQL Server 中的存储过程是由一个或多个 T-SQL 语句或对 Microsoft .NET Framework 公共语言运行时(CLR)方法的引用所构成的一个组，以一个存储单元的形式存储在服务器上，供客户端用户与应用程序反复调用，提高程序的利用效率。

存储过程可以包含变量声明语句、流程控制语句、数据定义语句(DDL)、数据操纵语句(DML)等基本语法要素。与其他编程语言中的构造相似，允许在调用时传递输入参数，并向调用过程或批处理返回数据值、处理结果数据集、状态值等多种形式的输出参数。

11.1.2　为什么要使用存储过程

在 SQL Server 中，存储过程可以实现多种功能，既可以查询表中的数据，也可以向表中添加记录、修改记录和删除记录，还可以实现复杂的数据处理。使用存储过程有以下几方面的好处。

1. 减少服务器/客户端网络流量

过程中的命令作为代码的单个批处理执行。这可以显著减少服务器和客户端之间的网络流量，因为只有对执行过程的调用才会跨网络发送。如果没有过程提供的代码封装，每个单独的代码行都不得不跨网络发送。

2. 更强的安全性

多个用户和客户端程序可以通过过程对基础数据库对象执行操作，即使用户和程序对这些基础对象没有直接权限。过程控制执行某些进程和活动，并且保护基础数据库对象，这消除了单独的对象级别授予权限的要求，并且简化了安全层。

另外，在通过网络调用过程时，只有对执行过程的调用是可见的。因此，恶意用户无法看到表和数据库对象名称、嵌入自己的 T-SQL 语句或搜索关键数据。

3. 代码的重复使用

任何重复的数据库操作的代码都非常适合于在过程中进行封装。这消除了重复编写相同的代码，降低了代码不一致性，并且允许拥有所需权限的任何用户或应用程序访问和执行代码。

4. 更容易维护

在客户端应用程序调用过程并且将数据库操作保持在数据层中时，对于基础数据库中的任何更改，只有过程是必须更新的。应用程序层保持独立，并且不必知道对数据库布局、关系或进程的任何更改的情况。

5. 提高了性能

默认情况下，在首次执行过程时将编译过程，并且创建一个执行计划，供以后的执行重复使用。因为查询处理器不必创建新计划，所以，它通常用更少的时间来处理过程。

如果过程引用的表或数据有显著变化，则预编译的计划可能实际上会导致过程的执行速度减慢。在此情况下，重新编译过程和强制新的执行计划可提高性能。

11.1.3 存储过程的类型

在 SQL Server 中有多种可用的存储过程。下面对每种存储过程做简要介绍。

1. 用户定义的存储过程

用户定义的存储过程可在用户定义的数据库中创建，或者在除了 Resource 数据库之外的所有系统数据库中创建。该过程可在 T-SQL 中开发，或者作为对 Microsoft .NET Framework 公共语言运行时(CLR)方法的引用开发。

用户定义的存储过程是为完成某一特定功能(如查询用户所需数据信息)封装了的可重用代码的 SQL 语句模块。这种存储过程完成用户指定的数据库操作，存储在当前数据库中。

2. 临时存储过程

临时存储过程是用户定义过程的一种形式。临时存储过程与永久存储过程相似，只是临时存储过程存储于 tempdb 中。临时存储过程有两种类型：本地存储过程和全局存储过程。它们在名称、可见性以及可用性上有区别。本地临时存储过程的名称以单个数字符号(#)开头；它们仅对当前的用户连接是可见的，当用户关闭连接时被删除。全局临时存储过程的名称以两个数字符号（##）开头，创建后对任何用户都是可见的，并且在使用该存储过程的最后一个会话结束时被删除。

3. 系统存储过程

系统存储过程是 SQL Server 随附的。它们物理上存储在内部隐藏的 Resource 数据库中，但逻辑上出现在每个系统定义数据库和用户定义数据库的 sys 架构中。此外，msdb 数据库还在 dbo 架构中包含用于计划警报和作业的系统存储过程。

系统存储过程以前缀 sp_开头，主要用来从系统表中获取信息，为系统管理员管理 SQL Server 提供帮助，为用户查看数据库提供方便。例如，前面章节中已经使用过的 sp_help、sp_rename 等就是系统存储过程。

4. 扩展存储过程

扩展存储过程是指用户使用某种外部程序语言(例如 C 语言等)编写的存储过程，是可以在 Microsoft SQL Server 实例中动态加载和运行的 DLL。使用时需要先加载到 SQL Server 系统中，且只能存储在 master 数据库中，其执行与一般的存储过程完全相同。

SQL Server 支持在 SQL Server 和外部程序之间提供一个接口以实现各种维护活动的系统过程。扩展存储过程使用 xp_为前缀。

本课只介绍用户定义的 T-SQL 存储过程及使用。

课堂任务 1 对照练习

(1) 启动 SSMS，查看本地服务器上拥有的存储过程类型。

(2) 扩展存储过程是用户创建的吗？可以加载到用户数据库吗？

11.2 创建和执行存储过程

课堂任务 2 学会使用 SSMS 和 T-SQL 语句两种不同的方法为 STUMS 数据库创建存储过程。

在 SQL Server 2019 中，可以使用 SSMS 创建存储过程，也可以使用 T-SQL 的 CREATE PROCEDURE 语句创建存储过程。

11.2.1 存储过程的创建

1. 使用 SSMS 创建存储过程

【例 11-1】 在 STUMS 数据库中创建一个名称为 teacher_proc1 的存储过程，该存储过程的功能是从“教师”表中查询所有女教师的信息。

使用 SSMS 创建 teacher_proc1 存储过程的步骤如下。

(1) 启动 SSMS，在“对象资源管理器”窗格中依次展开“数据库”→STUMS→“可编程性”结点，右击“存储过程”图标，在弹出的快捷菜单中选择“存储过程”命令，打开存储过程模板编辑器，编辑器中包含存储过程的框架代码，如图 11-1 所示。

(2) 修改存储过程的框架代码。首先输入存储过程名，即用过程名 teacher_proc1 替换 CREATE PROCEDURE 语句中的< Procedure_Name, sysname, ProcedureName >，然后删除参数定义语句(因为本例不带参数)，改写 BEGIN 与 END 之间的语句，根据题意替换成如下语句：

```
SELECT *
FROM 教师
WHERE 性别 = '女'
```

(3) 修改完毕后，单击“分析”按钮，进行语法检查。

(4) 如果没有任何语法错误，则单击“执行”按钮，将存储过程保存到 STUMS 数据库中。

刷新并展开 STUMS 数据库中的“存储过程”图标，就可看到刚创建的 teacher_proc1 存储过程，如图 11-2 所示。

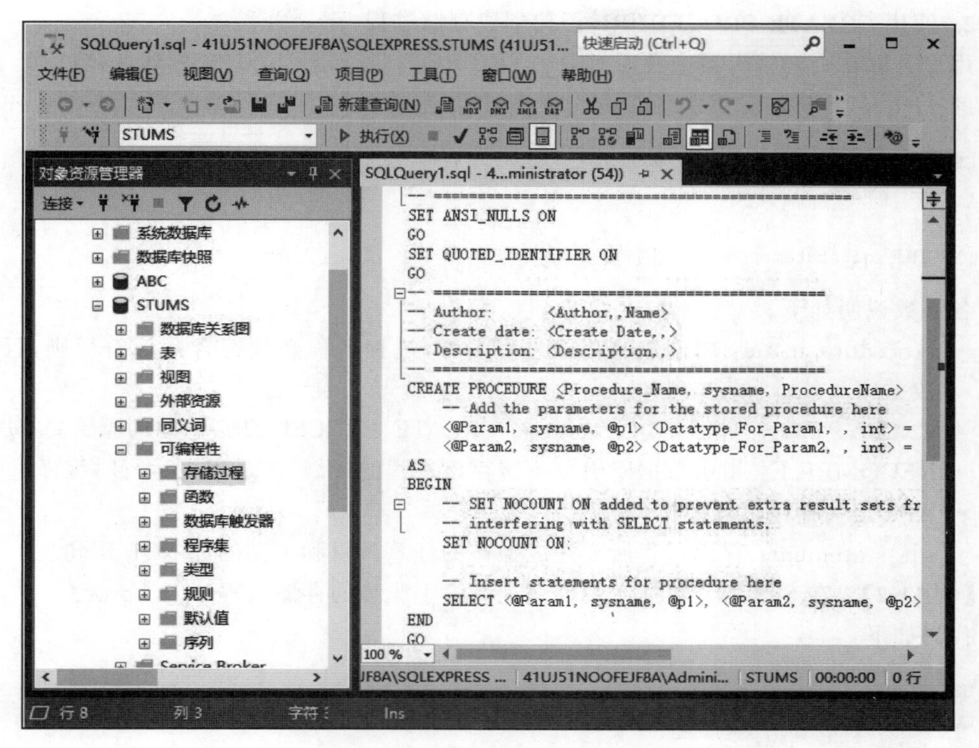

图 11-1 存储过程的编程模板

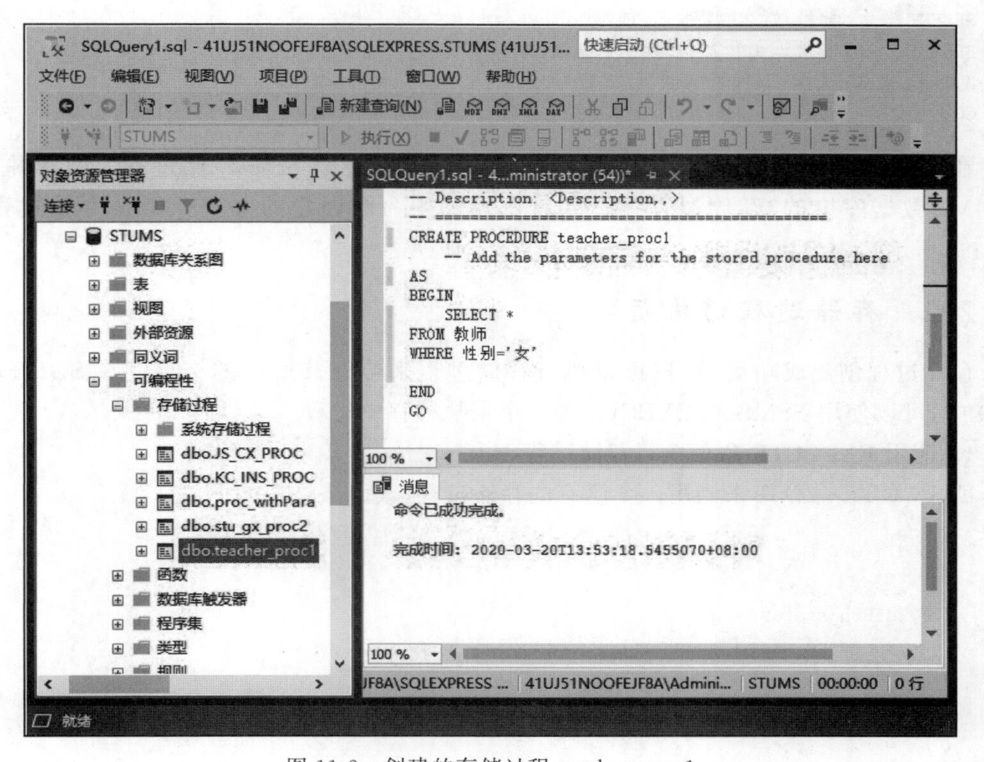

图 11-2 创建的存储过程 teacher_proc1

2. 使用 CREATE PROCEDURE 语句创建存储过程

用户可以在查询编辑器中使用 CREATE PROC[EDURE]语句来创建存储过程。不带参数的 CREATE PROC[EDURE]语句的基本语法如下：

```
CREATE PROC[ EDURE ]procedure_nam
[ WITH{ ENCRYPTION | RECOMPILE}]
AS
[BEGIN] sql_statement [ , … n ] [END][;]
```

各参数说明如下。

- procedure_name：要创建的存储过程名称，过程名称必须符合标识符规则，且对于数据库及其所有者必须唯一。
- ENCRYPTION：指示 SQL Server 将 CREATE PROCEDURE 语句的原始文本加密。
- RECOMPILE：指示数据库引擎不缓存该过程的计划，该过程在运行时编译。
- AS：定义存储过程要执行的操作。
- sqt_statement：存储过程所要完成操作的任意数目和类型的 T-SQL 语句。

【例 11-2】 在 STUMS 数据库中创建查询学生成绩的存储过程 xs_cj_proc。

代码如下：

```
USE STUMS
GO
CREATE PROC xs_cj_proc
AS
SELECT 学生.学号,姓名,课程名,成绩
FROM 学生 JOIN 选课 ON 学生.学号 = 选课.学号
JOIN 课程 ON 选课.课程号 = 课程.课程号
GO
```

在查询编辑器中输入上述代码，执行后将创建 xs_cj_proc 存储过程。刷新并展开 STUMS 数据库中的“存储过程”图标，就可看到用命令创建的 xs_cj_proc 存储过程，如图 11-3 所示。

11.2.2 存储过程的执行

存储过程创建成功后，用户可以执行存储过程来检查其返回的结果。在 SQL Server 2019 中，可以使用 SSMS 或 EXECUTE 命令来执行存储过程。

1. 使用 EXECUTE 命令执行存储过程

EXECUTE 命令用来调用一个已有的存储过程，其语法格式如下：

```
[ [ EXEC [ UTE ] ]
 {
  [ @return_status = ]
    { procedure_name [ ;number ] | @procedure_name_var
  }
  [ [ @parameter = ] { value | @variable [ OUTPUT ] | [ DEFAULT ] ]
  [ , … n ]
[ WITH RECOMPILE ]
```

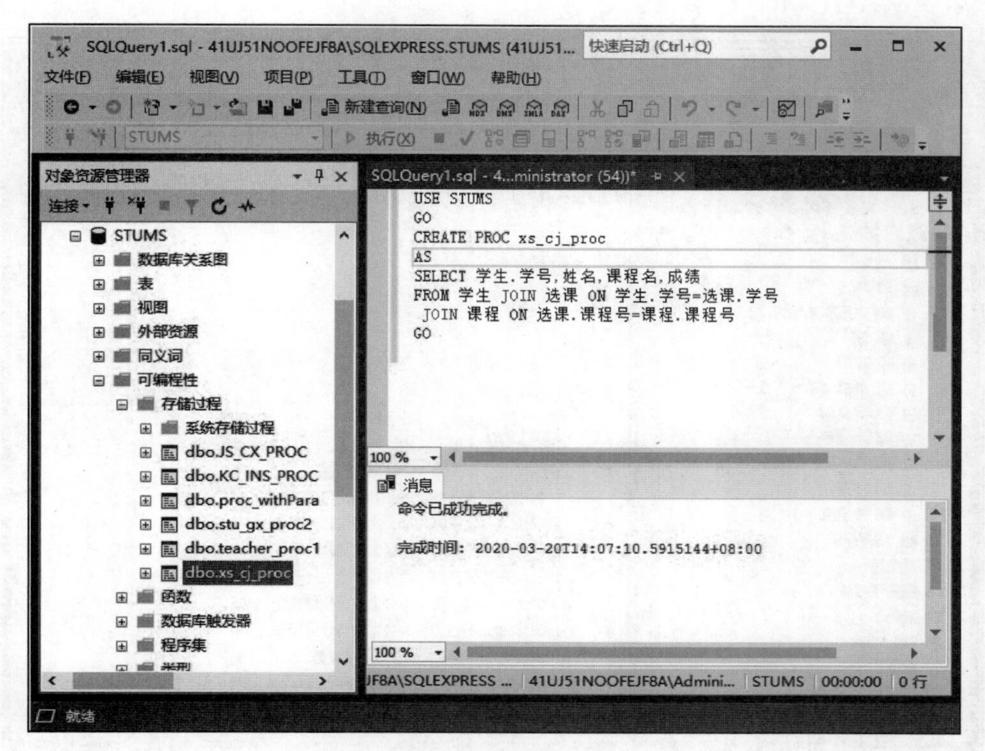

图 11-3　创建的存储过程 xs_cj_proc

各参数说明如下。

- return_status：一个可选的整型变量，保存存储过程的返回状态。
- procedure_name：拟调用的存储过程的名称。
- procedure_name_var：局部定义变量名，代表存储过程名称。
- @parameter：过程参数，在 CREATE PROCEDURE 语句中定义。
- value：过程中参数的值。
- @variable：用来保存参数或者返回参数的变量。
- OUTPUT：指定存储过程必须返回一个参数。
- DEFAULT：根据过程的定义，提供参数的默认值。
- WITH RECOMPILE：强制重新编译存储过程。

【例 11-3】　在查询编辑器中执行 xs_cj_proc 存储过程。

代码如下：

```
USE STUMS
GO
  EXECxs_cj_proc
GO
```

执行结果如图 11-4 所示。

【说明】

- EXECUTE 可缩写为 EXEC；
- 如果执行存储过程语句是批处理中的第一条语句，则 EXECUTE 关键字可以省略。

图 11-4　执行 xs_cj_proc 存储过程的结果

2. 使用 SSMS 执行存储过程

使用 SSMS 执行存储过程的操作步骤如下：

(1) 在 SSMS 的“对象资源管理器”窗格中依次展开“数据库”→STUMS→“可编程性”→“存储过程”结点，右击需要执行的存储过程，如 teacher_proc1，在弹出的快捷菜单中选择“执行存储过程”命令。

(2) 在弹出的“执行过程”对话框中单击“确定”按钮执行所选的存储过程，结果如图 11-5 所示。

创建存储过程应注意以下事项：

- 存储过程没有预定义的最大大小。
- 不能将 CREATE PROCEDURE 语句与其他 SQL 语句组合到单个批处理中。
- 只能在当前数据库中创建用户定义存储过程。
- 存储过程是数据库对象，其名称必须遵守标识符规则。

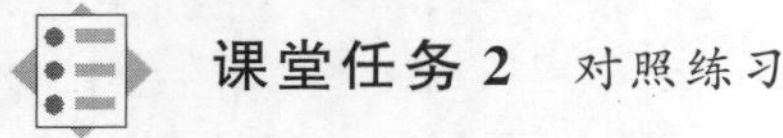

课堂任务 2　对照练习

(1) 使用 SSMS 在 STUMS 数据库中创建一个名为 nt_ns_proc1 的存储过程，该存储过程的功能是从“学生”表中查询“南通”籍男生信息。

(2) 使用 CREATE PROCEDURE 语句在 STUMS 数据库中创建一个名为 js_xl_proc2 的存储过程，该存储过程的功能是将“教师”表中“本科”改为“大学”。

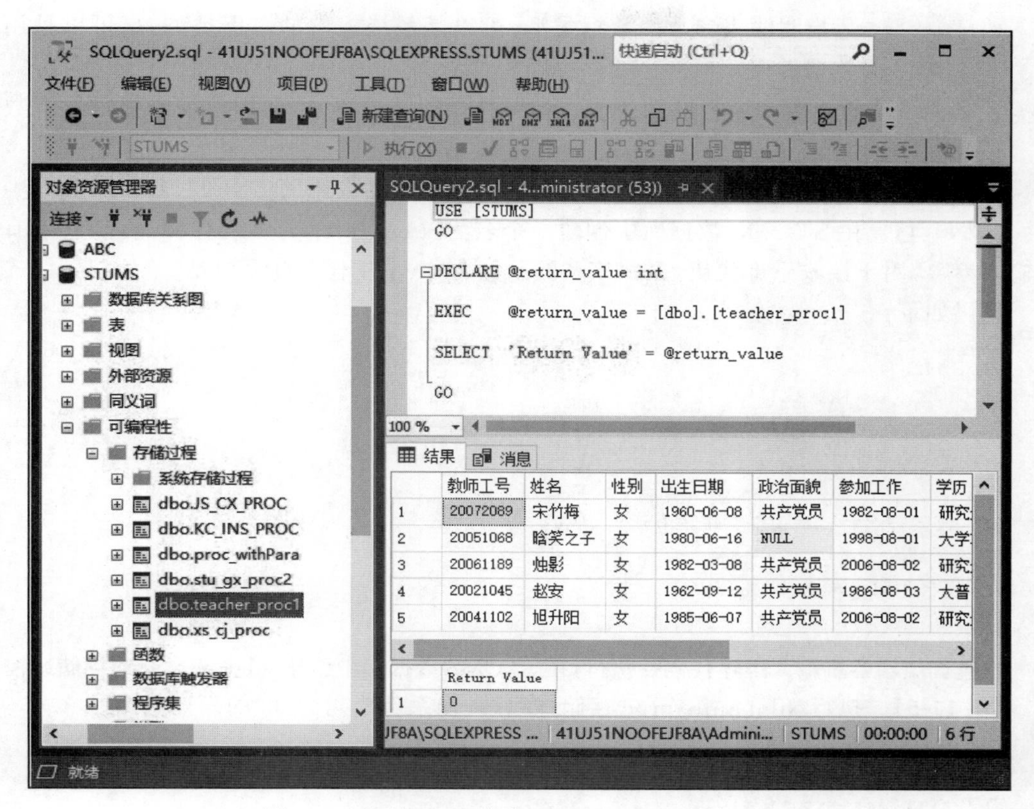

图 11-5　使用 SSMS 执行 teacher_proc1 存储过程

(3) 使用 EXECUTE 命令执行所创建的存储过程。

11.3　创建和执行带参数的存储过程

课堂任务 3　学习带参数的存储过程创建和执行的方法。

带参数的存储过程是指存储过程通过其参数实现与调用程序之间数据值的传递。使用输入参数,可以将调用程序的信息传到存储过程;使用输出参数,可以将存储过程内的信息传到调用程序。

11.3.1　创建带参数的存储过程

创建带参数的存储过程的语法如下:

```
CREATE PROC[ EDURE ]procedure_name:
@parameter_name data_type [ = default ] [OUTPUT],
AS sql_statement [ , … n ]
```

各参数说明如下。

- @parameter_name:指明存储过程的输入参数名称,必须以@符号为前缀。

- data_type：指明输入参数的数据类型，可以是系统提供的数据类型，也可以是用户自定义的数据类型。
- default：指定输入参数的默认值。如果执行存储过程时，调用程序未提供该参数的值，则使用 default 值。
- [OUTPUT]：指定输出参数，其参数值可以返回给调用的 EXECUTE 语句。

【例 11-4】 在 STUMS 数据库中创建一个名为 xibu_info_proc 的存储过程，它带有一个输入参数，用于接收系部代码，显示该系的系部名称、系主任和联系电话。

代码如下：

```
USE STUMS
GO
CREATE PROCEDURE xibu_info_proc
@xbdm CHAR(2)
AS
SELECT 系部名称, 系主任, 联系电话
FROM 系部
WHERE 系部代码 = @xbdm
GO
```

在查询编辑器中输入上述代码并执行，在 STUMS 数据库中创建 xibu_info_proc 存储过程。

【例 11-5】 执行 xibu_info_proc 存储过程，查询系部代码为 03 的系部信息。

代码如下：

```
EXEC xibu_info_proc '03'
```

执行结果如图 11-6 所示。

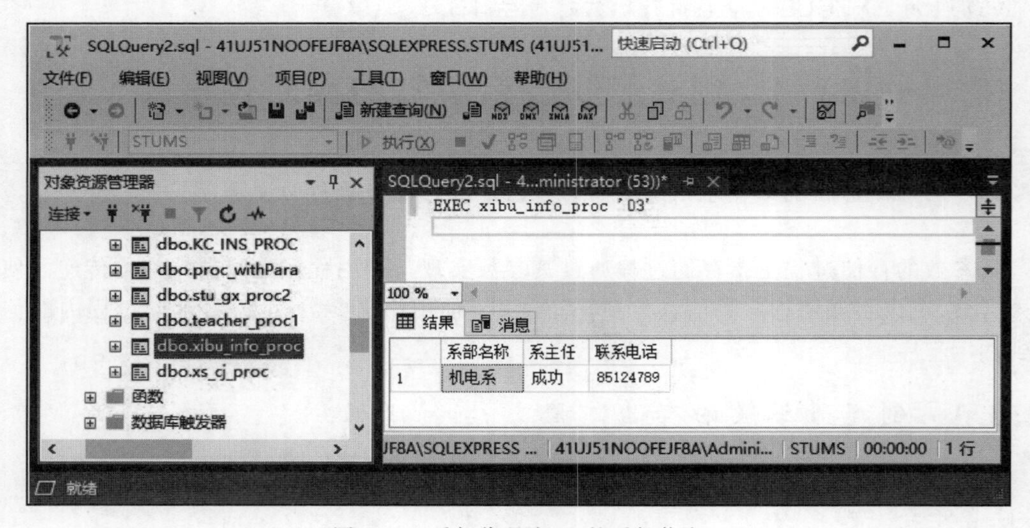

图 11-6　系部代码为 03 的系部信息

【例 11-6】 执行 xibu_info_proc 存储过程，查询系部代码为 07 的系部信息。

代码如下：

```
EXEC xibu_info_proc '07'
```

执行结果如图 11-7 所示。

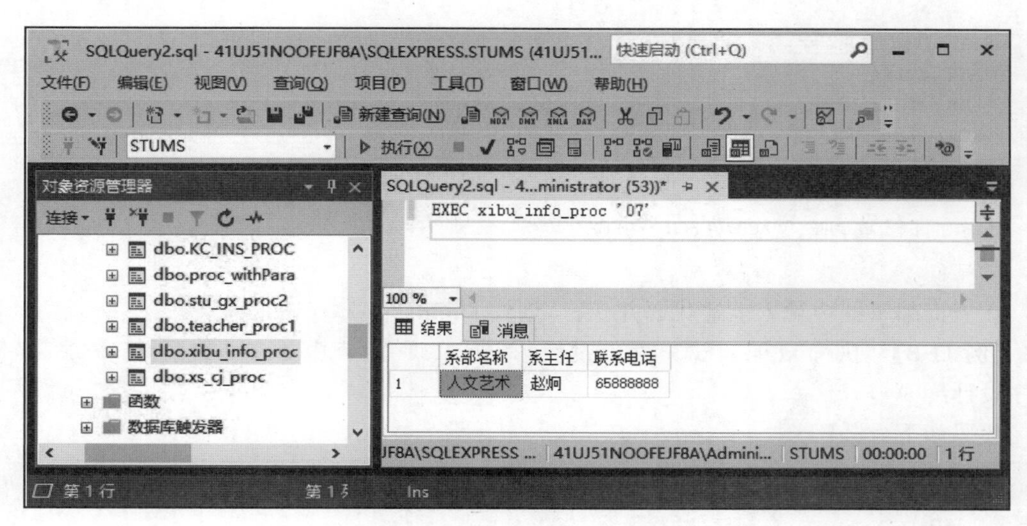

图 11-7 系部代码为 07 的系部信息

知识拓展：*通过使用参数，可以多次使用同一存储过程并按指定要求操作数据库，扩展了存储过程的功能。*

【例 11-7】 在 STUMS 数据库中创建一个名为 kc_ins_proc 的存储过程，执行该存储过程将完成向“课程”表插入一数据行，新数据行的值由参数提供。

“课程”表的结构如图 11-8 所示，在存储过程中要声明 4 个输入参数，分别接收课程号、课程名、课程性质和学分。

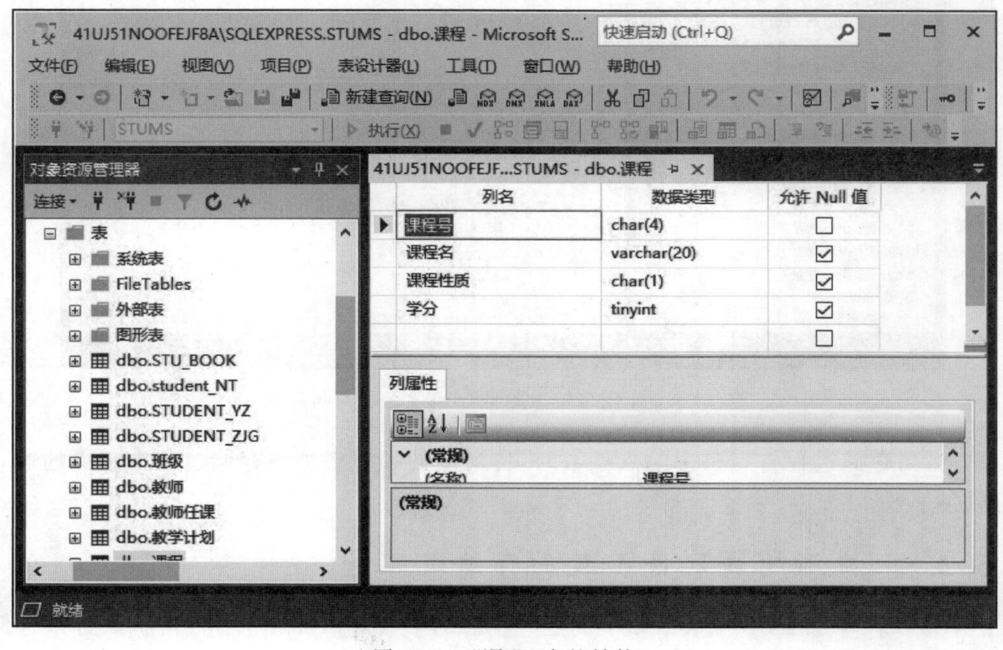

图 11-8 “课程”表的结构

代码如下：

```
CREATE PROCEDURE kc_ins_proc
@KCH char(4),
@KCM varchar(20),
@KCXZ char(1),
@XF tinyint
AS
INSERT 课程 VALUES(@KCH,@KCM, @KCXZ, @XF)
GO
```

在查询编辑器中输入上述代码并执行，创建 kc_ins_proc 存储过程。

【例 11-8】 执行 kc_ins_proc 存储过程，完成向“课程”表中插入一数据行('0303','VB程序设计','A',5)。

代码如下：

```
EXEC kc_ins_proc '0303','VB 程序设计','A',5
GO
SELECT * FROM 课程
```

在查询编辑器中输入上述代码并执行后，“课程”表中就增加了一新数据行。查询后结果如图 11-9 所示。

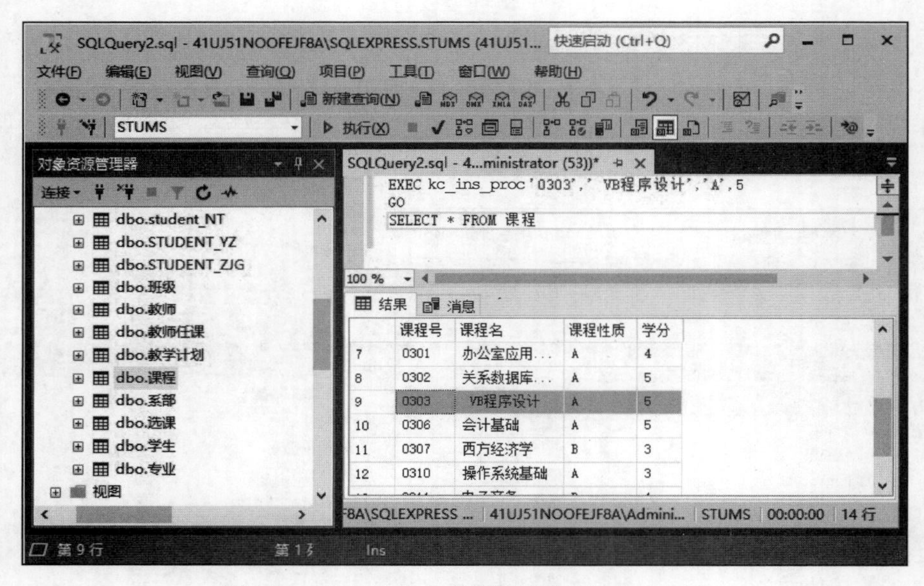

图 11-9　使用带输入参数存储过程插入的记录

注意，当存储过程含有多个输入参数时，传递值的顺序必须与存储过程中定义的输入参数的顺序一致。

11.3.2　创建带有通配符参数的存储过程

【例 11-9】 在 STUMS 数据库中创建一个名为 js_cx_proc 的存储过程，执行该存储过程，查询“教师”表中同姓的老师信息。

代码如下：

```
CREATE PROCEDURE js_cx_proc
@XM VARCHAR(8) = '%'              /* 参数类型要定义为 VARCHAR 类型,否则得不到结果 */
AS
SELECT *
FROM 教师
WHERE 姓名 LIKE @XM
```

在查询编辑器中输入上述代码并执行,创建 js_cx_proc 存储过程。

【例 11-10】 执行 js_cx_proc 存储过程,查询所有姓"王"的教师信息。

代码如下：

```
EXEC js_cx_proc '王%'
```

执行结果如图 11-10 所示。

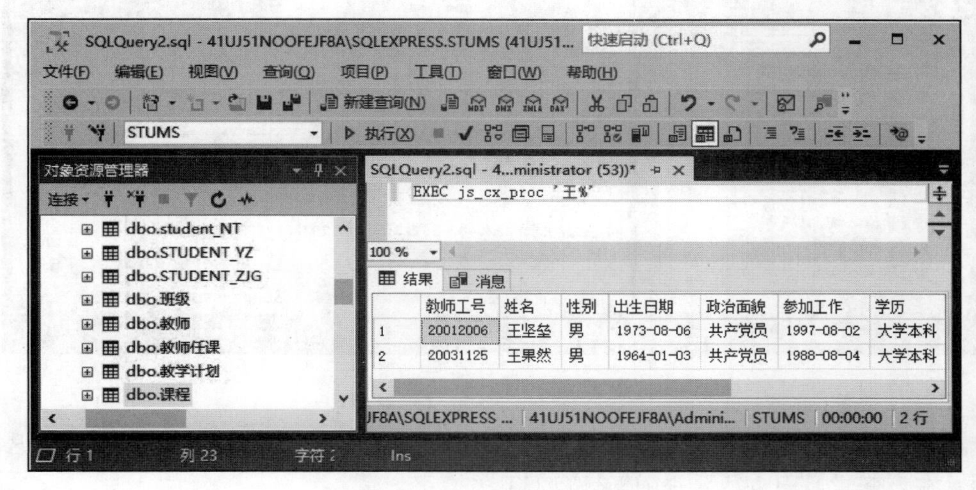

图 11-10 "王"姓教师信息

📖 **知识拓展**：使用带有通配符参数的存储过程,可以实现模糊查询。

11.3.3 创建带输出参数的存储过程

【例 11-11】 在 STUMS 数据库中创建一个存储过程 tj_nopass_num,统计未通过考试的学生人数。

代码如下：

```
USE STUMS
GO
CREATE PROCEDURE tj_nopass_num
@count int OUTPUT
AS
SELECT @count = COUNT(*)
FROM 选课
WHERE 成绩<60
GO
```

在查询编辑器中输入上述代码并执行，创建 tj_nopass_num 存储过程。

【例 11-12】 执行 tj_nopass_num 存储过程，统计考试不及格的人数。

代码如下：

```
DECLARE @tj int                    /* 定义变量 */
EXEC tj_nopass_num @tj OUTPUT
PRINT @tj                          /* 在屏幕上显示统计结果 */
GO
```

执行结果如图 11-11 所示。

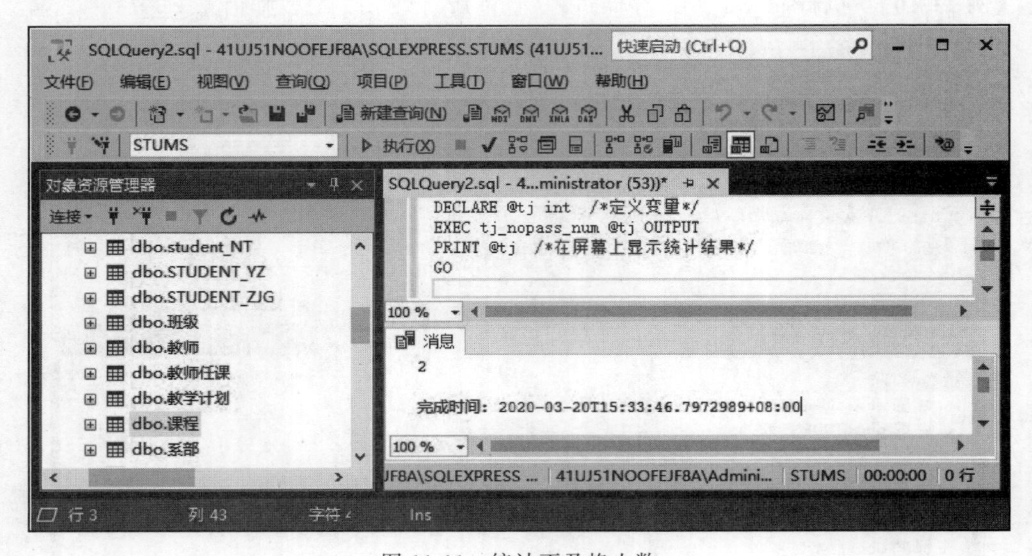

图 11-11　统计不及格人数

需要强调的是，执行带有输出参数的存储过程，需定义一个变量接收输出参数返回的值，而且在该变量后面也需要跟随 OUTPUT 关键字。

【例 11-13】 在 STUMS 数据库中创建一个存储过程 js_xl_tj_proc，其功能是从“教师”表中根据输入的学历名称统计出相应的人数。

这是要创建带有一个输入参数和输出参数的存储过程。

代码如下：

```
CREATE PROCEDURE js_xl_tj_proc
@xl char(8),                       /* 定义输入参数 */
@rs int OUTPUT                     /* 定义输出参数 */
AS
BEGIN
    select @rs = count( * ) from 教师 where 学历 = @xl
    GROUP BY 学历
END
```

【例 11-14】 执行 js_xl_tj_proc 存储过程，统计“教师”表中“大学本科”的人数。

代码如下：

```
DECLARE @xl char(8),@rs int
```

```
SET @xl = '大学本科'
EXEC js_xl_tj_proc @xl, @rs OUTPUT
PRINT @xl + STR(@rs) + '人'
GO
```

执行结果如图 11-12 所示。

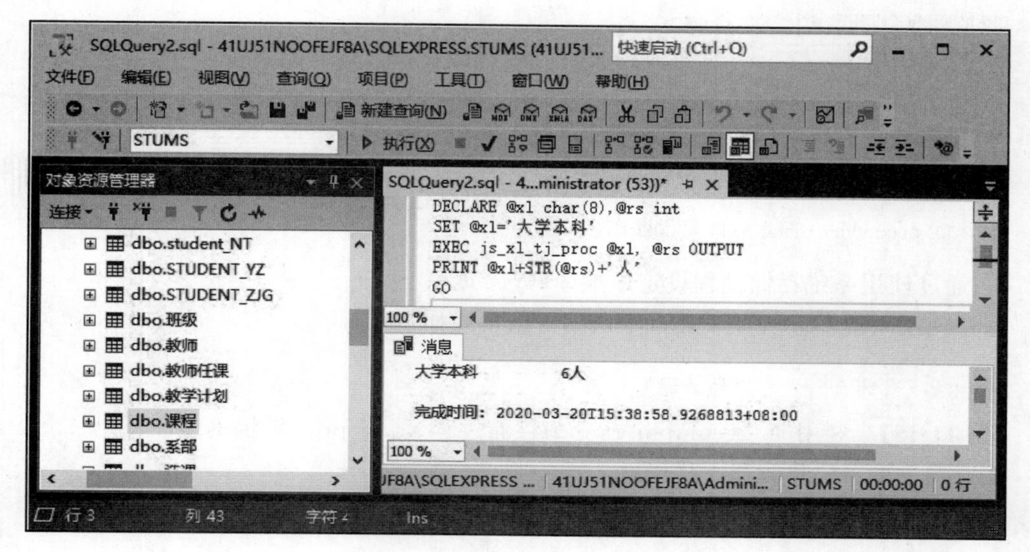

图 11-12 统计大学本科人数

对于创建比较复杂的存储过程,建议按照以下 4 个步骤创建:

- 根据题意编写 T-SQL 语句。
- 测试 T-SQL 语句,确认结果是否符合要求。
- 若符合要求,则按照存储过程的语法创建其存储过程。
- 执行存储过程,以验证存储过程的正确性。

课堂任务 3 对照练习

(1) 在 STUMS 数据库中创建一个名为 stu_xm_proc 的存储过程,能按指定的姓名查询学生的信息。

(2) 在 STUMS 数据库中创建带有通配符参数的存储过程 stu_mh_proc,在"学生"表中按姓进行模糊查询。

(3) 在 STUMS 数据库中创建一个带有输出参数的存储过程 tj_ns_num,统计"学生"表中男生人数。

11.4 存储过程的其他操作

课堂任务 4 学习存储过程重编译的方法,学习查看、修改及删除存储过程等相关知识。

11.4.1 存储过程的重编译处理

1. 在建立存储过程时重编译

在建立存储过程时设定重编译的语法格式如下：

```
CREATE PROCEDURE procedure_name
WITH RECOMPLE                        /*设定该存储过程在运行时重编译*/
AS sql_statement
```

2. 在执行存储过程时设定重编译

在执行存储过程时设定重编译的语法格式如下：

```
EXECTUE procedure_name WITH RECOMPILE
```

3. 通过使用系统存储过程设定重编译

通过使用系统存储过程设定重编译的语法格式如下：

```
EXEC sp_recompile procedure_name
```

【例 11-15】 利用 sp_recompile 命令为存储过程 xs_cj_proc 设定重编译标记。

在查询编辑器中执行如下代码：

```
EXEC sp_recompile xs_cj_proc
```

执行后提示“已成功地标记对象 'xs_cj_proc'，以便对它重新进行编译。”，如图 11-13 所示。

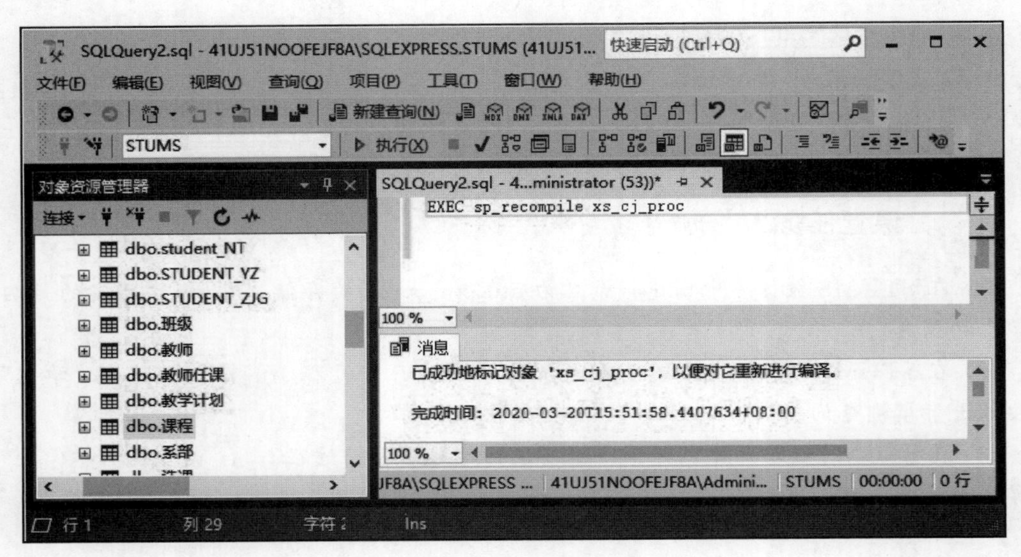

图 11-13 例 11-15 的执行结果

11.4.2 查看存储过程

对于创建好的存储过程，可以通过 SSMS 查看其源代码，也可以通过 SQL Server 提供的系统存储过程查看其源代码。

1. 通过 SSMS 查看存储过程的源代码

通过 SSMS 查看创建的 xs_cj_proc 存储过程定义信息的操作步骤如下：

(1) 在 SSMS 的"对象资源管理器"窗格中依次展开"数据库"→STUMS→"可编程性"→"存储过程"结点，右击 xs_cj_proc 对象，在弹出的快捷菜单中选择"编写存储过程脚本为"→"CREATE 到"→"新查询编辑器窗口"命令，如图 11-14 所示。

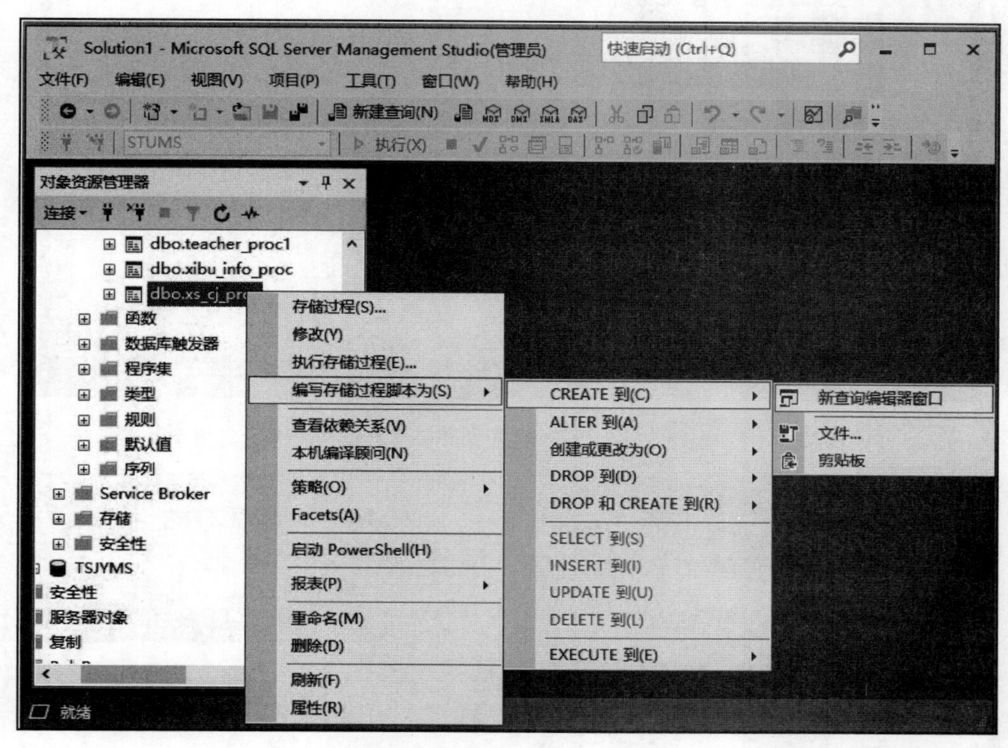

图 11-14 查看 xs_cj_proc 存储过程命令选择

(2) 系统打开查询编辑器，查询编辑器中包含 xs_cj_proc 存储过程的源代码，如图 11-15 所示，用户可直接查看。

2. 使用系统存储过程 sp_helptext 查看存储过程的源代码

使用 sp_helptext 查看存储过程的语法如下：

```
EXEC sp_helptext procedure_name
```

其中，procedure_name 为用户需要查看的存储过程名称。

【例 11-16】 使用 sp_ helptext 存储过程查看的源代码。

代码如下：

```
EXEC sp_ helptext kc_ins_proc
```

执行结果如图 11-16 所示。

如果在创建存储过程时使用了 WITH ENCRYPTION 选项对其加了密，那么无论是使用 SSMS 还是系统存储过程 SP_ helptext 都无法看到存储过程的源代码。

除此之外，SQL Server 2019 还提供了多个系统存储过程来查看存储过程的不同信息。

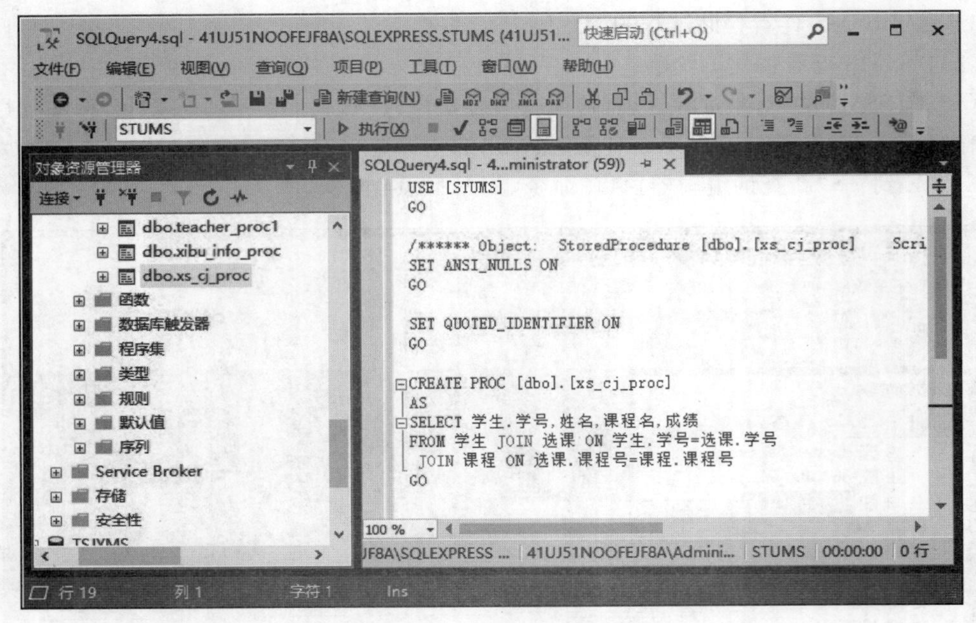

图 11-15 xs_cj_proc 存储过程源代码

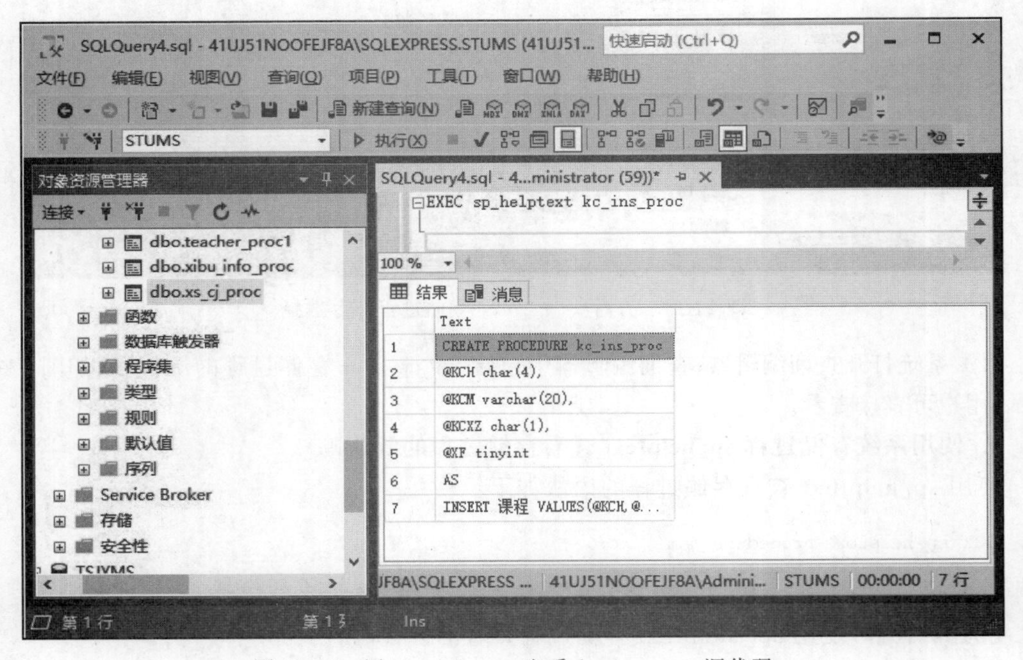

图 11-16 用 sp_ helptext 查看 kc_ins_proc 源代码

(1) 使用 sp_help 查看存储过程的参数、类型等一般信息。其语法格式为：

```
sp_help procedure_name
```

(2) 使用 sp_depends 查看存储过程的依赖关系及列引用等相关性信息。其语法格式为：

```
sp_depends procedure_name
```

(3) 使用 sp_stored_procedures 查看当前数据库中的存储过程列表。其语法格式为：

```
sp_stored_procedures [ [ @sp_name = ] 'name' ]
[ , [ @sp_owner = ] 'schema']
[ , [ @sp_qualifier = ] 'qualifier' ]
[ , [@fUsePattern = ] 'fUsePattern' ]
```

参数说明如下。

- [@sp_name=] 'name'：用于返回目录信息的过程名。
- [@sp_owner=] 'schema'：该过程所属架构的名称。
- [@sp_qualifier=] 'qualifier'：过程限定符的名称。在 SQL Server 中，qualifier 表示数据库名称。在某些产品中，它表示表所在数据库环境的服务器名称。默认值为 NULL。
- [@fUsePattern=] 'fUsePattern'：确定是否将下画线（_）、百分号（%）或方括号（[ ]）解释为通配符。fUsePattern 的数据类型为 bit(0 为禁用模式匹配，1 为启用模式匹配)，默认值为 1。

【例 11-17】 使用 sp_ help、sp_depends 和 sp_stored_procedures 查看 xs_cj_proc 存储过程的相关信息。

代码如下：

```
EXEC sp_help xs_cj_proc
EXEC sp_depends xs_cj_proc
EXEC sp_stored_procedures xs_cj_proc
```

执行结果如图 11-17 所示。

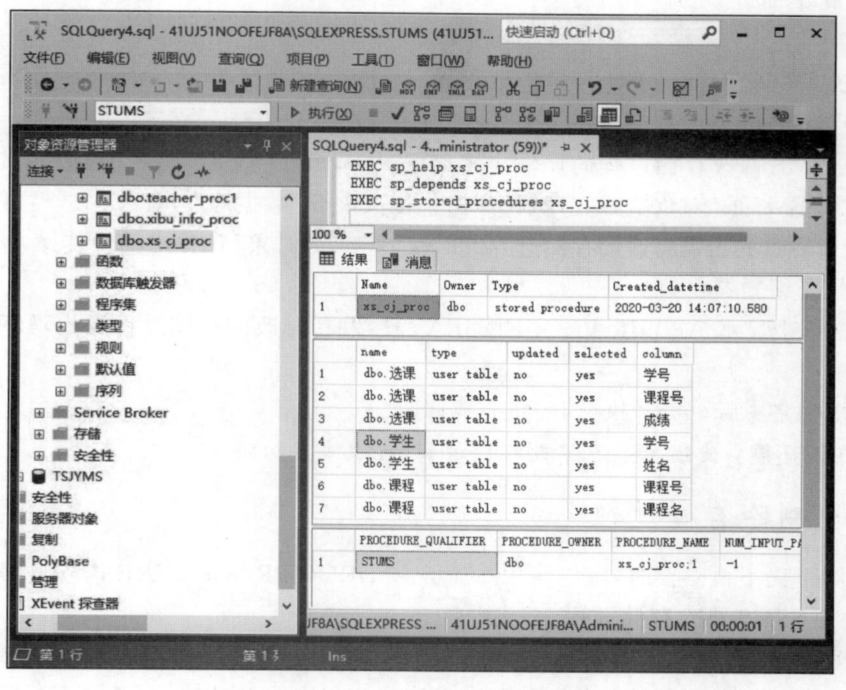

图 11-17 xs_cj_proc 存储过程的相关信息

11.4.3 修改存储过程

当存储过程所依赖的基表发生变化或者需要时，用户可以对存储过程的定义或者参数进行修改。

1. 使用 ALTER PROCEDURE 语句修改存储过程

修改存储过程可以使用 ALTER PROCEDURE 语句，其语法格式为：

```
ALTER PROC[EDURE] procedure_name
[{@parameter data_type} = default ] [OUTPUT] ] [, … n]
[ WITH {RECOMPILE | ENCRYPTION } ]
AS
sql_statement [, … n]
```

其中，procedure_name 为要修改的存储过程名称。其余各参数的意义与创建存储过程命令中参数的意义相同。

【例 11-18】 修改存储过程 xs_cj_proc，查询课程成绩不及格的学生的学号、姓名、课程名和成绩。

代码如下：

```
USE STUMS
GO
ALTER PROC xs_cj_proc AS
SELECT 学生.学号,姓名,课程名,成绩
FROM 学生 JOIN 选课 ON 学生.学号 = 选课.学号
JOIN 课程 ON 选课.课程号 = 课程.课程号
WHERE 成绩< 60
GO
```

在查询编辑器中执行上述代码将修改 xs_cj_proc 存储过程。

2. 使用 SSMS 修改存储过程

使用 SSMS 修改存储过程的操作步骤如下：

(1) 在 SSMS 的“对象资源管理器”窗格中依次展开“数据库”→STUMS→“可编程性”→“存储过程”结点，右击需修改的存储过程，如 xs_cj_proc 对象，在弹出的快捷菜单中选择“修改”命令，打开编辑器窗口。

(2) 窗口中显示 ALTER PROCEDURE 命令和待修改的存储过程源代码，用户可对其进行修改。

(3) 修改完毕后，单击“执行”按钮完成修改。

知识拓展： 使用 SSMS 修改存储过程，可以事半功倍。

11.4.4 删除存储过程

当存储过程不再需要时，可以使用 SSMS 或 DROP PROCEDURE 语句将其删除。

1. 使用 SSMS 删除存储过程

在 SSMS 的“对象资源管理器”窗格中右击要删除的存储过程，在弹出的快捷菜单中选择“删除”命令，将弹出“删除对象”窗口，在该窗口中单击“确定”按钮，删除该存储过程。

2. 使用 DROP PROCEDURE 语句删除存储过程

使用 DROP PROCEDURE 语句可以一次从当前数据库中将一个或多个存储过程删除，其语法格式如下：

```
DROP PROCEDURE 存储过程名[, …n]
```

【例 11-19】 删除存储过程 xs_cj_proc，tj_nopass_num，js_xl_tj_proc。

代码如下：

```
DROP PROCEDURE xs_cj_proc, tj_nopass_num, js_xl_tj_proc
```

在查询编辑器中执行上述代码，一次删除了 xs_cj_proc、tj_nopass_num 和 js_xl_tj_proc 这 3 个存储过程。

课堂任务 4 对照练习

(1) 使用 sp_recompile 为 STUMS 数据库中的 stu_xm_proc 设定重编译。

(2) 使用 sp_help、sp_helptext、sp_dependst 和 sp_stored_procedures 查看 stu_mh_proc 存储过程的相关信息。

(3) 修改 stu_xm_proc 存储过程，使其能按指定的班号查询学生的信息。

(4) 用 DROP 命令删除存储过程 tj_ns_proc。

课后作业

1. 什么是存储过程？使用存储过程有哪些优点？

2. 简述存储过程的分类与特点。

3. 分别写出使用 SSMS 和 T-SQL 语句创建存储过程的主要步骤。

4. 创建存储过程哪一个选项将加密语句文本？哪一个选项可设置输入参数？

5. 执行含有参数的存储过程应注意什么？

6. 查看存储过程的定义信息，应使用哪一个系统存储过程？查看存储过程的相关性信息，应使用哪一个系统存储过程？

7. 应使用什么语句修改存储过程？应使用什么语句删除存储过程？

8. 使用 T-SQL 语句对 STUMS 数据库进行如下操作：

(1) 创建一个名为 xs_bk_proc 的存储过程，完成不及格学生的学号、姓名、课程名、成绩和班号信息的查询。

(2) 在 STUMS 数据库中基于“班级”表创建一个名为 bj_info_proc 的存储过程，根据班号查询班主任、班长和教室位置信息。

(3) 创建一个名为 xs_tj_proc 的存储过程，实现按性别统计学生人数。

(4) 调用上述 xs_tj_proc 存储过程，统计女生人数。

(5) 创建一个名为 xk_ins_proc 的存储过程，用于向“选课”表插入记录。

(6) 创建一个名为 xk_cj_proc 的存储过程，根据课程号更新“选课”表中的对应成绩，令成绩等于 0。

(7) 使用系统存储过程查看 xk_cj_proc 的定义信息、一般信息和相关性信息。

(8) 使用 ALTER PROCEDURE 命令修改 xs_tj_proc 存储过程，实现按专业统计学生人数。

(9) 将存储过程 xs_tj_proc 重命名为 xs_zy_proc。

(10) 删除 xk_ins_proc、xk_cj_proc 存储过程。

实训 9　图书借阅管理系统存储过程的创建和管理

1. 实训目的

(1) 掌握创建存储过程的两种方法。

(2) 掌握存储过程的调用方法。

(3) 掌握带参数的存储过程的创建和调用的方法。

(4) 掌握存储过程重编译的方法。

(5) 掌握查看存储过程信息的方法。

(6) 掌握修改和删除存储过程的方法。

2. 实训准备

(1) 存储过程的定义方法。

(2) 存储过程的调用方法。

(3) 带参数的存储过程的创建和调用方法。

(4) 存储过程的重编译。

(5) 查看存储过程信息的系统存储过程的用法。

(6) 修改、删除存储过程的 T-SQL 语句的用法。

3. 实训要求

(1) 若某一实训内容项目可以由多种方法完成，则每一种方法都要操练一遍。

(2) 验收实训结果，提交实训报告。

4. 实训内容

1) 创建存储过程

(1) 用 SSMS 创建存储过程。

- 在 TSJYMS 数据库中创建一个查询图书库存量的存储过程 cx_tskcl_proc，输出的内容包含图书编号、图书名称、库存数等数据内容。
- 在 TSJYMS 数据库中创建一个名为 cx_dzxx_proc 的存储过程，该存储过程能查询出所有借书的读者信息。

(2) 用 T-SQL 语句创建存储过程。

- 在 TSJYMS 数据库中创建一个名为 ins_tsrk_proc 的存储过程，该存储过程用于向图书入库插入图书编号、ISBN、入库时间和入库数。
- 在 TSJYMS 数据库中创建一个名为 ts_cx_proc 的存储过程，它带有一个输入参数，用于接收图书编号，显示该图书的名称、作者、出版和复本数。

2) 存储过程的调用

(1) 执行 cx_tskcl_proc 存储过程，了解图书库存的信息。

(2) 执行 cx_dzxx_proc 存储过程，了解读者借书的情况。

(3) 通过 ins_tsrk_proc 存储过程，新增一入库图书('07310001','978-750-804-0110',getdate(),10)，并查询结果。

(4) 执行 ts_cx_proc 存储过程，分别查询 07829702、07111717、07410810 等书号的图书信息。

3) 存储过程的重编译

(1) 利用 sp_recompile 命令为存储过程 cx_tskcl_proc 设定重编译标记。

(2) 在执行 cx_dzxx_proc 存储过程时设定重编译。

4) 查看存储过程

(1) 通过 SSMS 查看 cx_dzxx_proc 存储过程的源代码。

(2) 使用 sp_ help、sp_depends、sp_ helptext 和 sp_stored_procedures 查看 ins_tsrk_proc 存储过程。

5) 修改存储过程

修改 ts_cx_proc 存储过程，使之能按图书名称查询图书的相关信息。

执行修改后的 ts_cx_proc 存储过程，分别查询《网络工程实用教程》《汽车车身构造与修复图解》等图书的信息。

6) 删除存储过程

使用 SSMS 删除 ins_tsrk_proc 存储过程。

使用 T-SQL 语句删除 cx_tskcl_proc 和 cx_dzxx_proc 存储过程。

第 9 章　触发器的应用

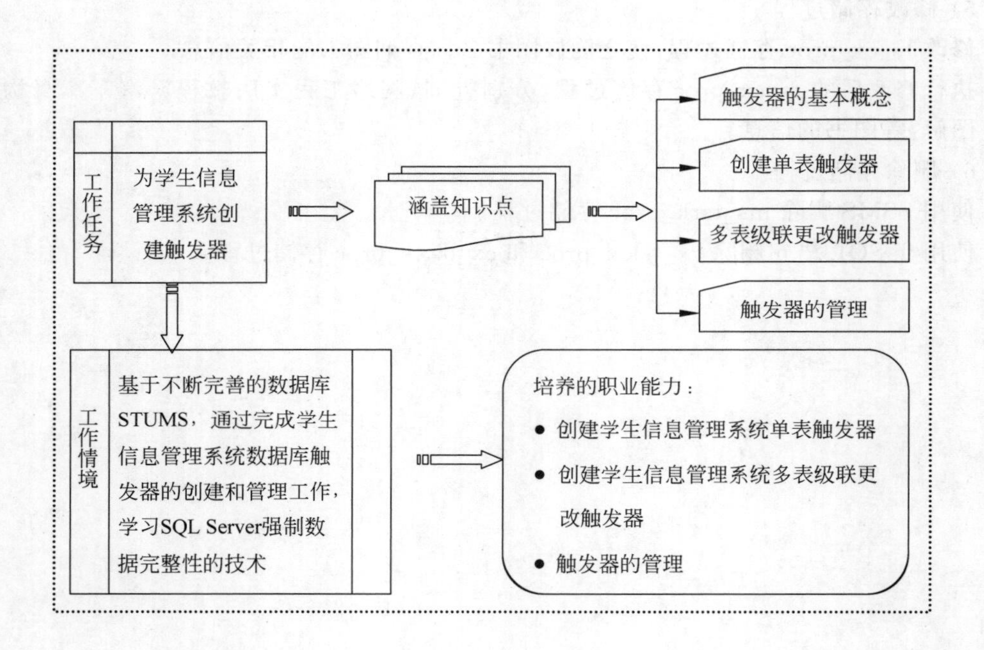

工作任务
为学生信息管理系统创建触发器
涵盖知识点
触发器的基本概念
创建单表触发器
多表级联更改触发器
触发器的管理
工作情境
基于不断完善的数据库STUMS，通过完成学生信息管理系统数据库触发器的创建和管理工作，学习SQL Server强制数据完整性的技术
培养的职业能力：
● 创建学生信息管理系统单表触发器
● 创建学生信息管理系统多表级联更改触发器
● 触发器的管理

第 12 课　学生信息管理系统触发器的创建与管理

12.1　触发器概述

课堂任务 1　学习触发器的基本概念、触发器的优点及触发器的类型。

12.1.1　触发器的概念

SQL Server 提供了约束和触发器两种主要机制，来强制业务规则和数据完整性。触发器是数据库对象，就本质而言，也是一种特殊类型的存储过程。触发器由 T-SQL 语句组成，可以完成存储过程能完成的功能。但是它与表紧密相连，可以看作表定义的一部分，主要用于维护表中数据的正确性和多表之间数据的一致性。当使用 UPDATE、INSERT 和 DELETE 命令在触发器所维护的数据表中进行操作时，触发器就被触发，而自动执行所定义的 T-SQL 语句，用来防止对表或视图及它们所包含的数据进行不正确的或不一致的操作，从而确保对数据的处理必须符合由这些 T-SQL 语句所定义的规则。

触发器与存储过程不同的是，触发器在数据库上执行并附着在对应的数据表或视图上，当表或视图中的数据发生变化时自动生效，用户不能像执行存储过程那样，通过使用触发器的名称来调用或执行它，触发器也不能传递或接收参数。触发器的主要作用就是能够实现由主键和外键所不能保证的复杂的参照完整性和数据的一致性，实现约束或默认值所不能保证的复杂的数据完整性。

12.1.2　触发器的优点

触发器包含复杂的处理逻辑，能够实现复杂的完整性约束。使用触发器有以下优点：

- 触发器是自动执行的。无论对触发器所维护的表的数据做任何修改，比如手工输入或者应用程序采取的操作之后，触发器立即被激活。
- 触发器能够对数据库中的相关表实现级联更改。触发器是基于一个表创建的，但是可以针对多个表进行操作，实现数据库中相关表的级联更改。例如，可以在“学生”表的“学号”字段上创建一个插入触发器，当在“学生”表上插入数据时，“选课”表的“学号”字段上自动插入相同的学号，使“学生”表和“选课”表联动，确保两表学号的一致性。
- 触发器可以强制限制，这些限制比用 CHECK 约束所定义的更复杂。与 CHECK 约束不同，触发器可以引用其他表中的列。
- 触发器也可以评估数据修改前后的表状态，并根据其差异采取相应的对策。

12.1.3 触发器的分类

SQL Server 2019 包括 3 种常规类型的触发器：登录触发器、DDL 触发器和 DML 触发器。

1. 登录触发器

登录触发器将为响应 LOGON 事件而激发存储过程。与 SQL Server 实例建立用户会话时将引发此事件。登录触发器将在登录的身份验证阶段完成之后且用户会话实际建立之前激发。因此，来自触发器内部且通常将到达用户的所有消息（例如错误消息和来自 PRINT 语句的消息）会传送到 SQL Server 错误日志。如果身份验证失败，将不激发登录触发器。

登录触发器可从任何数据库创建，但在服务器级注册，并驻留在 master 数据库中。可以使用登录触发器来审核和控制服务器会话。例如，通过跟踪登录活动，限制 SQL Server 的登录名或限制特定登录名的会话数。

2. DDL 触发器

T-SQL DDL 触发器，用于执行一个或多个 T-SQL 语句以响应服务器范围或数据库范围事件的一种特殊类型的 T-SQL 存储过程。DDL 触发器有以下两种类型。

1）T-SQL DDL 触发器

用于执行一个或多个 T-SQL 语句以响应服务器范围或数据库范围事件的一种特殊类型的 T-SQL 存储过程。

2）CLR DDL 触发器

因为 Microsoft SQL Server 与.NET Framework 公共语言运行库（CLR）相集成，所以用户可以使用任何.NET Framework 语言创建 CLR 触发器。可以创建 CLR DDL 触发发器，也可以创建 CLR DML 触发器。CLR 触发器将执行在托管代码（在.NET Framework 中创建并在 T-SQL 中上载的程序集的成员）中编写的方法，而不用执行 SQL Server 存储过程。

当服务器或数据库中发生数据定义语言（DDL）事件时将调用 DDL 触发器。引发 DDL 触发器的事件主要包括 CREATE、ALTER、DROP、GRANT、DENY、REVOKE 或 UPDATE STATISTICS 和其他 DDL 语句以及执行 DDL 式操作的存储过程，仅在运行触发 DDL 触发器的 DDL 语句后，DDL 触发器才会激发。如果要执行以下操作，则使用 DDL 触发器：

- 防止对数据库架构进行某些更改。
- 希望数据库中发生某种情况以响应数据库架构的更改。
- 记录数据库架构的更改或事件。

3. DML 触发器

DML 触发器为特殊类型的存储过程，可在发生数据操作语言（DML）事件时自动生效，以便影响触发器中定义的表或视图。DML 事件包括 INSERT、UPDATE 或 DELETE 语句。DML 触发器可用于强制业务规则和数据完整性、查询其他表并包括复杂的 T-SQL 语句。

DML 触发器类似于约束，因为可以强制实体完整性或域完整性。一般情况下，实体完整性总应在最低级别上通过索引进行强制，这些索引应是 PRIMARY KEY 和 UNIQUE 约束的一部分，或者是独立于约束而创建的。域完整性应通过 CHECK 约束进行强制，而引用完整性(RI)则应通过 FOREIGN KEY 约束进行强制。当约束支持的功能无法满足应用程序的功能要求时，DML 触发器非常有用。

- DML 触发器可通过数据库中的相关表实现级联更改。
- DML 触发器可以防止恶意或错误的 INSERT、UPDATE 以及 DELETE 操作，并强制执行比 CHECK 约束定义的限制更为复杂的其他限制。
- DML 触发器可以评估数据修改前后表的状态，并根据该差异采取相应的措施。
- DML 触发器可以禁止或回滚违反引用完整性的更改，从而取消所尝试的数据修改。

本课着重讨论 DML 触发器的创建与管理。

12.1.4 DML 触发器的类型

DML 触发器有许多类型。若按触发器的触发操作分，可将 DML 触发器分为 INSERT、UPDATE 和 DELETE 3 种类型。若按触发器被激活的时机分，可将 DML 触发器分为 AFTER 和 INSTEAD OF 两种类型，此外还新增了 CLR 触发器。

1. AFTER 触发器

AFTER 触发器又称为后触发器，是在执行 INSERT、UPDATE、MERGE 或 DELETE 语句的操作之后被激发的。

此类触发器只能定义在表上，不能创建在视图上。可以为每个触发操作(INSERT、UPDATE 或 DELETE)创建多个 AFTER 触发器。如果表有多个 AFTER 触发器，可使用 sp_settriggerorder 定义哪个 AFTER 触发器最先激发，哪个最后激发。除第一个和最后一个触发器外，所有其他的 AFTER 触发器的激发顺序都不确定，并且无法控制。

2. INSTEAD OF 触发器

INSTEAD OF 触发器又称为替代触发器，该类触发器代替触发动作进行激发，并在处理约束之前激发。

该类触发器既可定义在表上，也可定义在视图上。对于每个触发操作(UPDATE、DELETE 和 INSERT)，每个表或视图都只能定义一个 INSTEAD OF 触发器。

3. CLR 触发器

CLR 触发器可以是 AFTER 触发器或 INSTEAD OF 触发器。

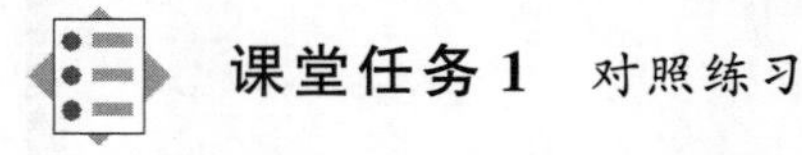

课堂任务 1 对照练习

修改"选课"表成绩感受一下触发器的功效。"选课"表上有一个禁止更新成绩的触发器。

12.2 创建触发器

课堂任务 2 要求学会使用两种不同的方法为 STUMS 数据库创建 DML 和 DDL 触发器。

在 SQL Server 中，可以使用 SSMS 创建触发器，也可以使用 T-SQL 的 CREATE

TRIGGER 语句创建触发器。

12.2.1 创建基于单表的 DML 触发器

1. 使用 SSMS 创建 DML 触发器

【例 12-1】 在 STUMS 数据库的“教师”表上创建一个名为 js_insert_trigger 的触发器，当执行 INSERT 操作时，该触发器被触发，提示“禁止插入记录!”。

使用 SSMS 创建 js_insert_trigger 触发器的操作步骤如下：

(1) 启动 SSMS，在“对象资源管理器”窗格中依次展开“数据库”→STUMS→“表”→“教师”结点，右击“触发器”图标，在弹出的快捷菜单中选择“新建触发器”命令。

(2) 打开触发器模板编辑器，编辑器中包含触发器的框架代码，如图 12-1 所示。修改触发器的框架代码，根据题意替换成如下语句：

```
CREATE TRIGGER js_insert_trigger ON 教师
FOR INSERT
AS
BEGIN
  PRINT('禁止插入记录!')
  ROLLBACK TRANSACTION
END
GO
```

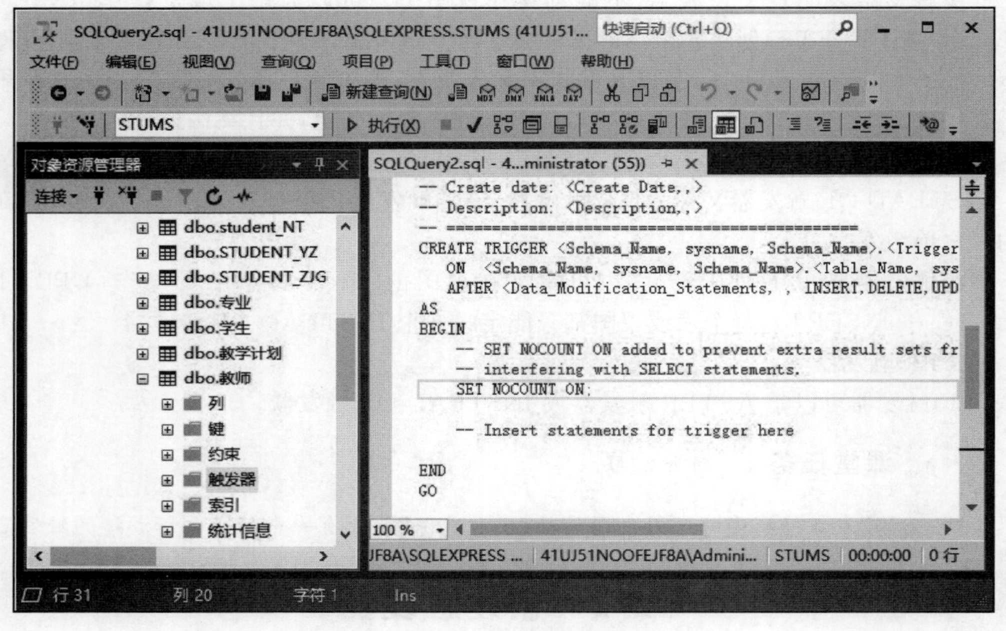

图 12-1　触发器模板编辑器中的框架代码

(3) 修改完毕后，单击“分析”按钮，进行语法检查。

(4) 如果没有任何语法错误，单击“执行”按钮，将在 STUMS 数据库的“教师”表上创建 js_insert_trigger 触发器。

当用户向“教师”表中插入数据行时将激发 js_insert_trigger 触发器，插入操作将告失败。图 12-2 所示的就是使用 SSMS 向“教师”表中插入数据，激发了 js_insert_trigger 触发器，提示“禁止插入记录!”等信息。

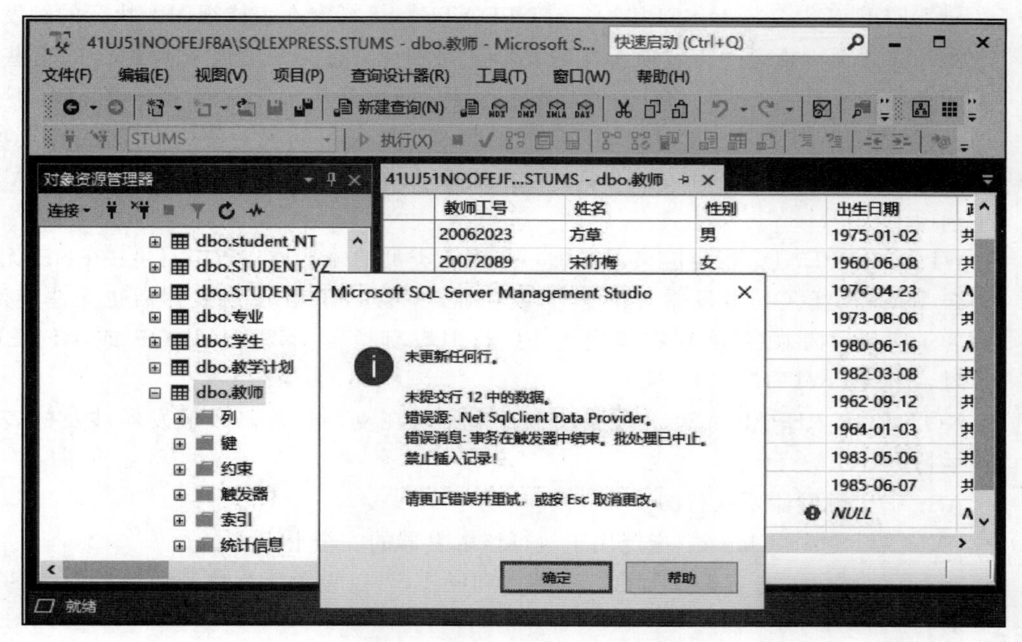

图 12-2 触发 js_insert_trigger 触发器的提示信息

2. 使用 CREATE TRIGGER 语句创建 DML 触发器

用户可以在查询编辑器中使用 CREATE TRIGGER 语句来创建 DML 触发器。CREATE TRIGGER 语句的基本语法如下：

```
CREATE TRIGGER [ schema_name . ]trigger_name
ON { table | view }
[ WITH <dml_trigger_option> [ ,…n ] ]
{ FOR | AFTER | INSTEAD OF }
{ [ DELETE ] [ , ] [ INSERT ] [ , ] [ UPDATE ] }
[ WITH APPEND ]
[ NOT FOR REPLICATION ]
AS { sql_statement[ ; ] [ ,…n ] }
  <dml_trigger_option> : : =
     [ ENCRYPTION ]
     [ EXECUTE AS Clause ]
 <method_specifier> : : =
     assembly_name.class_name.method_name
```

各参数说明如下。

- schema_name：DML 触发器所属架构的名称。
- trigger_name：新建触发器的名称。
- table|view：执行触发器的表或视图，有时称为触发器表或触发器视图。
- WITH ENCRYPTION：加密选项，对 syscomments 表中包含 CREATE TRIGGER 语句文本加密。

- AFTER：指定为后触发器类型，如果仅指定 FOR 关键字，则 AFTER 是默认设置。
- INSTEAD OF：指定为替代触发器类型。
- {[DELETE][,][INSERT][,][UPDATE]}：指定在表或视图上执行的触发操作。必须至少指定一个选项。在触发器定义中允许使用以任意顺序组合的这些关键字。如果指定的选项多于一个，需用逗号分隔这些选项。对于 INSTEAD OF 触发器，不允许在具有 ON DELETE 级联操作引用关系的表上使用 DELETE 选项。同样，也不允许在具有 ON UPDATE 级联操作引用关系的表上使用 UPDATE 选项。
- WITH APPEND：指定应该再添加一个现有类型的触发器。WITH APPEND 无法与 INSTEAD OF 触发器一起使用，或在显式声明 AFTER 触发器后也无法使用。为了实现后向兼容性，仅在指定了 FOR（但没有指定 INSTEAD OF 或 AFTER）时，才使用 WITH APPEND。
- NOT FOR REPLICATION：指明触发器不得在复制代理修改触发器涉及的表时运行。
- AS：引出触发器要执行的操作。
- EXECUTE AS Clause：指定用于执行该触发器的安全上下文。
- sql_statement：指定触发器执行的条件和操作，可以包含任意数量和种类的 T-SQL 语句。

1）INSERT 触发器

INSERT 触发器能在向指定的表中插入数据时发出报警。

【例 12-2】 在 STUMS 数据库的“专业”表上创建一个名为 zy_insert_trigger 的触发器，当执行 INSERT 操作时，该触发器被触发，提示“禁止插入记录!”。

代码如下：

```
USE STUMS
GO
CREATE TRIGGER zy_insert_trigger ON 专业
INSTEAD OF INSERT
AS
PRINT('禁止插入记录!')
GO
```

在查询编辑器中输入上述代码并执行后，就为“专业”表创建了一个 zy_insert_trigger 触发器。当用户使用 INSERT 语句向“专业”表中插入数据（如 099，大数据，09）行时，该触发器被激发，插入操作将告失败，如图 12-3 所示。

【说明】 本例创建的是 INSTEAD OF 类型的触发器，zy_insert_trigger 被触发的同时，就取消了插入操作，因此不需要用事务回滚语句（ROLLBACK TRANSACTION）撤销插入的数据行。

2）DELETE 触发器

DELETE 触发器能在指定表中的数据被删除时发出报警。

【例 12-3】 在 STUMS 数据库的“教师”表上创建一个名为 js_delete_trigger 的触发器，当执行 DELETE 操作时，该触发器被触发，提示“禁止删除数据!”。

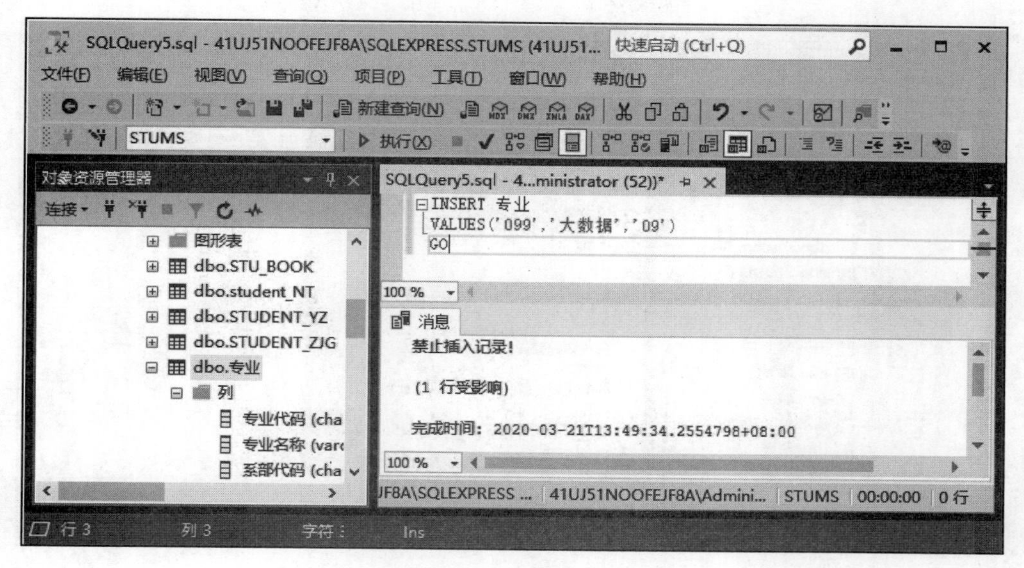

图 12-3　触发 zy_insert_trigger 触发器时界面

代码如下：

```
USE STUMS
GO
CREATE TRIGGER js_delete_trigger ON 教师
FOR DELETE
AS
BEGIN
  PRINT('禁止删除数据!')
  ROLLBACK TRANSACTION
END
GO
```

在查询编辑器中输入上述代码并执行后，就在“教师”表上创建了一个 js_delete_trigger 触发器。当用户使用 DELETE 命令删除“教师”表中姓名为“乔红军”的数据行时，激发了 js_delete_trigger 触发器，取消了 DELETE 操作，如图 12-4 所示。

【说明】 本例在定义触发器时，指定的是 FOR 选项，AFTER 成了默认设置。js_delete_trigger 触发器只有在删除操作成功执行后才被激发，因此，需要用事务回滚语句(ROLLBACK TRANSACTION)撤销其删除操作。

3）UPDATE 触发器

UPDATE 触发器能跟踪数据的变化，测试指定表中某列数据被修改时，发出报警。

【例 12-4】 在 STUMS 数据库的“教师”表上创建一个名为 js_update_trigger 的 DML 触发器，用以检查是否修改了“教师”表中“姓名”列的数据，若做了修改，该触发器被触发，提示“不允许修改!”。

代码如下：

```
CREATE TRIGGER js_update_trigger ON 教师
FOR UPDATE
```

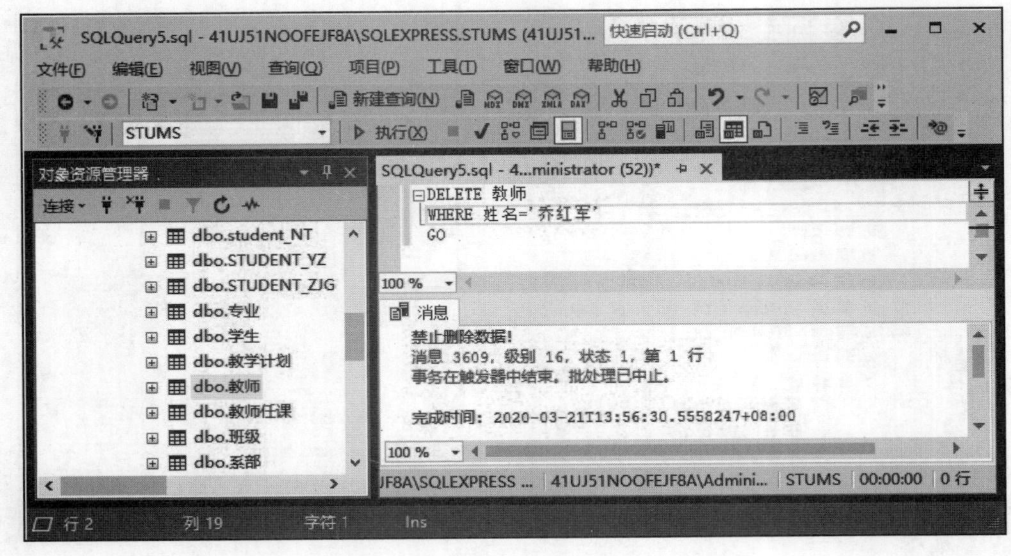

图 12-4　触发 js_delete_trigger 触发器时界面

```
AS
BEGIN
  IF UPDATE(姓名)                    /* 检测是否修改了“姓名”列数据 */
  PRINT('不允许修改!')
  ROLLBACK TRANSACTION
END
GO
```

在查询编辑器中输入上述代码并执行后，就在“教师”表上创建了一个 js_update_trigger 触发器。当用户使用 UPDATE 命令将“教师”表中的“乔红军”的名字改成“乔羽”时，激发了 js_update_trigger 触发器，提示不允许修改，取消了 UPDATE 操作，如图 12-5 所示。

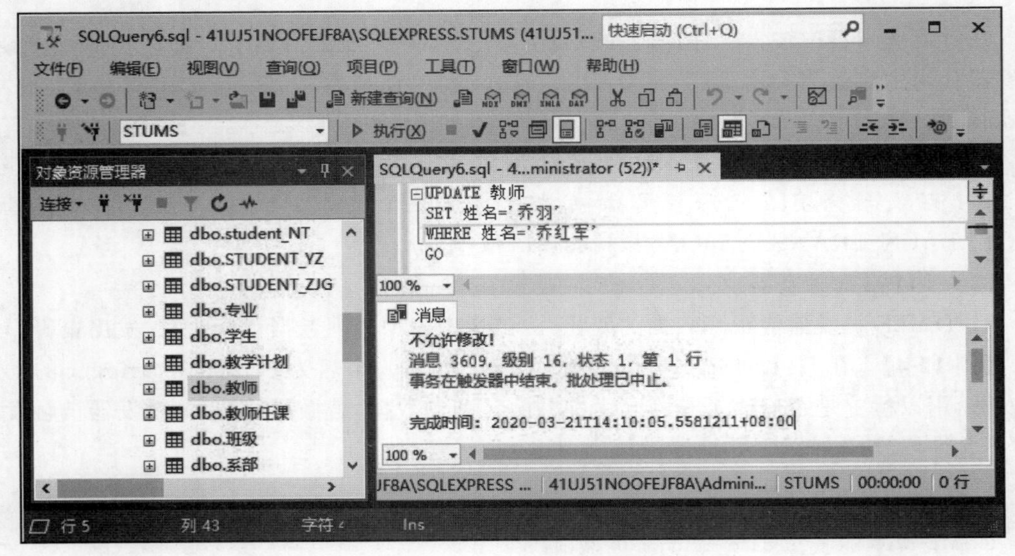

图 12-5　触发 js_update_trigger 触发器时界面

【例 12-5】 在 STUMS 数据库的“课程”表上创建一个名为 kc_update_trigger 的 DML 触发器，当执行 UPDARE 操作修改“课程”表时，该触发器被触发，给出修改的时间信息。

代码如下：

```
USE STUMS
GO
CREATE TRIGGER kc_update_trigger ON 课程
FOR UPDATE
AS
PRINT '修改时间为：' + CONVERT(char,getdate(),101)          /* 显示修改时间 */
GO
```

其中，CONVERT(char，getdate())，101)为数据类型转换函数，将日期型数据转换为字符型数据。

在查询编辑器中输入上述代码并执行后，就在“课程”表上创建了一个 kc_update_trigger 触发器。

【例 12-6】 使用 kc_update_trigger 触发器跟踪数据变化。对“课程”表进行更新，将课程号为 0005 的课程名由原来的“西班牙语”改为“日语”。

代码如下：

```
USE STUMS
GO
UPDATE 课程
SET 课程名 = '日语'
WHERE 课程号 = '0005'
GO
```

在查询编辑器中输入上述代码并执行后，得到如图 12-6 所示的结果。

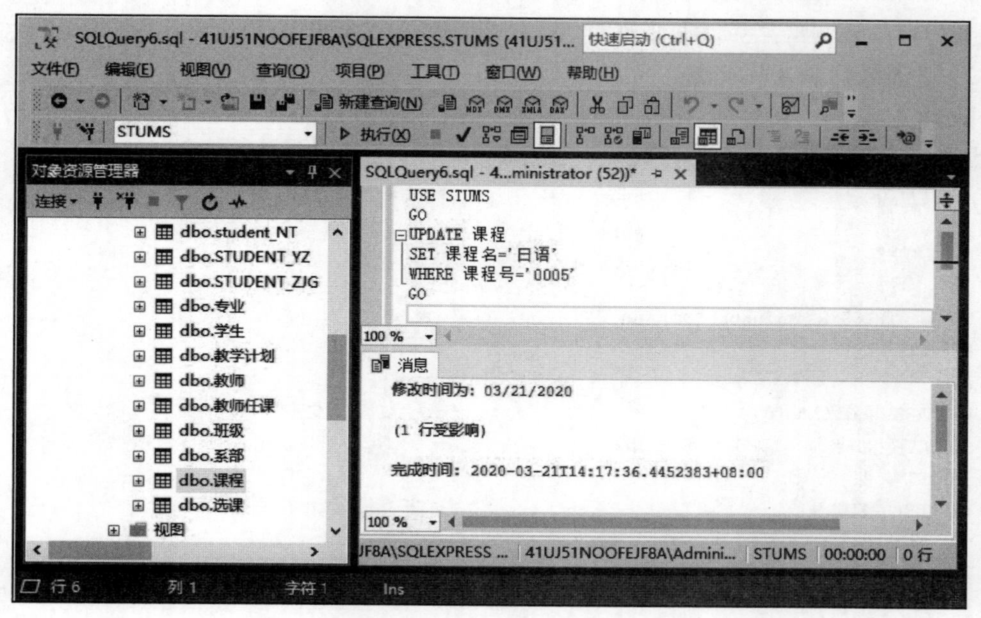

图 12-6 激发 kc_update_trigger 触发器时界面

📖知识拓展：为了确保数据安全，用户可以在数据表上创建触发器，自动报警业务操作。

课堂任务 2 对照练习一

(1) 在 STUMS 数据库的"教学计划"表上创建一个名为 jxjh_insert_trigger 的触发器，当执行 INSERT 操作时，该触发器被触发，提示"禁止插入记录!"。

(2) 在 STUMS 数据库的"学生"表上创建一个名为 xs_delete_trigger 的触发器，当执行 DELETE 操作时，该触发器被触发，提示"禁止删除数据!"。

(3) 在 STUMS 数据库的"选课"表上创建一个名为 xk_update_trigger 的触发器，当修改"选课"表中的"成绩"时，该触发器被触发，提示"不允许修改!"

12.2.2 创建多表级联更改 DML 触发器

1. inserted 和 deleted 表

每个 DML 触发器被触发时，SQL Server 都将在内存中自动创建和管理两种特殊的临时表 inserted 和 deleted。

inserted 和 deleted 表的结构和触发器所关联的表的结构一致，这两个表不是存储在数据库中的物理表，而是存储在内存中的逻辑表。允许用户在触发器中访问它们的数据，但不允许用户直接读取与修改其数据内容。

- inserted 表(插入表)。用于存储 INSERT 和 UPDATE 语句所影响的行的副本。在一个插入或更新事务处理中，新建行被同时添加到 inserted 表和触发器表中。
- deleted 表(删除表)。用于存储 DELETE 和 UPDATE 语句所影响的行的副本。在执行 DELETE 或 UPDATE 语句时，行从触发器表中删除，并传输到 deleted 表中。

inserted 和 deleted 表主要用于触发器中扩展表间引用完整性。可以使用这两个临时的驻留内存的表测试某些数据修改的效果及设置触发器操作的条件。

2. 多表级联插入触发器

【例 12-7】 在 STUMS 数据库的"学生"表上创建一个名为 xs_insert_trigger 的触发器，当在"学生"表中插入数据行时，将该数据行中的学号自动插入"选课"表。

代码如下：

```
USE STUMS
GO
CREATE TRIGGER xs_insert_trigger ON 学生
FOR INSERT
AS
DECLARE @XH CHAR(9)                          /*定义局部变量*/
SELECT @XH = 学号 FROM INSERTED              /*从 INSERTED 表中取出学号赋给变量@XH*/
INSERT 选课(学号)
VALUES(@XH)                                  /*将变量@XH 的值插入选课表*/
GO
```

在查询编辑器中输入上述代码并执行后，就在"学生"表上创建了一个 xs_insert_trigger 触发器。当用户在"学生"表中插入一条"22446688，醒目，女，1999-5-5，共青团员"数据行时，如图 12-7 所示，触发了 xs_insert_trigger 触发器，自动将“学生”表中插入的数据行的学号 22446688 也插入“选课”表中，打开“选课”表，就能看到刚插入的学号，如图 12-8 所示。

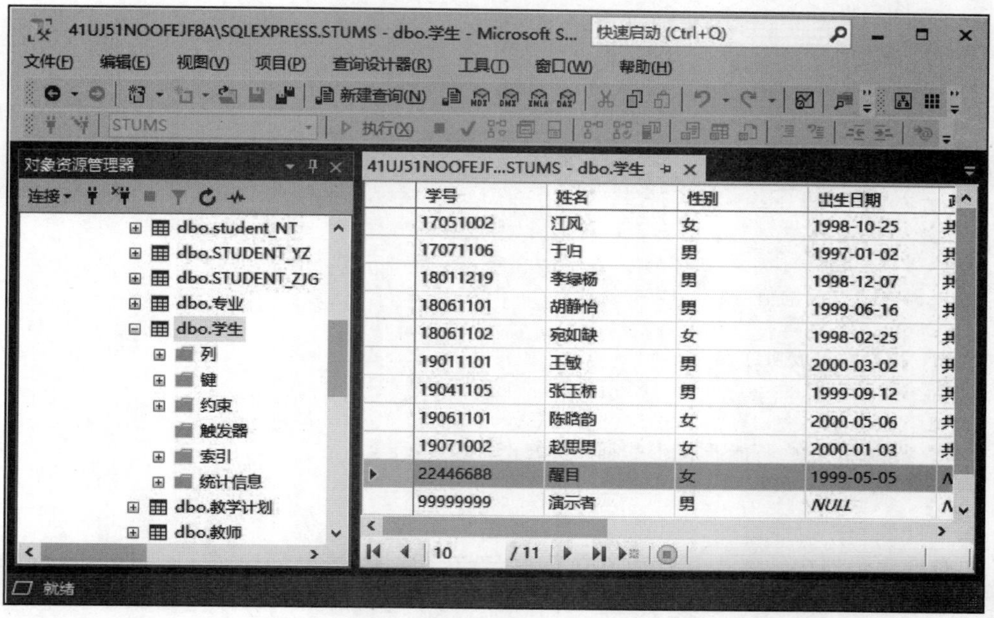

41UJ51NOOFEJF8A\SQLEXPRESS.STUMS - dbo.学生 - Microsoft S... 快速启动 (Ctrl+Q)

文件(F) 编辑(E) 视图(V) 项目(P) 查询设计器(R) 工具(T) 窗口(W) 帮助(H)

新建查询(N) STUMS 执行(X)

对象资源管理器

连接▾

dbo.student_NT
dbo.STUDENT_YZ
dbo.STUDENT_ZJG
dbo.专业
dbo.学生
列
键
约束
触发器
索引
统计信息
dbo.教学计划
dbo.教师

41UJ51NOOFEJF...STUMS - dbo.学生

学号	姓名	性别	出生日期
17051002	江风	女	1998-10-25
17071106	于归	男	1997-01-02
18011219	李绿杨	男	1998-12-07
18061101	胡静怡	男	1999-06-16
18061102	宛如缺	女	1998-02-25
19011101	王敏	男	2000-03-02
19041105	张玉桥	男	1999-09-12
19061101	陈晧韵	女	2000-05-06
19071002	赵思男	女	2000-01-03
22446688	醒目	女	1999-05-05
99999999	演示者	男	NULL

10 / 11

就绪

图 12-7　在“学生”表中插入的数据

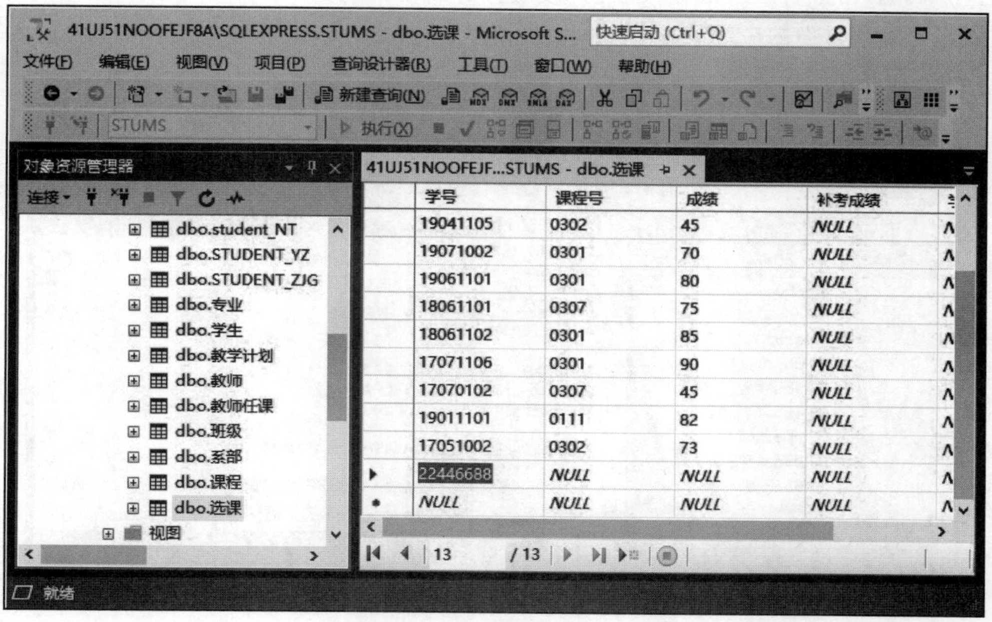

41UJ51NOOFEJF8A\SQLEXPRESS.STUMS - dbo.选课 - Microsoft S... 快速启动 (Ctrl+Q)

文件(F) 编辑(E) 视图(V) 项目(P) 查询设计器(R) 工具(T) 窗口(W) 帮助(H)

新建查询(N) STUMS 执行(X)

对象资源管理器

连接▾

dbo.student_NT
dbo.STUDENT_YZ
dbo.STUDENT_ZJG
dbo.专业
dbo.学生
dbo.教学计划
dbo.教师
dbo.教师任课
dbo.班级
dbo.系部
dbo.课程
dbo.选课
视图

41UJ51NOOFEJF...STUMS - dbo.选课

学号	课程号	成绩	补考成绩
19041105	0302	45	NULL
19071002	0301	70	NULL
19061101	0301	80	NULL
18061101	0307	75	NULL
18061102	0301	85	NULL
17071106	0301	90	NULL
17070102	0307	45	NULL
19011101	0111	82	NULL
17051002	0302	73	NULL
22446688	NULL	NULL	NULL
NULL	NULL	NULL	NULL

13 / 13

就绪

图 12-8　在“选课”表中也插入了学号

【例 12-8】　在 STUMS 数据库的“选课”表上创建一个名为 xk_insert_trigger 的触发器，当向“选课”表中插入数据行时，检查该数据行的学号在“学生”表中是否存在，如果不存在，则提示“不允许插入！”。

代码如下：

```
USE STUMS
GO
CREATE TRIGGER xk_insert_trigger ON 选课
FOR INSERT
AS
DECLARE @XH CHAR(9)                    /*定义局部变量*/
/*根据 inserted 表中的学号,查询 "学生"表中对应的学号并赋给变量@XH*/
SELECT @XH = 学生.学号
FROM 学生,inserted
WHERE 学生.学号 = inserted.学号
/*根据@XH 变量的值,做出相应的处理*/
IF @XH <> ''
PRINT('记录插入成功')
ELSE
BEGIN
PRINT('学号不存在,不能插入记录,插入将终止!')
ROLLBACK TRANSACTION
END
```

在查询编辑器中输入上述代码并执行后，就在“选课”表上创建了 xk_insert_trigger 触发器。如果在“选课”表中插入“学生”表中没有的学号(如 66666666)，违反了 xk_insert_trigger 触发器规则，插入失败，如图 12-9 所示。如果插入“学生”表中有的学号(如 19041105)，xk_insert_trigger 触发，允许在“选课”表中插入，如图 12-10 所示。本例是触发器在参照完整性方面的应用。

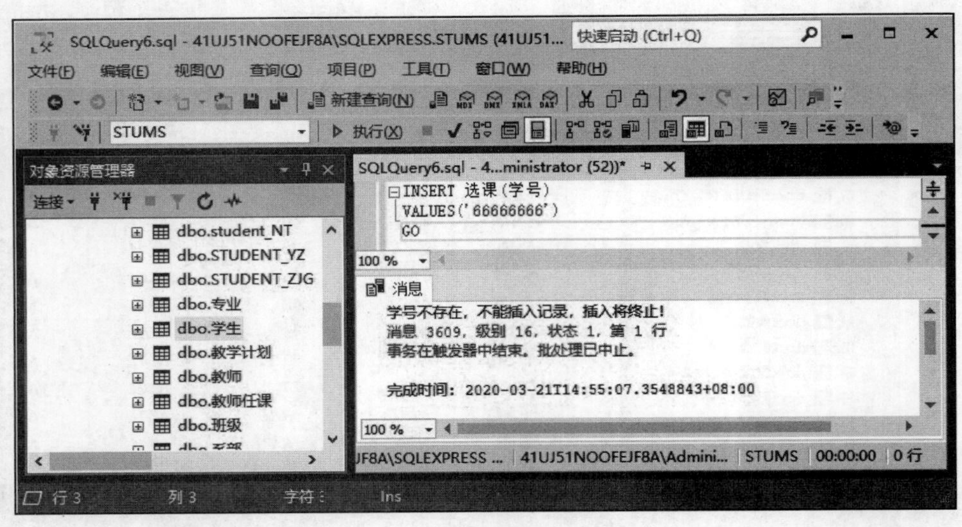

图 12-9　插入失败时的界面

3. 多表级联删除触发器

【例 12-9】 在 STUMS 数据库的“学生”表上创建一个名为 xs_delete_trigger 的触发器，当删除“学生”表中的记录时，同步删除该学号在“选课”表中的所有记录，并显示提示信息“选课表中相应记录也被删除!”。

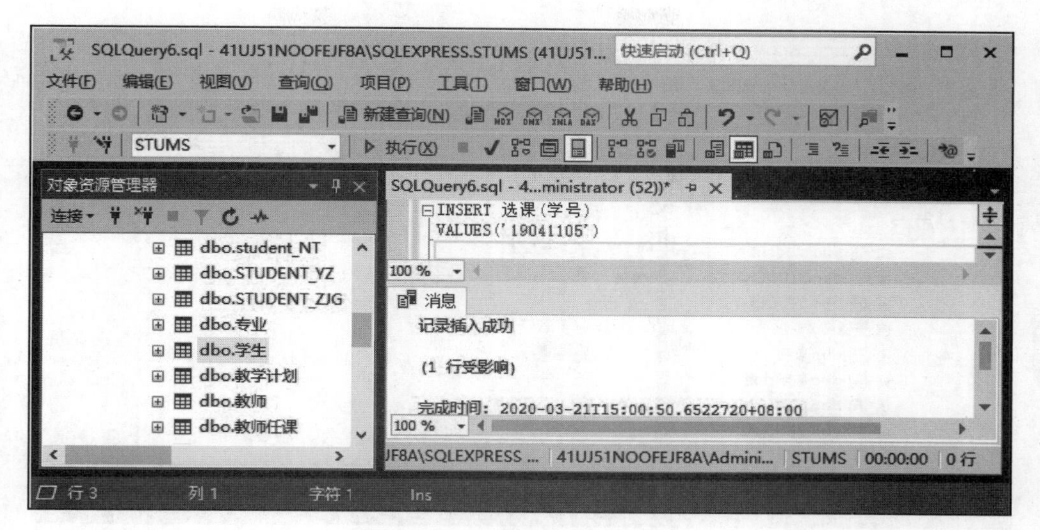

图 12-10 插入成功时的界面

代码如下:

```
USE STUMS
GO
CREATE TRIGGER xs_delete_trigger ON 学生
FOR DELETE
AS
BEGIN
/* 根据 DELETED 表中的学号删除选课表中的相应数据行 */
DELETE 选课 WHERE 学号 IN (SELECT 学号 FROM DELETED)
PRINT('选课表中相应记录也被删除!')
END
```

在查询编辑器中输入上述代码并执行后,就在"学生"表上创建了 xs_delete_trigger 触发器。当用户在"学生"表中删除了姓名为"醒目"的记录时,激发了 xs_delete_trigger 触发器,自动删除"选课"表中的相应记录,如图 12-11 所示,确保了"学生"表和"选课"表数据的一致性。

【例 12-10】 在 STUMS 数据库的"专业"表上创建一个名为 zy_delete_trigger 的触发器,当删除"专业"表中的数据行时,如果"学生"表中引用了此数据行的专业代码,则提示"用户不能删除!",否则提示"数据行已删除!"。

代码如下:

```
USE STUMS
GO
CREATE TRIGGER zy_delete_trigger ON 专业
FOR DELETE
AS
/* 根据 DELETED 表中的专业代码,检测学生表中是否引用 */
IF EXISTS (SELECT * FROM 学生 INNER JOIN DELETED ON 学生.专业代码 = DELETED.专业代码)
BEGIN
PRINT('该专业代码被引用,用户不能删除!')
```

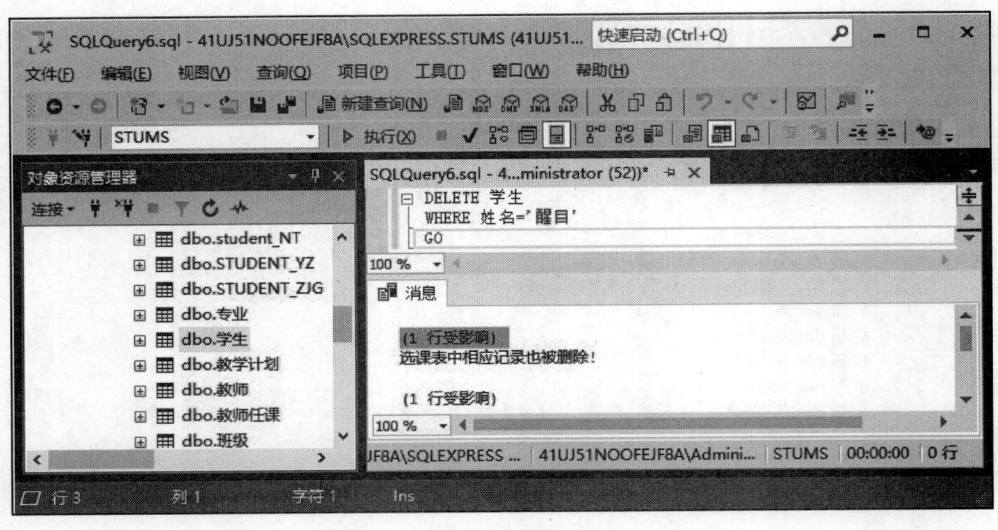

图 12-11　xs_delete_trigger 触发效果

```
ROLLBACK TRANSACTION
END
ELSE
PRINT('记录已删除!')
GO
```

在查询编辑器中输入上述代码并执行后，就在“专业”表上创建了 zy_delete_trigger 触发器。当对“专业”表进行删除时，激发了 zy_delete_trigger 触发器，“学生”表中没有引用“专业”表中的“022”专业代码，记录就被删除了。“学生”表中引用了“专业”表中的“011”专业代码，就禁止删除，如图 12-12 所示。

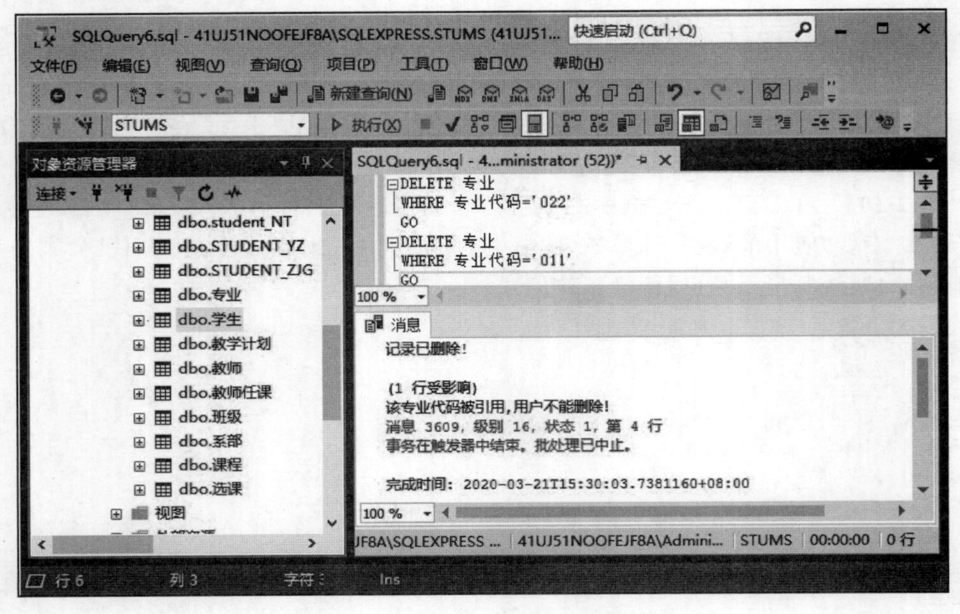

图 12-12　zy_delete_trigger 触发效果

4. 多表级联修改触发器

【例 12-11】 在 STUMS 数据库的“专业”表上创建一个名为 zy_update_trigger1 的触发器，当修改“专业”表中的专业代码时，如果“学生”表中引用了该专业代码，则提示“用户不能修改！”，否则提示“记录已修改！”。

代码如下：

```
CREATE TRIGGER zy_update_trigger1 ON 专业
FOR UPDATE
AS
IF UPDATE(专业代码)
BEGIN
   DECLARE @ZYDM CHAR(3)                          --定义局部变量
/*从 DELETED 表中取出系部代码赋给变量@ZYDM*/
SELECT @ZYDM = DELETED.专业代码 FROM DELETED
/*根据 @ZYDM 的值检测“学生”表中是否引用*/
   IF EXISTS (SELECT 专业代码 FROM 学生 WHERE 专业代码 = @ZYDM)
     BEGIN
        PRINT('该专业代码被引用,用户不能修改!')
        ROLLBACK TRANSACTION
     END
ELSE
     PRINT('记录已修改!')
END
```

执行上述代码后，在“专业”表上成功创建了 zy_update_trigger1 触发器。当用户修改“专业”表中的专业代码时，就激发 zy_update_trigger1 触发器，在“学生”表中没有引用“专业”表中的“032”专业代码，记录就被修改。在“学生”表中引用了“专业”表中的“071”专业代码，就禁止修改，如图 12-13 所示。

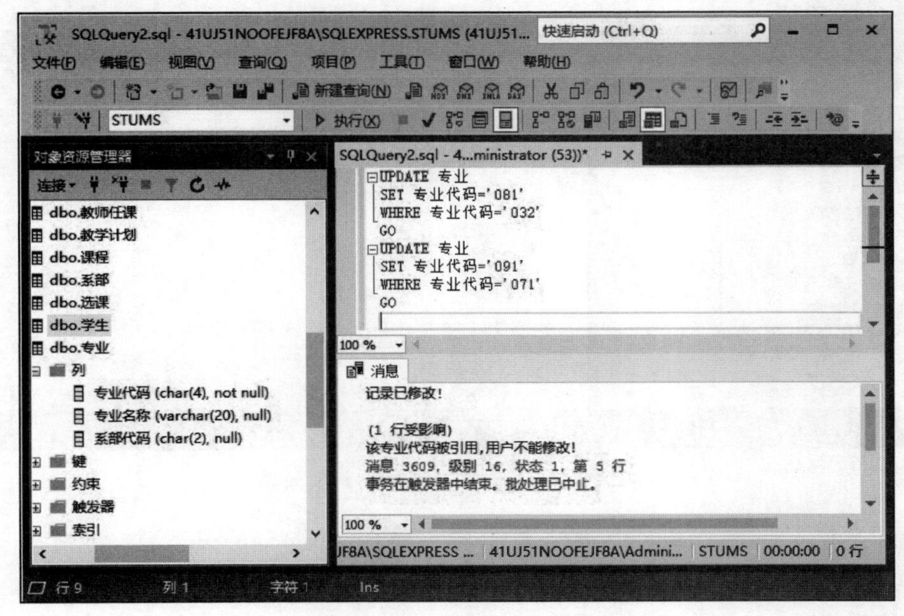

图 12-13 zy_update_trigger1 触发效果

【例 12-12】 在 STUMS 数据库的“专业”表上创建一个名为 zy_update_trigger2 的触发器，当修改“专业”表中的专业代码时，如果“学生”表中引用了该专业代码，则做同样的修改，并提示“记录已修改!”。

代码如下：

```
CREATE TRIGGER zy_update_trigger2 ON 专业
FOR UPDATE
AS
IF UPDATE(专业代码)
BEGIN
DECLARE @ZYDM1 CHAR(3),@ZYDM2 CHAR(3)          --定义局部变量
/* 从 DELETED 表中取出修改前的专业代码赋给变量@ZYDM1 */
SELECT @ZYDM1 = 专业代码 FROM DELETED
/* 从 INSERTED 表中取出修改后的专业代码赋给变量@ZYDM2 */
SELECT @ZYDM2  = 专业代码 FROM INSERTED
/* 以@ZYDM1 为修改条件，对学生表的专业代码做@ZYDM2 的修改 */
UPDATE 学生
SET 专业代码 = @ZYDM2
WHERE 专业代码 = @ZYDM1
PRINT('记录已修改!')
END
```

执行上述代码后，在“专业”表上成功创建了 zy_update_trigger2 触发器。当用户将“专业”表中“071”专业代码改为“091”时，激发了 zy_update_trigger2 触发器，“学生”表中有 2 条记录引用了“071”专业代码，2 条记录都做了同样的修改，如图 12-14 所示。

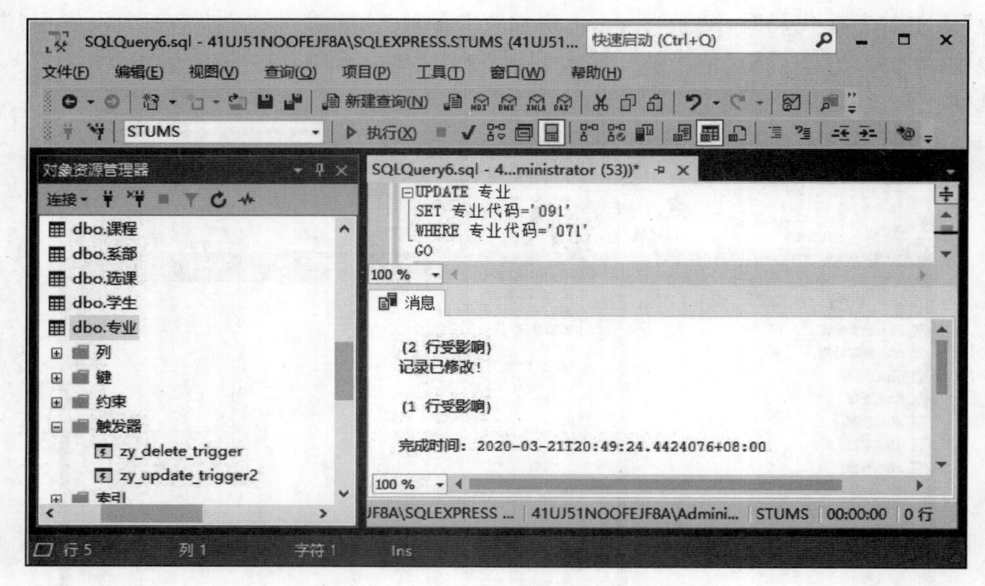

图 12-14 zy_update_trigger2 触发效果

注意，测试 zy_update_trigger2 触发器，必须先禁止 zy_update_trigger1。因为 zy_update_trigger1 功能与 zy_update_trigger2 功能相抵触。

知识应用：可以使用触发器强制数据的完整性，可以使用触发器强制业务规则。

5. 创建 DML 触发器的限制

- CREATE TRIGGER 必须是批处理中的第一条语句,并且只能应用到一个表中。
- 触发器只能在当前的数据库中创建,不过触发器可以引用当前数据库的外部对象。
- 如果指定触发器所有者名称以限定触发器,应以相同的方式限定表名。
- 在同一条 CREATE TRIGGER 语句中,可以为多种用户操作(如 INSERT 和 UPDATE)定义相同的触发器操作。
- 如果一个表的外键在 DELETE/UPDATE 操作上定义了级联,则不能在该表上定义 INSTEAD OF DELETE/UPDATE 触发器。
- 在触发器内可以指定任意的 SET 语句。所选择的 SET 选项在触发器执行期间有效,并在触发器执行完后恢复到以前的设置。
- 创建 DML 触发器的权限默认分配给表的所有者、sysadmin 固定服务器角色以及 db_owner 和 db_ddladmin 固定数据库角色的成员,且不能将该权限转给其他用户。

12.2.3 创建 DDL 触发器

DDL 触发器只有在完成相应的 DDL 语句后才会被激发,因此无法创建 INSTEAD OF 的 DDL 触发器。创建 DDL 触发器是使用 DDL 触发器的 T-SQL CREATE TRIGGER 语句,其语法格式如下:

```
CREATE TRIGGER trigger_name
ON { ALL SERVER | DATABASE }
[ WITH{ENCRYPTION|EXECUTE AS Clause}[ ,…n ] ]
{ FOR | AFTER } { event_type | event_group } [ ,…n ]
AS { sql_statement  [ ; ] }
```

各参数说明如下:

- trigger_name:触发器的名称。trigger_name 必须遵循标识符规则,但 trigger_name 不能以#或##开头。
- ALL SERVER:DDL 或登录触发器的作用域应用于当前服务器。
- DATABASE:DDL 触发器的作用域应用于当前数据库。
- WITH ENCRYPTION:对 CREATE TRIGGER 语句的文本进行加密处理。
- event_type:激发 DDL 触发器的 T-SQL 事件的名称。
- event_group:预定义的 T-SQL 事件分组的名称。

其他参数的意义与 DML 触发器的参数意义相同。

1. 创建具有数据库范围的 DDL 触发器

【例 12-13】 为 STUMS 数据库创建一个名为 Stums_ddl_trg 的触发器,当在 STUMS 数据库中创建、修改或删除表时,显示警告信息“禁止在当前数据库中操作数据表!”,并取消这些 DDL 操作。

代码如下:

```
USE STUMS
GO
CREATE TRIGGER stums_ddl_trg ON DATABASE
```

```
FOR CREATE_TABLE,ALTER_TABLE, DROP_TABLE                    /*指定事件类型*/
AS
BEGIN
 RAISERROR('禁止在当前数据库中操作数据表!',16,1)              /*错误提示信息*/
 ROLLBACK TRANSACTION                                        /*取消 DDL 操作*/
END
GO
```

执行上述代码后,创建的 stums_ddl_trg 触发器存储并注册到 STUMS 数据库的"可编程性"→"数据库触发器"结点中,如图 12-15 所示。

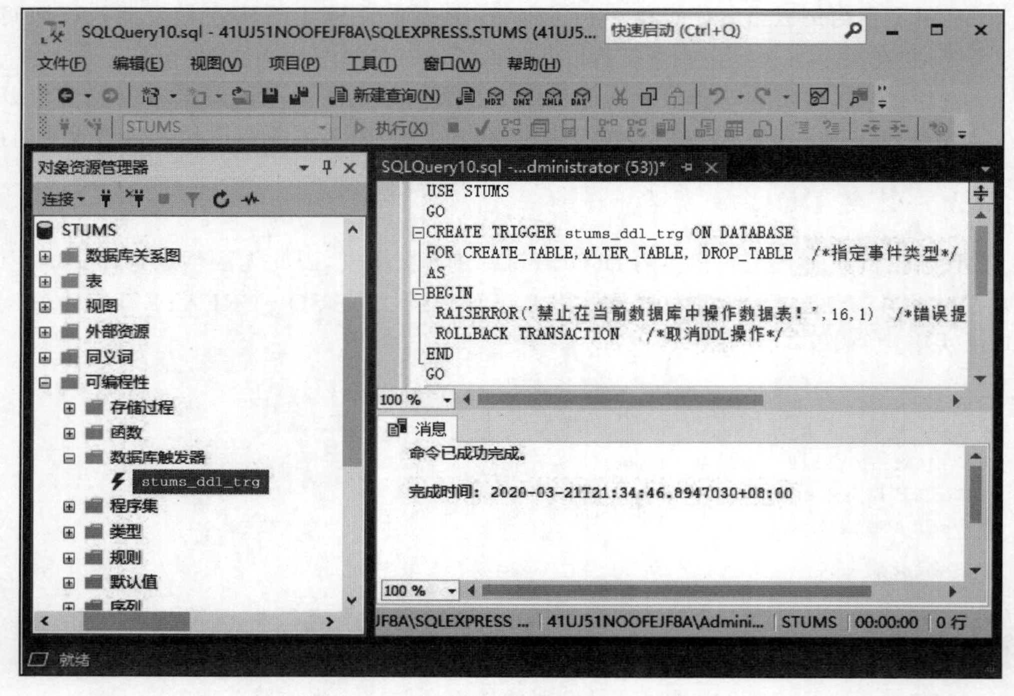

图 12-15　创建的 stums_ddl_trg 触发器

当用户在 STUMS 数据库中使用 CREATE TABLE、ALTER TABLE 和 DROP TABLE 操作时,将激发 stums_ddl_trg 触发器,阻止这些操作。

【例 12-14】　删除 STUMS 数据库中的"学生"表,测试 stums_ddl_trg。

代码如下:

```
USE STUMS
GO
DROP TABLE 学生
GO
```

测试结果如图 12-16 所示。

2. 创建具有服务器范围的 DDL 触发器

【例 12-15】　若在本地服务器实例上出现任何 CREATE DATABASE 事件,则使用 DDL 触发器输出一条消息,并使用 EVENTDATA 函数检索对应 T-SQL 语句的文本。

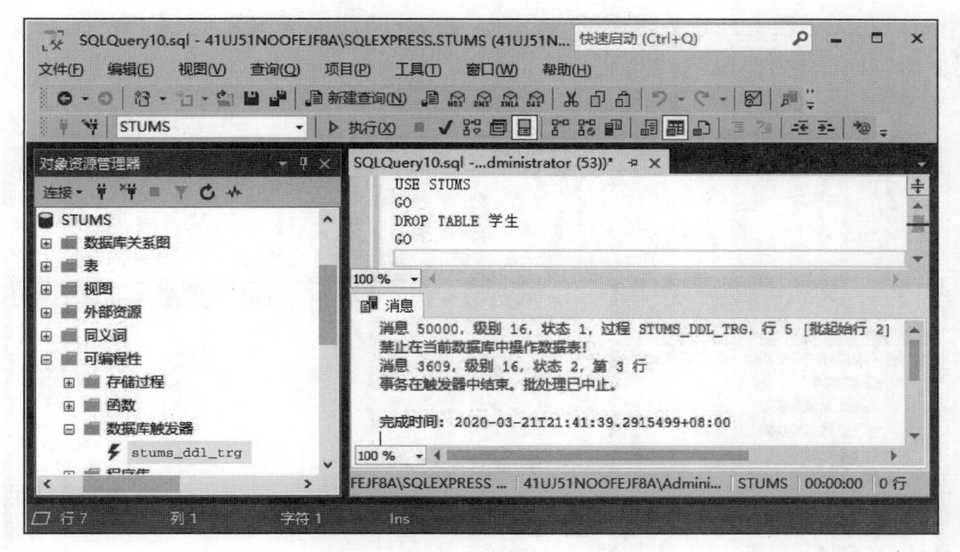

图 12-16 stums_ddl_trg 测试结果

代码如下：

```
CREATE TRIGGER server_ddl_trig
ON ALL SERVER
FOR CREATE_DATABASE
AS
  PRINT 'Database Created.'
    SELECT EVENTDATA().value('(/EVENT_INSTANCE/TSQLCommand/CommandText)[1]',
'nvarchar(max)')
```

执行上述代码后，创建的 server_ddl_trig 触发器存储并注册到本地服务器的“服务器对象”→“触发器”结点中，如图 12-17 所示。

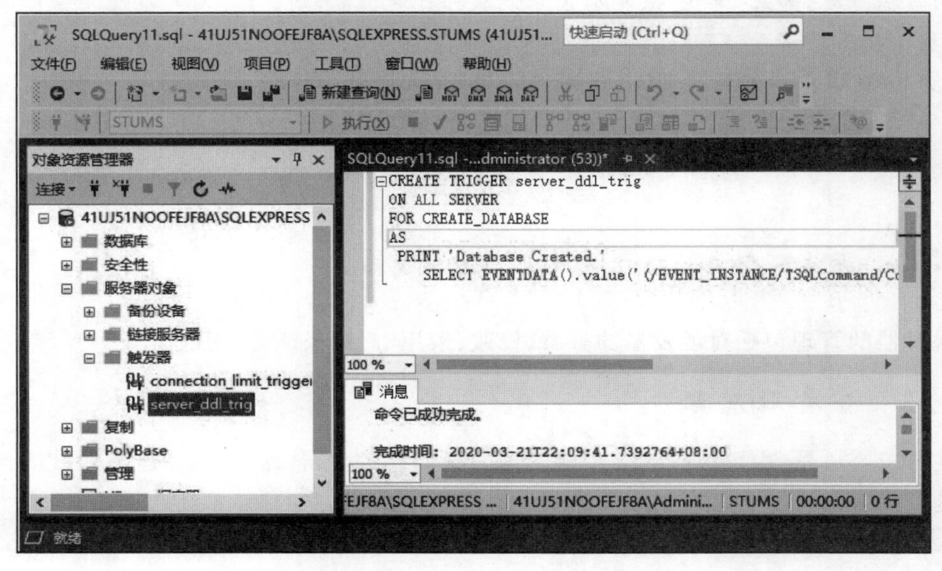

图 12-17 创建的 server_ddl_trig 触发器

当用户在服务器上创建数据库时，将激发 server_ddl_trig 触发器，在“结果”窗口的“消息”列输出“Database Created.”等信息，在“结果”列输出 CREATE DATABASE STU 语句命令，如图 12-18 所示。

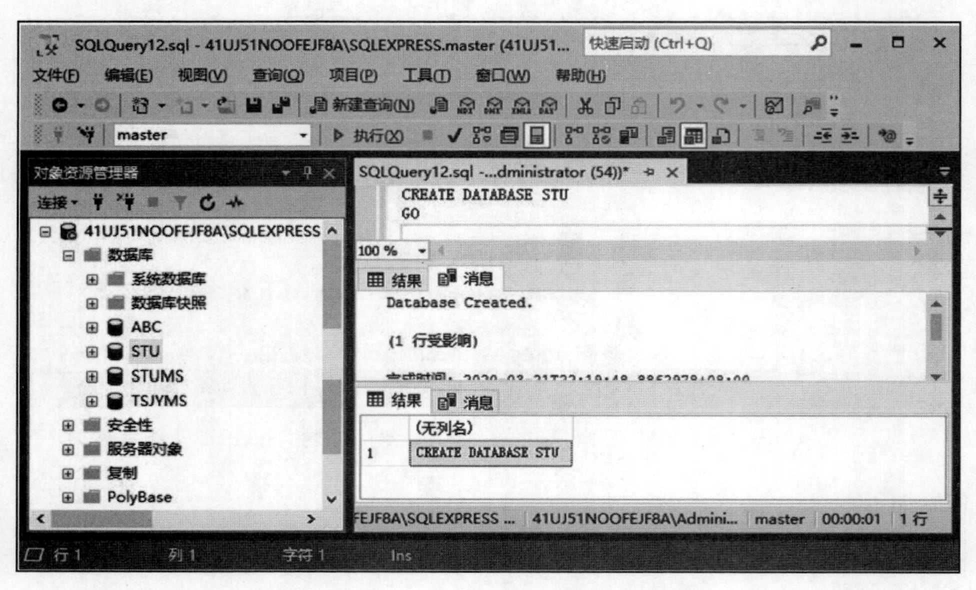

图 12-18 server_ddl_trig 触发器测试效果

课堂任务 2 对照练习二

(1) 在 STUMS 的“教师”表上创建一个名为 js_insert_trigger 的触发器，当在“教师”表中插入数据行时，将该数据行的“教师工号”自动插入“教师任课”表中。

(2) 在 STUMS 的“班级”表上创建一个名为 bj_delete_trigger 的触发器，当删除“班级”表中的数据行时，如果“学生”表中引用了此数据行的班号，则提示“用户不能删除！”，否则提示“数据已删除！”。

(3) 仿照书中示例创建 DDL 触发器。

12.3 触发器的管理

课堂任务 3 学习管理触发器的相关知识。

触发器的管理包括对触发器的查看、修改、禁用、启用及删除等操作。

12.3.1 查看触发器

在 SQL Server 中可以查看表中触发器的类型、触发器名称、触发器所有者，以及触发器创建的日期等信息。

1. 通过 SSMS 查看触发器

通过 SSMS 查看创建在“学生”表上的 xs_delete_trigger 触发器，其操作步骤如下：

(1) 在 SSMS 的“对象资源管理器”窗格中依次展开“数据库”→STUMS→“学生”→“触发器”结点，右击 xs_delete_trigger 对象，在弹出的快捷菜单中选择“编写触发器脚本为”→“CREATE 到”→“新查询编辑器窗口”命令，如图 12-19 所示。

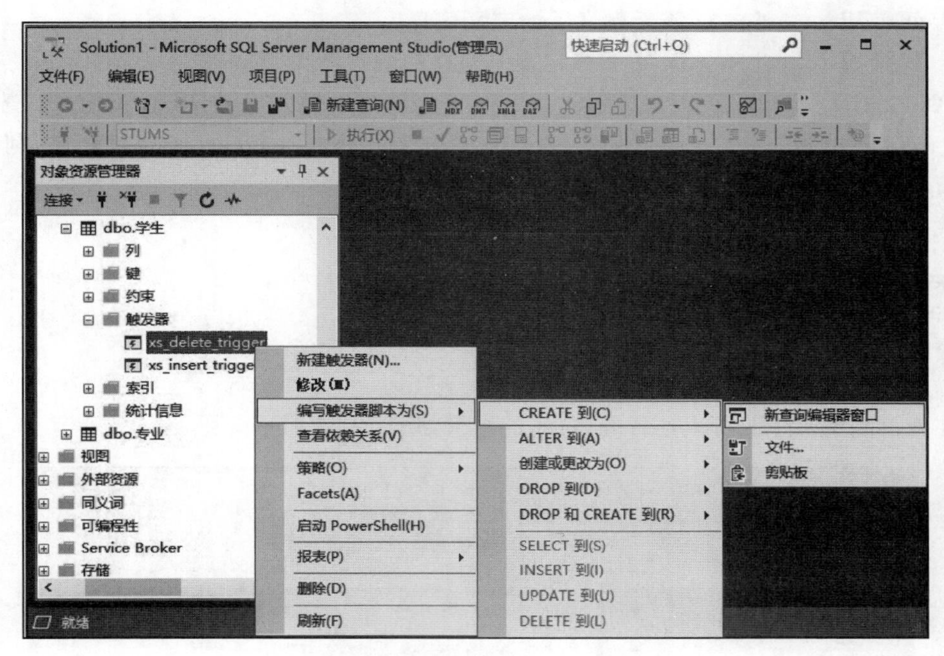

图 12-19　选择查看 xs_delete_trigger 命令

(2) 系统打开查询编辑器，查询编辑器中包含 xs_delete_trigger 触发器的源代码，如图 12-20 所示，用户可直接查看。

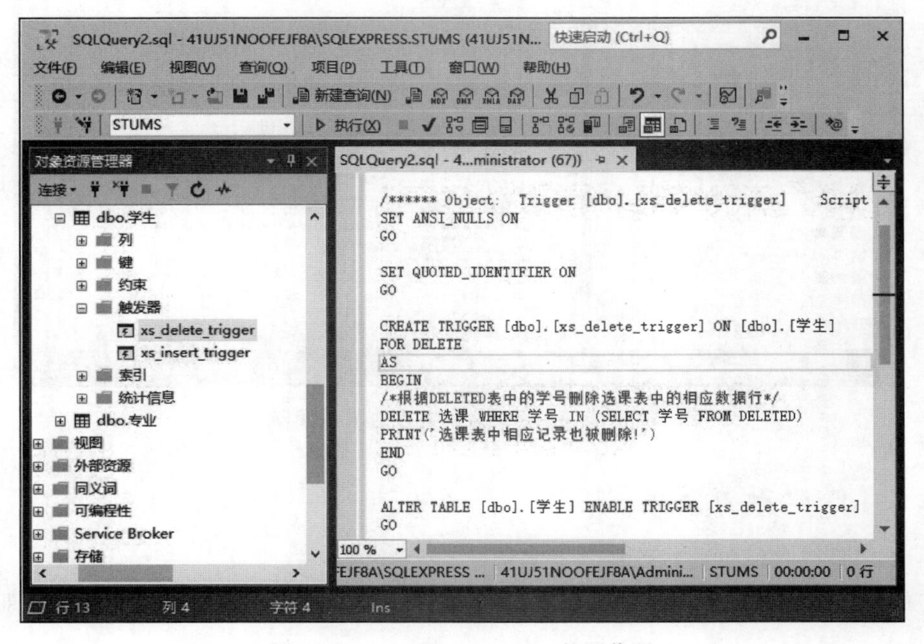

图 12-20　xs_delete_trigger 的源代码

2. 使用系统存储过程查看触发器

- 可使用 sp_help 查看触发器的一般信息。
- 可使用 sp_depends 查看触发器的相关性信息。
- 可使用 sp_helptext 查看触发器的定义信息。
- 可使用 sp_helptrigger 查看指定表上存在的触发器类型。

【例 12-16】 利用 sp_help 查看 zy_delete_trigger 的一般信息，利用 sp_depends 查看 zy_delete_triggerr 的相关性信息，利用 sp_helptext 查看 zy_delete_triggerr 的定义信息，利用 sp_helptrigger 查看专业表上存在的所有触发器类型。

代码如下：

```
EXEC sp_help zy_delete_trigger
EXEC sp_depends zy_delete_trigger
EXEC sp_helptext zy_delete_trigger
EXEC sp_helptrigger 专业
```

在查询编辑器中执行上述代码，得到的结果如图 12-21 所示。

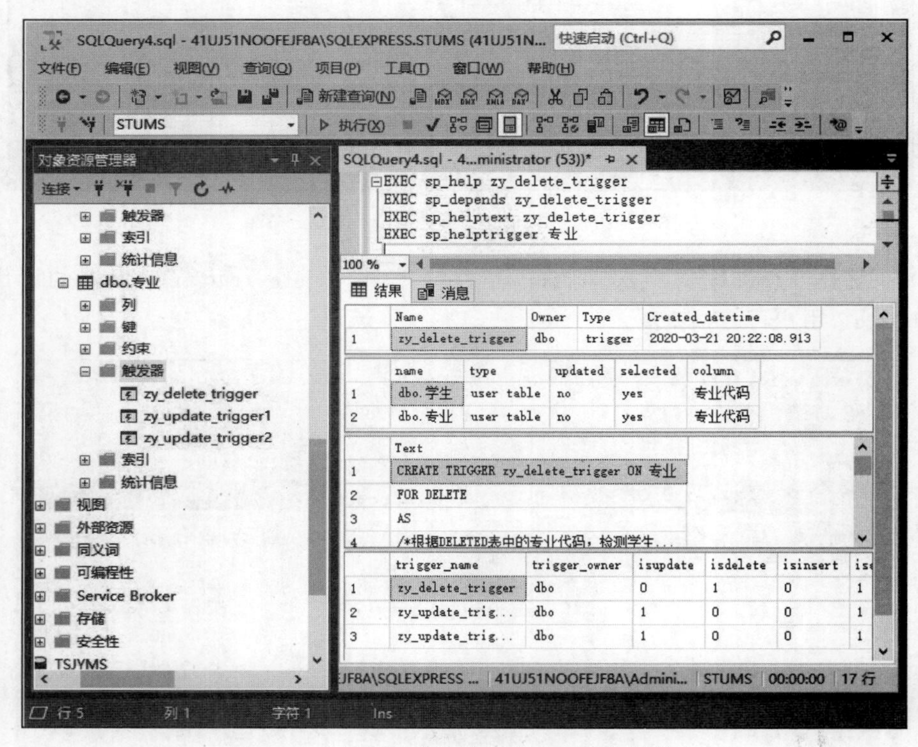

图 12-21 使用系统存储过程查看触发器信息

12.3.2 修改触发器

1. 使用系统存储过程修改触发器名称

对触发器进行重命名，可以使用系统存储过程 sp_rename 来完成，其语法格式如下：

```
[EXECUTE] sp_rename 触发器原名称,触发器新名称
```

【例 12-17】 利用 sp_rename 系统存储过程将 zy_delete_trigger 触发器改名为 zy_delete_DMLTRG。

代码如下：

```
EXEC sp_rename zy_delete_trigger, zy_delete_DMLTRG
```

2. 使用 SSMS 修改触发器源代码

使用 SSMS 修改触发器源代码的操作步骤如下。

(1) 在 SSMS 的“对象资源管理器”窗格中，依次展开“数据库”→STUMS→“表对象(如“专业”表)→“触发器”，右击需修改的触发器，如 zy_update_trigger1 对象，在弹出的快捷菜单中选择“修改”命令，打开编辑器窗口。

(2) 窗口中呈现 ALTER TRIGGER 命令和待修改的触发器源代码，用户可对其进行修改。

(3) 修改完毕后，单击“执行”按钮，完成修改。

3. 使用 ALTER TRIGGER 语句修改触发器

若要更改原来由 CREATE TRIGGER 语句创建的触发器定义，可以使用 ALTER TRIGGER 语句。

(1) 修改 DML 触发器语法格式：

```
ALTER TRIGGER trigger_name ON { table | view }
{ FOR | AFTER | INSTEAD OF }{[INSERT][,][UPDATE][,][DELETE]}
[ WITH ENCRYPTION ]
AS
[{IF UPDATE(column)
[{AND|OR}UPDATE(column)][ ,…n ]]
sql_statement
```

(2) 修改 DDL 触发器语法格式：

```
ALTER TRIGGER trigger_name
ON { DATABASE | ALL SERVER }
[ WITH <ddl_trigger_option> [ ,…n ] ]
{ FOR | AFTER } { event_type [ ,…n ] | event_group }
AS { sql_statement [ ; ] | EXTERNAL NAME <method specifier>
[ ; ] }
}
  <ddl_trigger_option> ::=
     [ ENCRYPTION ]
     [ <EXECUTE AS Clause> ]
  <method_specifier> ::=
     assembly_name.class_name.method_name
```

其中，trigger_name 是要修改的触发器的名称，其余各参数的意义与创建触发器语句中参数的意义相同。

【例 12-18】 修改 STUMS 数据库的“教师”表上建立的 js_delete_trigger 触发器，使得用户执行删除、插入、修改操作时，该触发器被触发，自动给出提示报警信息，并撤销此次操作。

代码如下：

```
USE STUMS
GO
ALTER TRIGGER js_delete_trigger ON 教师
FOR DELETE,INSERT,UPDATE
AS
BEGIN
  PRINT('你不能删除、插入、修改记录!')
  ROLLBACK TRANSACTION
END
GO
```

在查询编辑器中输入上述代码并执行，便成功地修改了 js_delete_trigger 触发器。

12.3.3 禁用或启用触发器

触发器创建成功后，自动处于启用状态。用户可根据需要禁用或启用其执行。

对于 DML、DDL 触发器，可使用 ENABLE TRIGGER 命令显式地启用，使用 DISABLE TRIGGER 命令禁用。其语法格式为：

```
{ENABLE| DISABLE }TRIGGER  trigger_name{ [ ,…n ] | ALL }
ON { DATABASE | ALL SERVER } [ ; ]
```

各参数说明如下。

- trigger_name：要启用(或禁用)的触发器的名称。
- ALL：指示启用在 ON 子句作用域中定义的所有触发器。
- DATABASE：指明所创建或修改的 trigger_name 将在数据库范围内执行。
- ALL SERVER：指明所创建或修改的 trigger_name 将在服务器范围内执行。ALL SERVER 也适用于登录触发器。

【例 12-19】 禁用或启用 STUMS 数据库中 STUMS_DDL_TRG 触发器。

代码如下：

```
DISABLE TRIGGER STUMS_DDL_TRG ON DATABASE        /*禁用 DDL 触发器*/
GO
ENABLE TRIGGER STUMS_DDL_TRG ON DATABASE         /*启用 DDL 触发器*/
GO
```

对于定义在指定数据表上的一个或多个 DML 触发器，可使用 ALTER TABLE 的 DISABLE TRIGGER 选项禁用触发器，以使正常情况下会违反触发器条件的更新操作得以执行，然后再使用 ENABLE TRIGGER 重新启用触发器。禁用或启用触发器的语法格式如下：

```
ALTER TABLE table_name
{ENABLE|DISABLE} TRIGGER
{ALL| trigger_name[,…n]
```

各参数说明如下。

- table_name：指定触发器所在的表名。

• ENABLE：为启用触发器。
• DISABLE：为禁用触发器。
• ALL：指定启用或禁用表中所有的触发器。
• trigger_name：指定要启用或禁用的触发器名称。

【例 12-20】 禁用或启用 STUMS 数据库中“教师”表上建立的 js_delete_trigger 触发器。
代码如下：

```
ALTER TABLE 教师 DISABLE TRIGGER js_delete_trigger          /*禁用*/
GO
ALTER TABLE 教师 ENABLE TRIGGER js_delete_trigger           /*启用*/
GO
```

【说明】 当一个触发器被禁用后，该触发器仍然存在于触发器表上，只是触发器的动作将不再执行，直到该触发器被重新启用。

12.3.4 删除触发器

当不再需要某个触发器时，可将其删除。触发器被删除时，它所基于的表和数据并不受影响，删除表将自动删除其上的所有触发器。删除触发器的权限默认授予该触发器所在表的所有者。

1. 使用 SSMS 删除

在“对象资源管理器”窗格中右击要删除的触发器，在弹出的快捷菜单中选择“删除”命令，将弹出“删除对象”对话框，在该对话框中，单击“确定”按钮，完成删除触发器。

2. 使用 DROP TRIGGER 语句删除

使用 DROP TRIGGER 语句可以从当前数据库中删除一个或多个触发器。其基本语法如下：

```
DROP TRIGGER 触发器名称[ ,…n ]
```

【例 12-21】 删除触发器 js_delete_trigger。
代码如下：

```
DROP TRIGGER js_delete_trigger
GO
```

课堂任务 3 对照练习

(1) 使用系统存储过程 sp_help、sp_helptext、sp_depends 查看“学生”表上的 xs_delete_trigger 触发器，使用 sp_helptrigger 查看“专业”表上的所有触发器类型。

(2) 修改 STUMS 数据库中“教学计划”表上建立的 jxjh_insert_trigger 触发器，当执行 INSERT、UPDATE 操作时，该触发器被触发，自动发出报警信息“禁止插入和修改!”。

(3) 禁止 STUMS 数据库中“选课”表上创建的 xk_update_trigger 触发器。

(4) 将 STUMS 数据库中“学生”表上创建的 xs_delete_trigger 触发器命名为 xs_new_trigger。

(5) 用 DROP 命令删除“教学计划”表上建立的 jxjh_insert_trigger 触发器。

课后作业

1. 什么是触发器？使用触发器有哪些优点？

2. 试说明触发器的类型和特点。

3. inserted 和 deleted 表有何作用？

4. 存储过程和触发器的主要区别是什么？

5. 查看触发器的定义信息，应使用哪一个系统存储过程？查看数据表上拥有的触发器类型，应使用哪一个系统存储过程？

6. 可用什么语句修改触发器？可用什么语句禁用或启用触发器？

7. 如果触发器运行 ROLLBACK TRANSACTION 命令后，引起触发器触发的操作命令是否还有效？

8. 使用 T-SQL 语句，对 STUMS 数据库进行如下操作：

(1) 在“专业”表上创建一个名为 zy_all_trigger 的触发器，使得用户执行删除、插入、修改操作时，该触发器被触发，自动给出报警信息“不能更改此表数据！”，并撤销此次操作。

(2) 在“系部”表上创建一个名为 xbjs_delete_trigger 的触发器，当删除“系部”表中的记录时，如果“教师”表中引用了此记录的系部代码，则提示“用户不能删除！”，否则提示“记录已删除！”。

(3) 在“选课”表上创建一个名为 xkkc_insert_trigger 的触发器，当向“选课”表中插入记录时，检查该记录的课程号在“课程”表中是否存在，如果不存在，则不允许插入。

(4) 在“学生”表上创建一个名为 xsxk_updare_trigger 的触发器，当修改“学生”表中的学号时，如果“选课”表中引用了该学号，则做同样的修改，并提示“记录已修改！”。

实训 10　图书借阅管理系统触发器的创建和管理

1. 实训目的

(1) 掌握创建触发器的两种方法。

(2) 掌握用触发器实现数据完整性的方法。

(3) 掌握查看触发器信息的方法。

(4) 掌握禁用或启用触发器的方法。

(5) 掌握修改和删除触发器的方法。

2. 实训准备

(1) 了解触发器的定义方法。

(2) 了解 inserted 和 deleted 逻辑表的使用。

(3) 查看触发器信息的系统存储过程的用法。

(4) 创建、修改、删除触发器的 T-SQL 语句的用法。

3. 实训要求

(1) 对创建的触发器都要进行功能方面的验证。

(2) 验收实训结果，提交实训报告。

4. 实训内容

1）创建触发器

（1）使用 SSMS 创建触发器。

在 TSJYMS 数据库的“读者信息”表上创建一个名为 dzxx_insert_trigger 的触发器，当执行 INSERT 操作时，该触发器被触发，提示“禁止插入数据！”。

（2）使用 T-SQL 语句创建触发器。

① 在 TSJYMS 数据库的“图书信息”表上创建一个名为 tsxx_delete_trigger 的触发器，当执行 DELETE 操作时，该触发器被触发，提示“禁止删除数据！”。

② 在 TSJYMS 数据库的“借阅登记”表上创建一个名为 jhgl_update_trigger 的触发器，当执行 UPDARE 操作时，该触发器被触发，提示“不允许修改表中的图书编号！”。

（3）多表级联更改触发器的创建。

① 在 TSJYMS 数据库的“读者信息”表上创建一个名为 dzxx_insert_trigger 的触发器，当在“读者信息”表中插入记录时，将该记录中的一卡通号自动插入“借阅登记”表中。

② 在 TSJYMS 数据库的“图书信息”表上创建一个名为 tsxx_update_trigger 的触发器，当修改“图书信息”表中的图书编号时，如果“借阅登记”表中引用了该图书编号，则禁止修改，并提示“不能修改！”

（4）为 TSJYMS 数据库创建一个名为 TSJYMS_DDL_TRG 的触发器，当在 TSJYMS 数据库中创建、修改或删除表时，显示警告信息“禁止在当前数据库中操作数据表！”，并取消这些 DDL 操作。

2）触发器功能验证

对所创建的各种触发器进行功能验证，检查其设计的正确性。

3）查看触发器

（1）通过 SSMS 查看“图书信息”表上的触发器。

（2）使用系统存储过程 sp_help、sp_helptext、sp_depends 查看“读者信息”表上的 dzxx_insert_trigger 触发器，使用 sp_helptrigger 查看“图书信息”表上的所有触发器类型。

4）修改触发器

修改 TSJYMS 数据库中“读者信息”表上建立的 dzxx_insert_trigger 触发器，当执行 INSERT、UPDATE 操作时，该触发器被触发，自动发出报警信息“禁止插入和修改！”。

5）触发器的禁用或启用

禁用或启用 TSJYMS 数据库中“借阅登记”表上创建的 jhgl_update_trigger 触发器。

禁用或启用 TSJYMS 数据库上的 TSJYMS_DDL_TRG 触发器。

6）删除触发器

（1）使用 SSMS 删除。

使用 SSMS 删除“读者信息”表上的触发器。

（2）使用 T-SQL 语句删除。

使用 T-SQL 语句删除“图书信息”表上的所有触发器。

使用 T-SQL 语句删除 TSJYMS 数据库上的 TSJYMS_DDL_TRG 触发器。

第 10 章　T-SQL

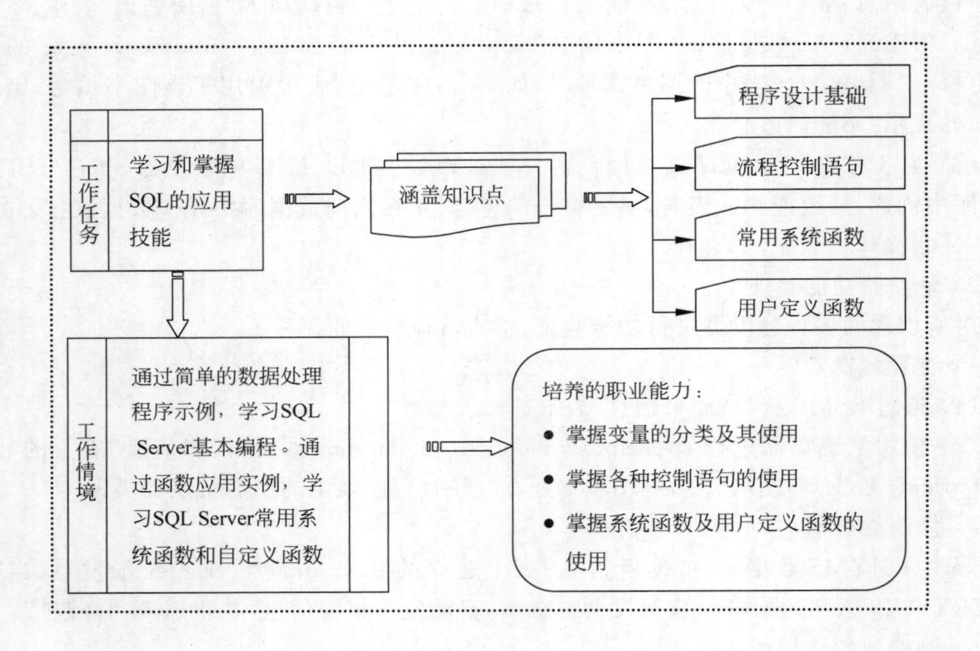
工作任务
学习和掌握SQL的应用技能
涵盖知识点
程序设计基础
流程控制语句
常用系统函数
用户定义函数
工作情境
通过简单的数据处理程序示例，学习SQL Server基本编程。通过函数应用实例，学习SQL Server常用系统函数和自定义函数
培养的职业能力：
掌握变量的分类及其使用
掌握各种控制语句的使用
掌握系统函数及用户定义函数的使用

第13课　学生信息管理系统 T-SQL 编程

T-SQL(即 Transact-SQL)是用于 SQL Server 的最常见的也是功能最强大的编程语言。T-SQL 是 Microsoft 公司在关系数据库管理系统 SQL Server 中的 SQL-3 标准的实现,是 Microsoft 公司对 SQL 的扩展。T-SQL 具有 SQL 的主要特点,同时增加了变量、运算符、函数、流程控制和注释等语言元素,使得其功能更加强大。在 SQL Server 中使用图形界面能够完成的所有功能,都可以利用 T-SQL 来实现,所有与服务器实例的通信都是通过向服务器发送 T-SQL 语句来实现的。

13.1　T-SQL 的基本知识

课堂任务 1　了解 T-SQL 的分类,学习 T-SQL 中的批处理、脚本以及注释等程序设计的基本概念。

13.1.1　T-SQL 的分类

根据其完成的具体功能,可以将 T-SQL 分为 4 大类,分别是数据定义语言(Data Definition Language,DDL)、数据操作语言(Data Manipulation Language,DML)、数据控制语言(Data Control Language,DCL)和一些附加的语言元素。

1. 数据定义语言

数据定义语言用于创建、管理数据库中的对象。主要语句有 CREATE、ALTER 和 DROP 等,可用来创建、修改、删除数据库、表、索引、视图、存储过程和其他对象。

2. 数据操作语言

数据操作语言包含对数据进行处理的语句。主要语句有 SELECT、INSERT、UPDATE、DELETE 等,可用来进行数据检索、在表中插入行、修改值、删除行等。

3. 数据控制语言

数据控制语言控制用户与数据库对象的安全权限。主要语句有 GRANT、REVOKE、DENY 等,可以用来进行权限的管理。

4. T-SQL 附加的语言元素

这部分不是 ANSI SQL-99 所包含的内容,而是 Microsoft 为了用户编程的方便增加的语言元素,这些语言元素包括变量、运算符、函数、流程控制语句和注释等。这些 T-SQL 语句都可以在查询编辑器中交互执行。

13.1.2　批处理、脚本、注释

1. 批处理

批处理是指包含一条或多条 T-SQL 语句的语句组,批处理中的所有 T-SQL 语句编译

成一个执行计划,从应用程序一次性地发送到 SQL Server 数据库服务器执行。如果批处理中的某条语句发生编译错误,就导致批处理中的所有语句都无法执行。

编写批处理时,GO 语句是批处理命令的结束标志。当编译器读取到 GO 语句时,会把 GO 语句前的所有语句当作一个批处理,并将这些语句打包发给数据库服务器。

【例 13-1】 打开数据库 STUMS,在“教师”表上创建视图 js_info_view,并通过视图查询教师的信息,编写批处理。

代码如下:

```
USE STUMS
GO
CREATE VIEW js_info_view
AS
SELECT 教师工号,姓名,性别,学历,职称 FROM 教师
GO
SELECT * FROM js_info_view
GO
```

本例的 T-SQL 语句组包含了 3 个批处理。因为 CREATE VIEW 必须是一个批处理中的唯一语句,所以需要 GO 命令将 CREATE VIEW 语句与其上下的语句(USE 和 SELECT)隔离开来。

GO 命令不是 T-SQL 语句,而是用作 sqlcmd 和 osql 实用工具及 SQL Server 查询编辑器识别的命令。GO 向 T-SQL 实用工具发出一批 SQL Server 语句已结束的信号。GO 命令和 T-SQL 语句也不可写在同一行上,但在 GO 命令行中可包含注释。

【例 13-2】 一个无效的批处理例子。

代码如下:

```
USE STUMS
CREATE VIEW xs_info_view
AS
SELECT 学号,姓名 FROM 学生
INSERT INTO xs_info_view VALUES('03098810','晶滢')
GO
```

在查询编辑器中执行上述代码,在结果窗口中显示如下信息:“'CREATE VIEW' 必须是查询批次中的第一个语句。”这说明批处理是无效的,修改代码。

在命令 CREATE VIEW 之前加一个 GO 命令后再次执行,结果窗口中又显示如下信息:“在关键字 'INSERT' 附近有语法错误。”这说明批处理还是无效的。原因在于一个批处理中,CREATE VIEW 必须是其中唯一的语句。如果在 INSERT 命令之前加一个 GO 命令,上述批处理就可以正常执行。

在编写批处理时必须注意以下事项:

- CREATE DEFAULT、CREATE RULE、CREATE PROCEDURE、CREATE TRIGGER 和 CREATE VIEW 等语句不能与其他语句放在一个批处理中。
- 不能在删除一个对象之后,又在同一批处理中再次引用该对象。

- 不能把规则和默认值绑定到表字段或者自定义字段上之后，立即在同一批处理中使用。
- 不能在定义一个 CHECK 约束之后，立即在同一个批处理中使用。
- 不能在修改表中一个字段之后，立即在同一个批处理中引用这个字段。
- 使用 SET 语句设置的参数项，不能应用于同一个批处理中的查询。
- 若批处理中第一条语句是执行存储过程的 EXECUTE 语句，则 EXECUTE 关键字可以省略；若这个语句不是第一条语句，则必须写上 EXECUTE 关键字。
- 局部变量的作用域限制在一个批处理中，不能在 GO 命令后引用。

在执行批处理时，出现编译错误（如语法错误）可使执行计划无法编译，从而导致批处理中的任何语句均无法执行。如果运行时错误（如算术溢出或违反约束）会产生以下两种影响之一。

- 大多数运行时错误将停止执行批处理中当前语句和它之后的语句。
- 少数运行时错误（如违反约束）仅停止执行当前语句，而继续执行批处理中其他所有语句。

2. 脚本

脚本是存储在文件中的一系列 T-SQL 语句。在 SQL Server 中可以通过生成一个或多个 SQL 脚本来编写现有数据库结构（称为架构）的文档。可以在 SQL Server Management Studio 查询编辑器中或使用任意文本编辑器来查看 SQL 脚本。

脚本中可以包含一个或多个批处理。GO 命令作为批处理结束的信号。如果脚本没有 GO 命令，则将它作为单个批处理执行。

生成 SQL 脚本的架构可用于执行下列操作：

- 维护备份脚本，该脚本使用户能够重新创建所有用户、组、登录和权限。
- 创建或更新数据库开发代码。
- 从现有的架构创建测试或开发环境。
- 通过发现代码中的问题，了解代码或更改代码从而快速对用户进行培训。

SQL 脚本包含用于创建数据库及其对象的语句的描述。使用对象资源管理器可以快速创建整个数据库的脚本，也可以使用默认选项创建单个数据库对象的脚本。

- 生成整个数据库的脚本。在“对象资源管理器”窗格中展开“数据库”结点，右击某个数据库，在弹出的快捷菜单中选择“任务”→“生成脚本”命令。按照向导中的步骤，创建数据库对象的脚本。
- 编写某个对象脚本。在“对象资源管理器”窗格中找到该对象并右击，在弹出的快捷菜单中选择“编写脚本 <对象类型> 为”→“CREATE 到”→“新查询编辑器窗口”命令即可。

3. 注释

注释是程序代码中不执行的文本字符串（也称为注解），表示用户提供的文本。服务器不对注释进行计算。使用注释对代码进行说明，可使程序代码更易于维护。注释通常用于记录程序名称、作者姓名和主要代码更改的日期。注释可用于描述复杂计算或解释编程方法。SQL Server 支持两种类型的注释字符。

1）行注释

语法格式：

```
-- text_of_comment
```

其中，参数 text_of_comment 是包含注释文本的字符串。

将两个连字符(--)用于单行或嵌套的注释。使用 -- 插入的注释通过一个新行终止，该新行由回车符（u+000A）、换行符（u+000D）或二者的组合指定。注释没有最大长度限制。

【例 13-3】 使用--注释字符的示例。

代码如下：

```
--注释语句应用示例
USE STUMS   --打开 STUMS 数据库
GO
--检索教师信息
SELECT * FROM 教师
GO
```

2）块注释

语法格式如下：

```
/*
text_of_comment
*/
```

其中，参数 text_of_comment 是注释的文本。它是一个或多个字符串。

注释可以插入单独行中，也可以插入 T-SQL 语句中。多行的注释必须用/*和*/指明。用于多行注释的样式规则是，第一行用/*开始，接下来的注释行用**，并且用*/结束注释。注释没有最大长度限制。

【例 13-4】 块注释语句示例。

代码如下：

```
USE STUMS                         /*打开 STUMS 数据库*/
  GO
/*这是在"学生"表、"选课"表与"课程"表中
**查询选修了"西方经济学"课程的学生情况.*/
  SELECT *
  FROM 学生
  WHERE 学号 IN
  (SELECT 学号 FROM 选课 WHERE 课程号 =
    (SELECT 课程号 FROM 课程
      WHERE 课程名 = '西方经济学'))
```

执行结果如图 13-1 所示。

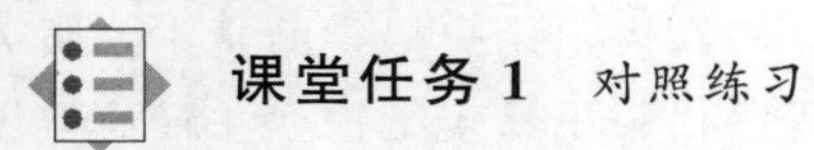

（1）基于“学生”表创建 xs_nt_view 视图，列出“南通”籍学生的学号、姓名和班号，并在代码中加入适当的注释。

(2) 创建 xs_nt_view 视图的脚本。

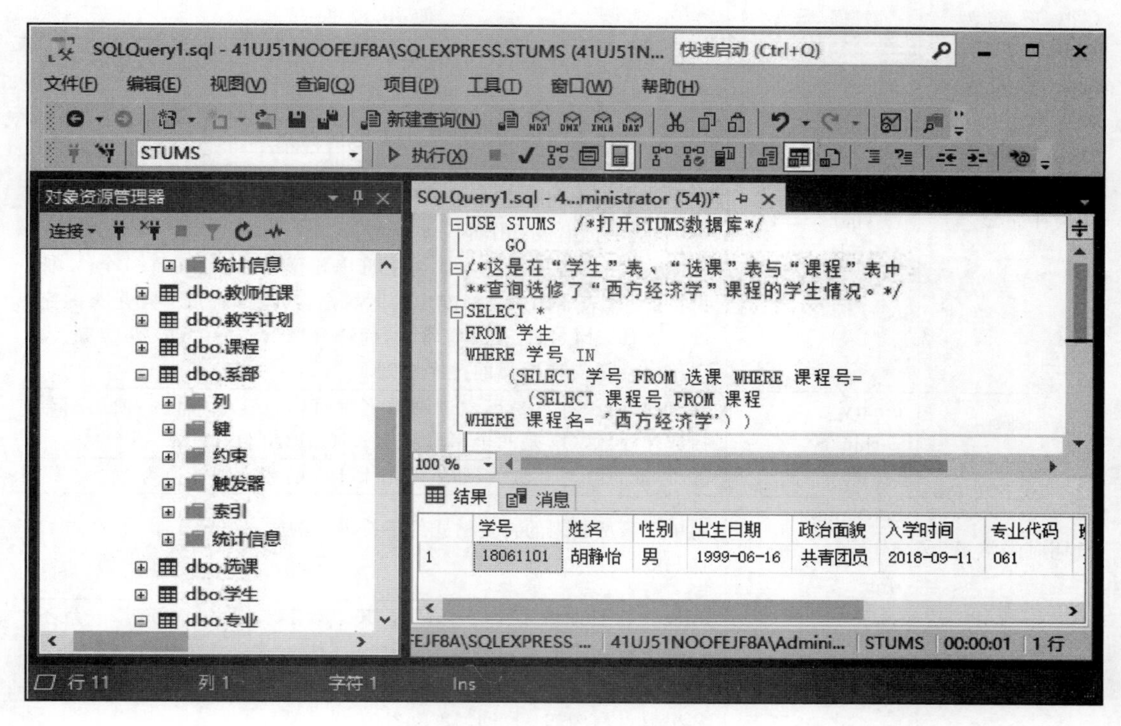

图 13-1 例 13-4 的执行结果

13.2 常量与变量

课堂任务 2 学习 T-SQL 中的常量与变量(全局变量和局部变量)概念。

T-SQL 中有常量与变量之分。变量包含两种形式：一种是系统提供的全局变量；另一种是用户自己定义的局部变量。全局变量名称以两个@@字符开始，由系统定义和维护，局部变量名称以一个@字符开始，由用户自己定义和赋值。变量是 SQL Server 用来在语句间传递数据的方式之一。

13.2.1 常 量

常量也称为文字值或标量值，是表示一个特定数据值的符号。常量的格式取决于它所表示的值的数据类型。常量根据不同的数据类型分为字符串常量、二进制常量、bit(布尔)常量、datetime(日期)常量、integer(整型)常量、decimal(浮点)常量、float 和 real(浮点)常量、money(货币)常量、uniqueidentifier(唯一标识常量)等。SQL Server 中的常用类型常量如表 13-1 所示。

表 13-1 SQL Server 中的常用类型常量

常量类型	数据类型	使用说明
字符串常量	char varchar unicode	括在单引号内并包含字母数字字符(a～z、A～Z 和 0～9)以及特殊字符,如感叹号(!)、at 符(@)和数字号(#)。 如果单引号中的字符串包含一个嵌入的引号,可以使用两个单引号表示嵌入的单引号。例如,"O'Brien"。 空字符串用中间没有任何字符的两个单引号表示。在 6.x 兼容模式中,空字符串被看作是一个空格。 Unicode 字符串的格式与普通字符串相似,但它前面有一个 N 标识符(N 代表 SQL-92 标准中的区域语言)。N 前缀必须是大写字母。例如,'Michél' 是字符常量,而 N'Michél' 是 Unicode 常量。 字符串常量支持增强的排序规则
二进制常量	binary varbinary	具有前缀 0x 并且是十六进制数字字符串。这些常量不使用引号括起。注意,Ox 是两个字母。例如,Ox12A,OxBF 等
bit 常量	bit	bit 常量的值为 0 或 1,如果使用大于 1 的数字则转换为 1
日期时间常量	datetime date time	用单引号括起来的特定格式的字符串。例如,'April 15, 1998'、'04/15/98'、'14:30:24'等
数值常量	integer decimal float real	integer 常量以数字字符串表示,其中数字未用引号括起来并且不包含小数点。例如,1894、520。 decimal 常量以数字字符串表示,其中数字未用引号括起来并且包含小数点。例如:1894.1204、2.0。 float 和 real 常量使用科学记数法来表示。例如,101.5E5、0.5E－2
货币常量	money	money 常量以数字字符串表示,其中前缀为可选的货币符号。money 常量不使用引号括起来。例如,$12、$542023.14
唯一标识常量	uniqueidentifier	uniqueidentifier 常量是表示 GUID 的字符串。可以使用字符或二进制字符串格式指定。例如,0xff19966f868b11d0b42d00c04fc964ff、'6F9619FF-8B86-D011-B42D-00C04FC964FF'

13.2.2 变量

T-SQL 局部变量是可以保存特定类型的单个数据值的对象,可由用户自己定义。批处理和脚本中的变量通常用于以下情况。

- 作为计数器计算循环执行的次数或控制循环执行的次数。
- 保存数据值以供控制流语句测试。
- 保存存储过程返回代码要返回的数据值或函数返回值。

1. 局部变量的声明

在使用一个局部变量之前,必须先用 DECLARE 语句声明这个变量。DECLARE 语句的语法格式如下:

```
DECLARE @变量名 变量类型[,@变量名 变量类型…]
```

各参数说明如下。

- 变量名:必须以@开头,局部变量名必须符合标识符规则。

• 变量类型：除 text、ntext 和 image 之外的任何由系统提供的或用户定义的数据类型。

在一个 DECLARE 语句中可以定义多个局部变量，但需要用逗号分隔开。

【例 13-5】 声明局部变量 pub_id、au_date。

代码如下：

```
DECLARE @pub_id char(4),@au_date datetime
```

2. 局部变量赋值

第一次声明变量时，系统将此变量的值设为 NULL。若要为变量赋值，则可使用 SET 语句，这是为变量赋值的较好的方法。一个 SET 语句一次只能给一个变量赋值，当初始化多个变量时，为每个局部变量使用一个单独的 SET 语句。也可以通过 SELECT 语句选择列表中当前所引用的值为变量赋值。语法如下：

```
SET @变量名 = 变量值
SELECT @变量名 = 变量值
```

【例 13-6】 创建变量@myvar1、@myvar2，并给它们赋值。

代码如下：

```
DECLARE @myvar1 char(20),@myvar2 char(4)
SET @myvar1  =  'This is a test'
SELECT @myvar2 = '0001'
GO
```

知识拓展： 变量也可以通过选择列表中当前所引用的值对它们赋值。如果在选择列表中引用变量，则它应当被赋以标量值，或者 SELECT 语句应仅返回一行。如果 SELECT 语句返回多个值，则将返回的最后一个值赋给变量。如果 SELECT 语句没有返回行，则变量将保留当前值。

例如，下面的批处理声明 3 个变量，通过选择列表中当前所引用的值对它们赋值，并在 SELECT 语句的 WHERE 子句中予以使用。

【例 13-7】 查询学号为"18011219"的学生的姓名和出生日期，将其分别赋值给变量@name，@birth_date。

代码如下：

```
USE STUMS
GO
DECLARE @number char(8),@name char(8),@birth_date datetime
SET @number = '18011219'
SELECT @name = 姓名,@birth_date = 出生日期 FROM 学生
WHERE 学号 = @number                    -- 引用变量
SELECT @name ,@birth_date              -- 显示变量的值
```

在查询编辑器中输入并执行上述代码，结果如图 13-2 所示。

13.2.3 系统统计函数

一些 T-SQL 系统函数的名称以两个 at 符号(@@)开头。尽管在旧版 SQL Server 中，

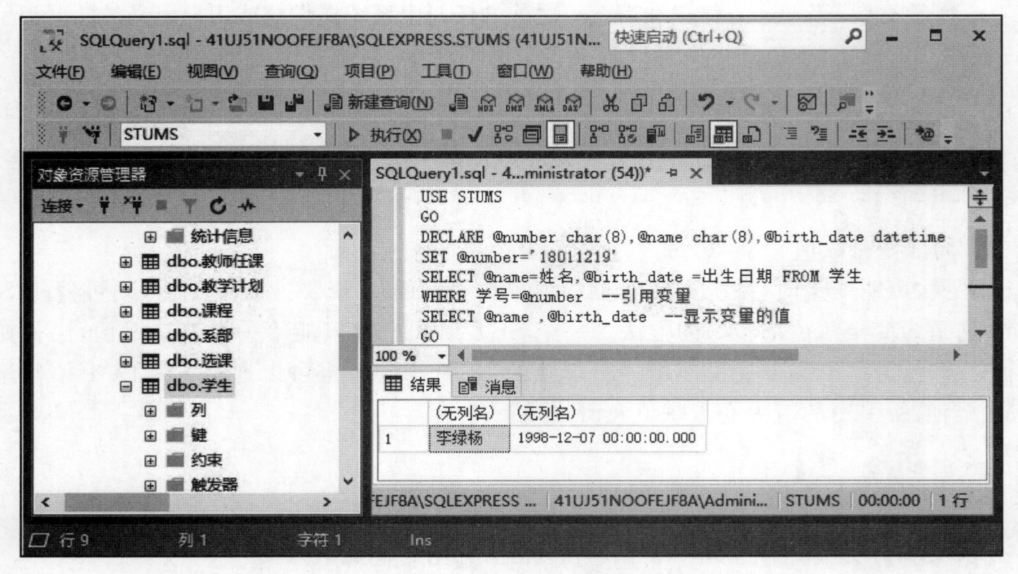

图 13-2 使用 SELECT 语句给变量赋值示例

@@函数称为全局变量,但它们不是变量,不具有等同于变量的行为。@@函数是系统函数,语法遵循函数规则。

SQL Server 2019 提供了多个标量函数返回系统的统计信息,如表 13-2 所示。

表 13-2 系统统计函数

全局变量	描述	返回类型
@@CONNECTIONS	返回 SQL Server 自上次启动以来尝试的连接次数,无论连接是成功还是失败	integer
@@CPU_BUSY	返回自最近一次开始以来,SQL Server 在活动操作中所花的时间。@@CPU_BUSY 返回一个以 CPU 时间增量或"滴答数"计算的结果	integer
fn_virtualfilestats	返回数据库文件(包括日志文件)的 I/O 统计信息。在 SQL Server 中,也可以从 sys. databases. dm_io_virtual_file_stats 动态管理视图获取此信息	
@@IDLE	返回 SQL Server 自上次启动后的空闲时间。结果以 CPU 时间增量或"时钟周期"表示,并且是所有 CPU 的累积,因此该值可能超过实际经过的时间。乘以 @@TIMETICKS 可转换为微秒	integer
@@IO_BUSY	返回自从 SQL Server 最近一次启动以来,SQL Server 已经用于执行输入和输出操作的时间	integer
@@PACKET_ERRORS	返回 SQL Server 自上次启动后在 SQL Server 连接上发生的网络数据包错误数	integer
@@PACK_RECEIVED	返回 SQL Server 自上次启动后从网络上读取的输入数据包数	integer
@@PACK_SENT	返回 SQL Server 自上次启动后写入网络的输出数据包数	integer

续表

全局变量	描　述	返回类型
@@TIMETICKS	返回每个时钟周期的微秒数	integer
@@TOTAL_ERRORS	返回 SQL Server 自上次启动后 SQL Server 所遇到的磁盘写入错误数	integer
@@TOTAL_READ	返回 SQL Server 自上次启动后由 SQL Server 执行的磁盘读取(非缓存读取)的次数	integer
@@TOTAL_WRITE	返回 SQL Server 自上次启动以来 SQL Server 所执行的磁盘写入数	integer
@@VERSION	返回 Microsoft SQL Server 当前安装的日期、版本和处理器类型	nvarchar

【例 13-8】 利用系统统计函数查看 SQL Server 的版本、当前所使用的 SQL Server 服务器名称,到当前日期和时间为止试图登录的次数。

代码如下:

```
PRINT '当前所用的 SQL Server 版本信息如下: '
PRINT @@VERSION                                   -- 显示版本信息
PRINT ''                                          -- 换行
PRINT'当前所用的 SQL Server 服务器: ' + @@SERVERNAME    -- 显示服务器名称
PRINT GETDATE()
PRINT @@CONNECTIONS                               -- 登录的次数
```

在查询编辑器中输入并执行上述代码,结果如图 13-3 所示。

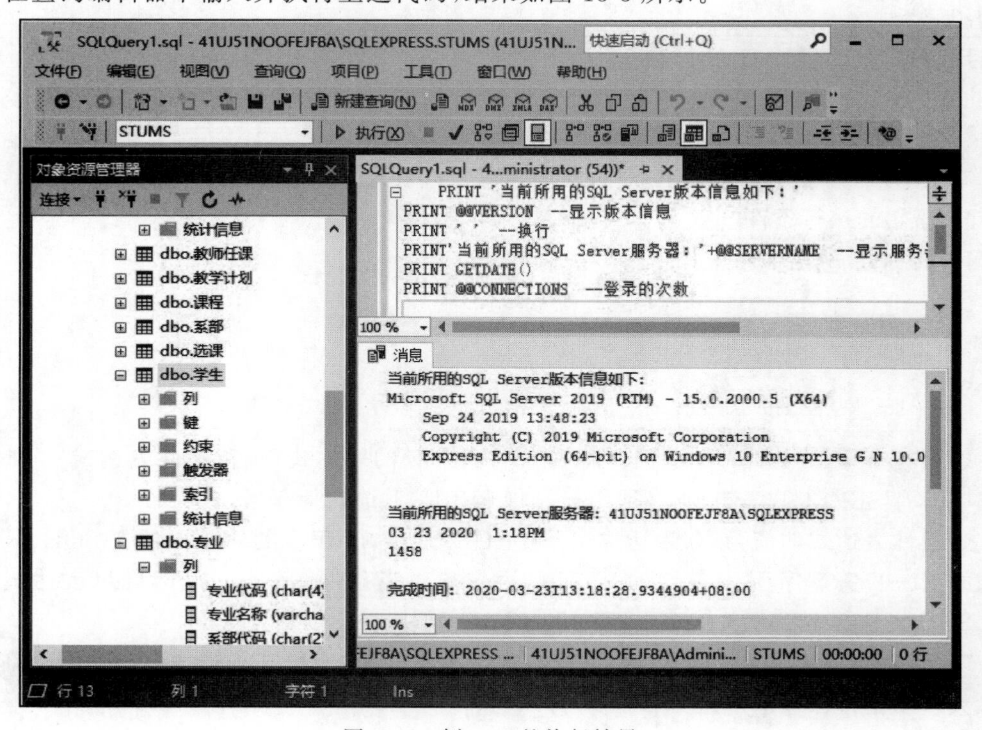

图 13-3　例 13-8 的执行结果

所有的系统统计函数都具有不确定性。这意味着即使同一组输入值,也不一定在每次调用这些函数时都返回相同的结果。

课堂任务 2 对照练习

(1) 创建局部变量@X、@Y,用以接收从"教师"表中查询的教师工号和姓名。

(2) 查看本机 SQL Server 的版本及到当前日期和时间为止试图登录的次数。

13.3 T-SQL 流程控制语句

课堂任务 3 学习 T-SQL 中程序流程控制语句。

13.3.1 BEGIN…END

BEGIN…END 用来定义一个语句块,包括一系列 T-SQL 语句,从而可以执行一组 T-SQL 语句。BEGIN 和 END 是控制流语言的关键字。

BEGIN…END 语句块语法格式如下:

```
BEGIN
{ sql_statement | statement_block }
END
```

其中,{ sql_statement|statement_block }是使用语句块定义的任何有效的 T-SQL 语句或语句组。

BEGIN…END 语句块允许嵌套。

13.3.2 IF…ELSE

在 SQL Server 中,为了控制程序的执行方向,引入了 IF…ELSE 条件判断结构,指定 T-SQL 语句的执行条件。

IF…ELSE 的语法格式如下:

```
IF Boolean_expression
    { sql_statement | statement_block }
[ ELSE
    { sql_statement | statement_block } ]
```

其中,Boolean_expression 是返回 TRUE 或 FALSE 的表达式(也称条件表达式)。如果表达式中含有 SELECT 语句,则必须用括号将 SELECT 语句括起来。

当条件表达式的值为真(表达式返回 TRUE)时,执行 IF 关键字下面的 T-SQL 语句块。可选的 ELSE 关键字引入备用的 T-SQL 语句块。当条件表达式的值为假(表达式返回 FALSE)时,执行 ELSE 关键字下面的 T-SQL 语句块。

IF…ELSE 结构可以用在批处理中、存储过程中(经常使用这种结构测试是否存在着某个参数),以及特殊查询中。

IF…ELSE 语句可以嵌套使用,对于嵌套层数没有限制。

【例 13-9】 使用 IF…ELSE 语句实现以下功能。如果存在政治面貌为“共产党员”的学生，则输出这些学生的学号、姓名、性别、出生日期，否则输出“没有共产党员的学生”的提示信息。

代码如下：

```
USE STUMS
    GO
    IF EXISTS(SELECT * FROM 学生 WHERE 政治面貌 = '共产党员')
      BEGIN
       PRINT '以下学生是共产党员'
       SELECT 学号,姓名,性别,出生日期 FROM 学生 WHERE 政治面貌 = '共产党员'
      END
    ELSE
      PRINT '没有共产党员的学生'
    GO
```

执行上述代码后结果如图 13-4 所示。

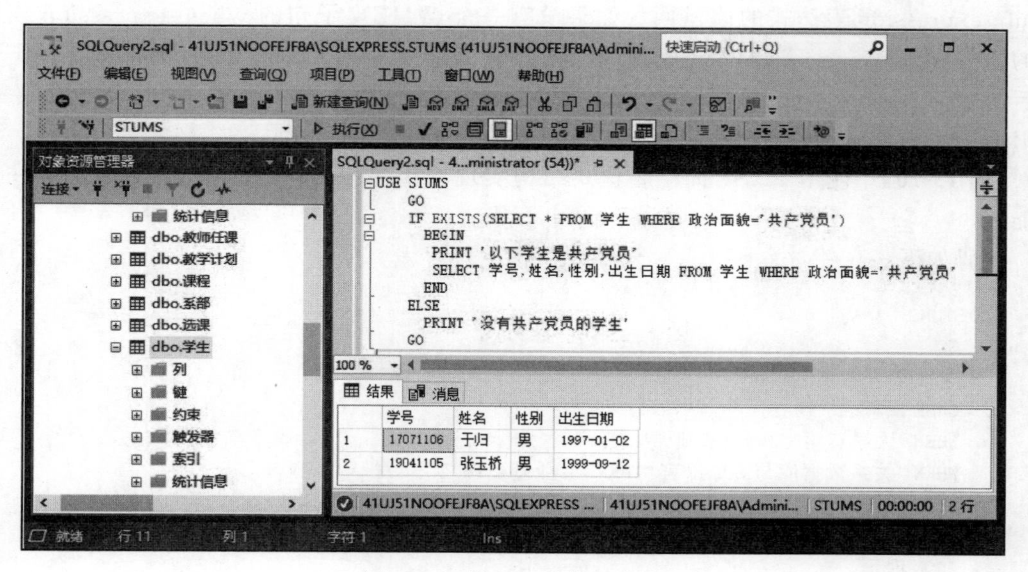

图 13-4 例 13-9 的执行结果

13.3.3 CASE 结构

CASE 结构提供了较一般 IF…ELSE 结构更多的条件选择，且判断更方便、更清晰明了。CASE 结构用于多条件分支选择，可完成计算多个条件并为每个条件返回单个值。CASE 结构有两种格式：CASE 简单表达式和 CASE 搜索表达式。

1. CASE 简单表达式

语法格式如下：

```
CASE input_expression
     WHEN when_expression THEN result_expression [ …n ]
     [ ELSE else_result_expression ]
```

```
END
```

各参数说明如下。

- input_expression：计算的表达式，可以是任何有效的表达式。
- when_expression：与 input_expression 进行比较的简单表达式，是任何有效的表达式。
- WHEN when_expression：将 when_expression 的值与 input_expression 值进行比较。因此，它们的数据类型必须相同或必须是隐式转换的数据类型。
- result_expression：结果表达式。比较运算的计算结果为 TRUE 时返回的表达式，是任何有效的表达式。
- else_result_expression：比较运算的计算结果不为 TRUE 时返回的表达式，是任何有效的表达式。

执行过程：用 input_expression 表达式的值依次与每一个 WHEN 子句的 when_expression 表达式的值比较，直到与一个表达式值完全相同时，便将该 WHEN 子句指定的 result_expression 表达式的值返回。如果没有一个 WHEN 子句的 when_expression 表达式的值与 input_expression 表达式的值相同，这时，如果存在 ELSE 子句，便将 ELSE 子句之后的 else_result_expression 表达式的值返回；如果不存在 ELSE 子句，便返回一个 NULL 值。

【例 13-10】 使用 CASE 简单表达式结构实现输出课程名，并在课程名后添加备注的功能。

代码如下：

```
USE STUMS
    GO
    SELECT 课程名,备注 =
    CASE 课程名
    WHEN '大学英语' THEN '基础课'
    WHEN '关系数据库与 SQL 语言' THEN '专业基础课'
    WHEN 'GMDSS 通信业务' THEN '专业课'
    END
    FROM 课程
    GO
```

执行上述代码后的结果如图 13-5 所示。

2. CASE 搜索表达式

语法格式如下：

```
CASE
  WHEN Boolean_expression THEN result_expression [ …n ]
  [ ELSE else_result_expression ]
END
```

其中，Boolean_expression 是使用 CASE 搜索格式时所计算的布尔表达式，是任何有效的布尔表达式。

执行过程：测试每个 WHEN 子句后的布尔表达式，如果结果为 TRUE，则返回相应的

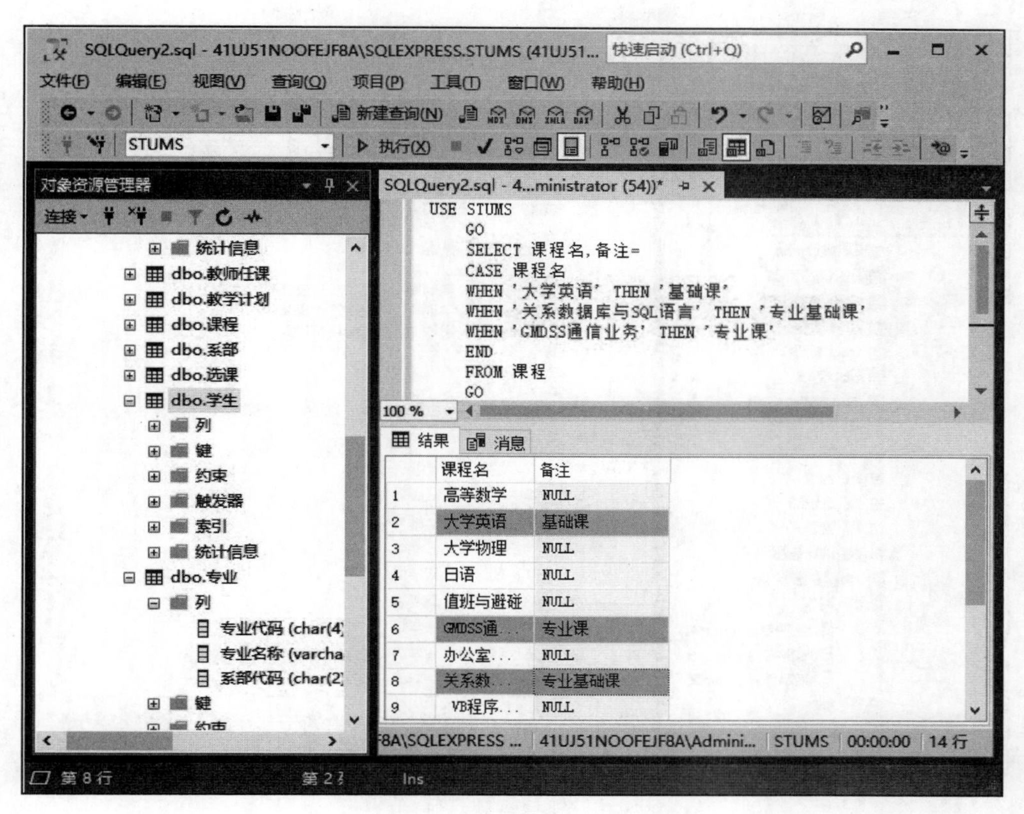

图 13-5　例 13-10 的执行结果

结果表达式，否则检查是否有 ELSE 子句，如果存在 ELSE 子句，便将 ELSE 子句之后的结果表达式返回；如果不存在 ELSE 子句，则返回一个 NULL 值。

【例 13-11】 使用搜索 CASE 结构实现以下功能：根据学生的入学时间，判断其年级。

代码如下：

```
USE STUMS
    GO
    SELECT 学号,姓名,年级 =
    CASE
    WHEN year(入学时间) = '2017' THEN '三年级'
    WHEN year(入学时间) = '2018' THEN '二年级'
    WHEN year(入学时间) = '2019' THEN '一年级'
    END
    FROM 学生
    GO
```

执行上述代码后的结果如图 13-6 所示。

13.3.4　WHILE 语句

WHILE 语句用来设置重复执行 SQL 语句或语句块的条件，即循环条件。只要指定的条件为真，就重复执行语句或语句块。在循环内部可以使用 BREAK 和 CONTINUE 关键

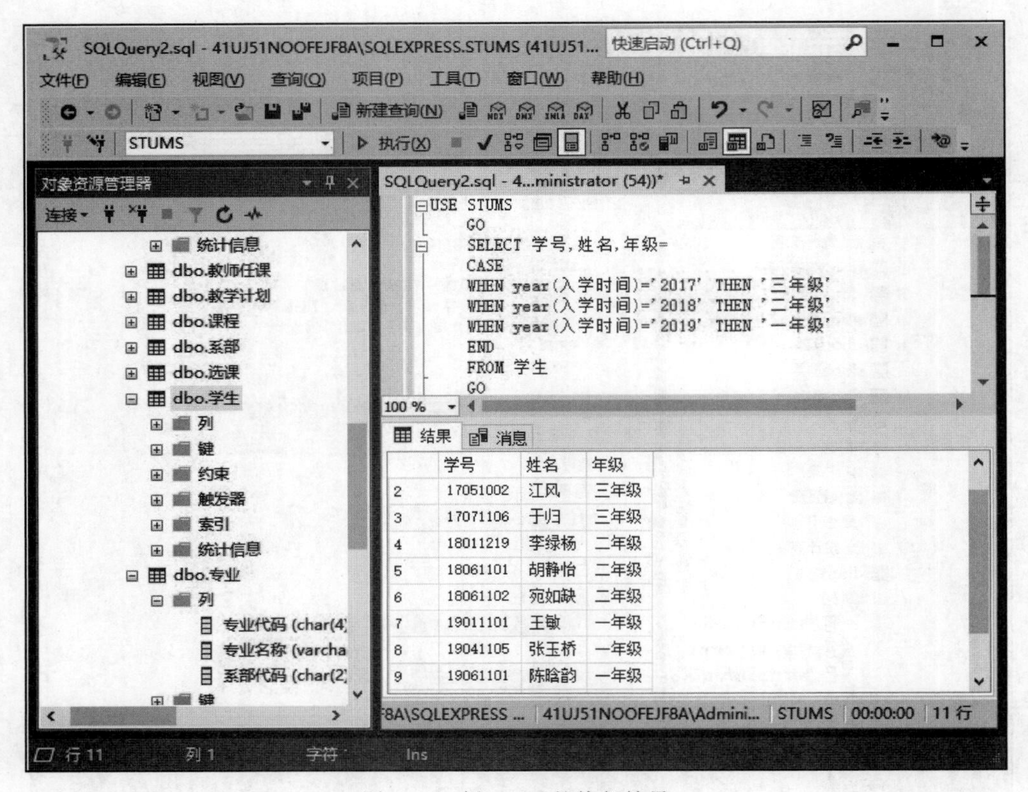

图 13-6 例 13-11 的执行结果

字来控制 WHILE 循环的执行。

语法格式如下：

```
WHILE Boolean_expression
{ sql_statement | statement_block | BREAK | CONTINUE }
```

各参数说明如下。

- Boolean_expression：为返回 TRUE 或 FALSE 的布尔表达式。如果表达式中含有 SELECT 语句，则必须用括号将 SELECT 语句括起来。
- sql_statement|statement_block：T-SQL 语句或用语句块定义的语句分组，也称循环体。若要定义循环体应使用控制流关键字 BEGIN 和 END。
- BREAK：强迫跳出循环，结束 WHILE 语句的执行，将执行出现在 END 关键字后面的任何语句，END 关键字为循环结束标记。
- CONTINUE：结束本次循环，忽略 CONTINUE 关键字后面的任何语句，使 WHILE 循环重新开始执行。

执行过程：当布尔表达式的值为真时，执行构成循环体的 T-SQL 语句或语句块，然后再进行条件的判断，重复上述操作，直到布尔表达式的值为假时，结束循环体的执行，然后执行 END 后面的语句。

【例 13-12】 用循环结构求 100 以内各奇数的和。

代码如下：

```
DECLARE @x int,@sum_x int                          -- 声明局部变量@x 和@sum_x
SET @x = 1                                         -- 给变量@x 赋初值
SET @sum_x  = 0                                    -- 给变量@sum_x 赋初值
WHILE @x < 100                                     --  当@x > = 100 时终止循环
BEGIN
  SET @sum_x = @sum_x + @x                         -- 求累加和并存入变量@sum_x 中
  SET @x = @x + 2                                  -- 修改循环变量@ x 的值
END
PRINT '1 + 3 + 5 + … + 99 = ' + CONVERT(char,@sum_x) -- 输出计算结果
GO
```

执行上述代码后的输出结果为：1＋3＋5＋…＋99＝2500。

【例 13-13】 本次"关系数据库与 SQL 语言"课程考试成绩较差，假定要提分，确保每人都通过。提分规则是先每人都加 2 分，看是否都通过，如果没有全部通过，则每人再加 2 分，再看是否都通过，如此反复提分，直到所有人都通过为止。

编码思路：统计"关系数据库与 SQL 语言"课程没通过的人数，如果有人没通过，加分，循环判断，直到所有人都通过，跳出循环。

代码如下：

```
DECLARE @n int
WHILE(1 = 1)                                          -- 循环条件永远成立
    BEGIN
    SELECT @n = COUNT( * ) FROM 选课
    WHERE 成绩< 60 AND 课程号 = (SELECT 课程号 FROM 课程
    WHERE 课程名 = '关系数据库与 SQL 语言')
    IF (@n > 0)
      UPDATE 选课
      SET 成绩 = 成绩 + 2
      WHERE 课程号 = (SELECT 课程号 FROM 课程   WHERE 课程名 = '关系数据库与 SQL 语言')
    ELSE
         BREAK                                        -- 退出循环
  END
PRINT '调整后的[关系数据库与 SQL 语言]成绩如下: '
SELECT * FROM 选课
WHERE 课程号 = (SELECT 课程号 FROM 课程 WHERE 课程名 = '关系数据库与 SQL 语言')
GO
```

执行上述代码，输出的结果如图 13-7 所示。如果循环累加出现了大于 100 分的应该怎样处理？如何修改上述程序？请读者思考。

【说明】 如果嵌套了两个或多个 WHILE 循环，则内层的 BREAK 将退出到下一个外层循环，首先运行内层循环结束之后的所有语句，然后重新开始下一个外层循环。

13.3.5 其他控制语句

1. WAITFOR 语句

WAITFOR 语句为延迟执行语句，阻止执行批处理、存储过程或事务，直到已过指定时间或时间间隔，或者指定语句发生修改或至少返回一行为止。其语法格式如下：

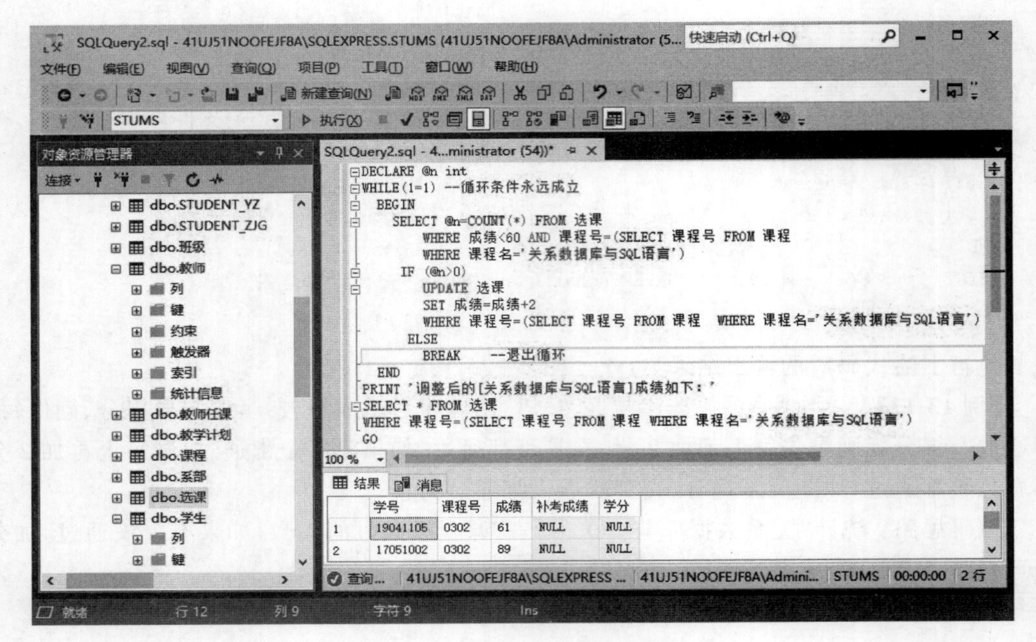

图 13-7　例 13-13 的执行结果

```
WAITFOR
{
    DELAY 'time_to_pass'
    | TIME 'time_to_execute'
    | [ ( receive_statement ) | ( get_conversation_group_statement ) ]
    [ , TIMEOUT timeout ]
}
```

各参数说明如下。

- DELAY：指定执行批处理、存储过程或事务之前必须等待的时段，最长可为 24 小时。
- 'time_to_pass'：等待的时段。time_to_pass 可以以 datetime 数据格式指定，也可以指定为局部变量，不能指定日期。time_to_pass 格式化为 hh:mm[[:ss].mss]。
- TIME：指定运行批处理、存储过程或事务等待到某一时刻。
- 'time_to_execute'：某一时刻，time_to_execute 值的指定同 time_to_pass。

以下几个参数仅适用于消息 Service Broker。

- receive_statement：有效的 RECEIVE 语句。
- get_conversation_group_statement：有效的 GET CONVERSATION GROUP 语句。

【说明】 执行 WAITFOR 语句后，在到达指定的时间之前或指定的事件出现之前，将无法使用与 SQL Server 的连接。

【例 13-14】 使用 WAITFOR 语句指定过两小时后执行系统存储过程 sp_helpdb。

代码如下：

```
BEGIN
```

```
    WAITFOR DELAY '02:00'
    EXECUTE sp_helpdb
END
```

【例 13-15】 使用 WAITFOR 语句指定在晚上 10:20 执行存储过程 update_all_stats。代码如下:

```
BEGIN
    WAITFOR TIME '22:20'
    EXECUTE update_all_stats
END
```

必须指出,实际的时间延迟可能与 time_to_pass、time_to_execute 或 timeout 中指定的时间不同,它依赖于服务器的活动级别。计划 WAITFOR 语句线程时,计时器开始计时。如果服务器忙碌,则可能不会立即计划线程。因此,时间延迟可能比指定的时间要长。

此外,WAITFOR 语句不更改查询的语义。如果查询不能返回任何行,WAITFOR 将一直等待,或等到满足 TIMEOUT 条件(如果已指定)。不能为 WAITFOR 语句定义视图。不能对 WAITFOR 语句打开游标。

2. PRINT 语句

PRINT 语句将用户定义的消息返回客户端。其语法格式如下:

```
PRINT msg_str | @local_variable | string_expr
```

各参数说明如下。

- msg_str:字符串或 Unicode 字符串常量。
- @local_variable:任何有效的字符数据类型的变量。@ local_variable 的数据类型必须为 char、nchar、varchar 或 nvarchar,或者必须能够隐式转换为这些数据类型。
- string_expr:字符串表达式。可包括串联的文字值、函数和变量。

【例 13-16】 检索"专业"表中是否存在"数控技术"专业,若没有,则给用户一个提示信息"不存在数控技术专业!"。

代码如下:

```
USE STUMS
GO
IF NOT EXISTS(SELECT 专业名称 FROM 专业 WHERE 专业名称 = '数控技术')
  PRINT '不存在数控技术专业!'
GO
```

3. GOTO 语句

GOTO 语句为无条件转移语句,将执行流更改到标签处,跳过 GOTO 后面的 T-SQL 语句,并从标签位置继续处理。其语法格式如下:

```
label:
GOTO label
```

其中,label 为指定的标签。如果 GOTO 语句指向该标签,则其为处理的起点。标签必须符合标识符规则。

【例 13-17】 将 GOTO 用作分支机制。

代码如下：

```
DECLARE @X int;
SET @X = 1;
WHILE @X < 10
BEGIN
    SET @X = @X + 1
    IF @X =  4 GOTO B1                          /* 转去执行 B1 标签所示的语句 */
    IF @X =  5 GOTO B2                          /* 转去执行 B2 标签所示的语句 */
END
B1:SELECT @X = @X * 2
   GOTO B3                                      /* 转去执行 B3 标签所示的语句 */
B2:SELECT  @x * 3
B3:SELECT  @x
```

执行上述代码后输出结果是 8。

GOTO 语句可出现在条件控制流语句、语句块或过程中，但它不能跳转到该批以外的标签。GOTO 分支语句可跳转到定义在 GOTO 之前或之后的标签。GOTO 语句也可嵌套使用。

4. RETURN 语句

RETURN 语句用于从查询或过程中无条件退出。RETURN 语句的执行是即时且完全的，可在任何时候用于从过程、批处理或语句块中退出，RETURN 之后的语句是不执行的。其语法如下：

```
RETURN [ integer_expression]
```

其中，integer_expression 为返回的整数值。存储过程可向执行调用的过程或应用程序返回一个整数值。

【说明】

- *所有系统存储过程均返回零值表示成功，而非零值则表示失败。*
- *如果用于存储过程，则 RETURN 不能返回空值。*
- *如果某个过程试图返回空值(例如，使用 RETURN @status，而@status 为 NULL)，则将生成警告消息并返回零值。*

【例 13-18】 在 STUMS 数据库中，创建一个参数存储过程 find_name，其功能是根据姓名检索该学生的学号和班号。如果在执行 find_name 时没有给定姓名参数，则向屏幕发送一条消息后使用 RETURN 语句从过程返回。

代码如下：

```
CREATE PROCEDURE [dbo].[find_name] @xm char(8)
AS
IF @xm  IS NULL
    BEGIN
        PRINT '必须给出一个姓名'
        RETURN
    END
```

```
ELSE
    BEGIN
        SELECT 学号,班号
        FROM 学生
        WHERE 姓名 = @xm
    END
GO
EXEC find_name                                    /* 调用未给出姓名参数 */
```

执行上述代码,结果如图 13-8 所示。因为调用 find_name 存储过程没有给定姓名,则生成警告消息并返回。

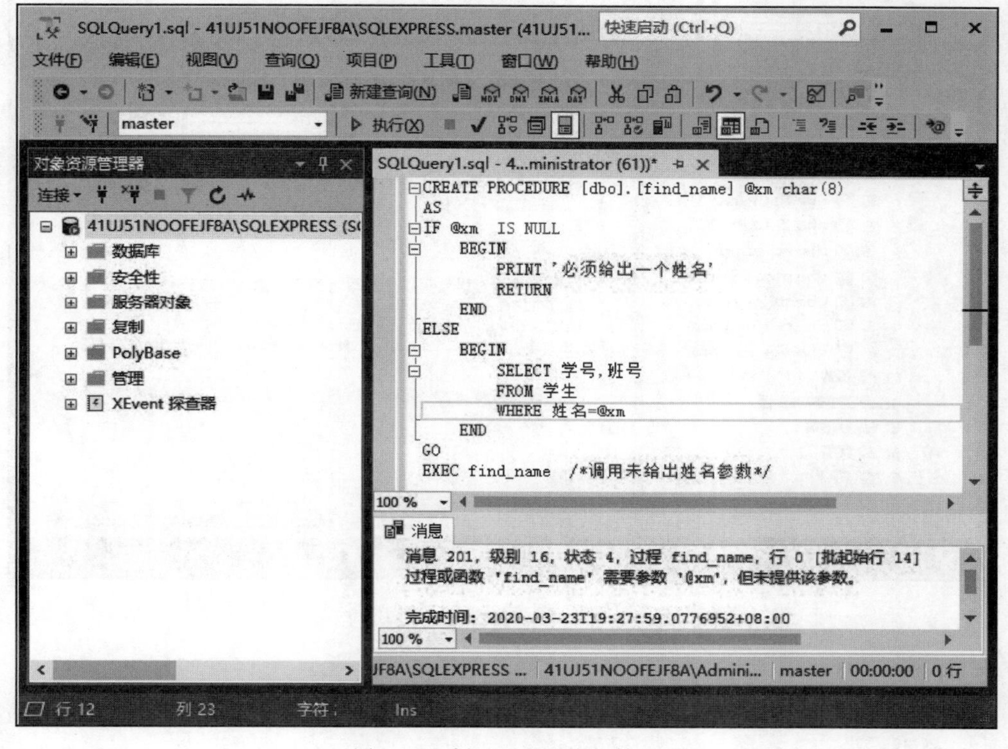

图 13-8　例 13-18 的执行结果

【例 13-19】 使用 RETURN 语句在“学生”表中检查指定学生的政治面貌,如果是“共青团员”,将返回状态代码 1,其他情况下返回状态代码 2。

代码如下:

```
/* 创建 checkstate 存储过程 */
USE STUMS
GO
CREATE PROCEDURE checkstate @xm char(8)
AS
IF (SELECT 政治面貌 FROM 学生 WHERE 姓名 = @xm) = '共青团员'
    RETURN 1
ELSE
    RETURN 2;
```

```
GO
/* 调用存储过程检查学生的政治面貌并返回状态码 */
DECLARE @return_status int;
EXEC @return_status = checkstate'江风'
SELECT 'Return Status' = @return_status; -- 输出状态码值
GO
```

执行上述代码,结果如图 13-9 所示。

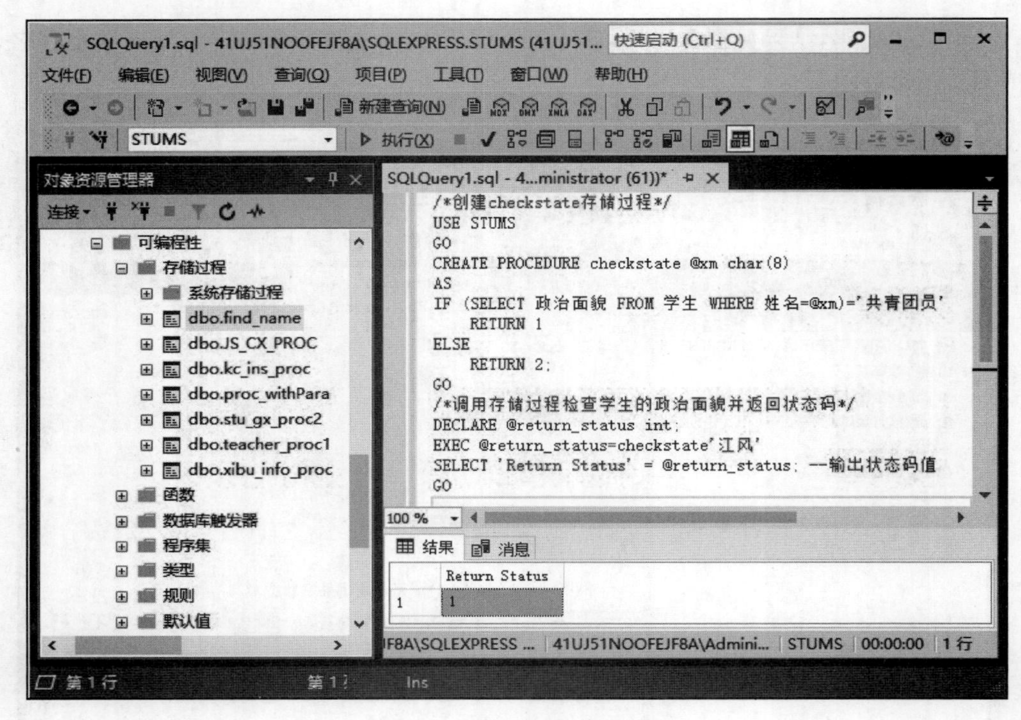

图 13-9 例 13-19 的执行结果

5. TRY…CATCH 语句

异常捕捉与处理(TRY…CATCH)结构类似于 Microsoft Visual C# 和 Microsoft Visual C++语言中的异常处理的错误处理。T-SQL 语句组可以包含在 TRY 块中,如果 TRY 块内部发生错误,则会将控制传递给 CATCH 块中包含的另一个语句组处理。其语法格式如下:

```
BEGIN TRY
    { sql_statement | statement_block }
END TRY
BEGIN CATCH
    [ { sql_statement | statement_block } ]
END CATCH
```

各参数说明如下。

- sql_statement:任何 T-SQL 语句。
- statement_block:批处理或包含于 BEGIN…END 块中的任何 T-SQL 语句组。

【例 13-20】 应用 TRY…CATCH 结构屏蔽错误信息,并更正错误操作。

当前库是 master 数据库,从“学生”表中查询女生基本信息,系统会给出有异常错误的提示,如图 13-10 所示。现在将查询语句放在 TRY 块内,应用 TRY…CATCH 结构进行处理。

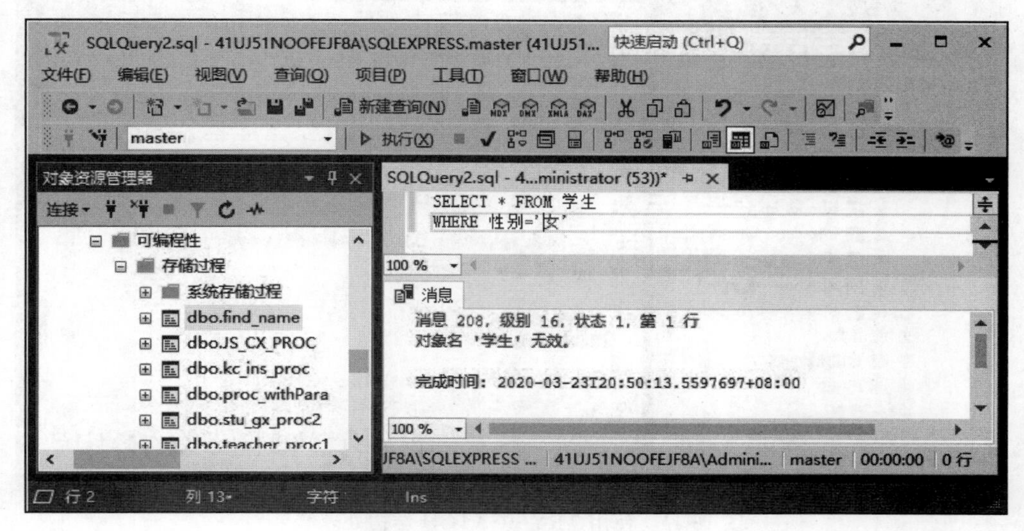

图 13-10　例 13-20 的执行结果

代码如下:

```
BEGIN TRY
SELECT * FROM 学生 WHERE 性别 = '女'
END TRY
BEGIN CATCH
USE STUMS
SELECT *  FROM 学生 WHERE 性别 = '女'
PRINT '查询操作成功!'
END CATCH
GO
```

执行上述代码,“消息”窗格中显示出如图 13-11 所示的提示信息,表明 TRY 块内部发生错误,传递给 CATCH 块中处理了。

【说明】

- TRY…CATCH 结构可对严重程度高于 10 但不关闭数据库连接的所有执行错误进行缓存。
- TRY 块后必须紧跟相关联的 CATCH 块。在 END TRY 和 BEGIN CATCH 语句之间放置任何其他语句都将生成语法错误。
- TRY…CATCH 结构不能跨越多个批处理,不能跨越多个 T-SQL 语句块。
- TRY 块所包含的代码中没有错误,当执行完 TRY 块中最后一个语句,则转去执行 END CATCH 语句之后的语句。
- TRY 块所包含的代码中有错误,则会交给相关联的 CATCH 块的第一个语句。
- TRY…CATCH 结构可以是嵌套式的。

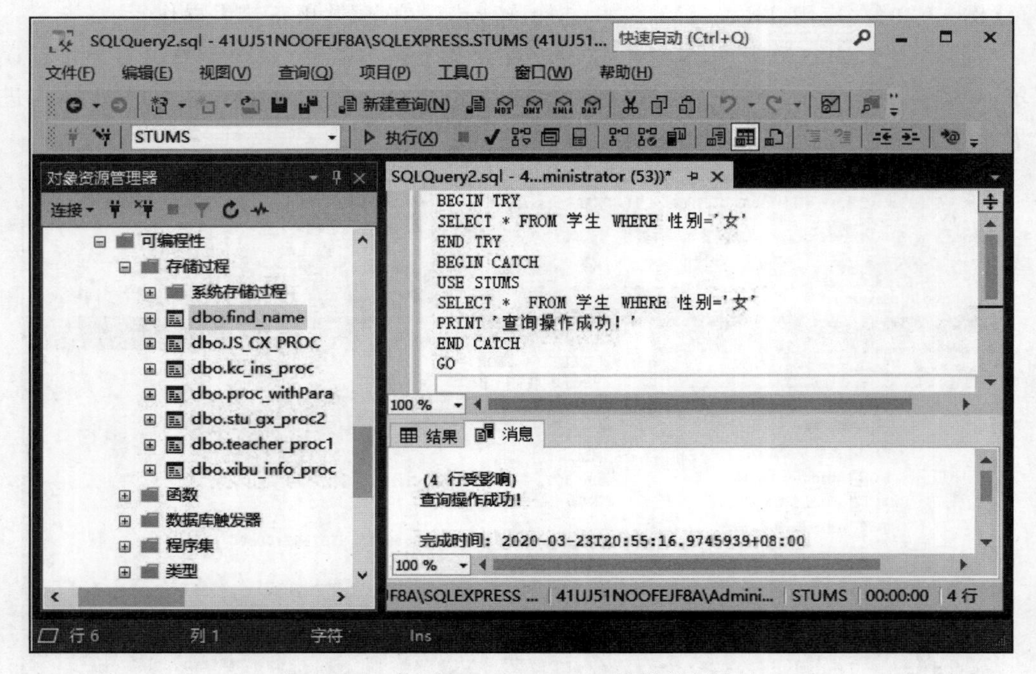

图 13-11　使用 TRY…CATCH 结构处理结果

- TRY…CATCH 结构可以从存储过程或触发器(由 TRY 块中的代码执行)捕捉未处理的错误。
- 不能使用 GOTO 语句转入 TRY 或 CATCH 块,但可使用 GOTO 语句跳转至同一 TRY 或 CATCH 块内的某个标签,或离开 TRY 或 CATCH 块。
- 不能在用户定义函数内使用 TRY…CATCH 结构。

课堂任务 3　对照练习

编程：求 1+2+…+100；求 10!。

课后作业

1. 什么是批处理？简述其作用。
2. 局部变量是如何定义和赋值的？
3. BEGIN…END 结构在程序中有何作用？
4. RETURN 语句有何功能？主要用在哪些结构和语句中？
5. 简述 WAITFOR 语句的作用。延迟 10s 查询学生的信息,试写出代码。
6. 使用 CASE 语句对考试成绩进行评定(≥90 分,优；≥80 分,良；≥60 分,及格；<60 分,不及格)。
7. 使用 RETURN 语句在“学生”表中检查指定学生的籍贯,如果是“南京”的,则返回状态代码 1,其他情况下返回状态代码 2。
8. 能否应用 TRY…CATCH 结构屏蔽例例 13-2 中的错误信息？说明其理由。

实训 11　图书借阅管理系统 T-SQL 编程

1. 实训目的

(1) 掌握程序中的批处理、脚本和注释的基本概念和使用方法。

(2) 掌握流程控制语句的基本语法。

(3) 能够熟练使用这些流程控制语句(BEGIN…END,IF…ELSE,WHILE,BREAK,CONTINUE,WAITFOR,CASE 等)。

2. 实训准备

(1) 理解程序中的批处理、脚本和注释的语法规则。

(2) 掌握基本的 T-SQL 语句的使用方法。

(3) 了解流程控制语句的基本语法和使用。

3. 实训要求

(1) 完成下面的实训内容,并提交实训报告。

(2) 将所有的代码附上。

4. 实训内容

(1) 在 TSJYMS 数据库的"读者信息"表上查询 04 系的读者信息。如果有 04 系的则给出这些读者的列表,否则给出一条提示信息"没有满足条件的读者!"。

(2) 使用简单 CASE 结构实现以下功能:在"读者信息"表中,根据读者类型,给出最大借书量说明。教师是 15 本,学生是 5 本,其他人是 8 本。

(3) 使用搜索 CASE 结构实现以下功能:在"图书信息"表中,根据定价,判断图书是否便宜。定价低于 20 元为便宜,定价高于或等于 20 元而低于 30 元为中价,定价高于 30 元为贵。

(4) 使用循环结构实现以下功能:检查"图书信息"表中的定价,若有定价低于 25 元的,则将每本书的定价增加 1 元,直到所有书籍的定价都高于 25 元为止。

(5) 显示"读者信息"表中读者类型为教师的信息,并且在显示之前,暂停 1min。

(6) 应用 TRY…CATCH 结构屏蔽错误信息,并更正错误操作。

首先在 TSJYMS 数据库中,创建一个名为 book 的数据表。再次使用命令创建同名的数据表 book,系统会给出有异常错误的提示,无法创建。现在将建表语句放在 TRY 块内,应用 TRY…CATCH 结构进行处理。

第14课　学生信息管理系统内置函数的应用

函数是一种封装的程序模块，用于完成特定的操作功能，其特点是可被反复调用。SQL Server 2019 的函数分为内置函数和用户定义函数。

在程序设计中，常常使用函数以提高数据的处理能力或获取系统的相关信息等。

14.1　SQL Server 内置函数概述

课堂任务1　了解 SQL Server 内置函数的类别和使用。

14.1.1　内置函数的类别

SQL Server 2019 提供了大量可用于执行特定操作的内置函数，可帮助用户获得系统的有关信息、执行有关计算、实现数据转换及统计功能等。

根据函数的操作对象与特点可将 SQL Server 内置函数分为若干类。

1. 聚合函数

聚合函数对一组数值执行计算，并返回单个值。在 SELECT 列表或 SELECT 语句的 HAVING 子句中允许使用它们。可以将聚合函数与 GROUP BY 子句结合使用，来计算行类别的聚合。所有聚合函数都是确定性的，这意味着对相同的输入值进行运算时，它们始终返回相同的值。

2. 分析函数

分析函数基于一组行计算聚合值。但与聚合函数不同，分析函数可能针对每个组返回多行。可以使用分析函数来计算移动平均线、运行总计、百分比或一个组内的前 N 个结果。

3. 排名函数

排名函数为分区中的每一行返回一个排名值。根据所用函数的不同，某些行可能与其他行接收到相同的值。排名函数具有不确定性。

4. 行集函数

行集函数返回可在 SQL 语句中像表引用一样使用的对象。

5. 标量函数

对单一值进行运算，然后返回单一值。只要表达式有效，即可使用标量函数。

标量函数类别如表 14-1 所示。

表 14-1　标量函数类别

函数类别	说明
配置函数	返回当前配置信息
转换函数	支持数据类型强制转换和转换

续表

函数类别	说明
游标函数	返回游标信息
日期和时间数据类型及函数	对日期和时间输入值执行运算,然后返回字符串、数字或日期和时间值
JSON 函数	验证、查询或更改 JSON 数据
逻辑函数	执行逻辑运算
数学函数	基于作为函数的参数提供的输入值执行运算,然后返回数字值
元数据函数	返回有关数据库和数据库对象的信息
安全函数	返回有关用户和角色的信息
字符串函数	对字符串(char 或 varchar)输入值执行运算,然后返回一个字符串或数字值
系统函数	执行运算后返回 SQL Server 实例中有关值、对象和设置的信息
系统统计函数	返回系统的统计信息
文本和图像函数	对文本或图像输入值或列执行运算,然后返回有关值的信息

14.1.2 内置函数的使用

1. 内置函数的应用

内置函数可用于或包括在以下方面:

- SELECT 语句查询的选择列表中,以返回一个值。
- SELECT 或数据修改(SELECT、INSERT、DELETE 或 UPDATE)语句的 WHERE 子句搜索条件中,以限制符合查询条件的行。
- 在视图的搜索条件(WHERE 子句)中,使视图在运行时与用户或环境动态地保持一致。
- 任意表达式中。
- 在 CHECK 约束或触发器中,在插入数据时查找指定的值。
- 在 DEFAULT 约束或触发器中,在 INSERT 语句未指定值的情况下提供一个值。

【说明】

- 指定函数时应始终带上括号,即使没有参数也是如此。
- 用来指定数据库、计算机、登录名或数据库用户的参数是可选的。如果未指定这些参数,则默认将这些参数赋值为当前的数据库、主机、登录名或数据库用户。
- 函数可以嵌套。

2. 函数确定性

SQL Server 内置函数可以是确定的或是不确定的。如果任何时候用一组特定的输入值调用内置函数,返回的结果总是相同的,则这些内置函数为确定的。如果每次调用内置函数时,即使用的是同一组特定输入值,也总返回不同结果,则这些内置函数为不确定的。

3. 函数排序规则

- 使用字符串输入并返回字符串输出的函数,对输出使用输入字符串的排序规则。
- 使用非字符输入并返回字符串的函数,对输出使用当前数据库的默认排序规则。
- 使用多个字符串输入并返回字符串的函数,使用排序规则的优先顺序规则设置输出字符串的排序规则。

14.2　常用内置函数

课堂任务2　学会使用 SQL Server 的常用内置函数对数据库对象、数据等进行处理。

下面介绍最常用的几类内置函数。

14.2.1　数学函数

SQL Server 的数学函数主要用来对数值表达式进行数学运算并返回数字值运算结果。数学函数也可以对 SQL Server 提供的数值数据(decimal、integer、float、real、money、smallmoney、smallint 和 tinyint)进行处理。常用的数学函数如表14-2所示。

表14-2　常用的数学函数

函　数	语法格式	功　能
ABS	ABS(numeric_expression)	返回指定数值表达式的绝对值数学函数(ABS 将负值更改为正值。ABS 对零或正值没有影响)
ACOS	ACOS(float_expression)	返回以弧度表示的角度值,该角度值的余弦为给定的 float 表达式;也称反余弦
ASIN	ASIN(float_expression)	返回以弧度表示的角度值,该角度值的正弦为给定的 float 表达式;也称反正弦
ATAN	ATAN(float_expression)	返回以弧度表示的角度值,该角度值的正切为给定的 float 表达式;也称反正切
ATN2	ATN2(float_expression, float_expression)	返回以弧度表示的角,该角位于正 X 轴和原点至点(x,y)的射线之间,其中 x 和 y 是两个指定的浮点表达式的值
CEILING	CEILING(numeric_expression)	返回大于或等于所给数字表达式的最小整数
COS	COS(float_expression)	一个数学函数,返回给定表达式中给定角度(以弧度为单位)的三角余弦值
COT	COT(float_expression)	返回指定的 float 表达式中所指定角度(以弧度为单位)的三角余切值
DEGREES	DEGREES(numeric_expression)	返回按弧度指定的角的相应角度数
EXP	EXP(float_expression)	返回所给的 float 表达式的指数值
FLOOR	FLOOR(numeric_expression)	返回小于或等于所给数字表达式的最大整数
LOG	LOG(float_expression)	返回给定 float 表达式的自然对数
LOG10	LOG10(float_expression)	返回指定 float 表达式的以10为底的对数
PI	PI()	返回 PI 的常量值
POWER	POWER(numeric_expression,y)	返回给定表达式乘指定次方的值
RADIANS	RADIANS(numeric_expression)	对于在数字表达式中输入的度数值返回弧度值
RAND	RAND([seed])	返回0～1的随机 float 值
ROUND	ROUND(numeric_expression, length[,function])	返回数字表达式并四舍五入为指定的长度或精度
SIGN	SIGN(numeric_expression)	返回给定表达式的正(+1)、零(0)或负(-1)号

续表

函　　数	语法格式	功　　能
SIN	SIN(float_expression)	以近似数字(float)表达式返回给定角度(以弧度为单位)的三角正弦值
SQRT	SQRT(float_expression)	返回给定表达式的平方根
SQUARE	SQUARE(float_expression)	返回给定表达式的平方
TAN	TAN(float_expression)	返回输入表达式的正切值

有关数学函数的几点说明：

- 算术函数 ABS、CEILING、DEGREES、FLOOR、POWER、RADIANS 和 SIGN 返回与输入值具有相同数据类型的值。
- 三角函数和其他函数(EXP、LOG、LOG10、SQUARE 和 SQRT)将输入值转换为 float 类型并返回 float 类型值。
- RAND 函数用来产生一个随机数，主要用于事务模拟编程或游戏编程中。除 RAND 以外的所有数学函数都为确定性函数，仅当指定 RAND 种子(seed)参数时 RAND 才是确定性函数。

【例 14-1】 求绝对值。

```
SELECT ABS( - 1.0), ABS(0.0), ABS(1.0)
```

下面是结果集：

```
1.0  0.0   1.0
```

【例 14-2】 显示使用 CEILING 函数的正数、负数和零值。

```
SELECT CEILING( $ 123.45), CEILING( $ - 123.45), CEILING( $ 0.0)
```

下面是结果集：

```
124.00      - 123.00     0.00
```

【例 14-3】 计算给定角度的 SIN 值。

```
DECLARE @angle float
SET @angle = 45.175643
SELECT 'The SIN of the angle is: ' + CONVERT(varchar,SIN(@angle))
```

下面是结果集：

```
The SIN of the angle is: 0.929607
```

【例 14-4】 使用 RAND 函数产生 4 个不同的随机值。

```
DECLARE @counter smallint
SET @counter = 1
WHILE @counter < 5
   BEGIN
      SELECT RAND(@counter) Random_Number
      SET NOCOUNT ON
```

```
    SET @counter = @counter + 1
    SET NOCOUNT OFF
  END
```


下面是结果集：

```
Random_Number
0.713591993212924
Random_Number
0.713610626184182
Random_Number
0.71362925915544
Random_Number
0.713647892126698
```

【例 14-5】 求半径为 1 英寸、高为 5 英寸的圆柱容积。

```
DECLARE @h float, @r float
SET @h = 5
SET @r = 1
SELECT PI() * SQUARE(@r) * @h AS '圆柱容积'
GO
```

下面是结果：

```
圆柱容积
15.707963267949
```

【例 14-6】 求 1～10 的整数的平方根。

```
DECLARE @myvalue float
SET @myvalue = 1.00
WHILE @myvalue < 10.00
  BEGIN
    SELECT SQRT(@myvalue)
    SELECT @myvalue = @myvalue + 1
  END
GO
```

下面是结果集：

```
1
1.4142135623731
1.73205080756888
2
2.23606797749979
2.44948974278318
2.64575131106459
2.82842712474619
3
```

【例 14-7】 计算给定 float 表达式的 LOG。

```
DECLARE @var float
```

```
SET @var = 5.175643
SELECT 'The LOG of the variable is: ' + CONVERT(varchar,LOG(@var))
GO
```

下面是结果集：

```
The LOG of the variable is: 1.64396
```

14.2.2 字符串函数

字符串函数可以对二进制数据、字符串和表达式执行不同的运算，然后返回一个字符串或数字值。大多数字符串函数只能用于 char 和 varchar 数据类型，少数几个字符串函数也可以用于 binary、varbinary 数据类型，还有某些字符串函数能够处理 text、ntext、image 数据类型的数据。常用的字符串函数如表 14-3 所示。

表 14-3 常用的字符串函数

函数	语法格式	功能
ASCII	ASCII(character_expression)	返回字符表达式最左端字符的 ASCII 码值
CHAR	CHAR(integer_expression)	将 int ASCII 码转换为字符的字符串函数
CHARINDEX	CHARINDEX(expression1,expression2[,start_location])	返回字符串中指定表达式的起始位置
CONCAT	CONCAT(string_value1,string_value2[,string_valueN])	以端到端的方式返回从串联或连接的两个或更多字符串值生成的字符串
CONCAT_WS	CONCAT_WS(separator,argument1,argument2[,argumentN]...)	以端到端的方式返回从串联或连接的两个或更多字符串值生成的字符串。它会用第一个函数参数中指定的分隔符分隔连接的字符串值
DIFFERENCE	DIFFERENCE(character_expression,character_expression)	以整数返回两个字符表达式的 SOUNDEX 值之差
FORMAT	FORMAT(value,format[,culture])	返回以指定的格式和可选的区域格式化的值
LEFT	LEFT(character_expression,integer_expression)	返回从字符串左边开始指定个数的字符
LEN	LEN(string_expression)	返回给定字符串表达式的字符(而不是字节)个数，其中不包含尾随空格
LOWER	LOWER(character_expression)	将大写字符数据转换为小写字符数据后返回字符表达式
LTRIM	LTRIM(character_expression)	删除起始空格后返回字符表达式
NCHAR	NCHAR(integer_expression)	根据 Unicode 标准所进行的定义，用给定整数代码返回 Unicode 字符
PATINDEX	PATINDEX('%pattern%',expression)	返回指定表达式中某模式第一次出现的起始位置；如果在全部有效的文本和字符数据类型中没有找到该模式，则返回零
QUOTENAME	QUOTENAME('character_string'[,'quote_character'])	返回带有分隔符的 Unicode 字符串，分隔符的加入可使输入的字符串成为有效的 SQL Server 分隔标识符

续表

函　数	语法格式	功　能
REPLACE	REPLACE('string_expression1','string_expression2','string_expression3')	用第三个表达式替换第一个字符串表达式中出现的所有第二个给定字符串表达式
REPLICATE	REPLICATE(character_expression,integer_expression)	以指定的次数重复字符表达式
REVERSE	REVERSE(character_expression)	返回字符表达式的反转
RIGHT	RIGHT(character_expression,integer_expression)	返回字符串中从右边开始指定个数的integer_expression字符
RTRIM	RTRIM(character_expression)	截断所有尾随空格后返回一个字符串
SOUNDEX	SOUNDEX(character_expression)	返回由4个字符组成的代码(SOUNDEX)以评估两个字符串的相似性
SPACE	SPACE(integer_expression)	返回由重复的空格组成的字符串
STR	STR(float_expression[,length[,decimal]])	由数字数据转换来的字符数据
STRING_AGG	STRING_AGG(expression,separator)[<order_clause>]	串联字符串表达式的值,并在其间放置分隔符值。不能在字符串末尾添加分隔符
STRING_ESCAPE	STRING_ESCAPE(text,type)	对文本中的特殊字符进行转义并返回有转义字符的文本
STRING_SPLIT	STRING_SPLIT(string,separator)	一个表值函数,它根据指定的分隔符将字符串拆分为子字符串行
STUFF	STUFF(character_expression,start,length,character_expression)	删除指定长度的字符并在指定的起始点插入另一组字符
SUBSTRING	SUBSTRING(expression,start,length)	返回字符binary、text或image表达式的一部分
TRANSLATE	TRANSLATE(inputString,characters,translations)	在第二个参数中指定的某些字符转换为第三个参数中指定的字符目标集后,返回作为第一个参数提供的字符串
TRIM	TRIM([characters FROM]string)	删除字符串开头和结尾的空格字符char(32)或其他指定字符
UNICODE	UNICODE('ncharacter_expression')	按照Unicode标准的定义,返回输入表达式的第一个字符的整数值
UPPER	UPPER(character_expression)	返回将小写字符数据转换为大写的字符表达式

所有内置字符串函数都是具有确定性的函数。即每次用一组特定的输入值调用它们时,都返回相同的值。

【例 14-8】 求字符串"A"和"AB"的ASCII码值。

```
SELECT ASCII('A') AS 'A',ASCII('AB') AS 'AB'
```

下面是结果集:

```
A   AB
65  65
```

【例 14-9】 使用CHAR函数将ASCII码43、70和－1转换为字符。

```
SELECT CHAR (43) , CHAR (70) , CHAR ( - 1)
```

下面是结果集：

```
+   F   NULL
```

【例 14-10】 字符串大小写转换。

```
SELECT LOWER('ABC'),UPPER('xyz')
```

下面是结果集：

```
abc   XYZ
```

【例 14-11】 把数值型数据转换为字符型数据。

```
SELECT STR(346),STR(346879,4),STR( - 346.879,8,2),STR(346.8,5),STR(346.8)
```

下面是结果集：

```
346      ****    - 346.88     347         347
```

【例 14-12】 从字符串中截取子字符串。

```
SELECT LEFT('SQL Server',3), RIGHT('SQLServer',3),LEFT(RIGHT('SQL Server',6),4)
```

下面是结果集：

```
SQL ver Serv
```

【例 14-13】 字符串替换。

```
SELECT REPLACE('计算机网络','网络','通信理论'),STUFF('关系数据库理论',6,2,'与 SQL')
```

下面是结果集：

```
计算机通信理论   关系数据库与 SQL
```

14.2.3 日期和时间函数

日期和时间函数用于对日期和时间数据进行各种不同的处理和运算，然后返回字符串、数字或日期和时间值。

SQL Server 2019 提供的日期和时间函数如表14-4所示。

表 14-4 SQL Server 2019 提供的日期和时间函数

函 数	语法格式	功 能
获取精度较高的系统日期和时间值的函数		
SYSDATETIME	SYSDATETIME()	返回包含计算机的日期和时间的datetime2(7)值，未包含时区偏移量
SYSDATETIMEOFFSET	SYSDATETIMEOFFSET()	返回包含计算机的日期和时间的datetimeoffset(7)值，包含时区偏移量

续表

函数	语法格式	功能
SYSUTCDATETIME	SYSUTCDATETIME()	返回包含计算机的日期和时间的 datetime2(7)值,以 UTC 时间(通用协调时间)返回
获取精度较低的系统日期和时间值的函数		
CURRENT_TIMESTAMP	CURRENT_TIMESTAMP	返回包含计算机的日期和时间的 datetime 值,不包含时区偏移量
GETDATE	GETDATE()	返回包含计算机的日期和时间的 datetime 值
GETUTCDATE	GETUTCDATE()	返回包含计算机的日期和时间的 datetime 值,以 UTC 时间(协调世界时间)返回
获取日期和时间部分的函数		
DATENAME	DATENAME(datepart,date)	返回表示指定 date 指定 datepart 的字符串
DATEPART	DATEPART(datepart,date)	返回表示指定 date 的指定 datepart 的整数
DAY	DAY(date)	返回表示指定 date 的"日"部分的整数
MONTH	MONTH(date)	返回表示指定 date 的"月"份的整数
YEAR	YEAR(date)	返回表示指定 date 的"年"份的整数
获取日期和时间差的函数		
DATEDIFF	DATEDIFF(datepart,startdate,enddate)	返回两个指定日期之间所跨的日期或时间 datepart 边界的数目
修改日期和时间值的函数		
DATEADD	DATEADD(datepart,number,date)	通过将一个时间间隔与指定 date 的指定 datepart 相加,返回一个新的 datetime 值
SWITCHOFFSET	SWITCHOFFSET(DATETIMEOFFSET,time_zone)	SWITCH OFFSET 更改 DATETIMEOFFSET 值的时区偏移量并保留 UTC 值
TODATETIMEOFFSET	TODATETIMEOFFSET(expression,time_zone)	TODATETIMEOFFSET 将 datetime2 值转换为 datetimeoffset 值。datetime2 值被解释为指定 time_zone 的本地时间
验证日期和时间值的函数		
ISDATE	ISDATE(expression)	确定 datetime 或 smalldatetime 输入表达式是否为有效的日期或时间值

表 14-4 中的参数 datepart 用于指定要返回新 date 的组成部分。表 14-5 列出了所有有效的 datepart 参数。

表 14-5　datepart 参数

datepart	缩写	datepart	缩写	datepart	缩写
year	yy,yyyy	week	wk,ww	millisecond	ms
quarter	qq,q	weekday	dw	microsecond	mcs
month	mm,m	hour	hh	nanosecond	ns
dayofyear	dy,y	minute	mi,n	TZoffset	tz
day	dd,d	second	ss,s		

【说明】 如果 date 参数的数据类型没有指定的 datepart,将返回 datepart 的默认值。

【例 14-14】 获取系统日期函数和时间的年份、月份、日期。

```
SELECT GETDATE(),DAY(GETDATE()),MONTH(GETDATE()),year(GETDATE())
```

下面是结果集:

```
2020 - 03 - 24 13:36:36.520    24   3    2020
```

【例 14-15】 返回当前月份。

```
SELECT DATEPART(month, GETDATE()) AS '月份'
GO
```

下面是结果集:

```
月份
3
```

【例 14-16】 返回指定日期加上额外日期后产生的新日期。

```
SELECT DATEADD(day,12,'12/18/2019'),DATEADD(month,2,'12/18/2019')
SELECT DATEADD(year,1,'10/18/2019')
GO
```

下面是结果集:

```
2019 - 12 - 30 00:00:00.000        2020 - 02 - 18 00:00:00.000
2020 - 10 - 18 00:00:00.000
```

【例 14-17】 计算两日期相隔的天数和周数。

```
SELECT DATEDIFF(day,'2017 - 12 - 24','2019 - 12 - 24')           /* 相隔天数 */
SELECT DATEDIFF(wk,'2017 - 12 - 24', '2019 - 12 - 24')           /* 相隔周数 */
GO
```

下面是结果集:

```
730
104
```

14.2.4 元数据函数

元数据函数返回有关数据库和数据库对象的信息。在 SQL Server 2019 中提供了 42 个元数据函数,表 14-6 只列出了部分主要的元数据函数。

表 14-6 部分主要的元数据函数

函　数	语法格式	功　能
COL_LENGTH	COL_LENGTH('table', 'column')	返回列的定义长度(以字节为单位)
COL_NAME	COL_NAME(table_id,column_id)	根据指定的对应表标识号和列标识号返回列的名称
DB_ID	DB_ID(['database_name'])	返回数据库标识(ID)号

续表

函数	语法格式	功能
DB_NAME	DB_NAME(database_id)	返回数据库名
FILE_ID	FILE_ID('file_name')	返回当前数据库中给定逻辑文件名的文件标识(ID)号
FILE_NAME	FILE_NAME(file_id)	返回给定文件标识(ID)号的逻辑文件名
INDEX_COL	INDEX_COL('table',index_id,key_id)	返回索引列名称
OBJECT_ID	OBJECT_ID('object')	返回架构范围内对象的数据库的对象标识号
OBJECT_NAME	OBJECT_NAME(object_id)	返回架构范围内对象的数据库的对象名称

所有元数据函数都具有不确定性。这意味着即使同一组输入值,也不一定在每次调用这些函数时都返回相同的结果。

【例 14-18】 返回列的长度和列的名称。

```
USE STUMS
GO
SELECT COL_LENGTH('班级','班级名称'),COL_NAME(OBJECT_ID('班级'), 1)
GO
```

下面是结果集:

```
20      班号
```

【例 14-19】 返回数据库标识号。

```
USE master
GO
SELECT name, DB_ID(name)
FROM sysdatabases
ORDER BY dbid
GO
```

下面是结果集:

```
master        1
tempdb        2
model         3
msdb          4
STUMS         5
TSJYMS        6
```

14.2.5 系统函数

系统函数对 SQL Server 中的值、对象和设置进行操作并返回有关信息。在 SQL Server 2019 中提供了 30 多个系统函数,如表 14-7 所示。

表 14-7　系统函数

函　　数	语 法 格 式	功　　能
$PARTITION	[database_name.] $PARTITION. partition_function_name(expression)	为 SQL Server 2019(15. x)中任何指定的分区函数返回分区号,一组分区列值将映射到该分区号中
@@ERROR	@@ERROR	返回执行的上一个 T-SQL 语句的错误号
@@IDENTITY	@@IDENTITY	返回最后插入的标识值的系统函数
@@ROWCOUNT	@@ROWCOUNT	返回受上一语句影响的行数。如果行数大于 20 亿,则使用 ROWCOUNT_BIG
@@TRANCOUNT	@@TRANCOUNT	返回在当前连接上执行的 BEGIN TRANSACTION 语句的数目
BINARY_CHECKSUM	BINARY_CHECKSUM (* | expression[,…n])	返回按照表的某一行或表达式列表计算的二进制校验和值
CHECKSUM	CHECKSUM (* | expression [,…n])	返回按照表的某一行或一组表达式计算出来的校验和值。使用 CHECKSUM 来生成哈希索引
COMPRESS	COMPRESS(expression)	使用 GZIP 算法压缩输入表达式
CONNECTIONPROPERTY	CONNECTIONPROPERTY (property)	对于进入服务器的请求,此函数会返回有关支持该请求的唯一连接的连接属性的信息
CONTEXT_INFO	CONTEXT_INFO()	返回通过使用 SET CONTEXT_INFO 语句为当前会话或批处理设置的 context_info 值
CURRENT_REQUEST_ID	CURRENT_REQUEST_ID()	返回当前会话中当前请求的 ID
CURRENT_TRANSACTION_ID	CURRENT_TRANSACTION_ID()	返回当前会话中当前事务的事务 ID
DECOMPRESS	DECOMPRESS(expression)	将使用 GZIP 算法解压缩输入表达式值
ERROR_LINE	ERROR_LINE()	返回出现错误的行号,该错误导致执行了 TRY…CATCH 结构的 CATCH 块
ERROR_MESSAGE	ERROR_MESSAGE()	返回错误的消息文本
ERROR_NUMBER	ERROR_NUMBER()	返回错误的错误号
ERROR_PROCEDURE	ERROR_PROCEDURE()	返回出现错误的存储过程或触发器的名称
ERROR_SEVERITY	ERROR_SEVERITY()	如果该错误导致执行了 TRY…CATCH 结构的 CATCH 块,此函数将在发生错误的位置返回错误的严重性值
ERROR_STATE	ERROR_STATE()	返回导致 TRY … CATCH 结构的 CATCH 块运行的错误状态号
FORMATMESSAGE	FORMATMESSAGE ({ msg _ number | ' msg _ string ' }, [param_value[,…n]])	根据 sys. messages 中现有的消息或提供的字符串构造一条消息

续表

函　　数	语法格式	功　　能
GET_FILESTREAM_TRANSACTION_CONTEXT	GET_FILESTREAM_TRANSACTION_CONTEXT()	返回表示会话的当前事务上下文的标记
GETANSINULL	GETANSINULL(['database'])	返回此会话的数据库的默认值 NULL
HOST_ID	HOST_ID()	返回工作站标识号。工作站标识号是连接到 SQL Server 的客户端计算机上的应用程序的进程 ID(PID)
HOST_NAME	HOST_NAME()	返回工作站名
ISNULL	ISNULL(check_expression, replacement_value)	使用指定的替换值替换 NULL
ISNUMERIC	ISNUMERIC(expression)	确定表达式是否为有效的数值类型
MIN_ACTIVE_ROWVERSION	MIN_ACTIVE_ROWVERSION	返回当前数据库中最低的活动 rowversion 值
NEWID	NEWID()	创建 uniqueidentifier 类型的唯一值
NEWSEQUENTIALID	NEWSEQUENTIALID()	在启动 Windows 后在指定计算机上创建大于先前通过该函数生成的任何 GUID 的 GUID
ROWCOUNT_BIG	ROWCOUNT_BIG()	返回已执行的上一语句影响的行数
SESSION_CONTEXT	SESSION_CONTEXT(N'key')	返回当前会话上下文中指定键的值
SESSION_ID	SESSION_ID()	返回当前 SQL 数据仓库或并行数据仓库会话的 ID
XACT_STATE	XACT_STATE()	用于报告当前正在运行的请求的用户事务状态的标量函数

【例 14-20】 使用 $PARTITION 函数确定“教师”已分区表将表示“教授”的分区列值的分区号。

```
USE STUMS
GO
SELECT $PARTITION.zc('教授');          /* ZC 分区函数 */
GO
```

下面是结果：

```
2
```

【例 14-21】 执行 UPDATE 语句并使用 @@ROWCOUNT 来检测是否更改了任何行。

```
USE STUMS;
GO
UPDATE 学生
SET 姓名 = '之子于归'
WHERE 姓名 = '于小归'
IF @@ROWCOUNT = 0
PRINT '没有记录被修改!';
GO
```

下面是结果：

```
没有记录被修改!
```

因为“学生”表中没有“于小归”这个名字，所以无法修改，@@ROWCOUNT 返回 0 值。

【例 14-22】 将“选课”表中的学分列置 5，使用 BINARY_CHECKSUM 函数检测表行中的更改。

```
UPDATE 选课 SET 学分 = 5;
GO
SELECT BINARY_CHECKSUM(学分) from 选课;
GO
```

下面是结果集：

```
1    5
2    5
…
13   5
```

【例 14-23】 将 context_info 值设置为 0x1256698456，然后使用 CONTEXT_INFO 函数检索该值。

```
SET CONTEXT_INFO 0x1256698456;
GO
SELECT CONTEXT_INFO();
GO
```

下面是结果：

```
0x1256698456
```

【例 14-24】 当前数据库为 master，执行下面的代码示例显示对象名无效的错误，使用 ERROR_LINE 函数返回出现错误的行号。

```
BEGIN TRY
SELECT * FROM 教师 WHERE 性别 = '女'
END TRY
BEGIN CATCH
SELECT ERROR_LINE() AS ErrorLine;
END CATCH
GO
```

下面是结果集：

```
ErrorLine
2
```

【例 14-25】 使用 NEWID 对声明为 uniqueidentifier 数据类型的变量赋值。在测试 uniqueidentifier 数据类型变量的值之前，先打印该值。

```
DECLARE @myid uniqueidentifier
SET @myid = NEWID()
```

```
PRINT 'Value of @myid is: '+ CONVERT(varchar(255), @myid)
```

下面是结果集：


```
Value of @myid is: FD3A31CE-84AC-4579-930E-3E04C84E4032
```

【例 14-26】 将键 user_id 的会话上下文值设置为 4，然后使用 SESSION_CONTEXT 函数检索值。

```
EXEC sp_set_session_context 'user_id', 4;
SELECT SESSION_CONTEXT(N'user_id');
```

下面是结果：

```
4
```

14.2.6 聚合函数

聚合函数对一组数值执行计算并返回单一的值。除 COUNT 函数之外，聚合函数忽略空值。聚合函数经常与 SELECT 语句的 GROUP BY 子句一同使用。

仅在下列项中聚合函数允许作为表达式使用：

- SELECT 语句的选择列表(子查询或外部查询)。
- COMPUTE 或 COMPUTE BY 子句。
- HAVING 子句。

SQL Server 2019 提供的聚合函数如表 14-8 所示。

表 14-8 SQL Server 2019 提供的聚合函数

函数	语法格式	功能
APPROX_COUNT_DISTINCT	APPROX_COUNT_DISTINCT(expression)	返回组中唯一非空值的近似数
AVG	AVG([ALL|DISTINCT]expression)	返回组中各值的平均值。将忽略 NULL 值
CHECKSUM_AGG	CHECKSUM_AGG([ALL|DISTINCT] expression)	返回组中各值的校验和。将忽略 NULL 值
COUNT	COUNT({[ALL|DISTINCT] expression]|*})	返回组中找到的项数量
COUNT_BIG	COUNT_BIG({[ALL|DISTINCT] expression}|*)	返回组中找到的项数量。COUNT_BIG 的操作与 COUNT 函数类似。其区别只在于返回的值的数据类型
GROUPING	GROUPING(<column_expression>)	指示是否聚合 GROUPBY 列表中的指定列表达式
GROUPING_ID	GROUPING_ID(<column_expression>[,…n])	计算分组级别的函数。仅当指定了 GROUP BY 时，GROUPING_ID 才能在 SELECT <select>列表、HAVING 或 ORDER BY 子句中使用
MAX	MAX([ALL|DISTINCT]expression)	返回表达式的最大值

续表

函　　数	语法格式	功　　能
MIN	MIN([ALL|DISTINCT]expression)	返回表达式的最小值
STDEV	STDEV(expression)	返回指定表达式中所有值的标准偏差
STDEVP	STDEVP([ALL|DISTINCT]expression)	返回指定表达式中所有值的总体标准偏差
STRING_AGG	STRING_AGG(expression, separator) [<order_clause>]	串联字符串表达式的值,并在期间放置分隔符值。不能在字符串末尾添加分隔符
SUM	SUM([ALL|DISTINCT]expression)	返回表达式中所有值的和或仅非重复值的和。SUM 只能用于数字列。NULL 值会被忽略
VAR	VAR([ALL|DISTINCT]expression)	返回指定表达式中所有值的方差
VARP	VARP([ALL|DISTINCT]expression)	返回指定表达式中所有值的总体统计方差

【例 14-27】 统计各门课程的平均成绩。

```
USE STUMS
GO
SELECT 课程号,AVG(成绩) AS 平均成绩
FROM 选课
GROUP BY 课程号
GO
```

下面是结果集:

```
课程号  平均成绩
0110     77
0111     73
0301     81
0302     75
0307     60
```

【例 14-28】 统计选课表中的最高分。

```
USE STUMS
GO
SELECT MAX(成绩) AS 最高分
FROM 选课
GO
```

下面是结果集:

```
最高分
90
```

【例 14-29】 统计选课表中成绩的统计标准偏差。

```
USE STUMS
```

```
GO
SELECT STDEV(成绩)
FROM 选课
GO
```


下面是结果集：

```
29.6374614445826
```

14.2.7 转换函数

在处理数据的时候，经常会遇到原始数据的数据类型不是所需要的情况，这就需要将原始数据中的一些数据类型进行转换，从而将其转换为期望的数据类型。SQL Server 2019 提供的转换函数支持数据类型强制转换和转换，如表 14-9 所示。

表 14-9 转换函数

函数	语法格式	功能
CAST	CAST(expression AS data_type [(length)])	将表达式由一种数据类型转换为另一种数据类型
CONVERT	CONVERT(data_type[(length)], expression[,style])	
PARSE	PARSE(string_value AS data_type [USING culture])	返回 SQL Server 中转换为所请求的数据类型的表达式的结果
TRY_CAST	TRY_CAST(expression AS data_type [(length)])	返回转换为指定数据类型的值(如果转换成功)；否则返回 NULL
TRY_CONVERT	TRY_CONVERT(data_type [(length)],expression[,style])	返回转换为指定数据类型的值(如果转换成功)；否则返回 NULL
TRY_PARSE	TRY_PARSE(string_value AS data_type[USING culture])	在 SQL Server 中，返回表达式的结果(已转换为请求的数据类型)；如果强制转换失败，则返回 NULL。TRY_PARSE 仅用于从字符串转换为日期/时间和数字类型

【例 14-30】 使用 CAST 将"学生"表中的专业代码转换为 int 型数据输出。

```
USE STUMS
SELECT DISTINCT CAST(专业代码 AS int) AS 转换后, 专业代码 AS 转换前
FROM 学生
GO
```

下面是结果集：

```
转换后    转换前
11        011
91        091
61        061
51        051
41        041
```

【例 14-31】 使用 CAST 和 CONVERT 进行数据的往返转换(即从原始数据类型进行

转换后又返回原始数据类型的转换)。

```
DECLARE @myval char(6)
SET @myval = '190325'
/* 使用 CAST 将字符型转换为日期型 */
SELECT CAST(@myval AS date) AS 日期
/* 使用 CONVERT 往返转换 */
SELECT CONVERT( CHAR(6), CONVERT(DATE, @myval)) AS 字符
```

下面是结果集:

```
日期
2019 - 03 - 25
字符
2019 - 0
```

【说明】 将字符型转换为日期型再转换为字符型,返回了世纪位数,输出时字符超长被截掉。若要保留全部字符,应将由日期型转换为字符型的 CHAR 的长度定义得大些。

【例 14-32】 使用隐式设置的语言进行 PARSE 转换。

```
SELECT PARSE('12/16/2019' AS datetime2) AS Result;
```

下面是结果集:

```
Result
2019 - 12 - 16 00:00:00.0000000
```

【例 14-33】 TRY_PARSE 的简单示例。

```
SELECT TRY_PARSE('Jabberwokkie' AS datetime2 USING 'en - US') AS Result;
```

下面是结果集:

```
Result
NULL
```

因为将'Jabberwokkie'字符强制转换时间型失败,所以返回 NULL 值。

本课只对 SQL Server 2019 的系统函数进行了概述,用户若要更好地使用这些函数来提高对数据库管理的水平,可参阅 SQL Server 2019 在线文档的"内置函数"。

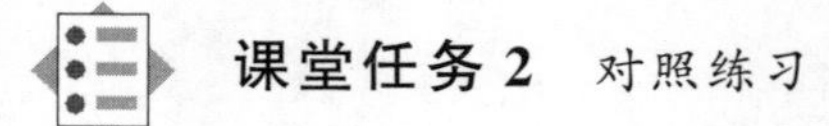

课堂任务 2 对照练习

在查询编辑器中,调用一些函数进行数据处理,或对 STUMS 数据库对象进行操作,掌握常用内置函数的使用方法。

课后作业

1. 简述 SQL Server 内置函数的类别及使用。

2. 使用函数 CEILING 函数求大于或等于 132.128 最小整数,使用 FLOOR 函数求小于 132.128 的最大整数,

3. 使用 ROUND 函数求“选课”表中各门课程的平均成绩。

4. 定义一个日期型的局部变量，利用函数获取系统日期并存入所定义的变量，最后以“系统日期是：XXXX 年 XX 月 XX 日　星期 X”的样式输出。

5. 使用元数据函数和系统函数查询并输出主机名称、主机标识号、STUMS 数据库的标识号、“学生”表的标识号和当前用户名称。

6. 利用 CONVERT 函数将“学生”表中的入学时间转换为字符型，输出格式为“yyyy.mm.dd”。

第 15 课　学生信息管理系统用户定义函数的应用

15.1　用户定义函数概述

课堂任务 1　了解用户自定义函数的类型和相应的调用方法。

第 14 课中介绍了系统提供的常用内置函数，这大大方便了用户进行程序设计。但用户在编程时，常常需要将一个或多个 T-SQL 语句组成子程序，定义为函数，以便反复调用。SQL Server 允许用户根据需要自己定义函数。

15.1.1　用户定义函数的类型

与编程语言函数类似，SQL Server 用户定义函数（UDF）是接收参数、执行操作（例如复杂计算）并将操作结果以值的形式返回的例程。返回值可以是单个标量值或结果集。根据用户定义函数返回值的类型，可将用户定义函数分为 3 类：

1. 标量值函数

用户定义函数返回在 RETURNS 子句中定义的类型的单个数据值，这样的函数称为标量值函数。对于标量值函数，没有函数体，标量值是单个语句的结果。对于多语句标量值函数，定义在 BEGIN…END 块中的函数体包含一系列返回单个值的 T-SQL 语句。

2. 内联表值函数

用户定义函数返回 table 数据类型，表是单个 SELECT 语句的结果集，没有函数主体，这样的函数称为内联表值函数。

3. 多语句表值函数

如果用户定义函数在 BEGIN…END 语句块中包含一系列 T-SQL 语句，这些语句可生成行并将其插入返回的表中，这样的函数称为多语句表值函数。

用户定义函数可以使用 T-SQL 或任何.NET 编程语言来编写。本课只讨论使用 T-SQL 编写。

在 T-SQL 中，可使用 CREATE FUNCTION 语句创建、使用 ALTER FUNCTION 语句修改以及使用 DROP FUNCTION 语句除去用户定义函数。每个完全合法的用户定义函数名（database_name. owner_name. function_name）必须唯一。用户定义函数可接收零个或多个输入参数，不支持输出参数。

15.1.2　用户定义函数的调用

与系统函数一样，用户定义函数可以从查询中唤醒调用，也可以像存储过程一样，通过 EXECUTE 语句执行。

1. 标量值函数的调用

当调用用户定义的标量值函数时，必须提供至少由两部分组成的名称(所有者名.函数名)。可按以下方式调用标量值函数。

1）在 SELECT 语句中调用

调用语法格式如下：

```
SELECT * , MyUser.MyScalarFunction()
FROM MyTable
```

2）利用 EXEC 语句调用

调用语法格式如下：

```
EXE CMyUser.MyScalarFunction()
```

2. 内联表值函数的调用

内联表值函数只能通过 SELECT 语句调用，调用时，可以仅使用函数名。调用内联表值函数的语法格式如下：

```
SELECT *
FROM MyTableFunction()
```

3. 多语句表值函数的调用

多语句表值函数的调用与内联表值函数的调用方法相同。

15.1.3 用户定义函数的优点

在 SQL Server 中使用用户定义函数有以下优点：

1. 允许模块化程序设计

只需创建一次函数并将其存储在数据库中，以后便可以在程序中调用任意次。用户定义函数可以独立于程序源代码进行修改。

2. 执行速度更快

与存储过程相似，T-SQL 用户定义函数通过缓存计划并在重复执行时重用它来降低 T-SQL 代码的编译开销。这意味着每次使用用户定义函数时均无须重新解析和重新优化，从而缩短了执行时间。T-SQL 函数更适用于数据访问密集型逻辑。

3. 减少网络流量

基于某种无法用单一标量的表达式表示的复杂约束来过滤数据的操作，可以表示为函数。然后，此函数便可以在 WHERE 子句中调用，以减少发送至客户端的数字或行数。

15.1.4 用户定义函数的限制和局限

在用户定义函数之前必须考虑以下问题：

- 用户定义函数不能用于执行修改数据库状态的操作。
- 用户定义函数不能包含将表作为其目标的 OUTPUT INTO 子句。
- 用户定义函数不能返回多个结果集。如果需要返回多个结果集，应使用存储过程。
- 在用户定义函数中，错误处理受到限制。UDF 不支持 TRY…CATCH、@ERROR

或 RAISERROR。

- 用户定义函数不能调用存储过程，但是可调用扩展存储过程。
- 用户定义函数不能使用动态 SQL 或临时表，允许使用表变量。
- 在用户定义函数中不允许 SET 语句。
- 不允许使用 FOR XML 子句。

用户定义函数可以嵌套相互调用。被调用函数开始执行时，嵌套级别将增加，被调用函数执行结束后，嵌套级别将减少。用户定义函数的嵌套级别最多可达 32 级。如果超出最大嵌套级别数，整个调用函数链将失败。

此外，Service Broker 语句不能包含在 T-SQL 用户定义函数的定义中，如 BEGIN DIALOG CONVERSATION、END CONVERSATION、GET CONVERSATION GROUP、MOVE CONVERSATION、RECEIVE、SEND 等。

15.2 创建用户定义函数

课堂任务 2 学会创建用户定义函数的方法。

15.2.1 创建标量值函数

创建标量值函数的语法如下：

```
CREATE FUNCTION [ schema_name. ] function_name        -- 函数名定义部分
  /* 形参定义部分 */
( [ { @parameter_name [ AS ][ type_schema_name. ] parameter_data_type [ = default ] [ READONLY
] } [ ,…n ] ])
RETURNS return_data_type                              -- 说明返回参数的数据类型
    [ WITH < function_option > [ ,…n ] ]              -- 函数选项的定义
    [ AS ]
    BEGIN
        function_body                                 -- 函数体部分
        RETURN scalar_expression                      -- 返回语句
    END[ ; ]
```

各参数说明如下。

- schema_name：用户定义函数所属的架构的名称。
- function_name：用户定义函数的名称。函数名称必须符合标识符的规则，并且在数据库中以及对其架构来说是唯一的。
- @parameter_name：用户定义函数中的参数。可声明一个或多个参数。一个函数最多可以有 2100 个参数。执行函数时，如果未定义参数的默认值，则用户必须提供每个已声明参数的值。使用@符号作为第一个字符来指定参数名称。参数名称必须符合标识符的规则。每个函数的参数仅用于该函数本身，相同的参数名称可以用在其他函数中。
- [type_schema_name.] parameter_data_type：参数的数据类型及其所属的架构，后者为可选项。对于 T-SQL 函数，允许使用除 timestamp 数据类型之外的所有数

据类型(包括 CLR 用户定义类型和用户定义表类型)。对于 CLR 函数,允许使用除 text、ntext、image、用户定义表类型和 timestamp 数据类型之外的所有数据类型(包括 CLR 用户定义类型)。不能将非标量类型 cursor 和 table 指定为 T-SQL 函数或 CLR 函数中的参数数据类型。

- [=default]:参数的默认值。如果定义了 default 值,则无须指定此参数的值即可执行函数。
- READONLY:指示不能函数定义中更新或修改参数。如果参数类型为用户定义的表类型,则应指定 READONLY。
- function_body:一系列 T-SQL 语句的集合,完成标量值的计算。
- scalar_expression:指定标量值函数返回的标量值。

【例 15-1】 定义标量值函数 student_pass(),统计学生考试是否合格的信息。

(1) 创建函数。

代码如下:

```
USE STUMS
GO
CREATE FUNCTION student_pass(@grade tinyint)
RETURNS char(8)
BEGIN
  DECLARE @info char(8)
  If @grade >= 60
    SET @info = '合格'
  ELSE
    SET @info = '不合格'
  RETURN @info
END
GO
```

在查询编辑器中输入上述代码并执行后,创建了用户定义函数 student_pass。

(2) 调用该函数进行合格统计。

代码如下:

```
SELECT 学生.学号,姓名,课程名,dbo.student_pass(成绩)
FROM 学生,选课,课程
WHERE 学生.学号 = 选课.学号 and 选课.课程号 = 课程.课程号
GO
```

在查询编辑器中输入上述代码并执行,即可调用用户定义函数 student_pass,执行结果如图 15-1 所示。

15.2.2 创建内联表值函数

内联表值函数是返回记录集的用户定义函数,可用于实现参数化视图的功能。例如,有如下视图:

```
CREATE VIEW js_zc_view AS
SELECT 教师工号,姓名
```

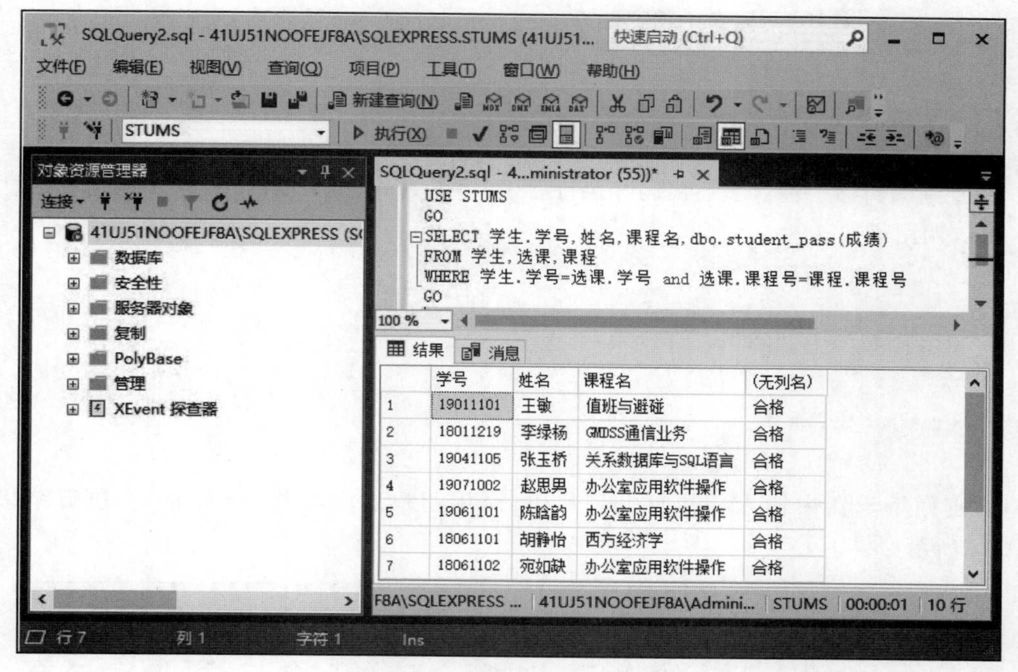

图 15-1　调用 student_pass 函数的执行结果

```
FROM 教师
WHERE 职称 = '副教授'
GO
```

若希望设计更通用的程序，让用户能按自己感兴趣的内容查询，可将 WHERE 职称＝'副教授'改为 WHERE 职称＝@para，@para 用于传递参数，但视图不支持 WHERE 子句中指定搜索条件参数，为解决这一问题，可定义内联表值函数。

创建内联表值函数的语法如下：

```
CREATE FUNCTION [ schema_name. ] function_name          -- 函数名定义部分
/* 形参定义部分 */
( [ { @parameter_name [ AS ][ type_schema_name. ] parameter_data_type [ = default ] [ READONLY
] } [ ,…n ] ])
RETURNS TABLE
[ WITH < function_option > [ [,] …n ] ]
[ AS ]
RETURN [ ( ] select - stmt [ ) ]
```

其中，select-stmt 是定义内联表值函数返回值的单个 SELECT 语句，其他参数项的含义同标量值函数的参数。

【例 15-2】　定义内联表值函数 teacher_zc，根据参数返回教师职称的信息。

(1) 创建函数。

代码如下：

```
USE STUMS
GO
```

```
CREATE FUNCTION teacher_zc(@para char(10))
RETURNS TABLE
AS
RETURN( select 教师工号,姓名 from 教师
    where 职称 = @para)
```

在查询编辑器中输入上述代码并执行后,创建了 teacher_zc 函数。

(2) 调用函数。

代码如下:

```
USE STUMS
GO
SELECT *
FROM teacher_zc('讲师')
GO
```

在查询编辑器中输入并执行上述代码,调用用户定义函数 teacher_zc,执行结果如图 15-2 所示。

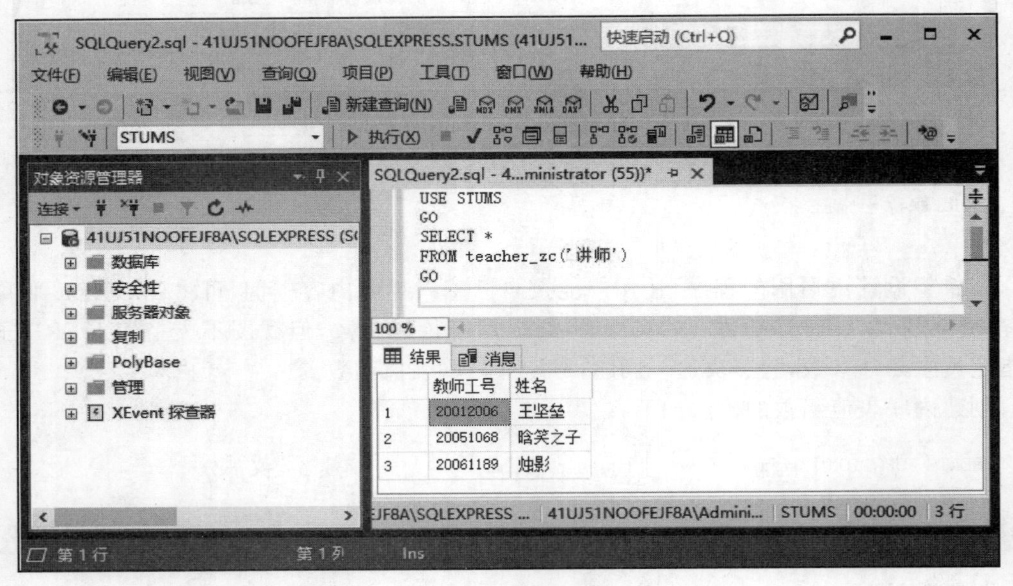

图 15-2 调用 teacher_zc 函数的执行结果

15.2.3 多语句表值函数

内联表值函数和多语句表值函数都返回表(记录集),两者的不同之处是:内联表值函数没有函数主体,返回的表是单个 SELECT 语句的结果集。而多语句表值函数要在 BEGIN…END 块中定义函数主体生成数据行插入到表中,最后返回表(记录集)。

创建多语句表值函数的语法如下:

```
CREATE FUNCTION [ schema_name. ] function_name -- 函数名定义部分
  /* 形参定义部分 */
( [ { @parameter_name [ AS ][ type_schema_name. ] parameter_data_type [ = default ] [ READONLY
```

```
] } [ ,…n ] ])
RETURNS @return_variable TABLE < table_type_definition >
[ WITH < function_option > [ [,] …n ] ]
[ AS ]
BEGIN
  function_body
  RETURN
END
< function_option > : : =
{ ENCRYPTION | SCHEMABINDING }
< table_type_definition > : : =
( { column_definition | table_constraint } [ ,…n ] )
```

各参数说明如下。

- @return_variable：为表变量，用于存储作为函数值返回的记录。
- table_type_definition：定义返回的表结构。
- function_body：为 T-SQL 语句序列，在表变量@return_variable 中插入记录行。
- ENCRYPTION：加密包含 CREATE FUNCTION 语句的文本。
- SCHEMABINDING：指定将函数绑定到它所引用的数据库对象。

其他参数项含义同创建标量值函数的参数。

【例 15-3】 在 STUMS 数据库中创建多语句表值函数 student_course，通过以学号为实参，调用该函数，查询该学生的姓名、所选的课程名称和取得的成绩。

（1）创建函数。

代码如下：

```
USE STUMS
GO
CREATE FUNCTION student_course(@student_id char(8))
RETURNS @student_list TABLE
(姓名 char(8),课程名称 varchar(20),成绩 smallint)
AS
BEGIN
  INSERT @student_list
  SELECT 姓名,课程名,成绩
  FROM 学生,选课,课程
  WHERE 学生.学号 = 选课.学号 and 课程.课程号 = 选课.课程号 and 学生.学号 = @student_id
  RETURN
END
GO
```

在查询编辑器中输入上述代码并执行后，创建了用户定义函数 student_course。

（2）调用函数。

代码如下：

```
SELECT *
FROM student_course('19011101')             /* 调用多语句表值函数 */
GO
```

在查询编辑器中输入上述代码并执行，调用用户定义函数 student_ course，执行结果如图 15-3 所示。

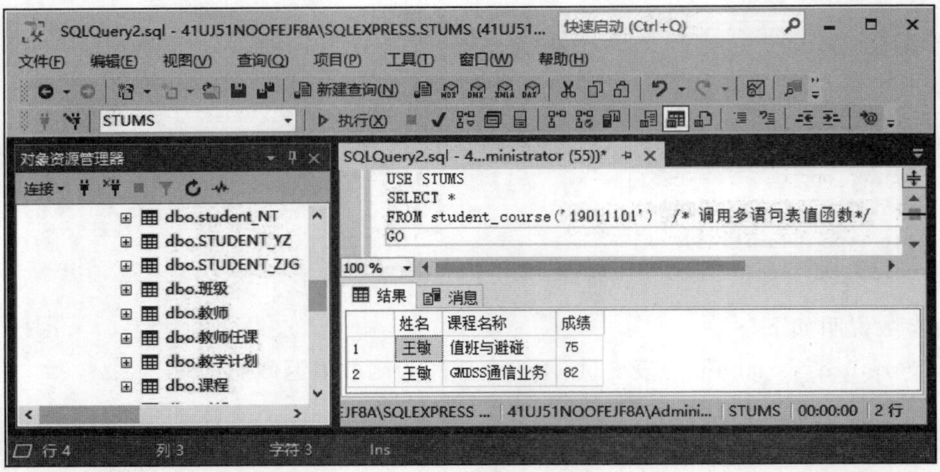

图 15-3　调用 student_ course 函数的执行结果

以上创建的各类用户定义函数，作为数据库对象存储在“可编程性”的“函数”结点中。

15.2.4　使用 SSMS 创建用户定义函数

用户定义函数的创建也可以使用 SSMS 完成，其操作过程如下：

(1) 启动 SSMS，在“对象资源管理器”窗格中依次展开“数据库”→STUMS→“可编程性”→“函数”结点，右击“表值函数”，在弹出的快捷菜单中选择“新建内联表值函数”或“新建多语句表值函数”命令，如图 15-4 所示。

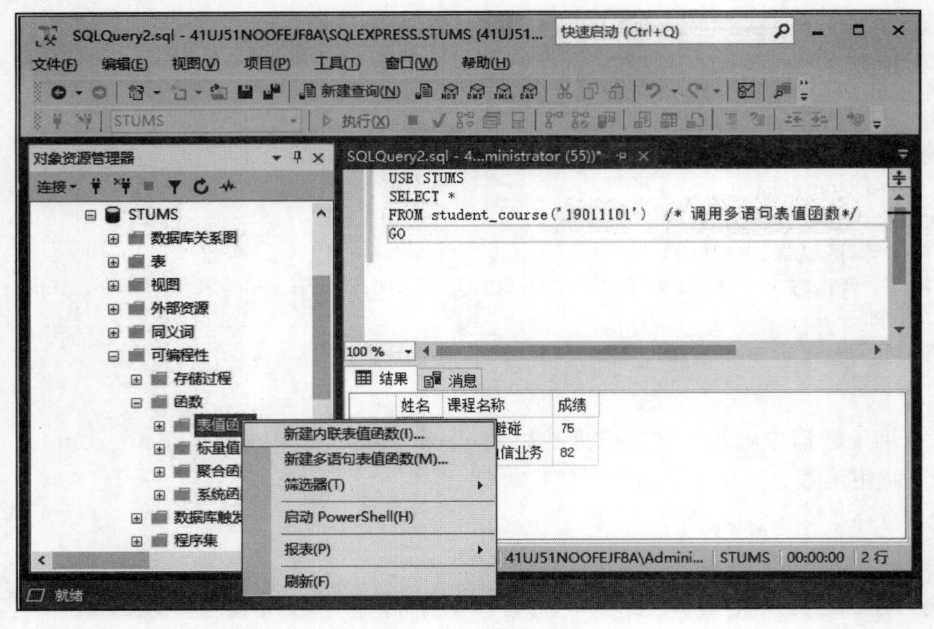

图 15-4　选择命令

(2) 打开用户定义函数模板编辑器,编辑器中包含用户定义函数的框架代码,如图 15-5 所示。修改用户定义函数的框架代码。根据函数定义,替换模板中的内容。

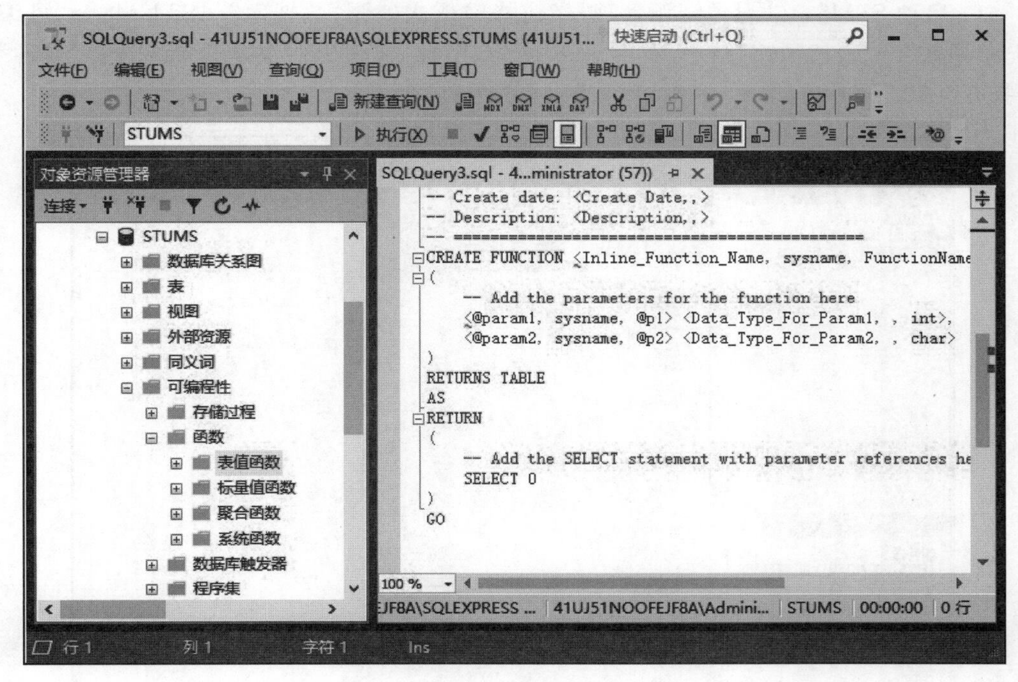

图 15-5　用户定义函数的框架代码

(3) 修改完毕后,单击“分析”按钮,进行语法检查。

(4) 如果没有任何语法错误,单击“执行”按钮即可。

创建用户定义函数后,编程时可根据需要调用该函数。

课堂任务 2　对照练习

(1) 编写函数 bj_info,用于实现根据班号,查询该班的有关信息。

(2) 根据“190511”实参,调用 bj_info 函数。

15.3　用户定义函数的管理

课堂任务 3　学会管理用户定义函数的方法。

用户定义函数的管理包括查看、修改、重命名及删除等一系列操作。

15.3.1　查看用户定义函数

有时,用户可能需要查看函数的定义,以理解其数据从源表中派生的方式或查看函数所定义的数据。在 SQL Server 2019 中,用户通过使用 SSMS 或 T-SQL 可以获取有关用户定义函数的定义或属性的信息。

1. 使用 SSMS 查看用户定义函数

例如，查看 teacher_zc 用户定义函数的信息，使用 SSMS 的操作步骤如下。

(1) 启动 SSMS，在“对象资源管理器”窗格中依次展开“数据库”→STUMS→“可编程性”→“函数”→“表值函数”结点，右击 teacher_zc 图标，在弹出的快捷菜单中选择“属性”命令，打开“函数属性-teacher_zc”窗口，如图 15-6 所示。

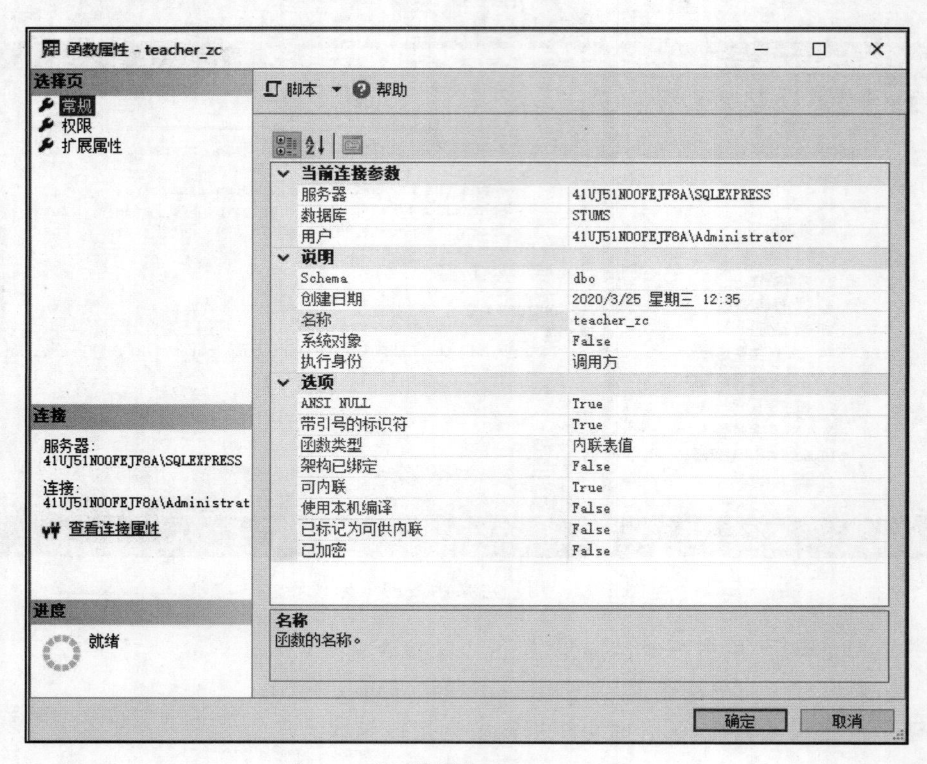

图 15-6 “函数属性-teacher_zc”窗口

(2) 该窗口包含常规、权限和扩展属性 3 个选择页。选择“常规”选择页可以查看以下属性。

- 服务器：当前服务器实例的名称。
- 数据库：包含此函数的数据库的名称。
- 用户：连接的用户名。
- 创建日期：显示函数的创建日期。
- 名称：当前函数的名称。
- 系统对象：指示该函数是否为系统对象。值为 True 和 False。
- 执行身份：调用方。
- ANSI NULL：指示创建对象时是否选择了 ANSI NULL 选项。
- 带引号的标识符：指示创建对象时是否选择了“带引号的标识符”选项。
- 函数类型：用户定义函数的类型。本例是内联表值。
- 架构已绑定：指示该函数是否已绑定到架构。值为 True 和 False。
- 可内联：指示此 UDF 是否可内联。值为 True 和 False。

- 使用本机编译：指示此函数是否使用本机编译。值为 True 和 False。
- 已标记为可供内联：指明 UDF 的当前 INLINE 属性值。值为 True 和 False。
- 已加密：指示该函数是否已加密。值为 True 和 False。

(3) 查看完毕，单击“确定”按钮即可。

2. 使用系统存储过程查看用户定义函数

- 可使用 sp_help 查看用户定义函数的一般信息。
- 可使用 sp_depends 查看用户定义函数的相关性信息。
- 可使用 sp_helptext 查看用户定义函数的定义信息。

例如，使用 sp_help 查看 student_pass 用户定义函数的一般信息。

代码如下：

```
sp_help student_pass
GO
```

查看结果如图 15-7 所示。

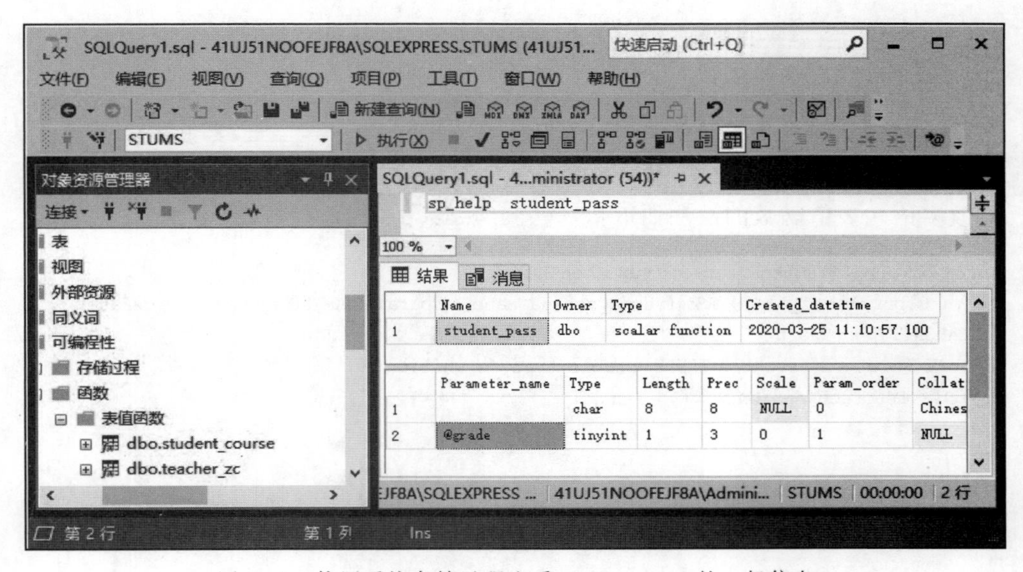

图 15-7 使用系统存储过程查看 student_pass 的一般信息

15.3.2 修改用户定义函数

1. 使用 ALTER FUNCTION 命令修改

更改先前由 CREATE FUNCTION 语句创建的现有用户定义函数，但不会更改权限，也不影响相关的函数、存储过程或触发器。

1) 修改标量值函数

修改标量值函数的语法如下：

```
ALTER FUNCTION [ schema_name. ] function_name
( [ { @parameter_name [ AS ][ type_schema_name. ] parameter_data_type [ = default ] [ READONLY
] } [ ,…n ] ])
```

```
RETURNS return_data_type
    [ WITH < function_option > [ , …n ] ]
    [ AS ]
    BEGIN
        function_body
        RETURN scalar_expression
    END[ ; ]
```

其中,function_name 为要修改的用户定义函数的名称,其他参数项含义同创建标量函数的参数。

2）修改内联表值函数

修改内联表值函数的语法如下：

```
ALTER FUNCTION [ schema_name. ] function_name
( [ { @parameter_name [ AS ][ type_schema_name. ] parameter_data_type [ = default ] [ READONLY
] } [ , …n ] ])
RETURNS TABLE
[ WITH < function_option > [ [,] …n ] ]
[ AS ]
RETURN [ ( ] select - stmt [ ) ]
```

各参数项含义同创建标量值函数的参数。

3）修改多语句表值函数

修改多语句表值函数的语法如下：

```
ALTER FUNCTION [ schema_name. ] function_name
 ( [ { @parameter_name [ AS ][ type_schema_name. ] parameter_data_type [ = default ]
[ READONLY ] } [ , …n ] ])
RETURNS @return_variable TABLE < table_type_definition >
[ WITH < function_option > [ [,] …n ] ]
[ AS ]
BEGIN
  function_body
  RETURN
END
< function_option > : : =
{ ENCRYPTION | SCHEMABINDING }
< table_type_definition > : : =
( { column_definition | table_constraint } [ , …n ] )
```

各参数项含义同创建标量值函数的参数。

2. 使用 SSMS 修改

从以上可以看出,修改用户定义函数与创建用户定义函数的语法极为相似,只要将创建用户定义函数中的 CREATE 改为 ALTER,再改写需调整的语句代码行即可。

用户也可以使用 SSMS 修改用户定义函数。右击需要修改的函数,在弹出的快捷菜单中选择"修改"命令,打开需要修改的函数的代码编辑窗口,在此窗口中修改函数的语句代码并保存即可。

使用 SSMS 修改用户定义函数,要比使用 ALTER FUNCTION 命令修改快捷。

【例 15-4】 修改内联表值函数 teacher_zc,根据学历返回教师的基本信息。

代码如下：

```
USE STUMS
GO
ALTER FUNCTION teacher_zc(@para char(10))
RETURNS TABLE
AS
RETURN( select * from 教师 where 学历 = @para)
GO
```

在查询编辑器中输入上述代码并执行后,修改了 teacher_zc 函数。

再次使用该函数,代码如下：

```
USE STUMS
GO
SELECT *
FROM teacher_zc('大学本科')
GO
```

在查询编辑器中输入上述代码并执行,调用修改后的 teacher_zc,执行结果如图 15-8 所示。

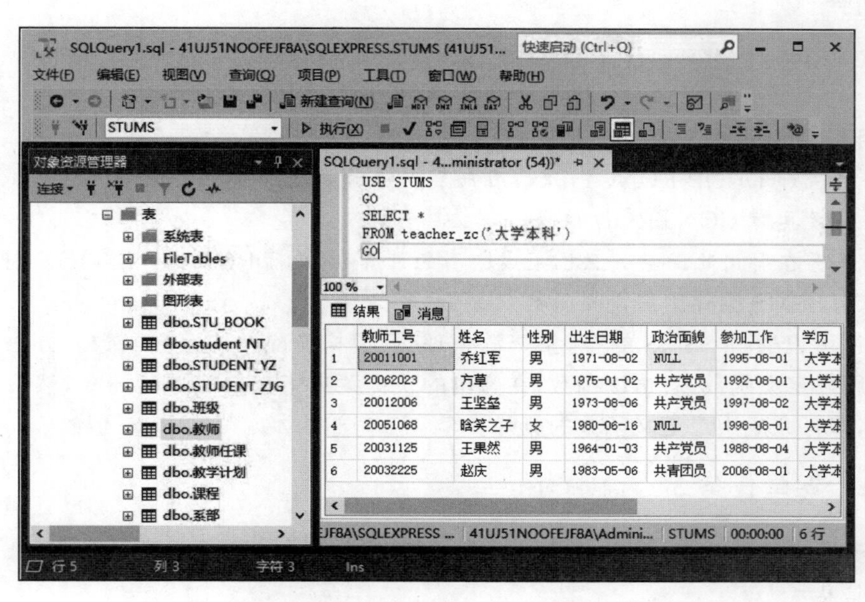

图 15-8 调用修改后 teacher_zc 函数的执行结果

15.3.3 重命名与删除用户定义函数

1. 重命名用户定义函数

用户可以通过使用 SSMS 重命名 T-SQL 中的用户定义函数,但无法使用 T-SQL 语句执行此任务。

若要使用 T-SQL 重命名用户定义函数,必须首先删除现有的函数,然后用新名称重新创建函数。

使用 SSMS 重命名用户定义函数，在“对象资源管理器”窗格中，定位到需要重命名的函数并右击，在弹出的快捷菜单中选择“重命名”命令，输入函数的新名称即可。

2. 删除用户定义函数

对于一个已创建的用户定义函数，可用两种方法删除。

1）使用 DROP FUNCTION 命令删除用户定义函数

从当前数据库中删除一个或多个用户定义函数的语法格式如下：

```
DROP FUNCTION { [ schema_name. ] function_name } [ ,…n ]
```

各参数说明如下。

- schema_name：用户定义函数所属的架构的名称
- function_name：要删除的用户定义的函数名称。可以选择是否指定架构名称。不能指定服务器名称和数据库名称。
- n：表示可以指定多个用户定义函数予以删除。

【例 15-5】 删除多语句表值函数 student_course。

代码如下：

```
USE STUMS
GO
DROP FUNCTION dbo.student_course
GO
```

【说明】

- 若要执行 DROP FUNCTION，用户至少应对函数所属架构具有 ALTER 权限，或对函数具有 CONTROL 权限。
- 如果存在引用此函数并且已生成索引的计算列，则 DROP FUNCTION 将失败。

2）使用 SSMS 删除用户定义函数

用户也可以通过 SSMS 的“对象资源管理器”窗格删除用户定义函数。方法是找到需要删除的用户定义函数，右击该函数，在弹出的快捷菜单中选择“删除”命令，然后根据屏幕提示操作，即可完成用户定义函数的删除。

课堂任务 3 对照练习

(1) 修改函数 bj_info，用于实现根据班级名称，查询该班级名称对应的班号、学生数和班主任等信息。

(2) 根据“17 级物联网”实参，调用 bj_info 函数。

(3) 用 DROP 命令删除 bj_info 函数。

课 后 作 业

1. 用户定义函数分几类？各有什么特征？
2. 简述使用 SSMS 创建用户定义函数的操作步骤。

3. 使用 T-SQL 语句创建用户定义函数的基本语法是什么？

4. 如何调用用户定义函数？

5. 创建一个标量值函数 xs_jg_fun，统计“学生”表中各籍贯的人数。

6. 创建一个内联表值函数 xs_xk_fun，根据学号统计学生选修课程的信息。

7. 创建一个多语句表值函数 xs_cj_fun，返回高于给定成绩的学生的学号、姓名、课程名称及成绩等信息。

8. 分别调用上述定义的函数，进行函数功能的验证。

9. 修改标量值函数 xs_jg_fun，统计“学生”表中男生、女生的人数。

10. 用 T-SQL 命令删除 xs_xk_fun 和 xs_cj_fun 用户定义函数。

实训 12　函数在图书借阅管理系统中的应用

1. 实训目的

(1) 熟练掌握 SQL Server 常用函数的使用方法。

(2) 熟练掌握 SQL Server 用户定义函数的创建方法。

(3) 熟练掌握 SQL Server 用户定义函数的修改和删除方法。

2. 实训准备

(1) 了解 SQL Server 常用函数的功能及其参数的意义。

(2) 了解 SQL Server 3 类用户定义函数的区别。

(3) 了解 SQL Server 3 类用户定义函数的语法。

(4) 了解对 SQL Server 用户定义函数进行修改和删除的语法。

3. 实训要求

(1) 完成下面的实训内容，并提交实训报告。

(2) 将所有的代码附上。

4. 实训内容

1) SQL Server 内置函数的应用

(1) 统计“读者信息”表中教师人数和学生人数。

(2) 统计“图书入库”表中，2012 年度购书总数。

(3) 使用 ROUND 函数求“图书信息”表中图书的平均定价、最高定价和最低定价。

(4) 使用元数据函数和系统函数查询并输出主机名称、主机标识号、TSJYMS 数据库的标识号、“借阅登记”表的标识号和当前用户名称。

(5) 使用 CONVERT 函数将“借阅登记”表中的借书日期转换为字符型，输出格式为美国标准格式“mm-dd-yyyy”。

2) SQL Server 用户定义函数的应用

(1) 创建一个标量值函数 day_fun，根据某读者“一卡通号”计算该读者已借书的天数。

(2) 创建一个内联表值函数 book_info，根据“图书编号”返回该书的书名、出版社和库存数。

(3) 创建一个多语句表值函数 read_info，根据“一卡通号”返回该读者借书的情况（读者姓名、图书名称、借书日期）。

(4) 对上述用户定义函数进行管理（查看、修改、重命名和删除），内容自定。

第 11 章　数据库的安全管理与维护

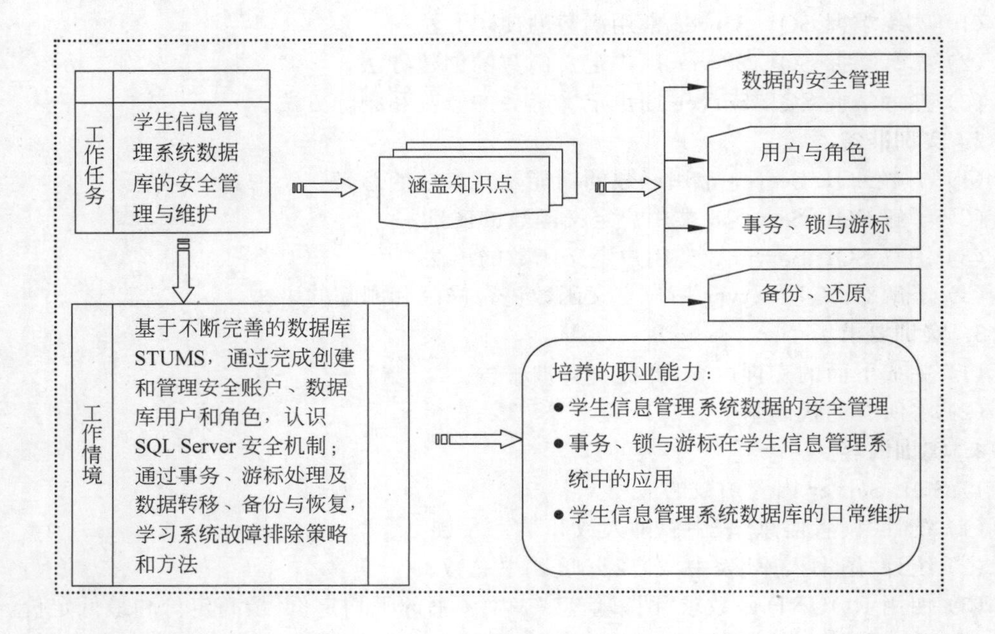

第16课　学生信息管理系统数据库的安全管理

互联网应用范围越来越广，使得数据几乎向任何人、任何地方开放。数据库可以包含大部分的人类知识和商业机密，包括高度敏感的个人信息和关键数据。因此，数据库的安全管理在整个信息管理系统中的地位就显得非常重要。

数据库的安全管理是指对需要登录服务器的人员进行管理，这是数据库服务器应实现的重要功能之一。学生信息管理系统也要进行相应的安全性设置，安全性设置包含两个方面：一是允许具有访问权限的人访问数据库，对数据库对象实施各种权限范围内的操作；二是拒绝非授权用户的非法操作，防止数据库信息资源遭到破坏。

本课将详细介绍SQL Server 2019的安全机制、验证模式、登录名管理、管理用户账户、角色和权限配置等内容。

16.1　SQL Server 2019 安全性概述

课堂任务1　了解SQL Server 2019的安全机制的相关知识。

SQL Server 2019提供了良好的安全管理机制，它涉及平台、身份验证、对象（包括数据）以及访问系统的应用程序4个方面。

16.1.1　SQL Server 2019 平台安全性

SQL Server 的平台包括物理硬件和将客户端连接到数据库服务器的联网系统，以及用于处理数据库请求的二进制文件。

1. 物理硬件安全性

物理硬件安全性的最佳方案是严格限制对物理服务器和硬件组件的接触。例如，将数据库服务器硬件和联网设备放在限制进入的上锁房间。此外，还可通过将备份介质存储在安全的现场外位置，限制对其接触。

实现物理网络安全还可通过SQL Server配置管理器配置和保护服务器环境的安全性，防止未经授权的用户访问网络。

2. 操作系统安全性

操作系统Service Pack和升级包含重要的安全性增强功能。通过数据库应用程序对所有更新和升级进行测试后，再将它们应用到操作系统。

防火墙也提供了实现安全性的有效方式。从逻辑上讲，防火墙是网络通信的隔离者或限制者，可配置为执行用户组织的数据安全性策略。如果使用防火墙，则可通过提供一个检查点来增强操作系统级别的安全性。例如，使用SQL Server配置管理器在SQL Server

2019 中为数据库引擎访问配置 Windows 防火墙,或配置 Windows 防火墙以允许 SQL Server 访问等。

3. SQL Server 操作系统文件安全性

SQL Server 使用操作系统文件进行操作和数据存储。文件安全性的最佳处理就是限制对这些文件的访问。通过仅向服务和用户授予适当的权限来运行具有“最小权限”的所需服务,从而提高文件安全性。

16.1.2 主体与数据库对象安全性

主体是可以请求 SQL Server 资源的实体,包括服务器、数据库用户、角色与进程。主体的影响范围取决于主体的定义范围:Windows、服务器、数据库,以及主体是不可分还是集合。例如,Windows 登录名就是一个不可分主体,而 Windows 组则是一个集合主体。每个主体都具有一个安全标识符(SID)。

安全对象是 SQL Server 数据库引擎授权系统控制对其进行访问的资源。例如,数据库、表都是安全对象。安全对象范围有服务器、数据库和架构。用户通过创建可以为自己设置安全性的嵌套层次结构,将某些安全对象包含在其他安全对象中。

SQL Server 通过验证主体是否已被授予适当权限来控制主体对安全对象的操作,也可以采取加密和使用证书。

1. 加密

加密并不解决访问控制问题,但它可以通过限制数据丢失来增强安全性,即使在访问控制失效的罕见情况下也能如此。

2. 证书

证书是在两个服务器之间共享的软件“密钥”。使用证书后,可以通过严格的身份验证实现安全通信。

16.1.3 应用程序安全性

1. 客户端程序安全性

SQL Server 安全性最佳方案包括编写安全客户端应用程序,使用 SQL Server 配置管理器对客户端和服务器网络组件进行管理。SQL Server 配置管理器是一个 Microsoft 管理控制台(MMC)管理单元。它还在 Windows 计算机管理器管理单元中显示为一个结点。使用 SQL Server 配置管理器可以启用、禁用、配置各个网络库,以及指定其优先级,从而实现在网络层保护客户端应用程序的安全。

2. Windows Defender 应用程序控制

Windows Defender 应用程序控制(WDAC)是随 Windows 10 引入的,组织控制允许哪些驱动程序和应用程序在其 Windows 10 客户端上运行。WDAC 的策略作为整体应用于托管计算机,并影响该设备的所有用户。WDAC 可防止未经授权的代码执行,是降低基于可执行文件的恶意软件威胁的最有效方法。

16.1.4 SQL Server 安全性实用工具

SQL Server 提供了可用来配置和管理安全性的实用工具、视图和函数。

1. SQL Server 安全性实用工具

SQL Server 用来配置和管理安全的实用工具如表 16-1 所示。

表 16-1　安全性实用工具

名　称	作　用
SSMS	使用 SSMS,可以访问、配置、管理和开发 SQL Server、Azure SQL 数据库和 SQL 数据仓库的所有组件
sqlcmd 实用工具	可以通过各种可用模式,使用 sqlcmd 实用工具输入 T-SQL 语句、系统过程和脚本文件
SQL Server 配置管理器	用于管理与 SQL Server 相关联的服务、配置 SQL Server 使用的网络协议以及从 SQL Server 客户端计算机管理网络连接配置
基于策略的管理系统	用于创建包含条件表达式的条件,然后创建一些策略,将这些条件应用于数据库目标对象
rskeymgmt 实用工具(SSRS)	提取、还原、创建以及删除对称密钥。该密钥用于保护敏感报表服务器数据免受未经授权的访问

2. SQL Server 安全性目录视图和函数

SQL Server 安全性目录视图和函数包括以下 3 个方面的信息。

1) SQL Server 安全性目录视图

安全性信息出现在为性能和实用工具而优化的目录视图中。目录视图中仅显示用户拥有的安全对象的元数据,或用户对其拥有某些权限的安全对象的元数据。

2) SQL Server 安全函数

SQL Server 2019 提供了部分函数,用于返回对管理安全性有用的信息。

3) 与安全性相关的动态管理视图和函数

SQL Server 2019 与安全性相关的动态管理视图和函数,可用于服务器审核、可扩展的密钥管理及数据加密等方面的安全性动态管理。

综合 SQL Server 安全管理机制,SQL Serve 2019 的安全管理实质上仅包含两层:

第一层是对用户登录进行身份认证。当用户登录到数据库系统时,系统对该用户的账号和口令进行认证。包括确认用户账号是否有效,及能否访问数据库系统。

第二层是对用户的操作进行权限控制。当用户登录到数据库后,只能对数据库中的数据,在允许的权限内进行操作。

16.2　SQL Server 数据库引擎安全性

课堂任务 2　学习 SQL Server 的安全身份验证机制、创建和管理登录名的方法。

SQL Server 数据库引擎的安全性包括身份验证(你是谁)、授权(你可以做什么)、加密(存储机密数据)、连接安全(限制和保护)、审核(记录访问)、SQL 注入(攻击方式)等内容。

16.2.1　身份验证模式

在安装过程中,必须为数据库引擎选择身份验证模式。可供选择的模式有两种:

Windows 身份验证模式和混合模式。Windows 身份验证模式会启用 Windows 身份验证并禁用 SQL Server 身份验证。混合模式会同时启用 Windows 身份验证和 SQL Server 身份验证。

1. 通过 Windows 身份验证进行连接

SQL Server 一般运行在 Windows 平台上，而这种操作系统本身就具有管理登录等安全性管理功能。当 SQL Server 配置成与 Windows 安全性集成时，就可以利用 Windows 的安全性功能。

当用户通过 Windows 用户账户连接时，SQL Server 使用操作系统中的 Windows 主体标记验证账户名和密码，用户身份由 Windows 进行确认。SQL Server 不要求提供密码，也不执行身份验证。

Windows 身份验证是默认的身份验证模式，并且比 SQL Server 身份验证更为安全。通过 Windows 身份验证创建的连接有时也称为可信连接，这是因为 SQL Server 信任由 Windows 提供的凭据。Windows 身份验证始终可用，并且无法禁用。

2. 通过 SQL Server 身份验证进行连接

当使用 SQL Server 身份验证时，在 SQL Server 中创建的登录名并不基于 Windows 用户账户。用户名和密码均通过使用 SQL Server 创建并存储在 SQL Server 中。使用 SQL Server 身份验证进行连接的用户每次连接时都必须提供登录名和密码。可供 SQL Server 登录名选择使用的密码策略有 3 种：用户在下次登录时必须更改密码、强制密码过期和强制实施密码策略。

1）使用 SQL Server 身份验证的优点

- 允许 SQL Server 支持那些需要进行 SQL Server 身份验证的旧版应用程序和由第三方提供的应用程序。
- 允许 SQL Server 支持具有混合操作系统的环境，在这种环境中并不是所有用户均由 Windows 域进行验证。
- 允许用户从未知或不受信任的域进行连接。例如，既定用户使用指定的 SQL Server 登录名进行连接以接收其订单状态的应用程序。
- 允许 SQL Server 支持基于 Web 的应用程序，在这些应用程序中用户可创建自己的标识。
- 允许软件开发人员通过使用基于已知的预设 SQL Server 登录名的复杂权限层次结构来分发应用程序。

2）使用 SQL Server 身份验证的缺点

- 如果用户是拥有 Windows 登录名和密码的 Windows 域用户，则还必须提供另一个(SQL Server)登录名和密码才能连接。记住多个登录名和密码对于许多用户而言都较为困难。每次连接到数据库时都必须提供 SQL Server 登录名和密码也十分烦人。
- SQL Server 身份验证无法使用 Kerberos 安全协议。
- SQL Server 登录名不能使用 Windows 提供的其他密码策略。
- 必须在连接时通过网络传递已加密的 SQL Server 身份验证登录密码。一些自动连接的应用程序将密码存储在客户端。这可能产生其他攻击点。

16.2.2 重新配置身份验证模式

在 SQL Server 中，可以对身份验证模式进行重新配置。如果在安装过程中选择 Windows 身份验证，现要从 Windows 身份验证模式更改为混合模式身份验证并使用 SQL Server 身份验证，可以使用 SSMS 进行更改，其操作步骤如下：

(1) 在 SSMS 的"对象资源管理器"窗格中右击服务器，在弹出的快捷菜单中选择"属性"命令，打开"服务器属性"窗口。

(2) 在此窗口中选择"安全性"选择页，可以查看或修改服务器安全选项，如图 16-1 所示。

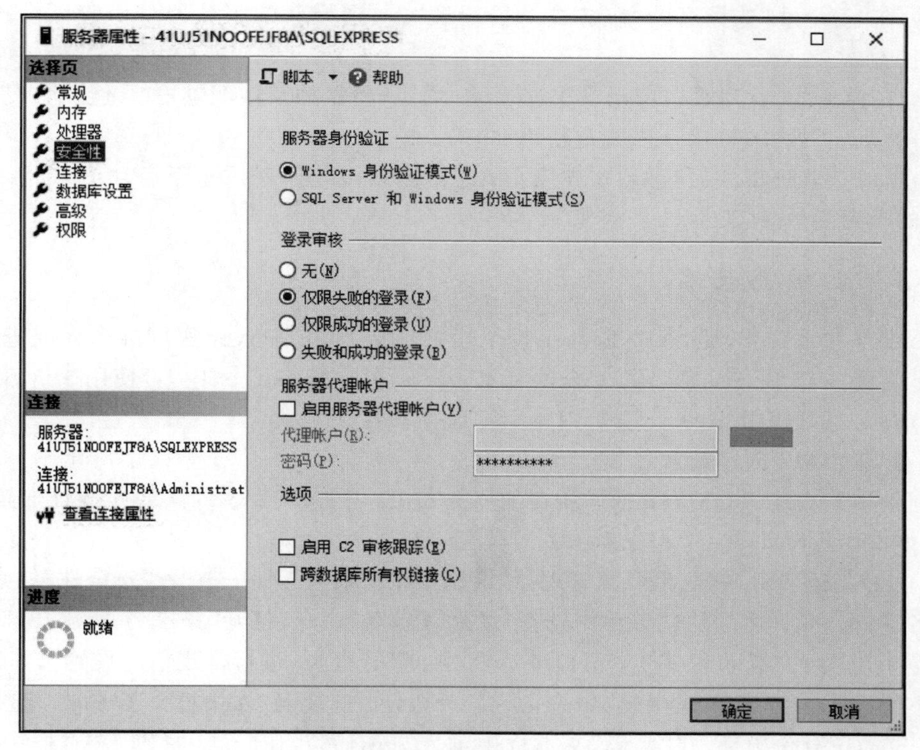

图 16-1 服务器属性"安全性"选择页窗口

① 服务器身份验证。

- Windows 身份验证模式。
- SQL Server 和 Windows 身份验证模式。

② 登录审核。

- 无：关闭登录审核。
- 仅限失败的登录：仅审核未成功的登录。
- 仅限成功的登录：仅审核成功的登录。
- 成功和失败的登录：审核所有登录尝试。

③ 服务器代理账户。

- 启用服务器代理账户。启用供 xp_cmdshell 使用的账户。在执行操作系统命令时，代理账户可模拟登录、服务器角色和数据库角色。

- 代理账户。指定所使用的代理账户。
- 密码。指定代理账户的密码。

④ 选项。

- 启用 C2 审核跟踪。审查对语句和对象的所有访问尝试,并记录到文件中。对于默认 SQL Server 实例,该文件位于 \MSSQL\Data 目录中;对于 SQL Server 命名实例,该文件位于\MSSQL $ 实例名\Data 目录中。
- 跨数据库所有权链接。勾选此复选框将允许数据库成为跨数据库所有权链接的源或目标。

(3) 在“安全性”选择页的“服务器身份验证”下,选择新的服务器身份验证模式,单击“确定”按钮。

(4) 在弹出的“直到重新启动 SQL Server 后,您所做的某些配置更改才会生效”的消息框中单击“确定”按钮,以确认需要重新启动 SQL Server。

注意,修改验证模式后,必须首先停止 SQL Server 服务,然后重新启动 SQL Server,才能使新的设置生效。

16.2.3 创建登录名

登录名(登录账户)是 SQL Server 授予用户连接 SQL Server 实例的个人或进程的标识,也是确保 SQL Server 服务器安全的基本手段。在 SQL Server 中,可使用 SSMS 创建和管理登录名,也可使用 T-SQL 语句创建和管理登录名。

1. 使用 SSMS 创建登录名

【例 16-1】 在 STUMS 数据库所在的服务器上,创建 SQL Server 身份验证的登录名。

具体操作步骤如下:

(1) 启动 SSMS,在“对象资源管理器”窗格中依次展开“服务器”→“安全性”结点,右击“登录名”图标,在弹出的快捷菜单中选择“新建登录名”命令,打开“登录名-新建”窗口。

(2) 在打开的“登录名-新建”窗口中选择“常规”选择页,进行常规信息设置。

- 在“登录名”文本框中输入一个 SQL Server 登录名(如 SQL_Wang),选择 SQL Server 身份验证,在“密码”文本框中输入“123456”,在“确认密码”文本框中再次输入“123456”。
- 取消勾选“强制实施密码策略”复选框。
- 在“默认数据库”下拉列表框中选择连接时默认的数据库(STUMS)。
- 在“默认语言”下拉列表框中选择语言(默认值)。设置效果如图 16-2 所示。

(3) 选择“服务器角色”选择页,如果新建登录名要成为管理员,则在“服务器角色”列表中勾选 sysadmin 复选框,默认勾选 public 复选框。

(4) 选择“用户映射”选择页,针对设置的 STUMS 数据库,在“映射到此登录名的用户”的“映射”列勾选 STUMS 复选框,否则勾选 master 复选框。“用户”列系统使用该登录名自动填充。“默认架构”列可输入 dbo 对象名,或单击“搜索”按钮选择对象名,将登录名映射到数据库所有者架构。

(5) 选择“安全对象”选择页的默认设置。

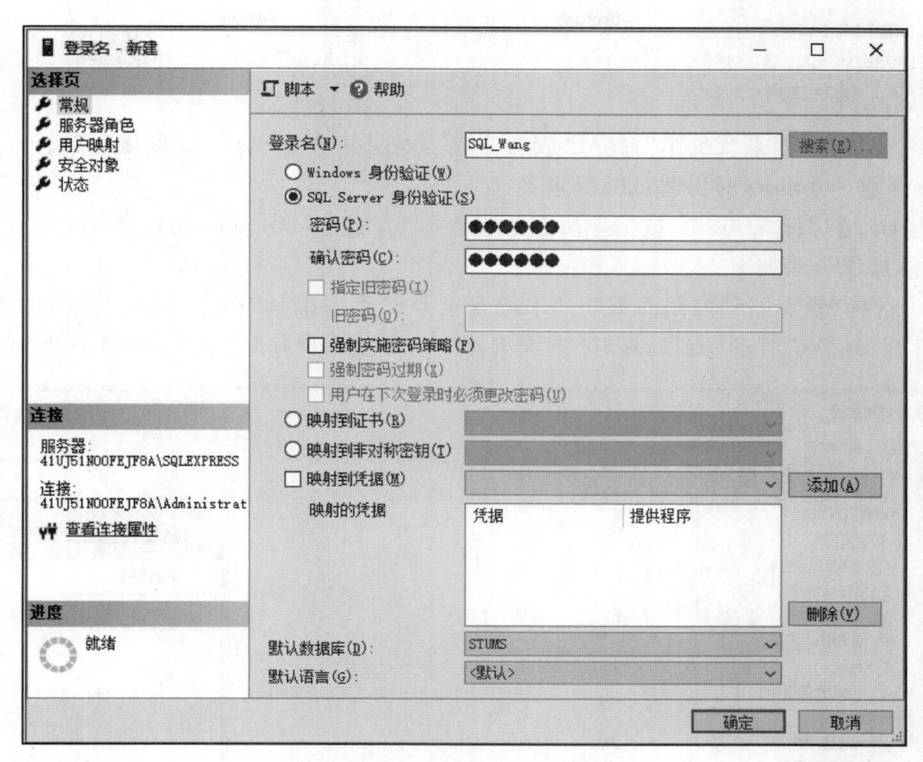

图 16-2　新建登录名参数设置

(6) 选择“状态”选择页，对于是否允许连接到数据库引擎选择“授予”，登录名选择“启用”。

(7) 设置完毕，单击“确定”按钮，完成 SQL_Wang 登录名的创建。

2. 使用 T-SQL 语句创建登录名

基本语法格式如下：

```
CREATE LOGIN loginName
 { WITH <{ PASSWORD = 'password' } >[ MUST_CHANGE ], [DEFAULT_DATABASE = database] }
```

各参数说明如下。

- loginName：指定创建 SQL Server 的登录名。有 4 种类型的登录名：SQL Server 登录名、Windows 登录名、证书映射登录名以及非对称密钥映射登录名。
- PASSWORD：指定正在创建的登录名的密码，仅适用于 SQL Server 登录名。
- MUST_CHANGE：仅适用于 SQL Server 登录名。如果选择此选项，则 SQL Server 将在首次使用新登录名时提示用户输入新密码。
- DEFAULT_DATABASE = database：指定将指派给登录名的默认数据库。如果未选择此选项，则 master 为默认数据库。

【例 16-2】 在 STUMS 数据库所在的服务器上，用 T-SQL 语句创建 SQL Server 身份验证的登录名 SQL_Li。

代码如下：

```
CREATE LOGIN SQL_Li
WITH PASSWORD = '123456',
DEFAULT_DATABASE = STUMS
```


执行上述代码，系统提示“命令已成功完成”，表明登录名 SQL_Li 创建成功。

3. 创建 Windows 身份验证的登录名

【例 16-3】 在 STUMS 数据库所在的服务器上，创建 Windows 身份验证的登录名。

具体操作步骤如下：

(1) 选择“开始”→“控制面板”→“系统安全”→“管理工具”命令，找到“计算机管理”并双击，打开“计算机管理”窗口，展开“系统工具”→“本地用户和组”结点，如图 16-3 所示。

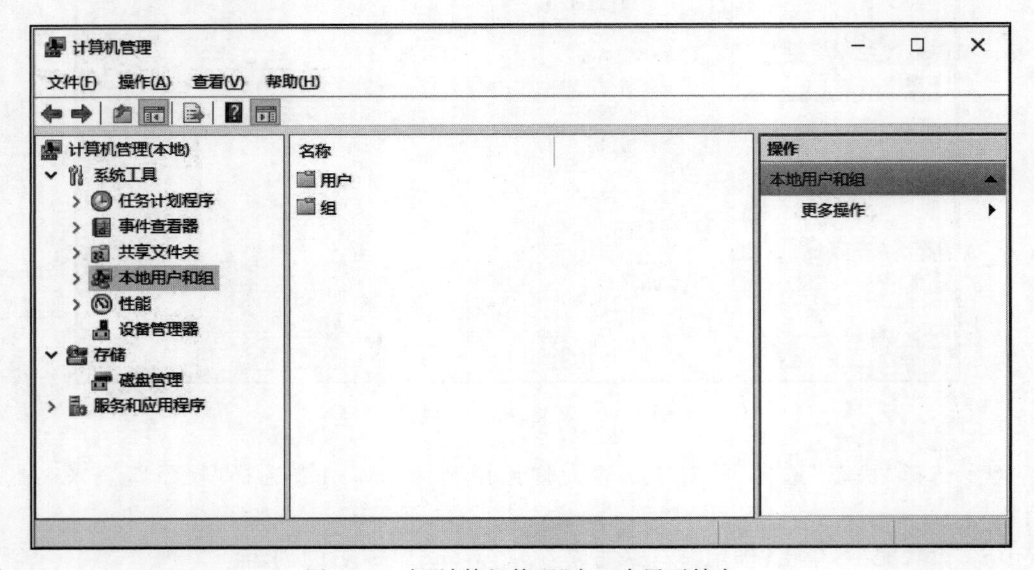

图 16-3 在“计算机管理”窗口中展开结点

(2) 右击“用户”图标，在弹出的快捷菜单中选择“新用户”命令，打开“新用户”对话框。

(3) 在“用户名”文本框中输入 Windows 用户名(如 WIN_Wang)，在“描述”文本框中输入“STUMS_SYS”，输入密码及确认密码，勾选“密码永不过期”复选框，如图 16-4 所示。

(4) 设置完毕，单击“创建”按钮，完成新用户的创建。

(5) 创建新用户的 Windows 登录。启动 SSMS，在“对象资源管理器”窗格中，展开“服务器”→“安全性”结点，右击“登录名”图标，在弹出的快捷菜单中选择“新建登录名”命令，打开“登录名-新建”对话框。

(6) 单击“搜索”按钮，打开“选择用户或组”对话框，单击“高级”按钮，选择“一般性查询”选项卡，单击“立即查找”按钮，在搜索结果中，选择 WIN_Wang 用户，单击“确定”按钮，返回“选择用户或组”对话框，如图 16-5 所示，再单击“确定”按钮将刚建好的 Windows 新用户添加进来。

(7) 在“登录名-新建”窗口中选择“Windows 身份验证”，设置“默认数据库”为 STUMS。

(8) 设置完毕，单击“确定”按钮，完成 Windows 登录名的创建。

除图形化操作外，也可以使用 CREATE LOGIN 语句创建 Windows 身份验证的登录名。上例改用 T-SQL 语句，代码如下：

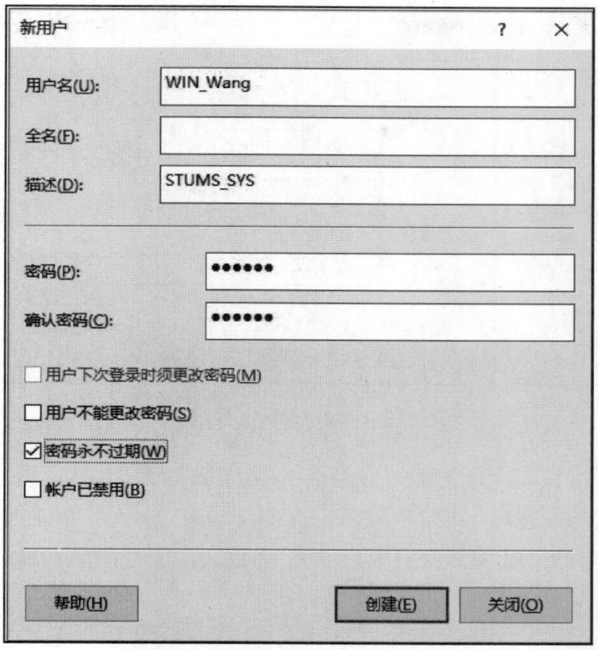

图 16-4　Windows 新用户参数设置

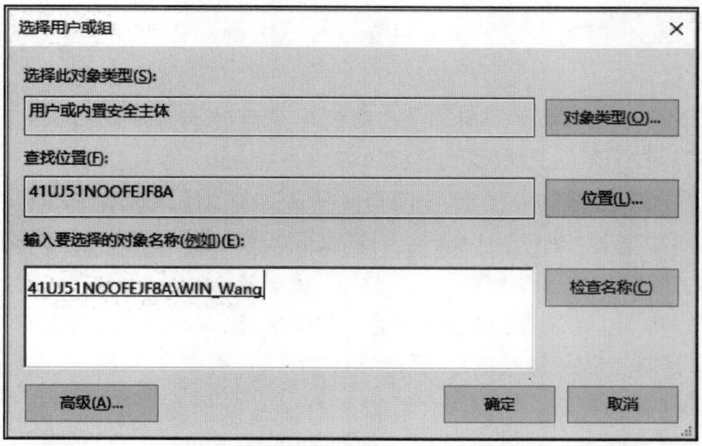

图 16-5　“选择用户或组”对话框

```
CREATE LOGIN [41UJ51NOOFEJF8A\WIN_Wang] FROM WINDOWS
```

【说明】　WIN_Wang 是 Windows 系统中已存在的用户名，给定形式为“域名\用户名”。详情可参考 SQL Server 2019 在线帮助文档。

4. 使用新登录名登录

创建登录名后，该登录名可连接到 SQL Server，操作步骤如下。

(1) 在“对象资源管理器”窗格中选择“服务器”图标并右击，在弹出的快捷菜单中选择“断开连接”命令，重新启动 SSMS。

(2) 选择 SQL Server 身份验证，输入新创建的登录名(SQL_Wang)和密码，如图 16-6 所示。

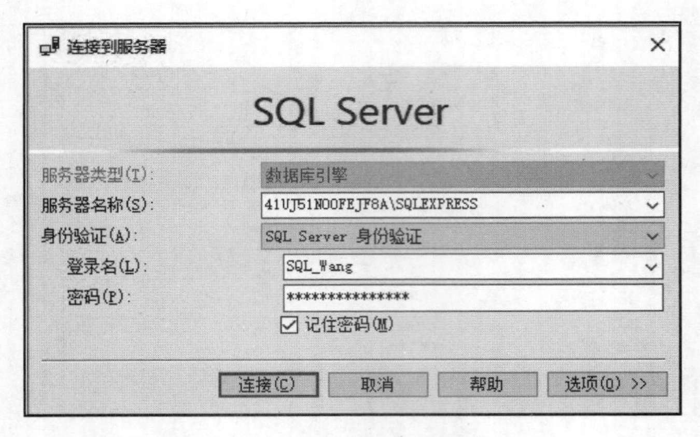

图 16-6　SQL_Wang 登录窗口

(3) 单击“连接”按钮,系统以新的登录名连接到数据库引擎。

(4) 如果连接失败,选择“开始”→“Microsoft SQL Server 2019 配置管理器”→“SQL Server 网络配置”命令,检查 SQLEXPRESS 的协议,将其中的 Named Pipes、TCP/IP 全部修改为“已启用”,然后重启计算机重新登录即可。

16.2.4　管理登录名

登录名的管理操作包括查看、修改、禁用/启用和删除等。可以使用 SSMS 完成这些操作,也可以使用 T-SQL 语句实现。本节只介绍 SSMS 的操作方法。

1. 查看登录名

(1) 启动 SSMS,在“对象资源管理器”窗格中依次展开“服务器”→“安全性”→“登录名”结点,系统将列出当前服务器所有的登录名。

(2) 若要查看某个特定的登录名(如 SQL_Wang)详细信息,选中并右击该登录名,然后在弹出的快捷菜单中选择“属性”命令,打开该登录名的“登录属性”窗口,则可查看此登录名的属性,如图 16-7 所示。

在此属性窗口中,包括常规、服务器角色、用户映射、安全对象、状态 5 个选择页。

- “常规”选择页:显示登录名的常规信息。
- “服务器角色”选择页:列出可分配给新登录名的所有可能的角色。
- “用户映射”选择页:列出可应用于登录名的所有可能的数据库以及这些数据库上的数据库角色成员身份。
- “安全对象”选择页:列出所有可能的安全对象以及可授予登录名的针对这些安全对象的权限。
- “状态”选择页:列出可对选定的 SQL Server 登录名配置的一些身份验证和授权选项。

2. 启用、禁用和解锁登录名

具体操作如下:

(1) 在“登录属性”窗口的左侧窗格中选择“状态”选择页。

(2) 在“状态”选择页可以进行以下操作。

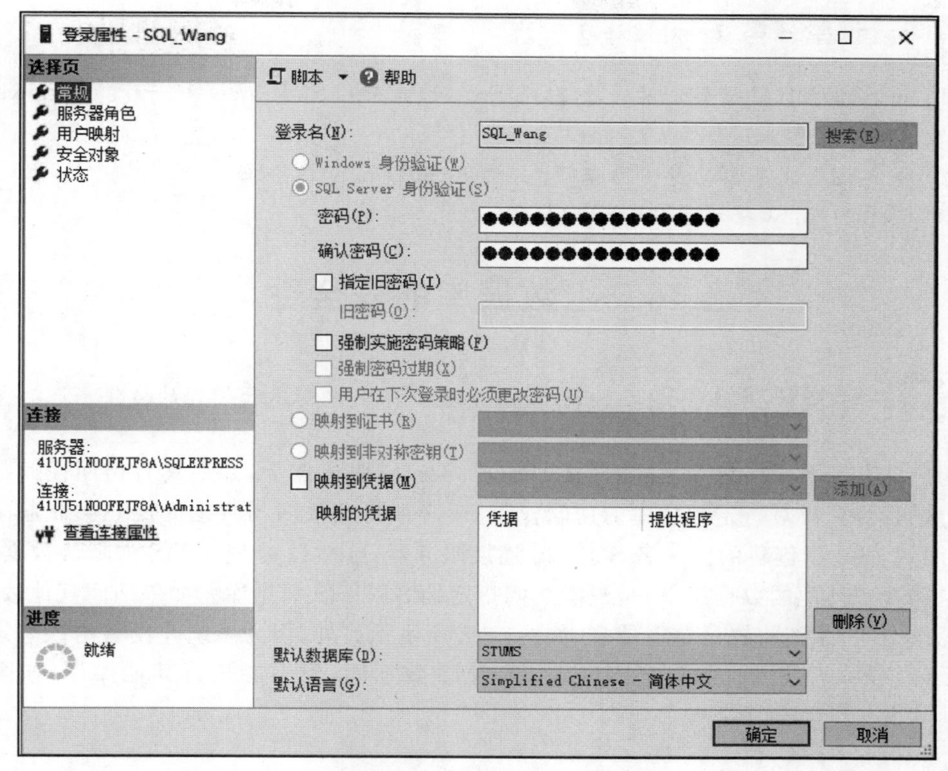

图 16-7　登录名 SQL_Wang 属性窗口

- 要启动登录，在“登录”区选择“启用”单选按钮。
- 要禁用登录，在“登录”区选择“禁用”单选按钮。
- 要解锁登录，取消勾选“登录已锁定”复选框。

(3) 单击“确定”按钮，完成操作。

3. 修改默认数据库设置

例如，将默认数据库 STUMS 修改为 TSJYMS。操作步骤如下：

(1) 在“登录属性”窗口的左侧窗格中选择“常规”选择页，在此页面的“默认数据库”区可重新设置默认数据库 TSJYMS。选择“用户映射”选择页，在此页面可以为当前用户选择映射数据库 TSJYMS。

(2) 单击“确定”按钮，完成修改操作。

4. 删除登录名

对不再需要的登录名，可以将其删除，但不能删除正在使用的登录名或拥有安全对象的登录名。

使用 SSMS 删除的操作步骤如下：

(1) 启动 SSMS，在“对象资源管理器”窗格中依次展开“服务器”→“安全性”→“登录名”结点，系统将列出当前服务器所有的登录名。

(2) 选中并右击要删除的登录名，在弹出的快捷菜单中选择“删除”命令，打开该登录名的“删除对象”窗口，单击“确定”按钮即可。

课堂任务 2 对照练习

(1) 为 STUMS 数据库创建一个 SQL Server 登录名 SQL_new 和一个 Windows 登录名 WIN_new。

(2) 重新设置服务器的身份验证模式,使用 SQL_new 名登录。

(3) 对 SQL_new 登录名进行管理操作。

16.3 数据库的安全性

课堂任务 3 学习 SQL Server 数据库用户创建和管理的方法。

用户具有了登录名之后,只能连接到 SQL Server 服务器上,并不具有访问任何数据库的能力。若要获得对特定数据库的访问权限,还必须将登录名与数据库用户关联起来。例如,使用例 16-2 新创建的登录名 SQL_Li 连接服务器,虽然设置 STUMS 为默认数据库,登录后也能看到其他的数据库,但是只能访问指定的 STUMS 数据库。如果访问其他数据库,因为无权访问,系统将提示错误信息,如图 16-8 所示。另外,因为系统并没有给该登录账户配置任何权限,所以当前账户只能进入 STUMS 数据库,但不能执行其他操作,如图 16-9 所示。

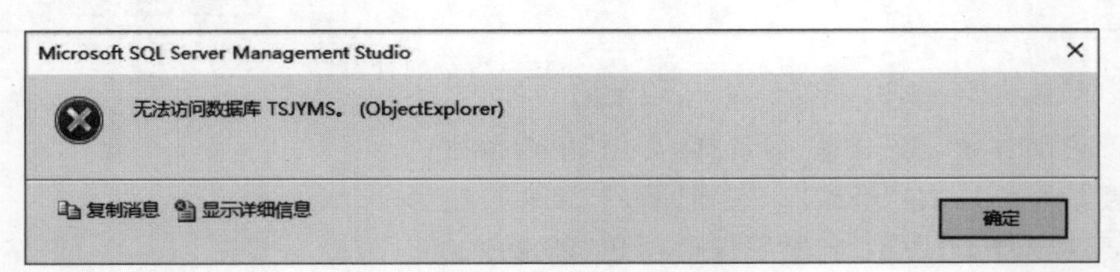

图 16-8 无法访问 TSJYMS 数据库

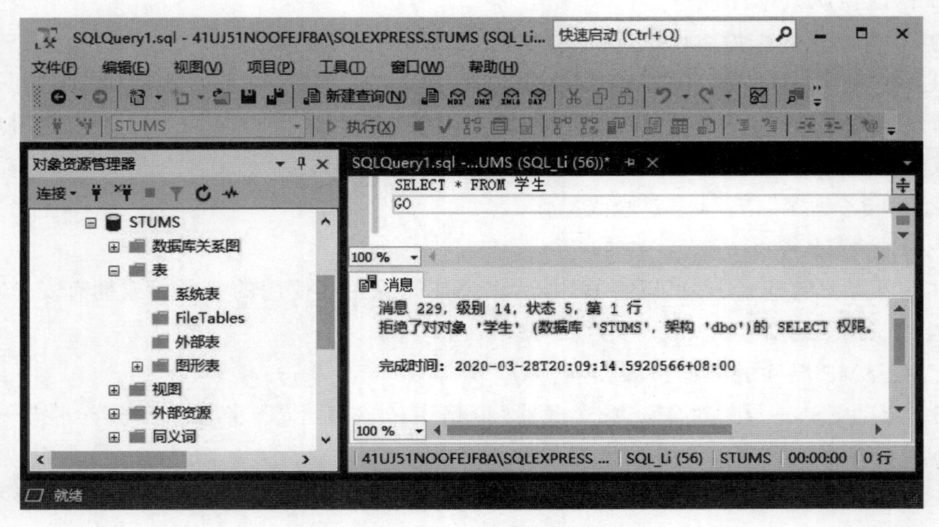

图 16-9 SQL_Li 无法读取数据

登录名属于服务器的层面，它本身并不能让用户访问服务器中的数据库。若要连接SQL Server 实例上的特定数据库，登录名必须映射到数据库用户，向数据库用户授予和拒绝授予数据库内的权限，从而确保数据库的安全。

16.3.1 创建数据库用户

在 SQL Server 中可使用 SSMS 工具和 T-SQL 语句创建数据库用户。用户的作用域是数据库。

1. 默认用户

在 SQL Server 中，每个数据库都有两个默认的用户 dbo 和 guest。

- dbo 用户。dbo 用户是特殊的数据库用户，是具有隐式权限的用户。它是数据库的所有者，可在数据库中完成所有的操作。
- guest 用户。guest 用户与 dbo 用户一样，创建数据库之后会自动生成。授予 guest 用户的权限由在数据库中没有用户账户的用户继承，从而使登录名能够获得默认访问权限。guest 用户通常处于禁用状态。除非有必要，否则不要启用 guest 用户。

2. 使用 SSMS 创建数据库用户

【例 16-4】 在 STUMS 数据库中创建基于 SQL_Wang 登录名的数据库用户 DB_User1。

具体操作步骤如下：

(1) 启动 SSMS，在"对象资源管理器"窗格中依次展开"服务器"→"数据库"→STUMS→"安全性"结点，右击"用户"图标，在弹出的快捷菜单中选择"新建用户"命令，打开"数据库用户-新建"窗口。

(2) 在打开的"数据库用户-新建"窗口中，选择"常规"选择页，在此页面进行用户常规信息设置，如图 16-10 所示。

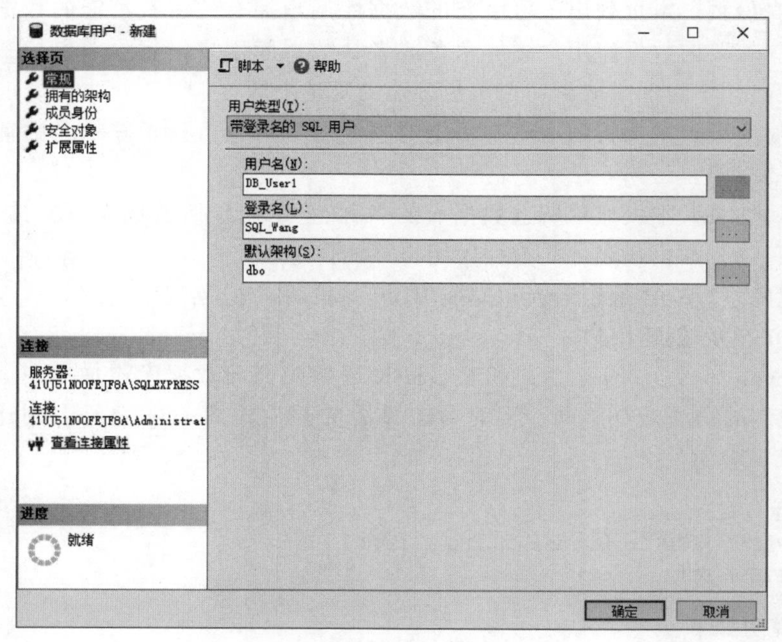

图 16-10 新建数据库用户参数设置

① 用户类型。

- Windows 用户。
- 不带登录名的 SQL 用户。
- 带登录名的 SQL 用户。
- 映射到非对称密钥的用户。
- 映射到证书的用户。

选择“用户类型”时，“常规”选择页中的其他选项可能改变。某些选项仅适用于特定类型的数据库用户。某些选项可以为空，并且将使用默认值。本例选择“带登录名的 SQL 用户”类型。

② 用户名。

输入新用户的名称。本例输入 DB_User1。如果用户类型选择了“Windows 用户”，则可以单击[...]按钮打开“选择用户或组”对话框进行选择。

③ 登录名。

输入要关联的登录名（如 SQL_Wang），或单击[...]按钮打开“查找对象”对话框，浏览匹配的对象进行选择。

④ 默认架构。

输入此用户所创建的对象所属的架构。或单击[...]按钮打开“选择架构”对话框进行选择，本例选择 dbo。

(3) 其他选项的设置。

- 拥有的架构页。本页列出了可由新的数据库用户拥有的所有可能的架构。若要向数据库用户添加架构或者从数据库用户中删除架构，在“此用户拥有的架构”下选择或取消架构旁边的复选框即可。
- 成员身份页。本页列出了可由新的数据库用户拥有的所有可能的数据库成员身份角色。若要向数据库用户添加角色或者从数据库用户中删除角色，在“数据库角色成员身份”下勾选或取消勾选角色旁边的复选框即可。
- 安全对象页。本页将列出所有可能的安全对象以及可授予登录名的针对这些安全对象的权限。
- 扩展属性页。本页显示所选数据库的名称、显示用于所选数据库的排序规则，这些都为只读。本页还允许向数据库用户添加自定义属性。

(4) 设置完毕，单击“确定”按钮，完成 DB_User1 用户的创建。

3. 使用 T-SQL 创建用户

SQL Server 2019 可使用 CREATE USER 语句向当前数据库添加用户。用户类型有 12 种，每种类型的语法略有不同。下面给出的是基于 SQL Server 登录名创建数据库用户的基本语法格式。

```
CREATE USER user_name
[{ FOR | FROM } LOGIN login_name | WITHOUT LOGIN ]
[ WITH DEFAULT_SCHEMA = schema_name ]
```

各参数说明如下。

- CREATE USER：向当前数据库添加用户。

- user_name：新数据库用户的名称。
- {FOR|FROM}LOGIN：省略此子句，则新的数据库用户将被映射到同名的 SQL Server 登录名。
- login_name：服务器中有效的登录名。
- WITHOUT LOGIN：指定不应将用户映射到现有登录名。
- DEFAULT_SCHEMA：指定默认架构。如果未定义 DEFAULT_SCHEMA，则数据库用户将使用 dbo 作为默认架构。

【例 16-5】 在 STUMS 数据库中创建基于 SQL_Li 登录名的数据库用户 DB_User2。

代码如下：

```
USE STUMS
GO
CREATE USER DB_User2
FOR LOGIN SQL_Li
GO
```

在查询编辑器中输入上述代码并执行，系统提示"命令已成功完成"，表明与 SQL_Li 登录名关联的数据库用户 DB_User2 创建成功。

再次使用 SQL_Li 账号连接服务器，由于关联了数据库用户 DB_User2，现在 SQL_Li 用户可以使用 SELECT 命令读取 STUMS 数据库中指定表的数据，如图 16-11 所示。其他的操作仍无法进行，因为在"对象资源管理器"窗格中，SQL_Li 用户根本看不到 STUMS 数据库所创建的对象，这主要取决于 DB_User2 用户所拥有的权限。

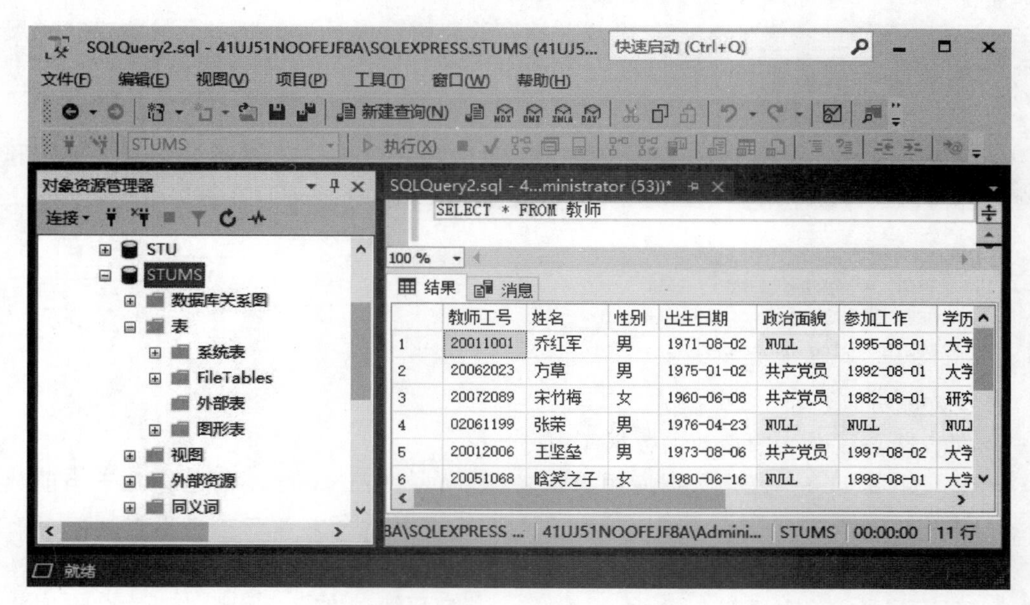

图 16-11　SQL_Li 读取"教师"表数据

【例 16-6】 创建具有密码的服务器登录名 AAA，并为该登录名创建 STUMS 数据库用户 DB_UA，与数据库用户 DB_User1 架构相同。

代码如下：

```
/*创建登录名*/
CREATE LOGIN AAA
    WITH PASSWORD = '123456a';
/*创建数据库用户*/
USE stums
CREATE USER DB_UA FOR LOGIN AAA
    WITH DEFAULT_SCHEMA = DB_User1;
GO
```

【说明】

- 在同一数据库中的用户名称必须唯一。
- 一个登录名在一个数据库中只能关联一个数据库用户名。
- 有关 CREATE USER 语句创建其他类型的用户,可参阅 SQL Server 2019 在线文档。

16.3.2 管理数据库用户

1. 查看数据库用户的信息

使用 SSMS 查看数据库用户信息的操作步骤如下:

(1) 启动 SSMS,在"对象资源管理器"窗格中依次展开"服务器"→"数据库"→STUMS→"安全性"→"用户"结点,系统将列出当前数据库中所有的用户名。

(2) 若要查看某个特定的用户(如 DB_User1)信息,则选中并右击该用户名,在弹出的快捷菜单中选择"属性"命令,打开"数据库用户-DB_User1"窗口。

(3) 在此窗口的左侧窗格中有"常规""拥有的架构""成员身份""安全对象"和"扩展属性"5 个选择页,通过选择不同的选择页,可以查看 DB_User1 用户的各类信息。

2. 修改数据库用户

修改数据库用户通常包含 3 方面的内容:重命名数据库用户、更改它的默认架构和更改登录名。修改数据库用户可以使用 ALTER USER 语句来实现。其语法格式如下:

```
ALTER USER userName
WITH < NAME = newUserName
    | DEFAULT_SCHEMA = schemaName
    | LOGIN = loginName > [ ,…n ]
```

各参数说明如下。

- userName:指定要修改的数据库用户名称。
- newUserName:指定数据库用户新名称。newUserName 不能已存在于当前数据库中。
- loginName:使用户重新映射的登录名。
- DEFAULT_SCHEMA=schemaName:指定服务器在解析此用户的对象名时将搜索的第一个架构。

【例 16-7】 使用 ALTER USER 语句,将用户 DB_User1 更名为 DB_Userone,将默认架构更改为 ABCD。

代码如下:

```
USE STUMS
ALTER USER DB_User1
WITH NAME =  DB_Userone
GO
ALTER USER DB_Userone
WITH DEFAULT_SCHEMA  = ABCD
GO
```

在查询编辑器中输入上述代码并执行,系统提示“命令已成功完成”,表明数据库用户 DB_User1 修改成功。

3. 删除数据库用户

可使用 SSMS 或 T-SQL 语句删除数据库用户。

1) 使用 SSMS 删除数据库用户

在 SSMS 的“对象资源管理器”窗格中选择要删除的数据库用户并右击,在弹出的快捷菜单中选择“删除”命令,即可完成数据库用户的删除操作。

2) 使用 DROP 语句删除数据库用户

使用 DROP 语句删除数据库用户的基本语法格式如下:

```
DROP USER user_name
```

其中,user_name 为要删除的数据库用户的名称。

【例 16-8】 删除数据库用户 DB_Userone。

代码如下:

```
USE STUMS
GO
DROP USER DB_Userone
```

在查询编辑器中输入上述代码并执行,系统提示“命令已成功完成”,表明数据库用户 DB_Userone 删除成功。

【说明】 不能从数据库中删除拥有安全对象的用户。必须先删除或转移安全对象的所有权,才能删除拥有这些安全对象的数据库用户。

课堂任务 3 对照练习

(1) 基于 SQL_new 登录名,在 STUMS 数据库中创建一个新用户 user_new。

(2) 使用 SQL_new 登录名连接服务器,观察可以对数据库进行哪些操作。

(3) 查看 user_new 用户信息,并更名为 STU_user。

16.4 SQL Server 的角色与角色权限

课堂任务 4 理解角色的概念,学习创建、管理角色及为角色添加成员的方法。

由前面的示例可知,登录名(SQL_Li)虽然关联了数据库用户(DB_User2)但也只能读取 STUMS 数据库中指定表的数据信息,无法进行其他操作。这取决于登录名(SQL_Li)和数据库用户(DB_User2)所拥有的权限。如何解决这一问题呢?为了保证数据库的安全,SQL Server 使用角色(Role)对服务器和数据库的权限进行分组和管理。

角色是一种权限的象征,当用户成为什么样的角色,他就拥有该角色所赋予的所有权限,在权限许可的范围内实现对数据库的操作。SQL Server 的权限是层次结构的,数据库引擎中的权限通过登录名和服务器角色在服务器级别进行管理,数据库的权限通过数据库用户和数据库角色在数据库级别进行管理。

16.4.1 服务器级别角色

SQL Server 提供服务器级别角色以帮助用户管理服务器上的权限。但用户无法更改授予固定服务器角色(public 角色除外)的权限,但可以将服务器级别主体(如 SQL Server 登录名、Windows 账户和 Windows 组)添加到服务器级别角色。

SQL Server 2019 提供了 9 种固定服务器角色。各角色及其权限、功能如表 16-2 所示。

表 16-2 服务器角色及其权限与功能

服务器角色	权限与功能
sysadmin	可以在服务器上执行任何任务
serveradmin	可以更改服务器范围的配置选项和关闭服务器
securityadmin	管理登录名及其属性。可以授权、拒绝和撤销服务器级权限和数据库级权限,也可以重置 SQL Server 登录名的密码
processadmin	管理 SQL Server 系统进程。可以终止在 SQL Server 实例中运行的进程
setupadmin	可以使用 T-SQL 语句添加和删除链接服务器
lkadmin	管理大容量数据输入。可以运行 BULK INSERT 语句,从文本文件中将大容量数据插入到 SQL Server 数据库中
diskadmin	可用于管理磁盘文件。可以镜像数据库和添加备份设备,适合助理 DBA
dbcreator	可以创建、更改、删除和还原任何数据库
public	每个 SQL Server 登录名都属于 public 服务器角色。如果未向某个服务器主体授予或拒绝对某个安全对象的特定权限,该用户将继承授予该对象的 public 角色的权限

1. 为登录名指定服务器级别角色

为登录名指定服务器级别角色,就是使该登录名成为服务器角色的成员。

1) 使用 SSMS 为服务器级角色添加成员

【例 16-9】 将登录名 SQL_Wang 添加为服务器角色 sysadmin 的成员。

使用 SSMS 为服务器级角色添加成员的操作步骤如下:

(1) 启动 SSMS,在“对象资源管理器”窗格中依次展开“服务器”→“安全性”→“登录名”结点,系统将列出当前服务器所有的登录名。

(2) 选中并右击该登录名 SQL_Wang,在弹出的快捷菜单中选择“属性”命令,打开该登录名的“登录属性”窗口。

(3) 在“登录属性-SQL_Wang”窗口的左侧窗格中,选择“服务器角色”选择页,在此页面的“服务器角色”列表中勾选 sysadmin 复选框,如图 16-12 所示。

(4) 单击“确定”按钮,完成添加成员操作。

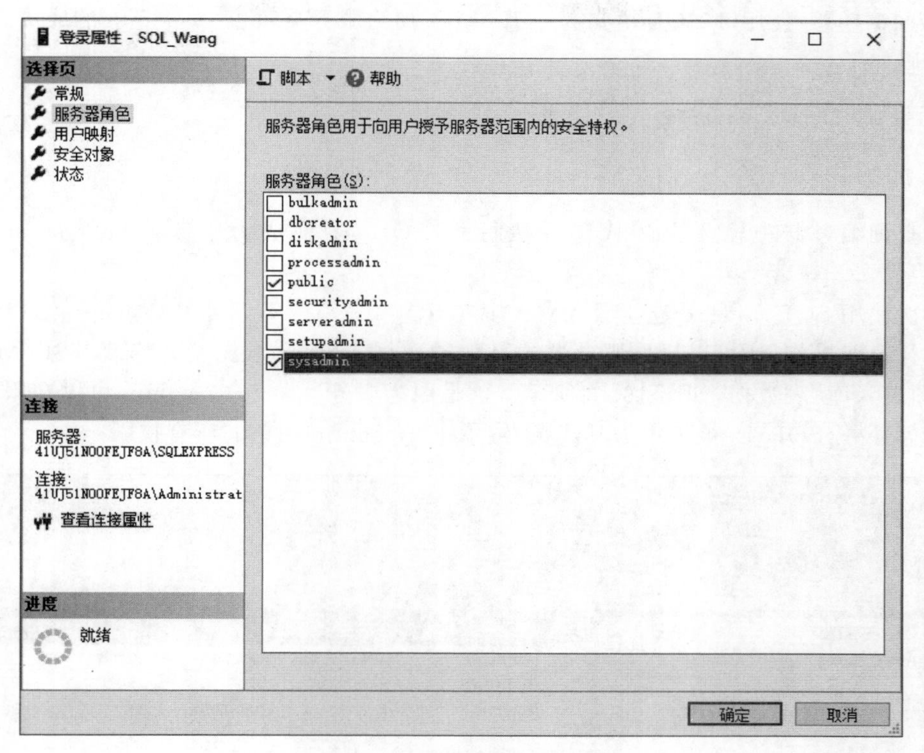

图 16-12　选择服务器级别角色

【说明】　每个固定服务器角色都被分配了特定的权限。为服务器角色添加的成员继承角色的权限。

2）使用 T-SQL 语句向服务器级角色添加成员。

使用 ALTER SERVER ROLE 语句向服务器级角色添加成员语法格式如下：

```
ALTER SERVER ROLE server_role_name
{
     [ ADD MEMBER server_principal ]
   | [ DROP MEMBER server_principal ]
   | [ WITH NAME  =  new_server_role_name ]
} [ ; ]
```

参数说明如下。

- ALTER SERVER ROLE：修改服务器角色
- server_role_name：要修改的服务器角色的名称。
- ADD MEMBER server_principal：将指定的服务器主体添加到服务器角色中。
- server_principal：可以是登录名或用户定义的服务器角色。server_principal 不能是固定服务器角色、数据库角色或 sa。
- DROP MEMBER server_principal：从服务器角色中删除指定的服务器主体。
- WITH NAME= new_server_role_name：更改用户定义的服务器角色名称。服务器中不能已存在此名称。

【例 16-10】 使用 T-SQL 语句为 SQL_Li 添加为服务器角色 sysadmin 的成员。

代码如下：

```
ALTER SERVER ROLE sysadmin
ADD MEMBER SQL_Li
GO
```

在查询编辑器中输入上述代码并执行后，SQL_Li 便成为服务器角色 sysadmin 的成员。

再次使用 SQL_Li 账号连接服务器。现在 SQL_Li 用户不仅可以对指定的 STUMS 数据库进行存取操作，还可以操作服务器中其他的数据库。例如，浏览并修改 TSJYMS 数据库的"图书入库"表数据，如图 16-13 所示。这是因为服务器角色 sysadmin 可以在服务器上执行任何任务，SQL_Li 被指定为其成员，继承了 sysadmin 角色的所有权限。

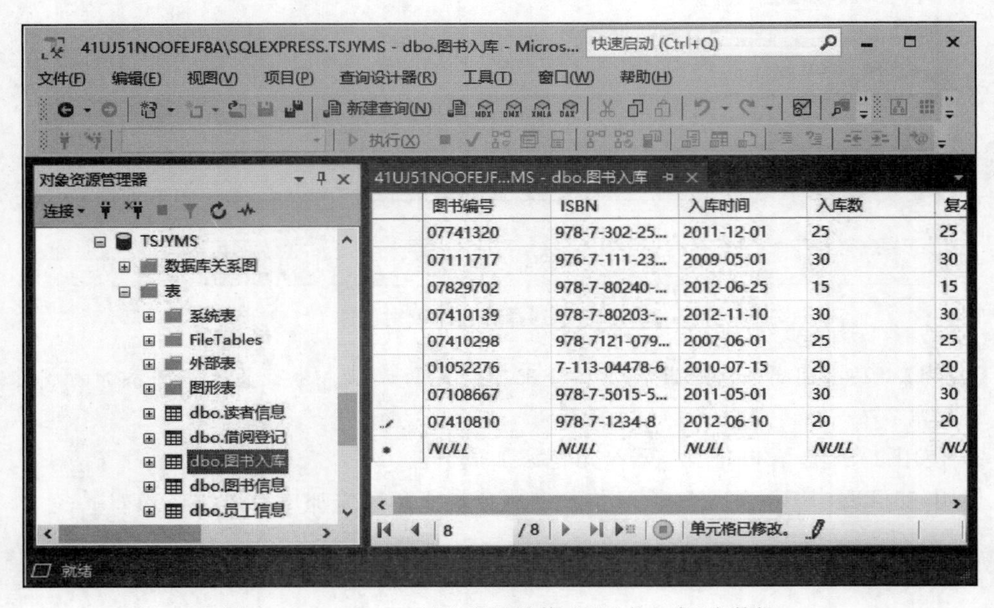

图 16-13 SQL_Li 用户浏览并修改"图书入库"表数据

2. 查看服务器级角色的成员信息

若要查看服务器级的角色成员身份，可以使用 sp_helpsrvrolemember 系统存储过程进行查看。

其语法格式如下：

```
sp_helpsrvrolemember [ [ @srvrolename = ] 'role' ]
```

各参数说明如下。

- sp_helpsrvrolemember：返回有关 SQL Server 固定服务器角色成员的信息。
- [@srvrolename =] 'role'：固定服务器角色的名称。role 的值为 sysname，默认值为 NULL。如果未指定 role，则结果集将包括所有固定服务器角色的相关信息。

【例 16-11】 查看 sysadmin 服务器角色中的成员信息。

代码如下：

```
EXEC sp_helpsrvrolemember 'sysadmin';
GO
```

在查询编辑器中输入上述代码并执行,结果如图 16-14 所示。

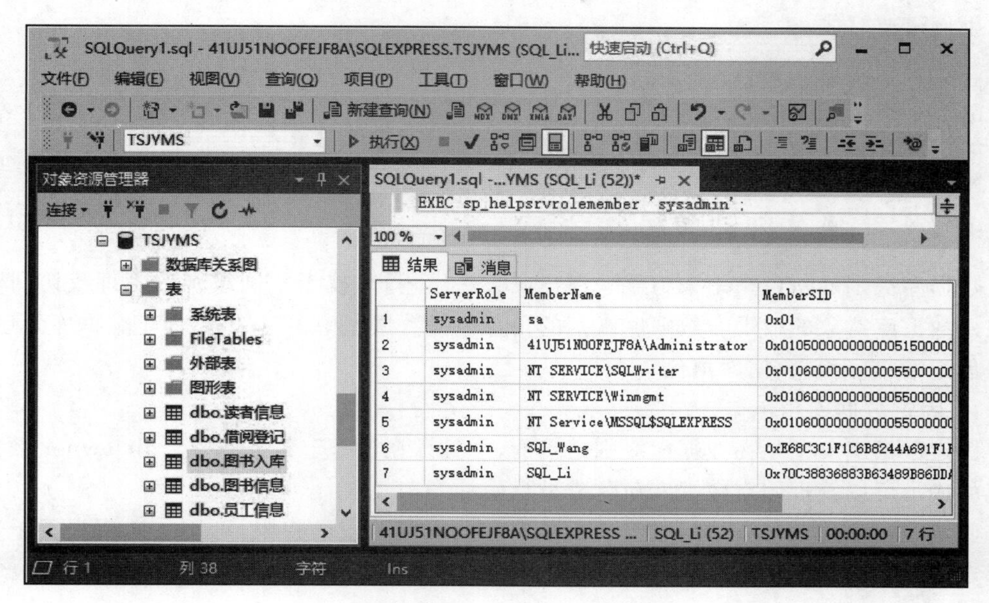

图 16-14 查看 sysadmin 的成员信息

也可以使用系统存储过程 sp_dropsrvrolemember 删除服务器角色中成员。语法格式如下:

```
sp_dropsrvrolemember [ @loginame = ] 'login', [ @rolename = ] 'role'
```

各参数说明如下。

- [@loginame =] 'login':从服务器角色中要删除的登录名。
- [@rolename =] 'role':服务器角色的名称。

【例 16-12】 删除 sysadmin 服务器角色中的成员 SQL_Li。

代码如下:

```
sp_dropsrvrolemember 'SQL_Li', 'sysadmin'
```

【说明】 角色一旦被删除,就不再拥有该角色的任何权限,如图 16-15 所示。

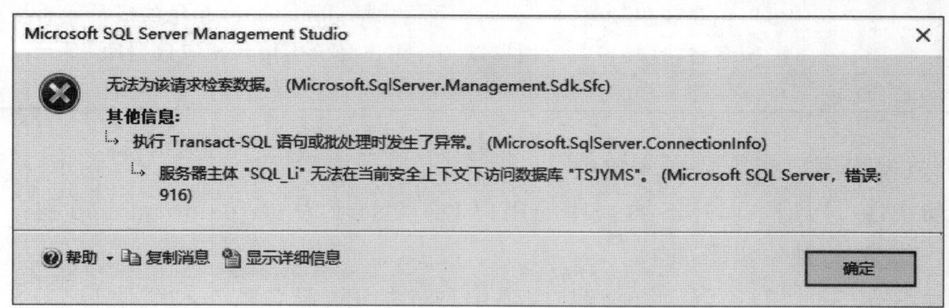

图 16-15 SQL_Li 无法访问 TSJYMS

【注意】 使用 sp_dropsrvrolemember 不能删除任何服务器角色中 sa 登录。

已从服务器级角色中删除 SQL Server 登录名或 Windows 用户或组已弃用，现改用 ALTER SERVER ROLE。

上例可改写成：

```
ALTER SERVER ROLE sysadmin
DROP MEMBER SQL_Wang
GO
```

16.4.2 数据库级别角色

数据库级别的角色是用来为某一用户或某一组用户，授予不同级别的管理或访问数据库以及数据库对象的权限。数据库级别的角色包括数据库中预定义的"固定数据库角色"和可以创建的"自定义数据库角色"。

1. 固定数据库角色

固定数据库角色是在数据库级别定义的，并且存在于每个数据库中。db_owner 数据库角色的成员可以管理固定数据库角色成员身份。

固定数据库角色具有访问或管理数据库和数据库对象的权限，可用来向用户授予数据库级别的管理权限。SQL Server 2019 的固定数据库角色及其权限与功能，如表 16-3 所示。

表 16-3 固定数据库角色及其权限与功能

数据库角色	权限与功能
db_owner	可以执行数据库的所有配置和维护活动，还可以删除 SQL Server 中的数据库
db_accessadmin	可以为 Windows 登录名、Windows 组和 SQL Server 登录名添加或删除数据库访问权限
db_securityadmin	可以仅修改自定义角色的角色成员资格和管理权限。此角色的成员可能会提升其权限，应监视其操作
db_ddladmin	以在数据库中运行任何数据定义语言(DDL)命令
db_backupoperator	可以备份数据库
db_datareader	可以从所有用户表中读取所有数据
db_datawriter	可以在所有用户表中添加、删除或更改数据
db_denydatareader	不能读取数据库内用户表中的任何数据
db_denydatawriter	不能添加、修改或删除数据库内用户表中的任何数据
SQL 数据库和 SQL 数据仓库的特殊角色	
dbmanager	可以创建和删除数据库。创建数据库的 dbmanager 角色的成员成为相应数据库的所有者，这样可便于用户以 dbo 用户身份连接到相应数据库
loginmanager	可以创建和删除虚拟 master 数据库中的登录名

1) 为数据库用户指定数据库角色

【例 16-13】 指定 STUMS 数据库的用户 DB_User1 为 db_datareader 角色。

使用 SSMS 的操作步骤如下：

(1) 在 SSMS 的"对象资源管理器"窗格中依次展开"服务器"→"数据库"→STUMS→"安全性"→"用户"结点，选中并右击 DB_User1 用户名，在弹出的快捷菜单中选择"属性"命令，打开“数据库用户-DB_User1”窗口。

（2）单击窗口左侧窗格中的“成员身份”选择页，在此页面的“数据库角色成员身份”的“角色成员”列表中，勾选 db_datareader 复选框，如图 16-16 所示。

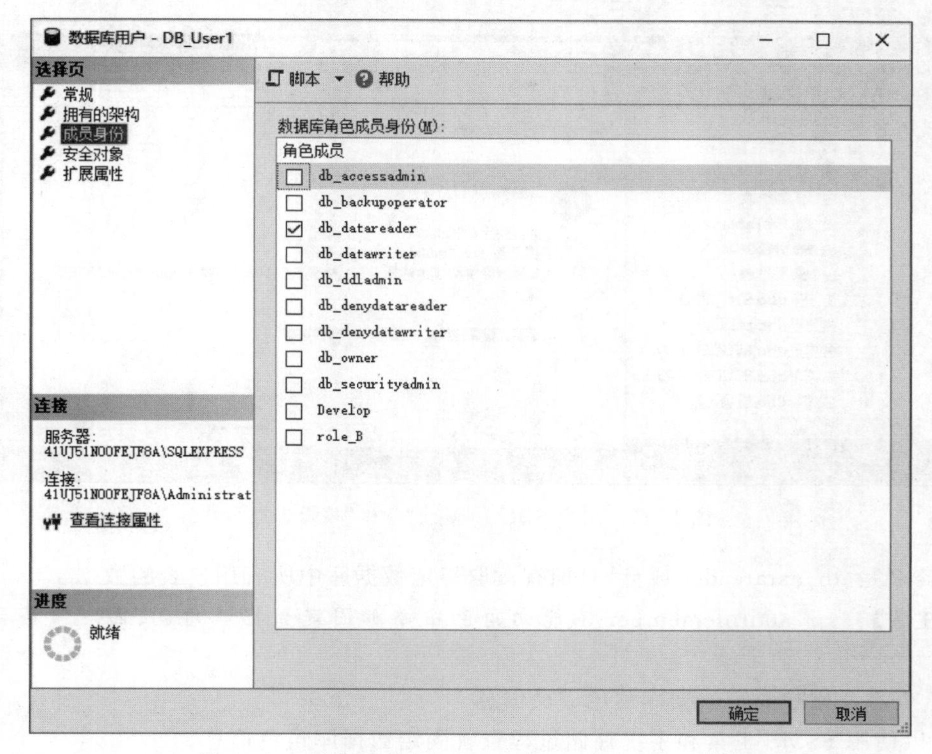

图 16-16　指定用户 DB_User1 为 db_datareader 成员

（3）单击“确定”按钮即可。

用户也可以使用系统存储过程 sp_addrolemember 向数据库角色中添加成员。使用格式如下：

```
sp_addrolemember [ @rolename = ] 'role', [ @membername = ] 'security_account'
```

参数说明如下。

- [@rolename=]'role'：当前数据库中的数据库角色的名称。
- [@membername=] 'security_account'：添加到该角色的安全账户。security_account 可以是数据库用户、数据库角色、Windows 登录或 Windows 组。

【例 16-14】 使用 T-SQL 语句指定 STUMS 数据库的用户 DB_User2 为 db_datareader 角色。

代码如下：

```
sp_addrolemember 'db_datareader', 'DB_User2'
```

在查询编辑器中输入上述代码并执行，为 DB_User2 用户指定了 db_datareader 角色。

再次使用 SQL_Li 账号(已不是 sysadmin 成员)连接服务器。现在，SQL_Li 用户只能读取指定 STUMS 数据库中的数据，而不能修改，如图 16-17 所示。这是因为它关联的用户

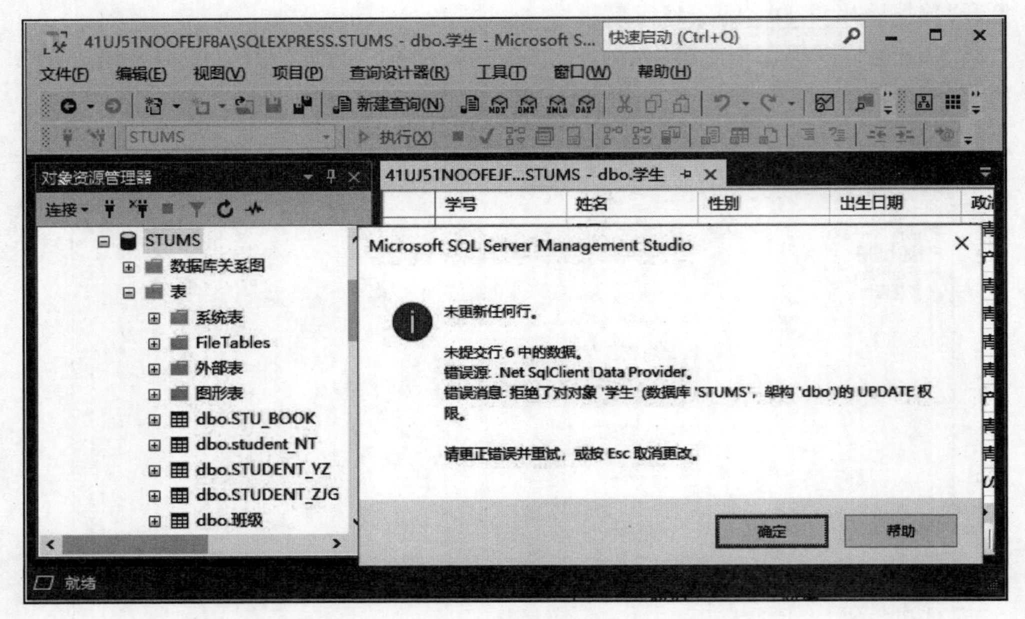

图 16-17　用户 SQL_Li 修改"学生"表警告提示

DB_User2 是 db_datareader 成员，只拥有读取指定数据库中所有用户表的数据。

【注意】 sp_addrolemember 不能向角色中添加固定数据库角色、固定服务器角色或 dbo。

2）查看及删除固定数据库角色成员信息

可以使用 SSMS 工具和系统存储过程查看固定数据库角色信息。

【例 16-15】 使用 SSMS 查看 STUMS 数据库中 db_owner 固定数据库角色的成员信息。

操作步骤如下：

(1) 在 SSMS 的"对象资源管理器"窗格中依次展开"数据库"→STUMS→"安全性"→"角色"→"数据库角色"结点。系统将列出所有的数据库角色。

(2) 选择 db_owner 数据库角色并右击，在弹出的快捷菜单中选择"属性"命令，打开"数据库角色属性-db_owner"窗口。

(3) 在此窗口的"此角色的成员"列表框中，可以查看 db_owner 角色的所有成员信息。

(4) 单击窗口中的"添加"按钮，也可以为 db_owner 角色添加新成员。

(5) 在"角色成员"列表中，选择要删除的角色成员，单击"删除"按钮，可删除 db_owner 角色的成员。

在 SQL Server 2019 中，可使用 sp_helprolemember 查看有关当前数据库中某个角色的成员的信息。可使用 sp_helprole 查看当前数据库中有关角色的信息。可使用 sp_droprole 从当前数据库中删除数据库角色。其语法格式如下：

```
sp_helprolemember [ [ @rolename = ] 'role' ]
sp_helprole [ [ @rolename = ] 'role' ]
sp_droprolemember [ @rolename = ] 'role', [ @membername = ] 'security_account'
```

其中,[@rolename =] 'role'指定数据库角色的名称,[@membername =] 'security_account'参数与 sp_addrolemember 中的参数含义相同。

【例 16-16】 使用系统存储过程查看 STUMS 数据库中固定数据库角色 db_datareader 的成员信息,并删除 DB_User1 成员。

代码如下:

```
sp_helprolemember 'db_datareader'               /* 查看 db_datareader 角色中的成员信息 */
GO
sp_helprole                                     /* 查看当前数据库中的数据库角色信息 */
GO
sp_droprolemember 'db_datareader','DB_User1'    /* 删除角色中的成员 */
GO
```

2. 自定义数据库角色

自定义数据库角色是为方便权限管理而由用户自行定义的数据库角色,适用于权限的微调。例如,有些用户可能只需数据库的"选择""修改"和"执行"权限,而固定数据库角色之中没有一个角色能提供这组权限,因此需要创建一个自定义的数据库角色。

创建自定义数据库角色,是先给该角色指派权限,然后将用户指派给该角色。这样,用户将继承该角色的任何权限。这不同于固定数据库角色,在固定数据库角色中不需要指派权限,只需要添加成员。在 SQL Server 2019 中,可使用 SSMS 和 T-SQL 两种方法创建自定义数据库角色。

1) 使用 SSMS 创建自定义数据库角色

【例 16-17】 在 STUMS 数据库中创建标准角色 role_A,用户 DB_User1 是它的成员,拥有查询"学生"表的权限。

使用 SSMS 创建自定义数据库角色 role_A 的操作步骤如下:

(1) 在 SSMS 的"对象资源管理器"窗格中依次展开"服务器"→"数据库"→STUMS→"安全性"→"角色"结点,右击"数据库角色"图标,在弹出的快捷菜单中选择"新建数据库角色"命令,打开"数据库角色-新建"窗口。

(2) 在"常规"选择页的"角色名称"文本框中输入 role_A,在"所有者"文本框中输入 dbo,单击"添加"按钮,将数据库用户 DB_User1 添加到"此角色的成员"列表中。

(3) 单击"数据库角色-新建"窗口左侧窗格中的"安全对象"选择页,进行权限设置。

- 单击"搜索"按钮,打开"添加对象"对话框,选择"特定对象"选项,单击"确定"按钮,打开"选择对象"对话框。
- 单击"对象类型"按钮,打开"选择对象类型"对话框,勾选"表"复选框,单击"确定"按钮,返回"选择对象"对话框。
- 单击"浏览"按钮,打开"查找对象"对话框,勾选"学生"复选框,单击"确定"按钮,返回"选择对象"对话框。
- 再单击"确定"按钮,返回"数据库角色-新建"窗口。在"dbo. 学生的权限"选项组中勾选"选择"后面"授予"列的复选框,如图 16-18 所示。
- 单击"列权限"按钮,还可以为该角色配置表中每一列的具体权限。

(4) 权限设置完毕,单击"确定"按钮,创建角色 role_A。

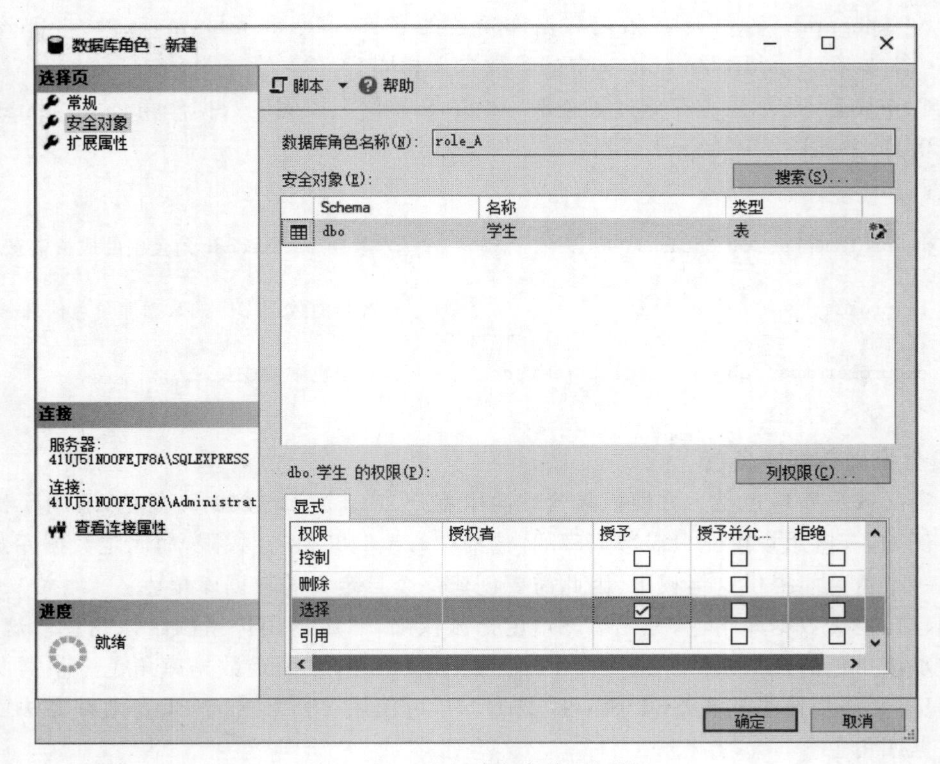

图 16-18 为新建角色分配权限

(5) 关闭所有程序，并重新登录为 SQL_Wang(DB_User1 关联的登录名)可进行权限验证。展开“数据库”→STUMS→“表”结点，可以看到表结点下面只显示了拥有查看权限的“学生”表。

2) 使用 T-SQL 创建自定义数据库角色

用户可以在查询编辑器中使用 CREATE ROLE 语句创建自定义数据库角色。其基本语法格式如下：

```
CREATE ROLE role_name [ AUTHORIZATION owner_name ]
```

参数说明如下。

- role_name：待创建角色的名称。
- AUTHORIZATION owner_name：将拥有新角色的数据库用户或角色。如果未指定用户，则执行 CREATE ROLE 的用户将拥有该角色。

【例 16-18】 在 STUMS 数据库中创建角色 role_B。

代码如下：

```
USE STUMS
GO
CREATE ROLE role_B
GO
```

在查询编辑器中输入上述代码并执行后，在 STUMS 数据库中创建了数据库角色 role_B。

3）为自定义数据库角色添加成员

为自定义数据库角色添加成员除了使用 SSMS 工具添加成员外，也可以使用系统存储过程 sp_addrolemember 添加成员。

【例 16-19】 使用系统存储过程 sp_addrolemember 将用户 BD_User1 添加为角色 role_B 的成员。

代码如下：

```
USE STUMS
GO
sp_addrolemember 'role_B','DB_User1'
GO
```

3. 自定义数据库角色的管理

1）查看及删除自定义数据库角色的成员

查看及删除自定义数据库角色成员的方法与查看及删除固定数据库角色成员的方法类似，不再举例说明。

2）删除自定义数据库角色

在 SQL Server 中只能删除用户自定义数据库角色。删除的方法有两种：使用 SSMS 删除和使用 T-SQL 语句删除。

下面介绍使用 SSMS 删除自定义数据库角色。

【例 16-20】 从 STUMS 数据库中删除角色 role_B。

操作步骤如下：

(1) 在 SSMS 的"对象资源管理器"窗格中依次展开"服务器"→"数据库"→STUMS→"安全性"→"角色"→"数据库角色"结点。

(2) 选择要删除的角色 role_B 并右击，在弹出的快捷菜单中选择"删除"命令，打开"删除对象"窗口，单击"确定"按钮即可删除 role_B 角色。

下面介绍使用 DROP ROLE 语句删除自定义数据库角色。

使用 DROP ROLE 语句删除用户自定义数据库角色的语法格式如下：

```
DROP ROLE role_name
```

其中，role_name 为要从数据库中删除的角色名称。

【例 16-21】 从 STUMS 数据库中删除角色 role_A。

代码如下：

```
USE STUMS
GO
DROP ROLE role_A
GO
```

【说明】 不能使用 DROP ROLE 语句删除拥有安全对象的角色和删除拥有成员的角色。

16.4.3 应用程序角色

应用程序角色能够用其自身的、类似用户的权限来运行。使用应用程序角色，可以只允许通过特定应用程序连接的用户访问特定数据。与数据库角色不同的是，应用程序角色默认情况下不包含任何成员，而且是非活动的。

1. 应用程序角色的创建

在 SQL Server 2019 中，可以使用 SSMS 创建应用程序角色，也可以使用 T-SQL 语句创建应用程序角色。

1）使用 SSMS 创建应用程序角色

【例 16-22】 在 STUMS 数据库中创建一个应用程序角色 role_proc1。

使用 SSMS 创建应用程序角色 role_proc1 的步骤如下：

（1）在 SSMS 的“对象资源管理器”窗格中依次展开“服务器”→“数据库”→STUMS→“安全性”→“角色”结点，右击“应用程序角色”图标，在弹出的快捷菜单中选择“新建应用程序角色”命令，打开“应用程序角色-新建”窗口。

（2）在该窗口的左侧窗格中选择“常规”选择页，在此页面的“角色名称”文本框中输入 role_proc1，将“默认架构”设置为 dbo，密码设置为 123456。在“此角色拥有的架构”的“拥有的架构”列表框中选择 dbo。

（3）在该窗口的左侧窗格中选择“安全对象”选择页，在此页面单击“搜索”按钮，添加“学生”表为“安全对象”。在“dbo.学生 的权限”选项组中勾选“选择”后面“授予”列的复选框。再单击“列权限”按钮，还可以为该角色配置表中每一列的具体权限（如学号、姓名、专业代码）。

（4）权限设置完毕，单击“确定”按钮，则创建了应用程序角色 role_proc1。

2）使用 T-SQL 语句 CREATE APPLICATION ROLE 创建应用程序角色

用户可以在查询编辑器中使用 CREATE APPLICATION ROLE 语句创建应用程序角色。其基本语法格式如下：

```
CREATE APPLICATION ROLE application_role_name
    WITH PASSWORD = 'password' [ , DEFAULT_SCHEMA = schema_name ]
```

各参数说明如下。

- application_role_name：指定应用程序角色的名称。该名称一定不能被用于引用数据库中任何主体。
- PASSWORD＝'password'：指定数据库用户将用于激活应用程序角色的密码。应始终使用强密码。password 必须符合运行 SQL Server 实例的计算机的 Windows 密码策略要求。
- DEFAULT_SCHEMA ＝schema _name：指定服务器在解析该角色的对象名时将搜索的第一个架构。如果未定义 DEFAULT_SCHEMA，则应用程序角色将使用 dbo 作为其默认架构。
- schema_name：可以是数据库中不存在的架构。

【例 16-23】 使用 CREATE APPLICATION ROLE 语句在 STUMS 数据库中创建一个应用程序角色 role_proc2，密码设为 147963，其默认架构为 Sales。

代码如下：

```
CREATE APPLICATION ROLE role_proc2
```

```
    WITH PASSWORD = '147963', DEFAULT_SCHEMA = Sales;
GO
```

在查询编辑器中输入上述代码并执行后，在 STUMS 数据库中创建了应用程序角色 role_proc2。

2. 应用程序角色的连接

应用程序角色切换安全上下文的过程如下：

- 用户执行客户端应用程序。
- 客户端应用程序作为用户连接到 SQL Server。
- 应用程序角色用一个只有它才知道的密码执行 sp_setapprole 存储过程。
- 如果应用程序角色名称和密码都有效，则启用应用程序角色。
- 此时，连接将失去用户权限，而获得应用程序角色权限。
- 通过应用程序角色获得的权限在连接期间始终有效。

3. 应用程序角色的启用

在 SQL Server 2019 中可使用 sp_setapprole 系统存储过程激活与当前数据库中的应用程序角色关联的权限。其语法格式如下：

```
sp_setapprole [ @rolename = ] 'role',
    [ @password = ] { encrypt N'password' }
    |   'password' [ , [ @encrypt = ] { 'none' | 'odbc' } ]
        [ , [ @fCreateCookie = ] true | false ]
    [ , [ @cookie = ] @cookie OUTPUT ]
```

各参数说明如下。

- [@rolename =] 'role'：当前数据库中定义的应用程序角色的名称。角色必须存在于当前数据库中。
- [@password=]{ encrypt N'password' }：激活应用程序角色所需的密码。可使用 ODBC 加密函数对密码进行模糊处理。当使用加密函数时，必须通过将 N 置于第一个引号之前，将密码转换为 Unicode 字符串。
- @encrypt = 'none'：指定不使用任何模糊代码。密码以明文形式传递到 SQL Server。这是默认值。
- @encrypt='odbc'：指定在将密码发送到之前，ODBC 将使用 ODBC encrypt 函数来模糊处理密码 SQL Server 数据库引擎。这只能在使用 ODBC 客户端或 OLE DB Provider for SQL Server 时指定。
- [@fCreateCookie=] true | false：指定是否要创建 cookie。true 将隐式转换为 1。false 将隐式转换为 0。
- [@cookie=] @cookie OUTPUT：指定包含 cookie 的输出参数。

【例 16-24】 使用 SQL_Wang 账户登录服务器，激活应用程序角色 role_proc1，查询学生信息。

代码如下：

```
EXEC sys.sp_setapprole @rolename = 'role_proc1',
@password = '123456'
```

```
GO
SELECT 学号,姓名,专业代码 FROM 学生
GO
```


在查询编辑器中输入上述代码并执行,结果如图 16-19 所示。

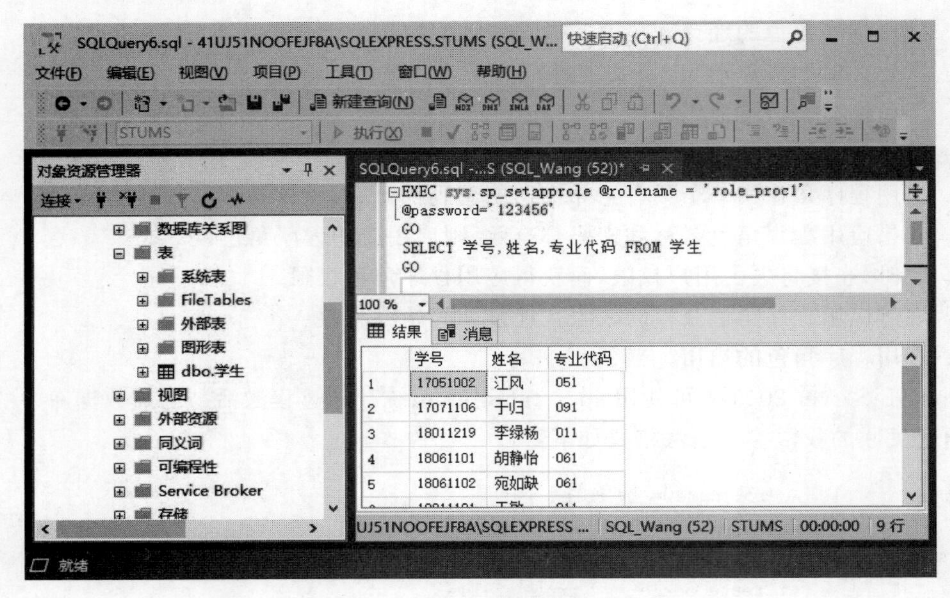

图 16-19　例 16-24 的执行结果

使用 SQL_Wang 账户登录服务器之后,可以查询整个“学生”表信息,当激活应用程序角色 role_proc1 时,却只能查询创建角色时所指定的内容(学号、姓名、专业代码)。

【说明】 使用 sp_setapprole 激活应用程序角色后,该角色将保持活动状态,直到用户从服务器断开连接或执行 sp_unsetapprole。

应用程序角色的管理与自定义数据库角色的管理方法相同,在此不再赘述。

课堂任务 4　对照练习

(1) 将登录名 SQL_new 添加为服务器角色 sysadmin 的成员。断开现有连接,用该账户登录服务器检测所拥有的权限。

(2) 给 STUMS 数据库创建数据库角色 new_role,设置该角色拥有对“教师”表插入权限。

(3) 将用户名 STU_new 添加为 new_role 角色的成员。

(4) 在 STUMS 数据库创建应用程序角色 proc_role,并激活。

16.5　数据库权限管理

课堂任务 5　学习 SQL Server 有关权限的知识和使用 SSMS 设置权限的方法。

数据库权限管理的实质就是管理数据库访问的安全性。将一个登录名映射为数据库中

的用户账户，并将该用户账户添加到某种数据库角色中，其实都是为了对数据库的访问权限进行设置，以便让每个用户在权限许可的范围内操作数据库，确保数据库的安全。

用户还可以通过GRANT、REVOKE和DENY语句来操作权限，将服务器级别权限应用于登录名或将数据库级别权限应用于用户。

16.5.1 权限分类

SQL Server 2017及更高版本和Azure SQL数据库的权限总数多达237项，包括3种类型的权限，即对象权限、语句权限和隐含权限。

1. 对象权限

对象权限是执行与表、视图和存储过程等数据库对象有关行为（如存取数据）的权限。在SQL Server 2019中，所有对象权限都是可授予的。对象权限具体内容包括以下几种。

- 对于表和视图，是否允许执行SELECT，INSERT，UPDATE、DELETE和REFERENCES语句。
- 对于表值函数，是否可以执行SELECT、DELETE、INSERT、UPDATE、REFERENCES语句。
- 对于标量值函数，是否可以执行EXECUTE、REFERENCES语句。
- 对于存储过程，是否可以执行EXECUTE、REFERENCES语句。

2. 语句权限

语句权限是指使用T-SQL中的数据库定义语言创建数据库、数据库对象及备份数据库的权限。语句权限表示对数据库的操作许可，也就是说，创建数据库或者创建数据库中的其他对象所需要的权限。语句权限包括以下几种。

- CREATE DATABASE：确定用户是否能在数据库中创建数据库。
- CREATE TABLE：确定用户是否能在数据库中创建表。
- CREATE VIEW：确定用户是否能在数据库中创建视图。
- CREATE PROCEDURE：确定用户是否能在数据库中创建存储过程。
- CREATE INDEX：确定用户是否能在数据库中创建索引。
- CREATE FUNCTION：确定用户是否能在数据库中创建用户定义的函数。
- BACKUP DATABASE：确定用户是否能备份数据库。
- BACKUP LOG：确定用户是否能备份事务日志。

3. 隐含权限

隐含权限是指由系统定义，不需要授权就拥有的权限。数据库的服务器、数据库的所有者和数据库对象的所有者都拥有隐含权限。在SQL Server权限层次结构中，授予特定的权限可能隐含地包括其他权限。隐含权限控制那些只能预定义系统角色的成员或数据库对象所有者执行的活动。

预定义服务器角色的成员有隐含的权限。角色的隐含权限不能被更改，但可以将登录账户成为这些角色的成员，从而给予这些账户相关的隐含权限。

数据库对象所有者也有隐含的权限。这些权限允许他们操作数据库或他们拥有的对象等。例如，拥有表的用户能查看、增加、更改和删除数据，也能修改表的定义，还能控制允许其他用户对表进行访问的权限。

16.5.2 权限命名约定及特定安全对象的权限

1. 权限命名约定

下面介绍命名权限时遵循的一般约定。

(1) CONTROL：为被授权者授予类似所有权的功能。

(2) ALTER：授予更改特定安全对象的属性(所有权除外)的权限。

- ALTER ANY <服务器安全对象>：授予创建、更改或删除服务器安全对象的各个实例的权限。
- ALTER ANY <数据库安全对象 >：授予创建、更改或删除数据库安全对象的各个实例的权限。

(3) TAKE OWNERSHIP：允许被授权者获取所授予的安全对象的所有权。

(4) IMPERSONATE <登录名>：允许被授权者模拟该登录名。

(5) IMPERSONATE <用户>：允许被授权者模拟该用户。

(6) CREATE <对象名>：授予被授权者创建对象的权限。

- CREATE <服务器安全对象>：创建"服务器安全对象"的权限。
- CREATE <数据库安全对象>：创建"数据库安全对象"的权限。
- CREATE <包含架构的安全对象>：创建包含在架构中的安全对象的权限。

(7) VIEW DEFINITION：允许被授权者访问元数据。

(8) REFERENCES：参照权限。

- 表的 REFERENCES 权限是创建引用该表的外键约束时所必需的。
- 对象的 REFERENCES 权限是使用引用该对象的 WITH SCHEMABINDING 子句创建 FUNCTION 或 VIEW 时所必需的。

2. 适用于特定安全对象权限

SQL Server 2019 还提供了适用于特定安全对象权限，如表 16-4 所示。

表 16-4 特定安全对象权限

权　限	适　用　于
ALTER	除 TYPE 外的所有对象类
CONTROL	所有对象类
DELETE	除 DATABASE SCOPED CONFIGURATION 和 SERVER 外的所有对象类
在运行 CREATE 语句前执行	CLR 类型、外部脚本、过程(T-SQL 和 CLR)、标量和聚合函数(T-SQL 和 CLR)以及同义词
IMPERSONATE	登录名和用户
INSERT	同义词、表和列、视图和列。可以在数据库、架构或对象级别授予权限
RECEIVE	Service Broker 队列
REFERENCES	部分对象类
SELECT	同义词、表和列、视图和列。可以在数据库、架构或对象级别授予权限
TAKE OWNERSHIP	除 DATABASE SCOPED CONFIGURATION、LOGIN、SERVER 和 USER 外的所有对象类
UPDATE	同义词、表和列、视图和列。可以在数据库、架构或对象级别授予权限
VIEW CHANGE TRACKING	架构和表
VIEW DEFINITION	除 DATABASE SCOPED CONFIGURATION 和 SERVER 外的所有对象类

16.5.3 使用SSMS设置权限

权限设置分为授予、撤销和拒绝3种状态。

- 授予权限(GRANT)：允许用户或角色具有某种操作权限。
- 撤销权限(REVOKE)：撤销以前授予或拒绝了的权限。
- 拒绝权限(DENY)：拒绝给安全账户授予权限，并且可以防止安全账户通过其组或角色成员身份继承权限。

1. 服务器级的权限设置

下面以设置登录名SQL_Wang具有创建数据库的权限为例，介绍服务器级权限设置的操作步骤。

(1) 在"对象资源管理器"窗格中右击服务器，在弹出的快捷菜单中选择"属性"命令，打开"服务器属性"窗口。

(2) 单击"服务器属性"窗口左侧窗格的"权限"选择页，在此页面的"登录名或角色"列表框中，选择要设置权限的对象SQL_Wang，在"SQL_Wang的权限"选项组的"显式"选项卡中，在"权限"列表的"创建任意数据库"权限的右边勾选"授予"复选框，如图16-20所示。

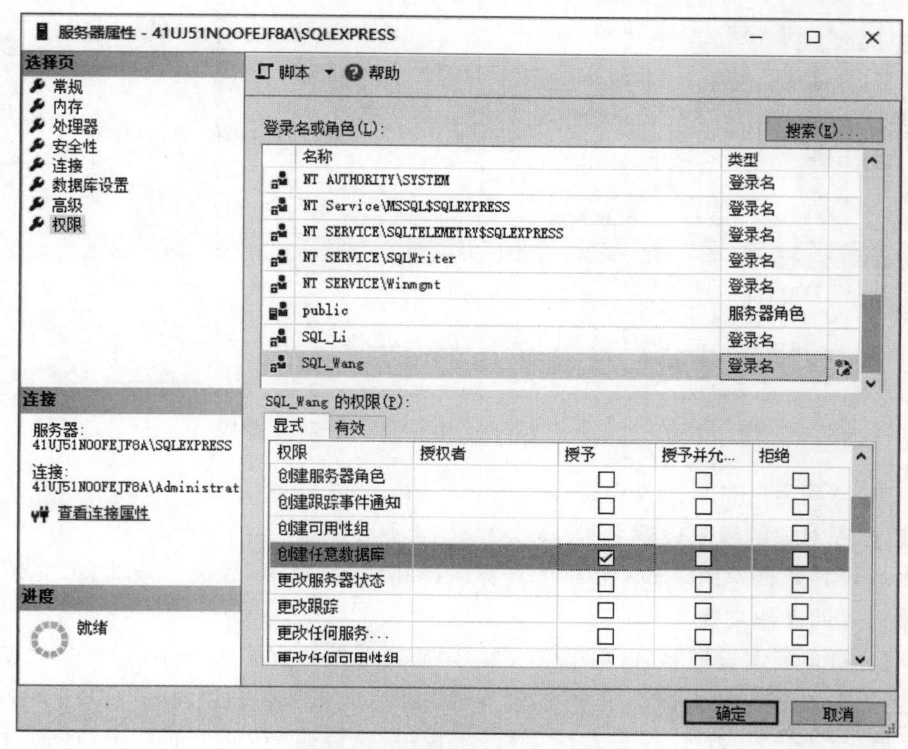

图16-20 为SQL_Wang登录名设置权限

(3) 单击"确定"按钮，完成设置。

2. 数据库级的权限设置

下面以设置数据库用户DB_User1具有创建表的权限为例，介绍数据库级权限设置的操作步骤。

(1) 在“对象资源管理器”窗格中依次展开“服务器”→“数据库”结点，右击 STUMS 数据库，在弹出的快捷菜单中选择“属性”命令，打开“数据库属性-STUMS”窗口。

(2) 单击“数据库属性-STUMS”窗口左侧窗格的“权限”选择页，在此页面“用户或角色”列表框中选择要设置权限的对象 DB_User1，在“DB_User1 的权限”选项组的“显式”选项卡中，在“权限”列表的“创建表”权限的右侧勾选“授予”复选框，如图 16-21 所示。

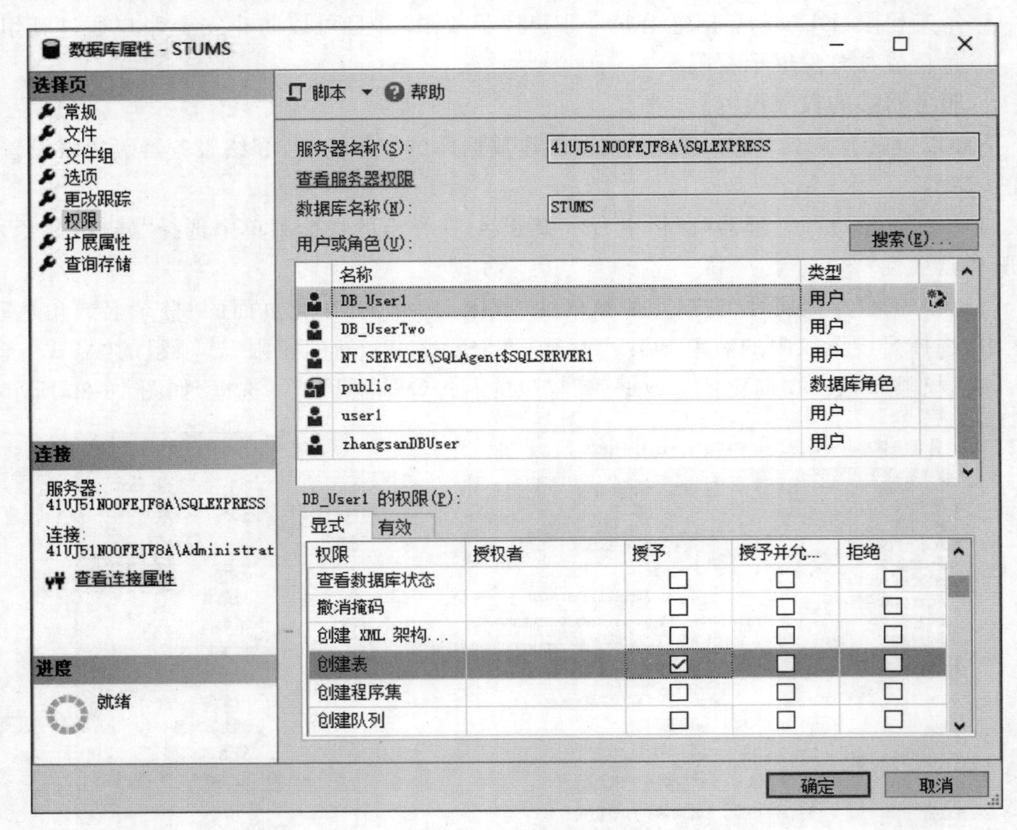

图 16-21　为 DB_User1 用户授予数据库级权限

(3) 单击“确定”按钮，完成设置。

3. 数据库对象的权限设置

下面以设置数据库用户 DB_User1 具有选择和引用“教师”表的权限为例，介绍数据库对象权限设置的操作步骤。

(1) 在“对象资源管理器”窗格中依次展开“服务器”→“数据库”→STUMS→“表”结点，右击“教师”表，在弹出的快捷菜单中选择“属性”命令，打开“表属性-教师”窗口。

(2) 单击“表属性-教师”窗口左侧窗格的“权限”选择页，在此页面单击“搜索”按钮，打开“选择用户和角色”对话框，单击“浏览”按钮，打开“查找对象”对话框，勾选 DB_User1 复选框，单击“确定”按钮，再单击“确定”按钮，返回“表属性-教师”窗口。

(3) 在“DB_User1 的权限”选项组的“显式”选项卡中，在“权限”列表的“选择”权限右侧勾选“授予”列的复选框，勾选“引用”权限右边“授予”列的复选框，如图 16-22 所示。

(4) 单击“确定”按钮，完成设置。

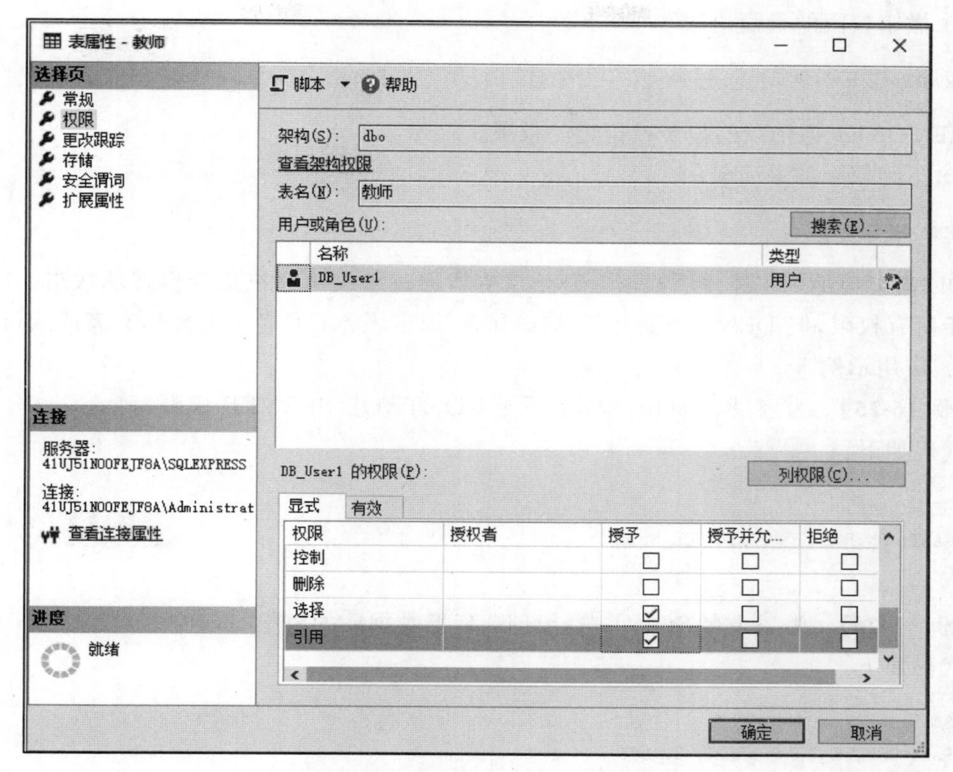

图 16-22　为 DB_User1 用户授予表级权限

16.5.4　使用 T-SQL 语句设置对象权限

在 SQL Server 2019 中，可以使用 GRANT、REVOKE 和 DENY 语句完成对表、视图、表值函数、存储过程、扩展存储过程、标量值函数、聚合函数、服务队列或同义词的权限的授予、撤销和拒绝。GRANT、REVOKE、DENY 语句的完整语法非常复杂，下面的语法经过了简化，以突出其语法结构。

1. 特定于对象权限的最简语法

1）授予权限的最简语法

```
GRANT <权限名称> [, … n] [ON <安全对象名>] TO <主体的名称>
```

各参数说明如下。

- GRANT：为主体授予安全对象的权限。一般是 GRANT <某种权限>[ON <某个对象>] TO <某个用户、登录名或组>。为了允许用户执行某些操作，需要授予的权限。
- <权限名称>：如表 16-4 所示的各权限名称。
- [,…n]：可同时指定多项权限，权限之间用“,”分隔。
- <安全对象名>：指定将授予其权限的安全对象。例如，数据库、表、视图、表值函数、存储过程、扩展存储过程、标量值函数、聚合函数、服务队列等。
- <主体的名称>：可为其授予安全对象权限的主体。通常指某个用户、登录名或组等。

2）撤销权限的最简语法

```
REVOKE <权限名称> [, … n] ON <安全对象名> TO <主体的名称>
```

REVOKE：撤销以前授予或拒绝的权限。

3）拒绝权限的最简语法

```
DENY <权限名称> [, … n] ON <安全对象名> TO <主体的名称>
```

DENY：拒绝为主体授予权限。防止该主体通过组或角色成员身份继承权限。DENY 优先于所有权限，但 DENY 不适用于 sysadmin 固定服务器角色的对象所有者或成员。

2. 应用示例

【例 16-25】 为登录名 SQL_Wang 授予 CONTROL SERVER 权限。

代码如下：

```
USE master;
GRANT CONTROL SERVER TO SQL_Wang;
GO
```

【例 16-26】 为登录名 SQL_Li 授予创建任意数据库的权限。

代码如下：

```
USE master;
GRANT CREATE ANY DATABASE TO SQL_li
GO
```

【例 16-27】 授予数据库用户 DB_User1 创建表和创建视图的权限。

代码如下：

```
USE STUMS
GO
GRANT CREATE TABLE, CREATE VIEW TO DB_User1
GO
```

【例 16-28】 授予数据库用户 DB_User1、DB_UA 对“教师”表的所有权限。

代码如下：

```
USE STUMS
GO
GRANT INSERT, UPDATE, DELETE, SELECT ON 教师
TO DB_User1, DB_UA
GO
```

【例 16-29】 拒绝给用户 DB_User1 授予对“教师”表的更新权限。

代码如下：

```
USE STUMS
GO
DENY UPDATE ON 教师 TO DB_User1
GO
```

【例 16-30】 撤销数据库用户 DB_User1 创建表和创建视图的权限。

代码如下：

```
USE STUMS
GO
REVOKE CREATE TABLE, CREATE VIEW TODB_User1
GO
```

【例 16-31】 撤销数据库用户 DB_UA 对“教师”表的所有权限。

代码如下：

```
USE STUMS
GO
REVOKE INSERT,UPDATE,DELETE,SELECT ON 学生
TO DB_UA
GO
```

【例 16-32】 撤销登录名 SQL_li 创建任意数据库的权限。

代码如下：

```
USE master;
REVOKE CREATE ANY DATABASE TO SQL_li;
GO
```

课堂任务 5 对照练习

(1) 设置登录名 SQL_new 具有创建数据库的权限。

(2) 设置用户 STU_new 具有创建表和创建视图的权限。

(3) 设置用户 STU_new 对“教师”表具有删除和插入权限。

(4) 拒绝或撤销上述 SQL_new、STU_new 所具有的权限。

课 后 作 业

1. 简述 SQL Serve 2019 是如何确保数据库的安全的？

2. 登录 SQL Servee 服务器的两种验证模式有何区别？如何实现两种登录模式的切换？

3. 什么是登录账户？什么是数据库用户？它们之间的关系如何？

4. 服务器级别角色和数据库级别角色的区别是什么？

5. 结合学生信息管理系统数据库 STUMS，使用 SSMS 或 T-SQL 完成下列各题。

(1) 创建登录名 SQL_A、SQL_B 和 WIN_C，并创建对应的数据库用户 user1、user2 和 super。

(2) 给登录名 SQL_A 指定 sysadmin 服务器级角色。以 SQL_A 重新连接服务器，观察其操作权限。

(3) 给用户 user1 指定 db_datareader 数据库级别角色。

(4) 给用户 user1 和 user2 授予创建数据库和表的权限。

(5) 给 public 角色授予 DELETE 权限(SELECT、DELETE、UPDATE)并将特定的权限授予用户 user1、user2,使这些用户对“学生”表具有对应权限。

(6) 拒绝用户 user1、user2 不能使用 CREATE DATABASE 和 CREATE TABLE 语句。

(7) 拒绝用户 user2 对“学生”表的 INSERT 和 UPDATE 权限。

(8) 撤销用户 user1 的 CREATE TABLE 语句权限。

实训 13 图书借阅管理系统数据库的安全管理

1. 实训目的

(1) 熟悉 SQL Server 的身份验证模式。

(2) 掌握创建和管理登录名的方法。

(3) 掌握创建和管理数据库用法的方法。

(4) 掌握创建和管理角色的方法。

(5) 学会设置权限的方法。

2. 实训准备

(1) 了解 SQL Server 的身份验证模式。

(2) 了解创建和管理登录名的内容。

(3) 了解创建和管理数据库用户的内容。

(4) 了解创建和管理角色的内容。

(5) 了解权限的分类和权限的设置。

3. 实训要求

(1) 完成下面的实训内容,并提交实训报告。

(2) 将所有的代码附上。

4. 实训内容

1) 重新设置服务器的身份验证模式为混合验证模式

2) 创建和管理登录名

(1) 在 TSJYMS 数据库所在的服务器上,使用 SSMS 和 T-SQL 语句创建 SQL Server 身份验证的登录名 SQL_TS1 和 SQL_TS2。

(2) 在 TSJYMS 数据库所在的服务器上,创建 Windows 身份验证的登录名 WIN_TS3。

(3) 观看“启用”和“禁用”登录名 WIN_TS3 的情况。

(4) 修改登录名 SQL_TS1 将其默认数据库指定为 TSJYMS。

(5) 删除登录名 WIN_TS3。

3) 创建和管理数据库用户

(1) 在 TSJYMS 数据库中,创建基于 SQL_TS1 登录名的数据库用户 DB_User1,创建基于 SQL_TS2 登录名的数据库用户 DB_User2。

(2) 使用 SQL_TS1 重新连接服务器,观察其可操作性范围。退出,再重新连接服务器。

(3) 使用 ALTER USER 语句,将用户 DB_User2 更名为 DB_UserTwo,将默认架构更改为 Wxyz。

4）创建和管理角色

（1）使用SSMS将登录名SQL_TS1指定为sysadmin服务器角色后，使用登录名SQL_TS1重新连接服务器，观察其可操作性范围。

（2）使用sp_addsrvrolemember将登录名SQL_TS2添加为服务器角色dbcreator的成员。

（3）删除sysadmin服务器角色中的成员SQL_TS1后，再观看SQL_TS1的可操作性范围。

（4）在TSJYMS数据库中创建标准角色TS_role1，用户DB_User1是它的成员，拥有查询“图书信息”表的权限。

（5）在TSJYMS数据库中创建一个应用程序角色TSPRO_role，使其拥有查询“读者信息”表的权限。

（6）使用CREATE ROLE语句创建角色TS_role2，使用系统存储过程sp_addrolemember将用户BD_User1、BD_User2添加为角色TS_role2的成员。

（7）从TSJYMS数据库中删除角色TS_role2。

5）管理权限

（1）授予用户DB_user1、DB_UserTwo对“图书信息”表具有所有的权限。

（2）拒绝用户DB_user1使用CREATE TABLE语句

（3）拒绝用户DB_UserTwo对“读者信息”表的INSERT和UPDATE权限。

（4）撤销所有用户对“图书信息”表的查询权限。

第 17 课　学生信息管理系统事务、锁与游标的应用

17.1　事　　务

课堂任务 1　了解事务的基本概念，学习事务处理的方法。

SQL Server 中的一个事务(Transaction)是由一系列的数据库查询操作和更新操作构成的，把这一系列操作作为单个逻辑工作单元执行，并且是不可分的。

例如，将 STUMS 数据库中"学生"表中的学号由"18011219"修改为"18011299"。因为该学号出现在"学生"表和"选课"表中，所以要将两个表中的学号都修改，而不能只修改其中的一个表。用户必须通知 SQL Server，通知的方法是将两个表的更新定义成一个事务，通过事务来保证"学生"表和"选课"表的学号同时修改，以达到数据保持一致性的目的。

代码如下：

```
USE STUMS
GO
BEGIN TRAN stu_update_transaction          /*定义事务*/
UPDATE 学生 SET 学号 = '18011299'  WHERE 学号 = '18011219'
UPDATE 选课 SET 学号 = '18011299'  WHERE 学号 = '18011219'
COMMIT TRAN stu_update_transaction         /*提交事务*/
```

从用户的观点来看，根据业务规则，这些操作是一个整体，不能分割，即要么所有的操作都顺利完成，要么一个也不要做。绝不能只完成了部分操作，而还有部分操作没有完成。

事实上，事务是由一系列 T-SQL 语句组成的执行单元。如果某一事务成功，则在该事务中进行的所有数据修改均会提交，成为数据库中的永久组成部分。如果事务遇到错误且必须取消或回滚，则所有数据修改均被清除。SQL Server 的事务管理子系统负责事务的处理。

由于事务的执行机制，确保了数据能够正确地被修改，避免造成数据只修改一部分而导致数据不完整，或是在修改途中受到其他用户的干扰。

17.1.1　事务模式与事务定义语句

1. 事务模式

SQL Server 以自动提交事务、显式事务、隐式事务和批处理级事务模式运行。

- 自动提交事务。每条单独的语句都是一个事务。
- 显式事务。每个事务均以 BEGIN TRANSACTION 语句显式开始，以 COMMIT 或 ROLLBACK 语句显式结束。

• 隐式事务。在前一个事务完成时新事务隐式启动，但每个事务仍以 COMMIT 或 ROLLBACK 语句显式完成。
• 批处理级事务。只能应用于多个活动结果集(MARS)，在 MARS 会话中启动的 T-SQL 显式或隐式事务变为批处理级事务。当批处理完成时没有提交或回滚的批处理级事务自动由 SQL Server 进行回滚。

2. 事务定义语句

定义显式事务的语句有 BEGIN TRANSACTION、COMMIT TRANSACTION、COMMIT WORK、ROLLBACK TRANSACTION 或 ROLLBACK WORK。各语句语法如下：

1) BEGIN TRANSACTION 语句

BEGIN TRANSACTION 语句标记一个显式本地事务的起始点。其语法格式如下。

```
BEGIN { TRAN | TRANSACTION }
  [ { transaction_name | @tran_name_variable }
    [ WITH MARK [ 'description' ] ]
  ]
[ ; ]
```

各参数说明如下。

• transaction_name：事务的名称，遵循标识符的命名规则。但标识符所包含的字符数不能大于 32。transaction_name 始终区分大小写。
• @tran_name_variable：用户定义的、含有有效事务名称的变量的名称。必须使用 char、varchar、nchar 或 nvarchar 数据类型声明该变量。如果传递给该变量的字符多于 32 个，则仅使用前面的 32 个字符，其余的字符将被截断。
• WITH MARK：指定在日志中标记事务，description 为描述该标记的字符串。如果使用了 WITH MARK，则必须指定事务名。

2) COMMIT TRANSACTION 语句

COMMIT TRANSACTION 语句标志一个成功的隐性事务或显式事务的结束。其语法格式如下：

```
COMMIT [ { TRAN | TRANSACTION }  [ transaction_name | @tran_name_variable ] ]
[ WITH ( DELAYED_DURABILITY = { OFF | ON } ) ]
[ ; ]
```

各参数说明如下。

• transaction_name：指定由前面的 BEGIN TRANSACTION 分配的事务名称。SQL Server 数据库引擎忽略此参数。
• @tran_name_variable：用户定义的、含有有效事务名称的变量的名称。
• DELAYED_DURABILITY：请求应将此事务与延迟持续性一起提交的选项。适用范围为 SQL Server 和 Azure SQL 数据库。

【说明】 仅当事务引用的所有数据在逻辑上都正确时，T-SQL 程序员才负责发出 COMMIT TRANSACTION 命令。标志一个事务的结束，也可以使用 COMMIT WORK。

3) ROLLBACK TRANSACTION 语句

ROLLBACK TRANSACTION 语句，将显式事务或隐性事务回滚到事务的起点或事务内的某个保存点。可以使用 ROLLBACK TRANSACTION 清除自事务的起点或到某个保存点所做的所有数据修改。它还释放由事务控制的资源。其语法格式如下：

```
ROLLBACK { TRAN | TRANSACTION }
    [ transaction_name | @tran_name_variable
    | savepoint_name | @savepoint_variable ]
[ ; ]
```

各参数说明如下。

- transaction_name：为 BEGIN TRANSACTION 上的事务分配的名称。
- @ tran_name_variable：用户定义的、含有有效事务名称的变量的名称。
- savepoint_name：保存点的名称，必须遵守标识符规则。当条件回滚只影响事务的一部分时，可使用 savepoint_name。
- @savepoint_variable：是含有保存点名称的变量名。

【说明】 在事务内允许有重复的保存点名称，但如果 ROLLBACK TRANSACTION 使用重复的保存点名称，则只回滚到最近的使用该保存点名称的 SAVE TRANSACTION。

在执行 COMMIT TRANSACTION 语句后不能回滚事务，但是 COMMIT TRANSACTION 与包含在要回滚的事务中的嵌套事务关联时除外。

若回滚到事务的起点，也可使用 ROLLBACK WORK。

【例 17-1】 使用事务处理删除学号为“18011219”的学生信息。

代码如下：

```
USE STUMS
GO
DECLARE @tran_name varchar(32)
SELECT @tran_name = 'Transaction_delete'
BEGIN TRAN @tran_name                          /* 开始事务 */
DELETE 学生 WHERE 学号 = '18011219'
DELETE 选课 WHERE 学号 = '18011219'
COMMIT TRAN @tran_name                         /* 提交事务 */
GO
```

本例利用事务变量@tran_name 命名一个事务 Transaction_delete，提交该事务后，将删除“学生”表中学号为“18011219”的记录，同时也将“选课”表中该学号的记录删除，以保证两表数据的一致性。在查询编辑器中输入上述代码并执行，结果如图 17-1 所示。

3. 事务回滚示例

【例 17-2】 利用保存点保存部分事务的应用举例。

代码如下：

```
BEGIN TRANSACTION                                  /* 事务开始 */
INSERT INTO 课程(课程号,课程名,课程性质,学分)      /* 向课程表插入数据 */
VALUES('0004','体育','A','4')
UPDATE 课程 SET 学分 = '4' WHERE 课程号 = '0004'    /* 修改课程号为 0004 的学分 */
SAVE TRAN ST1                                      /* 保存事务,保存点名为 ST1 */
INSERT INTO 课程(课程号,课程名,课程性质,学分)      /* 向课程表插入数据 */
VALUES('0399','大数据','A','4')
```

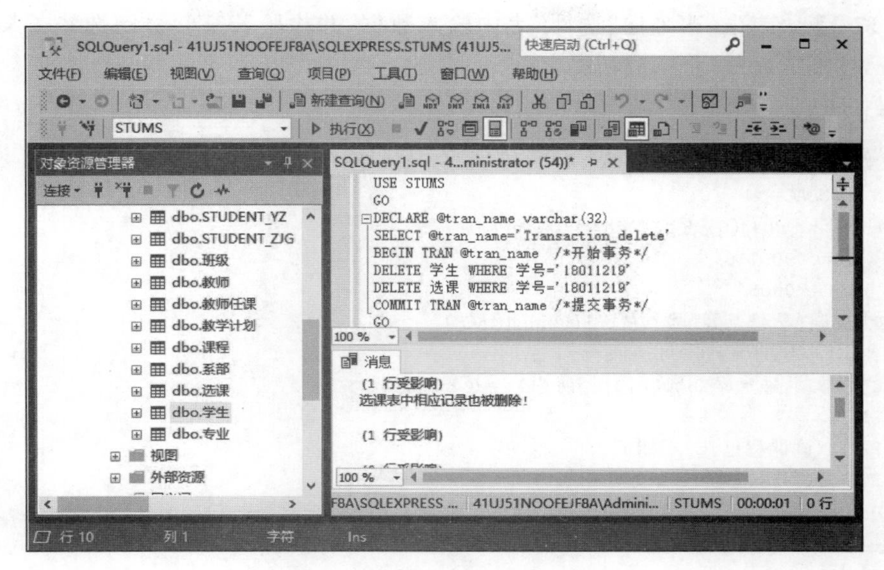

图 17-1　例 17-1 的执行结果

```
ROLLBACK TRAN ST1                                    /* 回滚事务至保存点 ST1 */
SELECT * FROM 课程                                   /* 查询课程表信息 */
COMMIT TRAN                                          /* 提交事务 */
```

本例是使用保存点实现部分事务回滚。虽然在"课程"表中插入了 2 条记录,但由于使用了事务保存点 ST1,仅保存了第一条插入的记录。ROLLBACK TRANSACTION 命令又将事务回滚到保存点 ST1,所以第二次插入的记录被撤销了,查询的结果如图 17-2 所示。

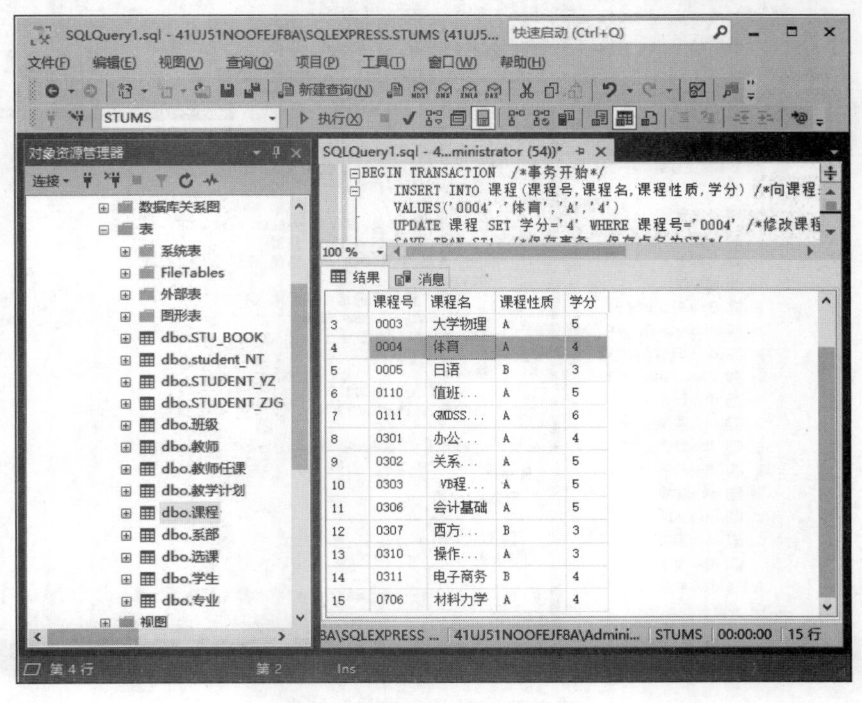

	课程号	课程名	课程性质	学分
3	0003	大学物理	A	5
4	0004	体育	A	4
5	0005	日语	B	3
6	0110	值班...	A	5
7	0111	GMDSS...	A	6
8	0301	办公...	A	4
9	0302	关系...	A	5
10	0303	VB程...	A	5
11	0306	会计基础	A	5
12	0307	西方...	B	3
13	0310	操作...	A	3
14	0311	电子商务	B	4
15	0706	材料力学	A	4

图 17-2　例 17-2 的执行结果

【例 17-3】 定义一事务向“选课”表中输入数据，并检验若某学号已选修了某课程，则回滚事务，即插入无效，否则成功提交。

代码如下：

```
USE STUMS
BEGIN TRANSACTION
DECLARE @xh char(8),@KCH char(4)
SET @xh = '19061101'
SET @KCH = '0005'
INSERT 选课(学号,课程号)VALUES(@xh,@KCH)
IF(SELECT COUNT( * ) FROM 选课
WHERE 选课.学号 = @XH AND 选课.课程号 = @KCH)> 1
  BEGIN
    PRINT'该课程已选,不能插入!'
    ROLLBACK TRANSACTION
  END
ELSE
  BEGIN
    PRINT'插入成功!'
    COMMIT TRANSACTION
  END
GO
```

本例是嵌套事务处理，由于检验插入的条件不满足，跳过回滚事务处理，显示“记录插入成功”并提交事务。执行结果如图 17-3 所示。

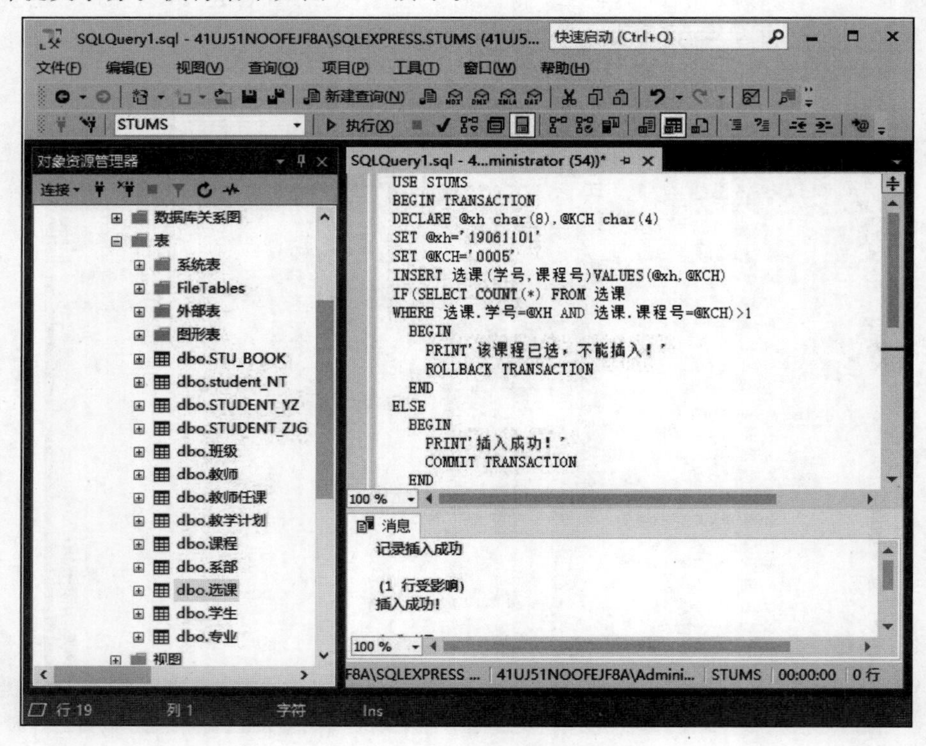

图 17-3　例 17-3 的执行结果

17.1.2 事务模式控制与事务错误处理

1. 事务模式控制

为了连接，有时需要改变事务模式。在 SQL Server 中，使用 SET IMPLICIT_TRANSACTION 命令可以设置事务模式。其语法格式如下：

```
SET IMPLICIT_TRANSACTIONS { ON | OFF }
```

设置为 ON 时，系统处于隐式事务模式。这意味着如果@@TRANCOUNT = 0(@@TRANCOUNT 返回在当前连接上执行的 BEGIN TRANSACTION 语句的数目)，下列任一 T-SQL 语句都会开始新事务：

```
ALTER TABLE    DROP     INSERT    SELECT
CREATE         FETCH    OPEN      TRUNCATE TABLE
DELETE         GRANT    REVOKE    UPDATE
```

设置为 OFF 时，事务模式为自动提交。上述每个 T-SQL 语句都受一个不可见的 BEGIN TRANSACTION 和一个不可见的 COMMIT TRANSACTION 语句限制。如果 T-SQL 代码发出了一个可见 BEGIN TRANSACTION，那么事务模式为显式。

有以下几点需要说明：

- 事务模式为隐式时，如果@@trancount > 0，则不会发出不可见的 BEGIN TRANSACTION。但是，任何显式 BEGIN TRANSACTION 语句都会递增@@TRANCOUNT。
- INSERT 语句和工作单元中的其他任务完成后，需要发出 COMMIT TRANSACTION 语句，直到@@TRANCOUNT 递减为 0；也可以发出一个 ROLLBACK TRANSACTION 语句。
- 不会从表中选择的 SELECT 语句不会启动隐式事务。例如，SELECT GETDATE 或"SELECT 1, 'ABC';"不需要事务。
- 由于 ANSI 默认值的原因，可能会意外打开隐式事务。
- 进行连接时，SQL Server Native Client OLE DB Provider for SQL Server 和 SQL Server Native Client ODBC 驱动程序会自动将 IMPLICIT_TRANSACTIONS 设置为 OFF。对于与 SQLClient 托管提供程序进行连接，及通过 HTTP 端点接收的 SOAP 请求，SET IMPLICIT_TRANSACTIONS 默认为 OFF。

【例 17-4】 检测系统的 IMPLICIT_TRANSACTIONS 当前设置。

代码如下：

```
DECLARE @IMPLICIT_TRANSACTIONS VARCHAR(3) = 'OFF';
IF ( (2 & @@OPTIONS) = 2 ) SET @IMPLICIT_TRANSACTIONS = 'ON';
SELECT @IMPLICIT_TRANSACTIONS AS IMPLICIT_TRANSACTIONS;
GO
```

在查询编辑器中输入上述代码并执行，结果如图 17-4 所示。

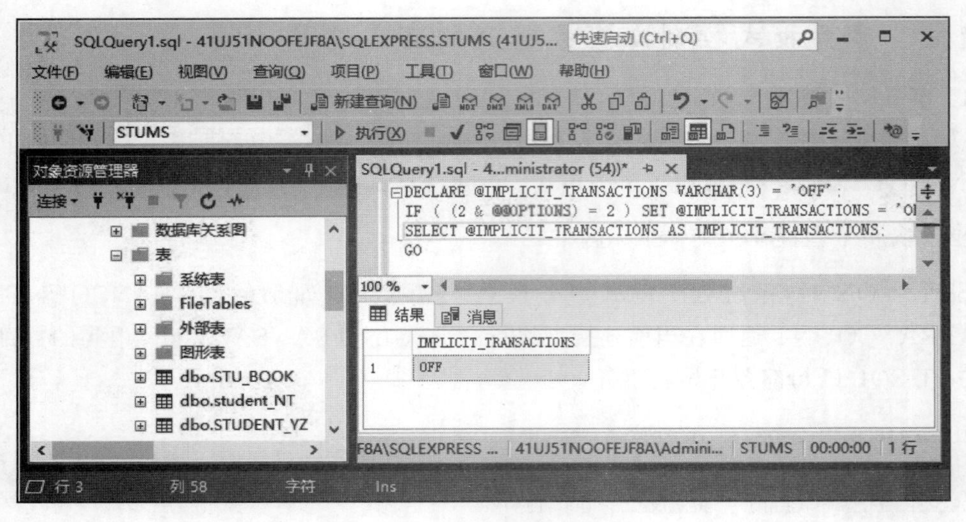

图 17-4　例 17-4 的执行结果

【例 17-5】 设置事务为自动提交模式示例。

代码如下：

```
SET IMPLICIT_TRANSACTIONS OFF;
CREATE table dbo.t1 (a int);
GO
INSERT INTO dbo.t1 VALUES (11);
INSERT INTO dbo.t1 VALUES (12);
SELECT *,@@TRANCOUNT AS TRANCOUNT FROM t1
GO
```

在查询编辑器中输入上述代码并执行，结果如图 17-5 所示。在结果中显示@@TRANCOUNT 的值为 0，说明 CREATE、INSERT 语句开始新事务，并自动提交。

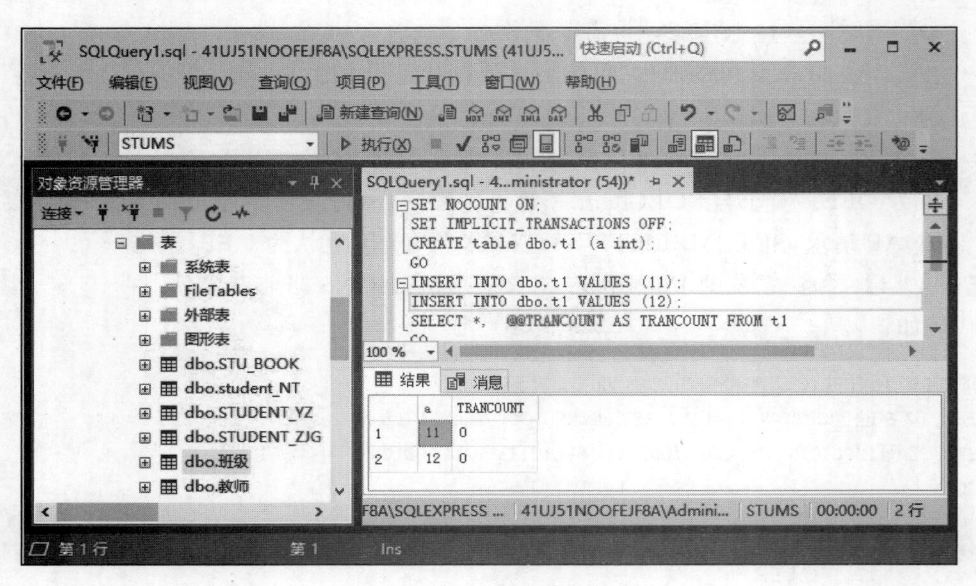

图 17-5　例 17-5 的执行结果

2. 事务错误处理

在事务的执行过程中，如果某个错误使事务无法成功完成，则 SQL Server 会自动回滚该事务，并释放该事务占用的所有资源。

1）网络出现故障

如果客户端与数据库引擎实例的网络连接中断了，那么当网络向实例通知该中断后，该连接的所有未完成事务均会被回滚。

2）客户端出现故障

如果客户端应用程序失败、客户端计算机崩溃或重新启动，也会中断连接，而且当网络向数据库引擎实例通知该中断后，该实例会回滚所有未完成的连接。如果客户端从该应用程序注销，则所有未完成的事务也会被回滚。

3）批处理中语句错误

如果批处理运行过程中出现语句错误（如违反约束），那么数据库引擎中的默认行为是只回滚产生该错误的语句。可以使用 SET XACT_ABORT 语句更改此行为。

- 当 SET XACT_ABORT 为 ON 时，任何运行时语句错误，都将导致整个事务终止并回滚。
- 当 SET XACT_ABORT 为 OFF 时，有时只回滚产生错误的 T-SQL 语句，而事务将继续进行处理。如果错误很严重，即使 SET XACT_ABORT 为 OFF，也可能回滚整个事务。
- 编译错误（如语法错误）不受 SET XACT_ABORT 的影响。

值得指出的是，出现错误时的纠正操作（COMMIT 或 ROLLBACK）应包括在应用程序代码中。处理错误（包括那些事务中的错误）的有效工具是 T-SQL 的 TRY…CATCH 结构。

课堂任务 1 对照练习

使用事务处理，将“教学计划”表中的“0110”课程号改为“1101”。

【提示】 课程号出现在“课程”表、“选课”表、“教师任课”表中，这些表都要修改。

17.2 事务锁定

课堂任务 2 学习有关事务特性、事务并发控制及解除死锁等方面的知识。

在任意数据库中，事务管理不善，常常导致用户的系统中出现争用和性能问题。随着访问数据的用户数量的增加，拥有能够高效的使用事务的应用程序也变得更为重要。SQL Server 数据库引擎使用锁定和行版本控制机制，以确保每个事务的物理完整性并提供有关应用程序如何高效控制事务的信息。

17.2.1 强制事务机制及事务控制

事务是作为单个逻辑工作单元执行的一系列操作。一个逻辑工作单元必须有 4 个属性，即原子性、一致性、隔离性和持久性，也即 ACID 原则，只有这样才能成为一个事务。

- 原子性。事务必须是原子工作单元，对于其数据修改，要么全都执行，要么全都不执行。
- 一致性。事务在完成时，必须使所有的数据都保持一致状态。在相关数据库中，所有规则都必须应用于事务的修改，以保持所有数据的完整性。事务结束时，所有的内部数据结构（如 B 树索引或双向链表）都必须是正确的。
- 隔离性。由并发事务所做的修改必须与任何其他并发事务所做的修改隔离。事务识别数据时，数据所处的状态要么是另一并发事务修改它之前的状态，要么是第二个事务修改它之后的状态，事务不会识别中间状态的数据。这称为可串行性，因为它能够重新装载起始数据，并且重播一系列事务，以使数据结束时的状态与原始事务执行的状态相同。
- 持续性。完成完全持久的事务之后，它的影响将永久存在于系统中。该修改即使出现系统故障也将一直保持。SQL Server 2019 版本将启用延迟的持久事务，提交延迟的持久事务后，该事务日志记录将保留在磁盘上。

事务的 ACID 原则保证了一个事务要么在提交后成功执行，要么在提交后失败回滚，因此它对数据的修改具有可恢复性。即当事务失败时，它对数据的修改都会恢复到该事务执行前的状态。可以说，对数据库中数据的保护是围绕着实现事务的特性而实现的。

1. 强制事务机制

SQL 程序员要负责启动和结束事务，同时强制保持数据的逻辑一致性。程序员必须定义数据修改的顺序，使数据相对于其组织的业务规则保持一致。程序员将这些修改语句包括到一个事务中，使 SQL Server 数据库引擎能够强制该事务的物理完整性。

SQL Server 数据库引擎提供以下机制以保证每个事务的物理完整性。

- 锁定设备，使事务保持隔离。
- 通过记录设备，保证事务持久性。对于完全持久的事务，在其提交之前，日志记录将强制写入磁盘。因此，即使服务器硬件、操作系统或 SQL Server 数据库引擎实例自身出现故障，该实例也可以在重新启动时使用事务日志，将所有未完成的事务自动地回滚到系统出现故障的点。提交延迟的持久事务后，该事务日志记录将强制写入磁盘。如果在日志记录强制写入磁盘前系统出现故障，则此类事务可能会丢失。
- 事务管理特性，强制保持事务的原子性和一致性。事务启动之后，就必须成功完成（提交），否则 SQL Server 数据库引擎实例将撤销该事务启动之后对数据所做的所有修改。

2. 控制事务

应用程序主要通过指定事务启动和结束的时间来控制事务。可以使用 T-SQL 语句或数据库应用程序编程接口（API）函数来指定这些时间。

1）启动事务

使用 API 函数和 T-SQL 语句，可以在 SQL Server 数据库引擎实例中将事务作为显式、自动提交或隐式事务来启动。

2）显式事务

通过 API 函数或发出 T-SQL 的 BEGIN TRANSACTION、COMMIT TRANSACTION、

COMMIT WORK、ROLLBACK TRANSACTION 或 ROLLBACK WORK 语句明确定义事务的开始和结束。

3）自动提交事务

自动提交模式是 SQL Server 数据库引擎的默认事务管理模式。只要没有显式事务或隐性事务覆盖自动提交模式，与 SQL Server 数据库引擎实例的连接就以此默认模式操作。

4）隐式事务

当连接以隐式事务模式进行操作时，SQL Server 数据库引擎实例将在提交或回滚当前事务后自动启动新事务。通过 API 函数或 T-SQL 的 SET IMPLICIT_TRANSACTIONS ON 语句，将隐性事务模式设置为打开。

5）批处理级事务

当批处理完成时没有提交或回滚的批处理级事务自动由 SQL Server 进行回滚。

6）分布式事务

分布式事务跨越两个或多个称为资源管理器的服务器，则由称为事务管理器的服务器组件必须在资源管理器之间协调事务管理。

17.2.2 锁定和行版本控制

当多个用户同时访问数据时，SQL Server 数据库引擎使用以下机制确保事务的完整性和保持数据库的一致性。

1. 锁定与行版本控制

1）锁定

每个事务对所依赖的资源（如行、页或表）请求不同类型的锁。锁可以阻止其他事务以某种可能会导致事务请求锁出错的方式修改资源。当事务不再依赖锁定的资源时，它将释放锁。

2）行版本控制

当启用了基于行版本控制的隔离级别时，SQL Server 数据库引擎将维护修改的每一行的版本。应用程序可以指定事务使用行版本查看事务或查询开始时存在的数据，而不是使用锁保护所有读取。通过使用行版本控制，读取操作阻止其他事务的可能性将大大降低。

锁定和行版本控制可以防止用户读取未提交的数据，还可以防止多个用户尝试同时更改同一数据。如果不进行锁定或行版本控制，则对数据执行的查询可能会返回数据库中尚未提交的数据，从而产生意外的结果。

应用程序可以选择事务隔离级别，为事务定义保护级别，以防被其他事务所修改。可以为各个 T-SQL 语句指定表级别的提示，进一步定制行为以满足应用程序的要求。

2. 管理并发数据访问

同时访问一种资源的用户被视为并发访问资源。并发数据访问需要某些机制，以防止多个用户试图修改其他用户正在使用的资源时产生负面影响。

1）并发影响

修改数据的用户会影响同时读取或修改相同数据的其他用户。如果数据存储系统没有并发控制，则用户可能会看到以下负面影响。

• 丢失更新。当两个或多个事务选择同一行，然后基于最初选定的值更新该行时，会发生丢失更新问题。每个事务都不知道其他事务的存在,最后的更新将重写由其他事务所做的更新,这将导致数据更新丢失。例如,有两个用户同时访问 STUMS 数据库的"学生"表,并读入同一数据进行修改,然后保存更改结果。这样,后保存其更改结果的用户就覆盖了第一个用户所做的更新,破坏了第一个用户提交的结果,导致第一个用户的更新被丢失。如果在第一个用户完成之后第二个用户才能进行更改,则可以避免该问题。

- 未提交的依赖关系(脏读)。当第二个事务选择其他事务正在更新的行时,会发生未提交的依赖关系问题。第二个事务正在读取的数据还没有提交并且可能由更新此行的事务所更改。例如,第一个用户正在修改 STUMS 数据库的"教师"表中"职称"列的数据,在更改过程中,第二个用户读取了"教师"表的数据。此后,第一个用户发现"职称"列的数据修改错了,于是撤销了所做的修改,将其恢复到原数据并保存。这样,第二个用户读到的数据包含不再存在的修改内容,并且这些修改内容应认为从未存在过,即"脏读"。如果在第一个用户确定最终更改前任何人都不能读取更改的数据,则可以避免该问题。
- 不一致的分析(不可重复读)。当第二个事务多次访问同一行而且每次读取不同的数据时,会发生不一致的分析问题。例如,一个用户两次读取 STUMS 数据库的"选课"表中的记录信息,但在两次读取之间,另一用户正在进行选修课成绩的录入操作,重写了该文档。当第一个用户再次读取"选课"表中的数据时,其数据信息已更改,使第一次读取不可重复。如果只有在录入操作的用户全部完成录入后,才可以让其他用户访问选课表数据,则可以避免该问题。
- 虚拟读取。执行两个相同的查询但第二个查询返回的行集合是不同的,此时就会发生虚拟读取。例如,学生处正通过学生信息管理系统统计应届毕业生数,而此时教务处却因毕业班的某学生考试作弊或严重错误,将其开除或延迟毕业并将该考生的信息从毕业生数据中删除。这样,就发生了虚拟读,导致学生处的统计数据不正确。如果只有在数据删除工作完成后,才让学生处访问 STUMS 数据库,则可以避免该问题。
- 由于行更新导致读取缺失和重复读。缺失一个更新行或多次看到某更新行。在 READ UNCOMMITTED 级别运行的事务,当用户在扫描索引时,而另一个用户在此期间更改了行的索引键列,可能会缺失或重复读行。缺失非更新目标的一行或多行,使用 READ UNCOMMITTED 时,如果用户使用分配顺序扫描(使用 IAM 页)查询读取行,当其他事务导致页拆分时,可能会缺失行。

2) 并发控制类型

当许多人试图同时修改数据库中的数据时,必须实现一个控制系统,使一个人所做的修改不会对他人所做的修改产生负面影响,这称为并发控制。并发控制理论根据建立并发控制的方法分为两类。

- 悲观并发控制。使用锁定系统进行控制。一个锁定系统可以阻止用户以影响其他用户的方式修改数据。如果用户执行的操作导致应用了某个锁,只有这个锁的所有者释放该锁,其他用户才能执行与该锁冲突的操作。悲观并发控制适用于发生并发冲突时用锁保护数据的成本低于回滚事务的成本。

- 乐观并发控制。使用回滚事务进行控制。用户读取数据时不锁定数据,当一个用户更新数据时,系统将进行检查,查看该用户读取数据后其他用户是否又更改了该数据。如果其他用户更新了数据,将产生一个错误。一般情况下,收到错误信息的用户将回滚事务并重新开始。乐观并发控制适用于数据争用不大且偶尔回滚事务的成本低于读取数据时锁定数据的成本。

SQL Server 支持一定范围的并发控制。用户通过为游标上的连接或并发选项选择事务隔离级别来指定并发控制的类型。

3) 数据库引擎隔离级别

隔离级别是指一个事务必须与由其他事务进行的资源或数据更改相隔离的程度。SQL Server 数据库引擎支持 ISO 标准定义的隔离级别,还支持使用行版本控制的其他两个事务隔离级别,如表 17-1 所示。

表 17-1　数据库引擎隔离级别

隔离级别	定　义
未提交的读取	隔离事务的最低级别,只能保证不读取物理上损坏的数据
已提交的读取	允许事务读取另一个事务以前读取(未修改)的数据,而不必等待第一个事务完成
可重复的读取	SQL Server 数据库引擎保留在所选数据上获取的读锁和写锁,直到事务结束。但是,因为不管理范围锁,可能发生虚拟读取
可序列化	隔离事务的最高级别,事务之间完全隔离。SQL Server 数据库引擎保留在所选数据上获取的读锁和写锁,在事务结束时释放它们
行版本控制隔离级别	
读取已提交的快照(RCSI)	当 READ_COMMITTED_SNAPSHOT 数据库选项设置为 ON 时,已提交读隔离使用行版本控制提供语句级读取一致性
快照	快照隔离级别使用行版本控制来提供事务级别的读取一致性

17.2.3　SQL Server 中的锁定

锁定是 SQL Server 数据库引擎用来同步多个用户同时对同一个数据块的访问的一种机制。在事务获取数据块当前状态的依赖关系(比如通过读取或修改数据)之前,它必须保护自己不受其他事务对同一数据进行修改的影响。事务通过请求锁定数据块来达到此目的。

锁有多种模式,如共享或排他。锁模式定义了事务对数据所拥有的依赖关系级别。应用程序一般不直接请求锁。锁由 SQL Server 数据库引擎的一个部件(称为"锁管理器")在内部管理。

1. 锁粒度和层次结构

SQL Server 数据库引擎具有多粒度锁定,允许一个事务锁定不同类型的资源。为了尽量减少锁定的开销,数据库引擎自动将资源锁定在适合任务的级别。锁定在较小的粒度(例如行)可以提高并发度,但开销较高,因为如果锁定了许多行,则需要持有更多的锁。锁定在较大的粒度(例如表)会降低并发度,因为锁定整个表限制了其他事务对表中任意部分的访问,但其开销较低,因为需要维护的锁较少。SQL Server 数据库引擎可以锁定的资源如表 17-2 所示。

表 17-2 SQL Server 数据库引擎可以锁定的资源

资源	描述
RID	用于锁定堆中的单个行的行标识符
KEY	索引中用于保护可序列化事务中的键范围的行锁
PAGE	数据库中的 8KB 页,例如数据页或索引页
EXTENT	一组连续的 8 页,例如数据页或索引页
HoBT	保护没有聚集索引的表中的 B 树(索引)或堆数据页的锁
TABLE	包括所有数据和索引的整个表
FILE	数据库文件
APPLICATION	应用程序专用的资源
METADATA	元数据锁
ALLOCATION_UNIT	分配单元
DATABASE	整个数据库

2. 锁模式

SQL Server 数据库引擎使用不同的锁模式锁定资源,这些锁模式确定了并发事务访问资源的方式。SQL Server 数据库引擎使用的资源锁模式如表 17-3 所示。

表 17-3 SQL Server 数据库引擎使用的资源锁模式

锁模式	说明
共享(S)	用于不更改或不更新数据的读取操作,如 SELECT 语句
更新(U)	用于可更新的资源中。防止当多个会话在读取、锁定以及随后可能进行的资源更新时发生常见形式的死锁
排他(X)	用于数据修改操作,例如 INSERT、UPDATE 或 DELETE。确保不会同时对同一资源进行多重更新
意向	用于建立锁的层次结构。意向锁包含 3 种类型:意向共享(IS)、意向排他(IX)和意向排他共享(SIX)
架构	在执行依赖于表架构的操作时使用。架构锁包含两种类型:架构修改(Sch-M)和架构稳定性(Sch-S)
大容量更新(BU)	在将数据大容量复制到表中且指定了 TABLOCK 提示时使用
键范围锁	当使用可序列化事务隔离级别时保护查询读取的行的范围。确保再次运行查询时其他事务无法插入符合可序列化事务的查询的行

3. 锁兼容性

锁兼容性控制多个事务能否同时获取同一资源上的锁。如果资源已被另一事务锁定,则仅当请求锁的模式与现有锁的模式相兼容时,才会授予新的锁请求。如果请求锁的模式与现有锁的模式不兼容,则请求新锁的事务将等待释放现有锁或等待锁超时。

17.2.4 SQL Server 的表锁定提示

1. 表锁定提示

可以在 SELECT、INSERT、UPDATE 及 DELETE 语句中为单个表引用指定锁提示。提示指定 SQL Server 数据库引擎实例用于表数据的锁类型或行版本控制。SQL Server 的表锁定提示如表 17-4 所示。

表 17-4　SQL Server 的表锁定提示

锁定提示	描　述
HOLDLOCK	保持共享锁直到事务完成
NOLOCK	不加任何锁,有可能发生"脏读"
NOEXPAND	指定查询优化器处理查询时,不扩展任何索引视图来访问基表
PAGLOCK	对数据页加共享锁
READCOMMITTED	读操作使用锁定或行版本控制来遵循有关 READ COMMITTED 隔离级别的规则
READPAST	指定数据库引擎不读取由其他事务锁定的行
READUNCOMMITTED	允许脏读。READUNCOMMITTED 和 NOLOCK 提示仅适用于数据锁
REPEATABLEREAD	事务在 REPEATABLE READ 隔离级别运行时,使用相同的锁定语义执行一次扫描
ROWLOCK	当采用页锁或表锁时,采用行锁
SERIALIZABLE	等同于 HOLDLOCK。保持共享锁直到事务完成,使共享锁更具有限制性
SNAPSHOT	内存优化表在 SNAPSHOT 隔离下访问
TABLOCK	对表采用共享锁并让其一直持有,直至语句结束
TABLOCKX	对表采用排他锁。若还指定了 HOLDLOCK,则会一直持有该锁直至事务完成
UPDLOCK	采用更新锁并保持到事务完成
XLOCK	采用排他锁并保持到事务完成

【说明】 SQL Server 查询优化器会自动做出正确的决定,建议仅在必要时才使用表级锁定提示更改默认的锁定行为。使用表级提示的语法如下:

```
WITH  ( <table_hint> [ [ ]…n ] )
```

其中,参数<table_hint>为锁定提示。

【例 17-6】 为"学生"表加一个共享锁,并且保持到事务结束时再释放。

代码如下:

```
USE STUMS
GO
SELECT * FROM 学生 WITH(TABLOCK HOLDLOCK)
GO
```

【例 17-7】 修改"选课"表学分列数据,为"选课"表加一个更新锁,并且保持到事务结束时再释放。

代码如下:

```
USE STUMS
GO
UPDATE 选课 WITH(UPDLOCK HOLDLOCK)
SET 学分 = 3 WHERE 成绩> = 60
GO
```

2. 查看锁定信息

数据库管理员通常需要识别影响数据库性能的锁定来源。SQL Server 2019 提供了多种方法,用来获取有关 SQL Server 数据库引擎实例中的当前锁活动的信息。

- Locks 事件类别：通过使用 SQL Server Profiler,可以指定用来捕获有关跟踪中锁事件的信息的锁事件类别。
- SQL Server Locks 对象：在系统监视器中,可以从锁对象指定计数器来监视数据库引擎实例中的锁级别。
- sys. dm_tran_locks(T-SQL)：返回 SQL Server 2019(15. x)中有关当前活动的锁管理器资源的信息。
- sys. syslockinfo(T-SQL)：包含有关所有已授权、正在转换和正在等待的锁请求的信息。

下面只介绍使用 sys. dm_tran_locks 动态管理视图查看锁定信息方法。

【例 17-8】 使用 sys. dm_tran_locks 视图查看 STUMS 数据库当前持有的所有锁的信息。

代码如下：

```
SELECT resource_database_id, request_mode, request_type,
request_status, request_reference_count
FROM sys. dm_tran_locks
WHERE resource_database_id = DB_ID('STUMS')
```

各参数说明如下。

- resource_database_id：数据库的 ID。
- request_mode：请求的模式。对于已授予的请求,为已授予模式；对于等待请求,为正在请求的模式。
- request_type：请求类型。该值为 LOCK。
- request_status：该请求的当前状态。可能值为 GRANTED(锁定)、CONVERT(转换) 或 WAIT(阻塞)。
- request_reference_count：返回同一请求程序已请求该资源的近似次数。

执行上述代码后,结果如图 17-6 所示。

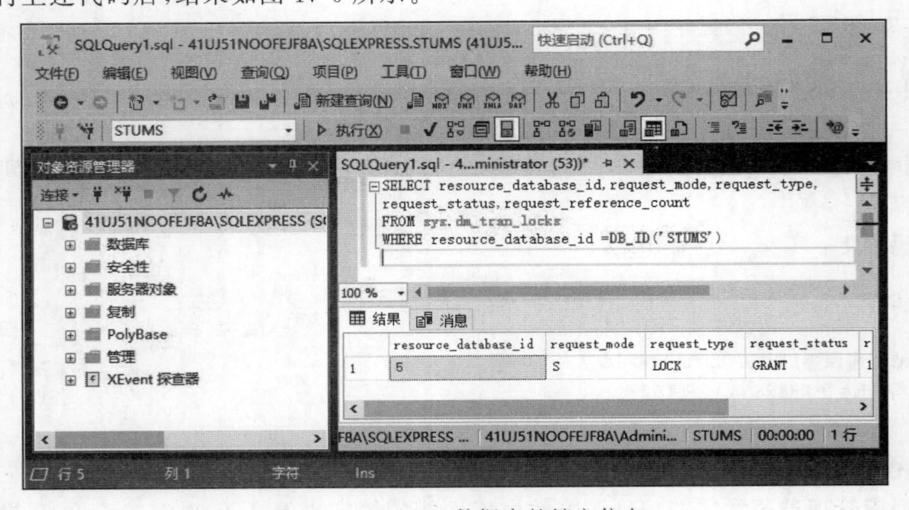

图 17-6 STUMS 数据库的锁定信息

【例 17-9】 使用 sys.dm_tran_locks 视图查看 SQL Server 系统当前持有的所有锁的信息。

代码如下：

```
SELECT resource_database_id,
request_mode,request_type, request_status,request_reference_count
FROM sys.dm_tran_locks
```

17.2.5 死锁

在两个或多个任务中，如果每个任务锁定了其他任务试图锁定的资源，此时会造成这些任务永久阻塞，从而出现死锁，如图 17-7 所示。

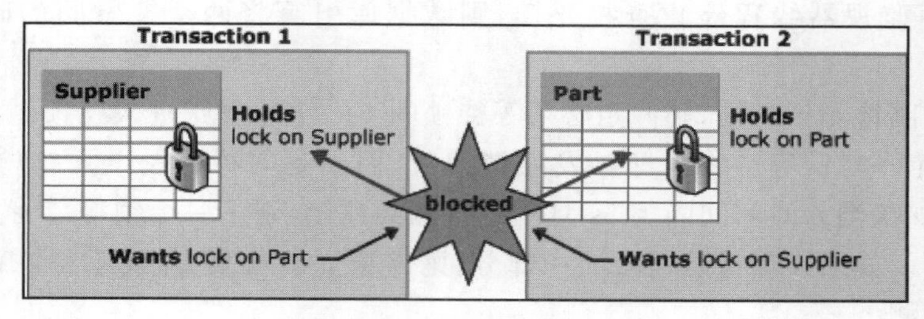

图 17-7 死锁示例

在示例中，对于 Part 表锁资源，事务 Transaction 1 依赖于事务 Transaction 2。同样，对于 Supplier 表锁资源，事务 Transaction 2 依赖于事务 Transaction 1。因为这些依赖关系形成了一个循环，所以在事务 Transaction 1 和事务 Transaction 2 之间存在死锁。

SQL Server 数据库引擎自动检测 SQL Server 中的死锁循环。SQL Server 数据库引擎选择一个会话作为死锁牺牲品，然后终止当前事务(出现错误)来打断死锁。

1. 可以死锁的资源

1) 锁

等待获取资源(如对象、页、行、元数据和应用程序)的锁可能导致死锁。

2) 工作线程

排队等待可用工作线程的任务可能导致死锁。如果排队等待的任务拥有阻塞所有工作线程的资源，则将导致死锁。

3) 内存

当并发请求等待获得内存，而当前的可用内存无法满足其需要时，可能发生死锁。

4) 并行查询与执行相关的资源

通常与交换端口关联的处理协调器、发生器或使用者线程至少包含一个不属于并行查询的进程时，可能会相互阻塞，从而导致死锁。

5) 多重活动结果集 (MARS) 资源

这些资源用于控制在 MARS 下交叉执行多个活动请求。

- 用户资源。线程等待可能被用户应用程序控制的资源时，该资源将被视为外部资源或用户资源，并将按锁进行处理。
- 会话互斥体。在一个会话中运行的任务是交叉的，意味着在某一给定时间只能在该会话中运行一个任务。任务必须独占访问会话互斥体才能运行。

- 事务互斥体。在一个事务中运行的所有任务是交叉的,意味着在某一给定时间只能在该事务中运行一个任务。任务必须独占访问事务互斥体才能运行。

2. 死锁检测

死锁检测是由锁监视器线程执行的,该线程定期搜索 SQL Server 数据库引擎实例的所有任务。上面列出的所有资源均参与 SQL Server 数据库引擎死锁检测方案。以下是锁监视器搜索进程的处理方法。

- 默认时间间隔为 5s。
- 如果锁监视器线程查找死锁,根据死锁的频率,死锁检测时间间隔将从 5s 开始减小,最小为 100ms。
- 如果锁监视器线程停止查找死锁,则数据库引擎将两个搜索间的时间间隔增加到 5s。
- 如果刚刚检测到死锁,则假定必须等待锁的下一个线程正进入死锁循环。检测到死锁后,第一对锁等待将立即触发死锁搜索,而不是等待下一个死锁检测时间间隔。例如,如果当前时间间隔为 5s 且刚刚检测到死锁,则下一个锁等待将立即触发死锁检测器。如果锁等待是死锁的一部分,则将会立即检测它,而不是在下一个搜索期间才检测。

通常,数据库引擎仅定期执行死锁检测。因为系统中遇到的死锁数通常很少,定期死锁检测有助于减少系统中死锁检测的开销。

3. 处理死锁

1) 启用跟踪标志 1204 和跟踪标志 1222

发生死锁时,跟踪标志 1204 会报告由死锁所涉及的每个结点设置格式的死锁信息。跟踪标志 1222 会设置死锁信息的格式,顺序为先按进程,然后按资源。这些信息返回在 SQL Server 错误日志中。

2) 将错误消息 1205 返回应用程序

SQL Server 数据库引擎实例选择某事务作为死锁牺牲品时,将终止当前批处理,回滚事务并将错误消息 1205 返回应用程序。通过实现捕获 1205 号错误消息的错误处理程序,使应用程序得以处理该死锁情况并采取补救措施(例如,可以自动重新提交陷入死锁中的查询)。通过自动重新提交查询,用户不必知道发生了死锁。

3) 将死锁减至最少

尽管死锁不能完全避免,但遵守特定的编码惯例可以将发生死锁的概率降至最低。下列方法有助于将死锁减至最少。

- 按同一顺序访问对象。
- 避免事务中的用户交互。
- 保持事务简短并处于一个批处理中。
- 使用较低的隔离级别。
- 使用基于行版本控制的隔离级别。
- 将 READ_COMMITTED_SNAPSHOT 数据库选项设置为 ON,以使读取提交的事务可以使用行版本控制。

• 使用快照隔离。
• 使用绑定连接。

4）使用 SET DEADLOCK_PRIORITY 语句设置死锁的优先级

默认情况下，数据库引擎选择运行回滚开销最小的事务的会话作为死锁牺牲品。此外，用户也可以使用 SET DEADLOCK_PRIORITY 语句指定死锁情况下会话的优先级。如果两个会话的死锁优先级不同，则会选择优先级较低的会话作为死锁牺牲品。如果两个会话的死锁优先级相同，则会选择回滚开销最低的事务的会话作为死锁牺牲品。如果死锁循环中会话的死锁优先级和开销都相同，则会随机选择死锁牺牲品。

SET DEADLOCK_PRIORITY 语句指定当前会话与其他会话发生死锁时继续处理的相对重要性。其语法格式如下：

```
SET DEADLOCK_PRIORITY { LOW | NORMAL | HIGH | <numeric-priority> |
@deadlock_var | @deadlock_intvar }
<numeric-priority> ::= { -10 | -9 | -8 | … | 0 | … | 8 | 9 | 10 }
```

各参数说明如下。

• LOW：指定如果当前会话发生死锁，并且死锁链中涉及的其他会话的死锁优先级设置为 NORMAL、HIGH 或大于－5 的整数值，则当前会话将成为死锁牺牲品。如果其他会话的死锁优先级设置为小于－5 的整数值，则当前会话将不会成为死锁牺牲品。此参数还指定如果其他会话的死锁优先级设置为 LOW 或－5，则当前会话将可能成为死锁牺牲品。
• NORMAL：指定如果死锁链中涉及的其他会话的死锁优先级设置为 HIGH 或大于 0 的整数值，则当前会话将成为死锁牺牲品，但如果其他会话的死锁优先级设置为 LOW 或小于 0 的整数值，则当前会话将不会成为死锁牺牲品。它还指定如果其他会话的死锁优先级设置为 NORMAL 或 0，则当前会话将可能成为死锁牺牲品。
• HIGH：指定如果死锁链中涉及的其他会话的死锁优先级设置为大于 5 的整数值，则当前会话将成为死锁牺牲品，或者如果其他会话的死锁优先级设置为 HIGH 或 5，则当前会话可能成为死锁牺牲品。
• <numeric_priority>：用以提供 21 个死锁优先级别的整数值范围（－10～10）。LOW 对应于－5、NORMAL 对应于 0 以及 HIGH 对应于 5。
• @deadlock_var：指定死锁优先级的字符变量。此变量必须设置为 LOW、NORMAL 或 HIGH 中的一个值。
• @deadlock_intvar：指定死锁优先级的整数变量。此变量必须设置为－10～10 中的一个整数值。

【例 17-10】 使用 SET DEADLOCK_PRIORITY 语句设置死锁优先级。

代码如下：

```
/* 使用变量将死锁优先级设置为 LOW */
DECLARE @deadlock_var NCHAR(3)
SET @deadlock_var = N'LOW'
SET DEADLOCK_PRIORITY @deadlock_var
GO
```

```
/*将死锁优先级设置为 NORMAL*/
SET DEADLOCK_PRIORITY NORMAL;
GO
```

5）使用 SET LOCK_TIMEOUT 语句设置死锁等待的时间

LOCK_TIMEOUT 指定语句等待锁释放的毫秒数。在 LOCK_TIMEOUT 设置后，当语句的等待超过了 LOCK_TIMEOUT 设置时，SQL Server 自动地取消此等待事务。

LOCK_TIMEOUT 语法格式如下：

```
SET LOCK_TIMEOUT timeout_period
```

其中，参数 timeout_period 为在 Microsoft SQL Server 返回锁定错误前经过的毫秒数。值为 −1（默认值）时表示没有超时期限（即无限期等待）。当锁等待超过超时值时，将返回错误。值为 0 时表示根本不等待，一遇到锁就返回消息。

【例 17-11】 将锁超时期限设置为 1800ms。

代码如下：

```
SET LOCK_TIMEOUT 1800
GO
```

【说明】 在连接开始时，此设置的值为−1。设置更改后，新设置在其余的连接时间里一直有效。

课堂任务 2 对照练习

(1) 为“教师”表加一个共享锁，并且保持到事务结束时再释放。

(2) 查看 STUMS 数据库中当前所有锁的信息。

(3) 使用 SET DEADLOCK PRIORITY 设置会话的优先级。

17.3 游　　标

课堂任务 3 了解游标的概念，掌握游标的使用方法。

由 SQL Server 2019 的锁定粒度或行版本控制机制可知，当事务锁定表中某数据行以控制事务并发时，阻止其他事务的可能性将大大降低。这就要求有一种能够逐行处理数据的机制。SELECT 语句检索返回的结果往往是一个行集，或包括满足 WHERE 子句条件的所有行集。如何从某一结果集中逐一地读取一条记录（一行数据），并赋给主变量交由主语言进一步处理？在 SQL Server 中采用了游标。

17.3.1 认识游标

1. 游标的概念

游标（Cursor）是系统为用户开设的一个数据缓冲区，存放 SQL 语句的执行结果。就本质而言，游标实际上是一种能从包括多条数据记录的结果集中每次提取一条记录的机制。游标总是与一条 SELECT 语句相关联，因为游标由结果集（可以是零条、一条或由 WHERE

子句检索出的多条记录)和结果集中指向特定记录的游标位置(指针)组成。当决定对结果集进行处理时,必须声明一个指向该结果集的游标。

使用游标能够遍历结果集的所有行,而一次只指向一行。游标的优点如下。

- 允许定位在结果集的特定行。
- 从结果集的当前位置检索一行或部分行。
- 支持对结果集中当前位置的行进行数据修改。
- 为由其他用户对显示在结果集中的数据库数据所做的更改提供不同级别的可见性支持。
- 提供脚本、存储过程和触发器中用于访问结果集中的数据的 T-SQL 语句。

2. 游标的实现

SQL Server 支持 3 种游标实现。

1) T-SQL 游标实现

T-SQL 游标基于 DECLARE CURSOR 语法,主要用于 T-SQL 脚本、存储过程和触发器。T-SQL 游标在服务器上实现,由从客户端发送到服务器的 T-SQL 语句管理。它们还可能包含在批处理、存储过程或触发器中。

2) 应用程序编程接口 (API) 服务器游标实现

API 游标支持 OLE DB 和 ODBC 中的 API 游标函数。API 服务器游标在服务器上实现。每次客户端应用程序调用 API 游标函数时,SQL Server Native Client OLE DB 访问接口或 ODBC 驱动程序都会把请求传输到服务器,以便对 API 服务器游标进行操作。

3) 客户端游标实现

客户端游标由 SQL Server Native Client ODBC 驱动程序和实现 ADO API 的 DLL 在内部实现。客户端游标通过在客户端高速缓存所有结果集行来实现。每次客户端应用程序调用 API 游标函数时,SQL Server Native Client ODBC 驱动程序或 ADO DLL 会对客户端上高速缓存的结果集行执行游标操作。

3. 游标的类型

ODBC 和 ADO 定义了 Microsoft SQL Server 支持的 4 种游标类型。这 4 种游标类型分别是只进游标、静态游标、动态游标和由键集驱动的游标。

1) 只进游标

只进游标指定为 FORWARD_ONLY 和 READ_ONLY,不支持滚动。这些游标也称为 firehose 游标,并且只支持从游标的开始到结束连续提取行。行只在从数据库中提取出来后才能检索。对所有由当前用户发出或由其他用户提交并影响结果集中的行的 INSERT、UPDATE 和 DELETE 语句,其效果在这些行从游标中提取时是可见的。

由于游标无法向后滚动,则在提取行后对数据库中的行进行的大多数更改通过游标均不可见。当值用于确定所修改的结果集(例如更新聚集索引涵盖的列)中行的位置时,修改后的值通过游标可见。

2) 静态游标

静态游标的完整结果集是打开游标时在 tempdb 中生成的。静态游标总是按照打开游标时的原样显示结果集。静态游标在滚动期间很少或根本检测不到变化,但消耗的资源相对很少。

静态游标不反映在数据库中所做的任何影响结果集成员身份的更改，也不反映对组成结果集的行的列值所做的更改。静态游标不会显示打开游标以后在数据库中新插入的行，即使这些行符合游标 SELECT 语句的搜索条件。如果组成结果集的行被其他用户更新，则新的数据值不会显示在静态游标中。静态游标会显示打开游标以后从数据库中删除的行。静态游标中不反映 UPDATE、INSERT 或者 DELETE 操作(除非关闭游标然后重新打开)，甚至不反映使用打开游标的同一连接所做的修改。SQL Server 静态游标始终是只读的。

由于静态游标的结果集存储在 tempdb 中的一个工作表中，因此结果集中的行大小不能超过 SQL Server 表的最大行大小。

3) 动态游标

动态游标与静态游标相对。当滚动游标时，动态游标反映结果集中所做的所有更改。结果集中的行数据值、顺序和成员在每次提取时都会改变。所有用户做的全部 UPDATE、INSERT 和 DELETE 操作均通过游标可见。如果使用 API 函数(如 SQLSetPos)或 T-SQL 的 WHERE CURRENT OF 子句通过游标进行更新，它们将立即可见。在游标外部所做的更新直到提交时才可见，除非将游标的事务隔离级别设为未提交读。

4) 由键集驱动的游标

打开由键集驱动的游标时，该游标中各行的成员身份和顺序是固定的。由键集驱动的游标由一组唯一标识符(键)控制，这组键称为键集。键是根据以唯一方式标识结果集中各行的一组列生成的。键集是打开游标时来自符合 SELECT 语句要求的所有行中的一组键值。由键集驱动的游标对应的键集是打开该游标时在 tempdb 中生成的。

17.3.2 使用游标

SQL Server 支持 T-SQL 语句和 API 游标函数两种请求游标的方法。这两种请求游标的方法应用程序不能混合使用。本节只讨论使用 T-SQL 请求游标的方法。

T-SQL 语句使用游标的操作包括声明游标、打开游标、提取数据、关闭游标和释放游标等。

1. 声明游标

游标在使用之前，必须先声明。声明游标使用 DECLARE… CURSOR 语句。DECLARE…CURSOR 既接收基于 ISO 标准的语法，也接收使用一组 T-SQL 扩展的语法。无特殊说明，本书将介绍基于 ISO 标准语法。其语法格式如下：

```
DECLARE cursor_name [ INSENSITIVE ] [ SCROLL ] CURSOR FOR select_statement
[ FOR { READ ONLY | UPDATE [ OF column_name [ ,…n ] ] } ]
```

各参数说明如下。

- cursor_name：为所定义的 T-SQL 服务器游标名称。cursor_name 必须符合标识符规则。
- INSENSITIVE：定义一个游标，以创建将由该游标使用的数据的临时副本。对游标的所有请求都从 tempdb 中的这一临时表中得到应答。因此，在对该游标进行提取操作时返回的数据中不反映对基表所做的修改，并且该游标不允许修改。如果省略 INSENSITIVE，则所有用户对基表的删除和更新则会反映在后面的提取操作中。

- SCROLL：指定以下提取方式均可用。
    - ◆ First：提取第一行数据。
    - ◆ Last：提取最后一行数据。
    - ◆ Prior：提取前一行数据。
    - ◆ Next：提取后一行数据。
    - ◆ Relative：按相对位置提取数据。
    - ◆ Absolute：按绝对位置提取数据。

如果声明游标时没有使用 SCROLL 关键字，则所声明的游标只具有默认的 Next 功能。

- select_statement：定义游标结果集的标准 SELECT 语句。在游标声明的 select_statement 中不允许使用关键字 COMPUTE、COMPUTE BY、FOR BROWSE 和 INTO。
- READ ONLY：定义只读游标，禁止通过该游标进行更新。
- UPDATE [OF column_name [,…n]]：定义游标中可更新的列。如果指定了 OF column_name [,…n]，则只允许修改所列出的列。如果指定了 UPDATE，但未指定列的列表，则可以更新所有列。

【例 17-12】 声明只读型游标 cursor_A 读取"学生"表的数据。

代码如下：

```
USE STUMS
GO
DECLARE cursor_A SCROLL CURSOR
FOR SELECT * FROM 学生
FOR READ ONLY
GO
```

2. 打开游标

游标声明之后，在操作之前必须打开它。打开游标使用 OPEN 语句，其语法格式如下：

```
OPEN { { [ GLOBAL ] cursor_name } | cursor_variable_name }
```

各参数说明如下。

- GLOBAL：指定 cursor_name 是全局游标。
- cursor_name：已声明的游标的名称。如果全局游标和局部游标都使用 cursor_name 作为其名称，语法中指定了 GLOBAL，则 cursor_name 指的是全局游标；否则 cursor_name 指的是局部游标。
- cursor_variable_name：游标变量的名称，该变量引用一个游标。

当执行打开游标的语句时，服务器将执行声明游标时使用的 SELECT 语句。如果使用了 INCENSITIVE 关键字，则服务器会在 tempdb 中建立一个临时表，存放游标将要进行操作的结果集的副本。

【例 17-13】 打开游标 cursor_A。

代码如下：

```
USE STUMS
GO
OPEN cursor_A
GO
```


3. 提取数据

在利用 OPEN 语句打开游标之后，就可以利用 FETCH 语句从游标中提取数据了。使用 FETCH 语句一次可以提取一条记录，其语法格式如下：

```
FETCH [ [ NEXT | PRIOR | FIRST | LAST | ABSOLUTE { n | @nvar }
| RELATIVE { n | @nvar } ] FROM ]
{ { [ GLOBAL ] cursor_name } | @cursor_variable_name }
[ INTO @variable_name [ ,…n ] ]
```

各参数说明如下。

- FETCH NEXT：提取上一个提取行的后面的一行，如果 FETCH NEXT 为对游标的第一次提取操作，则返回结果集中的第一行。NEXT 为默认的游标提取选项。
- FETCH PRIOR：提取上一个提取行的前面的一行，如果 FETCH PRIOR 为对游标的第一次提取操作，则没有行返回并且游标置于第一行之前。
- FETCH FIRST：提取结果集中的第一行。
- FETCH LAST：提取结果集中的最后一行。
- FETCH ABSOLUTE {n|@nvar}：如果 n 或@nvar 为正，则返回从游标头开始向后的第 n 行，并将返回行变成新的当前行。如果 n 或@nvar 为负，则返回从游标末尾开始向前的第 n 行，并将返回行变成新的当前行。如果 n 或@nvar 为 0，则不返回行。n 必须是整数常量，并且@nvar 的数据类型必须为 smallint、tinyint 或 int。
- RELATIVE{n|@nvar}：如果 n 或@nvar 为正，则返回从当前行开始向后的第 n 行，并将返回行变成新的当前行。如果 n 或@nvar 为负，则返回从当前行开始向前的第 n 行，并将返回行变成新的当前行。如果 n 或@nvar 为 0，则返回当前行。在对游标进行第一次提取时，如果在将 n 或@nvar 设置为负数或 0 的情况下指定 FETCH RELATIVE，则不返回行。n 必须是整数常量，@nvar 的数据类型必须为 smallint、tinyint 或 int。
- GLOBAL：指定 cursor_name 是全局游标。
- cursor_name：要从中进行提取操作的打开的游标的名称。
- @ cursor_variable_name：游标变量名，引用要从中进行提取操作的打开的游标。
- INTO @variable_name[,…n]：允许将提取操作的列数据放到局部变量中。列表中的各个变量从左到右与游标结果集中的相应列相关联。各变量的数据类型必须与相应的结果集列的数据类型匹配，或是结果集列数据类型所支持的隐式转换。变量的数目必须与游标选择列表中的列数一致。

【例 17-14】 提取游标 cursor_A 的最后一行数据。

代码如下：

```
USE STUMS
GO
```

```
FETCH LAST FROM cursor_A
GO
```

在查询编辑器中输入上述代码并执行,结果如图 17-8 所示。

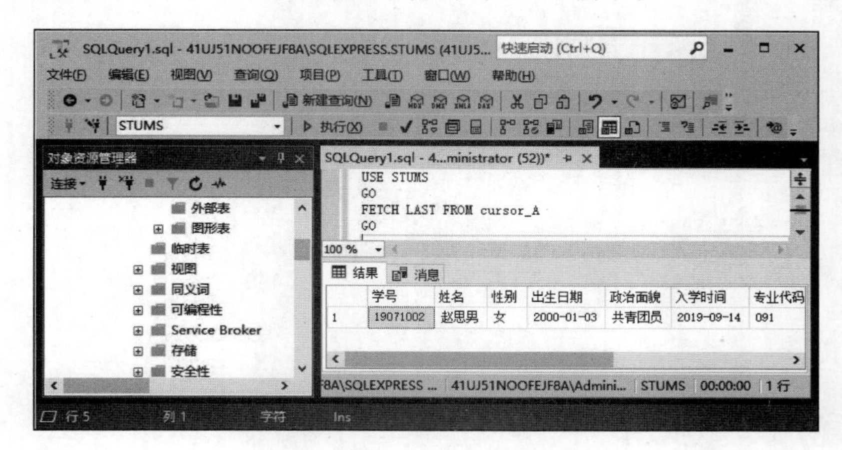

图 17-8　例 17-14 的执行结果

4. 关闭游标

游标打开之后,服务器会专门为游标开辟一定的内存空间存放游标操作的数据结果集,同时使用游标也会对某些数据进行封锁。当不用游标的时候,一定要关闭游标,通知服务器释放游标所占用的资源。关闭游标使用 CLOSE 语句,其语法格式如下:

```
CLOSE { { [ GLOBAL ] cursor_name } | cursor_variable_name }
```

各参数的含义同 OPEN 语句中的参数。

例句:

```
CLOSE cursor_A                    --关闭游标 cursor_A
```

【说明】　游标关闭之后,可以再次打开,在一个处理过程中,可以多次打开和关闭游标。

5. 释放游标

使用完游标之后应该将游标释放,以释放被游标占用的资源。释放游标使用 DEALLOCATE 语句。DEALLOCATE 语句删除游标与游标名称或游标变量之间的关联。其语法格式如下:

```
DEALLOCATE { { [ GLOBAL ] cursor_name } | @cursor_variable_name }
```

各参数的含义同 OPEN 语句中的参数。

例句:

```
DEALLOCATE cursor_A   --释放游标 cursor_A
```

【注意】　游标释放之后,如果要重新使用游标,必须重新执行声明游标的语句。

6. 应用示例

1) 从声明游标到最后释放游标的全过程示例

【例 17-15】　声明一个游标 js_cursor,该游标从"教师"表中检索姓王的所有数据行。

通过本例熟悉从声明游标到最后释放游标的全过程。

代码如下：

```
USE STUMS
GO
DECLARE js_cursor CURSOR FOR                    -- 声明游标 js_cursor
SELECT 姓名 FROM 教师
WHERE 姓名 LIKE '王%'
ORDER BY 姓名
OPEN js_cursor                                  -- 打开游标 js_cursor
FETCH NEXT FROM js_cursor
/*使用@@ FETCH_STATUS 利用 WHILE 循环处理游标中的行*/
WHILE @@FETCH_STATUS = 0
BEGIN
   FETCH NEXT FROM js_cursor
END
CLOSE js_cursor                                 -- 关闭游标 js_cursor
DEALLOCATE js_cursor                            -- 释放游标 js_cursor
GO
```

执行结果如图 17-9 所示。

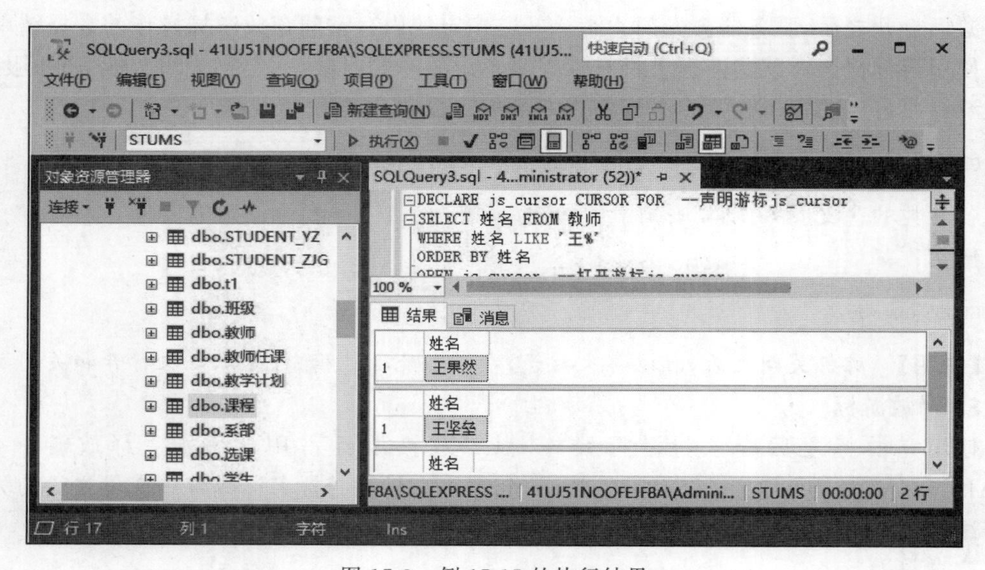

图 17-9　例 17-15 的执行结果

2）使用游标更新和删除数据

如果游标声明为可更新游标，则定位在可更新游标中的某行上时，可以执行更新或删除操作。这些操作是针对用于在游标中生成当前行的基表行的，称为“定位更新”。利用游标更新和删除数据的步骤为：

(1) 用 DECLARE 语句声明游标；

(2) 用 OPEN 语句打开游标；

(3) 用 FETCH 语句定位到某一行；

(4) 用 WHERE 控制子句控制执行 UPDATE 或 DELETE 语句。

【例 17-16】 声明游标 cursor_B 将“课程”表中课程号为“0303”的课程名改为“大数据”。

代码如下：

```
USE STUMS
GO
DECLARE cursor_B SCROLL CURSOR                  /* 声明游标 */
FOR SELECT 课程号 FROM 课程 FOR UPDATE
GO
OPEN cursor_B                                   /* 打开游标 */
GO
DECLARE @KCH char(4), @CKCH char(4)             /* 声明变量 */
SET @CKCH = '0303'
FETCH NEXT FROM cursor_B INTO @KCH              /* 读取游标数据中的课程号保存到变量中 */
/* 使用@@ FETCH_STATUS 利用 WHILE 循环处理游标中的行 */
WHILE @@FETCH_STATUS = 0
  BEGIN
    IF @KCH = @CKCH
       BEGIN
         UPDATE 课程 SET 课程名 = '大数据'
        WHERE 课程号 = @KCH
       BREAK
      END
    FETCH NEXT FROM cursor_B INTO @KCH
  END
CLOSE cursor_B
DEALLOCATE cursor_B
```

在查询编辑器中输入和执行上述代码，结果如图 17-10 所示。

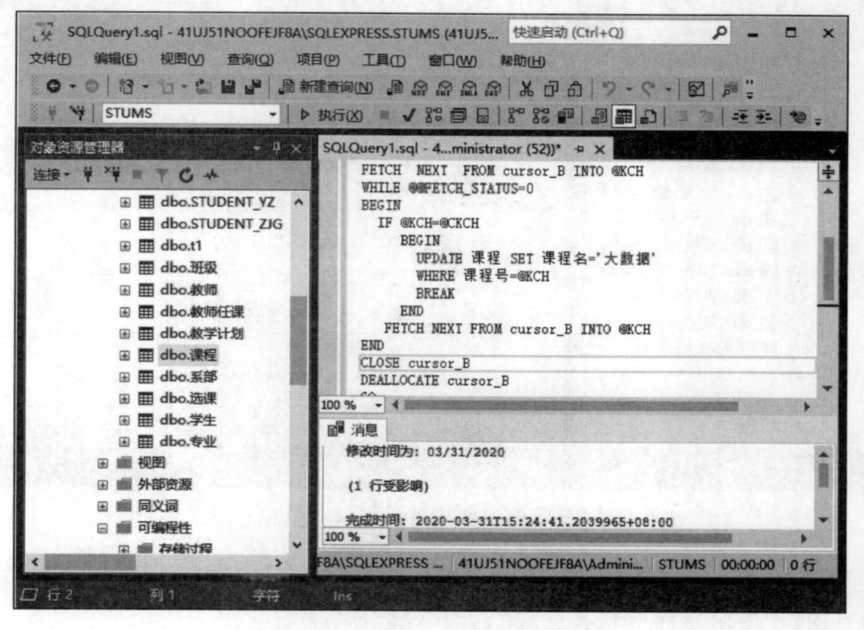

图 17-10　例 17-16 的执行结果

【说明】 使用游标会对数据自动进行封锁，更新时不需要加锁定提示来控制并发事务。

3）灵活提取游标中的数据示例

【例 17-17】 声明一个 SCROLL 游标 cj_cursor，检索学生的学习成绩，并使用 FETCH 的 LAST、PRIOR、RELATIVE 和 ABSOLUTE 选项实现全部滚动功能。

代码如下：

```
USE STUMS
GO
DECLARE cj_cursor SCROLL CURSOR FOR
SELECT 学生.学号,姓名,课程名,成绩 FROM 学生,选课,课程
WHERE 学生.学号 = 选课.学号 AND 选课.课程号 = 课程.课程号
ORDER BY 成绩 DESC
OPEN cj_cursor
FETCH LAST FROM cj_cursor               --检索最后一行
FETCH PRIOR FROM cj_cursor              --检索当前行的前一行,即倒数第 2 行
FETCH ABSOLUTE 2 FROM cj_cursor         --检索从游标头开始的第 2 行
FETCH RELATIVE 3 FROM cj_cursor         --检索当前行之后的第 3 行,即第 5 行
FETCH RELATIVE -2 FROM cj_cursor        --检索当前行之前的第 2 行,即第 3 行
CLOSE cj_cursor
DEALLOCATE cj_cursor
GO
```

执行结果如图 17-11 所示。

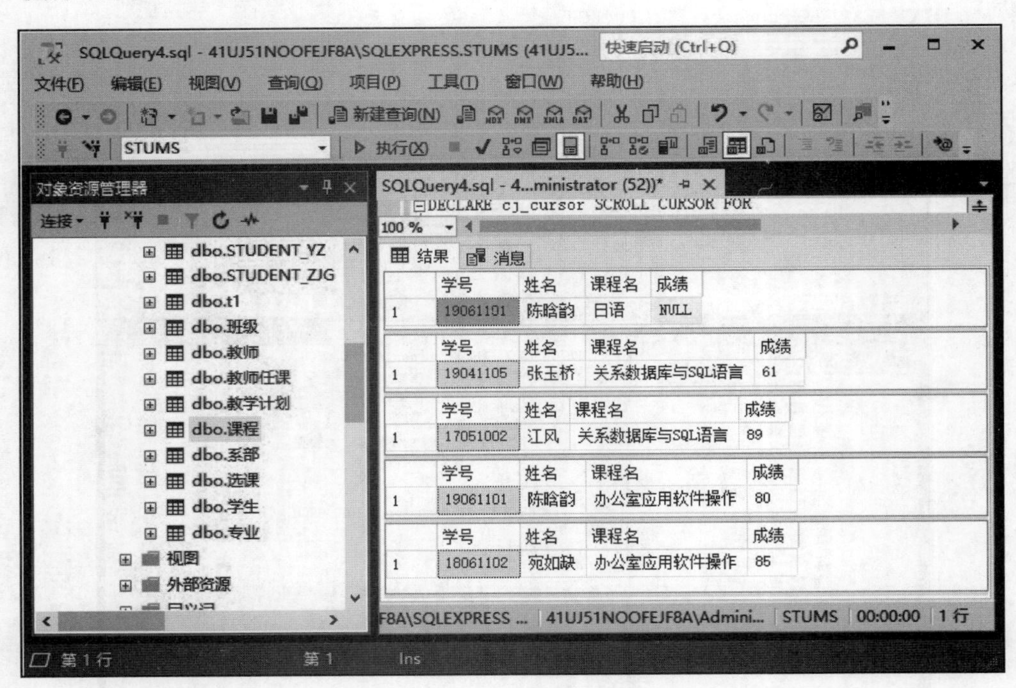

图 17-11 例 17-17 的执行结果

4）使用游标更新和删除当前行数据示例。

【例 17-18】 使用游标更新和删除“系部”表数据。

如果在定义游标语句中没有指定 READ ONLY 参数，就可以通过游标，基于游标指针的当前位置对游标数据的源表进行数据的修改或删除。

代码如下：

```
USE STUMS
GO
DECLARE Depart_Cursor CURSOR                          -- 声明 Depart_Cursor 游标
FOR SELECT 系部代码,系部名称 FROM 系部
OPEN Depart_Cursor                                    -- 打开 Depart_Cursor 游标
FETCH FROM Depart_Cursor                              -- 提取 Depart_Cursor 游标中的数据
UPDATE 系部 SET 系部代码 = '99' WHERE CURRENT OF Depart_Cursor—更新当前行
CLOSE Depart_Cursor                                   -- 关闭 Depart_Cursor 游标
OPEN Depart_Cursor                                    -- 再次打开 Depart_Cursor 游标
FETCH FROM Depart_Cursor                              -- 提取 Depart_Cursor 游标中的数据
DELETE 系部 WHERE CURRENT OF Depart_Cursor            -- 删除当前行
CLOSE Depart_Cursor                                   -- 关闭 Depart_Cursor 游标
DEALLOCATE Depart_Cursor                              -- 释放 Depart_Cursor 游标
GO
```

游标使用技巧及注意事项：

(1) 当利用 ORDER BY 改变游标中行的顺序时，应该注意的是只有在查询的 SELECT 子句中出现的列才能作为 ORDER BY 子句列，这一点与普通的 SELECT 语句不同。

(2) 当语句中使用了 ORDER BY 子句后，将不能用游标来执行定位更新(DELETE/UPDATE)。若要执行更新，建议首先在基表上创建索引，然后在创建游标时指定使用此索引来实现。

(3) 在游标中可以包含计算好的值作为列。

(4) 可使用@@Cursor_Rows 确定游标中的行数。

17.3.3 游标函数

在 SQL Server 中可以使用@@CURSOR_ROWS 和@@FETCH_STATUS 标量值函数返回有关游标的信息。

1. @@CURSOR_ROWS

@@CURSOR_ROWS 返回在连接上打开的上一个游标中当前拥有的限定行的数目。其语法格式为：

```
@@CURSOR_ROWS
```

返回类型为 integer。

返回值有以下几种：

-m：游标被异步填充。返回值(-m)是键集中当前的行数。

-1：游标为动态游标。因为动态游标可反映所有更改，所以游标符合条件的行数不断变化。因此，永远不能确定已检索到所有符合条件的行。

0：没有已打开的游标，对于上一个打开的游标没有符合条件的行，或上一个打开的游标已被关闭或被释放。

n：游标已完全填充。返回值(n)是游标中的总行数。

【例 17-19】 声明一个 xs_Cursor 游标,并且使用 SELECT 显示 @@CURSOR_ROWS 的值。

代码如下:

```
USE STUMS
GO
SELECT @@CURSOR_ROWS
DECLARE xs_Cursor CURSOR FOR
SELECT 姓名,@@CURSOR_ROWS
FROM 学生
OPEN xs_Cursor
FETCH NEXT FROM xs_Cursor
SELECT @@CURSOR_ROWS
CLOSE xs_Cursor
DEALLOCATE xs_Cursor
GO
```

执行结果如图 17-12 所示。在游标打开前,该设置的值为 0,值−1 则表示游标为动态游标。

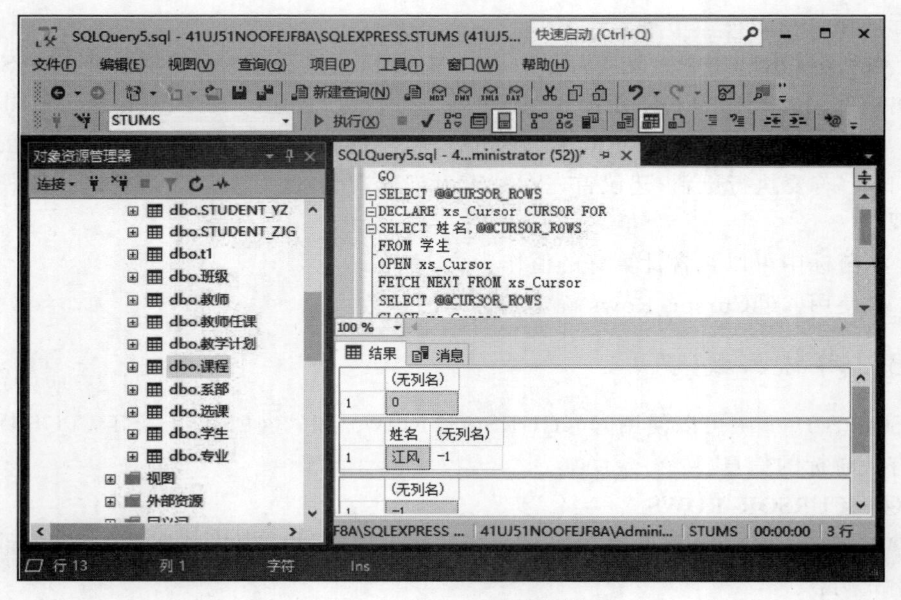

图 17-12 例 17-19 的执行结果

2. @@FETCH_STATUS

@@FETCH_STATUS 返回最后一条游标 FETCH 语句的状态。其语法格式为:

```
@@FETCH_STATUS
```

返回类型为 integer。当执行一条 FETCH 语句之后,@@Fetch_Status 可能出现以下 3 种值:

0: FETCH 语句成功。

−1: FETCH 语句失败或行不在结果集中。

−2: 提取的行不存在。

−9：游标未执行提取操作。

【说明】 由于@@FETCH_STATUS对于在一个连接上的所有游标都是全局性的，所以要谨慎使用@@FETCH_STATUS。在执行一条FETCH语句后，必须在对另一游标执行另一个FETCH语句前测试@@FETCH_STATUS。在此连接上出现任何提取操作之前，@@FETCH_STATUS的值没有定义。

【例 17-20】 声明一个 xs_Cursor 游标，并且使用 @@FETCH_STATUS 控制一个WHILE循环中的游标活动。

代码如下：

```
USE STUMS
GO
DECLARE xs_Cursor CURSOR FOR
SELECT 学号,姓名,出生日期
FROM 学生
WHERE 性别 = '女'
OPEN xs_Cursor
FETCH NEXT FROM xs_Cursor
WHILE @@FETCH_STATUS = 0
   BEGIN
      FETCH NEXT FROM xs_Cursor
   END
CLOSE xs_Cursor
DEALLOCATE xs_Cursor
GO
```

执行结果如图17-13所示。从结果中可知FETCH语句读取是成功的，@@FETCH_STATUS返回状态值为0。

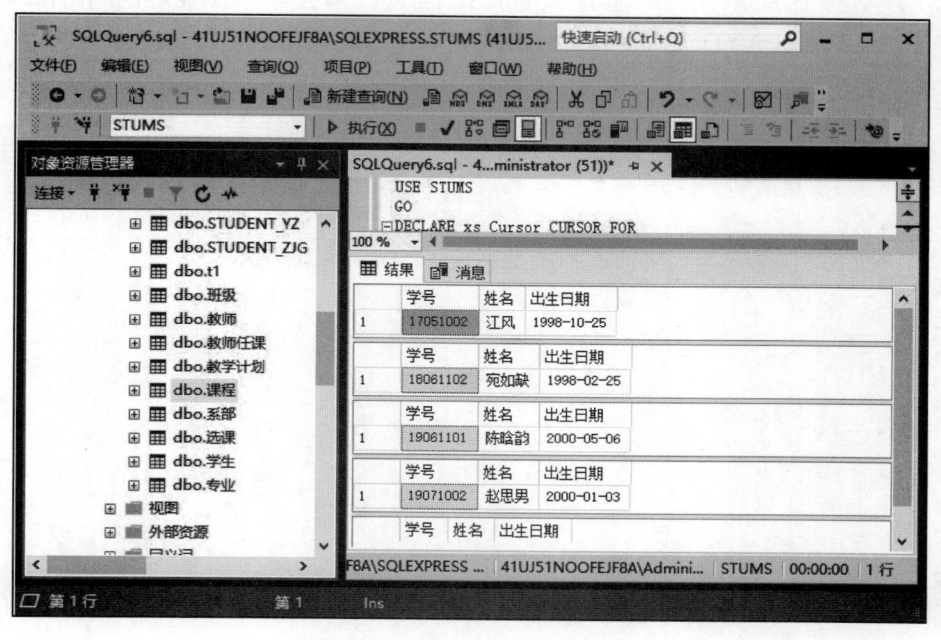

图 17-13 例 17-20 的执行结果

课堂任务 3　对照练习

声明一个游标 xscj_cursor,检索学生的学习成绩,并使用 FETCH 的 NEXT 和 LAST 选项检索。

课后作业

1. 什么是事务?事务有何特性?

2. SQL Server 的事务模式有几种?每一种模式有何特点?

3. 并发问题会产生哪些现象?举例说明。

4. 什么是共享锁?什么是排他锁?

5. 什么是死锁?如何解除死锁?

6. 什么是游标?简述使用游标的过程。

7. 按照题目要求在查询编辑器中输入 SQL 命令,并进行调试:

(1) 定义一个事务向"选课"表输入新的数据,如果所输入的学号在"学生"表中没有,则回滚事务,否则提交完成。

(2) 修改选课表中的数据,将课程号为"0310"的成绩乘以 1.3,为避免脏读,为选课表加排他锁,直到事务结束。

(3) 使用 sys.dm_tran_locks 动态管理视图查看 SQL Server 中当前所有锁的信息。

(4) 使用 LOCK_TIMEOUT 选项设置锁超时期限为 1000ms。

(5) 使用 SET DEADLOCK_PRIORITY 语句设置会话的优先级。

(6) 声明一个游标 ntxs_cursor,该游标从"学生"表中检索"南京"籍所有数据行。

(7) 声明一个 SCROLL 游标 jsrk_cursor,检索教师任课的情况,并使用 FETCH 的 LAST、PRIOR、RELATIVE 和 ABSOLUTE 选项实现全部滚动功能。

第18课　学生信息管理系统数据库的日常维护

数据库的日常维护涉及多方面的知识与操作，其中数据库的备份与还原、数据的导入与导出、创建数据库快照是最基本、最常用的操作。

18.1　数据库的备份与还原

课堂任务1　学习 SQL Server 备份与还原的基本知识及操作。

尽管在 STUMS 数据库系统中采取了各种保护措施来保证 STUMS 数据库数据的安全性和完整性，但任何系统在使用的过程中都难免会出现各种形式的故障，如硬件故障、软件错误、病毒、误操作或恶意的破坏等，而这些故障会造成系统运行的异常中断，甚至会破坏数据库，使数据库中的数据部分或全部丢失。为了保证在各种故障发生后，数据库中的数据可以从错误状态还原到某一正确的状态，数据库系统应具有数据库备份和还原功能。

SQL Server 备份和还原组件为保护存储在 SQL Server 数据库中的关键数据提供了基本安全保障。为了尽量降低灾难性数据丢失的风险，需备份数据库以便定期保存对数据的修改。

18.1.1　备份与还原的基本概念

数据库备份是指在某种存储介质(如磁盘、光盘等)上制作数据库结构、对象和数据的副本，以便在数据遭到破坏的时候修复数据。

数据库还原是指将数据库的备份加载到服务器中的过程，可以把数据库从错误状态还原到某一正确状态。

备份和还原数据库也可用于其他目的，比如通过备份一台计算机上的数据库，再将该数据库还原到另一台计算机上，实现了数据库从一台服务器到另一台服务器的转移。

1. 备份

数据库备份前，需要对备份的内容、备份设备和备份频率进行计划。

1）备份术语

在进行数据库备份前，用户了解备份术语有助于进行正确的备份。SQL Server 的备份术语如表 18-1 所示。

表 18-1　SQL Server 的备份术语

名　　称	意　　义
备份［动词］	创建备份的过程，方法是通过复制 SQL Server 数据库中的数据记录或复制其事务日志中的日志记录
备份［名词］	可用于在出现故障后还原或恢复数据的数据副本。数据库备份还可用于将数据库副本还原到新位置

续表

名　称	意　义
备份设备	备份数据库的载体,通常是指磁带机或操作系统提供的磁盘文件。SQL Server 备份也可以写入 Azure Blob 存储服务,并且使用 URL 格式来指定备份文件的目标和名称
备份介质	已写入一个或多个备份的一个或多个磁带或磁盘文件
数据备份	包括完整数据库的数据备份(数据库备份)、部分数据库的数据备份(部分备份)或一组数据文件或文件组的数据备份(文件备份)
数据库备份	完整备份(Full Backup)。表示备份完成时的整个数据库 差异备份(Differential Backup)。只备份自最近完整备份以来对数据库所做的更改部分
日志备份	包括以前日志备份中未备份的所有日志记录的事务日志备份(完整恢复模式)
recover	将数据库恢复到稳定且一致的状态
recovery	将数据库恢复到事务一致状态的数据库启动阶段或 Restore With Recovery 阶段
恢复模式	用于控制数据库上的事务日志维护的数据库属性。有 3 种恢复模式:简单恢复模式、完整恢复模式和大容量日志恢复模式。数据库的恢复模式确定其备份和还原要求
还原(Restore)	用于将指定 SQL Server 备份中的所有数据和日志页复制到指定数据库,然后通过应用记录的更改使该数据在时间上向前移动,以前滚备份中记录的所有事务

2) 备份内容

备份内容主要包括系统数据库、用户数据库和事务日志。

(1) 系统数据库记录了重要的系统信息,它们是确保 SQLServer 系统正常运行的重要依据。如 master 数据库记录 SQL Server 系统的所有系统级别信息、所有的登录账户和系统配置设置。model 数据库则提供了创建用户数据库的模板信息。msdb 数据库用于 SQL Server 代理计划警报和作业。因此,这些系统数据库要做备份。

(2) 用户数据库存储了用户的数据信息。可由用户根据实际需要,对一些重要的数据进行备份。

(3) 事务日志记录了用户对数据库的各种操作。利用事务日志备份可以将数据库恢复到特定的即时点(如输入不想要的数据之前的那一点)或故障发生点。在媒体恢复策略中应考虑利用事务日志备份。

3) 备份设备

备份设备是指备份数据库的载体,通常是指磁带机或操作系统提供的磁盘文件。在 SQL Server 中可以将备份数据写入 1～64 个备份设备。如果备份数据需要多个备份设备,则所有设备必须对应于一种设备类型(磁盘或磁带)。备份设备类型有以下几种。

(1) 磁盘备份设备。

磁盘备份设备是指包含一个或多个备份文件的硬盘或其他磁盘存储媒体。这是最常用的备份设备,由于容量大,可用来备份本地文件和网络文件。

(2) 磁带备份设备。

磁带备份设备的用法类似于磁盘设备,但不支持备份到远程磁带设备上,一般用作本地文件的备份。在 SQL Server 的以后版本中将不再支持磁带备份设备。

(3) 逻辑备份设备。

逻辑备份设备是物理备份设备的别名，通常比物理备份设备更能简单、有效地描述备份设备的特征。通过逻辑备份设备，可以在引用相应的物理备份设备时使用间接寻址。

(4) 镜像备份媒体集。

镜像备份媒体集可减小备份设备故障的影响。由于备份是防止数据丢失的最后防线，因此备份设备出现故障的后果是非常严重的。镜像备份媒体通过提供物理备份设备冗余来提高备份的可靠性。

4) 备份频率

备份频率是指备份的时间间隔，也就是说相隔多长时间进行一次备份。备份频率一般取决于数据库更新的频繁程度和系统执行的事务量。如果系统为联机事务处理，则要经常备份数据库。对于系统数据库和用户数据库，其备份时机是不同的。

一般说来，在正常使用阶段，系统数据库的修改不会十分频繁，只要某些操作导致 SQL Server 对系统数据进行了修改，就要备份系统数据库。当在用户数据库中执行了更新(插入、修改和删除)操作，就要备份用户数据库。如果清除了事务日志，也应该备份用户数据库。

2. 还原

若要从故障中恢复 SQL Server 数据库，数据库管理员必须按照逻辑正确并且有意义的还原顺序还原一组 SQL Server 备份。

1) 还原与恢复概述

SQL Server 还原和恢复支持从整个数据库、数据文件或数据页的备份还原数据。

(1) 数据库(“数据库完整还原”)。

还原和恢复整个数据库，并且数据库在还原和恢复操作期间处于脱机状态。

(2) 数据文件(“文件还原”)。

还原和恢复一个数据文件或一组文件。在文件还原过程中，包含相应文件的文件组在还原过程中自动变为脱机状态。访问脱机文件组的任何尝试都会导致错误。

(3) 数据页(“页面还原”)。在完整恢复模式或大容量日志恢复模式下，可以还原单个数据库。可以对任何数据库执行页面还原，而不管文件组数为多少。

2) 还原方案概述

SQL Server 还原是从一个或多个备份还原数据、继而恢复数据库的过程。支持的还原方案取决于数据库的恢复模式和 SQL Server 的版本。表 18-2 介绍了不同恢复模式所支持的可行还原方案。

表 18-2　不同恢复模式所支持的可行还原方案

还原方案	在简单恢复模式下	在完整/大容量日志恢复模式下
数据库完整还原	涉及完整数据库备份的简单还原和恢复。另外，完整的数据库还原还可能涉及还原完整数据库备份，以及还原和恢复差异备份	涉及还原完整数据库备份或差异备份(如果有)，以及还原所有后续日志备份(按顺序)。通过恢复并还原上一次日志备份(Restore With Recovery)完成数据库完整还原

续表

还 原 方 案	在简单恢复模式下	在完整/大容量日志恢复模式下
文件还原	还原损坏的只读文件,但不还原整个数据库。仅在数据库至少有一个只读文件组时才可以进行文件还原	还原一个或多个文件,而不还原整个数据库。可以在数据库处于脱机状态时执行文件还原,在文件还原过程中,包含正在还原的文件的文件组一直处于脱机状态
页面还原	不适用	还原损坏的页面。可以在数据库处于脱机状态时执行页面还原。必须具有完整的日志备份链(包含当前日志文件),并且必须应用所有这些日志备份以使页面与当前日志文件保持一致
段落还原	按文件组级别并从主文件组和所有读写辅助文件组开始,分阶段还原和恢复数据库	按文件组级别并从主文件组开始,分阶段还原和恢复数据库

在还原方案中引入了文件还原或页面还原具有以下优点。

- 还原少量数据可以缩短复制和恢复数据的时间。
- 在 SQL Server 中,还原文件或页面的操作可能会允许数据库中的其他数据在还原操作期间仍保持联机状态。

3) 还原数据库的步骤

(1) 若要执行文件还原,数据库引擎按以下两个步骤执行。

- 创建所有丢失的数据库文件。
- 将数据从备份设备复制到数据库文件。

(2) 若要执行数据库还原,数据库引擎按以下 3 个步骤执行。

- 创建数据库和事务日志文件(如果它们不存在)。
- 从数据库的备份介质将所有数据、日志和索引页复制到数据库文件中。
- 在所谓的恢复过程中应用事务日志。

无论以何种方式还原数据,在恢复数据库前,SQL Server 数据库引擎都会保证整个数据库在逻辑上的一致性。例如,若要还原一个文件,则必须将该文件前滚足够长,以便与数据库保持一致,才能恢复该文件并使其联机。

3. 恢复和事务日志

对于大多数还原方案,需要应用事务日志备份并允许 SQL Server 数据库引擎运行恢复过程才能使数据库联机。恢复是 SQL Server 用于让每个数据库以事务一致状态或干净状态启动的进程。

如果故障转移或其他非干净关闭,数据库可能处于这样的状态:某些修改从未从缓冲区缓存写入数据文件,且在数据文件内可能有未完成事务所做的某些修改。当 SQL Server 的实例启动时,将根据最后一个数据库检查点运行每个数据库的恢复,其中包含 3 个阶段。

1) 分析阶段

该阶段分析事务日志以确定最后一个检查点,并创建脏页表 (DPT) 和活动事务表 (ATT)。DPT 包含在数据库关闭时处于脏状态的页面的记录。ATT 包含在数据库未正常关闭时处于活动状态的事务的记录。

2）重做阶段

该阶段前滚日志中记录的且在数据库关闭时可能尚未写入数据文件的每个修改。成功进行数据库范围内恢复所需的最小日志序列号（minLSN）在DPT中找到，并标记了所有脏页上所需的重做操作的开始时间。在此阶段中，SQL Server数据库引擎会将属于提交的事务的所有脏页写入磁盘。

3）撤销阶段

该阶段回滚ATT中找到的未完成的事务，以确保数据库的完整性。回滚后，数据库将进入联机状态，不能再将其他事务日志备份应用到数据库。

有关每个数据库恢复阶段的进度的信息记录在SQL Server错误日志中。还可以使用扩展事件跟踪数据库恢复进度。

4. 恢复模式

恢复模式是数据库属性，用于控制数据库备份和还原操作的基本行为。在SQL Server 2019中有3种恢复模式：简单恢复模式、完整恢复模式和大容量日志恢复模式。

1）简单恢复模式

简单恢复模式不备份事务日志，可最大程度地减少事务日志的管理开销。使用简单恢复模式只能将数据库恢复到最后一次的备份状态。最后一次备份之后的更改是不受保护的，如果数据库损坏，则简单恢复模式将面临极大的工作丢失风险。因此，在简单恢复模式下，备份间隔应尽可能短，以防止大量丢失数据。简单恢复模式对还原操作还有下列限制。

- 文件还原和段落还原仅对只读辅助文件组可用。
- 不允许进行页面还原。
- 不支持时点还原。

2）完整恢复模式

完整恢复模式需要日志备份。此模式完整记录所有事务，并将事务日志记录保留到对其备份完毕为止。如果能够在出现故障后备份日志尾部，则可以使用完整恢复模式将数据库恢复到故障点。完整恢复模式也支持还原单个数据页。

3）大容量日志恢复模式

大容量日志恢复模式与完整恢复模式相似，针对完整恢复模式的说明信息对两者都适用。但是，大容量日志恢复模式对时点恢复和联机还原存在影响。

(1) 对时点恢复的限制。

如果在大容量恢复模式下执行的日志备份包含大容量日志更改，则不允许时点恢复。试图对包含大容量更改的日志备份执行时点恢复将导致还原操作失败。

(2) 对联机还原的限制。

仅在满足下列条件时，联机还原顺序才有效。

- 在启动还原顺序之前必须执行所有必要的日志备份。
- 在启动联机还原顺序之前必须备份大容量更改。
- 如果数据库中存在大容量更改，则所有文件必须处于联机或失效状态。

4）查看或更改恢复模式

下面以查看或更改STUMS数据库的恢复模式为例，介绍其操作步骤。

(1) 在“对象资源管理器”窗格中依次展开“服务器”→“数据库”结点，右击STUMS数据库，在弹出的快捷菜单中选择“属性”命令，打开“数据库属性-STUMS”窗口。

(2) 在该窗口的左侧窗格中选择“选项”选择页，在此页面的“恢复模式”下拉列表框中可以看到当前恢复模式。也可以从下拉列表框中选择不同的模式来更改恢复模式，可供选择的有“完整”“大容量日志”和“简单”，如图 18-1 所示。

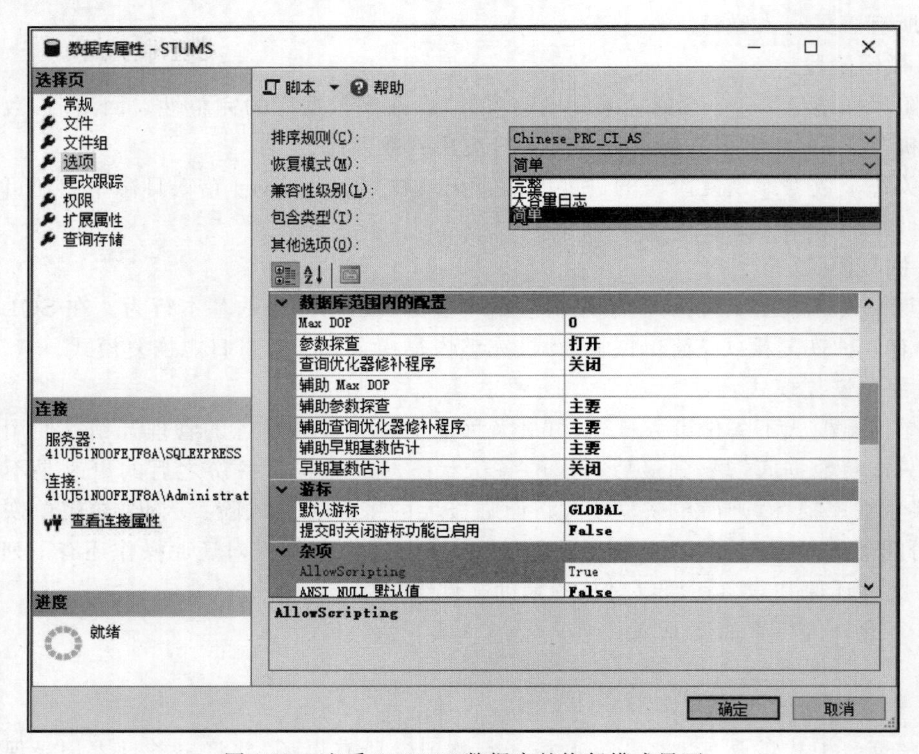

图 18-1　查看 STUMS 数据库的恢复模式界面

(3) 查看或更改恢复模式完毕后，单击“确定”按钮即可。

5. 数据库恢复顾问和加速数据库恢复

1) 数据库恢复顾问

SQL Server 2019 的数据库恢复顾问(SQL Server Management Studio)简化了制订还原计划的过程，可以很轻松地实现最优的正确还原顺序。很多已知数据库还原问题和客户所要求的增强功能已得到解决。数据库恢复顾问引入的主要增强功能包括以下两个方面。

(1) 还原计划算法。用于制订还原计划的算法已得到明显改进，特别是对于复杂的还原方案。对于许多边缘案例(包括时点还原中存在分支的情形)，处理效率要比以前 SQL Server 的版本更高。

(2) 时间点还原。数据库恢复顾问极大地简化了将数据库还原到给定时间点的过程。可视备份时间线明显增强了对时点还原的支持。时间线简化了遍历有分支恢复路径(跨恢复分支的路径)的过程。给定时点还原计划自动包括与还原到目标时点(日期和时间)相关的备份。

2) 加速数据库恢复

加速数据库恢复(ADR)是一种 SQL 数据库引擎功能，通过重新设计 SQL 数据库引擎恢复过程，大大提高了数据库的可用性，尤其是存在长时间运行的事务时。启用了加速数据库恢复的数据库在故障转移或其他非干净关闭后完成恢复过程的速度显著加快。启用加速数据库恢复后，回滚取消长时间运行的事务的速度也显著加快。

6. 最佳做法建议

1）使用独立的存储

确保将数据库备份放在与数据库文件不同的物理位置或设备上。存储数据库的物理驱动器出现故障或崩溃时，可恢复性取决于能否访问存储备份的独立驱动器或远程设备以执行还原。

2）选择适当的恢复模式

数据库的恢复模式决定了数据库支持的备份类型和还原方案，以及事务日志备份的大小。通常，数据库使用简单恢复模式或完整恢复模式。可以在执行大容量操作之前切换到大容量日志恢复模式，以补充完整恢复模式。

3）设计备份策略

当为特定数据库选择了满足业务要求的恢复模式后，需要计划并实现相应的备份策略。最佳备份策略需考虑以下因素。

（1）一天中应用程序访问数据库的时间有多长？

如果存在一个可预测的非高峰时段，建议用户将完整数据库备份安排在此时段。

（2）更改和更新可能发生的频率如何？

如果更改经常发生，应考虑下列事项：

① 在简单恢复模式下，考虑将差异备份安排在完整数据库备份之间。

② 在完整恢复模式下，应安排经常的日志备份。

（3）可能只是更改数据库的小部分内容，还是需要更改数据库的大部分内容？

对于更改集中于部分文件或文件组的大型数据库，部分备份和（或）文件备份非常有用。

（4）完整数据库备份需要多少磁盘空间？

（5）用户所在的企业需要维护过去多久的备份？

4）估计完整数据库备份的大小

在实现备份与还原策略之前，应当估计完整数据库备份将使用的磁盘空间。

5）计划备份

执行备份操作对运行中的事务影响很小，用户可以在对生产工作负荷的影响很小的情况下执行备份。

6）测试备份

因为直到完成备份测试后，才会生成还原策略。所以用户必须对每种要使用的备份类型进行还原测试。另外建议用户在还原备份后，通过数据库的 DBCC CHECKDB 执行数据库一致性检查，以验证备份媒体是否未损坏。

7）验证媒体稳定性和一致性

使用备份实用工具提供的验证选项（BACKUP 命令、SQL Server 维护计划、备份软件或解决方案等）及 BACKUP CHECKSUM 等高级功能来检测备份媒体本身的问题。

8）文档备份/还原策略

建议用户将备份和还原过程记录下来，并在运行手册中保留记录文档的副本。建立一个数据库维护操作手册，在手册中记录备份的位置、备份设备名称以及还原测试备份所需的时间等。

由于数据库的大小和所涉及操作的复杂性，备份和还原操作可能需要很长时间，用户可以使用 xEvent 监视进度。当任一操作出现问题时，可使用 backup_restore_progress_trace 扩展事件来监控实时进度。

18.1.2 备份设备的创建与管理

进行数据库备份时，首先必须创建和指定备份设备。备份设备是指用来存储备份内容的存储介质，可以是磁盘、磁带、逻辑备份设备和镜像备份媒体集。

1. 为磁盘(磁带)文件定义逻辑备份设备

逻辑备份设备是指向特定物理备份设备(磁盘文件或磁带机)的用户定义名称。将备份写入备份设备后，便会初始化物理备份设备。创建逻辑备份设备有以下两种方法。

1) 使用 SSMS 创建逻辑备份设备

下面以为 STUMS 数据库在 D 盘的根目录下创建 STU_BF 备份设备为例，说明使用 SSMS 创建备份设备的操作步骤。

(1) 启动 SSMS，在"对象资源管理器"窗格中依次展开"服务器"→"服务器对象"结点，右击"备份设备"图标，在弹出的快捷菜单中选择"新建备份设备"命令，打开新建备份设备窗口。

(2) 在该窗口的"设备名称"文本框中输入设备的名称(STU_BF)。

(3) 选择"文件"单选按钮，单击 [...] 按钮，选择备份设备的存储位置(如 D:\)，并输入文件名(STU_BF)，定义完毕的界面如图 18-2 所示(如果是创建磁带逻辑备份设备，则选择"磁带"单选按钮，然后选择一个未与其他备份设备相关联的磁带设备。如果没有这种磁带机，则"磁带"选项处于非活动状态)。

(4) 单击"确定"按钮，完成 STU_BF 备份设备的创建。

2) 使用系统存储过程创建逻辑备份设备

用户也可以在查询编辑器中使用 sp_addumpdevice 系统存储过程创建备份设备。其基本语法如下：

```
sp_addumpdevice [ @devtype = ] 'device_type'
, [ @logicalname = ] 'logical_name'
, [ @physicalname = ] 'physical_name'
```

各参数说明如下。

- [@devtype=] 'device_type'：备份设备的类型，device_type 的数据类型为 varchar(20)，没有默认设置，可以是 disk(硬盘)或 tape(磁带)。
- [@logicalname=] 'logical_name'：备份设备的逻辑名称，该逻辑名称用于 BACKUP 和 RESTORE 语句中。
- [@physicalname=] 'physical_name'：备份设备的物理名称。物理名称必须遵照操作系统文件名称的规则或者网络设备的通用命名规则，并且必须包括完整的路径。physical_name 的数据类型为 nvarchar(260)，无默认值，且不能为 NULL。

【例 18-1】 在硬盘 d:\SQL 目录中创建一个备份设备 teacher_backup。

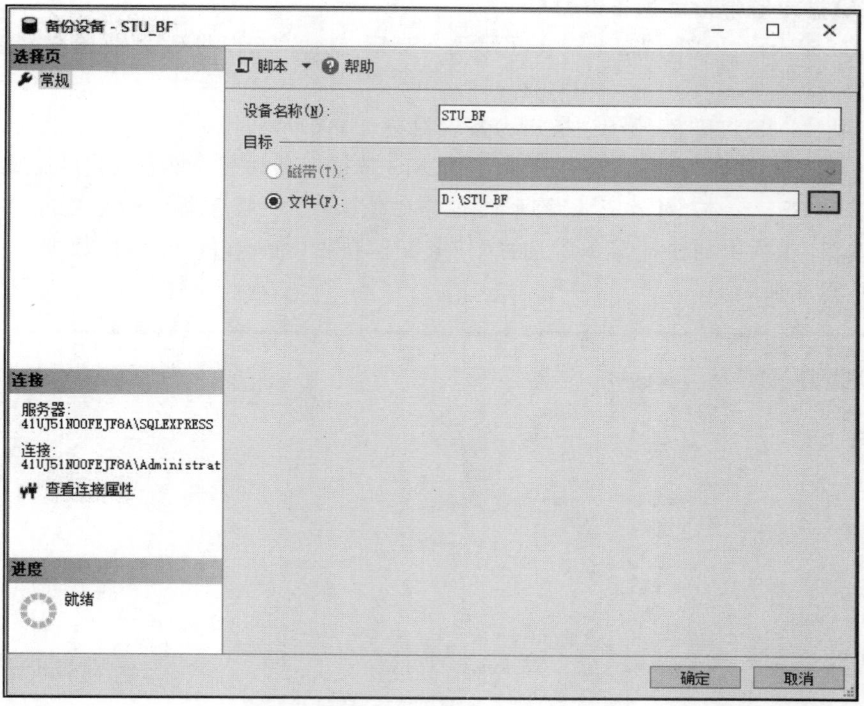

图 18-2 创建备份设备 STU_BF 完毕的界面

代码如下：

```
EXEC sp_addumpdevice 'disk','teacher_backup','d:\SQL\teacher_backup.bak'
GO
```

在查询编辑器中输入上述代码并执行，“结果”窗口中显示“命令已成功完成”的提示信息，则表明备份设备创建成功。在“对象资源管理器”窗格中刷新“备份设备”对象并展开，就能查看，如图 18-3 所示。

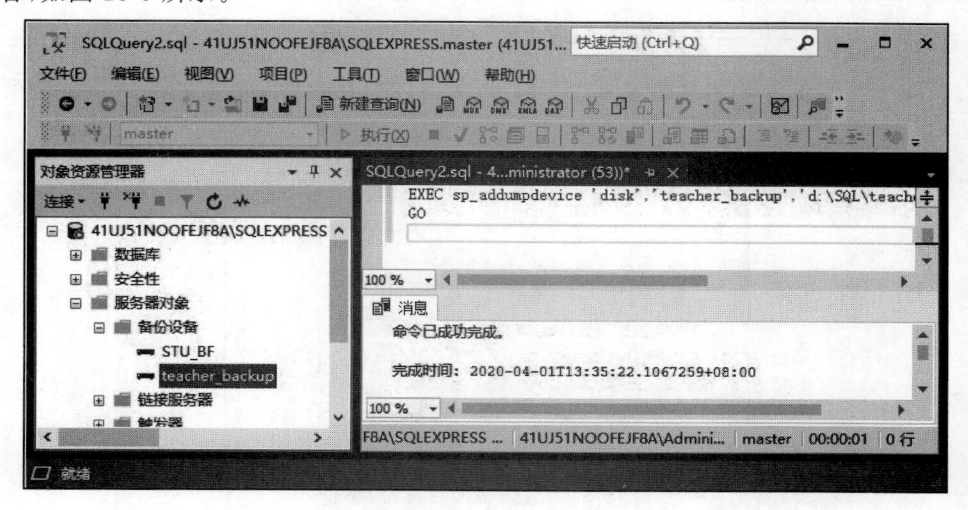

图 18-3 创建并查看备份设备 teacher_backup

2. 将磁盘或磁带指定为备份目标

在 SQL Server 2019 (15. x) 中可使用 SSMS 或 T-SQL 将磁盘或磁带指定为备份目标。

1) 使用 SSMS 将磁盘(磁带)指定为备份目标

下面以将 STU_BF 备份设备指定为 STUMS 数据库备份目标为例,说明其操作步骤。

(1) 启动 SSMS,在“对象资源管理器”窗格中依次展开“服务器”→“数据库”结点,右击 STUMS 图标,在弹出的快捷菜单中选择“任务”→“备份”命令,打开“备份数据库-STUMS”窗口,如图 18-4 所示。

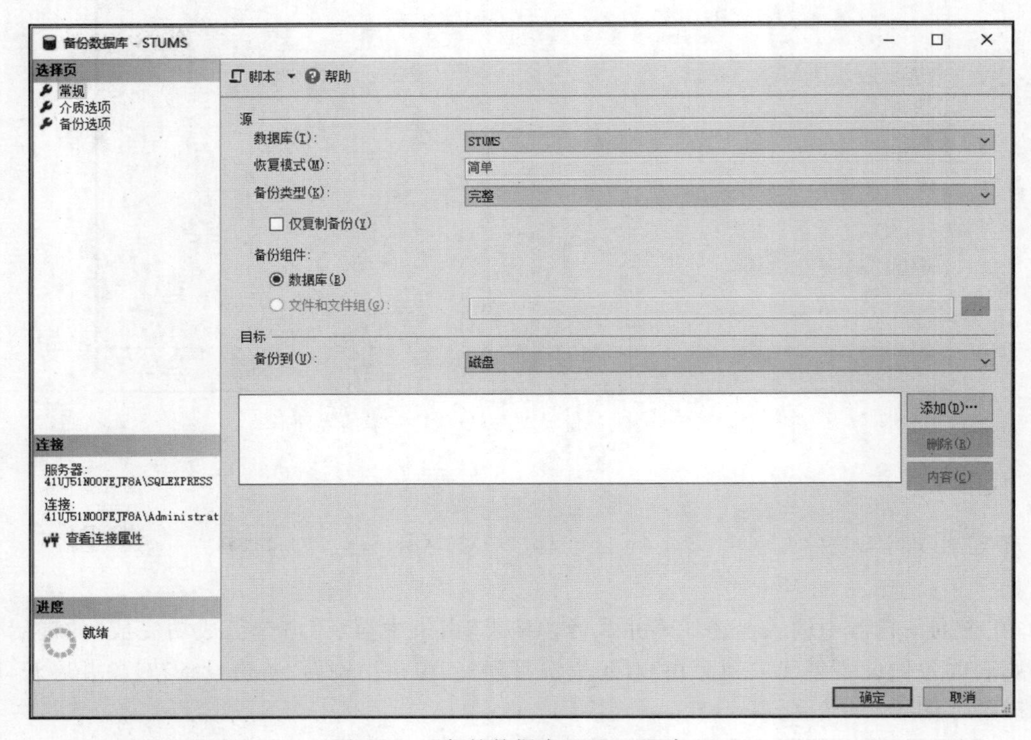

图 18-4 “备份数据库-STUMS”窗口

(2) 在此窗口的左侧窗格中选择“常规”选择页,在“目标”部分的“备份到”下拉列表框中选择“磁盘”选项,单击“添加”按钮,弹出“选择备份目标”对话框,如图 18-5 所示。

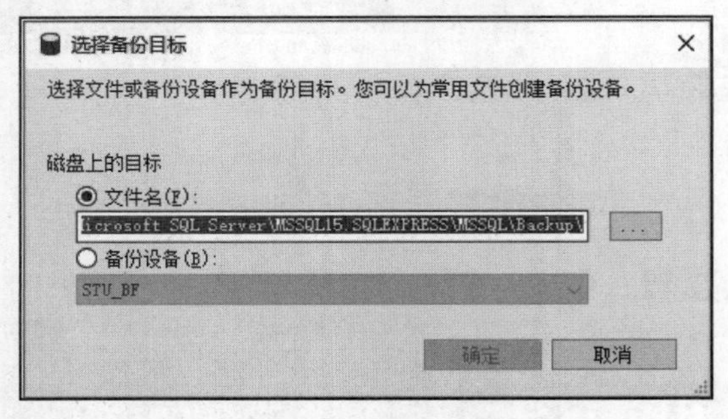

图 18-5 “选择备份目标”对话框

(3) 在“选择备份目标”对话框中,选择“备份设备”单选按钮,单击“确定”按钮返回“备份数据库-STUMS”窗口。

(4) 单击“确定”按钮,完成将 STU_BF 指定为备份目标并完成数据库 STUMS 的备份。

2) 使用 T-SQL 将磁盘指定为备份目标

在 SQL Server 中使用 BACKUP 语句可将备份设备指定为备份目标。最简语法格式如下:

```
BACKUP DATABASE <文件名> TO <设备物理名>
```

例如,将 STU_BF 设备指定为 STUMS 数据库备份目标。

代码如下:

```
USE STUMS
GO
BACKUP DATABASE STUMS
TO DISK = 'D:\STU_BF'
GO
```

在查询编辑器中输入上述代码并执行,结果如图 18-6 所示。

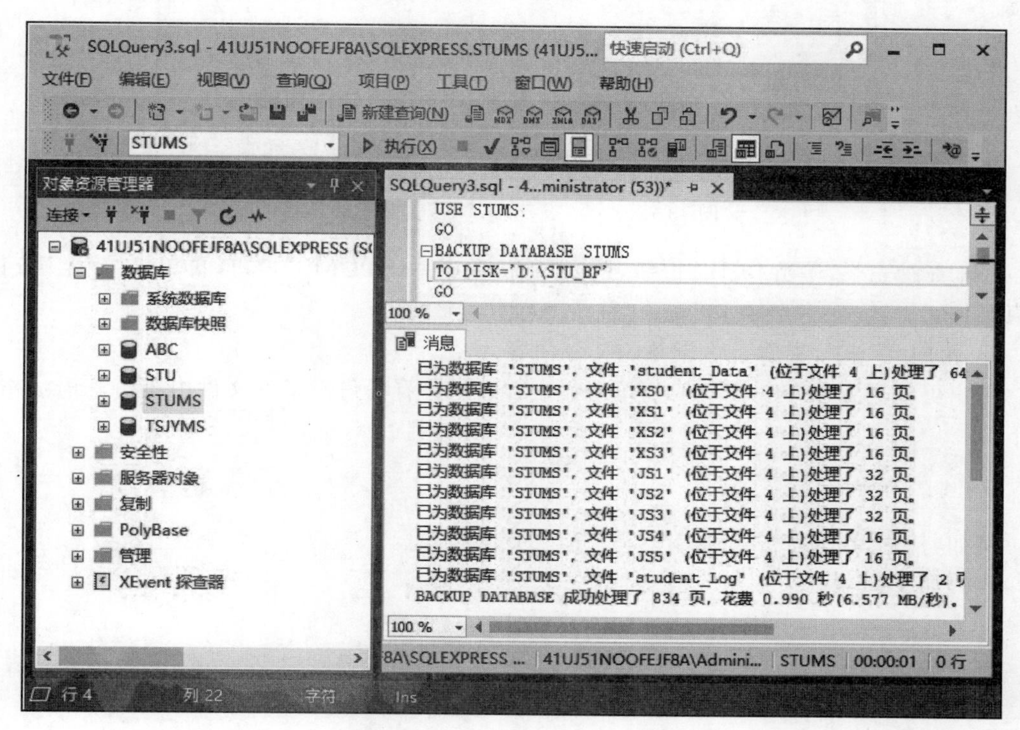

图 18-6 使用 T-SQL 语句指定 STU_BF 为备份目标

3. 查看备份设备的文件内容

1) 使用 SSMS 查看备份设备的文件内容

下面以查看 STU_BF 备份设备的文件内容为例,说明其操作步骤。

(1) 启动 SSMS,在“对象资源管理器”窗格中依次展开“服务器”→“数据库”结点,右击 STUMS 图标,在弹出的快捷菜单中选择“任务”→“备份”命令,打开“备份数据库-STUMS”窗口。

(2) 在此窗口的左侧窗格中选择“常规”选择页,在“目标”部分的“备份到”下拉列表框中,选择或查找要查看的备份设备 STU_BF,再单击“内容”按钮将打开“设备内容-STU_BF”窗口,如图 18-7 所示。该窗口中显示了有关所选备份设备的介质集和备份集的信息。

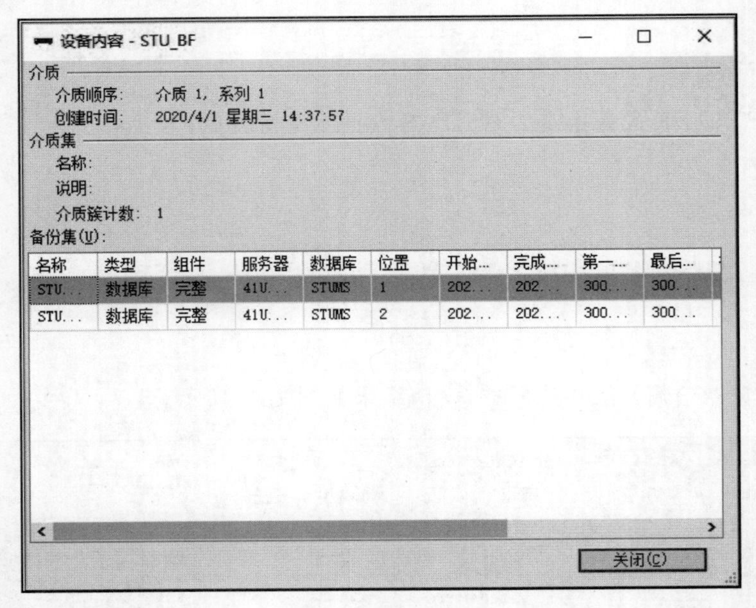

图 18-7　查看“设备内容-STU_BF”窗口

(3) 查看完毕,单击“关闭”按钮,返回“备份数据库-STUMS”窗口,再单击“确定”按钮,结束操作。

2) 使用 T-SQL 查看备份设备的文件内容

用户可使用 RESTORE HEADERONLY 语句查看备份设备的文件内容。其语法格式如下:

```
RESTORE HEADERONLY
```

例如,使用 T-SQL 语句查看 STU_BF 的文件信息。

代码如下:

```
USE STUMS
RESTORE HEADERONLY
FROM DISK = N'D:\STU_BF';
GO
```

在查询编辑器中输入上述代码并执行,结果如图 18-8 所示。

4. 删除备份设备

1) 使用 SSMS 删除备份设备

在“对象资源管理器”窗格中依次展开“服务器对象”→“备份设备”结点,右击要删除的

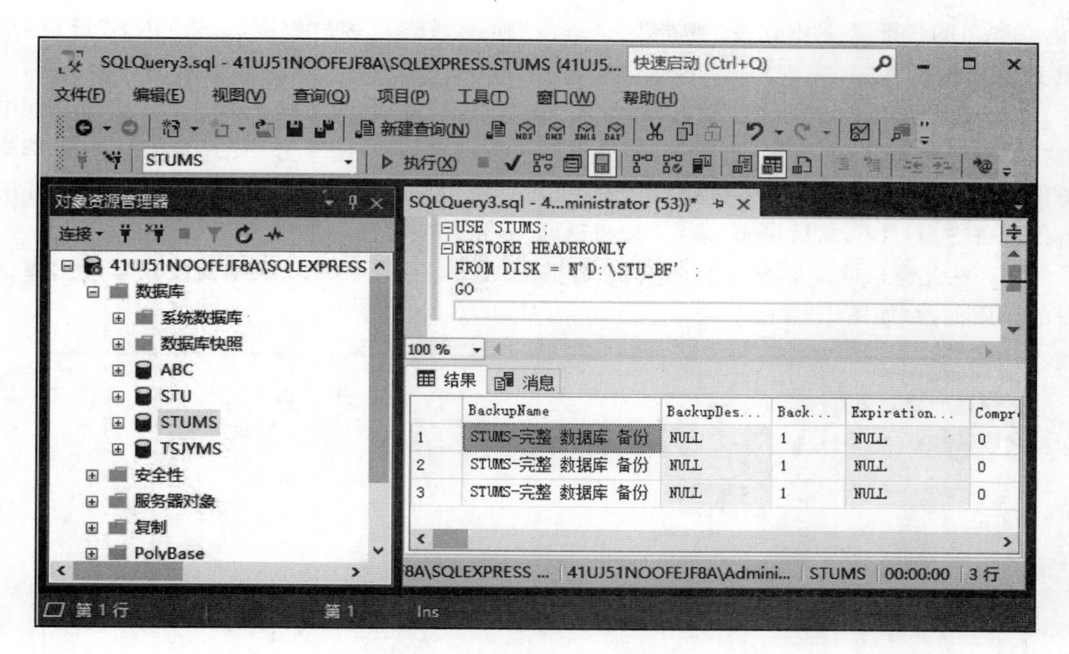

图 18-8　用 T-SQL 查看 STU_BF 的文件内容

备份设备，在弹出的快捷菜单中选择“删除”命令，并确认删除即可。

2）使用系统存储过程删除备份设备

使用 sp_dropdevice 系统存储过程删除备份设备的语法如下：

```
sp_dropdevice [ @logicalname = ] 'device'  [ , [ @delfile = ] 'delfile' ]
```

各参数说明如下。

- [@logicalname=]'device'：数据库设备或备份设备的逻辑名称。
- [@delfile=] 'delfile'：指出是否应该删除物理备份设备文件。delfile 的数据类型为 varchar(7)。如果将其指定为 DELFILE，则删除物理备份设备磁盘文件。

【例 18-2】　删除备份设备 teacher_backup。

代码如下：

```
EXE Csp_dropdevice 'teacher_backup'
```

在查询编辑器中运行上条命令，“结果”窗口中显示“设备已除去”的提示信息，表明备份设备删除成功。

18.1.3　备份与还原的实现

1. 数据库的备份

备份设备创建后，就可以通过 SSMS 或 T-SQL 进行数据库的备份。

1）使用 SSMS 进行数据库备份

下面以创建 STUMS 完整数据库备份为例，介绍使用 SSMS 进行备份的全过程。

(1) 在“对象资源管理器”窗格中依次展开“服务器”→“数据库”结点，右击 STUMS 图标,在弹出的快捷菜单中选择“任务”→“备份”命令,打开“备份数据库-STUMS”窗口(如图 18-4 所示)。

(2) 在此窗口的左侧窗格中选择“常规”选择页,在此页面的“备份类型”下拉列表框中选择“完整”类型。在“目标”选项下,如果没出现备份目的地,则单击“添加”按钮,进入“选择备份目标”对话框,选择“备份设备”单选按钮,在“备份设备”下拉列表框中选择已创建好的备份设备 STU_BF,然后单击“确定”按钮返回“备份数据库-STUMS”窗口。

(3) 在此窗口的左侧窗格中选择“介质选项”选择页,用户可以根据需要设置数据库备份的介质参数,如图 18-9 所示。

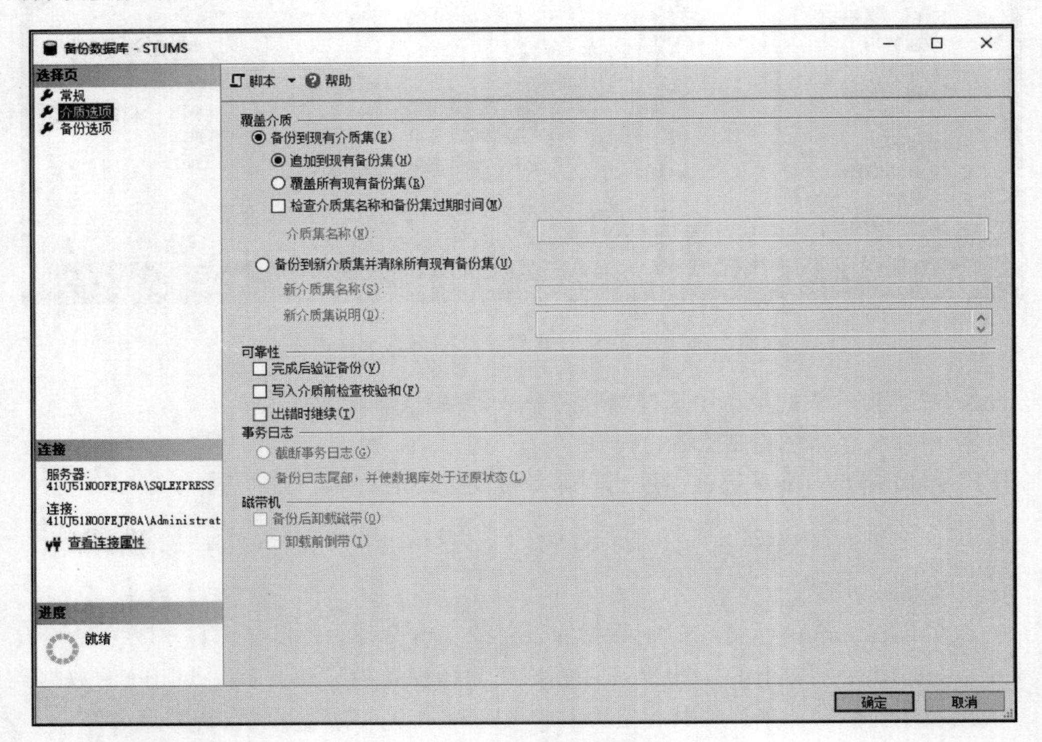

图 18-9 “介质选项”参数设置窗口

“介质选项”选择页包含以下选项:

① 覆盖介质。覆盖介质中的选项可以控制如何将备份写入介质。

- 备份到现有介质集。选择此单选按钮将激活 3 个选项。
  - 追加到现有备份集。将备份集追加到现有介质集,并保留以前的所有备份。
  - 覆盖所有现有备份集。将现有介质集上以前的所有备份替换为当前备份。
  - 检查介质集名称和备份集过期时间。如果备份到现有介质集,还可以要求备份操作验证备份集的名称和过期时间。
  - 介质集名称。如果勾选了“检查媒体集名称和备份集过期时间”复选框,还可以指定用于此备份操作的媒体集的名称。
- 备份到新介质集并清除所有现有备份集。选择此单选按钮可以激活以下选项。
  - 新建介质集名称。根据需要,可以输入介质集的新名称。

◆ 新建介质集说明。根据需要,可以输入新介质集的贴切的详细说明。

② 可靠性。"可靠性"中的选项可以控制备份操作的错误管理。

- 完成后验证备份。验证备份集是否完整以及所有卷是否都可读。
- 写入介质前检查校验和。在写入备份介质前验证校验和。
- 出错时继续。即使在遇到一个或多个错误后,备份操作仍然继续进行。

③ 事务日志。"事务日志"中的选项可以控制事务日志备份的行为。仅在"备份数据库"对话框的"常规"选择页上的"备份类型"字段中勾选了"事务日志"复选框时,才会激活这些选项。

- 截断事务日志。备份事务日志并将其截断以释放日志空间。数据库仍然处于联机状态。这是默认选项。
- 备份日志尾部,并使数据库处于还原状态。此选项创建结尾日志备份,通常用于在准备还原数据库时备份尚未备份的日志(活动日志)。在数据库完全还原之前,用户将无法使用。

④ 磁带机。"磁带机"中的选项可以控制备份操作期间的磁带管理。

- 备份后取下磁带。在备份完成后,卸载磁带。
- 取下前倒带。取下磁带前,释放空间并进行倒带。仅在勾选了"备份后卸载磁带"复选框时,才会启用该选项。

(4) 在此窗口的左侧窗格中选择"备份选项"选择页,用户可以根据需要设置数据库备份的备份集及压缩参数,如图 18-10 所示。

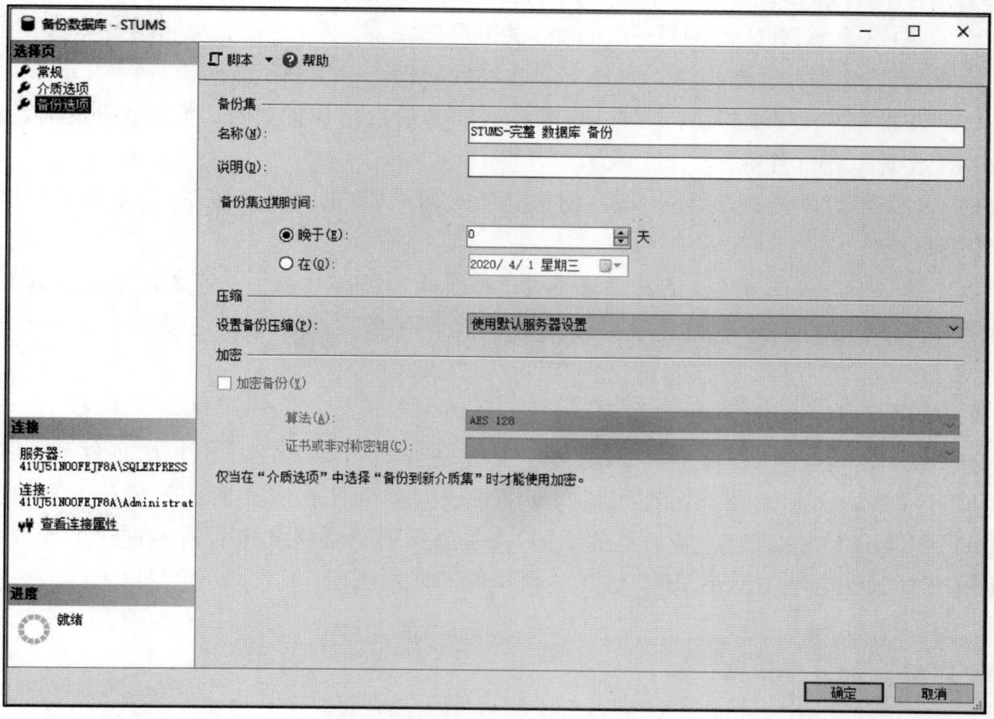

图 18-10 "备份选项"参数设置窗口

“备份选项”选择页包含以下选项：

① 备份集。备份集中的选项允许用户指定有关备份操作所创建的备份集的可选信息。

- 名称。指定备份集名称。系统将根据数据库名称和备份类型自动建议一个默认名称。
- 说明。输入备份集的有关说明信息。
- 备份集过期时间。该项下有以下两种单选按钮可供选择。
  - ◆ 晚于。指定在多少天后此备份集才会过期，从而可被覆盖。此值范围为 0～99999 天；0 天表示备份集将永不过期。
  - ◆ 在。指定备份集过期从而可被覆盖的具体日期。

② 压缩。“压缩”中的选项 SQL Server 2008 Enterprise（或更高版本）才支持备份压缩。

- 设置备份压缩。在“设置备份压缩”下拉列表框中有以下 3 种方式可供选择。
  - ◆ 使用默认服务器设置。使用服务器级别默认值进行压缩。
  - ◆ 压缩备份。不考虑服务器级别默认值进行压缩。
  - ◆ 不压缩备份。创建未压缩的备份。

③ 加密。“加密”中的选项创建加密的备份。仅当在“介质选项”选择页中选择“备份到新介质集”单选按钮时才能使用加密。

- 加密备份。该项下有以下两个选项。
  - ◆ 算法。选择要用于加密步骤的加密算法。列表框中提供了 4 种算法（AES 128、AES 192、AES 256 和三重 DES）供用户选择。
  - ◆ 证书或非对称密钥。一个证书或非对称密钥。

(5) 设置完毕后，单击“确定”按钮，系统启动备份数据库的进程，将按照所选的设置对 STUMS 数据库进行备份。

(6) 如果没有发生错误，将出现备份成功的对话框，单击“确定”按钮，完成备份操作。

【说明】

在步骤(2)的“备份类型”下拉列表框中，若选择“差异”选项，可创建差异数据库备份；若选择“事务日志”选项，可创建事务日志备份。其创建过程和创建完整备份的操作步骤相同。

2) 使用 T-SQL 语句备份数据库

在 SQL Server 中备份整个数据库，或者备份一个或多个文件或文件组可使用 BACKUP DATABASE 语句。在完整恢复模式或大容量日志恢复模式下备份事务日志可使用 BACKUP LOG 语句。备份类型不同，备份语句的语法格式也有所不同。下面介绍的是使用 BACKUP DATABASE 备份完整数据库的基本语法。

```
BACKUP DATABASE { database_name | @database_name_var }
  TO <backup_device> [ ,…n ]
  [ <MIRROR TO <backup_device> [ ,…n] > ] [ next - mirror - to ]
  [ WITH <DIFFERENTIAL>]
```

各参数说明如下。

- database_name：备份事务日志、部分数据库或完整的数据库时所用的源数据库名称。
- @database_name_var：以字符串常量或字符串数据类型的变量指定要备份的数据库名称。
- backup_device：指定用于备份操作的逻辑备份设备或物理备份设备或备份文件(.Bak)。采用“备份设备类型=设备名”的形式。
- MIRROR TO <backup_device>[,…n]：将要镜像到 TO 子句中指定的备份设备，可以是一个或多个备份设备。
- [next-mirror-to]：表示一个 BACKUP 语句除了包含一个 TO 子句外，最多还可包含 3 个 MIRROR TO 子句。
- WITH 子句：指定要用于备份操作的选项。有关某些基本 WITH 选项的信息，可参阅 SQL Server 2019 在线文档。
- DIFFERENTIA：指定本次备份是差异备份。

【例 18-3】 用 BACKUP DATABASE 语句为 STUMS 数据库做一个完整备份，备份文件名为 STU_BF1.Bak。

代码如下：

```
USE STUMS
GO
BACKUP DATABASE STUMS
TO DISK = 'D:\STU_BF1.Bak'
/* 覆盖所有备份集 */
WITH INIT,
/* 指定备份集的名称 */
NAME = 'Full Backup of STUMS'
GO
```

执行上述代码，结果如图 18-11 所示。

【例 18-4】 先在 STUMS 数据库中创建一任意结构的数据表 ABC，再使用 BACKUP DATABASE 语句为 STUMS 数据库做差异备份。

代码如下：

```
USE STUMS
GO
BACKUP DATABASESTUMS TO STU_BF
WITH DIFFERENTIAL                    -- 做差异备份
GO
```

3）备份过程中的并发限制

用户在进行数据库备份的过程中，会受到以下并发限制。

- 数据库仍在使用时，SQL Server 可以使用联机备份过程来备份数据库。
- 可以在执行备份操作期间允许使用 INSERT、UPDATE 或 DELETE 语句，进行多个操作。

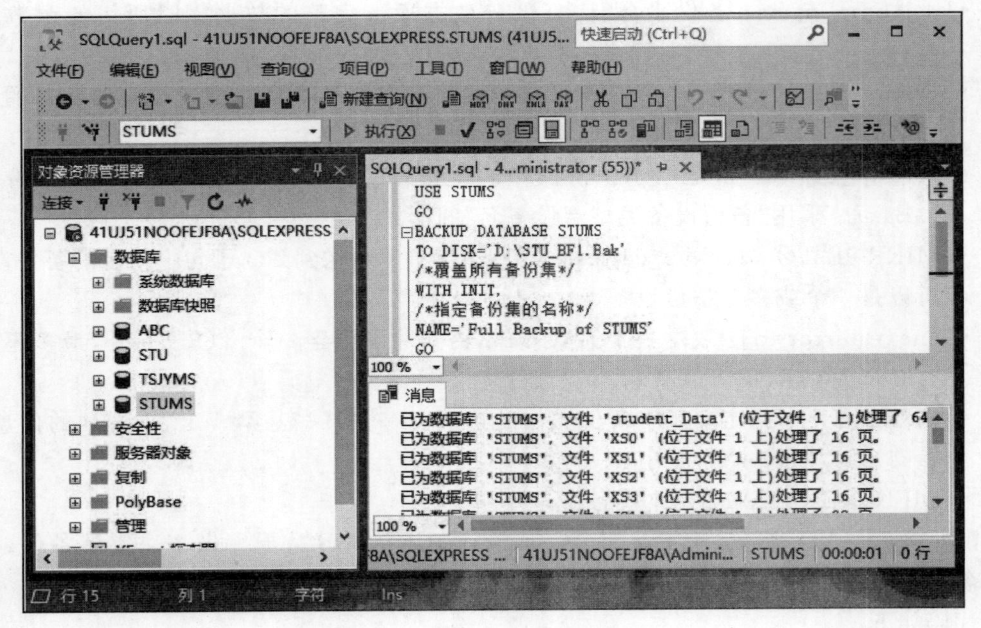

图 18-11　例 18-3 的执行结果

- 如果在正在创建或删除数据库文件时尝试启动备份操作,则备份操作将等待,直到创建或删除操作完成或者备份超时。

2. 设置备份的过期日期

在 SQL Server 2019(15. x)版本中,用户可以通过使用 SSMS 或 T-SQL 设置备份的过期日期。

1) 使用 SSMS 设置备份的过期日期

使用 SSMS 设置备份的过期日期的操作与备份数据库的操作过程完全相同。只需在打开的“备份数据库”窗口左侧窗格中选择“备份选项”选择页,为“备份集过期时间”指定一个过期日期即可。

2) 使用 T-SQL 设置备份的过期日期

用户只需在 BACKUP 语句中,指定 EXPIREDATE 或 RETAINDAYS 选项以便确定 SQL Server 数据库引擎何时可以覆盖备份。

例如,下面的示例使用 EXPIREDATE 选项指定过期日期为 2020 年 4 月 30 日。

```
USE STUMS
GO
BACKUP DATABASE STUMS
 TO DISK = 'D:\STU_BF.Bak'
 WITH EXPIREDATE = '4/30/2020';
GO
```

3. 查看备份集中的数据和日志文件

在 SQL Server 2019(15. x)版本中,用户可以通过使用 SSMS 或 T-SQL 查看备份集中的数据和日志文件。

1）使用 SSMS 查看备份集中的数据和日志文件

使用 SSMS 查看备份集中的数据和日志文件的操作与查看数据库属性的操作过程完全相同。只需在打开的“数据库属性”窗口的左侧窗格中选择“文件”选择页，在“数据库文件”网格查找数据和日志文件及其属性的列表即可。

2）使用 T-SQL 查看备份集中的数据和日志文件

在 SQL Server 2019（15.x）中，用户也可以使用 RESTORE FILELISTONLY 语句查看备份集中的数据和日志文件。

例如，下面示例返回有关 STU_BF 备份设备上的备份集信息。

```
USE STUMS
RESTORE FILELISTONLY FROM STU_BF
GO
```

在查询编辑器中输入上述代码并执行，结果如图 18-12 所示。

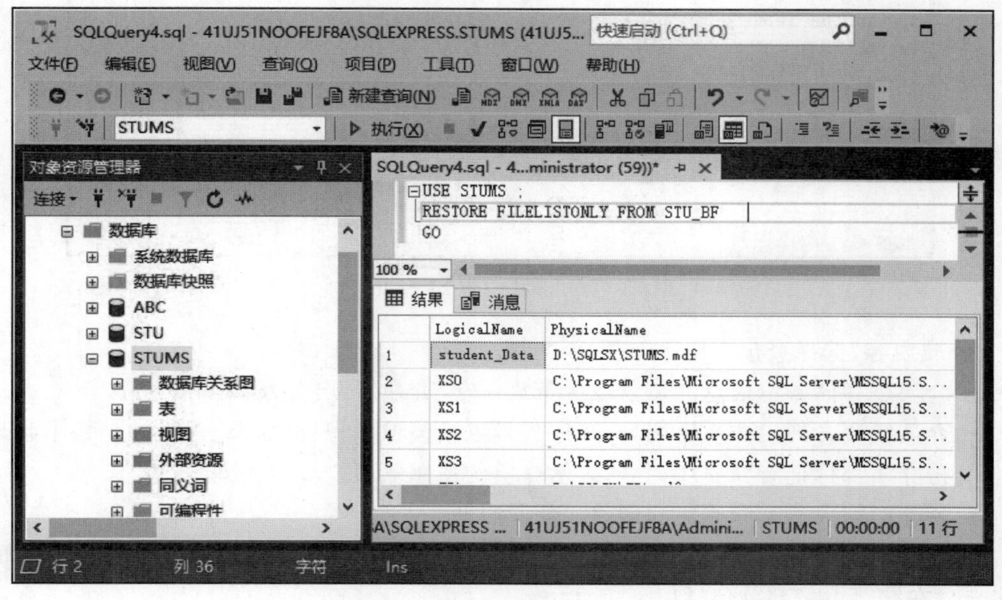

图 18-12　STU_BF 备份设备上的备份集信息

4. 查看逻辑备份设备的属性和内容

在 SQL Server 2019（15.x）版本中，用户可以通过使用 SSMS 或 T-SQL 查看逻辑备份设备的属性和内容。

1）使用 SSMS 查看逻辑备份设备的属性和内容

下面以查看 STU_BF 逻辑备份设备的属性和内容为例，介绍使用 SSMS 查看的操作步骤。

（1）启动 SSMS，在“对象资源管理器”窗格中依次展开“服务器”→“服务器对象”→“备份设备”结点，右击 STU_BF 图标，在弹出的快捷菜单中选择“属性”命令，打开“备份设备-STU_BF“窗口。

（2）在该窗口的左侧窗格中选择“介质内容”选择页，显示有关各个介质、介质集和备份集的信息，如图 18-13 所示。

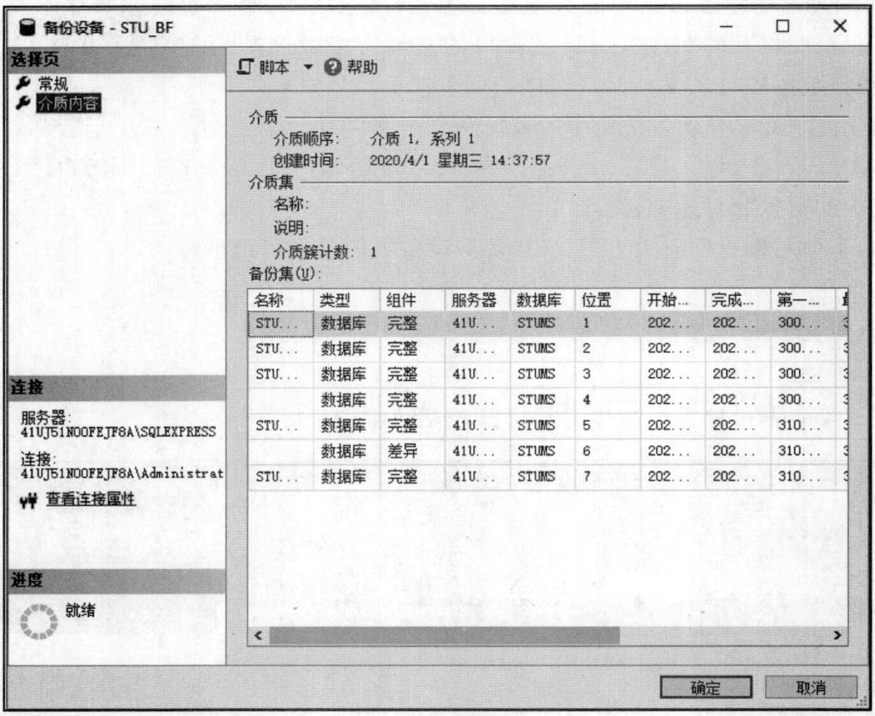

图 18-13 “介质内容”选择页窗口

“介质内容”选择页包含以下选项：

① 介质。存储备份信息的磁盘或磁带集。在“介质”部分显示以下信息。

- 介质顺序。列出介质序列号、簇序列号以及镜像标识符(如果有的话)。每个物理备份介质都标记有介质序列号，表示介质的使用顺序。
- 创建时间。显示介质集的创建日期和时间。

② 介质集。通过使用一定数量的备份设备写入一个或多个备份操作的备份介质的有序集合。在“介质集”部分包括以下信息。

- 名称。显示介质集的名称(如果有的话)。
- 说明。显示介质集的说明(如果有的话)。
- 介质簇计数。显示介质集中的簇数。

③ 备份集。显示介质上包含的备份集的有关信息。备份集是成功备份操作的结果，其内容分布于相应的一组备份设备上的介质中。

- 备份集网格。显示了有关介质集内容的信息。网格显示的内容有：
  - ◆ 名称。备份集的名称。
  - ◆ 类型。备份对象有数据库、文件或 <blank>(用于事务日志)。
  - ◆ 组件。执行的备份类型有完整备份、差异备份或事务日志备份。
  - ◆ 服务器。执行备份操作的数据库引擎的实例名。
  - ◆ 数据库。已备份数据库的名称。

◆ 位置。备份集在卷中的位置。

◆ 日期。开始备份操作及完成的日期和时间，按客户端的区域设置显示。

◆ 大小。备份集的大小(字节)。

◆ 用户名。执行备份操作的用户的名称。

◆ 过期日期。备份集的过期日期和时间。

(3) 查看完毕，单击“确定”按钮退出。

2) 使用 T-SQL 查看逻辑备份设备的属性和内容

在 SQL Server 2019 (15.x)中，用户也可以使用 RESTORE LABELONLY 语句查看逻辑备份设备的属性和内容。

例如，返回有关 STU_BF 逻辑备份设备的信息。代码如下：

```
USE STUMS
RESTORE LABELONLY
FROM STU_BF
GO
```

5. 从设备还原备份

数据库备份后，一旦系统发生崩溃或执行了数据库的误操作，用户就可以通过 SSMS 或 T-SQL 从设备还原备份。

1) 使用 SSMS 还原备份

使用 SSMS 还原备份的主要操作步骤如下：

(1) 在“对象资源管理器”窗格中，依次展开“服务器”→“数据库”结点，右击 STUMS 图标，在弹出的快捷菜单中选择“任务”→“还原”→“数据库”命令，打开“还原数据库-STUMS”窗口，如图 18-14 所示。

该窗口由常规、文件和选项 3 个选择页组成。

“常规”选择页。可以指定数据库还原操作的目标数据库和源数据库的有关信息，由源、目标、还原计划组成。

① “源”中的选项可标识要还原的数据库及备份集的位置和要还原的备份集数据库。

• 数据库(D)。从下拉列表框中选择要还原的数据库。
• 设备。选择包含要还原的一个或多个备份的逻辑或物理备份设备或备份文件。
• 数据库(A)。从下拉列表框中选择要从其还原备份的数据库名称。

② “目标”中的选项可标识数据库和还原点。

• 数据库。在该下拉列表框中输入要还原的数据库。
• 还原到。默认为还原到“至最近一次进行的备份”日期。用户还可以单击“时间线”按钮指定要将数据库还原到的特定日期时间。

③ “还原计划”中的“要还原的备份集”网格显示或供用户选择要还原的备份集信息。

“验证备份介质”按钮用于在还原所选备份文件之前检查其完整性。

“文件”选择页。设置要还原文件的目标位置，包含“将数据库文件还原为”的参数设置。

“将数据库文件还原为”中的选项用来向还原的文件分配新文件路径并进行管理。

• 将所有文件重新定位到文件夹。

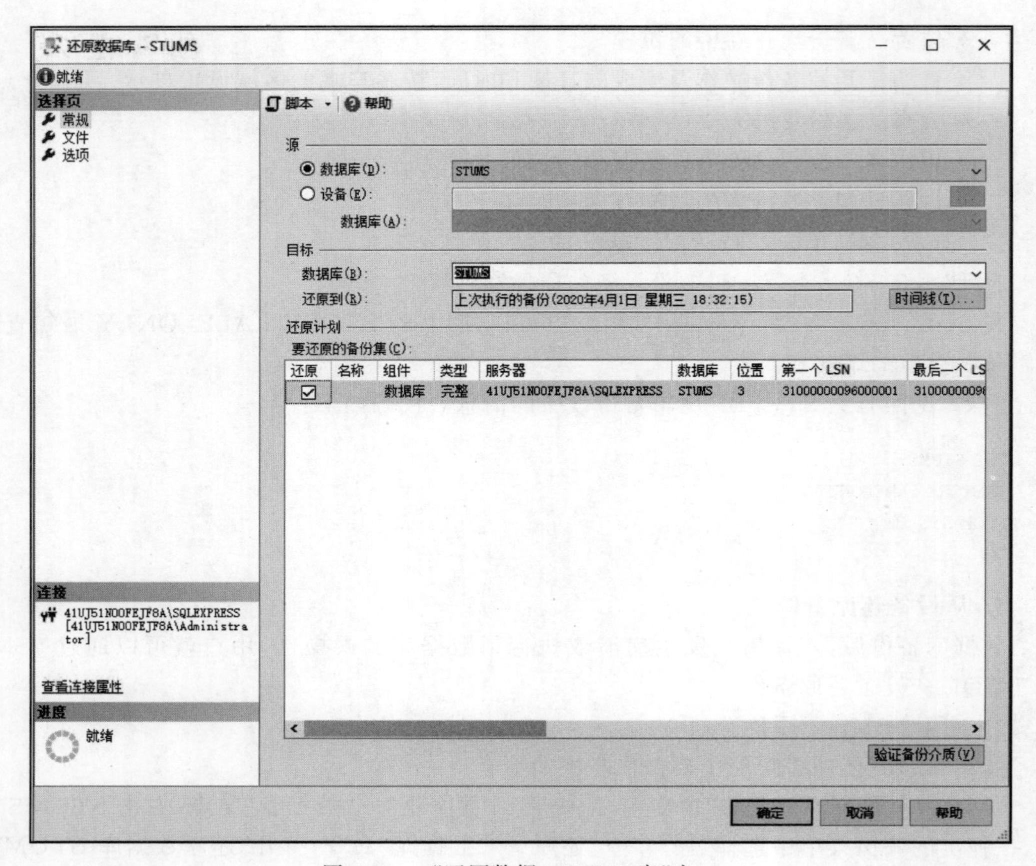

图 18-14 “还原数据-STUMS 库”窗口

◆ 数据文件的文件夹。输入或搜索应将还原的数据文件重新定位到的数据文件的文件夹名称。

◆ 日志文件的文件夹。输入或搜索应将还原的日志文件文件重新定位到的日志文件的文件夹。

◆ 逻辑文件名。对于每个要还原的数据库文件显示一行。

◆ 文件类型。显示文件类型。

◆ 原始文件名。显示已还原文件的原始文件路径。

◆ 还原为。列出用于另存还原文件的文件名。可以输入或搜索适当的文件名。

“选项”选择页。用于修改还原操作的行为和结果。由还原选项、结尾日志备份、服务器连接和提示 4 部分构成。

① “还原选项”中的选项供用户设定还原操作的行为。

• 覆盖现有数据库[WITH REPLACE]。将备份从其他数据库还原到现有的数据库名称,现有数据库的文件被覆盖。

• 保留复制设置 [WITH KEEP_REPLICATION]。将已发布的数据库还原到创建该数据库的服务器之外的服务器时,保留复制设置。

• 限制还原数据库的访问 [WITH RESTRICTED_USER]。使还原的数据库仅供 db_owner、dbcreator 或 sysadmin 的成员使用。

- 恢复状态。若要在完成存储操作后确定数据库的状态，则必须选择“恢复状态”下拉列表框中的选项之一。
  - RESTORE WITH RECOVERY。在还原了在“常规”选择页的“用于还原的备份集”网格中选中的最后一个备份之后，恢复数据库。
  - RESTORE WITH NORECOVERY。使数据库处于还原状态。
  - RESTORE WITH STANDBY。使数据库处于备用状态，在该状态下只能对数据库进行有限的只读访问。
  - 备用文件。指定备用文件。

② “结尾日志备份”中的选项允许用户指定结尾日志备份与数据库还原一起执行。勾选“在还原前执行结尾日志备份”复选框可以指定应执行结尾日志备份。

③ “服务器连接”中的选项可用于关闭现有的数据库连接。勾选“关闭到目标数据库的现有连接”复选框，关闭 SSMS 和数据库之间的所有活动连接。

④ “提示”中的选项，设置还原每个备份之前进行提示。勾选“还原每个备份之前提示”复选框，显示介质集（如果已知）的名称以及下一个备份集的名称和说明等提示信息。

(2) 在“常规”选择页的“源”部分，选择“数据库”单选按钮，用户可在在下拉列表框中选择或输入要还原的数据库名称。

(3) 本例选择“设备”单选按钮，单击右侧的 ... 按钮，打开“选择备份设备”对话框，如图 18-15 所示。

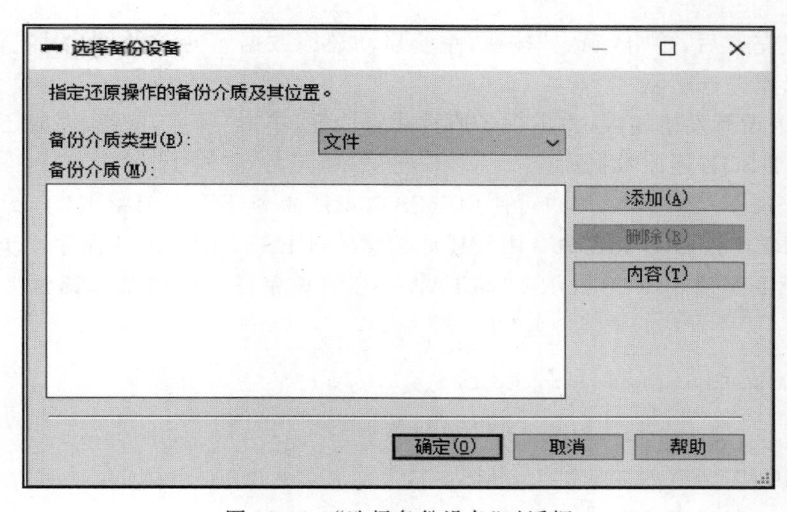

图 18-15 “选择备份设备”对话框

(4) 在“备份介质类型”下拉列表框中选择“备份设备”，并单击“添加”按钮，打开“选择包含该备份的设备”对话框。在“备份设备”的下拉列表框中选择 STU_BF，单击“确定”按钮返回“选择备份设备”对话框。再单击“确定”按钮返回“还原数据库-STUMS”窗口。

(5) 在“常规”选择页的“目标”部分的“数据库”下拉列表框中，选择用于还原的数据库。单击“还原到”右侧的“时间线”按钮，打开“备份时间线-STUMS”对话框选择还原到的日期时间，如图 18-16 所示。选择完毕，单击“确定”按钮返回“还原数据库-STUMS”窗口。

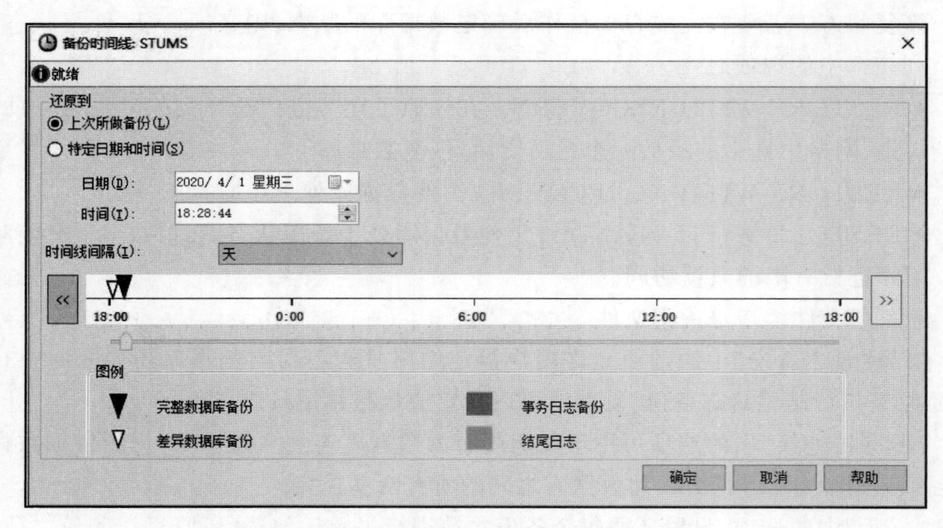

图 18-16 “备份时间线-STUMS”对话框

(6) 在窗口的左侧窗格中选择“文件”选择页,勾选“将数据库还原为”部分的“将所有文件重新定位到文件夹”复选框,单击“数据文件文件夹”右侧的 ... 按钮,选择保存数据文件文件夹。单击“日志文件文件夹”右侧的 ... 按钮,选择保存日志文件文件夹。

(7) 在窗口的左侧窗格中选择“选项”选择页,勾选“还原选项”下面的“覆盖现有数据库”复选框。

(9) 设置完毕后,单击“确定”按钮,系统启动还原数据库的进程,将按照所选的设置对STUMS数据库进行还原。

(10) 如果没有发生错误,将出现还原成功对话框,单击“确定”按钮,完成还原操作。

2) 使用 T-SQL 还原数据库

在 SQL Server 2019 中,用户可使用 RESTORE 命令还原用 BACKUP 命令所做的备份。RESTORE DATABASE 命令用于还原数据库,RESTORE LOG 命令用于还原事务日志。下面介绍的是使用 RESTORE DATABASE 实现完整还原的基本语法。其语法格式如下:

```
RESTORE DATABASE {database_name|@database_name_var}
<file_or_filegroup>[,…n]
[FROM <backup_device> [,…n] ]
[WITH[[,]NORECOVERY|RECOVERY] [[,]REPLACE] ]
```

各参数说明如下。

- DATABASE:表示还原数据库。
- database_name|@database_name_var:还原的数据名称或变量。
- file_or_filegroup:用于指定要从备份集还原的数据库文件或文件组。
- NORECOVERY:指定不发生回滚。
- RECOVERY:表示还原操作回滚任何未提交的事务,默认为 RECOVERY。
- REPLACE:表示还原操作是否替换原来的数据库或数据文件、文件组。

【例 18-5】 使用 RESTORE 语句还原 STUMS 数据库。

代码如下：

```
/＊删除 STUMS 数据库＊/
DROP DATABASE STUMS
GO
/＊还原 STUMS 数据库＊/
RESTORE DATABASE STUMS
FROM DISK = 'D:\STU_BF.bak'
WITH NORECOVERY
GO
```

在查询编辑器中输入上述代码并执行，结果如图 18-17 所示。

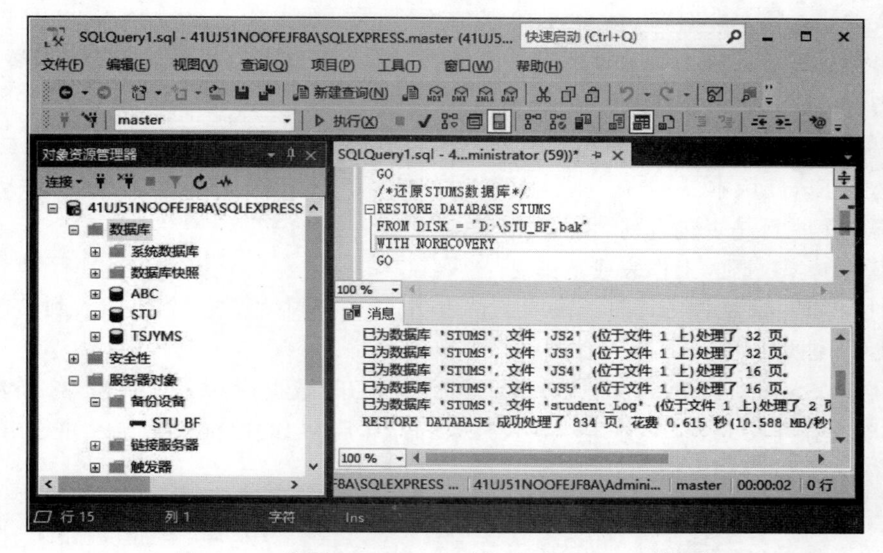

图 18-17　使用 RESTORE 语句还原 STUMS 数据库

【注意】 对于使用完全恢复模式或大容量日志恢复模式的数据库，在还原前应备份日志尾部，否则还原失败。

课堂任务 1　对照练习

(1) 创建备份设备 BACKUP_01，其物理设备名称 d:\ BACKUP_01.Bak。

(2) 使用 BACKUP_01 备份设备，备份 STUMS 数据库。然后，在 STUMS 库的选课表中增加任意一条记录，再对 STUMS 做差异备份。

(3) 删除 STUMS 数据库，再使用备份还原 STUMS 数据库。

18.2　数据的导入与导出

课堂任务 2　学习使用 SQL Server 导入和导出向导进行数据转换的方法。

利用 SQL Server 导入和导出向导(SSIS)，可轻松将数据从源复制到目标。导入和导出是 SQL Server 数据库管理系统与外部系统之间进行数据交换的手段。通过导入和导出操作,可以轻松地实现 SQL Server 和其他异类数据源(如电子表格 Excel 或 Oracle 数据库)之间的数据传输。

导入是指将数据从数据文件加载到 SQL Server 表。导出是指将数据从 SQL Server 表复制到数据文件。SQL Server 2019 为用户提供了多种导入和导出数据的方法,其中导入和导出向导是一种从源数据向目标数据复制数据的最简便的方法,可以在 SQL Server、文本文件、Access、Excel 和其他 OLE DB(一种数据技术标准接口)访问接口数据格式之间进行转换,还可以创建目标数据库和插入数据表。

18.2.1 导入数据

1. 从 Excel 导入数据到 SQL Server 数据库

使用 SSIS 从 Excel 加载数据时必须提供以下的连接信息以及必须配置的设置。

- 指定 Excel 作为数据源。
- 提供 Excel 文件和路径。
- 选择 Excel 版本。
- 指定第一行是否包含列名称。
- 提供包含数据的工作表或范围。

下面以将 Excel 文件 Book1. xls 的工作表 flash_cj $ 中的数据全部导入到 STUMS 数据库中为例,说明使用 SSIS 导入数据的操作步骤。

(1) 启动 SSMS,在“对象资源管理器”窗格中展开“数据库”结点,右击 STUMS 图标,在弹出的快捷菜单中选择“任务”→“导入数据”命令,启动 SQL Server 导入和导出向导,如图 18-18 所示。

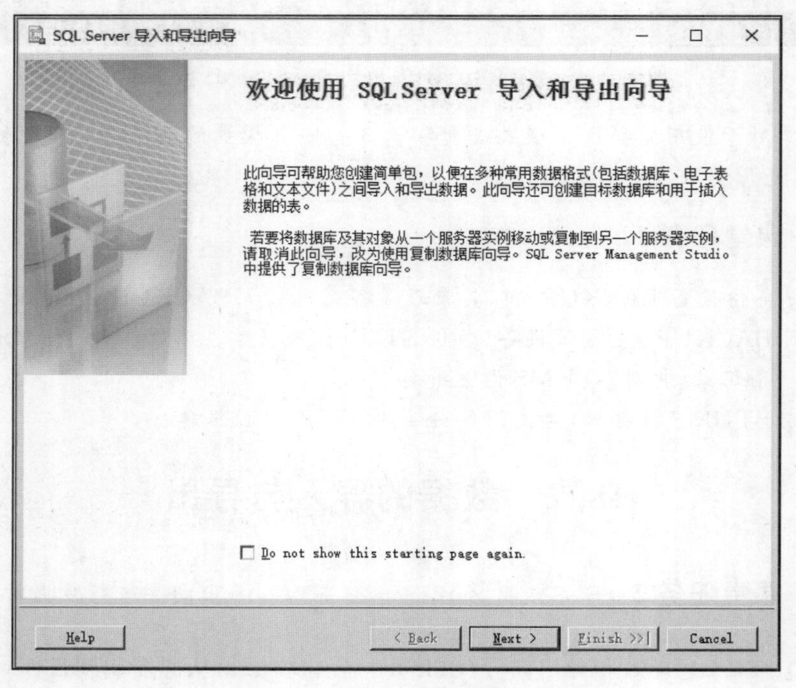

图 18-18 “SQL Server 导入和导出向导”界面

(2) 单击 Next 按钮，进入“选择数据源”界面。在“数据源”下拉列表框中选择 Microsoft Excel，单击“浏览”按钮选择导入数据文件的路径与文件名(D:\SQLSX\Book1. xls)，选择 Excel 版本，勾选“首行包含列名称”复选框，如图 18-19 所示。

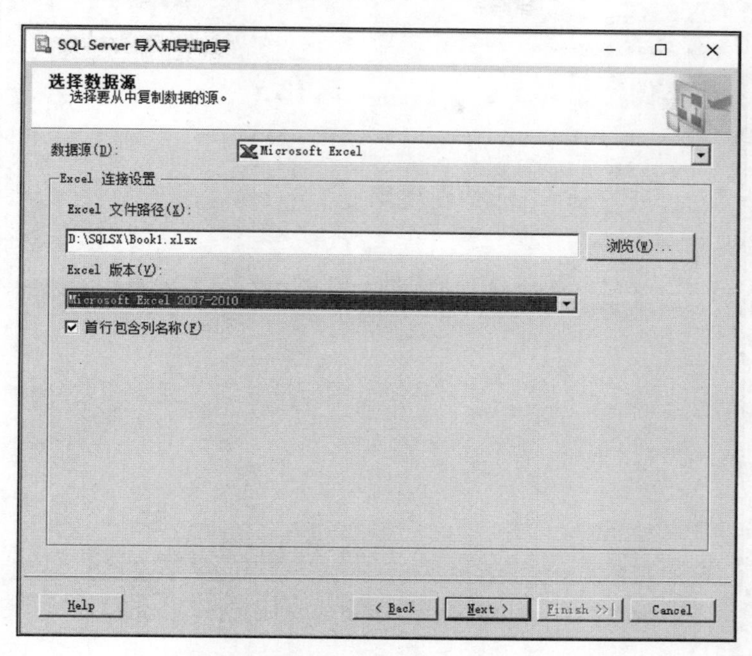

图 18-19　在“选择数据源”界面中进行参数设置

(3) 单击 Next 按钮，进入“选择目标”界面，指定要将数据复制到的位置。在“目标”下拉列表框中选择 SQL Server Native Client 11. 0，其余各项保持默认即可，如图 18-20 所示。

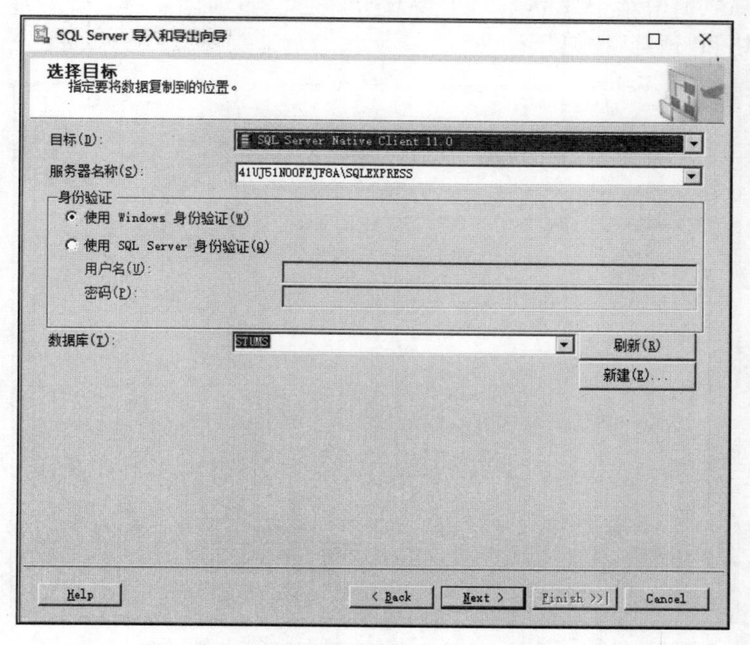

图 18-20　在“选择目标”界面中进行参数设置

(4) 单击 Next 按钮，进入“指定表复制和查询”界面，指定是否复制整个表或编写查询指定数据导入的方式。本例选择“复制一个或多个表或视图的数据”单选按钮，如图 18-21 所示。

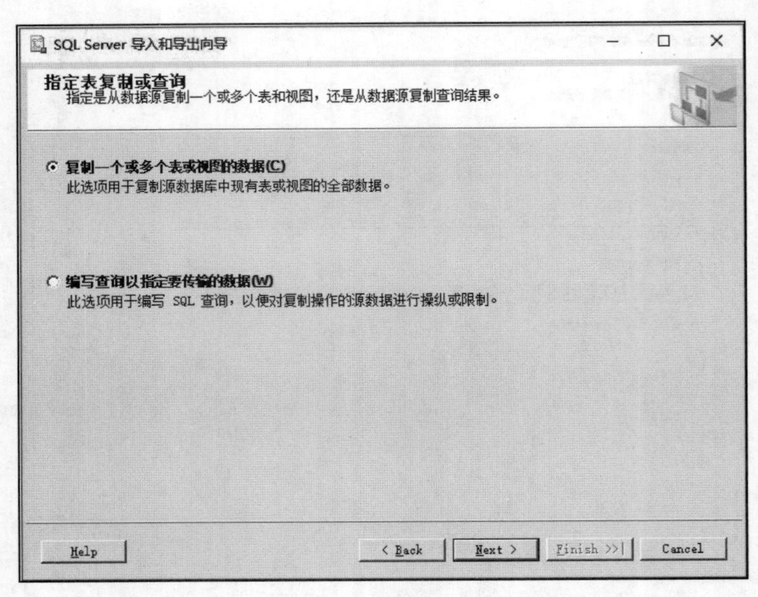

图 18-21 在“指定表复制或查询”界面选择复制方式

- 复制一个或多个表或视图的数据。仅复制源中的数据，不对记录进行筛选或排序。
- 编写查询以指定要传输的数据。将源数据复制到目标之前要对其进行筛选或排序。

(5) 单击 Next 按钮，进入“选择源表和源视图”界面，选择想要复制的现有表或视图。在“表和视图”列表框中选中要导入的工作表 flash_cj $，如图 18-22 所示。本界面还包含“编辑映射”按钮和“预览”按钮。

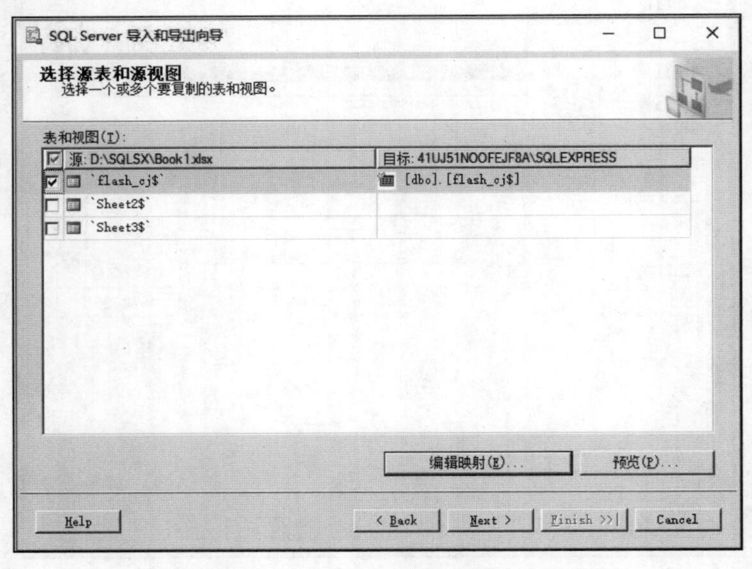

图 18-22 在“选择源表和源视图”界面中选择源表

• 编辑映射。单击“编辑映射”按钮，打开“列映射”窗口，可对导入的表或视图的列名称、数据类型和长度等进行查看与修改。

• 预览。单击“预览”按钮，打开“预览数据”窗口，可预览导入的数据内容。

本例单击“编辑映射”按钮，在弹出的“列映射”窗口中修改“学号”“姓名”的数据类型及宽度，如图 18-23 所示。修改完毕，单击“确定”按钮返回。

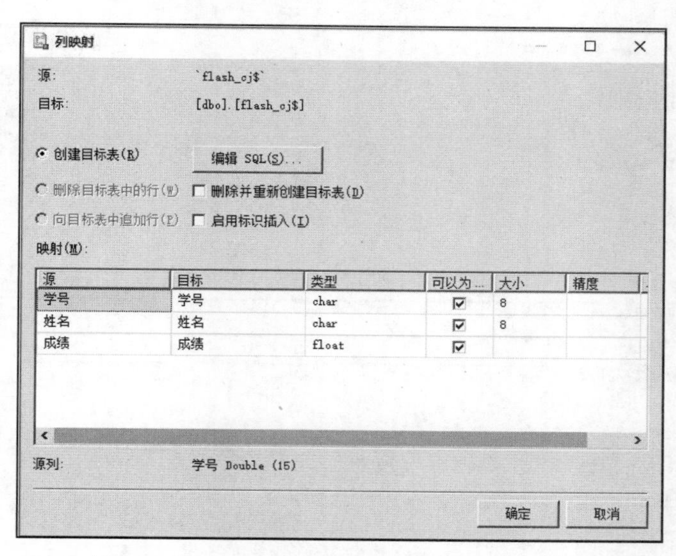

图 18-23 在“列映射”修改数据类型及宽度界面

（6）单击 Next 按钮，进入“查看数据类型映射”界面。如果在“列映射”窗口的“映射”列表中指定了一个可能无法成功的数据类型映射，SQL Server 导入和导出向导将显示“查看数据类型映射”页，如图 18-24 所示。

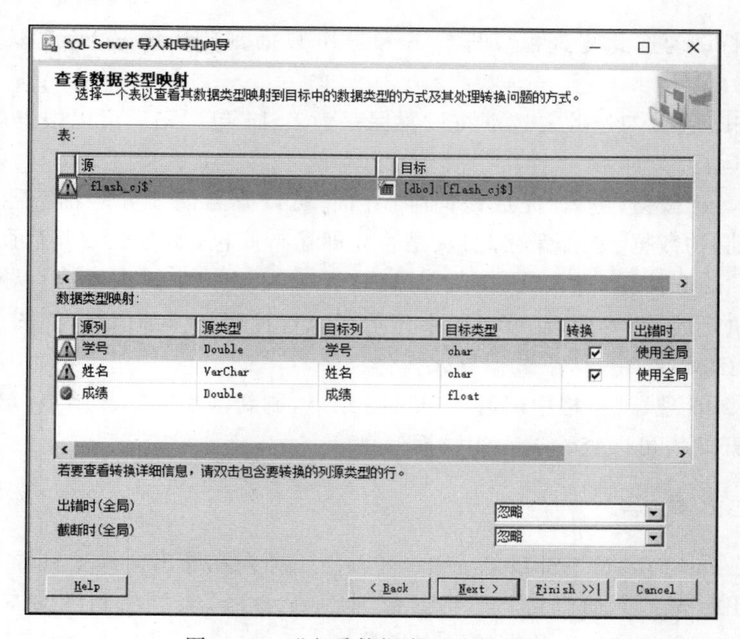

图 18-24 “查看数据类型映射”界面

"数据类型映射"列表中第一行的警告图标指示从源列的 Double 数据类型映射到目标列的 Char 数据类型可能会出错；第二行的警告图标指示从源列的 VarChar 数据类型映射到目标列的 Char 数据类型截断。在对应的下拉列表框中均选择忽略。

(7) 单击 Next 按钮，进入"保存并运行包"界面，选择是否需要保存以上操作所设置的 SSIS 包。本例勾选"立即运行"复选框，如图 18-25 所示。

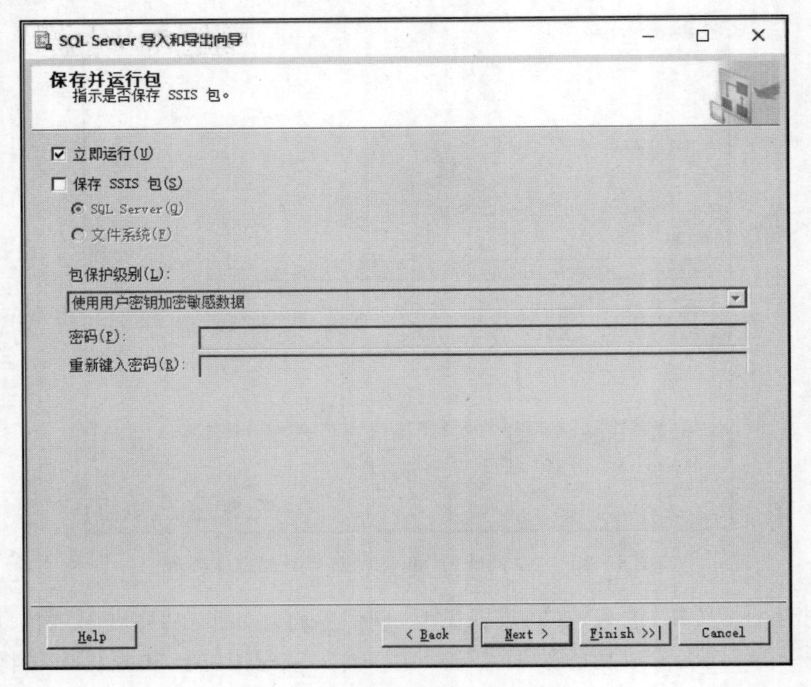

图 18-25 "保存并运行包"界面

- 立即运行。勾选此复选框立即导入和导出数据。默认情况下，此复选框处于勾选状态。
- 保存 SSIS 包。勾选此复选框将设置保存为 SSIS 包。稍后可以根据需要自定义包，并再次运行。

(8) 单击 Next 按钮，进入"完成该向导"界面，可以查看摘要并验证：要复制的数据的源和目标、要复制的数据、是否保存此包、是否立即运行此包，如图 18-26 所示。

(9) 单击 Finish 按钮，进入"正在执行操作"界面，系统按上述配置执行导入操作。导入完成后，弹出"执行成功"界面，在该界面中显示了执行过程的详细信息，如图 18-27 所示。

(10) 单击 Close 按钮，结束数据导入操作。

在"对象资源管理器"窗格中展开 STUMS 结点，刷新并展开"表"结点，可以看到 flash_cj$ 数据表，打开此表可以查看导入的数据信息。

18.2.2 导出数据

在 SQL Server 2019 的 SSMS 界面中，可以使用导入和导出向导工具导入数据，也可以使用此方法导出数据。下面以将 STUMS 数据库中"课程"表导出到纯文本文件 KCB.txt 为例，说明使用 SSIS 向导导出数据的操作步骤。

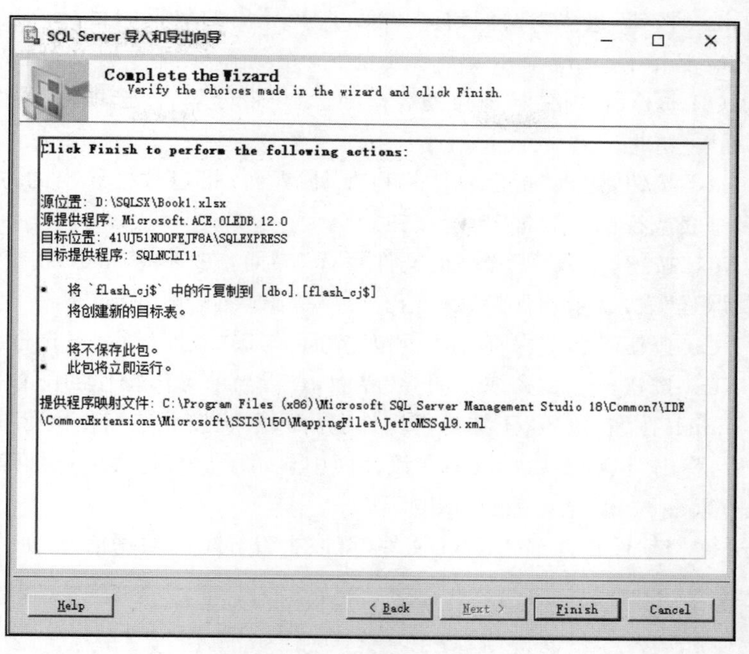

图 18-26 “完成该向导”界面

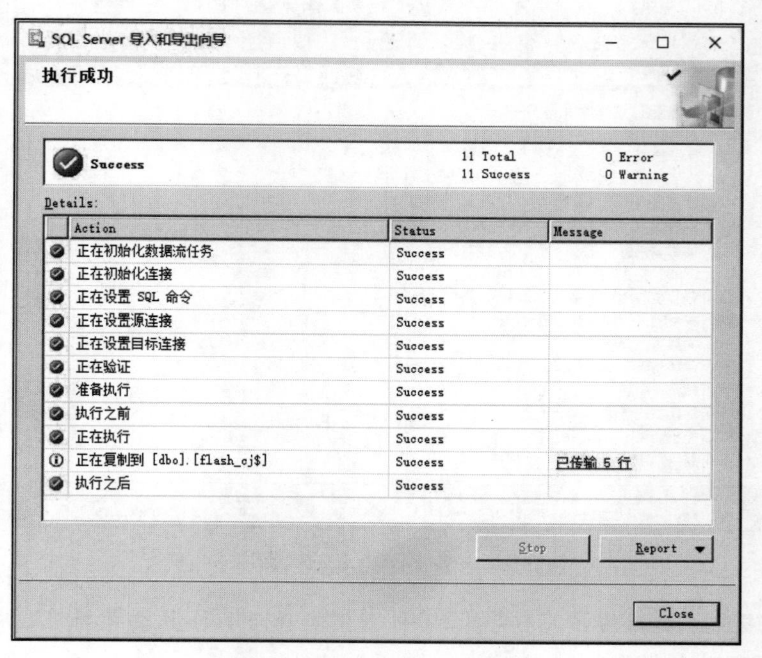

图 18-27 “执行成功”界面

(1) 启动 SSMS,在“对象资源管理器”窗格中展开“数据库”结点,右击 STUMS 图标,在弹出的快捷菜单中选择“任务”→“导出数据”命令。

(2) 启动导入和导出向导进入“选择数据源”界面,选择数据源为 SQL Server Native Client 11.0,数据库为 STUMS。

（3）单击 Next 按钮，进入“选择目标”界面，选择导出的数据的目标。在“目标”下拉列表框中，选择 Flat File Destination，单击“浏览”按钮选择导出数据文件的路径与文件名（D:\SQLSX\KCB.txt），在“格式”下拉列表框中选择“带分隔符”选项，勾选“在第一个数据行中显示列名称”复选框。

（4）单击 Next 按钮，进入“指定表复制和查询”界面，指定数据导出的方式。本例选择“复制一个或多个表或视图的数据”单选按钮。

（5）单击 Next 按钮，进入“配置平面文件目标”界面，在“源表和源视图”下拉列表框中选择要导出的“课程”表，其余均保持默认值。

（6）单击 Next 按钮，进入“保存并运行包”界面，勾选“立即运行”复选框。

（7）单击 Next 按钮，进入“完成该向导”界面，查看当前导出操作的配置信息。

（8）单击 Finish 按钮，进入“正在执行操作”界面，系统按上述配置执行导出操作。

（9）完成后，弹出“执行成功”界面，在该界面中显示了执行过程的详细信息。

（10）单击 Close 按钮，结束数据导出操作。

使用 Word 文档软件打开 KCB.txt 文件，可以查看导出的数据信息，如图 18-28 所示。

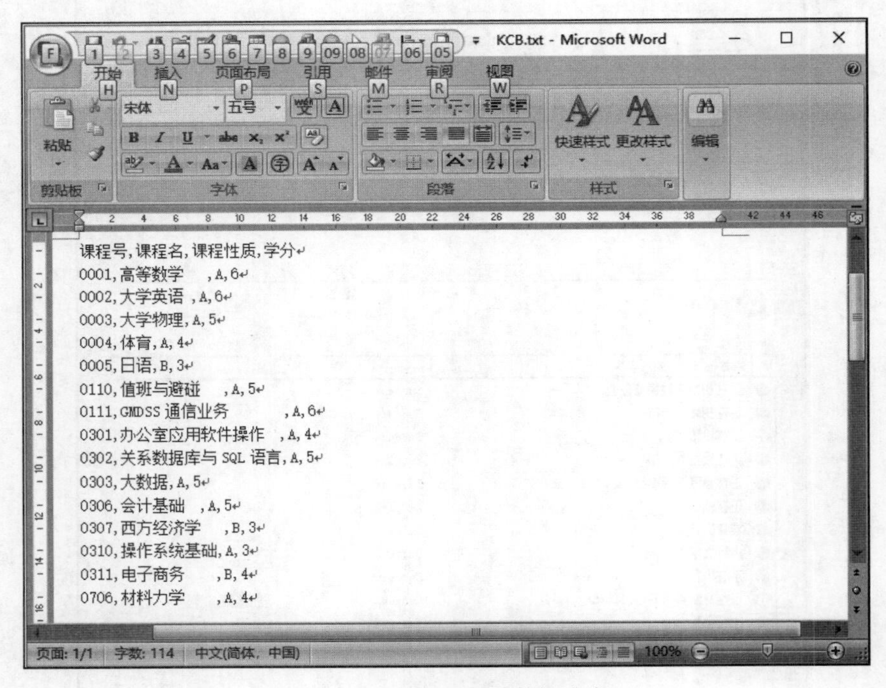

图 18-28　KCB.txt 的数据内容

知识拓展：数据的导入与导出，不仅可以实现与其他异类数据进行数据交换，也可以起到备份数据库数据的作用。

课堂任务 2　对照练习

（1）将 TSJYMS 数据库中的“读者信息”表中的数据导出到文本文件 DZXX.txt。

（2）将 STUMS 数据库中的“教师”表中的数据导出到 Excel 的 Book1.xls 的“教师”表中，然后再将其数据导入到 STUMS 数据库中。

18.3 数据库快照

课堂任务 3 学习 SQL Server 2019 创建数据库快照的方法。

通俗地讲，数据库快照就是给数据库在某个时刻拍的照片，是 SQL Server 数据库（源数据库）的只读静态视图，也可理解成是数据库的一个只读副本。所有恢复模式都支持数据库快照。创建数据库快照也是保证数据安全的手段之一。

自创建快照那刻起，数据库快照在事务上与源数据库一致。数据库快照始终与其源数据库位于同一服务器实例上。虽然数据库快照提供与创建快照时处于相同状态的数据库的只读视图，但快照文件的大小随着对源数据库的更改而增大。

18.3.1 数据库快照概述

1. 术语和定义

- 数据库快照（Database Snapshot）是一个数据库（源数据库）的事务一致的只读静态视图。
- 源数据库（Source Database）用来创建快照的数据库。数据库快照与源数据库相关。数据库快照必须与源数据库在同一服务器实例上。此外，如果源数据库因某种原因而不可用，则它的所有数据库快照也将不可用。
- 稀疏文件（Sparse File）是 NTFS 文件系统提供的文件，需要的磁盘空间要比其他文件格式少很多。稀疏文件用于存储复制到数据库快照的页面。首次创建稀疏文件时，稀疏文件占用的磁盘空间非常少。随着数据写入数据库快照，NTFS 会将磁盘空间逐渐分配给相应的稀疏文件。

2. 数据库快照的优点

1）快照可用于报告目的

客户端可以查询数据库快照，这对于基于创建快照时的数据编写报表是很有用的。

2）维护历史数据以生成报表

快照可以从特定时点扩展用户对数据的访问权限。例如，用户可以在给定时间段（例如，财务季度）要结束的时候创建数据库快照以便日后制作报表，然后便可以在快照上运行期间要结束时创建的报表，如果磁盘空间允许，还可以维护任意多个不同期间要结束时的快照，以便能够对这些时间段的结果进行查询。

3）减轻报表负载

使用带有数据库镜像的数据库快照，使用户能够访问镜像服务器上的数据以生成报表。而且，在镜像数据库上运行查询可以释放主体数据库上的资源。

4）使数据免受管理失误所带来的影响

如果源数据库上出现用户错误，用户可将源数据库恢复到创建给定数据库快照时的状态。丢失的数据仅限于创建快照后数据库更新的数据。例如，在进行重大更新（比如大容量更新或架构更改）前，对数据库创建数据库快照以保护数据。一旦进行了错误操作，可以使用快照将数据库恢复到生成快照时的状态。为此目的进行的恢复很可能比从备份还原快得多。

5）使数据免受用户失误所带来的影响

定期创建数据库快照，可以减轻重大用户错误（例如，删除的表）的影响。为了很好地保护数据，可以创建时间跨度足以识别和处理大多数用户错误的一系列数据库快照。

- 若要从用户错误中恢复，可以将数据库恢复到在错误发生的前一时刻的快照。
- 可以利用快照中的信息，手动重新创建删除的表或其他丢失的数据。

6）管理测试数据库

在测试环境中，当每一轮测试开始时针对要包含相同数据的数据库重复运行测试协议将十分有用。在运行第一轮测试前，应用程序开发人员或测试人员可以在测试数据库中创建数据库快照。每次运行测试之后，数据库都可以通过恢复数据库快照快速返回到它以前的状态。

3. 源数据库的限制

只要存在数据库快照，快照的源数据库就存在以下限制。

- 不能对数据库进行删除、分离或还原。
- 源数据库的性能受到影响。由于每次更新页时都会对快照执行"写入时复制"操作，导致源数据库上的 I/O 增加。
- 不能从源数据库或任何快照中删除文件。

4. 数据库快照的限制

数据库快照存在以下限制。

- 数据库快照必须与源数据库在相同的服务器实例上创建和保留。
- 始终对整个数据库制作数据库快照。
- 数据库快照依赖于源数据库，但不是冗余存储。它们无法防止磁盘错误或其他类型的损坏。
- 当将源数据库中更新的页强制压入快照时，如果快照用尽磁盘空间或者遇到其他错误，则该快照将成为可疑快照并且必须将其删除。
- 快照为只读，所以无法升级。
- 禁止对 model 数据库、master 数据库和 tempdb 数据库创建快照。
- 不能更改数据库快照文件的任何规范。
- 不能从数据库快照中删除文件。
- 不能备份或还原数据库快照。
- 不能附加或分离数据库快照。
- 不能在 FAT32 文件系统或 RAW 分区上创建数据库快照。数据库快照所用的稀疏文件由 NTFS 文件系统提供。
- 数据库快照不支持全文索引。
- 数据库快照将继承快照创建时其源数据库的安全约束。
- 快照始终反映创建该快照时的文件组状态。联机文件组将保持联机状态，脱机文件组将保持脱机状态。
- 如果源数据库的状态为 RECOVERY_PENDING，可能无法访问其数据库快照。

- 数据库中的任何 NTFS 只读文件或 NTFS 压缩文件组不支持恢复。尝试恢复包含此类任意一种文件组的数据库将失败。
- 在日志传送配置中，只能针对主数据库，而不能针对辅助数据库创建数据库快照。
- 不能将数据库快照配置为可缩放共享数据库。
- 数据库快照不支持 FILESTREAM 文件组。如果源数据库中存在 FILESTREAM 文件组，则它们在数据库快照中被标识为脱机状态，且其数据库快照不能用于恢复数据库。
- 当有关只读快照的统计信息丢失或变得陈旧时，数据库引擎将创建临时统计信息并在 tempdb 中进行维护。

18.3.2 数据库快照的创建、应用与删除

1. 创建数据库快照

任何能创建数据库的用户都可以创建数据库快照。SSMS 不支持创建数据库快照，只能通过 T-SQL 创建。在创建数据库快照之前，首先要知道数据库分布在几个文件上，因为快照需要对每一个文件进行 copy-on-writing(写入时复制技术)操作。

下面以创建 TSJYMS 数据库快照为例，说明使用 T-SQL 创建快照的方法步骤。

1) 使用系统存储过程 sp_helpdb 获取数据库信息

代码如下：

```
EXEC sp_helpdb TSJYMS
GO
```

执行结果如图 18-29 所示。

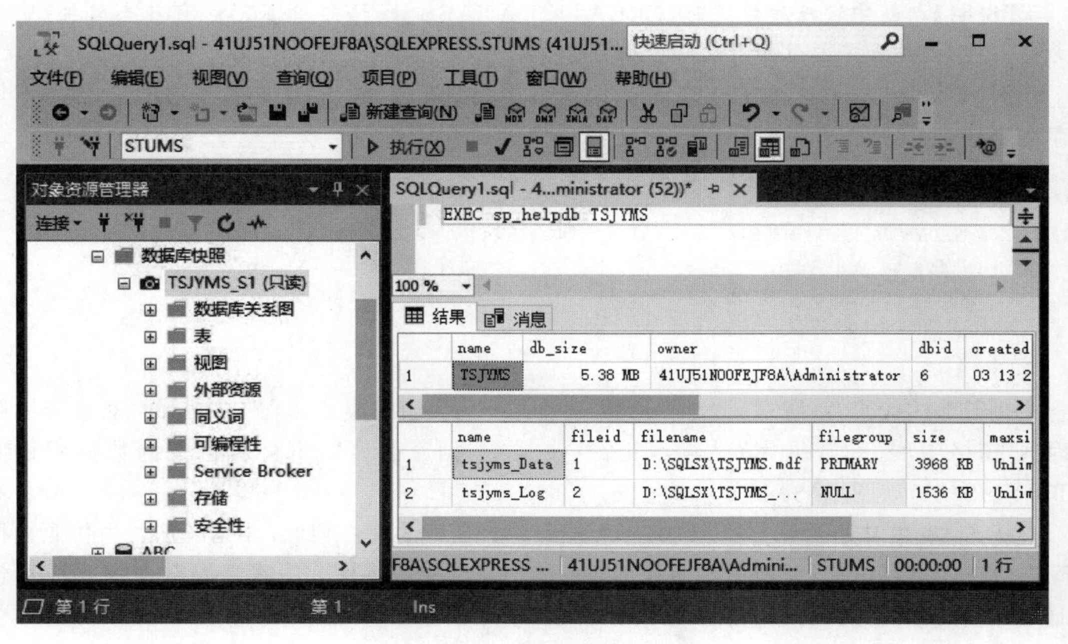

图 18-29　TSJYMS 数据库信息

2）使用 CREATE DATABASE 语句创建快照

数据库快照使用一个或多个稀疏文件来存储数据。创建数据库快照，实际上就是使用 CREATE DATABASE 语句中的文件名来创建稀疏文件。稀疏文件是 NTFS 文件系统的一项特性。所谓的稀疏文件，是指文件中出现大量 0 的数据，这些数据对用户用处并不大，却一样占用着磁盘空间。因此 NTFS 对此进行了优化，利用算法将这个文件进行压缩。

使用 CREATE DATABASE 语句创建数据库快照的基本语法如下：

```
CREATE DATABASE database_snapshot_name
  ON
      (
      NAME = logical_file_name,
      FILENAME = 'os_file_name'
      ) [ ,…n ]
AS SNAPSHOT OF source_database_name
```

各参数说明如下。

- database_snapshot_name：新数据库快照的名称。数据库快照名称必须在 SQL Server 的实例中唯一，并且必须符合标识符规则。为了便于管理，数据库快照的名称可以包含标识数据库的信息。
- NAME：源数据库中数据文件的逻辑文件名。日志文件不允许用于数据库快照。
- FILENAME：新数据库快照（稀疏文件）的物理文件名称。稀疏文件必须建在 NTFS分区的磁盘上，否则不能创建快照。
- AS SNAPSHOT OF：指定要为 source_database_name 所标识的源数据库创建数据库快照。快照和源数据库必须位于同一实例中。

【说明】 创建数据库快照时，CREATE DATABASE 语句中不允许有日志文件、脱机文件、还原文件和不起作用的文件。

例如，使用 T-SQL 对 TSJYMS 数据库创建数据库快照。快照名称为 TSJYMS_S1，保存在 D:\SQLSX 文件夹中。

代码如下：

```
CREATE DATABASE TSJYMS_S1
ON (NAME = tsjyms_Data,                          /* 文件名由 sp_helpdb 查看得到 */
FILENAME = 'D:\SQLSX\TSJYMS_S1.SNAP')
AS SNAPSHOT OF TSJYMS
GO
```

执行上述代码，系统提示“命令已成功完成”，表明创建成功。在 SSMS 的“对象资源管理器”窗格中展开“数据库”结点，刷新并展开“数据库快照”，可查看创建的数据库快照 TSJYMS_S1，如图 18-30 所示。

从图 18-30 中以看出，快照数据库文件和源数据库的文件相似，并无区别。当快照数据库创建成功后，就可以像使用普通数据库一样使用快照数据库。但需要指出的是，数据库快照是只读的，所以无论任何角色或用户都无法修改数据库快照。

【例 18-6】 为 STUMS 数据库创建数据库快照。快照名称为 STUMS_S，保存在 D:\SQLSX 文件夹中。

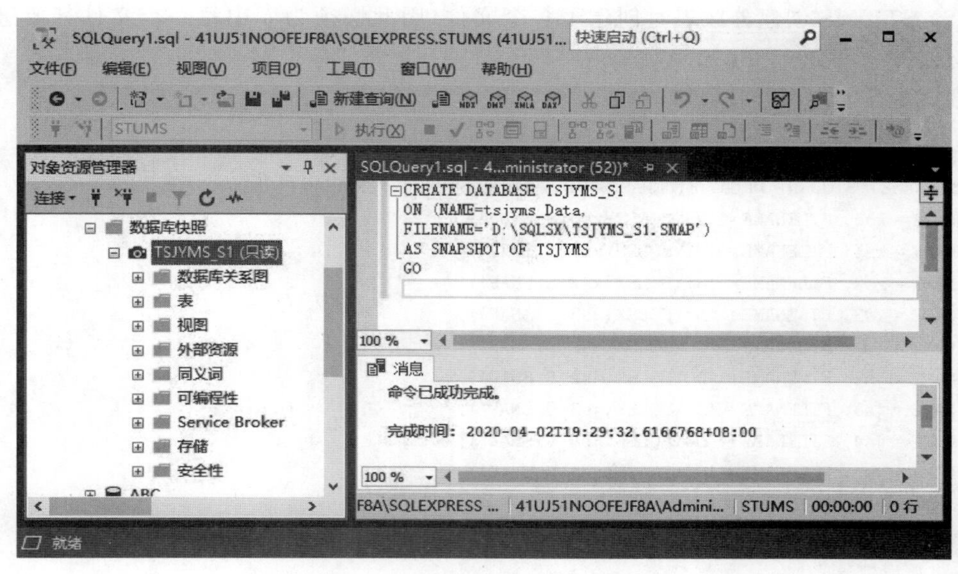

图 18-30　成功创建 TSJYMS_S1 数据库快照

(1) 使用系统存储过程 sp_helpdb 获取 STUMS 的数据库信息。

```
EXEC sp_helpdb STUMS
```

获取的 STUMS 数据库信息如图 18-31 所示。

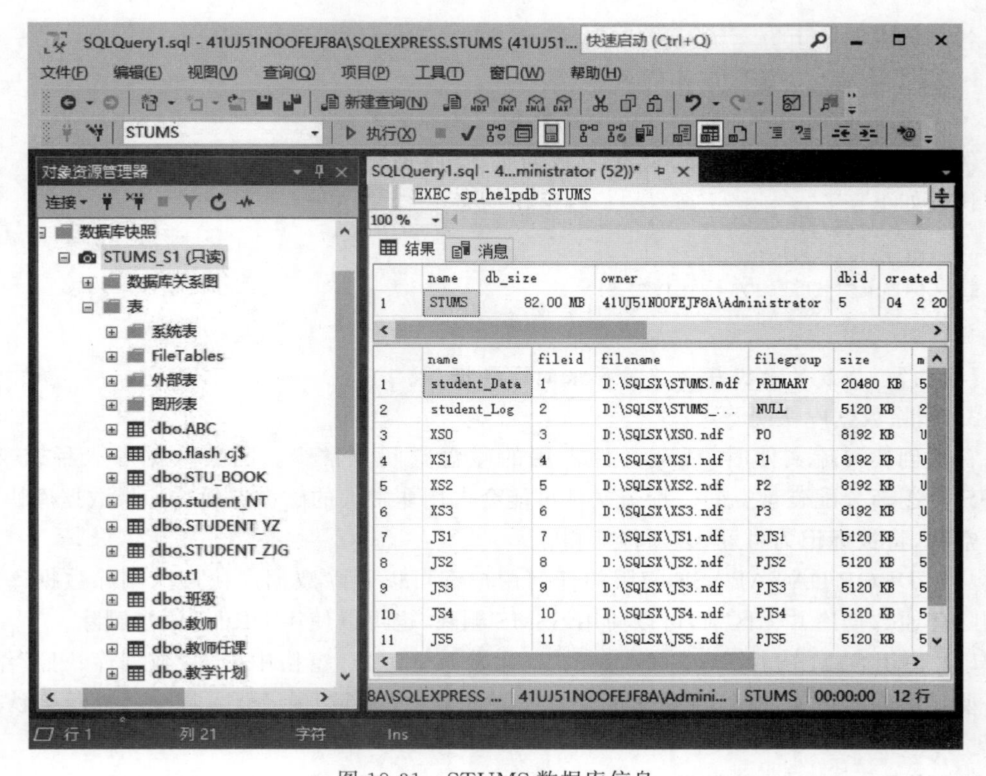

	name	db_size	owner	dbid	created
1	STUMS	82.00 MB	41UJ51NOOFEJF8A\Administrator	5	04 2 20

	name	fileid	filename	filegroup	size	m
1	student_Data	1	D:\SQLSX\STUMS.mdf	PRIMARY	20480 KB	5
2	student_Log	2	D:\SQLSX\STUMS_...	NULL	5120 KB	2
3	XS0	3	D:\SQLSX\XS0.ndf	P0	8192 KB	U
4	XS1	4	D:\SQLSX\XS1.ndf	P1	8192 KB	U
5	XS2	5	D:\SQLSX\XS2.ndf	P2	8192 KB	U
6	XS3	6	D:\SQLSX\XS3.ndf	P3	8192 KB	U
7	JS1	7	D:\SQLSX\JS1.ndf	PJS1	5120 KB	5
8	JS2	8	D:\SQLSX\JS2.ndf	PJS2	5120 KB	5
9	JS3	9	D:\SQLSX\JS3.ndf	PJS3	5120 KB	5
10	JS4	10	D:\SQLSX\JS4.ndf	PJS4	5120 KB	5
11	JS5	11	D:\SQLSX\JS5.ndf	PJS5	5120 KB	5

图 18-31　STUMS 数据库信息

(2) STUMS 创建分区表时创建了多个文件,因此必须为库中每一个文件都要进行写入时复制技术操作(Copy-on-Writing)。

代码如下:

```
CREATE DATABASE STUMS_S1
ON (NAME = STUDENT_Data, FILENAME = 'D:\SQLSX\STUMS_S.SNAP'),
(NAME = xs0, FILENAME = 'D:\SQLSX\xs0_S.SNAP'),
(NAME = xs1, FILENAME = 'D:\SQLSX\xs1_S.SNAP'),
(NAME = xs2, FILENAME = 'D:\SQLSX\xs2_S.SNAP'),
(NAME = xs3, FILENAME = 'D:\SQLSX\xs3_S.SNAP'),
(NAME = js1, FILENAME = 'D:\SQLSX\js1_S.SNAP'),
(NAME = js2, FILENAME = 'D:\SQLSX\js2_S.SNAP'),
(NAME = js3, FILENAME = 'D:\SQLSX\js3_S.SNAP'),
(NAME = js4, FILENAME = 'D:\SQLSX\js4_S.SNAP'),
(NAME = js5, FILENAME = 'D:\SQLSX\js5_S.SNAP')
AS SNAPSHOT OF STUMS
GO
```

2. 利用数据库快照恢复数据库

如果在联机数据库中发生用户错误,则可以将数据库恢复到发生错误之前的数据库快照。恢复操作使用的是 RESTORE DATABASE 语句,其语法格式如下:

```
RESTORE DATABASE <数据库名称>
FROM DATABASE_SNAPSHOT = <'数据库快照名称'>
```

各参数说明如下。

- 数据库名称:源数据库的名称。
- 数据库快照名称:要将数据库恢复到的快照的名称。

例如,使用快照 TSJYMS_S1 恢复数据库 TSJYMS。

代码如下:

```
RESTORE DATABASE TSJYMS
FROM DATABASE_SNAPSHOT = 'TSJYMS_S1'
GO
```

【说明】 恢复的数据库会覆盖原来的源数据库。

3. 删除数据库快照

首次创建稀疏文件时,稀疏文件占用的磁盘空间非常少。随着数据写入稀疏文件,NTFS 会逐渐分配磁盘空间。稀疏文件可能会占用非常大的磁盘空间。如果数据库快照用尽了空间,将被标记为可疑,必须将其删除。

具有 DROP DATABASE 权限的任何用户都可以删除数据库快照。删除数据库快照和删除普通数据库并无区别,可以使用 SSMS 删除,也可以使用 DROP 语句删除。

(1) 使用 SSMS 删除。在 SSMS 的"对象资源管理器"窗格中展开"数据库快照"结点,右击要删除的数据库快照,在弹出的快捷菜单中选择"删除"命令,按照屏幕提示确认删除即可。

(2) 使用 DROP 命令删除。例如删除刚创建的数据库快照 TSJYMS_S1。

代码如下：

```
DROP DATABASE TSJYMS_S1
GO
```

删除数据库快照将删除快照使用的稀疏文件，且将终止所有到此快照的用户连接。

课堂任务 3 对照练习

(1) 为 TSJYMS 数据库创建数据库快照，并进行查看。

(2) 使用快照恢复数据库 TSJYMS。

(3) 用 DROP 命令删除刚创建的数据库快照。

课后作业

1. 在什么情况下需要进行数据库的备份和还原？
2. 需要对 SQL Sserver 的系统数据库进行备份吗？
3. SQL Server 提供了哪些数据备份的类型？这些备份类型适合于什么样的数据库？
4. 什么是备份设备？如何创建这些备份设备？
5. 还原数据库的意思是什么？
6. SQL Server 提供了哪几种恢复模式？各有什么特征？
7. 简述将 STUMS 数据库的"学生"表中的数据导出为 Excel 文件的工作表的步骤。
8. 什么是数据库快照？如何创建数据库快照？

实训 14　图书借阅管理系统数据库的日常维护

1. 实训目的

(1) 掌握事务处理和锁的使用方法。

(2) 掌握游标的使用方法。

(3) 掌握创建备份设备的方法。

(4) 掌握数据库还原与备份的操作方法。

(5) 掌握使用 SQL Server 导入和导出向导进行数据转换的方法。

(6) 掌握创建数据库快照和使用快照恢复数据库的方法。

2. 实训准备

(1) 事务的概念和锁的概念。

(2) 游标的概念和游标的使用。

(3) 数据库备份方法、备份与还原的策略及恢复模式。

(4) 备份设备的概念和备份与还原操作。

(5) SQL Server 数据导入与导出的方法。

(6) 数据库快照的概念和创建方法。

3. 实训要求

(1) 了解 SQL Server 的数据库事务处理和日常维护的内容。

(2) 完成实现 TSJYMS 数据库事务处理和日常维护的各项创建工作，并提交实训报告。

4. 实训内容

1）事务处理

运用事务处理将 TSJYMS 数据库中“图书信息”表的图书编号“07829702”改为“07829799”。

2）锁的应用

(1) 修改“图书入库”表库存数据，为“图书入库”表加一个更新锁，并且保持到事务结束时再释放。

(2) 使用 sys.dm_tran_locks 视图查看 TSJYMS 数据库当前持有的所有锁的信息。

3）使用游标

声明一个游标 jsqk_cursor，该游标从 TSJYMS 数据库中检索每位读者借书的情况，并要求按每位读者显示结果。

4）备份与还原

(1) 在磁盘上创建一个备份设备，其逻辑名称为 TSJYMS_BF，物理名称为 D:\BACKUP\TSJYMS_BF。

(2) 对 TSJYMS 作完全备份，备份到上题所做的 TSJYMS_BF 备份设备上。

(3) 在 TSJYMS 数据库中新建一个数据表(结构自定)，对 TSJYMS 做差异备份。

(4) 从备份设备中还原 TSJYMS 数据库的完全数据库备份，库名为 TSJYMS_1。

(5) 从备份设备中还原 TSJYMS 数据库的差异数据库备份，库名为 TSJYMS_2。

5）数据导入与导出

(1) 将 TSJYMS 数据库中“图书信息”表导出到 Excel 文件 Book1.xls 的工作表“图书清单”中(事先创建好 Book1.xls 文件)。

(2) 将 Excel 文件 Book1.xls 的工作表“图书清单”转换成纯文本文件“图书清单.txt”，然后再将其数据全部导入到 SQL Server 数据库 TSJYMS 中。

6）创建数据库快照

(1) 为 TSJYMS 数据库创建数据库快照 C:\TSJYMS_SS.snap，并进行查看。

(2) 删除 TSJYMS 数据库中的“读者信息”表，再使用快照 TSJYMS_SS.snap 进行恢复，并查看恢复后的 TSJYMS 数据库的内容。

(3) 用 DROP 命令删除刚创建的数据库快照 TSJYMS_SS.snap。

图书资源支持

感谢您一直以来对清华版图书的支持和爱护。为了配合本书的使用，本书提供配套的资源，有需求的读者请扫描下方的“书圈”微信公众号二维码，在图书专区下载，也可以拨打电话或发送电子邮件咨询。

如果您在使用本书的过程中遇到了什么问题，或者有相关图书出版计划，也请您发邮件告诉我们，以便我们更好地为您服务。

我们的联系方式：

地　　址：北京市海淀区双清路学研大厦 A 座 714

邮　　编：100084

电　　话：010-83470236　010-83470237

客服邮箱：2301891038@qq.com

QQ：2301891038（请写明您的单位和姓名）

资源下载：关注公众号“书圈”下载配套资源。

书圈

获取最新书目

观看课程直播